Vorbrodt, Karl; Müller-Rutz, J

Die Schmetterlinge der Schweiz

1. Band

Vorbrodt, Karl; Müller-Rutz, J

Die Schmetterlinge der Schweiz

1. Band

Inktank publishing, 2018

www.inktank-publishing.com

ISBN/EAN: 9783747762738

Die Schmetterlinge der Schweiz

I. Band.

Vorwort. Einleitung.

Rhopalocera, Sphingidae, Bombycidae, Noctuidae, Cymatophoridae, Brephidae

bearbeitet von

Karl Vorbrodt.

Bern ◦ 1911
Druck und Verlag von K. J. Wyss

Vorwort.

Bei Erscheinen dieser Arbeit werden mehr als 30 Jahre vergangen sein, seit Prof. Dr. Heinrich Frey sein Buch über die Lepidopteren der Schweiz hat erscheinen lassen. Seine Hoffnung, dass nach einem Menschenalter ein befähigterer Forscher etwas Vollendeteres und Besseres werde bieten können, ist bis jetzt unerfüllt geblieben.

Der Verfasser dieser Arbeit ist weit von der Anmassung entfernt, dieser Meister sein zu wollen. Er hat die Feder zur Hand genommen, um das seit vielen Jahren und durch Hunderte von fleissigen Sammlern aufgebrachte Material, einheitlich zusammengefasst, einem weitern Leserkreis zugänglicher zu machen und sodann um für den noch zu gewärtigenden Meister Bausteine für ein neuzeitliches Lepidopterenwerk zusammen zu tragen.

Als Ideal einer schweizerischen Schmetterlingsfauna schwebt mir freilich etwas ganz anderes vor, als was ich zu bringen vermag. Das wäre eine vollständige Naturgeschichte unserer Schmetterlinge mit Abbildungen ausgestattet, wie solche durch Künstler erstellt worden sind[1]), ein Werk, in dem alle bekannten Typen und Formen, die bei uns nachgewiesen sind, einheitlich aufgeführt, beschrieben und abgebildet wären. Daneben müssten sich möglichst erschöpfende Angaben über Entwicklungsgeschichte, Zucht und Hybridation finden. Allein die Schaffung eines derartigen Werkes scheint mir noch für lange Zeit ausser dem Bereich des Möglichen zu liegen. Sie würde Kenntnisse und Erfahrungen, sowie die volle Arbeitskraft eines Stabes von Mitarbeitern bedürfen und ganz enorme Kosten verursachen.

[1]) Als mustergültig betrachte ich die Abbildungen unserer Künstler Robert, in Catalogue lép. du Jura, und Culot, in Noctuelles et Géomètres d'Europe.

Der Meister muss erst noch erstehen, der sich an eine solche Arbeit wagen will.

Der Verfasser als blosser Laie, dem die Mittel und Kenntnisse für eine derartige Unternehmung abgehen, der lediglich nach mühevoller Tagesarbeit sich zur Erholung mit der Wissenschaft von unsern Faltern abgeben kann — musste seine Weisheit in der Beschränkung auf das Erreichbare suchen.

Liebe zur Sache hat ihm die Hand geführt und die Hoffnung, durch dieses Buch den jüngern und ältern Lepidopterologen neue Anregung zu genussreicher Arbeit geben zu können.

Man darf ruhig sagen, es ist in den vergangenen Jahrzehnten sehr viel und mit bedeutenden Erfolgen, besonders auf dem Gebiete der sog. Grossschmetterlinge, gearbeitet worden; weniger ist dies freilich der Fall bei den Kleinschmetterlingen, welche bis zur Stunde die ihnen gebührende Beachtung nur in geringem Masse gefunden haben.

Der Verfasser macht hierin keine Ausnahme und dieser Umstand zwang ihn, sich auf die Bearbeitung unserer Gross-Schmetterlinge zu beschränken.

Indessen ist, auf seine Bitte hin, Herr J. Müller-Rutz, der beste Kenner unserer schweizerischen Kleinschmetterlingswelt, in die Lücke getreten, indem er in verdankenswerter Weise deren selbständige Bearbeitung übernommen und zur Verfügung gestellt hat.

Erst durch unser Zusammenwirken ist es möglich geworden, eine die ganze Schmetterlingsfauna unseres Landes umfassende Arbeit zu schaffen.

Eifrige Sammeltätigkeit, Köder- und Lichtfang, besonders der Fang am elektrischen Licht, sowie zahlreiche Zuchten haben in ungeahnter Weise die Kenntnis unserer Lepidopterenwelt erweitert und viel zahlreichere Beobachter, als das früher der Fall war, sind mit den Resultaten ihrer Arbeit in Publikationen grössern oder geringern Umfanges hervorgetreten. Es sei hier nur erinnert an die Walliser Fauna von Favre; die Fauna des Neuchâteler Jura von Rougemont; die Tagfalter von Wheeler; die Publikationen Rühl's über die Schmetterlinge von Zürich; von Täschler und Müller-Rutz über die Lepidopteren von St. Gallen und Appenzell; von Wegelin, Dr. Gramann und H. Ziegler-Reinacher über den Thurgau; von Christ, Courvoisier und Seiler für Baselstadt und Baselland; von Killias, Caflisch und Bazzigher für Graubünden; die Rhopalocerenfauna von Genf (Soc. lép. Genève), als die bedeutendsten derselben. Dazu kommen sodann mehrere Hunderte von kleineren Publikationen, welche in der entomologischen Literatur des In- und Auslandes zerstreut sind, und deren Sichtung und Zusammenstellung keine geringe Arbeit war. Der Verfasser benutzt hier gerne die Gelegenheit, um seinen Freunden, ganz besonders aber Herrn Dr. Steck in Bern, der die nötige Literatur zur Verfügung bereit gestellt hat, seinen verbindlichen Dank auszusprechen. Dank sei auch denjenigen Herren, die in liebenswürdigster Weise eine grosse Zahl von noch nicht publizierten Manuskripten und Notizen zur Einsicht und Verarbeitung überlassen haben. Es sei diesbezüglich auf das Literaturverzeichnis verwiesen. Endlich ist mir von sehr vielen Sammlern Einsicht in ihre Sammlungen gewährt und damit die Möglichkeit zur Revision und Vervollständigung der schriftlichen Notizen geschaffen worden. Die Resultate, welche so, auf Grund der Literaturangaben, des Studiums der Sammlungen und der eigenen langjährigen Sammeltätigkeit gewonnen wurden, gewähren freilich ein ganz anderes und vollkommeneres Bild, als es uns das Frey'sche Buch seinerzeit verschaffen konnte. Wenn wir diese Resultate überschauen, so erkennen wir bald, dass mancher Falter, den man früher als ein vereinzeltes oder räumlich beschränktes Vorkommnis betrachtete, in der Wirklichkeit in weitem Umkreise verbreitet ist. Wir erkennen, dass viele Falterarten, die nach älteren Autoren aufgefunden worden waren, deren Vorhandensein aber später angezweifelt wurde, in der Folge wieder bestätigt werden konnten. Es war das eine Mahnung, zwar nicht kritiklos alles anzunehmen, was von den verschiedenen Autoren als vorhanden aufgeführt worden ist, aber doch in der Negierung recht vorsichtige Grenzen einzuhalten. Wir sehen endlich, dass die Zahl der heute festgestellten Falterarten in allen Familien eine weit grössere ist, als dies vor 30 Jahren der Fall war.

Auf die Frey'sche Arbeit ist nur ganz ausnahmsweise zurückgegriffen worden, nämlich nur da, wo neue Angaben fehlten oder nur in ungenügender Zahl zur Verfügung standen. Es ist auch die vor der Herausgabe seines Buches, also vor 1880 erschienene Literatur meist unberücksichtigt gelassen worden. Einmal sind in ziemlich genügender Weise neue Daten erschienen und sodann haben die älteren einen grossen Teil ihres früheren Wertes eingebüsst, weil die fortschreitende Kultur, klimatische Schwankungen und andere Ursachen das Bild meist ziemlich bedeutend verändert haben. Zahlreiche Falter sind in ihren früheren Verbreitungsbezirken nicht mehr zu finden. Andere sind neu hinzugekommen.[1]) Auch die Angaben über Erscheinungszeiten, die Futterpflanzen und Lebensweise der Raupen haben durch neuere Beobachter wesentliche Erweiterungen und Veränderungen erfahren. Reiche Quellen hiefür bildeten die Aufzeichnungen der Herren Guédat, Püngeler, Rehfous, de Rougemont, Weber und Wullschlegel. Sehr genaue Daten bezüglich der Höhenverbreitung verdanke ich den Herren Hauri, Hoffmann, Honegger und Locher.

Was die Frage der Systematik anlangt, so wäre ohne weiteres gegeben, dass der systematischen Reihenfolge der Staudingerkatalog zugrunde zu legen gewesen wäre. Dieser erscheint jedoch durch neuere Arbeiten in mancher Hinsicht überholt und es müssten, um für die heranwachsende Generation zu schaffen, vielmehr die neuesten Arbeiten, wie solche im Seitz'schen Schmetterlingswerk publiziert sind, benützt werden. Will man aber auch den ältern Sammlern etwas verständliches bieten, so untersagt sich das von selbst.

---

[1]) Als typisches Beispiel der Veränderungen in unserer Falterfauna sei auf die Umgebung von Olten hingewiesen, in der vor 40—50 Jahren Wullschlegel, Vater, zahlreiche Falterarten aufgefunden hat, welche jetzt völlig verschwunden sind und in diese Gegend gar nicht mehr hinein gedacht werden können. Die Hauptursachen der Veränderung und Verarmung der dortigen Schmetterlingsfauna erblicke ich in den neuen Methoden der Forst- und Landwirtschaft (Kahlschläge, Aufforstungen, Beseitigung des Unterholzes und der Lebhäge, Dreifelderwirtschaftchemische Düngung u. s. w.). Endlich mögen auch die grossen Elektrizitätswerke, sowie der Rauch aus Fabrik- und Lokomotivschloten an der Verarmung der Falterfauna ihren reichlichen Anteil haben.

Die weitgehenden Gattungs- und Artentrennungen und die teilweise ganz neue Nomenklatur gestatten es nicht. Was in einem beschreibenden und mit Abbildungen reichlich ausgestatteten Schmetterlingswerk angängig sein mag, ist es eben noch lange nicht für eine blosse faunistische Arbeit, wenn solche verstanden und mit der vorliegenden Literatur in Uebereinstimmung gebracht werden soll. Hier bot nun das Spuler'sche Werk einen verständigen gut gangbaren Mittelweg, dessen der neuzeitlichen Forschung in genügender Weise Rechnung tragenden Systematik im allgemeinen gefolgt werden konnte.

Familie, Gattung, Art, Varietät und Aberration! Welches Durcheinander von Begriffen und Auffassungen herrscht hier. Nirgends finden wir festen Boden; im einen Werk tritt diese, im zweiten eine andere und im dritten eine weitere Ansicht zutage. Zwar stünde zu hoffen, dass die, besonders auf Genitaluntersuchungen aufgebaute, fortschreitende Erkenntnis nach und nach zu einem brauchbaren System führen könnte. Allein noch ist die Genitalforschung bei den Schmetterlingen nur in geringem Grade durchgeführt worden, und die leidige Sucht nach Priorität vernichtet wieder, was bessere Einsicht und Erkenntnis neu erschaffen könnten und sollten. Wenn also aus vorher berührten Gesichtspunkten heraus bezüglich Familie, Gattung und Art im allgemeinen dem Spuler'schen Werk gefolgt wurde, so konnte das nicht geschehen, bezüglich der Varietäten und Aberrationen. Besonders Varietät und Aberration sind noch vielfach unaufgeklärte Begriffe und manchmal überhaupt nicht zu trennen. Daher schien es am besten, neben den einmal als solchen angenommenen «Typus» die «Form» zu stellen. Der Verfasser steht somit und stand bereits seit längerer Zeit ganz auf dem Boden Stichel's,[1]) nach welchem nicht lediglich der einmal als solcher benannte Typus die Art repräsentiert, zu welcher die verschiedenen Subspezies in einem untergeordneten Verhältnis stehen. Es ist ja auch nur in den wenigsten Fällen möglich, den Stamm der Art erdgeschichtlich zu bestimmen und es erscheint daher richtiger zu sagen:

[1]) Vgl. Leitbericht in Gub. Ent. Zeitschr. IV, Nr. 20.

Der sog. Typus und die sog. Subspezies sind alles coordinierte Formen einer Reihe, welche eben zusammen die Art ausmachen. Es wurden daher die Ausdrücke Varietät und Aberration nach Möglichkeit vermieden und an deren Stelle «Form», «Lokalform», «individuelle Form», «Höhen-, Zeit-, Zustandsform» usw. gesetzt.

Die heutigen weitgehenden Artentrennungen, die Sucht der Varietätenschaffung, die oft verfehlten Uebertragungen der Nomenklatur asiatischer oder südlicher Lokalformen auf die Bewohner unseres Faunengebietes, haben vielfach falsche und unwissenschaftliche Bilder zutage gefördert. Es ist sehr bedauerlich, dass nicht Bestimmungen getroffen werden können, welche dafür sorgen würden, dass die Richtungen der Veränderung gegenüber dem einmal angenommenen Typus in auf- und absteigender Linie durch gleichmässige Bezeichnungen geregelt werden, statt durch eine Unmenge von nichtssagenden, abstrakten Namen. Der Verfasser hätte am liebsten lediglich die Grenzen der bekannten Variationsrichtungen umschrieben und alle Nomenklatur hiefür beiseite gelassen. Aber die Verhältnisse sind oft mächtiger und zwingen zu mancherlei Konzessionen, entgegen der bessern Einsicht. Es wurde also allen neu aufgestellten Formen Raum gegeben, soweit mir deren Beschreibung zu Gesicht gekommen ist und dieselben mit schweizerischen Fundorten belegt werden konnten. Eine lange Reihe der mehrere Hunderte umfassenden Formen, welche Wheeler in seiner Arbeit für unser Land aufführt, glaubte ich jedoch nicht aufnehmen zu sollen, weil für diese Formen schweizerische Fundorte nicht nachgewiesen sind. Ich halte aber dafür, dass in die Listen unserer Schmetterlingsfauna nicht Arten und Formen aufzunehmen sind, deren Vorkommen im Bereich der Möglichkeit oder Wahrscheinlichkeit liegt, sondern nur solche, die tatsächlich festgestellt wurden.

Bei der ausgedehnten Verbreitung der meisten Falter erschien es nicht erforderlich, detaillierte Lokalnachweise zu geben. Es genügt in diesen Fällen offenbar, wenn Verbreitungsbezirke angeführt werden, z. B. «in der Ebene», «dem Jura», «den Alpen» usw.

Andere Arten hingegen sind aber nicht überall aufgefunden worden. Sie sind mehr vereinzelt, auf gewisse Gebiete beschränkt, ohne aber dort grosse Seltenheiten zu bilden. Für den Nachweis derartiger Arten wurden neun Faunengebiete geschaffen. Ihre Abgrenzung erfolgte nach zwei Richtungen hin, einmal war hiefür massgebend eine gewisse territoriale, floristische[1]) und faunistische Zusammengehörigkeit, sodann die für die betreffenden Gebiete vorhandene Literatur. Es soll nicht bestritten werden, dass diese Faunengebiete keineswegs immer als grundverschieden von einander betrachtet werden können. Immerhin geben sie genügenden Anhalt für den Leser und die bezügliche Literatur mag den Interessenten die Nachweise ergänzen.

Eine dritte Kategorie bilden endlich diejenigen Falterarten, welche als isolierte Vorkommnisse an ganz wenige Orte gebunden erscheinen, oder nur von solchen bekannt geworden sind. In solchen Fällen war dann freilich ein detaillierter Lokalnachweis geboten.

Ausser Name und Autor wurde bei jeder Art oder Form angegeben, wo dieselbe abgebildet ist; aber es wurde dabei gänzlich darauf verzichtet, auf die alten Originalbilder zurückzugreifen. Wohl sind, wenigstens teilweise, die durch Handmalerei wiedergegebenen Bilder unserer entomologischen Klassiker auch heute noch die besten existierenden. Aber diese Werke sind so selten und schwer zugänglich für die meisten Lepidopterologen, dass ein Hinweis darauf doch lediglich akademischen Wert hat. Ausserdem ist in jüngster Zeit eine beschreibende und abbildende entomologische Literatur entstanden, welche Berücksichtigung verdient, und diese modernen Werke sind viel verbreiteter und leichter erhältlich. Die Hinweise sind daher Seitz, Spuler, Vérity, Berge-Rebel, Culot und andern modernen Schmetterlingswerken entnommen worden. Wo Abbildungen aber fehlten oder nicht ermittelt werden konnten, da sind wenigstens die Nachweise gebracht, wo die Originalbeschreibung zu finden ist.

---

[1]) Vgl. Karte der Schweizerflora zu Christ, Pflanzenleben der Schweiz, sowie Gremli, Exkursionsflora der Schweiz, III. Aufl., p. XIII.

Die meisten Werke geben nur sehr knappe Notizen über die Entwicklungsgeschichte und Zucht der Schmetterlinge. Eine rühmliche Ausnahme macht auch hier wiederum Spuler. Immerhin kann sein Werk den zahlreichen und sehr eingehenden Arbeiten, welche hierüber in der ganzen entomologischen Literatur zerstreut publiziert worden sind, bei weitem nicht gerecht werden. Mancher Sammler interessiert sich aber ganz besonders für ein bestimmtes Tier. Mancher wünscht Rat über Lebensweise oder Zucht einer Art, um von den Erfahrungen anderer Züchter profitieren zu können. Leider fehlt ein derartiges zusammenfassendes Buch noch, und aus diesen Gründen habe ich mich bemüht, wo das immer möglich war, Darstellungen über die Entwicklungsgeschichte und Zucht der Falter zu geben. Es geschah dies in knappester, gedrängtester Weise; diese Darstellungen sollen lediglich Anhaltspunkte bieten. Die nachfolgenden Literaturnachweise sollen aber denjenigen Sammlern, welche sich eingehender informieren wollen, die Wege an die Hand geben, wie sie zu dieser Orientierung gelangen können. Jeder Lepidopterologe hat ja eine Fachbibliothek oder er kann sich eine solche zugänglich machen, so dass die Notizen über Entwicklungsgeschichte und Zucht vielleicht doch hie und da von Nutzen sein können. Leider sind gerade mit Angaben hierüber manche Händler und erfahrene ältere Sammler ausserordentlich zurückhaltend.[1])

Zahlreiche Hybriden sind aus manchen Schmetterlingsgattungen bekannt geworden, sei es, dass dieselben in der freien Natur erbeutet, oder aber durch künstliche Zuchten erhalten wurden. Ihre Anführung erschien wünschenswert, weil dadurch Streiflichter auf die Geschichte der Zusammengehörigkeit der Arten geworfen werden.

---

[1]) Eine wahre Fundgrube für den Sammler und Züchter bildet das «Handbuch für Sammler der europäischen Grossschmetterlinge» von Prof. Dr. Max Standfuss in Zürich, auf das darum besonders aufmerksam gemacht wird. Ebenso möchte ich nicht unterlassen, auf die so ungemein praktische Arbeit von J. Culot in Genf «Le Guide du Lépidoptériste» hin zu weisen.

Aus den gleichen Gründen wurden die verschiedenen, teils im Freien oder sonst zufällig oder endlich durch Temperaturexperimente erhaltenen Falterformen aufgeführt.

Das vorstehend skizzierte Programm habe ich mit grösster Gewissenhaftigkeit durchzuführen getrachtet.

Eine Hauptschwierigkeit bei einem derartigen Unternehmen, das auf die Benutzung so vieler fremder Beobachtungen angewiesen ist, besteht in deren zweifelhafter Zuverlässigkeit. Ich sehe ganz ab von den sonderbaren Käuzen, die aus Eigennutz oder Eitelkeit wissentlich falsche Angaben machen; aber auch die in bestem Glauben abgegebenen Versicherungen bedürfen in jedem einzelnen Falle einer sorgfältigen Prüfung. Die allerwenigsten Sammler datieren ihre Falter am Tage des Fanges selbst in einwandfreier Weise, die meisten verlassen sich auf ihr Gedächtnis und bezetteln die Tiere erst später oder gar nicht. Auf diese Weise sind aber Irrtümer nicht ausgeschlossen.

Manche Quellen sind daher nur mit Vorsicht zu benutzen. Das Studium zahlreicher Sammlungen, eine unendliche Korrespondenz, sowie viele Vergleichssendungen trugen zur Lösung der strittigen Fragen bei. Endlich hat die fertige Arbeit einer Anzahl unserer tüchtigsten Lepidopterologen vorgelegen und ist von diesen Herren in trefflicher Weise ergänzt und vervollständigt worden.

Herr Amtsgerichtsrat Rudolf Püngeler in Aachen hatte die Güte, die ganze Arbeit einer Ueberprüfung zu unterziehen. Herr Pfarrer F. de Rougemont durchging, an Hand seiner Sammlungen, gemeinsam mit dem Verfasser die Arbeit. Die Familie der Pieriden wurde von Herrn L. Paravicini, die Lycaeniden von Herrn Professor L. G. Courvoisier und schliesslich die Hesperiden durch die Herren C. Lacreuze und Professor Reverdin, nachgesehen. Allen diesen geschätzten Herren Mitarbeitern sei auch an dieser Stelle mein verbindlichster Dank ausgesprochen. Auf diese Weise hoffe ich, dass es gelungen sei, eine brauchbare Arbeit zu schaffen, und wo trotzdem Irrtümer oder unrichtige Auffassungen stehen geblieben sein sollten, da möge der freundliche Leser sie entschuldigen und — was mehr ist — verbessern!

In diesem Sinne übergebe ich die Arbeit der Oeffentlichkeit. Möge sie sich zahlreiche Freunde erwerben, möge sie anregend und fruchtbringend wirken: im Interesse der schönen Wissenschaft von unseren Schmetterlingen. —

Bern, im Februar 1911.

Der Verfasser.

Einleitung.[1])

Die Schweiz ist ein kleines Land, das aber eine Welt von Gegensätzen in sich vereinigt, wie sie kein anderes Land in Europa auf so geringem Raume aufzuweisen vermag. Ihr Flächenraum umfasst nur 41324 km². Davon beanspruchen:

Felsen, Gletscher, ewiger Schnee	4673	km²
Flüsse und Seen	2365	,,
Wege, Eisenbahnen, Städte, Dörfer, Gebäude	7037	,,
Wald	12397	,,
Aecker, Gärten, Weideland, Reben	14852	,,

A. Die Schweiz zerfällt topographisch in drei natürliche Gebiete: Jura, Mittelland und Alpen.

I. Der Jura bildet von Genf bis Schaffhausen die nördliche Grenzzone in einer Länge von etwa 250 km, bei einer höchsten Breite von 30 km. Er besteht im wesentlichen aus zahlreichen Reihen von parallel aus Südwest nach Nordost streichenden Höhenzügen. Charakteristisch für die meisten Teile des Jura ist das Fehlen von Oberflächenwasser; das ist überall der Fall, wo das durchlässige Kalkgestein den Untergrund bildet. Das durchgesickerte Wasser tritt dann in der Sohle der Täler zu Tage, in Gestalt von grossen mächtigen Quellen. Seine Höhe nimmt im allgemeinen von West nach Ost ab:

Mt Tendre, 1680 m	Dôle, 1678 m	Mt Suchet, 1528 m	Chasseron, 1611 m	Creux du Van 1465 m
Mt de Boudry, 1388 m	Tête de Rang, 1425 m	Chaumont, 1177 m	Chasseral, 1610 m	Weissenstein 1294 m
Schafmatt, 966 m	Lägern, 863 m	Randen. 914 m		

Man unterscheidet im Jura die folgenden Höhenzonen:

a) Untere Region von 400—700 m mit Ackerbau,

[1]) Die Notizen über die Topographie, die Waldbäume und ihre Verbreitung, sowie die klimatischen Verhältnisse sind, mit Erlaubnis des Herausgebers, aus den bezüglichen Abschnitten des geographischen Lexikons der Schweiz zusammengestellt worden.

Weinbau, Nussbäumen. Dieser tiefste Teil, der an die Randseen oder den Lauf der Aare grenzt, gehört zu den wärmsten Gebieten der Schweiz. Das Pflanzenkleid dieser Gegend besitzt einen südlichen Charakter und da sich ziem lich viel der Kultur entzogenes Land findet, so ist dieser Landstrich für den Entomologen ein sehr günstiger. Hier finden sich Sammelgebiete, welche zu den reichsten zu zählen sind, die auf Schweizerboden überhaupt existieren. Die jurassische Falterfauna ist sehr reich an hellen Formen, infolge des Kalkgesteins und als Anpassung an die hellen, fast weissen Gebirgsformationen.

b) Bergregion von 700—1300 m mit Wald, Wiesen und Torfmooren, spärlich ist auch Getreidebau vorhanden. Hier befindet sich vorwiegend die Zone der Tannenwälder, es sind in den untern Teilen meistens Weisstannen, in den obern Rottannen, die sich hier in prachtvollen Exemplaren finden, wie kaum sonst anders wo. Hier sind die abwechslungsreichsten Teile des Jura, in denen neben Waldungen auch Wiesen, Bergweiden und Torfmoore vorkommen. Die ausgedehntesten Torfmoore finden sich im Jouxtal, im Tal von Les Ponts, auf dem Plateau von Lignières und in den Freibergen bei Tramelan. Sie bergen ebenfalls eine reiche und eigenartige Flora und Fauna, ihre Falterarten weisen mit den alpinen viele Aehnlichkeiten auf.

c) Die subalpine Zone reicht von 1300 m aufwärts bis zu den höchsten Gipfeln; in ihr findet bei etwa 1400 m die Waldgrenze ihren obern Abschluss, darüber hinaus liegt das Gebiet der Sennberge und Hochweiden. Es ist das im ganzen ein Gebiet von bemerkenswerter Einförmigkeit und es gleicht am meisten der alpinen Weideregion. Die Pflanzendecke ist hier niedriger und weniger dicht als tiefer unten, aber sie bildet einen ununterbrochenen, mit mannigfaltigen Blumen aller Art durchwirkten Teppich. Eine sommerliche Wanderung in diesen weiten, trockenen und spärlich bewohnten Hochregionen bietet hohe Genüsse und auch dem Sammler reiche Beute.

II. Als Mittelland oder Hochebene wird das ganze Gebiet bezeichnet, das zwischen dem Jura und den Alpen liegt und vom Genfer- bis zum Bodensee reicht. Es umfasst etwa 30 % der Gesamtfläche des Landes. Die Höhe des Mittellandes schwankt zwischen 350—700 m; aber es erheben sich aus ihm eine Reihe von Bergzügen, welche teilweise beträchtliche Höhenziffern aufweisen.

Die wichtigsten sind:

	Mt Gibloux, 1203 m	Bantiger, 944 m
Napf, 1408 m	Albiskette 918 m	Pfannenstielkette 853 m
Allmannkette 1119 m		Hörnlikette 1317 m

Dieser Gebietsteil ist der am dichtesten bevölkerte der Schweiz, zahlreiche Strassen und Eisenbahnen durchziehen ihn, aber Rebgelände, Ackerbau und Industrie haben nur wenige Plätze übrig gelassen, an welchen die Hyperkultur der modernen Zeit dem Insektenleben noch eine ungestörte Entwicklung ermöglicht. Es sind das vornehmlich Sumpfgebiete, wie sich solche besonders zahlreich zwischen Walen- und Zürichsee, im Glattal, zwischen dem Neuenburger-, Bieler- und Murtensee, sowie endlich zwischen Neuenburger- und Genfersee befinden. Aber im grossen ganzen bildet das Mittelland ein insektenarmes Gebiet, weist es doch kaum die Hälfte unserer schweizerischen Gefässflanzen auf und die Schmetterlinge folgen der Pflanzenwelt.

III. Die Schweizeralpen reichen vom Mt. Dolent im Montblancmassiv bis zum Stilfserjoch, in einer Länge von etwa 275 km. Nach ihrer Topographie unterscheiden wir Bündner-, Glarner-, Tessiner-, Berner- und Walliseralpen. Den Uebergang vom Mittelland zu den eigentlichen Alpen bilden die Waadtländer-, Freiburger-, Berner-, Zentralschweizer- und Appenzeller-Voralpen, mit einzelnen Erhebungen bis nahe an 2000 m. Das Alpengebiet weist die bedeutendsten oft auf 2—3000 m sich steigernden Höhendifferenzen auf, die höchsten Gipfel überschreiten 4500 m, die tiefsten Täler aber finden sich in der Südschweiz mit einer Höhe von nur etwa 200 m über Meer. Bezüglich der Flora und Fauna der

Alpen unterscheiden wir mit Christ die folgenden Höhenregionen:

a) Untere Zone bis 550 m in der Nordschweiz,
,, 800 m in der Südschweiz,
charakterisiert durch das Vorhandensein mediterraner Typen, die Weinrebe und den Obstbau.

b) Laubwaldzone 550 m — 1300 m in der Nordschweiz,
800 m — 1300 m in der Südschweiz.
Sie reicht von der obern Grenze der Weinrebe bis zu derjenigen der Buche.

c) Nadelwaldzone 1300 m — 1650 m in der Nordschweiz,
1300 m — 2200 m in der Südschweiz.
Sie reicht bis zur obern Waldgrenze.

d) Alpine Zone zwischen der obern Waldgrenze und der Schneelinie.
1650 m — 2500 m in der Nordschweiz
2200 m — 3000 m in der Südschweiz.

e) Nivalzone. Sie umfasst die höchsten Kämme, Moränen und Schneerunsen, über
2500 m in der Nordschweiz
3000 m in der Südschweiz.

In den Alpen finden wir die reichsten Florengebiete unseres Landes, und zwar zählen die Graubünder- und Walliseralpen etwa 1800, die Glarner-, Berner- und Tessineralpen etwa 1400 Pflanzenarten. In den Alpen finden wir auch die reichlichste Schmetterlingsfauna, mindestens 1500 Arten sind in ihnen vertreten. Nach der Höhe zu nimmt die Artenzahl aber rapid ab, und es sind auf den höchsten Flugplätzen des alpinen Schmetterlingslebens etwa
bei 3000 m in Südschweiz
,, 2500 m in Nordschweiz,
nur die folgenden Arten übrig geblieben: Pieris callidice Esp. (bei der Theodulhütte 3322 m zahlreiche Puppen, V.), Melitaea cynthia Hb. (Triftgletscher 3000 m, St.), Brenthis pales Schiff. (Diablerets 3000 m, V.), Maniola eryphile Frr. (Grand Moeveran 2930 m, V.), glacialis Esp. (Westhang des Finsteraarhorn 3237 m, die Raupe, Bäbler), gorge Esp. (Kranzberg 2940 m, Bäbler), lappona Esp. (Piz Lucendro 2959 m, V.), Zizera

minimus Füessl. (Gornergrat bei 3000 m, Courv.), Lycaena pheretes Hb. (Gornergrat bis 3000 m, Hoffm.), Agrotis simplonia H. G. (Grenzgletscher in mehr als 2900 m, V.), culminicola Stdg. (Gornergrat-Station 3003 m, V.), wiskotti Stdfs. (Riffelhorn 2931 m, V.), Plusia devergens Hb. (Gornergrat-Station 3003 m, V.), Anarta melanopa-rupestralis Thbg. (Finsteraarhorn, in 2900 m, Bäbler). Gnophos caelibaria-spurcaria Lah. (Theodulhütte 3322 m, die Raupe, V.), zelleraria Frr (Piz Grisch 2780 m, die Raupe, Bäbler), Dasydia tenebraria Hb. (Kranzberg 3000 m, Bäbler). Psodos alticolaria M. (Westhang des Finsteraarhorn 3237 m, die Raupe, Bäbler). trepidaria Hb. (Scarltal 2800 m, Thom.), frigidata Roug. (Augstbordpass 2800 bis 3000 m, Roug.), Parasemia plantaginis L. (Silvrettagletscher 2700 m, die Raupe, Bäbler), Arctia cervini Fallou (Gornergrat bis 3000 m, V.), Setina andereggi H. S. (Westhang des Finsteraarhorn 3237 m, die Raupe, Bäbler), Setina andereggi-riffelensis Fallou (Theodulhütte 3322 m, die Raupe, V.), Oreopsyche atra-valesiella Mill. (Kranzberg 2765 m, die Puppe, Bäbler), plumifera O. (Lauberhorn bis 2800 m, Roug.), Scoparia valesialis Dup. (M. R.), Orenaia lugubralis Ld. (Piz Grisch 2780 m, die Puppe, Bäbler). Nomophila noctuella Schiff. (Piz Grisch 2825 m, Bäbler), Olethreutes metallicana-irriguana H. S. (Piz Grisch 2780 m, Bäbler). spuriana Hd. (Schwarzhorn in 3000 m, M. R.), Gelechia dzieduszyckii Now. (Piz Grisch 2780 m, Bäbler). Scythris glacialis Frey und Crambus zermattensis Frey (in 3000 m, am Schwarzhorn, M. R.).

Zu dieser glacialen Fauna gesellen sich eine Anzahl Arten, die zuweilen in grösserer Anzahl beobachtet werden, ihre Entwicklung aber in tieferen Lagen durchmachen dürften und nur als Gäste in den höchsten Regionen erscheinen. Solche Arten sind: Pieris brassicae L. (Gipfel des Gornergrat 3136 m, V.), rapae L. (Gipfel des Piz Badus 2931 m, V.), Vanessa urticae L. (Spitze der Diablons 3500 m, Roug.), Lycaena damon Schiff. (Gornergrat in 3200 m Höhe, Courv.). Agrotis pronuba L. (Station Eismer an der Jungfrau 3160 m, zu Hunderten am Licht, Lütschg). Dianthoecia caesia Bkh. (Piz Lucendro 2959 m, V.), Mamestra marmorosa-microdon G. (Gadmerflühe nahe an 3000 m, V.), Ortholitha bipunctaria

Schiff. (Grubener Schwarzhorn in 3000 m. Roug.), Arctia flavia Füessl. (Theodulhütte 3322 m, die erwachsene Raupe unter Steinen, von Jenner.)[1])

Sind also auf den hochalpinen Flugplätzen auch nur wenige Arten übrig geblieben, so ist doch dafür die Zahl der Individuen manchmal eine desto erheblichere.

Der Reichtum an Schmetterlingen wechselt aber nicht nur mit der Höhenlage, er ist vielmehr auch verschieden in den Nord- und Südalpen, den Urgebirgs- und Kalkalpen usw.

In den am Schlusse der Einleitung folgenden Tabellen habe ich versucht, eine Uebersicht über die Verbreitung der im ersten Bande behandelten Familien zu geben.

---

[1]) In seiner schönen Arbeit: „Die wirbellose, terrestrische Fauna der nivalen Region" gibt Emil Bäbler für die Lepidopteren der von ihm durchforschten Gebiete die folgende Tabelle:

Familie	Genus und Spezies	Falter	Puppe	Raupe
I. Nymphalidæ.	1. Erebia glacialis Esp.	+	+	+
	2. „ „ ab. pluto Esp.	+		
	3. „ gorge Esp.	+		
	4. „ alecto Hb.	+		
	5. Argynnis pales Schiff.	+		
	6. Vanessa urticae L.	+		
II. Pieridæ.	7. Pieris callidice Esp.		+	
III. Geometridæ.	8. Dasydia tenebraria Esp.	+		+
	9. Psodos alticolaria Mn.	+		+
	10. Gnophos caelibaria var. spurcaria Lah.		+	+
	11. Gnophos zelleraria F.			+
IV. Arctiidæ.	12. Setina spec.		+	+
	13. „ andereggi H. S.			+
	14. Parasemia plantaginis L.			+
V. Noctuidæ.	15. Anarta melanopa Thbg.		+	+
	16. Agrotis spec.			+
VI. Tortricidæ.	17. Olethreutes metallicana var. irriguana H. S.	+		
VII. Pyralidæ.	18. Nomophila noctuella Schiff.	+		
	19. Orenaia lugubralis Ld.	+	+	
VIII. Psychidæ.	20. Oreopsyche atra var. valesiella Mill.		+	
	21. Scioptera spec.		+	
IX. Gelechidæ.	22. Gelechia dzieduszyckii Now.	+		
Nicht näher bestimmbare Microlepidoptera.			+	+

B. Waldbäume und ihre Verbreitung. Unsere Wälder lassen sich in: 1. Laubwälder. 2. Nadelwälder, 3. Mischwälder einteilen.

Wie aus dem Vorhergesagten hervorgeht, bewegt sich die obere Waldgrenze in den Alpen im Mittel 800 m unter der Schneelinie, im Jura reicht sie bis 1400 m. Die obersten Vertreter sind im Jura und den Nordalpen die Fichte (Rottanne), in den Südalpen aber die Lärche und Arve.

1. Laubwälder. Hauptvertreter sind: Die Buche (Fagus silvatica). Dieselbe bildet — nach Grisebach — ein ausgezeichnetes Kennzeichen des ozeanischen Klimas und reicht von den insubrischen Seen bis etwa 1500 m, fehlt aber in der Nähe der hohen Alpenmassive (Wallis, Graubünden). Mit ihr vermischt treten auf: Spitzahorn (Acer platanoides), Pimpernuss (Staphylea pinnata), Spindelbaum (Evonymus), Schneeballblättriger Ahorn (Acer opulifolium). Die Eiche spielt die nächst grösste Rolle in der Zusammensetzung unserer Laubwälder, und zwar die Stieleiche (Quercus robur), sowie die Steineiche (Q. sessiliflora). Sie gehen im Jura bis 800 m, im Berner Oberland bis 1200 m.

Die noch verbleibenden Laubhölzer kommen für die Charakteristik unserer Wälder weniger in Betracht, es sind: die Ulme (Ulmus montana), der Feldahorn (Acer campestre), die Linde (Tilia cordata), die Esche (Fraxinus excelsior), sie gehen bis 1300 m.

Die Schwarzerle (Alnus glutinosa) und die Weisserle (Alnus incana) gehen bis 1500 m.

In der Nähe von Gewässern gedeihen an feuchten Stellen Pappeln und Weiden; Sorbus aria, aucuparia und terminalis gehen bis 1600 m. Die Birke (Betula alba) findet sich nirgends in reinen Beständen. Ihre Varietät pubescens bildet zusammen mit der Bergföhre die charakteristischsten Bestandteile der Hochmoore des Mittellandes, des Jura und der Alpen.

2. Nadelwälder bilden besonders reine Bestände in den oberen Teilen der Waldregion. Die grösste und wichtigste Rolle spielt die Rottanne (Picea excelsa), die von der obern Baumgrenze bis in die untere Region reicht. Die an den Berggehängen stehenden Fichtenwälder sind schon von

II

weitem an ihrer dunkeln Farbe zu erkennen, die mit dem hellen Grün der Sennberge und Alpenweiden auffallend kontrastiert.

Im Jura herrscht die Fichte erst oberhalb von 1200 m vor, während sie in den tiefern Lagen mit der Weisstanne vermischt oder durch sie ersetzt erscheint. In den Alpen befindet sich ihre obere Grenze zwischen 1800 und 2000 m. Ihre prächtigste Entwicklung zeigt sie auf Sennbergen und Alpenweiden, wo sie in vereinzelt stehenden Exemplaren die mächtigen Wetter- oder Schirmtannen bildet, welche mit ihren weit ausschweifenden Aesten oft bis zur Erde reichen.

Die Weisstanne (Abies alba) bevorzugt in den Alpen die tiefer gelegenen Standorte und bildet selten für sich allein einen wirklichen Wald; im Jura dagegen stellt sie zwischen 700 und 1300 m den vorherrschenden Waldbaum dar und tritt oft in reinen Beständen von beträchtlicher Ausdehnung auf. Sie zeigt für die Westschweiz eine ausgesprochene Vorliebe und ist dagegen im Wallis und Graubünden recht selten. Nach Fichte und Weisstanne ist als wichtigster Nadelholzbaum die Lärche zu betrachten (Larix decidua), die den charakteristischen Baum der Alpen bildet und dank dem periodischen Wechsel ihrer Nadeln, an das kontinentale Klima dieser Region besonders angepasst erscheint. Allerdings tritt sie selten in reinen Beständen auf, sondern ist meist mit Fichte und Weisstanne vermischt. In den Urkantonen, im Kanton Glarus und in den Berner Voralpen fehlt sie fast ganz, ist dagegen in den Hochtälern verbreitet. Sie gelangt im Wallis und in Graubünden zur mächtigsten Entwicklung. In den Centralalpen, im Wallis und Engadin übersteigt sie die obere Fichtengrenze beträchtlich — einzelne Exemplare gehen bis 2400 m — ihre Hauptentwicklung liegt aber zwischen 1400 und 2200 m.

Noch mehr als die Lärche ist die oft sie begleitende Arve (Pinus cembra) eine dem Gebirge eigene Art. Obgleich die Arve in den Alpen fast überall angetroffen wird, tritt sie doch nur im Wallis und Engadin eigentlich waldbildend auf, so im Aletschwald, bei Findelen, Arolla und im Scarltal. Ihre Hauptverbreitung geht von 1800 bis etwa 2400 m.

Die Waldföhre (Pinus silvestris) hat bei uns nicht die grosse Verbreitung gefunden, wie in den sandigen Gegenden Deutschlands. Ihre einzigen reinen Bestände sind bei Ems. bei Martigny und im Pfynwald. Sonst ist sie mehr in gemischten Beständen oder in Gruppen, freilich weit verbreitet. Ihre Höhengrenze liegt aber schon bei etwa 1800 m.

In den obern Regionen ist sie durch die Bergföhre (Pinus montana) ersetzt, welche in Gruppen oder kleinern Beständen über das ganze Alpengebiet verbreitet ist und auch den höchsten Juragipfeln nicht fehlt; endlich findet sie sich wieder in den Torfmooren zusammen mit der Birke.

Für den Lepidopterologen spielt noch eine gewisse Rolle die Weymouthskiefer (Pinus strobus), welche besonders bei Bern, Burgdorf, Biel und Signau in prachtvollen Exemplaren und grössern Beständen vorhanden ist. Sie beherbergt eine reiche Falterwelt.

Dem Nadelwald mischen sich noch eine Anzahl von Laubbäumen bei, die ziemlich konstant angetroffen werden. Es sind das besonders der Vogelbeerbaum (Sorbus aucuparia) und in den Bergwäldern der Bergahorn (Acer pseudoplatanus).

C. Weitere Faktoren, welche neben Bodengestaltung und Kulturverhältnissen die Fauna beeinflussen, sind die klimatischen Verhältnisse: Temperatur, Niederschlagsmenge, Sonnenscheindauer.

Das Klima unseres Landes ist ein viel rauheres, als es der geographischen Breite entsprechend sein sollte. Das rührt von seiner relativ bedeutenden Höhenlage über Meer her. Den ungeheuren Differenzen, die in den Höhenquoten vorkommen, entsprechen natürlich auch Schwankungen der Temperaturgrade. Ausserordentlich geschützt durch den Wall der Alpen sind die Südtäler: Wallis, Val Vedro, Tessin, Misox, Bergell und Puschlav. Aehnliches wiederholt sich im Seengebiet am nördlichen Alpenwall, da wo die Föhnströmungen eine eigenartige Wärmequelle bilden, sodann endlich, wie früher gesagt, am Südrande des Jura. Als mittlere Temperaturabnahme pro 100 m ergibt sich in unsern Alpen:

	Frühling	Sommer	Herbst	Winter	Jahr
Nordalpen	0,7	0,6	0,4	0,4	0,5
Südalpen	0,6	0,6	0,6	0,5	0,6

Ich gebe einige Tabellen:

a. Temperaturangaben.

Station	Höhe über Meer m	Mittlere Temperatur im Januar	Juli	Jahr
Lugano	275	1,3	21,5	11,4
Montreux	380	0,9	19,5	10,1
Sitten	540	1,1	19,5	9,6
Genf	405	0,0	19,3	9,5
Basel	278	0,3	19,0	9,4
Neuchâtel	488	—1,0	18,8	8,9
Zürich	493	—1,4	18,4	8,5
Chur	610	—1,6	17,5	8,3
Bern	572	—1,8	18,5	8,0
Schaffhausen	450	—2,1	17,4	7,9
St. Gallen	703	—2,2	16,6	7,2
Chaumont	1128	—2,3	14,4	5,6
Bernhardin	2073	—6,9	9,3	—0,6
St. Bernhard	2475	—8,7	6,6	—1,7
Säntis	2500	—8,9	5,0	—2,6

b. Atmosphärische Niederschläge.

Station	Höhe über Meer m	Jährl. mittlere Regenmenge in m/m	Anzahl der Tage mit Niederschlägen im Jahr
Säntis	2500	ca. 2500	193
Bernhardin	2073	2294	117
Lugano	275	1708	120
St. Gallen	703	1341	160
St. Bernhard	2475	1278	107
Zürich	493	1139	157
Montreux	380	1095	126
Chaumont	1128	939	140
Neuchâtel	488	936	143
Bern	572	927	145
Genf	405	867	128
Schaffhausen	450	812	144
Chur	610	803	116
Basel	278	774	138
Sitten	540	634	89

c. Bewölkung

	Mittlere Anzahl der heitern	Tage im Jahr trüben	Jahresmittel der Bewölkung
Lugano	124	103	4,7
Sitten	108	84	4.7
St. Bernhard	99	115	5,3
Chur	87	112	5.4
Montreux	89	129	5,6
Bernhardin	84	140	5,8
Chaumont	74	140	5.9
Säntis	68	148	6,3
St. Gallen	64	155	6,3
Basel	55	145	6,3
Zürich	53	148	6,3
Bern	49	150	6.4
Schaffhausen	50	159	6,5
Neuchâtel	52	167	6,6
Genf	60	157	6,6

Alle diese Zahlen lehren uns erkennen, dass in aller erster Linie die Südschweiz wunderbar begünstigt ist. Sie vereinigt die höchsten Temperaturen, die grösste Niederschlagsmenge mit der grössten Zahl von heitern Tagen und endlich ist sie fast nebelfrei. In den Tälern der leider noch viel zu wenig durchforschten insubrischen Gebiete findet sich denn auch die grösstmögliche Menge an Faltern, sowohl nach der Zahl der Arten, wie der Individuen. Der Südschweiz nahe kommt das Wallis, wobei sogleich neben der hohen Temperatur, der grossen Zahl von heitern Tagen, dem Fehlen der Nebel, die äusserst geringe Niederschlagsmenge (bei Siders sinkt ihre Ziffer bis auf 60 mm pro Jahr) auffallen muss. Wir haben dort ein ausgesprochenes Steppenklima, das nicht ohne bedeutenden Einfluss auf die Flora und Fauna geblieben ist. Es ist erstaunlich, wie viele mediterrane Typen sich dort angesiedelt haben und welche Unmengen von Schmetterlingen an günstigen Stellen des heissen Rhonetales, wie der südlichen Seitentäler, vereinigt sein können.

Im Wallis und Tessin herrschen auch die grösstmöglichen Gegensätze, welche in floristischer und faunistischer Hinsicht denkbar sind. In der Talsohle finden wir eine durchaus südliche Vegetation: Orangen-, Citronen-, Granat-, Lorbeer-, Mandel-, Feigenbäume, die Edelkastanie und der Oleander sind reichlich vertreten. Hier sind Falter heimisch, wie wir solche erst viel weiter südlich, am Mittelmeer, in Spanien und Portugal, wieder treffen können. Steigen wir einige Stunden in die Höhe, so befinden wir uns schliesslich in einer völlig andern Welt. Laub- und Nadelwälder sind verschwunden. Auf baum- und strauchloser Hochebene sehen wir die Vegetation der Hochalpen. Fingen wir am Morgen ein Geschöpf des Südens und am Mittag eines des Berglandes, so können wir am Abend endlich ein Tier erbeuten, wie solches erst in Lappland, als Genosse des Renntiers, wieder zu finden ist. Und dabei ist der Ausgangspunkt unserer Wanderung 1500—2000 m unter uns noch sichtbar (Christ).

Dem Wallis nahestehend ist Graubünden, das auch durch die Massigkeit seiner Erhebungen günstig gestellt wird. Nach ihm kommt in erster Linie der Südjura, dann die im Föhnstrich liegenden alpinen Quertäler: Hasli- und Gadmental, Urserental und Reusstal, das Linthtal, die Seengebiete am Nordfusse der Alpen, das Domleschg und das Rheintal von Chur bis Altstätten.

In letzter Linie endlich die übrige Schweiz, abgesehen natürlich von einzelnen Oasen, wie solche hie und da, begünstigt durch lokale Einflüsse, entstehen können.

Eine ganz merkwürdige Begleiterscheinung ist, als Folge des unmittelbaren Aufsteigens der Hochalpen aus den tiefen Tälern der Rhone und des Tessins bemerkbar, welche anderorts — wo die Voralpen einen Uebergang bilden — nicht wahrzunehmen ist, nämlich die Tatsache, dass manche alpine Falter sich öfter in der Ebene finden. Als Beispiele seien genannt: Parnassius mnemosyne L., Euchloë simplonia Frr., Pieris callidice Esp., Oeneis aëllo Hb., Agrotis lucernea L., simplonia H. G., birivia Hb. und andere Falter, welche öfter im heissen Rhonetal, im Rheintal bei Chur oder in den Tälern des Tessin erbeutet wurden. Pieris napi-*bryoniae* O. ist am Fusse der Churfirsten am Walensee nicht selten und Parnassius apollo L. geht bei Ascona am Lago Maggiore bis auf 200 m hinunter.

D. Zur Erkenntnis der Herkunft und Verbreitung unserer heutigen Schmetterlingsfauna[1]) müssten die Verhältnisse früherer Erdepochen verglichen werden können. Leider gibt die Paläontologie fast keine Auskunft, weil die Schmetterlinge sich selten in Versteinerungen erhalten haben. Wohl aber lehrt uns die Geologie, dass Europa zum grossen Teil Vergletscherungen unterworfen war, ähnlich wie sie heute noch die Hochgebirge Europas, sowie Grönland und Labrador zeigen. Viermal[2]) seit dem Ende der Tertiärzeit ist von den Alpen aus eine fast völlige Vergletscherung des schweizerischen Landes ausgegangen, viermal haben sich die Eismassen wieder dahin zurückgezogen, wo jetzt noch ihre Reste liegen, an die Wurzeln der Alpentäler. Diese Alpenvergletscherung war aber nur eine Teilerscheinung eines grösseren Phaenomens. Gleichzeitig mit den Alpengletschern schob sich ein mächtiges, über Skandinavien und Finnland lagerndes Inlandeis gegen Ost- und Mitteleuropa vor. Dieses Inlandeis bedeckte einen sehr erheblichen Teil des europäischen Russland, sein Rand reichte in Deutschland bis nach Sachsen und an das schlesische Riesengebirge hin und ging etwa von der Gegend der Rheinmündungen nach Grossbritannien hinüber. Während der Periode stärkster Vergletscherung (es war dieses die dritte) blieb zwischen der Südgrenze dieses Nordlandeises und der Nordgrenze der Alpengletscher nur ein Landstreifen von 3—400 km meridionaler Breite eisfrei. Die

---

[1]) Quellen: J. Briquet: «Les colonies végétales xérothermiques des Alpes lémaniennes» Murithienne XXVIII, 125 — Ent. Zeitschr. IX, 188. X, 52. 75. — A. Pagenstecher «Die geographische Verbreitung der Schmetterlinge» — Penck & Brückner «Die Alpen im Eiszeitalter» — Prehn «Die Verbreitung der Lepidopteren» Ill. Wochenschr. f. Ent. II, 305 — Dr. H. Rebel «Studien über die Lepidopteren der Balkanländer» Ann. des k. k. Naturh. Hofmus. Wien 1903 u. 1904 — Staudinger-Rebel «Katalog der palaearct. Lepidopteren» — Dr. Otto Stoll «Ueber xerothermische Relikten in der Schweizer Fauna der Wirbellosen» Festschr. d. Geogr.-Ethnogr. G. Zürich 1901.

[2]) Mit teilweiser Benützung von «Die Wiederbesiedelung der Alpen mit Insekten nach der Eiszeit» Vortrag von Dr. F. Ris, Sitz. natf. G. Zch. v. 30. XI. 1908. Mitgeteilt v. Prof. Max Standfuss, welchem ich, ebenso wie R. Püngeler, manche Beiträge zu den nachfolgenden Darlegungen zu verdanken habe.

Folge konnte nichts anderes sein als Vernichtung und Verdrängung der Lebewelt. Vernichtung überall da, wo das Eis selbst lag, Verdrängung der anspruchsvolleren und wärmebedürftigeren Wesen überall aus diesem Vorlande. Während sich in diesem verbliebenen Landstreifen eine bunte Mischung aus Nord und Süd, aus Berg und Ebene von all den Pflanzen und Tieren ansammelte, welche das Klima dieses Vorlandes auszuhalten vermochten.

Die arktische Lebewelt aus dem Norden, die alpine von den Höhen verdrängt, trafen sich im eisfreien Streifen zwischen dem skandinavischen Inlandeis und der Alpenvergletscherung und mischten sich dort.

Bei der ungeheuren Ausdehnung dieser Vergletscherungen ist es klar, dass die Eiszeiten von sehr langer Dauer gewesen sind. Es konnten daher während ihrer Herrschaft in Mitteleuropa durch Anpassung und Umformung älterer sich auch neue Arten mit arktischem Gepräge bilden.

Die Arten also, die wir heute als gleichzeitig nordisch und alpin kennen, setzen sich zusammen aus solchen, welche ursprünglich dem Norden eigentümlich mit sinkender Temperatur in Mitteleuropa einwanderten, und solchen, die während der Herrschaft der verschiedenen Eiszeiten in Mittel europa selbst entstanden.

Bei der Restitution der früheren Verhältnisse zogen auf die Berge arktische und nach der Arctis alpine Formen **gemeinsam** mit den zurückkehrenden ursprünglichen Bewohnern beider Gebiete.

Auch während der stärksten Vergletscherung waren ferner eisfrei geblieben: Frankreich überwiegend, die Balkanhalbinsel und die östlichen Teile der Alpen auf dem Uebergange dorthin. In unserem Lande dagegen nur ein schmaler Streifen nördlich der Linie: Stein (Aargau) — Laufen — St. Ursanne.

Für die Frage der Ausdehnung des Eises während der jüngsten, schwächsten Gletscherperiode ist die damalige Grenze der Schneezone von besonderer Wichtigkeit. Nach Penck und Brückner befand sie sich im Maximum der IV. Vergletscherung (Würmeiszeit) 1150 m unterhalb der heutigen.

Sie querte in der Nordschweiz die Linie:
Schaffhausen — Baden — Luzern (Rheingletscher) und
Langnau i. E. — Wangen a. A. — Biel — Orbe — Les Verrières (Aare- und Rhonegletscher).

So konnten beträchtliche Teile unseres Landes eisfrei bleiben.[1]) Es ist dies einmal fast der ganze Jura vom Randen bis zum Mont Risoux. Ferner ein beträchtliches Stück zwischen Aare-Rhonegletscher und Reussgletscher, nämlich das ganze Gebiet zwischen Wigger und Emme (Napfgebiet), ein kleines Stück zwischen Thur- und Linthgletscher, einige Inseln im Appenzellerland und ein kleines Gebiet am Tössstock.[2])

In den Westalpen waren am Rand der grajischen und lepontischen Alpen beträchtliche Gebiete eisfrei. Im Süden die Bergamasker- und Brescianeralpen. Am Südostrande dürften die Verhältnisse von den heutigen nicht sehr verschieden gewesen sein.

So blieb fast ringsum, auch für eine ausgesprochene Gebirgsflora und Fauna, ein wenn auch bescheidenes Areal zum Ausweichen.

Man braucht daher nicht anzunehmen, dass die Schmetterlingsfauna damals völlig ausgestorben gewesen sei. Vielmehr konnten sich innerhalb oder ausserhalb der oben bezeichneten Grenzen auf kleineren oder grösseren eisfreien Gebieten Pflanzen und Tiere ansiedeln, wie wir das ja heute noch an alpinen und arktischen Gletschern beobachten.

Beim Anwachsen des Eises stiegen die Schmetterlinge allmählich herab und konzentrierten sich auf den schneefreien Oasen.

Nach dem Rückzuge des Eises zogen sich diese nivalen Formen nach Norden oder in die Alpen zurück. Einige starben aus, darunter vielleicht solche Schmetterlinge, die sich heute ausschliesslich im hohen Norden finden. Eine Anzahl blieb als Relikte im schweizerischen Mittelland, an dessen kältesten Stellen, d. h. auf den Mooren, insbesondere den hochgelegenen.

---

[1]) Vgl. Gletscherkarte von Dr. H. Schardt. Geogr. Lex. d. Schweiz IV, 696.

[2]) Dort fand Dr. Ris eine kleine Perlide, für die eine neue Gattung kreiert werden musste.

zurück. Moore sind deshalb die Orte, wo wir am ehesten Relikte aus der Eiszeit treffen.

1. Als Relikte sind einmal diejenigen Bestandteile unserer schweizerischen Fauna zu betrachten, welche wir mit der Arktis (Nord-Finnland, Lappland, nördliche Teile von Schweden und Norwegen) gemeinsam haben. Hierher gehören:[1])

Pieris napi-*bryoniae* O., Brenthis pales Schiff. (*lapponica* Stdg.), Maniola lappona Esp., Chrysophanus virgaureae L. (*oranula* Frr.), Lycaena optilete-*cyparissus* Hb., pheretes Hb., Scelothrix andromedae Wallgr., Acronycta euphorbiae-*montivaga* Gn., Agrotis strigula Thbg., pronuba L., hyperborea Zett., speciosa Hb. (*arctica* Zett.), primulae-*conflua* Tr., cuprea Hb., lucernea L., grisescens Tr., recussa Hb., Charaeas graminis L., Mamestra pisi L., Hadena gemmea Tr., rubrirena Tr., Anarta melanopa Thbg., funebris Hb., Plusia interrogationis L.. hochenwarthi Hochenw., Larentia truncata Hufn., munitata Hb., designata Rott., autumnata Bkh.[2]), caesiata Lang, flavicinctata Hb., subhastata *Nolk.*, affinitata-*turbaria* Stph., alchemillata L., minorata Tr., albulata Schiff., Tephroclystia satyrata Hb., scriptaria H. S., valerianata Hb., Biston lapponarius B., Gnophos sordaria Thbg., Psodos coracina Esp., Pygmaeana fusca Thbg., Fidonia carbonaria Cl., Endrosa irrorella Cl., Anthrocera exulans-*vanadis* Dalm., Acanthopsyche atra L., Crambus furcatellus Zett., myellus Hb., maculalis Zett., Asarta aethiopella Dup., Catastia marginea-*auriciliella* Hb., Scoparia sudetica Z., murana Curt., Titanio schrankiana Hochenw., phrygialis Hb., Pionea inquinatalis Z., nebulalis Hb., decrepitalis H. S., Tortrix rolandriana L., osseana Scop., Clysia rutilana Hb., deutschiana Zett., Argyroploce schultziana F., schaefferana Hd., bipunctana F., hercyniana Tr., urticana

[1]) Meine Verzeichnisse machen auf Vollständigkeit nicht Anspruch, ich habe vielmehr lediglich eine Anzahl prägnanter Beispiele herausgegriffen und manches Zweifelhafte beiseite gelassen.

[2]) Die Angaben über das Vorkommen der L. dilutata Bkh. in Nordeuropa sind falsch. Alle angeblichen «dilutata» aus dem Norden, welche Püngeler nachprüfen konnte, erwiesen sich als autumnata Bkh., auch die von O. Herz in den verschiedenen Teilen Nordsibiriens und die von Wocke vor 50 Jahren auf dem Dovrefjeld gefangenen Stücke.

Hb., rivulana Sc., mygindana Schiff., arbutella Z., Olethreutes metallicana Hb., Ancylis myrtillana Tr., unguicella L., un cana Hb., Epinotia quadrana Hb., nanana Tr., diniana Gn., cruciana L., mercuriana Hb., ericetana Hd., Epiblema nemorivaga Tgstr., Hemimene alpestrana H. S., Pterophorus osteodactylus Z., Gelechia infernalis H. S., continuella Z., virgella Thbg., viduella F., Lithocolletis junoniella Z., Cataplectica auromaculata Frey, Swammerdamia conspersella Tgstr., Lypusa maurella F., Scardia tessulatella Z., Mymecozela ochraceella Tgstr., Incurvaria vetulella Zett., rupella Schiff., Hepiolus fusconebulosa de Geer.

2. Zu dieser Reliktenfauna darf sicherlich auch ein Teil derjenigen Arten und Formen gerechnet werden, die als bodenständige ausschliesslich die Schweiz oder doch die Alpenkette bewohnen.

Eine scharfe Abgrenzung dieser Gruppe gegenüber der nachfolgenden ist jedoch nicht möglich, weil die Einwanderungszeit nur für wenige Arten mit einiger Wahrscheinlichkeit zu ermitteln ist.

a. Ausschliesslich der Schweiz gehören an:

Maniola christi Rätz., Agrotis rhaetica Stdg.[1]), vallesiaca B.[2]), Dasypolia ferdinandi Rühl, Caradrina selini-*jurassica* R.-St., wullschlegeli Püng.[3]), Larentia püngeleri Stertz, varonaria Roug., Lythria plumularia Frr., Tephroclystia dissertata Püng., thalictrata Püng., Psodos bentelii Rätz., Arctia cervini

---

[1]) Die Artberechtigung der Agr. rhaetica Stdg. ist durch Aurivillius festgestellt. Sie ist zweifellos ein Relikt, welches im Norden A. sincera H. S., in Sibirien A. laetabilis Zett., albuncula Ev., gelida Sp.-Schn., vega Herz und leucocyma Hamps. zu Verwandten hat.

[2]) Agr. vallesiaca B. findet sich nach Millière auch in den Seealpen und hat in Agr. valesiaca Ev. (in den Sammlungen meist irrig als squalorum Ev. bezeichnet) bei Sarepta eine sehr nahe, vielleicht nicht artlich verschiedene Verwandte, an die sich viele zentralasiatische Arten eng anschliessen. Sie ist ebenfalls ein Relikt der einst über einen grossen Teil Europas verbreiteten Steppenfauna.

[3]) Car. wullschlegeli Püng. ist mit Sicherheit nur von Zermatt bekannt. Formen von Uralsk und Amasia stehen aber sehr nahe und lassen darauf schliessen, dass auch diese Art gleich den meisten Caradrinen ein sibirisches Faunenelement ist.

Fallou[1]), Bankesia alpestrella Hein., Crambus zermattensis Frey, Heliothela praegalliensis Frey, Cacoecia striolana Rag., Olethreutes valesiana Rbl., Semasia mirificana Frey. Epiblema monstratana Rbl., chavanneana Lah., Depressaria cotoneastri Nick., absinthivora Frey, Teleia erschoffi Frey, killiasi Frey, Nothris obscuripennis Frey. Lita steudeliella Frey, samadensis Pfaff., cacuminum Frey, excelsa Frey, rougemonti Rbl., Bryotropha tectella H. S., Mompha jurassicella Frey. Coleophora nigricornis Hein., albisquamella H. S., niveistrigella Wck., valesianella Z., collina Frey, mediostrigata Frey. brigensis Frey, albulae Frey, Ornix pfaffenzelleri Frey. Bucculatrix valesiaca Frey. Elachista longipennis Frey, sublimis Frey, infuscata Frey. spectrella Frey, exiguella Frey, juliensis Frey, occidentalis Frey, mühligiella Frey, Scythris speyeri Hein., Swammerdamia caflischiella Frey, Argyresthia reticulata Stdg., huguenini Frey, trifasciata Stdg., marmorata Frey. Nepticula bolli Frey. schleichiella Frey.

b. Auf das Gebiet der Alpenkette sind beschränkt:

Oeneis aëllo Hb., Coenonympha satyrion Esp., Eriogaster arbusculae Frr., Agrotis lorezi Stdg., culminicola Stdg., wiskotti Stdfs., Anarta nigrita B., Biston alpinus Sulz.. Gnophos zelleraria Frr.. andereggaria Lah., Psodos alticolaria Mn., Endrosa aurita Esp., Sciopterа plumistrella Hb.. Asarta alpicolella Z., Crambus spuriellus Hb.. combinellus Schiff., pyramidellus Tr., luctiferellus Hb.. Orenaia lugubralis L., helveticalis H. S.. Pyrausta murinalis F. R., sororialis Heyd., Sphaleroptera alpicolana Hb., Exapate duratella Heyd., Argyroploce spuriana Hd., Olethreutes scoriana Gn., Lipoptycha bugnionana Dup., Pterophorus rogenhoferi Mn., Depressaria alpigena Frey, heydeni Z., Anchinia grisescens Frey, Symmoca signella Hb., Gelechia holosericella H. S., praeclarella H. S., ochripalpella Frey, petasitae Pfaff., elatella H. S., Lita diffluella Hein., Coleophora rectilineella F. R., Bucculatrix fatigatella Heyd., jugicola H. W., Cataplectica statariella Heyd., Scythris glacialis Frey, Adela albicinctella Mn., Nepticula dryadella Hofm.

---

[1]) *Arctia cervini* Fallou steht ganz isoliert und hat auch in Sibirien oder Mittelasien keine näheren Verwandten.

c. Dazu kämen die folgenden europäisch-endemischen (nicht alpinen) Arten:

Melitaea parthenie Bkh., Nemeobius lucina L., Lemonia taraxaci Esp., Lophopterix carmelita Esp., Drymonia querna F., Ochrostigma melagona Bkh., Eriogaster catax L., Panthea coenobita Hb., Agrotis stigmatica Hb., umbrosa Hb., Hadena platinea Tr., Aporophila lutulenta Bkh., Cocnobia rufa Hw., Orthosia humilis F., Xanthia aurago F., Orrhodia vaupunctatum Esp., Heliaca tenebrata Sc., Codonia orbicularia Hb., Lobophora sertata Hb., Operophthera boreata Hb., Tephroclystia strobiliata Hb., cauchyata Dup., Ennomos fuscantaria Hw., Boarmia angularia Thbg., jubata Thbg., Fumea comitella Brd.. Platytes cerussellus Schiff., Schoenobius forficellus Thbg., Cledeobia angustalis Schiff., Scoparia laetella Z., truncicolella Stt., Pionea prunalis Schiff., Bembecia hylaeiformis Lasp.

3. Die dritte Vergletscherung war von einer «Xerothermischen Periode» gefolgt. Das damals eingetretene ausgesprochen kontinentale Klima begünstigte eine bedeutende Einwanderung der Steppenflora und Fauna. Diese Steppenbewohner vermochten grossenteils die vierte Eiszeit zu überdauern und erst durch die spätere Waldperiode wurden sie, bis auf eine Anzahl Relikte, wieder nach Osten zurückgedrängt.

Als hauptsächlichste Refugien, in welche bei Eintritt der letzten Vereisung oder vor der hereinbrechenden Waldflora, gleich der Steppenflora, auch die Falterwelt geflohen sein mag, fallen für unser Land in Betracht: das untere Wallis zwischen Brig und dem Genfersee, im welchem die heutigen xerothermischen Kolonien bis weit in die Seitentäler hineinreichen; das Domleschg von Thusis bis Rothenbrunnen; die Südhänge der Juraketten von der Dôle bis zum Randen; die südlich geneigten Halden der Seen- und Föhnzone am Nordfusse der Alpen: Hasli- und Gadmental, Urseren- und Reusstal; das Rheintal von Chur bis Altstätten.[1])

[1]) Briquet macht als xerothermische Kolonialgebiete für die alpinen Gegenden der Umgebung des Genfersees namhaft:

1. Das Gebiet der Arve. Es erstreckt sich den Talhängen des rechten Ufers dieses Flusses entlang von Marcellaz bis Servoz.

2. Das Gebiet des Giffre. Zwischen Lucinges und Balme.

Als derartige xerothermische Relikte sind die folgenden Mitglieder unserer Falterwelt anzusehen:

Celerio hippophaës Esp. (Rasse der bienerti Stdg.). Agrotis vallesiaca B. (Rasse von squalorum Ev.), Mamestra cavernosa Ev., Dianthoecia magnoli B., Polia suda H. G. (Rasse der jonis Ld.), Caradrina rougemonti Spuler (Rasse der cinerascens Tgstr.), Euterpia loudeti B., Plusia gutta Gn.. Apopestes hirsuta Stdg., Trichosoma parasita Hb., Anthrocera carniolica Scop. u. v. a.

Zu den in der zweiten Gruppe genannten «bodenständigen» Arten müssen also eine grössere Zahl aus wärmer gelegenen Gebieten eingewandert sein. Als Auswanderungsgebiete würden hauptsächlich Sibirien und Kleinasien in Betracht fallen, sodann die Mittelmeerländer und die anstossenden subtropischen Gebiete. Diese Faunenbestandteile konnten durch das Donautal und der Nordküste des Mittelmeeres entlang die südlichen Alpentäler und von dort weiter das Innere des Landes erreichen. Bequeme Wege boten die grossen Flusstäler der Rhone, der insubrischen Seen, des Rheines und (in beschränktem Masse) des Doubs und Inn, längs welcher sich die Einwanderung vieler Arten nachweisen lässt. Aber es ist sicher, dass auch zahlreiche Arten die Alpen überflogen haben. Diese Einwanderung wird auch heute noch fortgesetzt. Sei es, dass Wanderungen von ganzen Schwärmen stattfinden: Pieris brassicae L., Pyrameis cardui L., Herse convolvuli L., Lymantria monacha L. Sei es, dass einzelne Individuen, einem gewissen Wandertriebe folgend, sich periodisch einstellen: Tarucus telicanus Lang.

---

3. Das Gebiet von Bellevaux. Von Vailly bis Abbaye.

4. Das Gebiet der Bioge. Von Feterne bis Clenand.

5. Das Gebiet von Abondance. Zwischen Chevenoz und la Chapelle.

6. Das Seegebiet. Von St. Cergues über Thonon bis in die Gegend von St. Maurice.

Eine systematische entomologische Durchforschung dieser Refugien müsste eine dankbare Aufgabe sein. Es ist wahrscheinlich, dass dort noch heute mancherlei Interessantes, vielleicht Neues aufzufinden wäre!

Polyommatus baeticus L., Acherontia atropos L., Deilephila nerii L., Celerio livornica Esp., Hippotion celerio L., Agrotis saucia Hb., Heliothis armigera Hb., peltigera Schiff., Larentia fluviata Hb., Utetheisa pulchella L. u. v. a. Beweise dieser fortgesetzten Wanderungen bilden das häufige Auffinden von auf Eis und Firnschnee erstarrten Schmetterlingen, welche durchaus nicht der alpinen Fauna angehören. Es kann diese Erscheinung ja wohl auch mit Windströmungen zusammenhängen, aber auch bei völliger Windstille sind Ballonfahrer in grösseren Höhen Schmetterlingen begegnet. Weiter hat gewiss auch der durch die Eisenbahnen gesteigerte Weltverkehr in manchen Fällen zur Einwanderung beigetragen.

Es ist eine sehr erhebliche Zahl von Faltern, von denen angenommen werden muss, dass sie durch postglaciale Einwanderung zu uns gelangt sind. Dabei übergehe ich alle diejenigen Arten, welche als «mitteleuropäische» allgemein verbreitet erscheinen. Ich beschränke mich auf die Aufzählung einer Anzahl besonders charakteristischer Einwanderer in unser Faunengebiet, welche dagegen in Mitteleuropa nicht allgemein verbreitet sind. Dabei sind zu unterscheiden:

a. Sibirisch-orientalische Einwanderer:

Limenitis rivularis Scop., Argynnis pandora Schiff., Eumenis cordula F., Libythea celtis L. F., Chrysophanus dispar-*rutilus* Wernb., Saturnia pyri Schiff., Agrotis musiva Hb., cos Hb., vitta Hb., Dianthoecia luteago Hb., irregularis Hufn., Valeria oleagina F., Episema glaucina Esp., Polia polymita L., Polyphaenis sericata Esp., Cirrhoedia ambusta F., Caradrina terrea Frr., Micra dardouini B., polygramma Dup., purpurina Hb., Calpe capucina Esp., Telesilla amethystina Hb., Plusia deaurata Esp., variabilis Piller, v argenteum Esp.[1]), aemula Hb., Aedia funesta Hb., Catocala puerpera Gior., Acidalia trilineata Scop., Anaitis lithoxylata Hb., Larentia achromaria Lah., Tephroclystia linariata F., Ennomos quercaria Hb., Nychiodes lividaria Hb., Boarmia perversaria

[1]) Plusia v argenteum Esp. besitzt in ornata Brem. eine sehr nahe, nur durch Färbung und geringe Zeichnungsverschiedenheiten getrennte Verwandte, dürfte also ebenfalls sibirischen Ursprunges sein.

B., selenaria S. V., Anthrocera carniolica Scop., Crambus luteellus Schiff., mytilellus Hb., Nyctegretis achatinella Hb., Salebria cingilella Z., Rhodophaea rosella Sc., Myelois cribrella Hb., Perinephila lancealis Schiff., Agrotera nemoralis Scop., Phlyctaenodes palealis Schiff., verticalis L., sticticalis L., Pionea rubiginalis Hb., olivalis Schiff., Pyrausta sambucalis Schiff., flavalis Schiff., Amphisa gerningana Schiff., Dichelia grotiana Fab., Cacoecia sorbiana Hb., strigana Hb., Phalonia badiana Hb., Argyroploce umbrosana Frr., Chamaesphecia annellata Z., Dipsosphecia uroceriformis Tr., Rhinosia sordidella Hb., Monopis rusticella Hb.

b. Mediterraner oder tropischer Herkunft sind:

Euchloë euphenoides Stdg., Gonepterix cleopatra L., Pyrameis cardui L., Maniola evias God., Eumenis statilinus Huf., Tarucus telicanus Lang, Polyommatus baeticus L., Lycaena escheri Hb.[1]), jolas O., Carcharodus baeticus Rbr., Scelothrix malvoides Elw., Herse convolvuli L., Acherontia atropos L., Deilephila nerii L., Celerio livornica Esp., Hippotion celerio L., Bryophila simulatricula Gn., Agrotis saucia Hb., trux Hb., crassa Hb., Polia dubia Dup., xanthomista Hb., Eriopus latreillei Dup., Caradrina exigua Hb., flavirena Gn., aspersa Rbr., Xylina mercki Rbr., Calophasia platyptera Esp., Eutelia adulatrix Hb., Plusia ni Hb., Grammodes algira L., Apopestes spectrum Esp., Hypena obsitalis Hb., Hypenodes costaestrigalis Stph., Acidalia virgularia Hb., confinaria H. S., Larentia fluviata Hb., Hemerophila abruptaria Thbg., nychthemeraria H. G., Utetheisa pulchella L., Arctia quenseli Payk.[2]) Euprepia pudica Esp., Lithosia caniola Hb., Anthrocera stoechadis-*dubia* Stdg., Fumea crassiorella Brd., Plodia interpunctella Hb., Mecyna polygonalis Hb., Pionea ferrugalis Hb., Pyrausta sanguinalis L., Commophila rugosana Hb., Bedellia somnulentella Z., Blabophanes ferruginella Hb.

[1]) Lycaena escheri Hb. scheint in der Ausbreitung nach Osten hin begriffen zu sein, wenigstens wird sie erst seit 1887 auch in Graubünden gefunden (Hauri).

[2]) *Arctia quenseli* Payk. steht unter den Palearkten ganz isoliert (cervini Fallou ist ihr nicht näher verwandt), hat aber in Nordamerika, wo sie ebenfalls vorkommt, eine ganze Reihe Verwandte, so dass ihre ursprüngliche Heimat dort zu suchen ist.

c. Die Verbreitung der Schmetterlinge macht sich nicht schrittweise wie bei den Pflanzen, sie geschieht vielmehr sprungweise, ähnlich derjenigen der Zugvögel. Trotzdem vermag ich die nachfolgenden Arten vorläufig nur als zufällige Einwanderer zu betrachten:

Melanargia lachesis Hb., Marumba quercus Schiff., Spatalia argentina Schiff., Attacus cynthia L., Acronycta abscondita Tr., Agrotis erythrina Rbr., agathina Dup., larixia Gn., fennica Tausch., puta Hb., Mamestra treitschkei Hb., Luperina zollikoferi Frr., Episema scoriacea Esp., Ulochlaena hirta Hb., Trigonophora flammea Esp., Helotropha leucostigma Hb., Cucullia argentea Huf., Mycteroplus puniceago B., Acontia lucida Huf., Micra parva Hb., Plusia aurifera Hb., Toxocampa limosa Tr., Acidalia lutearia Const. (?), litigiosaria B., consolidata Ld. (?), sodaliaria H. S. (?), obsoletaria Rbr. (?), politata Hb. (?), filicata Hb., subtilata Christ (?), Rhodostrophia sicanaria Z., Ochodontia adustaria F., Rhodometra sacraria L., Ortholitha peribolata Hb., Lythostege farinata Huf., Lygris pyropata Hb. (?), Larentia cupressata H. G., bulgariata Mill. (?), pupillata Thbg., Tephroclystia conterminata Z. (?), silenicolata Mab., callunae Spr., Hypoplectis adspersaria Hb., Gnophos respersaria Hb. (?), pentheri Rbl. (?), Fidonia roraria F., Eurranthis plumistaria Vill., Cleogene niveata Sc., Nola ancipitalis H. S., Spilosoma luctuosa H. G., Anthrocera erythra Esp., hilaris O., Procris manni Ld., Acanthopsyche zelleri Mn. (?), Amicta lutea Stdg. (?), Oreopsyche vesubiella Mill. (?), angustella Hb. (?), Psyche constancella Brd. (?), viadrina Stdg. (?), Apteroma helicinella H. S. (?), Rebelia sappho Mill. (?), surientella Brd. (?), nudella O. (?), Fumea subflavella Mill. (?), norvegica Heyl. (?), Dyspessa ulula Bkh., Yponomeuta vigintipunctatus Retz. Tiere, deren zeitweiliges Auftreten kaum auf andere Art erklärt werden kann. Immerhin ist nicht ausgeschlossen, dass bei einigen derselben, trotz aller Vorsicht, Irrtümer in der Bestimmung oder im Fundort vorgekommen sind. Es ist aber bemerkenswert, dass die meisten dieser «zufälligen Einwanderer» im Rhone-, Rhein- oder Tessintal getroffen wurden.

III

4. Lokalrassen. Wir reichen mit den bisherigen Rangierungsversuchen nicht aus. Es muss vielmehr angenommen werden, dass einige wenige Arten (?) oder Formen, welche sich ausschliesslich bei uns finden und sonst überall fehlen, ihre Entstehung lokalen Einflüssen danken, also nicht entweder als Relikte einer voreiszeitlichen Periode zurückgeblieben, noch nachträglich eingewandert sind. Oder dieselben sind doch wenigstens durch Anpassung an besondere geologische und klimatische Verhältnisse zu lokalen Erscheinungen umgestaltet worden. In dieser Hinsicht sei darauf aufmerksam gemacht, dass die grauen und braunen Schmetterlingsformen, besonders Noctuen und Geometriden, im Jura Neigung zu auffallendem Hellerwerden zeigen, als Anpassung an die weissen Kalkformationen, im Wallis dagegen viel dunkler und reiner grau werden, so dass eine gewisse lokale Entwicklung oder Umformung, in beschränktem Masse natürlich, festgestellt werden kann. Als Beispiele führe ich nur an:

Papilio podalirius-*valesiaca* Verity, Melitaea dejone-*berisali* Rühl[1]), Maniola euryale-*helvetica* m., Chrysophanus virgaureae-*zermattensis* Fallou[2]), Lycaena sephyrus-*lycidas* Trapp[3]), Agrotis rectangula-*andereggi* B., multifida-*sanctmoritzi* Bang- H.[4]), Polia ruficincta-*mucida* Gn., xanthomista-*nivescens* Stdg., suda H. G.[5]), Caradrina selini-*jurassica* R.-St.[6]), Xylina lapidea-*sabinae* H. G., Cucullia santonici-*odorata* Gn.[7]), Acidalia callunetaria-*vallesiaria* Püng.[8]), infidaria-*primordiata* Rätz., nebulata-*vallesiaria* Lah., pünge-

---

[1]) Melitaea berisali Rühl ist ein Ausläufer der mediterranen dejone H. G., Tessiner Exemplare Ghidinis scheinen dieser Art sehr nahe zu stehen.

[2]) Chrys. virgaureae-*zermattensis* Fallou ist eine der unzähligen Lokalformen dieser so ungemein veränderlichen Art.

[3]) Lyc. sephyrus-*lycidas* Trapp. Die typische sephyrus Friv. ist ein sibirisches Faunenelement, welches sich bei uns in dieser Lokalform erhalten hat.

[4]) Agr. multifida-*sanctmoritzi* B.-H. Von der typischen Form scheint nur das Original aus Armenien bekannt zu sein. Alle im Tirol und Engadin gefangenen Exemplare gehören zu sanctmoritzi B.-H.

[5]) Polia ruficincta-*mucida* Gn. und xanthomista-*nivescens* Stdg. sind durch Anpassung an den weissen Untergrund heller gewordene Kalkformen. P. suda H. G. tritt in Kleinasien in der Form jonis Ld. auf,

leri Stertz, varonaria Roug.[9]), Dasydia tenebraria-*wochearia* Stdg., Parasemia plantaginis-*matronalis* Fr., Endrosa irrorella-*riffelensis* Fallou, irrorella-*andereggi* H. S., aurita-*ramosa* F., aurita-*sagittata* Rätz., Anthrocera lonicerae-*major* Frey, scabiosae-*conjuncta* Calb., Oreopsyche atra-*valesiella* Mill., Crambus zermattensis Frey, caducellus Rbl., Pionea pandalis-*bergünensis* Z., Amblyptilia cosmodactyla-*stachydalis* Frey, Depressaria libanotidella-*laserpitii* Nick., Telcia killiasi-*succinctella* Z., um nur einige besonders charakteristische Tiere zu nennen.

So gelange ich also dazu, anzunehmen, dass unsere heutige Schmetterlingsfauna sich gebildet haben wird: aus Relikten, durch Einwanderung und durch lokale Entwicklung.

Was die Frage der Verteilung der Falterarten innerhalb unseres Territoriums anbetrifft, so gibt hierüber meine Arbeit detaillierte Auskunft. Hier sei nur auf wenige Punkte aufmerksam gemacht.

1. Ausser den allgemein verbreiteten «mitteleuropäischen» Arten ziehen einmal diejenigen unsere Aufmerksamkeit auf sich, welche nur den Alpen angehören, dem Mittelland und Jura aber fehlen. Eine strenge Scheidung gegenüber der nachfolgenden vierten Gruppe ist aber natürlich nicht immer durchführbar. Hieher sind zu rechnen:

Parnassius phoebus sacerdos Stich., Pieris callidice Esp.,

---

was darauf schliessen lässt, dass sie orientalischen Ursprungs ist und bei uns eine Umwandlung erfahren hat.

[6]) Car. *jurassica* R.-St. ist Kalkform der selini B. und durch alle Uebergänge mit dieser verbunden.

[7]) Cuc. santonici Hb. ist ein Relikt der Steppenzeit und hat sich im Wallis und den Seealpen zur hellern, schwächer gezeichneten Form *odorata* Gn. umgebildet.

[8]) Acid. callunetaria-*vallesiaria* Püng. ist ein Ausläufer dieser Art, die sich von Nordafrika, Spanien und Frankreich in wechselndem Aussehen bis in die Walliser Alpen verbreitet.

[9]) Lar. püngeleri Stertz dürfte als westlichste Vertreterin von austriacaria H. S. anzusehen sein. Zwischenformen werden sich wohl noch finden. Eine derselben, die freilich der püngeleri nahesteht, ist varonaria Roug.

Colias phicomone Esp., Melitaea maturna-*wolfensbergeri* Frey, cynthia Hb., Brenthis thore Hb., Maniola epiphron-*cassiope* F., melampus Füssl., flavofasciata Heyne, eriphyle Frr., christi Rätzer, mnestra Hb., pharte Hb., manto Esp., ceto Hb., oeme Hb., evias God., nerine Frr., glacialis Esp., goante Esp., gorge Esp., lappona Esp., tyndarus Esp., Oeneis aello Hb., Coenonympha satyrion Esp., Lycaena orbitulus Esp., pheretes Hb., donzeli B., Scelothrix cacaliae Rbr., andromedae Wallgr., Eriogaster arbusculae Frr., Agrotis hyperborea Zett., rhaetica Stdg., ocellina Hb., lucernea L., helvetina B., culminicola Stdg., wiskotti Stdfs., simplonia H. G., fatidica Hb., Dianthoecia tephroleuca B., Bryophila galathea Mill., Miana captiuncula Tr., Hadena zeta Tr., maillardi H. G., rubrirena Tr., Dasypolia templi Gn., ferdinandi Rühl, Leucania andereggi B., Hiptelia ochreago Hb., Omia cymbalariae Hb., Anarta nigrita B., melanopa-*rupestralis* Hb., funebris Hb., Plusia aemula Hb., hochenwarthi Hochenw., devergens Hb., Larentia incursata Hb., nobiliaria H. S., incultaria H. S., Tephroclystia undata Frr., dissertata Püng., pernotata Gn., thalictrata Püng., Biston lapponarius B., alpinus Sulz., Gnophos canaria Hb., zelleraria Frr., andereggaria Lah., caelibaria H. S., operaria Hb., Dasydia tenebraria Esp., Psodos alticolaria Mn., frigidata Roug., coracina Esp., trepidaria Hb., bentelii Rätz., Pygmaena fusca Sebaldt, Cleogene lutearia F., Spilosoma sordida Hb., Arctia flavia Füssl., maculosa-*simplonica* Bsd., cervini Fallou, quenseli Payk., Lithosia cereola Hb., Anthrocera exulans Hochenw., Scioptera tenella Spr., Sterrhopterix standfussi H. S., Crambus spuriellus Hb., rostellus Latr., radiellus Hb., furcatellus Zett., luctiferellus Hb., Scoparia valesialis Dup., Orenaia lugubralis L., helveticalis H. S., rupestralis Hb., alpestralis F., Titanio pyrenaealis Dup., schrankiana Hochenw., phrygialis Hb., Pyrausta murinalis F. R., rhododendronalis Dup., Sphaleroptera alpicolana Hb., Chalonia deutschiana Zett., Exapate duratella Heyd., Argyroploce *spuriana* Hd., schaefferana Hd., noricana Hd., Epinotia mercuriana Hb., Epiblema nemorivaga Tgstr., Hemimene ligulana H. S., harpeana Frey, chavanneana Lah., cacaleana H. S., Lipoptycha alpigenana Hein., bugnionana

Dup., Depressaria alpigena Frey, heydeni Z., laserpitii Nick., Gelechia dzieduszykii Now., perpetuella H. S., interalbicella H. S., Anchinia grisescens Frey, laureolella H. S., Scythris glacialis Frey, Epermenia scurella H. S., Coleophora fulvosquamella H. S., Melasina lugubris Hb., Hepialus carna Esp., u. a.

2. Den Alpen und dem Jura sind gemeinsam, fehlen dagegen dem Mittellande und dessen Höhenzügen:

Colias palaeno-*europome* Esp., Chrysophanus virgaureae L., hippothoë L., amphidamas Esp., Lycaena optilete-*cyparissus* Hb., Brenthis, pales-*arsilache* Esp., Maniola stygne O., pronoë-*pitho* Hb., Malacosoma alpicola Stdg., Agrotis strigula Thbg., alpestris B., recussa Hb., speciosa Hb., multangula Hb., cuprea Hb., decora Hb., grisescens Tr., latens Hb., Mamestra marmorosa-*microdon* Gn., glauca Hb., proxima Hb., Dianthoecia caesia Bkh., Hadena illyria Frr., Mythimna imbecilla F., Calocampa solidaginis Hb., Anarta cordigera Thbg., Larentia taeniata Stph., aptata Hb., turbata Hb., kollariaria H. S., cyanata Hb., caesiata Lang, infidaria Lah., alpicolaria H. S., tophaceata Hb., nebulata Tr., scripturata Hb., molluginata Hb., affinitata Stph., albulata Schiff., minorata Tr., ruberata Fr., comitata L., Tephroclystia silenata Stdfs., veratraria H. S., arceuthata Frr., Phibalapterix lapidata Hb., Numeria capreolaria F., Gnophos ambiguata Dup., pullata Schiff., dilucidaria Hb., Psodos alpinata Sc., quadrifaria Sulz., Parasemia plantaginis L., Ino geryon Hb., Psyche viciella Schiff., Crambus coulonellus Dup., pyramidellus Tr., Scoparia murana Curt., Pionea nebulalis Hb., Pyrausta alpinalis Schiff., nyctemeralis Hb., Olethreutes hercyniana Tr., scoriana Gn., Conchylis aurofasciana Mn., Stenoptilia coprodactyla Z., lutescens Z., Hepialus fusconebulosa de Geer, ganna Hb.

3. Ausser den «mitteleuropäischen» und den eben genannten «alpinen Arten» besitzt der Jura auffallend viele mediterrane Typen, welche er teils aus dem Rhonetal, teils von den Doubs- oder Rheintälern her erhalten haben dürfte.

Eine eigene Fauna, welche der übrigen Schweiz fehlt, zeigt er nur in bescheidenem Masse; sehen wir ab von einigen Zustandsformen, welche bisher nur im dortigen Gebiet vorgekommen sind. Als Vertreter der jurassischen Lokalfauna dürfen angesehen werden:

Parnassius apollo-*nivatus* Fruhst., Colias palaeno-*jurassica* Verity, Eumenis fagi-*selene* Fourcr., alcyone-*vivilo* Fruhst., Limantria dispar-*disparoides* Gillm., Dianthoecia xanthocyanea-*luteocincta* Rbr., Hydroecia petasitis Dbld., Caradrina selini-*jurassica* R. St., pulmonaris Esp., Neocomia satinea Roug., Cucullia prenanthis Bsd., Brephos puella Esp., Codonia quercimontaria Bast., Tephroclystia inturbata Hb., Arctia aulica L., Anthrocera carniolica-*jurassica* Blach., fausta-*segregata* Blach.

4. Weiter nehmen diejenigen Arten unser Interesse in Anspruch, welche innerhalb unseres Landes eine Grenzlinie für ihre Verbreitung finden, die sie gewöhnlich nicht überschreiten.

a. Eine **Nordgrenze**, gebildet etwa durch die Rhein-Rhonelinie von Chur bis Martigny finden im Gebiet:[1])

Zerynthia polyxena Schiff.[s], Pieris manni Mayer, Euchloë euphenoides Stdg.[s], Gonepterix cleopatra L., Neptis lucilla F.[s], Polygonia egea Chr.[s], Melitaea dejone-*berisali* Rühl[W], britomartis Assm.[s], Argynnis pandora Schiff.[W], Maniola flavofasciata Heyne, christi Rätz.[s], ceto Hb., evias God., nerine Frr., Eumenis fagi-*albifera* Fruhst., cordula F., Coenonympha ida Esp.[s], oedipus F.[s], Libythea celtis L. F.[s], Chrysophanus alciphron-*gordius* Sulz., Everes alcetas Hb., Lycaena sephirus-*lycidas* Trapp, orion Pall., amanda Schn., meleager Esp., escheri Hb., jolas O., Heteropterus morpheus Pall.[s], Carcharodus baeticus Rbr., Celerio hippophaës Esp., Attacus cynthia L.[s], Eriogaster arbusculae Frr., Agrotis senna H. G., hyperborea Zett., rhaetica Stdg., flammatra F., candelisequa Hb., nychthemera B., culminicola Stdg., wiskotti Stdfs., vallesiaca B., fimbriola Esp., distinguenda Ld.[W], vestigialis Rott.[W], Mamestra serratilinea Tr., Dianthoecia irregularis Hufn.,

---

[1]) Hieher gehören auch die innerhalb des Faunengebietes auf die südliche Schweiz oder das Wallis beschränkten Arten, sie sind im Text durch ein S resp. W hervorgehoben. Die übrigen sind meist im ganzen Gebiet südlich der genannten Linie vorhanden, einige wenige aber nur dem Wallis und Tessin gemeinsam.

Bryophila simulatricula Gn.[w], galathea Mill., Luperina rubella Dup.[w], Ammoconia senex Hb., Polia canescens Dup., Callopistria latreillei Dup.[s], Leucania scirpi Dup., punctosa Tr.[w], Caradrina rougemonti Spul.[w], gilva Donz., Acosmetia caliginosa Hb.[w], Orrhodia torrida Ld.[w], rubiginea-*graslini* Stdg.[w], Xylina lapidea-*sabinae* H. G.[w], merki Rbr., Eutelia adulatrix Hb.[w], Euterpia loudeti B.[w], Acontia lucida Hufn.[w], Micra dardouini B., polygramma Dup.[w], purpurina Hb.[s], ostrina Hb.[w], Calpe capucina Esp., Plusia ni Hb., Grammodes algira L., Catocala puerpera Giorn., dilecta Hb.[s], Apopestes spectrum Esp.[s], Hypenodes taenialis Hb.[w]. costaestrigalis Stph.[w], Acidalia pygmaearia Hb., vesubiata Mill.[w], asellaria H. S.[w], herbariata Fab., Codonia ruficiliaria H. S.[w], Ortholitha octodurensis Favre[w], Larentia achromaria Lah., flavofasciata Thbg., sagittata F., Tephroclystia breviculata Donz., pulchellata Stph., schiefereri Boh., alliaria Stdg.[w], euphrasiata H. S.[w], gemellata H. S.[w], fenestrata Mill.[w], pernotata Gn.[w], denticulata Tr.[w], mayeri Mn.[w], pumilata Hb., Phibalapterix polygrammata Bkh., lapidata Hb., calligrapharia H. S., Crocallis tusciaria Bkh.. Biston lapponarius B., Nychiodes lividaria Hb.[w]. Boarmia perversaria B.[w], selenaria Schiff.[s], Gnophos mucidaria Hb., zelleraria Frr., andereggaria Lah.. Psodos frigidata Roug.[w], Fidonia carbonaria Cl., famula Esp.[w], Eubolia murinaria F., Nola chlamydulalis Hb., albula Schiff., Earias vernana Hb., Syntomis phegea L., Dysauxes punctata F., Arctia testudinaria Foucr., maculosa-*simplonica* Bsd., casta Esp., Euprepria pudica Esp.[s], Paidia murina Hb., Endrosa aurita Esp., Lithosia pallifrons Zell., cereola Hb., Anthrocera stoechadis-*dubia* Stdg., ephialtes L. (typica), charon Hb.[s], Aglaope infausta L.[s], Oreopsyche tabanivicinella Brd.[w], Sterrhopterix standfussi H. S., Rebelia pontbrillantella Brd.[s], pectinella F.[w], Fumea crassiorella Brd., Chamaesphecia triannuliformis Frr.[w], affinis Stdg., uroceriformis Tr.. Crambus contaminellus Hb., zermattensis Frey[w], lithargyrellus Hb., Ancylolomia contritella Z., Etiella zinckenella Tr., Ephestia tephrinella Ld.[w], Phycita coronatella Gn.[w], Pyralis regalis Schiff., Herculia rubidalis Schiff., Actenia brunnealis Tr., Phlyctaenodes virescalis Gn., Simaethis nemorana Hb.[s],

Millieria dolosana H. S.[s], Pelatea festivana Hb.[w], Semasia mirificana Frey[w], Pseeadia aurifluella Hb.[w], Nothris obscuripennis Frey[w], Gelechia rosalbella Folog. W.[w], Metzneria aprilella H. S.[w], Borkhausenia jourdheuillella Rag.[w], Coleophora valesianella Z[w], Bucculatrix valesiaca Frey[w], Elachista luticomella Z.[s], cingillella Z., collitella Dup.[s], Scythris speyeri H. W.[w], Yponomeuta mahalebellus Gn.

b. Einige wenige Arten scheinen die Alpen nicht zu überschreiten und in ihnen eine **Südgrenze** zu finden. Es sind:

Coenonympha typhon Rott., Lycaena arcas Rott., Eriogaster rimicola Hb., Selenephera lunigera Esp., Acronycta menyanthidis View., Taeniocampa opima Hb., Cirrhoedia xerampelina Hb., Orthosia laevis Hb., Asphalia ruficollis F., Acentropus niveus Oliv., Argyroploce doubledayana Barr., Trichoptilus paludum Z., Stenoptilia pneumonanthes Schleich.

c. Eine **östliche** Grenze finden im Gebiet d. h. sie sind meist auf die Westschweiz (Genf, Waadt) beschränkt:

Hadena unaminis Tr., Apamea dumerili Dup., Hemerophila nychthemeraria H. G., Selidosoma taeniolaria Hb., Arctinia caesarea G., Crambus saxonellus Zck., Brephia compositella Tr., Scoparia phaeoleuca Z., resinea Hw., Epiblema asseclana Hb., coulernana Dup.

d. Endlich kommen ausschliesslich der **Ostschweiz** (meist nur Graubünden) zu:

Melitaea asteria Frr., Agrotis multifida-*sanctmoritzi* B. H., lorezi Stdg., Mamestra cavernosa Ev., Luperina standfussi Wisk., Larentia alaudaria Frr., Crambus maculalis Zett., Epiblema thapsiana Z., Trochilium rufibasalis Bart., Pseeadia flavitibiella H. S., Anchinia grisescens Frey, Depressaria silerella Stt., cotoneastri Nick., Incurvaria splendidella Hein., Adela albicinctella Mn.

Versuch einer Uebersicht über die Horizontalverbreitung und Verteilung auf die Faunengebiete.

I. Papilionidae — Brephidae.[1])

	Faunengebiete	Schweiz			U		M		N		J		O		V		W		S		G	
	Familien	Arten	Formen	?	Arten	Formen	Arten	Formen	Arten	Formen	Arten	Formen	Arten	Formen	Arten	Formen	Arten	Formen	Arten	Formen	Arten	Formen
	Rhopalocera.																					
I.	Papilionidae	6	60	5	4	19	2	7	2	11	3	20	4	34	3	18	4	41	5	29	4	35
II.	Pieridae	18	64	5	13	16	10	12	11	16	10	27	13	17	13	33	14	32	16	19	13	23
III.	Nymphalidae	95	273	31	67	65	48	46	48	45	56	70	62	77	57	95	76	157	81	109	78	103
IV.	Erycinidae	1	1	—	1	—	1	—	1	—	1	—	1	—	1	1	1	—	1	—	1	—
V.	Lycaenidae	49	178	8	35	33	33	22	19	13	40	57	35	31	38	76	46	100	43	73	41	44
	Netrocera.																					
VI.	Hesperidae	23	20	4	14	2	15	—	14	1	17	3	16	5	17	6	21	15	21	5	18	2
VII.	Sphingidae	21	37	14	18	7	17	13	17	9	19	15	17	6	18	14	19	13	19	7	18	7
VIII.	Notodontidae	33	5	12	30	1	32	1	29	1	32	1	20	—	27	1	28	8	22	—	27	2
IX.	Thaumatopocidae	2	1	—	1	—	1	—	1	—	2	—	—	—	2	—	2	—	1	1	2	—
X.	Drepanidae	7	2	4	6	2	7	2	7	2	7	2	2	1	2	1	6	2	3	1	5	2
XI.	Saturniidae	4	3	7	1	1	1	1	1	—	1	1	1	—	2	—	2	2	3	2	1	—
XII.	Lemoniidae	2	—	—	2	—	2	—	1	—	2	—	1	—	1	—	2	—	1	—	1	—
XIII.	Endromididae	1	—	—	1	—	1	—	1	—	1	—	1	—	1	—	1	—	1	—	1	—
XIV.	Lasiocampidae	20	23	8	15	5	17	11	16	7	20	6	15	8	15	2	18	10	17	7	18	10
XV.	Lymantriidae	10	8	1	10	2	10	2	9	3	10	5	9	1	9	1	10	4	10	3	10	2
XVI.	Noctuidae	501	293	41	298	62	324	110	321	102	377	110	267	67	304	65	435	175	280	66	355	101
XVII.	Cymatophoridae	10	—	1	7	—	10	—	10	—	10	—	6	—	7	—	9	—	7	—	7	—
XVIII.	Brephidae	3	—	—	2	—	2	—	2	—	3	—	2	—	2	—	2	—	2	—	2	—
		806	968	141	525	215	533	227	510	210	611	317	472	247	519	313	596	559	533	322	602	331

Bemerkungen:

[1]) Mit Berücksichtigung der Nachträge zum I. Bande. In dieser Aufstellung sind die fraglichen Arten und Formen nur in der ersten Hauptkolonne (Schweiz), die Zeichnungsaberrationen der Lycaeniden gar nicht berücksichtigt. Die Tabelle wird im II. Bande fortgesetzt.

Versuch einer Uebersicht über die Höhenverbreitung.

I. Papilionidae — Brephidae.[1])

	Familien	Schweiz			Bis 500 m und darunter		Bis 1000 m		Bis 1500 m		Bis 2000 m		Bis 2500 m		Bis 3000m und darüber		Bemerkungen
		Arten	Formen	?	Arten	Formen	Arten	Formen	Arten	Formen	Arten	Formen	Arten	Formen	Arten	Formen	
	Rhopalocera.																
I	Papilonidae	6	60	5	7	35	5	41	5	44	3	21	2	19	—	—	
II.	Pieridae	18	64	5	15	43	16	37	12	32	11	25	6	10	3	1	
III.	Nymphalidae	95	273	31	62	158	62	134	63	146	43	97	22	49	9	22	
IV.	Erycinidae	1	—	—	1	1	1	—	—	—	—	—	—	—	—	—	
V.	Lycaenidae	49	178	8	44	132	42	90	37	79	24	51	10	20	3	4	
	Netrocera.																
VI.	Hesperidae	23	20	4	20	12	19	8	17	11	8	6	3	3	—	—	
VII.	Sphingidae	21	37	14	19	29	18	9	18	9	5	2	3	—	—	—	
VIII.	Notodontidae	33	5	12	32	2	23	3	13	5	2	—	1	—	—	—	
IX.	Thaumatopoeidae	2	1	—	2	1	1	—	1	—	—	—	—	—	—	—	
X.	Drepanidae	7	2	4	7	2	7	2	1	1	—	—	—	—	—	—	
XI.	Saturniidae	4	3	7	4	2	2	1	2	1	—	1	—	—	—	—	
XII.	Lemoniidae	2	—	—	2	—	2	—	1	—	1	—	—	—	—	—	
XIII.	Endromididae	1	—	—	1	—	1	—	1	—	—	—	—	—	—	—	
XIV.	Lasiocampidae	20	23	8	18	16	17	10	12	10	1	6	1	3	—	—	
XV.	Lymantriidae	10	8	1	10	7	10	7	6	3	2	2	—	—	—	—	
XVI.	Noctuidae	501	294	41	445	229	370	233	275	188	80	78	22	19	7	5	
XVII.	Cymatophoridae	10	—	1	10	—	16	—	7	—	1	—	—	—	—	—	
XVIII.	Brephidae	3	—	—	3	—	2	—	1	—	—	—	—	—	—	—	
		806	968	141	702	669	658	575	472	529	181	289	70	123	22	32	

[1]) Mit Berücksichtigung der Nachträge zum I. Bande. In dieser Aufstellung sind die fraglichen Arten und Formen nur in der ersten Hauptkolonne (Schweiz), die Zeichnungsaberrationen der Lycaeniden gar nicht berücksichtigt. Die Tabelle wird im II. Bande fortgesetzt.

Verzeichnis der benutzten Literatur.[1])

Von den durch * hervorgehobenen Autoren sind schriftliche Beiträge eingelangt.

Abkürzungen im Text.

Agas. = **Agassiz, G.** Catalogue des Variétés et Aberrations de ma collection. Mittlg. S. E. G. X, 237.

Allg. Zeitschr. f. Ent. = **Allgemeine Zeitschrift für Entomologie.** Neudamm 1900 bis 1904.

Aud. = ***Audéoud, Dr. G.** Notices sur les papillons de Conche. Chêne-Bourg 1911.

d'Auriol = ***d'Auriol.** Mittlg. über im Waadtland beobachtete Schmetterlinge. Genf 1911.

Bayer = ***Bayer, L.** Mittlg. über in der Schweiz gefangene Schmetterlinge. Ueberlingen 1911.

Bent. = **Benteli, Rudolf.** Verzeichnis der 1892 in Bern am Licht gefangenen Schmetterlinge. Mittlg. S. E. G. IX, 46.

B. R. = **Berge-Rebel.** Schmetterlingsbuch. 9. Auflage. Stuttgart 1910.

Blach. = ***Blachier, Ch., Prof.** Notizen über in den Kantonen Genf und Waadt beobachtete Schmetterlinge. Genf 1911.

Aberrations nouvelles de Lépidoptères paléarctiques. Bull. Soc. lép. Genève. I, 376.

Bolle = ***Bolle, Emile.** Mitteilungen über die Schmetterlinge von Dombresson. 1911.

Brügger = ***Brügger, H.** Sammlungsnotizen von Olten, Brunnen und Schiers. Olten 1910.

Bull. Soc. lep. Genève = **Bulletin de la Société lépidoptérologique de Genève.**

v. B. = ***von Büren.** Notizen über seit 1880 gefundene Schmetterlinge. Begonnen von Benteli, fortgeführt durch von Büren. Bern 1909.

Cat. Rhop. = **Catalogue des Lépidoptères des Environs de Genève.** I, 1910.

Chapm. = **Chapman, T. A.** Butterflies at Locarno. Ent. Monthl. Mag. XXV, 114.

Lépidoptères at Locarno. Ent. Rec. XI, 352.

Caveng = ***Caveng, J.** Seltene Schmetterlinge von Ilanz. Europ. Wanderbilder No. 256, 49.

Christ = **Christ, H. Dr.** Pflanzenleben der Schweiz. Zürich.

Die Tagfalter und Sphingiden der Umgebung von Basel. Verhdlg. Nat. G. Basel 1877.

---

[1]) Eine möglichst vollständige Zusammenstellung der auf die Schweizer-Fauna bezüglichen lepidopterologischen Publikationen wird in dem von Dr. Steck bearbeiteten Abschnitt der Bibliographie der schweizerischen Landeskunde erscheinen.

Abkürzungen im Text.

Constantini, A. Caccie lepidotterologiche nelle Alpi centrali (Spluga). Ent. Zeitschr. XXIV, 226.

Corresp. Blatt = **Correspondenz-Blatt** für Sammler von Insekten, insbesondere von Schmetterlingen. Regensburg 1860–63.

do. der Internat. Vereinigung von Lepidopt. und Coleopt. Sammlern. Neudamm 1884.

Corti = ***Corti, H., Dr.** Sammlungsverzeichnis der Umgebung von Dübendorf. 1910.

Couleru = **Couleru, M. L.** Catalogue des papillons observés dans les cantons de Neuchâtel et de Berne. Neuchâtel 1879.

Courv. = ***Courvoisier, Prof. Dr.** Die Lycaeniden des Simplon. Soc. Ent. XXII.

Ueber Aberrationen der Lycaeniden. Mittlg. S. E. G. XI, 18.

Ueber Zeichnungs-Aberrationen bei Lycaeniden. Zeitschr. f. wiss. Insektenbiol. 1907.

Uebersicht über die um Basel gefundenen Lycaeniden. Verhlg. Natf. G. Basel 1910.

Entdeckungsreisen und kritische Spaziergänge ins Gebiet der Lycaeniden. Ent. Zeitschr. XXIV, 59 u. folg.

Einige neue oder wenig bekannte Lycaeniden-Formen. Iris XXV, 1911.

Ueber Zeichnungs-Aberrationen bei Lycaeniden. Iris 1912, p. 38.

Zur Nomenklatur der Chrysophanus-Arten. Gub. Ent. Zeitschr. VI, 29.

Culot Noc. = ***Culot, J.** Noctuelles et Géomètres d'Europe. Genève 1909.

D. = **Donso, Dr.** Contribution à l'étude des Sphinges hybrides. Bull. Soc. lép. Genève I, 84. 259. 311.

Katalog der Schwärmerhybriden. Bull. Soc. lép. Genève I, 320.

Dürk, H. Macrolepidopteren-Ausbeute auf dem Stilfserjoch. Soc. Ent. IV, No. 2.

Dz. = ***Dziurzynski, Klemens.** Schriftliche Mitteilungen. Wien. 1912.

Ebert = ***Ebert, Dr.**, Cassel. Ueber einige Aberrationen von Lepidopteren der Casseler Fauna. Festschr. d. V. f. Natk. Cassel.

Ent. Mont. Magaz. = **Entomologist's Monthly Magazine.** London 1890—1911.

Ent. Nach. = **Entomologische Nachrichten.** Berlin 1890—1900.

Ent. Rec. = **The Entomologist's Record and Journal of Variation.** London 1890—1911. (Enthält faunistische Angaben aus den Kantonen Glarus, Uri, Luzern, Tessin, Waadt, Genf, Wallis und Graubünden, sowie über Gotthard und Jura).

Ent. Zeitschr. = **Entomologische Zeitschrift.** Central-Organ d. Int. Ent. Ver., Guben, Stuttgart, dann Frankfurt. 1887—1912.

Eugster, Anfänge zu einer Lepidopterenfauna des Thurgau. Frauenfeld 1879.

Favre = **Favre, E.** Faune des Macro-Lépidoptères du Valais. Schaffhouse 1899. Mit handschriftlichen Nachträgen von F. de Rougemont und A. Wullschlegel.

Abkürzungen im Text.

Supplément à la Faune des Macro-Lépidoptères du Valais. Mittg. S. E. G. XI. 145 und Beilage zu Bd. XI, Heft 1.

Nouvelle étude sur les Eupithecies du Valais. Mittlg. S. E. G. X, 360.

Favre, P. = **Favre, P.** Note sur quelques Lépidoptères des Gorges de l'Areuse. Le Rameau de Sapin. No. 1. 2. 1911.

Fschr. = ***Fischer, E., Dr.** Beiträge zur Experimentellen Lepidopterologie. III. Zeitschr. f. Ent. Neudamm 1898.

Atalantas Winterschlaf. Soc. Ent. XXI, 57.

Zur Physiologie der Aberrationen- und Varietäten-Bildung der Schmetterlinge. Archiv f. Rass. u. Ges. Biolog. 4. Jahrg., Heft 6.

Neues über die Nonne aus einem alten Buche. Ent. Zeitschr. XXII, 225.

Neue Tagfalter aus meiner Sammlung. Soc. Ent. XXIII, 129.

Wiederholt gelungene Paarung und Winterzucht von Argynnis latonia L. in der Gefangenschaft. Soc. Ent. XXII, 143.

Ei, Raupe und Puppe von Argynnis pandora Schiff. Soc. Ent. XXV, 85.

Fontana = ***Fontana-Prada, P.** Mitteilungen über bei Chiasso beobachtete Schmetterlinge. 1911.

Frey = **Frey, H. Prof.** Die Lepidopteren der Schweiz. Leipzig 1880.

Nachträge I–IV. Mittlg. S. E. G. VI, VII, VIII.

Frio. I. = **Frionnet, M. C.** Les Premiers Etats des Lépidoptères Français. Rhopalocera. St. Dizier 1906.

Frio. II. Sphingidae-Psychidae. Bombyces-Acronictinae. St. Dizier 1910.

Frio. III. Geometrae (Phalènes). St. Dizier 1904.

Gauckler = **Gauckler, H.** Ein entomologischer Ausflug nach der französischen Schweiz. Ins. Börse XXV.

Ghidini = ***Ghidini, A.** Mitteilungen über tessinische Schmetterlinge. Lugano 1902.

Catalogue sur fiches des papillons du Tessin. Genève 1911.

Gillmer = **Gillmer, M. Dr.** Referat über: The Butterflies of Switzerland etc. Soc. Ent. XVIII, XIX.

v. d. G. = **v. d. Goltz.** Fangplätze alpiner Tagfalter (Berner Oberland, Wallis). Ent. Zeitschr. XXII, 193.

· Noch etwas über Schmetterlingsfang im Wallis. Ent. Zeitschr. XXII, 35.

T. d. G. = ***de Gottrau, Tobie.** Catalogue des Macrolépidoptères recueillis dans le canton de Fribourg de 1876–1906.

Gram. = ***Gramann, A. Dr.** Eine Exkursion ins Wallis. Ent. Zeitschr. XXI.

Eine natürliche Kälteform von Erebia medusa. Gub. Ent. Zeitschr. IV, No. 6.

Ein neuer Fundort von Had. funerea Hein. Gub. Ent. Zeitschr. IV, 171.

Etwas über Lyc. alcon F. Ent. Zeitschr. XXV, Nr. 40.

L

Abkürzungen im Text.

Diverse schriftliche Mitteilungen über die Schmetterlinge von Elgg, Aadorf und aus dem Wallis. 1910/12.

Gramann, A., Dr. & H. Ziegler-Reinacher. Nachtrag zu den Grosschmetterlingen. Mitteilg. Thurg. Nat. G. Heft 19.

Groebli = ***Groebli, E.** Sammlungsverzeichnis. Bruggen 1910.

G. — ***Guédat, M. J.** Mitteilungen über die Schmetterlinge von Tramelan. 1909/11.

Hauri = ***Hauri, J.** Mitteilungen über in Graubünden und Tessin gesammelte Schmetterlinge. Davos 1911.

Hellweger = ***Hellweger, Michael, Prof.** Ueber die Zusammensetzung und den vermutlichen Ursprung der tirolischen Schmetterlingsfauna. XXXIII. Jahresb. d. Prov. Gymnas. Brixen a. E. 1908.

Die Gross-Schmetterlinge Nordtirols. I. Teil: Tagfalter. XXXVI. Jahresb. d. Prov. Gymnas. Brixen a. E. 1911.

Hoffm. = ***Hoffmann, A.** Verzeichnis der in den Kantonen Uri, Wallis, Tessin und Thurgau gefangenen Schmetterlinge. Erstfeld 1911.

Honegg. = ***Honegger, Herm.** Sammlungskataloge von 1882–1910, umfassend die Umgebung Basels, Berner-Oberland, Wallis, Tessin, Graubünden.

Hiltb. = ***Hiltbold, F.** Liste der 1893 in Bern am Licht gefangenen Schmetterlinge. Mitteilg. S. E. G. IX, 151 und Mittlg. a. d. Sammlung von Pfarrer Hiltbold in Aegerten 1912.

Humb. = ***Humbert.** Liste des papillons pris à Onex (par Prof. Blachier). Genève 1911.

Hug. = **Huguenin, Prof.** Verzeichnis der 1885/86 in der Weissenburgschlucht beob. Lepidoptera. Mittlg. S. E. G. VII, 313.

Jahresb. Wiener E. V. = **Jahresbericht** des Wiener entom. Vereins.

v. J. = ***v. Jenner.** Verzeichnis der seit 40 Jahren in der Schweiz erbeuteten Schmetterlinge. Bern 1909.

Ill. Wochenschr. f. Ent. = **Illustrierte Wochenschrift für Entomologie.** Neudamm 1896/98.

Ill. Zeitschr. f. Ent. = **Illustrierte Zeitschrift für Entomologie.** Neudamm 1899/1900.

Ins. Börse = **Insekten-Börse.** Leipzig 1884–1912.

Ins. Welt = **Insekten-Welt.** Brandenburg 1884–1887.

Gub. Ent. Zeitschr. = **Internationale entomologische Zeitschrift.** Guben 1907/12.

Iris = **Iris.** Correspond. Blatt d. ent. V. Iris. Dresden.

Jörg. = ***Jörger, Dr.** Verzeichnis der Schmetterlinge von Vals. Chur 1911.

Jones = **Jones.** Rhopalocera of the Upper Engadin. Ent. Month. Magaz. XXXV, 25.

Notes on butterflies col. i. th. Ormond-dessous valley. Ent. Month. Magaz. XXXIV, 133.

Lepidoptera at Electric Light Zermatt. Ent. Month. Magaz. XXXIV, 270.

Jord. = **Jordis, K.** Zehn Sammeltage am Simplon. Soc. Ent. VI.

Sammelexkursion im Oberengadin. Soc. Ent. IX.

Abkürzungen im Text.

Jäggi = ***Jäggi F.** Verzeichnis der seit 1880 von ihm gesammelten Schmetterlinge. Bern 1902.

Keller. Exkursion in Graubünden. Soc. Ent. V.

Kennel = **Kennel.** Die palaearkt. Tortriciden. Stuttgart 1908. 1910.

Keynes, J. N. Lepidoptera in the Swiss Alps. (Oberland, Wallis, Pilatus, Glarus, Gotthard, Graubünden.) Ent. Rec. XIV, XV, XVI, XVII, XVIII, XIX.

Kill. = **Killias.** Verzeichnis der Insektenfauna Graubündens. Ber. Nat. G. Graub. 1879/80.

Nachträge I—IV (fortgeführt von Caflisch und Bazzighèr) 1884/85, 1894/95, 1899/1900. 1904/5.

Knecht. Lepidopterologische Sammelergebnisse aus der Gegend von Chiasso. Mittlg. S. E. G. IX, 322.

Ent. Jahrb. = **Krancher.** Entomologisches Jahrbuch. Leipzig 1892/1912.

Lacr. = ***Lacreuze, C.** Schriftliche Mitteilungen über die Hesperiden der Schweiz. Genf 1910.

Lamp. = **Lampert.** Gross-Schmetterlinge Mitteleuropas. Stuttgart.

L. = ***Locher, Trudpert.** Zusammenstellung der in den Kantonen Uri und Tessin erbeuteten Schmetterlinge. Erstfeld 1910/11.

Locher = ***Locher-Nyffeler, Fr.** Verzeichnis der seit 40 Jahren in den Kantonen Luzern, Ob- und Nidwalden und Schwyz beobachteten Schmetterlinge. Luzern 1911.

Loriol = ***de Loriol.** Liste des papillons de Crassier (Vaud). (par Prof. Blachier). Genève 1911.

Lowe = **Lowe, F. E.** Attraction of moths by electric Light in Switzerland (Aigle). Ent. Record X, 264.

Some Butterflies of Eclépens. Ent. Rec. XIX, 103.

Verschiedene Aufsätze über Jura, Oberland, Pilatus. Ent. Record XIII. XVI, XVII.

Lütschg = ***Lütschg, Gustav,** Bern. Mitteilungen aus seiner Sammlung. 1910.

M.-D. = **Meyer-Dür.** Verzeichnis der Schmetterlinge der Schweiz. 1852.

Meis. = **Meisner.** Verzeichnis der bis jetzt bekannt gewordenen Schmetterlinge. Naturwiss. Anz. Bern 1818/23.

Mittlg. Münch. E. G. = **Mitteilungen der Münchner Ent. Ges.** München 1910.

Mittlg. S. E. G. = **Mitteilungen der Schweiz. Ent. Ges.** 1862/1912.

Mong. = ***Mongenet, Joseph.** Liste des Noctuelles et Géomètres de Genève. 1911.

Mory = **Mory, E.** Ueber schweizerische Bastarde des Genus Deilephila. Mittlg. S. E. G. X, 333.

Revision der Epilobii-Bastarde. Mittlg. S. E. G. X, 373/460.

Sammelexkursion im Oberwallis. Soc. Ent. XI.

Streifzüge im Jouxtal 1898. Soc. Ent. XIV.

Müller = ***Müller, August.** Sissach. Mitteilungen aus seiner Sammlung. 1912.

M.-Dürl. = ***Müller-Dürler.** Notizen über bei St. Gallen gefangene Schmetterlinge. St. Georgen 1911.

M.-R. = ***Müller-Rutz, J.** Lepidopterologische Exkursion ins Kalfeusertal. St. Gallen 1898/99.

Abkürzungen im Text.

Lichtfangverzeichnis von St. Gallen. Tätigkb. d. natf. G. St.Gallen 1897, 310.

Ergänzungen zu diesen Verzeichnissen i. l. St. Gallen 1910/12.

Beiträge zur Microlepidopteren-Fauna der Schweiz. Mittlg. S. E. G. XI, 316. 341.

Musch. = *Muschamp. Liste de Rhopalocères pris à Fusio. Genève 1910.

Schriftliche Mitteilungen über interessante Funde. Stäfa 1911/12.

Naegeli = *Nägeli, Alfred. Einige Mitteilungen über den Fang am elektrischen Licht in Zürich. Mittlg. S. E. G. IX.

Schriftliche Mitteilungen über in der Umgebung von Zürich beobachtete Schmetterlinge. 1911. 1912.

v. N. = *v. Nolte. Mitteilungen über bei Fusio gefangene Schmetterlinge. Neustrelitz 1911.

Obthr. = Oberthur. Etudes de Lépidoptérologie comparée. Fasc. I, III, IV. Rennes. 1904—1911.

Paravic. = *Paravicini, L. Mitteilungen über Pieriden. Arlesheim 1910/11.

Perlini = Perlini, R. Forme di Lepidotteri esclusivamente italiane. Bergamo 1905.

P. J. = Peyerimhoff, M. H. Catalogue des Lépidoptères d'Alsace. III. Ed. Mitteilungen Nat. G. Colmar. N. F. X, 1910.

Pfaehler = *Pfaehler, H. Mitteilungen über bei Schaffhausen gefangene Schmetterlinge. Schaffhausen 1912.

Püng. = *Püngeler, R. Lepidopterologische Mitteilungen aus der Schweiz. Stett. Ent. Zeit. 50, 57.

2 Separata aus Iris und Stett. Ent. Zeitschr. 1896.

Schriftliche Mitteilungen. Aachen 1911. 1912.

Raetz. = *Raetzer, A. Excursion i. d. alpinen Süden der Schweiz. Mittlg. S. E. G. VI, Heft 4.

Lepidopterologische Nachlese. Mittlg. S. E. G. VIII, Heft 6.

Lichtfangverzeichnis von Büren a. A. Mittlg. S. E. G. XI, Heft 7.

Ragonot = Ragonot. Monographie des Phycidées Romanoff, Mémoires sur les lépidoptères, Bd. VII. VIII.

Rehf. = *Rehfous, M. Liste des Lépidoptères capturés dans le Valais. Genève 1898.

Mitteilungen über die Eiablage der Tagfalter. Genf 1911.

Liste des Rhopalocères capturés en Tessin. 8./17. VII. 1910.

Rtti. = Reutti. Uebersicht der Lepidopteren-Fauna des Grossh. Baden. (Meess & Spuler). Berlin 1898.

Rev. = *Reverdin, Prof. Dr. Variétés et aberrations d'Erebia Tyndarus dans les Alpes de la Suisse etc. Bull. Soc. lép. Genève I, 192.

Aberrations de Lépidoptères. Bull. Soc. lép. Genève I, 170.

Aberrations de lycaenides. Note sur quelques formes d'Erebia tyndarus. Bull. Soc. lép. I, 287.

Aberrations de lépidoptères. Bull. Soc. lép. II, 44.

Schriftliche Mitteilungen über die Hesperiden. Genf 1910/12.

Abkürzungen im Text.

R.-St. = **Riggenbach-Stehlin.** Die Macrolepidopteren der Bechburg. Mittlg. S. E. G. IV, 597. VII, 45.

Rob. = ***Robert, Paul.** Verzeichnis der bei Ried-Biel und Orvin gefangenen Schmetterlinge, nebst biologischen Notizen.

400 durch Handmalerei erstellte Tafeln selbstgezogener jurassischer Raupen. Ried-Biel 1911.

Roug. = ***de Rougemont, Fr.** Catalogue des Lépidoptères du Jura neuchâtelois. Neuchâtel 1903. Mit handschriftlichen Nachträgen des Verfassers.

Rühl = **Rühl.** Insekten-Ausbeute in den Bündner-Hochalpen. Soc. Ent. V. VI. VII.

Schmetterlingsfauna von Zürich. Soc. Ent. I. u. folg.

Rühl-H. = **Rühl-Heyne.** Die palaearktischen Gross-Schmetterlinge und ihre Naturgeschichte, fortgeführt von Bartel. Leipzig.

Sauss. = ***de Saussure, H.** Liste des papillons capturés dans le canton de Vaud. Genève 1911.

Schmid = ***Schmid-Binder, W.** Mitteilungen aus der Umgebung Basels. 1911.

Schmidlin = ***Schmidlin, A.** Fang am Pilatus und Umgebung. Bern 1910.

Seiler = ***Seiler, J.** Verzeichnis der Bombyciden von Liestal und Umgebung. Tätigkb. Naturf. G. Baselland 1900/1, pag. 54.

Die Noctuiden der Umgebung von Liestal. Tätigkb. Naturf. G. Baselland 1902/3, p. 53.

Nachtrag zu dem Verzeichnis der Bombyciden und Noctuiden der Umgebung von Liestal. Tätigkb. Naturf. G. Baselland 1907.

Die Geometriden von Liestal und Umgebung. Tätigkb. Naturf. G. Baselland 1911, p. 46.

Stz. = **Seitz, A. Prof. Dr.** Die Gross-Schmetterlinge des palaearct. Faunengebietes. Stuttgart 1908. Bde. I—IV.

Soc. Ent. = **Societas Entomologica.** Zürich 1886/1912. (Enthält faunistische Angaben über Zürich, Winterthur, Thurtal, Rafzerfeld, Schaffhausen, Jouxtal, Oberwallis, Lenzerheide, Albula, Julier, Stilfserjoch).

Sp. = **Spuler, A. Dr.** Die Schmetterlinge Europas. Stuttgart 1903/10.

Stdfs. = ***Standfuss, Max, Prof. Dr.** Alte und neue Agrotiden d. europ. Fauna. Iris 1888, No. 5.

Handbuch f. Sammler und Züchter der europäischen Gross-Schmetterlinge. Guben 1891 und Jena 1896.

Exp. zool. Studien mit Lepidopteren. Zürich 1898.

Jüngste Ergebnisse a. d. Kreuzung verschiedener Arten. Mittlg. S. E. G. XI, 243.

Notizen über von Custos Paul bei Sion-Sierre gefangenen Schmetterlinge. Zürich 1911.

Einige Mitteilungen über palaearktische Noctuiden. Mittlg. S. E. G. XII, 69.

Stge. =***Stange, Prof.** Tag- und Lichtfang-Verzeichnis von Arosa. Friedland 1910.

Die Tineiden der Umgebung von Friedland. 1899.

Die Pyraliden, Tortricinen, Micropteryginen, Pterophorinen, Abucitinen der Umgebung von Friedland. 1900.

IV

Abkürzungen im Text.

Die Macrolepidoptera der Umgebung von Friedland. 1901.
Nachträge zur Schmetterlingsfauna Friedlands. 1912.

Stdg. = **Staudinger-Rebel.** Katalog der Lepidopteren des palaearctischen Faunengebietes. Berlin 1901.

Steinegger = ***Steinegger, Rudolf,** Bern. Mitteilungen aus seiner Sammlung. 1910.

Stett. Ent. Zeit. = **Stettiner Entomologische Zeitung.** 1840/90.

Stierl. — ***Stierlin, Dr.** Notizen über gesammelte Schmetterlinge. Winterthur 1910.

St. = ***Streich, J.** Verzeichnis der seit 1860 im Gadmental gesammelten Schmetterlinge. Nessental 1910.

Sulg. = ***Sulger.** Mitteilungen über erbeutete Schmetterlinge. Basel 1910.

Sulz. = ***Sulzer, F.** Mitteilungen über Schmetterlingsfänge aus dem Thurgau, Graubünden und Wallis. Aadorf 1911.

Taesch. = **Taeschler.** Grundlage der Lepidopterenfauna der Kantone St. Gallen und Appenzell. St. G. 1869/70, 1875/76.
Nachträge zu den obigen Arbeiten.

Thom. = ***Thomann, Dr. H.** Sammlungsverzeichnisse. Landquart 1910/12.
Schmetterlinge und Ameisen. Chur 1908.
Zuchtversuch mit Mamestra cavernosa Ev. Mittlg. S. E. G. XI, 306.

Trautmann = **Trautmann, Dr.** Einige Sammeltage aus dem Alpengebiet. Gub. Ent. Zeitschr. II, 324 (Kiental) und III, 49 (Tessin).
Von Airolo über Gotthard, Furka, Grimsel nach Interlaken. Gub. Ent. Zeitschr. V, Nr. 24, 25, 32.
Sammeln von Psychidae. Gub. Ent. Zeitschr. V, 159.

Trti. = **de Turati.** Nuove Forme di Lepidotteri. 1—4.

Tutt = **Tutt, J. W.** British Butterflies. Vol. I—IV. London 1899/1910.
British Lepidoptera. Vol. I—V. London 1900/06.
The Lepidoptera of the little St. Bernhard-Pass. Ent. Rec. XI, 197.
The Lepidoptera of the Simplon-Pass. Ent. Rec. XI, 253.

Uffeln = ***Uffeln, Karl.** Mitteilungen über seine Sammeltätigkeit in der Schweiz. Hamm i. W. 1912.
Schmett. Westf. = Die Grossschmetterlinge Westfalens. 1908.

Verh. Z. B. G. Wien. = Verhandlungen d. zool. bot. Gesellschaft Wien.

Verity = **de Verity.** Rhopalocera Palaearctica. Florenz 1905.

V. = **Vorbrodt, K.** Frühlingsbilder aus den Alpen (Tessin). Ent. Zeitschr. XV, 25.
Das Sammeln im Winter. Mitteilg. S. E. G. XI, 306.

Wagner = **Wagner, A.** Entomologisches Leben im Hochgebirge. Ent. Zeitschr. XXIII, 43.

W.-Sch. = ***Wanner-Schachenmann.** Verzeichnis der von 1860—1908 im Kanton Schaffhausen beobachteten Schmetterlinge und Raupen. 1910.

Weber = ***Weber.** Verzeichnis und Abbildungen der von 1855—1863 bei Genf gesammelten Raupen. Genf 1910.

Weber = ***Weber, Paul.** Mitteilungen über gefangene Schmetterlinge. Zürich 1912.

Abkürzungen im Text.

Weg. = **Wegelin.** Gross-Schmetterlinge des Thurgau. Mittlg. Thurg. Nat. G. Heft XVIII.

Wh. = **Wheeler, G.** Butterflies of Switzerland and the Alps of Central Europe. London 1903.

Wehrli = ***Wehrli, E. Dr.** Mittlg. über Schmetterlinge des Thurgau und speziell der Umgebung von Frauenfeld. 1911/12.

Wild = ***Wild, W.** Sammelergebnisse von 1902—10 (Zug, Goldau, Rigi, Flums, Kirchberg, Ober-Utzwil, Flawil, St. Gallen, Tablat) 1910.

Wüsth. = ***Wüsthoff, W.** Sammelfahrt in die Alpen (Tessin, Wallis). Gub. Ent. Zeitschr. III, 192. V, 249.

W. = ***Wullschlegel, A.** 18 Jahrgänge Kalender mit ca. 15000 Fang-, Fund- und Zuchtnotizen, betreffend die im Wallis während der Jahre 1892—1909 beobachteten Schmetterlinge. Martigny 1910.

W. = ***Wullschlegel, J.** Noctuinen-Fauna der Schweiz, mit handschriftlichen Nachträgen des Verfassers. Mittlg. S. E. G. IV. Bern 1906.

Zeitschr. f. wiss. Ins. Biol. = **Zeitschrift für wissenschaftliche Insektenbiologie** Neudamm und Berlin 1905—1911.

Z.-R. = ***Ziegler-Reinacher, H.** Sammlungsverzeichnisse. Aadorf 1910/11.

Vorläufiges Verzeichnis der im Text gebrauchten Abkürzungen von Autornamen.

Agas. = Agassiz
Bazz. = Bazzigher
B. R. = Berge-Rebel
Blach. = Blachier
v. B. = v. Büren
Cafl. = Caflisch
Courv. = Courvoisier
D. = Denso
Fschr. = Fischer
Frio. = Frionnet
v. d. G. = v. d. Goltz
T. d. G. = Tobie de Gottrau
Gram. = Gramann
G. = Guédat
Hilt. = Hiltpold
Hoffm. = Hoffmann
Hug. = Huguenin
v. J. = v. Jenner
Jörg. = Jörger
Jon. = Jones
Jord. = Jordis
Kill. = Killias
Lacr. = Lacreuze
L. = Locher
Loriol = de Loriol
M. D. = Meyer-Dür
Meis. = Meisner
Mong. = Mongenet
M.-Dürl. = Müller-Dürler
M. R. = Müller-Rutz
Musch. = Muschamp
v. N. = v. Nolte
Obthr. = Oberthür
Paravic. = Paravicini
Püng. = Püngeler
Raetz. = Raetzer
Rehf. = Rehfous
Rtti. = Reutti
Rev. = Reverdin
R.-St. = Riggenbach-Stehlin
Roug. = de Rougemont
Rühl-H. = Rühl-Heyne
Stz. = Seitz
Sp. = Spuler
Stdfs = Standfuss
Stdg. = Staudinger
St. = Streich
Sulz. = Sulzer
Thom. = Thomann
Trti. = de Turati
V. = Vorbrodt
W.-Sch. = Wanner-Schachenmann
Weg. = Wegelin
Wh. = Wheeler
W. = Wullschlegel
Z.-R. = Ziegler-Reinacher

Rhopalocera.

Die Falter fliegen am Tage im Sonnenschein und ruhen nach Sonnenuntergang mit nach oben zusammen geschlagenen Flügeln auf Blüten, Bäumen oder an Felsen. Einige Arten überwintern.

Die Raupen leben frei an Pflanzen aller Art, meist gesellschaftlich. Die Verpuppung erfolgt ohne Gespinst, die Puppen werden am After und mit einem Gürtelfaden aufgehängt.

I. Papilionidae.

Papilio L.

1. **podalirius** L. — Stz. 1, T 7 — Sp. III, T 1 — Vérity T I, 1 — B. R. T 1.

Der Falter fliegt in zwei Generationen von Mitte März bis Juni und von Juli bis August. Er ist durch das ganze Gebiet verbreitet, in den Alpen überschreitet er selten 1600 m. Die Frühjahrsgeneration hat im Jura öfter, in der Südschweiz immer, den Innenrand der Hfl schwarz gefärbt (ähnlich miegi Th. Mieg). Die Sommergeneration hat spitzere transparentere Flügel mit längeren Schwänzen. Die Mittelbinde der Vfl. ist meist weisslich geteilt.

a) *valesiaca* Vérity — Vérity Suppl. p. 271, Pl. I, Fig. 4 — Pl. LVII, Fig. 4.

Eine ganz eigentümliche Form fliegt im Wallis neben dem Typus und wie dieser in doppelter Generation. Das Tier ist grösser und die Flügel von ausserordentlich heller Grundfarbe. Der Leib auf den Seiten weiss bestäubt. Mit der südlichen Sommerform zanclaeus Z. hat unsere Form nichts zu tun, ebenso wenig mit feisthameli D. oder lotteri A., zu denen sie von Favre gezogen wurde. Es handelt sich vielmehr um eine gut ausgeprägte Lokalform, die wohl einen eigenen Namen verdient. Trotz der grossen Aehnlichkeit der Walliserform mit der afrikanischen Sommerform lotteri ist jene zu unterscheiden, weil sie in zwei

1

Generationen fliegt; die schwarze, ein V bildende Hfl-Zeichnung ist unten spitzer, die Randmonde schmaler und reiner blau. Der gelbe Fleck wird konstant breiter und umzieht nicht das reiner blaue Auge in Form eines schmalen Ringes, wie das bei feisthameli, lotteri und zanclaeus der Fall ist. Der Leib ist weniger weiss bestäubt. — Plan Cerisier, Martigny, Fully (Wullschl.), Saillon (V.), Sion, Inden, Salgesch, Crevola (Favre).

Ich habe einige Anhaltspunkte, die mich glauben lassen, dass die Raupe dieser Form an Mandelbäumen lebt, was aber noch weiter untersucht werden sollte.

b) *undecimlineatus*[1]) Eim. — Stz. I, T 7 — Vérity T V.

Hat zwischen den Mittelbinden der Vfl, vom Vorderrand her, eine weitere (8.) Binde. Unter der Art.

c) *ornata* Wh. — Wheeler p. 52.

Die Mittelbinde der Hfl ist orange geteilt. Diese Form findet sich besonders unter der zweiten Generation.

d) *nigrescens* Eim. — Bull. Soc. lep. Genève I, Pl. 9 — Obthr. Et. III, Pl. XXIII.

Die schwarzen Zeichnungen sind gegen den Hinterrand der Vfl hin stark vergrössert und auseinandergeflossen. Die Orangeflecken im Analwinkel der Hfl dagegen klein und bleich. In dieser Entwicklungsrichtung bewegt sich ein bei Versoix gefangenes Stück (Blach.).

Durch Kälteexperiment erhielt Prof. Standfuss eine stark geschwärzte Form. Derartige Exemplare finden sich, unter der ersten Generation, gelegentlich auch in der freien Natur (Standf. Zool. St. I, 7).

e) ? *inalpina* Vérity — Vérity 291, Pl. LVII.

Vérity glaubt, dass das Engadin den höchst gelegenen Verbreitungsbezirk für diese Art bildet, und betrachtet einige, bei Tarasp (1414 m) erbeutete Exemplare der Sammlung Rothschild als Typen einer alpinen Form. Podalirius kommt aber in manchen alpinen Hochtälern vor (z. B. im Urserental, in der Landschaft Davos und in den Walliser-Südtälern) und

[1]) Vgl. «Varietäten und Aberrationen von Pap. podalirius» Schultz Berl. Ent. Zeit. 47, 119, T II und Stichel Berl. Ent. Zeit. 1902.

geht dort bis über 1600 m, so bei Realp (V.). Andere als individuelle Unterschiede gegenüber den Taltieren konnte ich dagegen nicht feststellen.

Die Eier werden einzeln oder zu zwei auf die Unterseite der Blätter abgelegt, die Räupchen schlüpfen nach 14 Tagen. Die Raupe — Sp. IV, T 1 — lebt an Schlehen, Pflaumen, Crataegus- und Sorbusarten von Juni bis Oktober. In der Gefangenschaft sind die Falter kaum zur Eiablage zu bewegen. Man muss die Raupen suchen, welche auf der Oberseite der Blätter niedriger Schlehensträucher unschwer und oft in Mehrzahl zu finden sind und sich sehr leicht ziehen. Von der Herbstgeneration überwintert die Puppe dicht am Boden an Zweige angesponnen und liefert im warmen Zimmer den Falter schon vom Februar an.

E. — B. R. 4, T 1 — Ent. Jahrb. VIII, 145 — Favre 1 — Ent. Zeitschr. XXIV, 179 — XV, 17, 22, 54 — XVIII, 78 — Stz. I, 14 — Sp. 1, 2 — Vérity p. 4 — Frio. I, 39 — Roug. 12.

2. **machaon** L. — Stz. I, T 6 — Sp. III, T 1 — Vérity T II, 3 — B. R. T 1.

Der Falter ist im ganzen Gebiet gemein, in der Ebene mit doppelter, von Ende März bis Anfang Oktober und in den höheren Lagen, wo er gelegentlich bis 2500 m ansteigt, mit einfacher Generation. Als Typus gilt die Frühlingsform, welche ein blasseres Citrongelb aller Flügel und breiten schwarzen Rückenstreif besitzt (pallida Tutt). Zu dieser gehören:[1])

a) *nigrofasciatus* Rothke — Stett. Ent. Zeitschr. 1895, 303 — Stdfs. Zool. St. T I, Fig. 10 — Sp. III, T 14.

Ist Kälteform, bei der die gelben Ocellen der Flügelränder verschwinden und die Analaugen der Hfl blau und schwarz sind. Ein solches Stück erhielt Hr. Kalt in Bern, sodann von Zermatt (Agas.) und von Basel (Leonh.).

b) *nebesky* Alb. (= melanosticta Rev.) — Ent. Zeitschr. X, 77 — Bull. Lép. de Genève Vol. II, Pl. 2.

Hat in der Mitte der Wurzelzelle der Vfl, parallel zum Costalrand, einen schwarzen Strich. Genf (Rev.).

[1]) Zur Variabilität vide Eimer. Artbildung II, 95 — Spengel Zool. Jahrb. XII, 337 T 17—19. — Ent. Zeitschr. IX, 105 — Ent. Jahrb. 1900, 160.

Die Sommergeneration ist dunkler gelb mit schmalerem dunklerem Rückenstreifen. Sie bildet Uebergänge zur orangefarbenen *aurantiaca* Spr. — Sp. III, T I.

Unter ihr kommen vor:

c) *burdigalensis* Trim. — Cat. lép. Gironde 10.

Werden braungelbe Stücke genannt. Charpigny, Aigle, Gimmelwald (Wh.), Walliseralpen (Favre), Monte Bré (V.).

d) *sphiroides* Vérity (= asiaticus M., false sphirus Hb.) — Vérity T II, 7 — Stz. I, T 6.

Mit breiten schwarzen Randbinden, welche auf den Hfl das Zellende fast erreichen. Die Unterseite auch stärker blau. Basel (Leonh.), Jeur-Brulée (Wh.), Andermatt (V.).

e) *niger* Reutti — Spengel T 1, Fig. 9 — Vérity T LX, Fig. 13.

Das ganze Tier ist tiefschwarz, völlig zeichnungslos, nur die blauen Flecke der Hfl bleiben unverändert. Ein ganz reines ♂ erhielt Hr. Püngeler bei Zermatt im Mai 1900. Ein anderes Exemplar sah ich bei Airolo an unerreichbarer Stelle auf einer Blüte sitzen (Juli 1899).

Unter beiden Generationen finden sich gelegentlich:

f) *bimaculata* Eim. — Ent. Zeitschr. X, 51, 76 — Stz. I, T 12.

Vor dem Apex steht ein zweiter schwarzer Fleck. Genf (Blach.), Amriswil (M.-Dürl.), Aadorf (Z.-R.), Frauenfeld (Wehrli).

g) *rubromaculata* Schultz — Soc. Ent. XIX, 35 — Vérity T IV, 2.

Die Submarginalfelder der Hfl-Unterseite sind mit Orangeflecken ausgefüllt. Von Genf und wohl auch anderwärts, unter der Art.

h) *rufopunctata* Wh. — Wheeler p. 53 — Vérity T II, 7.

Mit roten Flecken am Vorderrande der Hfl. Unter der Art.

i) *dissoluta* Sch. (= fenestrella Cuno).

Die Begrenzung der Hfl-Zelle ist verdoppelt; nicht häufig unter der Art.

k) *convexifasciatus* Cuno. — Ent. Zeitschr. XXII, 134.
Die schwarze Vfl-Binde ist nach innen in Convexbogen abgegrenzt.

l) *concavifasciatus* Cuno. — Ent. Zeitschr. XXII, 134.
Die schwarze Vfl-Binde ist nach innen im Concavbogen abgegrenzt.

Die beiden letzteren Formen sind unter der Art nicht selten.

Die Raupe — Sp. IV, T 1 — lebt an Daucus, Carum und anderen Umbelliferen, auch an Melilotus corniculatus und sogar an Ranunculus acris im Juni, und August bis September. Um Eier zu erhalten, muss auf legende ♀♀ gefahndet werden; die Eier oder jungen Raupen sind an den Nahrungspflanzen gewöhnlich in Mehrzahl zu finden und ohne Mühe zur Entwicklung zu bringen. Die Räupchen schlüpfen nach 8 Tagen und die Raupenzucht dauert nur etwa 4—6 Wochen. Die Puppen können aber gelegentlich überliegen. Aus einer Puppe vom Juni 1883 schlüpfte der Falter erst am 16. V. 1884 (Honegger).

E. Ent. Jahrb. VIII. 146 — Ent. Zeitschr. XIX, 14 — Favre 1 — Roug. 12 — Vérity 10 — Ill. Zeitschr. f. Ent. IV, 331—360 — B. R. 5, T 1 — Frio. I, 43.

Zerynthia O.

(Thais F.)

3. **polyxena** Schiff. (= hypermnestra Scop.) — Stz. I, T 9 — Sp. III, T 1 — Vérity T VII, 13 — B. R. T 1.

Falter nur im südlichsten Tessin (Ghidini), aber auch ein Exemplar im St. Galler-Rheintal (Taeschl.). Flugzeit im April.

Die Raupe — Sp. IV, T 1 — lebt an Aristolochia clematidis von Juni bis August. Die Eiablage erfolgt im Mai an die Unterseite der Blätter der Nahrungspflanze; Ende des Monates oder anfangs Juni erscheinen die Räupchen, die zunächst an der Spitze der Pflanze die kleinen Blättchen fressen. Mitte Juli verwandeln sie sich in eine schmale Puppe, die am Afterende aufgehängt ist und überwintert. (Doleschall, Ins. Welt III, 123).

E. Sp. I, 3 — Stett. Ent. Zeitg. 1851, 145 — 1852, 177 — Soc. Ent. XIII, 37 — Stz. I, 17 — Vérity 32 — B. R. 5, T 1 — Ill. Zeitschr. f. Ent. V, 74 — Frio. I, 48.

Parnassius Latr.

4. **apollo** *L.* — Stz. I, T 12 — B. R. T 2.

Der nordische Typus fehlt. Es kommen bei uns folgende Lokalformen vor:

I. *geminus* Stich. — Sp. III, T 1 — Vérity T VIII, Fig. 17, 18 (Type von Meiringen).

Ist die gewöhnliche alpine Form, Höhenverbreitung von 600 bis etwa 1500 m. Sie ist kleiner als der Typus; Vfl mit unvollkommener, grauer oder schwärzlicher Randbinde; Hfl mit schwacher oder ohne Submarginalbinde, die Grundfarbe der Flügel klar, milchweiss, die Ocellen klein und ziemlich blass. O. S. U. G. M. (Bantiger, V.).

a) *montana* Stz. — Stz. I, T 13 (Type vom Stilfserjoch aus 1860 m Höhe).

Ist eine noch kleinere hochalpine Form, mit schärferer, reichlicher Zeichnung, die Ocellen viel kleiner. W. S. G.

b) ? *rhaeticus*[1]) Fruhst. — Soc. Ent. XXI, 139. (Type aus dem Engadin).

Submarginalbinde der Vfl beim ♂ gering entwickelt. Neigung zur Reduktion der roten Hfl-Ocellen. ♀ sehr dunkel bestäubt, Glassaum der Hfl nicht scharf abgesetzt, die grossen Ocellen nicht weiss gekernt. Bei Landquart und im Domleschg sind die Falter reiner weiss und nähern sich der Juraform (Thom.).

c) *valesiacus* Fruhst. — Soc. Ent. XXI, 140 — Vérity T IX, 3.

Der ♂ mit äusserst markanter breit glasiger Submarginalbinde, ebenso die Hfl des ♀. Wurde neuerdings vom Autor nach meiner Ansicht zu Unrecht zurückgezogen. Freilich neigen die alpinen Walliserexemplare mehr zu geminus, die

---

[1]) rhaeticus Fruhst. / valesiacus » } wurden vom Autor zu gunsten von geminus St. eingezogen. Er glaubt nun, «dass dieser Name für die merkwürdig homogene Rasse der gesamten Schweizer Alpenwelt völlig ausreicht.» (Ent. Zeit. XXIII. 151). In der Ent. Zeitschr. XXIV, 156 wird der Name valesiacus neuerdings aufgestellt, aber nunmehr auf die grössere Form der Südseite des Simplon bezogen. Iselle. Airolo. Auch rhaeticus wird dort — ohne Begründung — aufrecht erhalten.

der Talsohle mehr zu nivatus [1]), aber die Formen aus dem Wallis unterscheiden sich auf den ersten Blick von anderen, durch die auffallend breite, schwarze Umrandung der Hfl Ocellen. W. S. Der Falter geht bei Ascona bis zum Ufer des Lago Maggiore hinab (203 m).

II. *nivatus* Fruhst. — Soc. Ent. XXI, 138 — Stz. I, T 12 — Vérity T VIII, 21 (Type aus dem Berner Jura).

Ist die gewöhnliche jurassische Form und besitzt ein dichteres mehr ins Gelbliche ziehendes Weiss und die hochroten Ocellen sind meistens weiss gekernt. Innenrandfleck der Vfl unterseits rot. J. M. (Eclépens. V.). Eigenartig liegt die Verteilung der beiden Hauptformen von apollo in der Umgebung von Genf. Während Salève und Voirons den alpinen geminus St. beherbergen, findet sich an der Arcine bereits die jurassische Form nivatus Fr. Es scheint, dass der Mont de Sion die beiden Formen trennt (Blachier, Cat. Rhop. Soc. lép. Genève). Höhenverbreitung zwischen 400 und 1500 m.

Unter diesen Lokalformen können folgende individuelle Formen auftreten:

d) *nigricans* C. (= brittingeri R.) — Stz. I, T 13 — Vérity T IX, 13 — Stdfs. Zool. St. T I, 4.

Eine besonders beim ♀ auftretende schwärzlich bestäubte Form. O. W. G. J. S.

e) *fumata* Roug. — Roug. T I, Fig. 1.

Sind ganz rauchschwarz übergossene Exemplare benannt worden, welche Couleru am Lac des Brenets, in Mehrzahl und in beiden Geschlechtern, erbeutete.

f) *pseudonomion* Christ — Stz. I, T 12 — Vérity T IX, 12.

Vfl, oft auch Hfl-Flecke beidseitig rot gekernt. J. V. W. S.

g) *flavomaculata* Deck. (= nevadensis Obthr.) — Vérity T IX, 4.

Mit gelben Ocellen der Hfl; ist im Jura nicht gar selten, auch O. W. V. J. G. unter der Art.

[1]) Auch Pagenstecher stellt Walliser-Falter von Chiéboz zu nivatus Fruhst., weil er glaubt, dass dieser Ort im Jura liege!

h) *albomaculata* Musch. — Bull. lép. de Genève, Vol. I. T 1.

Die Ocellen sind silberweiss. Ein Exemplar von Fusio.

i) *novarae* Obthr.[1]) — Vérity T IX, 14 — Stz. I, T 13 — An. Soc. Ent. Fr. 67, T XVI — Bull. Soc. lép. Genève, Vol. I, T 9 — Ill. Zeitschr. f. Ent. IV, 106.

Heissen Exemplare mit ausschliesslich schwarzen Ocellen. Sehr vereinzelt besonders O. V. W.

k) *fasciata* Stz. — Stz. I, T 13.

Costal- und Hinterrandfleck der Vfl sind durch schwarze Bestäubung verbunden. Nicht häufig J. O. V.

l) *cohaerens* Schultz (= ponsoni Culot) — Berl. Ent. Zeit. 49,274 — Bull. lép. de Genève, Vol. I. Pl. 6.

Hat die Costalflecke der Vfl zusammengeflossen und wurde mehrmals im Wallis erbeutet (Culot, Steck, Vorbrodt).

m) *nexilis* Schultz — Stich. Gen. Ins. — Berl. Ent. Zeit. 49,275.

♀ Form, ein schwarzer Strich verbindet die beiden Augenflecke der Hfl. Selten O. J.

n) *excelsior* Stich. — Stz. I. T 13.

Hat auf der Hfl-Wurzel einen roten Fleck. J. O.

o) *graphica* Stich. — Stz. I, T 12.

Der weisse Kern der hintern Augenflecke ist durch einen roten Strich geteilt. Unter der Art, besonders im Jura.

p) *decora* Schultz. — Stz. I, T 13.

Die Analwinkel der Hfl sind mit drei grossen roten Flecken ausgefüllt. J. O. S.

q) *apollodelius* Vérity-Vérity Pl. LXIII (?)

Hybriden zwischen apollo L. und phoebus St. sind mehrfach gefangen worden (Frey, Nachtr. II, 349 — Favre 2 — Soc. Ent. XVIII, 52), 1 Ex. vom Naretsee (Fontana).

---

[1]) Die apollo Form mit ausschliesslich schwarzen, aber sonst wohlentwickelten Ocellen, wurde zu Unrecht novarae benannt. Das Original dieser Form zeigt allerdings nur schwarze Ocellen, aber deren Zahl ist auf allen Flügeln vermindert, auch fehlen ihm die schwarzen Submarginalbinden der Vfl. (Vergl. Vérity, T X, Fig. 4).

Ein ♀ mit deutlicher blauer Schuppenbildung wurde am 15. VIII. 1909 bei St. Blaise erbeutet (Buser); ebendort erhielt ich ein Exemplar, das im Vorderrandfleck des linken Hfl einen grossen weissen Streif aufweisst.

Prof. Standfuss erhielt durch Kälteexperiment aus normalen Raupen die ♀ Form nigricans C., durch Wärme ♀ ♀ mit absolut ♂ Kleide (Stdfs. Zool. St. T I, 5). Derartige ♀ ♀ finden sich bei apollo L. und phoebus St. gelegentlich auch in der freien Natur (= inversa Aust. — Nat. XXII, 42).

Der so ungemein veränderliche Falter kommt im ganzen Gebiet vor, wo die Nahrungspflanze in Menge wächst. Er fliegt an trockenen, dürren Stellen, in einer sehr lang ausgedehnten Generation, im Wallis und Tessin oft schon im April,[1]) in der Hochebene und dem Gebirge dagegen von Juni bis August und September. Er ist im Mittelland spärlich und lokal (Bantiger, Eclépens), dagegen sehr gemein im ganzen Jura und den Alpen.

Die Raupe — Sp. IV, T 1 — lebt an Sedum album und telephium, auch an Sempervivum tectorum. Die Raupen schlüpfen teils im Herbst, teils erst im Februar.

Bei einer Zimmerzucht des Hrn. Calmbach schlüpften die Raupen von März bis April, am 6. Juni war die erste, am 1. Juli die letzte erwachsen, bis am 13. waren alle verpuppt, die Falter erschienen zwischen dem 28. Juli und dem 5. August. Demgegenüber muss ich jedoch betonen, dass ich im Anfang November 1898 bei Airolo ein Nest ganz junger apollo Raupen gefunden habe; ich beliess dasselbe an Ort und Stelle, weil mir das Gelingen der Winterzucht nicht wahrscheinlich erschien. Mitte April 1899 war ich wieder am Orte. Der Schnee lag noch ½ m hoch und verschwand erst am 26.; zu meinem Erstaunen fand ich an der markierten Stelle das Nest nicht mehr vor, wohl aber zerstreut mehrere

---

[1]) Wullschlegels frühester Fang ist mit 10. IV. 1901, der späteste mit 30. IX. 1896 angegeben. W. fand die Raupe oft im März erwachsen, aber auch noch im Mai. Da man im Wallis also gleichzeitig Falter und halb erwachsene Raupen findet, so liegt die Vermutung nahe, dass dort die Raupen teilweise im Herbst schon ausschlüpfen.

etwa $1/2$ cm lange Raupen. Dieselben waren bereits gelb gefleckt, die jungen Raupen aber schwarz mit bläulichen Wärzchen. Mehrmals fand ich bei weiterer Kontrolle nach kalten Nächten die Raupen glashart gefroren; sobald die Sonne erschien, begannen sie sich zu regen und frassen munter. Vom Ende Mai an fand ich keine Raupen mehr, wohl aber die blaubereiften Puppen unter Steinen in einem ganz leichten Gespinnst; die ersten Falter erschienen von Mitte Juni an. Da der Falter eine sehr lang ausgedehnte Flugzeit hat, so ist es denkbar, dass aus im Juli abgelegten Eiern die Räupchen noch im Herbst schlüpfen, während im September gelegte Eier dieselben erst nach der Ueberwinterung ergeben. Wärme und Feuchtigkeit werden auch da wohl befördernd, Kälte und Trockenheit zurückhaltend mitwirken.

Empfehlenswert ist, die halberwachsenen Raupen im Mai zu suchen; sie ziehen sich sehr leicht, wenn sie nur genügend Sonne und frisches Futter erhalten. Die Puppenruhe dauert ein bis sieben Wochen und die Falter schlüpfen von nachmittags vier Uhr an.

E. Ent. Zeitschr. VI, 34 — XVIII, 132 — XXI, 236 — Gub. Ent. Zeitschr. I, 126, 248 — IV, 223 — Ins. Börse XXI, 68 — Roug. 12 — Stz. I, 26 — Soc. Ent. II, 99 — Sp. I, 4 — Vérity 45 — B. R. 8, T 2 — Frio. I, 51 — Favre 2.

5. **phoebus sacerdos** Stich. (= delius Esp.) — Sp. III, T 1 — Stz. I, T 2 — B. R. T, 2 — Vérity, T XVI, 2, 3. (Type aus dem Engadin).

Falter nur in den Alpen, aber dort in weitester Verbreitung vorkommend; er fliegt gerne an den Gebirgsbächen von Juni—September und geht von 1500 bis etwa 2500 m Höhe. U. O. W. S. G. Unter der Art kommen die folgenden individuellen Formen vor:

a) *herrichi* Obthr. — Et. XIV, Pl. 2 — Vérity T XVI, 4. Die Costalflecke der Vfl sind mit dem Hinterrandfleck durch eine schwarz bestäubte Binde vereinigt, besonders ♀ Form. Bernhardin (Buser), Gadmental (V.), Davos (Hauri).

b) *aurantiaca* Sp. — Sp. I, p. 4. Mit gelben Ocellen. Diese Form findet sich namentlich im August—September gegen Ende der Flugzeit und häufiger im ♀ Geschlecht. Simplon (Wh.), Gadmental (V.), Davos (Hauri).

c) *inornata* Wh. — Wheeler p. 56.

Die Costalflecke der Vfl nicht rot gekernt. Gadmental (St.), Engadin (Rühl), Sertigtal (Wh.), Simplon (v. J.).

d) *nigropunctata* v. Büren. — Ent. Zeitschr. XXIV, Nr. 24.

Ist gleich der vorigen, ausserdem hat sie den Mittelfleck der Hfl auf einen kleinen schwarzen Punkt reduziert. Roseggtal. Sie bildet die Uebergangsform zur folgenden Form.

e) *leonhardi* Rühl (= ocellis-nigris Rätz.) — Soc. Ent. VII, 105 — Vérity T XVI, 24 — Heyne-Rühl T XVI, 24.

Besitzt ganz schwarze Ocellen. Bergün, Stalla (Rühl), Nufenenpass (V.), Simplon (Rätz.), Gadmental (St.).

f) *anna* Stich. — Stz. I, T II.

Hat die Wurzel der Hfl oberseits rot gefleckt. Bernhardin (Lütschg), Gadmen (v. B.).

g) *cardinalis* Obthr. — Obthr. Et. Vol. IX, Pl. 2, Fig. 16 — Stz. I, 229.

Ein schwarzer Strich verbindet die beiden Augenflecken der Hfl. Vom Bernhardin öfter (Lütschg, Buser), dann aus dem Gadmental (V.), Stalla (Rühl), Isola (v. J.), Davos (Hauri). Hieher gehört auch ein Exemplar aus dem Berner Museum, welches die roten Ocellen aller Flügel durch schwarze Striche verbunden zeigt (Abgebildet bei M.-D. T II, Fig. 1).

h) *casta* Stich. — Gen. Ins. p. 18.

Das Hinterrandfeld der Vfl ist ohne Ocellen, besonders ♂ Form. Von Pontresina, aber auch sonst häufig unter der Art (bis zu 70%! v. B.).

i) *maculata* v. Büren-Bull. Soc. lép. Genève Vol. II, Fasc. 2.

♂ Form, die Ocellen des Hinterrandfeldes sind so gross wie beim ♀. Nicht häufig unter der Art. Bernhardin (v. B.).

k) *nigrescens* Wh. — Wheeler p. 52.

♀ Form, entspricht der nigricans von apollo. Gadmental (St.), Mont Chemin (Lütschg), Engadin (v. B.), Bedrettotal (V.), Engadin (Wh.), Furka (R. B.), Val Sertig (Sl.).

l) *hardwickii* Kane (non Gray)

Ist eine Form mit drei roten Kernen in den Costalflecken der Vfl. Unter der Art, nicht gerade selten, besonders im ♀ Geschlecht. Simplon (Favre), Gemmi (V.), Pont de Nant (Wh.), Bernhardin (Buser).

m) *rubra* Christ — Soc. Murit. Fasc. XI.

Ist die nämliche ♀ Form, bei der auch der Innenrandfleck der Vfl und alle Flecke der Hfl rot gekernt sind. Susten (v. B.), Gemmi (V.), Bernhardin (Lütschg), Triftalp (St.), Davos (Hauri).

n) *reducta* Rev. — Bull. lép. de Genève Vol. II, Pl. 2.

Auf den Vfl fehlt die Submarginalbinde völlig, die Hfl sind fast ohne Analflecke. Arolla (Rev.).

o) *graphica* Stich } kommen nicht nur bei apollo L, sondern
p) *decora* Sch. } auch unter dieser Art vor.

q) *cervinicolus* Fruhst. — Ins. Börse XXIV, p. 199.

Die Umrandung der Vfl ist schwächer, die Distalbestäubung fehlt häufig, die submarginalen Binden bei ♂ und ♀ verschwinden manchmal völlig. Zermatt, Simplon, Chamonix (Fruhst.), Bernhardin (Lütschg).

r) *elliptica* Stich. — Gub. Ent. Zeitschr. V, 7.

Ist eine ♂ Form, welche bes. am St. Bernhardinpass nicht selten auftritt. Der vordere Augenfleck der Hfl ist meist ganz rot ausgefüllt und von schmal elliptisch verzerrter Form.

Es finden sich Exemplare, bei denen mehrere der oben angegebenen individuellen Abänderungen vereinigt sind.

Mehrfach sind Hermaphroditen gefangen worden. Ein solches Stück, aus dem Gadmental, befindet sich im Berner Museum; ein anderes, besonders merkwürdiges, fing Hr. Buser am St. Bernhardinpass. (Abgebildet in Berl. Ent. Zeitschr. 54, T I).

Aus einer bei Latsch gefundenen Raupe wurde ein ♀ erzogen, welches die Mittelzelle der Vfl stark gelb gefärbt zeigt, diese Gelbfärbung reicht bis über die drei roten Vorderrandflecken hinaus (Griebel). ♀♀ vom St. Bernhardinpass zeigen hier und da sehr breiten, dunkelgrauen Glassaum der Hfl, in welchem die Submarginalbinde völlig aufgeht.

Die Raupe — Sp. IV, T 48 — lebt an Saxifraga aizoides und Sempervivum montanum von September bis Juni, sie benötigt zur Entwicklung viel Nässe und Sonnenschein (vgl. Selmons, in Soc. Ent. X. 34).

E. Jahrb. d. Nass. V. XXXII, 87 — Stz. I, 22 — Sp. I, 4 und Nachtrag 338 — Vérity 68 — B. R. 8 — Frio. I, 52 — Favre 2.

6. **mnemosyne** *L.*[1]) — Stz. I, T 10 — Sp. III, T 2 — Vérity XXIII, 1—6 — B. R. T 2.

Der Falter ist in den Alpen von U. O. W. S. G. verbreitet und fliegt an ähnlichen Orten wie die vorige Art, ist aber mehr an eng begrenzte Plätze gebunden. Er geht ausnahmsweise bis etwa 2200 m (Galenalp, Honegger). Im Jura fand ihn nur Hr. Wanner-Schachenmann im «Freudental» bei Schaffhausen und im «Kurzen Loch» bei Thayngen (19. VI. 1888, 2. VI. 1891, 9. und 15. VI. 1895), so dass der Falter also dort heimisch zu sein scheint. Endlich fliegt er noch und zwar durchaus nicht selten im Sumpfgebiet des Rhonetales bei Vernayaz und Follaterres. Flugzeit von Mai bis Juli, in höheren Lagen auch noch im August.

a) *halteres* Musch. — Stz. I, p. 20.

Die Zellflecke am Costalrand der Vfl sind durch einen schwarzen Strich verbunden; vereinzelt unter der Art, besonders im Gadmental und Wallis.

b) *melaina* Honr. — Berl. Ent. Zeitschr. XXIX, 273 — Stz. I, T 1 — Vérity T XXIII, 11.

Stark schwärzlich verdunkelte ♀ Form, mit kleinen Zellflecken. Sehr selten und lokal. Erstfeld (Hoffm.), Gadmen (St.), Berisal (Gram.), Simplon (V.), Steinental (Wh.).

c) ? *athene* Stich — Stz. I, p. 20.

Im spitz zulaufenden, glasigen Saum der Vfl stehen vier

[1]) Unter dem Namen helvetica glaubt Vérity eine der apollo Form geminus Stich. parallel laufende Form der Schweizer Alpen aufstellen zu sollen, zu welcher eine in den höchsten Lagen vorkommende Form excelsa zu ziehen sei. Unsere Alpen bieten aber durchaus keine konstante, allgemein verbreitete Lokalrasse, sondern sie besitzen eben auch eine ganze Reihe von Formen, die teils als individuelle, teils als lokale zu betrachten sind. Die vom Mont Cenis aus 2200 m Höhe stammende, unter der Bezeichnung excelsa abgebildete und besprochene Form kommt freilich, wenigstens in sehr ähnlichen Stücken, auch bei uns vor und zwar durchaus nicht nur auf den höchsten Flugorten. (Vide Vérity, Suppl. 320, T L XIV).

bis fünf weisse Flecke. Type aus Griechenland; nach Dr. Gramann vom Simplon (Stutt. Ent. Zeitschr. XXIV, Nr. 4).

d) *nubilosa* Christ. — Hor. X, 19 — Stz. I, T 10 — Vérity T XXIII, 12, 13.

Diese östliche Form hat den Glassaum der Vfl rauchgelb und ist nur schwach beschuppt. Selten, Berisal (Gram.), Steinental (Wh.), Bedrettotal (V.).

e) *intacta* Krul. — Soc. Ent. XXIII, p. 2.

Ohne die schwarze Bestäubung am Schluss der Mittelzelle der Hfl. Von Berisal (Gram.), Gadmen (V.).

f) *symphorosus* Fruhst. — Ent. Zeitschr. XXIV, p. 155.

♂ auffallend rundflügelig, mit sehr kleinen schwarzen Zellflecken. ♀ mit tiefschwarzer Basalbestäubung der Vfl, die Zelle auffallend stark entwickelt. Ist nach Fruhstorfer die Vertreterin des Typus in U. O. W. (?).

g) *tergestus* Fruhst. — Ent. Zeitschr. XXIV, 155. 192.

♂ kreideweiss mit schmalem und kurzem Glassaum der Vfl, die schwarzen Zellflecken sehr gross. Dagegen die Hfl mit gering entwickelter Schwarzfleckung. ♀ sehr dunkel schwärzlich gefärbt. Aus dem Kanton Uri (L.), Erstfeldertal (Hoffm.).

h) *subochracea* Fruhst. — Ent. Zeitschr. XXIV, 192.

♀ Form mit tief geschwärzten Vfl; die Hfl oben dunkel crêmefarben, unten düster gelb mit breitem, grünlichem Analsaum. Erstfeld (L.).

i) *hartmanni* Stdfs. — Berl. Ent. Zeitschr. XXXII, T III — Stz. I, T 10.

Mit grauem Costalfleck der Vfl und ebensolchem Zellfleck der Hfl. Beide Geschlechter schwärzlich verdüstert. Berisal (Gram.), Erstfeld (Hoffm.), Mastrils, annähernd (Thom.).

Die Eier schlüpfen zum Teil im Sommer und es überwintern dann die jungen Raupen, teils überwintern die ausgebildeten Raupen im Ei selbst (Gillmer). Die Raupe — Sp. IV, T 1 — lebt an Corydalis cava und halleri vom September bis Mai und ist am Tage unter Gebüschen und Blättern, im Sonnenschein an der Futterpflanze, zu finden.

E. Ent. Zeitschr. XXI, 139 — Ent. Jahrb. XVIII, 151 — XIX, 129 — Sp. I, 4 und Nachtrag 338 — Stz. I, 20 — Vérity 97 — Frio I, 53 — Favre 3.

II. Pieridae.

Aporia Hb.

7. **crataegi** *L.* — Stz. I, T 17 — Sp. III, T 2 — Vérity T XXVI, 5–7 — B. R. T 2 —

Der Falter ist im ganzen Gebiet gemein und fliegt je nach Höhenlage von Anfang Mai bis Ende August, in den Alpen bis zur Baumgrenze. Er fängt an im Mittellande spärlicher zu werden als früher, vermutlich in Folge des Beschneidens oder der Ausrottung der Lebhäge.

a) Unsere crataegi unterscheiden sich von norddeutschen dadurch, dass der schwarze Strich auf der Discocellularis der Vfl, besonders beim ♂, breit ist. Die Rippen treten schärfer hervor und sind an den Aussenrändern schwarz angeflogen. Sie bildet so Uebergänge zur Form augusta Turati — Stz. I, T 19 — Turati I. T 1 — Vérity, T XXVII, 9–11.

b) *suffusa* Tutt. — Stz. I, 40. Ist dunkel übergossen. Veyrier (Cat. Rhop.).

c) *flava* Tutt — Vérity p. 119.

♀ Form, die Unterseite zeigt die Hfl-Spitze, sowie die Hfl ockergelb. Solche Stücke kommen zwar überall gelegentlich vor, häufig sind sie bei Martigny (Paravic.), Veyrier (Cat. Rhop.).

d) *basanius* Fruhst. — Soc. Ent. XXV, p. 50.

Alle schwarzen Zeichnungen sind am Verschwinden, vermutlich die am stärksten weisse Form. Südhang des Simplon, Col des Annes bei Genf (Fruhst.).

Die Eier werden in Häufchen aufrecht auf die Oberseite der Weissdornblätter gelegt. Die Räupchen schlüpfen nach ca. 14 Tagen, sie beginnen nun Blätter zu skelettieren, die sie mit Fäden zusammen ziehen. Die jungen Raupen, die man im Frühjahr leicht nesterweise auf der Nahrungspflanze finden kann, gedeihen bei der Zimmerzucht nicht recht. Es empfiehlt sich daher möglichst erwachsene Raupen und Puppen einzutragen. Die Raupen — Sp. IV, T 1 — leben an Schlehen, Pflaumen, Crategus, Sorbus usw. vom September bis Mai, jung in einem gemeinschaftlichen Gespinst. Die

Verpuppung geschieht an einen Zweig oder sonst irgendwo angesponnen; die Falter schlüpfen nach ca. 2—3 Wochen.

E. Ent. Jahrb. VIII, 147 — Ent. Zeitschr. X, 35. 62 — XXI, 92 — Favre 3 — Stz. I, 40 — Soc. Ent. XXIV, 92 — Sp. I, 5 und Nachtr. 338 — Vérity 118 — Ill. Wochenschr. f. Ent. I, 113 — B. R. 9. T 2 — Frio. I, 55 — Roug. 13.

Pieris Schrk.

8. **brassicae** L. — Stz. I. T 19 — Sp. III. T 2 — Vérity T XXXV, 6—10 — B. R. T 3.

Der Falter erscheint in der Ebene in zwei bis drei Generationen, im Hochgebirge wohl nur einmal im Jahre. Er ist im ganzen Gebiet gemein. Flugzeit von März bis Oktober, Höhenverbreitung in den Walliseralpen, so am Gornergrat, bis über 3000 m. Es ist aber wahrscheinlich, dass diese Tiere ihre Entwicklung in tieferen Regionen durchmachen. Bei der Frühjahrsgeneration — Stz. I, T 19 — sind die Hfl breiter und an der Basis schwarz bestäubt. Die Vfl-Spitze grau, der Hinterleib oben weisslich gefilzt. Zu ihr gehört:

a) *chariclea* Stph. — Stz. I, T 20 — Vérity T XXXV, 19—25.

Die Unterseite der Hfl ist durch schwärzliche Bestäubung noch stärker verdunkelt, als das bei unsern Frühlingstieren so schon der Fall ist. Bei extremen Stücken kann diese Bestäubung, besonders auf den Rippen, stark hervortreten. Simplon, Genf (Wh.), Martigny (W.).

Die Sommergeneration — Sp. III, T 2 — hat die Hfl gerundet, die Vfl-Spitze tief schwarz, der Hinterleib ist oben ohne weissliche Behaarung. Hr. Paravicini fing am 14. August 1909 bei Arlesheim ein ♀, welches von nepalensis Dbld. — Stz. I, T 19 — Vérity XXXV, 16—18 — kaum zu unterscheiden ist.

Einen mutmasslichen Hybriden von brassicæ L. ♂ x rapæ L. ♀ erzog Hr. Leonhart aus einer bei Basel gefundenen Raupe (Peyerimhoff, 3. Aufl. p. 249).

Die Eier werden in Mehrzahl nebeneinander auf die Unterseite der Blätter von Kohl und Kapuzinerkresse abgelegt. Die ♀♀ sind leicht zur Eiablage zu bringen, ebenso jung oder erwachsen eingetragene Raupen oder Puppen ohne Mühe zu ziehen. Die Raupe — Sp. IV. T 1 — lebt von Juni bis September.

E. — Ent. Jahrb. VIII, 148 — Favre 4 — Stz. I, 45 — Roug. 13 — Sp. I, 6 — Vérity 162 — Ill. Zeitschr. f. Ent. VII, 113 — B. R. 10, T 3 — Frio. I, 57.

9. **rapae** L. — Sp. I, T 2 — Vérity, T XXXIII, 37—39 — B. R. T 3.

Der Falter fliegt je nach der Höhenlage in ein bis zwei Generationen und geht so hoch wie die vorige Art. Als Typus gilt die Sommergeneration.

I. *metra* Stph. — Stz. I, T 20 — Vérity, T XXXIV, 8. 9.

Die Frühlingsform mit bleichem oder ohne Apicalfleck, die Hfl breiter, alle an der Wurzel schwarz bestäubt, Hinterleib lang weiss behaart, die ♀♀ öfter gelblich, fliegt von April bis Ende Mai. Zu ihr gehört:

a) *leucotera* Stef. — Vérity, T XXXIV, 10, 12—14.

Die dunkeln Apicalzeichnungen sind fast ausgelöscht, die Mittelflecke der Vfl noch leicht angedeutet oder fehlend, ebenso der Costalfleck der Hfl. Der Hauptunterschied gegenüber der folgenden Form besteht darin, dass sich auf der Unterseite der Vfl stets ein bis zwei deutliche Flecke und in der Mitte der Hfl ein dunkler Schattenstreif befinden. Im April. Tessin (V.), Wallis (Favre), Genf (Cat. Rhop.), Basel (Brügg).

b) *immaculata* Coc. (= alba Seeb.) — Stz. I, T 20 — Vérity, T XXXIV, 11.

Die Oberseite ist fast oder gänzlich weiss, auf der Vfl Unterseite fehlen die Mittelpunkte, sonst ist dieselbe ähnlich wie bei leucotera Stef. Unter der Art. J. V. W. Ein derartiges Stück fing Hr. Paravicini bei Binn noch in 1400 m Höhe.

II. Die Sommergeneration — Stz. I, T 20 — ist grösser, reiner weiss, mit breiterer schwarzer Spitze, besonders beim ♀, die Hfl fast ohne Wurzelbestäubung, Unterseite einfarbig blassgelb und ohne schwärzliche Bestäubung der Mittelzelle. Die ♀♀ gelber, mit grossen schwarzen Flecken. Sie fliegt von Juli bis Ende Oktober. Zu ihr gehören:

c) *novangliae* Scud. — Stz. I p. 46 — Vérity T XXXIII, 42.

♀ ganz gelb überflogen. Martigny, Sépey (Wh.), Basel und wohl überall vereinzelt (Paravic.).

d) *trimaculata* Stef.-Cat. Rhop. Genève p. 4 — Vérity, T XXXIII, 41.

Die Vorderflügel mit drei Flecken. Genf, Martigny, bei Basel (Paravic.).

Die Eier werden einzeln auf oder unter die Blätter der Nahrungspflanzen abgelegt. Die Räupchen schlüpfen nach 5 Tagen. Die Eiablage wurde beobachtet auf Tropæolum majus, Brassica, Cochlearia, Turritis glabra (Rehf.).

Die Raupe — Sp. IV, T 1 — lebt von Juli bis Oktober. Die an Pfählen oder Steinen angesponnene und überwinternde Puppe entwickelt sich im warmen Zimmer sehr leicht.

E. Ent. Jahrb. VIII, 148 — Favre 4 — Stz. I, 47 — Sp. I, 6 — Vérity 154 — B. R. 10, T 3 — Frio. I, 59 — Roug. 14.

10. **manni** Mayer — Stett. Ent. Zeitung 1851 p. 151.

Wurde von Prof. Reverdin aufgefunden und als eigene Art erkannt.[1]) Im Wallis, so Martigny, Branson, Siders und bei Genf, Lancy, am Fuss des Salève.

Als Typ gilt die Frühlingsform. — Vérity, T XXXIV, 22—27 — Sie unterscheidet sich von rapae (g. v. metra Stph.) durch weisslichere Unterseite und stärkere schwarze Zeichnung der Oberseite, wo sie oft bis zur 4. Rippe reicht. Flugzeit im Mai.

a) Die *Sommerform rossii* Stef. (= messanensis Z. ?) — Stz. I, T 20 — Perlini T IV — Vérity T XXXIV, 28—34.

Hat die schwarzen Zeichnungen der Oberseite weiss bestäubt und fliegt von Anfang Juli bis Mitte September.

Die Raupe unterscheidet sich von derjenigen von rapae L. durch dunklere Färbung und schwarzen Kopf, sie lebt an Iberis und Lepidium. Auch die Puppe ist verschieden.

---

[1]) Vgl. Prof. J. Reverdin «P. rapae L. and manni Mayer». The Entomologists Record. Vol. XXI, Nr. 7 und 8. — Turati III, 36 — Sp. I, 6 und Nachtr. 338 — Vérity p. 158.

11. **napi** L.[1]) — Stz. I, T 21 — Sp. III, T 2 — Vérity T XXXII, 1—6, 8 — B. R. T 3.

In zwei Generationen im ganzen Lande gemein.

I. Der Name bezieht sich auf die etwas kleinere Frühlingsgeneration. Basis aller Flügel schwarz, beim ♂ auch der Vorderrand. Auf der Unterseite sind die Adern stark grau bestäubt, nach oben durchschimmernd. Das ♀ hat einen mehr oder weniger deutlichen Mittelfleck auf den Vfl. Flugzeit von März bis Ende Juni.

II. *napaeae* Esp. — Stz. I, T 21 — Vérity, T XXXII, 11—16, 18.

Die Sommergeneration hat gerundetere Flügel und ist reiner weiss. Flügelspitze und Flecke schärfer, die graugrüne Bestäubung der Adern auf der Hfl Unterseite schwächer, beim ♀ gelb. Flugzeit Mitte Juli bis Ende August. Hieher gehören:

a) *sulphurea* Schöyen — Stz. I, T 21.

♀ Form mit gelblicher Oberseite, sehr selten im Jura (Wh.).

b) *? meta* Wag. — Stz. I, T 21 — Vérity, T XXXII, 48.

♀ Form mit leicht gelbem Anflug der Oberseite und stark verschwommener Zeichnung der Vfl. Die Hfl-Zeichnung ähnlich wie bei radiata Röb. Genf (*Cat. Rhop.*).

c) *posteromaculata* Rev. — Bull. Soc. lép. Genève Vol. 2, Pl. 2.

Ist eine individuelle Abänderung der Sommerform napaeae Esp. mit schwarzen Flecken im Discus der Hfl., wie das wohl gelegentlich überall, auch bei bryoniae O., vorkommen kann (Paravic.).

d) *meridionalis* Rühl — H. — Stz. I, p. 49 — Vérity, T XXXII, 19.

Grössere wenig gezeichnete Form deren Hfl unten fast

---

[1]) Ueber die Napi-Formen vgl. Dr. K. Schima «Beitrag zur Kenntnis von Pieris napi L. unter besonderer Berücksichtigung der in Niederösterreich vorkommenden Formen.» Verh. d. k. k. zoolog. bot. Gesellschaft Wien LX, Heft 6 und Hemmerling, in Gub. Ent. Zeit. III, 42.

einfarbig sind; sie ist von Dr. Gramann im Val Vedro erbeutet worden. Ein reines ♂ — das sich in keiner Weise von Stücken aus der heissen Campagna Roms unterscheidet — fing Hr. Paravicini am 21. VII. 1897 auf dem Giacomo-Pass in 2300 m Höhe, neben typischen Exemplaren.

e) *leovigilda* Fruhst. — Gub. Ent. Zeitschr. III, 88.

Kommt der meridionalis R.—H. nahe, ist aber noch grösser, Distalflecke der Vfl und Makeln der ♀ ♀ grösser und fast stets durch schwarze Striche mit dem Distalrand verbunden. Eclépens (Fruhst.).

Endlich kommt in beiden Generationen vor

f) *impunctata* Röb. — Stz. I p. 48.

♂ Form, die oberseits ausser der normalen schwarzen Färbung der Vfl-Spitze und der Flügelbasis keinerlei Zeichnung besitzt, auch die Discalflecke der Vfl-Unterseite können fehlen. Genf *(Cat. Rhop.)*.

III. *bryoniae* O. — Stz. I, T 21 — Sp. III, T 2 — B. R. T 3 — Vérity, T XXXII, 25 — 27.

Die Gebirgsform, hat nur eine Generation und kommt im ganzen Alpengebiet, sowie im höheren Jura vor. Die ♂ ♂ sind gewöhnlich etwas grösser, alle Flügelwurzeln, die Flügelspitzen und die Adern der Unterseite dichter bestäubt. Die Färbung der ♀ ♀ wechselt von gelblichgrau bis braunschwarz. Flugzeit von Juli bis August, je nach der Höhenlage. Höhenverbreitung bis ca. 2000 m.

g) *intermedia* Krul. — Stdg. 52 b.

Besonders ♀ Uebergangsform der Frühlingsform napi L. zu bryoniae O. Unter der Art, Bern (Steck), Basel (Mory) und wohl auch anderwärts in der Ebene.

h) *obsoleta* Röb. — B. R. 11.

Die Zeichnung ist sehr verloschen und wenig hervortretend. Neben der typischen Form ob Beckenried in 800 m Höhe (Paravic.).

i) *concolor* Stz. — Stz. I, 49.

Die stark ausgebreitete schwarze Zeichnung hat die gelbliche Grundfarbe fast völlig verdrängt. Binn (Paravic.).

Die Eier werden einzeln auf die Blätter abgelegt, die Räupchen schlüpfen nach einigen Tagen und entwickeln sich so rasch, dass sie schon in etwa vier Wochen erwachsen sind. Die Raupe — Sp. IV, T 1 — lebt an Kohlarten, Reseda und Turritis von Juni bis Oktober. Die Puppen der Sommerbrut überwintern an Stämme und Lattenzäune angesponnen.

E. — Ent. Jahrb. VIII, 149 — Sp. I, 7 — Vérity 142 — B. R. 11, T 3 — Frio. I, 61.

12. **callidice** Esp. — Stz. I, T 21 — Sp. III, T 2 — Vérity, T XXVII, 34, 36 — B. R. T 2.

Falter ist in einfacher Generation im ganzen Alpengebiet verbreitet, er beginnt bei 1500 m und steigt hinauf bis zu den höchsten Flugplätzen des alpinen Schmetterlingslebens. So fand ich am Theodulpass noch bei 3332 m die Puppe zahlreich unter Steinen (Aug. 1902). Wullschlegel fand den Falter aber auch hier und da bei Follaterres und La Batiaz im heissen Rhonetal, so am 30. VIII. 1901, 2. IX. 1901, 27. VIII. 1902, 19. IX. 1903, 19. IV. 1909 und 17. VI. 1907. Die normale Flugzeit scheint Juli und August zu sein, aber bei obigen Daten liegt die Vermutung einer gelegentlichen zweiten Generation nahe.[1] Der Falter variiert bedeutend in der Grösse und in der schwächeren oder stärkeren Ausbildung der schwarzen Zeichnungen, sowie der moosgrünen Zeichnung der Hfl-Unterseite; besonders ist das beim ♀ der Fall. U. O. W. S. G.

a) *rondoui* Oberth. — Vérity, T XXVII, 42, 43.

Die schwarze Zeichnung ist beim ♂ auf die Vfl-Spitzen beschränkt, das ♀ hat die Vfl fast gänzlich geschwärzt, die Hfl grünlich weiss. Aus dem Engadin.

b) *atrovirens* Roth. — Ent. Zeitschr. XXIV, Nr. 7.

Ist ebenfalls eine der vorigen nachstehende melanistische Form mit stark verdunkelten Vfl-Spitzen und Hfl-Unterseite. Sie wurde im Val Bevers gefangen.

Die Raupe — Sp. IV, T 1 — lebt an Cardamine resedifolia und andern Cruciferen, auch an Sempervivum

[1]) Herr Pfarrer Hauri berichtet: «Die frühesten Stücke an den Talabhängen von Davos im Mai, höher von Juni—August. Im Spätherbst die Puppe an Steinen oft zahlreich beieinander.»

arachnoideum im August und September. Sie wächst sehr rasch heran und die Puppe überwintert.

E. Vérity, 129 — Sp. I, 7 — B. R. 11 — Frio. I, 63.

13. **daplidice** L. — Stz. I, T 21 — Sp. III, T 2 — Vérity T XXX, 6, 10 — B. R. T 2.

Der Name bezieht sich auf die Sommergeneration, die von Ende Juni bis im September fliegt. Der Falter wurde einmal von Wullschlegel, am 16. Oktober 1902, völlig frisch erbeutet.

a) *bellidice* O. — Stz. I, T 21 — Vérity, T XXX, 17—20, 22.

Die kleinere auf der Unterseite dunklere Frühlingsgeneration, fliegt dagegen von Anfang April bis Ende Mai.

Der Falter ist zwar überall verbreitet, aber gewöhnlich nicht häufig, namentlich ist dies bei der Frühjahrsform der Fall.

Die Raupe der daplidice L. — Sp. IV, T 1 — lebt an Kohlarten, Sinapis, Alyssum, im Mai und Juni; die der bellidice O. im August und September an Reseda luteola und Sisymbrium. Von dieser Form überwintern die Puppen.

E. Ent. Jahrb. VIII, 150 — Favre 5 — Stz. I, 49 — Sp. I, 7 — Vérity 131 — Ill. Zeitschr. f. Ent. V, 153 — B. R. 11 — Frio. I, 64.

Euchloe Hb.

(Antocharis B.)

14. **simplonia Frr.**[1]) — Stz. I, T 22 — Sp. III, T 4 — Vérity, T XXXVI, 53, 54, 56, 57.

---

[1]) ? belia Cr. — Stz. I, T 22. — Vérity, T XXXVI, 16 — B. R. T. 3.

a) ? ausonia Hb. — Stz. I, T 22. — Vérity, T XXXVI, 36. 37.

Nach eingehendem Studium der diesbezüglichen Literatur, sowie eines reichhaltigen Faltermateriales, bin ich zu der Ansicht gelangt, dass sowohl der Typus belia Cr. wie ihre Sommergeneration ausonia Hb. unserem Lande fehlen und dass die diesbezüglichen Angaben sich alle auf simplonia Frr. beziehen, welche freilich Turatis belia f. romana (Turati I, T 3 — Vérity, T XXXVI, 17—19) im Aussehen sehr oft so nahe steht, dass sie leicht mit ihr verwechselt werden konnte. Den Ausschlag gibt schliesslich die konstante Verschiedenheit der beiden Raupen und ihrer Lebensweise. Angeblich aus dem Wallis, vom Monte Bré und vom Brezon. (?)

Die Raupe — Sp. IV, T 6 — lebt an Sisymbrium und Barbaraea im Juni und September.

Ist eigene Art und nicht Bergform der vorigen. Der Falter unterscheidet sich von den belia-Formen durch gestrecktere Vfl, ihr Aussenrand ist stets gerade, bei belia Cr. aber leicht nach innen gebogen. Die Fransen der Vfl Unterseite sind in der Mitte schwarz gescheckt, die Hfl Unterseite ist gelbgrün, ohne Glanzflecken. Die Art kommt nur in einer Generation vor und zwar im Rhone- und Tessintal schon im April-Mai, in den Alpen im Juni und Juli. Höhengrenze bei etwa 2200 m. Im Berner Oberland mancherorts häufiger (Gadmental, Mürren, Kandersteg, Spitalmatte), sodann in den Waadtländeralpen und im ganzen Wallis, endlich am St. Bernhardinpass (Steinegger). Der Falter ist auch in der Ebene vereinzelt — vielleicht nur in herabgestiegenen Stücken — gefangen worden. So im Rhonetal jedes Jahr in ein bis zwei Exemplaren, sodann ein ganz frisches Stück im Scherlital bei Bern am 22. Mai 1910 (Schmidlin).

a) *ticina* m. Im Tessin fand ich eine kleinere Form, die sich wesentlich von der typischen simplonia Frr. unterscheidet:

simplonia. (a. d. Berner Oberland und Wallis.)	*Tessinerform.*
1. Grösse: 42 mm.	38 mm.
2. Oberseite: Bestäubung grob, bräunlich-schwarz, geht beim ♂ bis zur 3., beim ♀ bis zur 2. Rippe.	Bestäubung grau-schwarz feiner. geht beim ♂ bis zur 4., beim ♀ bis zur 3. Rippe.
3. Unterseite: Vfl Discoidalfleck gross, mit dem Vorderrand durch schwärzliche Bestäubung verbunden. Hfl grün-gelb bestäubt, Flecke weiss, gross.	Vfl Discoidalfleck ist klein, mit dem Vorderrand nicht verbunden. Hfl stärker bestäubt. Flecke weiss, klein, Rippen stärker gelb.

Airolo und Canariatal bis 1600 m, Faido, Biasca, S. Carlo im Val Bavona. (Diese Form ist vermutlich identisch mit Kane's belia vom Monte Bré; ähnliche Stücke fand Hr. Püngeler übrigens auch bei Zermatt).

b) ? *flavidior* Wh. — Wheeler p. 63.

Im Rhonetal von Bex bis Sion, aus der Umgebung von Genf, Château de Chaumont, Pied du Petit Salève, Gimel, Cluses, vom Mai bis Juli. (Catalog Rhop. de Genève.)

Wheeler sagt: «Form der Ebene mit hellergelben Nerven, grössern und weniger dichten Flecken, sowie mit gelbgrüner Unterseite.» Indessen vermag ich Unterschiede gegenüber dem Typus nicht zu erkennen.

c) *aurantiaca* Obthr. — Vérity T XXXVI, 55.

♀ Form mit ockergelb gefärbter Hfl Oberseite. Unter der Art: Binnental (Paravic.), Martigny (Weber), Gotthard (V.).

d) *quadra* Vérity — Vérity p. 195.

Der Discoidalstrich ist zu einem grossen viereckigen Fleck verbreitert. Simplon (Paravic.). Prof. Standfuss erhielt diese Form aus Raupen von Randa nach dreijähriger Puppenruhe. Ein ♀ mit stark geschwärzten Flügelwurzeln und vergrössertem Apicalfleck erzog Hr. de Rougemont aus Puppen von Zinal (vergl. Stdfs. Zool. St. I, 11).

Die Raupe ist im Aussehen und Lebensweise von der belia-Raupe verschieden. Sie ist der P. daplidice L. Raupe ähnlich, aber schwarz punktiert, die Luftlöcher weiss und lebt im August — September, an Turritis glabra, Biscutella und Erucastrum. Auch die Puppe ist verschieden. Der Falter erscheint in der Regel im darauffolgenden Frühling, ausnahmsweise auch erst im zweiten Jahr (Roug.).

E. Favre, Suppl. 2 — Sp. I, 8 — Vérity 179 — Frio I, 68.

15. **cardamines** L. — Stz. I, T 22 — Sp. III, T 2 — Vérity, T XXXVIII, 4—7 — B. R. T 3.

Falter überall, je nach der Höhenlage, von April bis Mitte August auftretend. Er wurde im kalten und nassen Sommer 1909 noch Ende Juli in der Ebene bei Martigny und St. Blaise beobachtet. Der Falter geht im Wallis und Engadin bis gegen 2000 m, wobei der schwarze Vfl-Punkt kleiner wird. Im Tessin kommen Exemplare vor, bei denen die Hfl Unterseite nur sehr wenig grün gezeichnet ist. Mehrere Hermaphroditen[1]) sind gefangen worden; es kommen auch

[1]) Über «Gynandromorphe Macrolepidopteren der palaearctischen Fauna» vergleiche die Arbeiten von Oskar Schultz, Teil I, Illustrierte

♀♀ mit annähernd oder gänzlich ♂ Kleide vor. Ich fing bei Airolo cardamines L. ♂ × ticinia m. ♀ in Kopula, leider wurden keine Eier abgelegt.

a) *turritis* O. (= minor Coc.) — Stz. I, T 22 — Vérity, T XXXVIII, 12, 13.

Kleinere Form, die Orangefärbung reicht nur bis zum schwarzen Fleck der Vfl-Spitzen. Selten. W. S. J.

b) *ochrea* Tutt — Stz. I p. 54.

Ist eine ♀ Form mit gelblichen Hfl. Unter der Art, besonders V. G. S.

c) *citronea* Wh. (= ? alberti Burg. Ins. Börse XX, p. 236) — Wheeler p. 64.

♂ Form mit gelbem Anflug auf der Vfl Unterseite (was bei frisch geschlüpften Tieren meistens der Fall ist). Unter der Art V. W. J.

d) *immaculata* Pabst — Vérity, T XXXVIII, 14 — Ber. Nat. Ges. Chemnitz 1884, p. 16.

Ohne schwarzen Mittelfleck der Vfl. Genf (Cat. Rhop), Aadorf (Z. R.).

e) *quadripunctata* Fuchs — Stz. I, 54.

Alle Flügel tragen auf Ober- und Unterseite je einen schwarzen Mittelfleck. Genf (Cat. Rhop.).

f) *hesperides* Newnh. — Vérity, T XXXVIII, 9 — Stz. I, 54.

Zwergform, vereinzelt unter der Art. Glarus (Hauri), Baselland (Paravic.).

Die Eiablage geschieht am häufigsten Mitte Mai, die Eier werden einzeln an die Stengel und Blüten, niemals an die Blätter der Nahrungspflanzen abgelegt. Als solche dienen: Arabis, Turritis, Cardamine pratensis, Capsella bursa pastoris, Alliaria officinalis. Die Räupchen schlüpfen gewöhnlich nach 6 Tagen, ausnahmsweise ergab aber ein am 26. V. 1907 abgelegtes Ei das Räupchen schon nach 20 Stunden. (Rehf.) Im Juni findet man manchmal Eier und Raupen an

---

Wochenschrift für Entomologie, Bd. I, 1896; Teil II do. Bd. II, 1897; Teil III do. Bd. III, 1898; Teil IV, Berliner Entomologische Zeitschrift, Bd. XLVIII, 1904; Teil V: Entomologische Zeitschrift, Bd. XX, 1906.

der nämlichen Pflanze. Die Raupen — Sp. IV, T 1 — ruhen fast immer an den Schoten der Pflanzen. Es genügt, wenn die mit den Räupchen besetzten Pflanzen in Büscheln in Wasser gestellt werden, die Raupen verlassen das Futter nicht und wachsen rasch heran. Erst die völlig erwachsenen Raupen bringt man in den Zuchtkasten, wo sie sich am Deckel anspinnen. Die Puppen überwintern oder ergeben ausnahmsweise eine II. Generation im Juli oder August. Mordraupe!

E. Ent. Jahrb. V, 136 — VIII, 132 — Roug. 14 — Soc. Ent. XIV, 98 — Sp. I, 8 — Vérity 189 — Ent. Zeitschr. XVII, 85, 91 — Stz. I, 54 — B. R. 12 — Frio. I, 69 — Favre 6.

16. **euphenoides** Stdg. — Stz. I, T 22 — Sp. III, T 2 — Vérity, T XXXVIII 46—54 — B. R. T 3.

Nur von Locarno, dem Monte Bré und von Gondo 3 Exemplare im Juni 96 (V.).

Die Raupe lebt an den Blüten und Samen von Biscutella laevigata im September — Sp. IV T 6. Mordraupe!

E. Sp. I, 8 — Vérity 194 — Stz. I, 55 — B. R. 12 — Frio. I. 71.

Leptidia Billb.

(Leucophasia Stph.)

17. **sinapis**[1]) — Stz. I, T 27 — Sp. III, T 3 — Vérity, T XXXIX, 35, 36, 39 — B. R. T 3.

Falter fast nur in der Ebene — er geht in der typischen Form, kaum über 1000 m — in zwei Generationen, April bis Juni und im Juli—August, gemein.

I. Der Name bezieht sich auf die nordwärts der Alpen vorkommende Sommerform. Ihre Oberseite ist reiner weiss, beim ♂ mit schwarzem Apicalfleck, Hfl Unterseite gelb angeflogen, mit grauer undeutlicher Mittelbinde. Der Sommerform gehören an:

a) *diniensis* B. — Stz. I, T 27 — Ent. Zeitschr. XIX, 146, Fig. 18—20.

Die südeuropäische, mehr oder weniger häufig vorkommende, jedoch keineswegs ausschliesslich auftretende

---

[1]) Ueber die Variabilität von L. sinapis vgl. Grund, in Ent. Zeitschr. XIX, p. 145.
Culot, J. «Le genre Leptidia Billb.» Bull. Soc. lép. Genève Vol. I, 246.

Form diniensis B. kommt in mehr oder weniger ausgeprägten Stücken gelegentlich auch bei uns vor, besonders im Wallis und der Südschweiz. Die Oberseite zeigt tief schwarze, von zwei weissen Adern durchschnittene Spitzenflecke, die Hfl Unterseite kann weiss oder gelblich abgetönt sein, darf aber keine Spur von schwarzen Schuppen tragen.[1])

b) *erysimi* Bkh. — Vérity XXXIX, 41.

♂ Form, Ober- und Unterseite aller Flügel sind rein weiss; unter der Art, gelegentlich auch nördlich der Alpen. Elgg (Gram.).

II. Die Frühjahrsgeneration:

lathyri Hb — Stz. I, T 27 — Vérity, T XXXIX, 44, 48, 49 — Ent. Zeitschr. XIX, 146, Fig. 8, 9, 10, 17.

Ist unterseits dunkler graugrün, die Flügelspitze oben grauer. Diese Form steigt im Gebirge höher auf und wird da zur ausschliesslichen, wo der Falter, aus überwinterten Puppen, nur in einer Generation erscheint. Diese zeigt sich dann, je nach Höhenlage, von Mai—August, etwa von 1300 m (Bergün, Zeller) — 1900 m (Chandolin, V.).

Unter beiden Generationen kommen vor:

c) *sartha* Rühl. — Rühl-Heyne I, 143.

Vfl Unterseite mit gelbgrüner Flügelspitze und oberm Teil des Wurzelfeldes, Hfl Unterseite durchaus gelbgrün, schwach dunkel übergossen. Martigny (Favre), Biasca (Schneider), Vufflens (Sauss.).

d) *subgrisea* Stdg. — Vérity, T XXXIX, 37.

Hfl unten grau. Waadt, Wallis und auch anderwärts unter der Frühlingsform.

e) *minor* Bl. — Cat. Rhop. Genève.

Zwergform von nur 27 mm Grösse, vom Salève.

Die Eier werden einzeln auf die Blätter der Nahrungspflanze abgelegt, die Räupchen schlüpfen nach 6 Tagen.

Die Raupe — Sp. IV, T I — lebt an Lotus corniculatus, Lathyrus pratensis, Trifolium & Orobus, im Mai—Juni und August—September.

E. Bull. lép. Genève, Juni 08 — Ent. Jahrb. VIII, 153 — Sp. 1 p. 12 — Vérity 201 — Stz. I., 70 — B. R. 13, T 3 — Frio I, 81 — Favre 7.

[1]) Boisduval, Genera et Index 1840 p. 6 sagt nur «Al. omn. subtus immac.» und nicht wie Staudinger Cat. 1901 «al. omm. subtus. albidis.»

Colias F.

18. **palæno** L. (= *lapponica Stdg.*) — Stz. I, T 25 — Vérity, T XL, 4, 5, 6.

Der Typus fehlt.

I. *europome* Esp.[1]) — Stz. I, T 25 — Vérity, T XL, 7, 8.

Ist die in den Hochmooren des Jura und Mittelgebirges vorkommende meist grössere Form. Sie ist in beiden Geschlechtern ausgezeichnet durch die tiefgelbe Hfl-Unterseite. Flugzeit Juni bis Juli. Einsiedeln (V), Sâles (T de G.), Tramelan (G.), Sümpfe von Pont (V.), Pontins (Roug.), Lac des Taillières (Bolle), Vallée de Joux (Mory). Zu dieser Form gehören:

a) *jurassica* Vérity — T XL, 17, 18 (im Aussehen genau wie aias Fruhst.) Die Marginalbinde ist besonders beim ♂ breiter, tief schwarz, ohne gelbe Beimischung und reicht bis weit in den Innenrand der Vfl hinein. Bei Tramelan, sehr selten (Guédat).

b) *illgnerina* m. Die ♀♀ neigen zu zart zitrongelber Grundfarbe und bilden so den Uebergang zur folgenden Form; nicht selten. Tramelan (G.).

c) *illgneri* Rühl — Soc. Ent. V, 89 — Vérity, T XL, 9.

Ist die gelbe ♀ Form. Tramelan, recht selten.

II. *europomene* O. (= alpina Sp.) — Stz. I, T 25 — Vérity, T XL, 10, 12—14 — B. R, T 4.

Fliegt in den Alpen im Juli—August von 1600 m an bis etwa 2500 m (Riffelberg, Hoffm.) und ist unterschieden durch die tief grünlich bestäubte Hfl Unterseite. U. O. V. W. G. S. Unter ihr kommen vor:

d) *reducta* Geest. — Stz. I, T 63 — Zeitschr. f. wiss. Ins. Biol. I, 381.

Sind Exemplare mit grossem weiss gekerntem Intercostalfleck der Vfl benannt worden. Furka (Geest).

---

[1]) F. Bergl in M. M. E. G. Nr. 3/4 1910 betrachtet europome Esp. und europomene O. als individuelle und nicht als Lokalformen. Freilich kommen z. B. bei Tramelan auch Exemplare vor, welche europomene näher zu stehen scheinen, als europome, aber sie bilden die Ausnahme und es scheint aus praktischen Gründen richtiger, diese beiden Formen als lokale beizubehalten.

e) *caflischi* Carad. — Soc. Ent. VIII, 26 — Vérity T XL, 11.

Ohne Mittelfleck der Vfl. Hfl grünlich; diese Form kommt aber auch bei europome Esp. vor.

f) *herrichina* Geest. — Stz. I p. 63 — Zeitschr. f. wiss. Ins. Biol. I. 381.

Bildet den Uebergang zur folgenden Form (ähnlich wie b zu c) Furka (Geest). Davos (Hauri).

g) *herrichi* Stdg. (false werdandi H. S.) — Vérity, T XL, 16.

Gelbe ♀ Form. Unter der Art, nicht selten.

h) *flavoradiata* Wh. — Wheeler p. 68.

Hat schmalere Vorderrandbinden, die von gelben Rippen durchzogen sind. Steinenalp am Simplon (Wh.).

i) *blachieri* Culot — Vérity T XLIX. 26.

Ist meiner Ansicht nach eine hybride Form zwischen

palaeno-europomene O. ♂ X { phicomone Esp. oder hyale L. } ♀

Type von Les Plans; besonders merkwürdige Exemplare fing E. von Jenner am Maloja, ein weiteres Stück Fison bei Zermatt.

Um saubere Falter zu erhalten, muss man zwischen 9 und 11 Uhr vormittags auf den Fangplätzen sein, weil mit zunehmender Wärme die Tiere sehr wild werden. Noch leichter ist der Fang abends, etwa zwischen 6 und 8 Uhr, wo die Falter sich an den Zweigen von Birken usw. zur Nachtruhe niedergelassen haben. Ein Tritt gegen den Stamm scheucht sie auf und sie sind dann, besonders bei kühler Temperatur, oft sehr leicht und in Mehrzahl zu erbeuten (G.).

Die Raupe — Sp. IV, T 1 — lebt an Vaccinium uliginosum von Herbst bis Mai. Die Puppe findet sich gelegentlich an die Stengel der Futterpflanze angeheftet, von Mitte Juni an.

E. — Gub. Ent. Zeitschr. IV, 66 — Roug. 15 — Sp. I, 9 — Vérity 215 — Stz. I, 63 — B. R. 14 —. Frio. I, 72 — Favre 7.

19. **phicomone** Esp. — Sp. III, T 3 — Stz. I, T 25 — B. R. T 4 — Vérity T XLII, 4. 7—9.

Nur in den Alpen, aber dort im ganzen Gebiet häufig, gewöhnlich zwischen 1000 und bis ca. 2500 m., Ausnahmsweise ist der Falter im Erstfeldertal schon in 500 und bei Sépey in 800 m Höhe gefangen worden. Flugzeit in einer Generation von Mitte Juni bis Mitte August. Der Falter erscheint durch Verschmelzung der schwarzen Schattierung, bald dunkler bald heller. Ein Stück vom Albula zeigt die Mittelflecke der Vfl weiss gekernt (Paravic.).

a) *saturata* Aust. — Ent. Zeitschr. XVIII, 143 — Vérity T XLII, 23?

Von tief gelbgrüner Grundfarbe, alle Flügel dunkler bestäubt, besonders sind die Hfl stark verdunkelt und nur die Binde bleibt hell. Mehrere ♂♂ vom Tiefenberg in Graubünden (Aust.).

b) *geesti* Neub. — B. R. 14.

Ist fast einfarbig schwarz, nur der Mittelfleck und die Saumbinden gelb. Arolla (Z. R.).

c) *pupillata* Rehf. — Bull. Soc. lép. Genève Vol. I, Pl. 8.

Bei dieser Form zeigt die Hfl Oberseite nur eine grosse Pupille, auf der Unterseite bleibt nur ein Strich. Randa, Alpien (Rehf.).

Die Raupe — Sp. IV, T 1 — lebt auf Wickenarten, auch an Hippocrepis comosa, von September bis Mai.

E. Sp. I, 9 — Stz. I, 64 — Vérity 230 — Frio. I, 79 — Favre 8.

20. **hyale** L. — Vérity, T XL, 31, 32, 35, 36 — B. R. T 4.

Der Falter ist gemein im ganzen Gebiet. Er fliegt in der Ebene in zwei Generationen von Ende April bis Ende Juni und Mitte Juli bis Ende Oktober, im Gebirge nur einmal. In den Walliseralpen gewinnt er Höhen von 2500 m und darüber. Der Falter variiert ziemlich stark.

Die ♂♂ der Frühjahrsgeneration — Sp. III, T 3 — Vérity T XLVII, 32 — sind bleich, die Apexzeichnung der Vfl ist matt mit wenigen gelben Flecken.

Die ♂♂ der Sommergeneration — Stz. I, T 25 — sind besonders im Wallis und Südjura lebhaft gelb, Apexbinden und Mittelpunkte aller vier Flügel besonders stark ausgeprägt.

Die **alpinen** Exemplare endlich sind kleiner, als die der Ebene und besitzen gerundetere Vfl. Ausserdem sind ihre Vfl Randbinden weniger stark gefleckt.

a) *flava* Horm. (= inversa Alph.) — Vérity, T XL, 37.

Gelbe ♀ Form, kommt als Seltenheit im Wallis vor. Ein Exemplar fing ich auch bei St. Blaise im Jura (V.), Vufflens (Sauss.), Dombresson (Roug.), Tramelan (Hug.). Ein weisses ♂ Exemplar, dem auch der Orangefleck der Vfl fehlt, wurde bei Davos erbeutet (Hauri).

b) *nigrofasciata* Gr. — Grsh. I p. 163 — Vérity, T XL, 38 — Ent. Zeitschr. XX, 234.

Der dunkle Aussenrand der Vfl ist sehr breit und ungefleckt. Tessin (v. J.), Vufflens (Sauss.).

c) *minor* m.

Eine Zwergform, nicht grösser als eine Lycaena, erbeutete ich bei St. Blaise im August 1909, Genf *(Cat. Rhop.)*.

d) *obsoleta* Tutt. (= sieversoides Vérity) — B. R. 14 — Vérity T XL, 34.

Die dunkle Zeichnung der Hfl ist erloschen. Aadorf (Z.-R.), Zürich (V.).

e) *unimaculata* Tutt. — B. R. 14.

Hat den Mittelfleck der Hfl nicht doppelt, sondern einfach. Aadorf (Z. R.), Gadmen (St.), St. Blaise (V.).

Eine hybride Form von hyale ♂ und edusa ♀ (?) erwähnt Prof. Standfuss aus dem Wallis (Hdbch. p. 53). Mehrere hybride Stücke vermutlich hyale ♂ und phicomone ♀ fing Hr. von Jenner am Maloja.

Die ♀ ♀ lassen sich ohne Mühe zur Eiablage bewegen, sie legen die Eier auf die untersten Blätter von Kleearten. Die Räupchen schlüpfen nach 6 Tagen. Am leichtesten ist die Zucht der zweiten Generation, weil die Raupen sich im Sommer viel rascher entwickeln als im Herbst. Die Sommerzucht dauert von der Eiablage bis zum Schlüpfen der Falter nur ca. 6 Wochen. (**Breit**, Soc. Ent. XIV, 98). Die Raupe — Sp. IV, T 1 — lebt an Trifolium, Hippocrepis, Medicago, Coronilla, Viccia, Lotus usw. von September bis April und im Juni—Juli. Sie pflegt auf der Oberseite der Blätter zu sitzen, von denen sie nachts eingeschlossen ist.

E. Ent. Jahrb. VIII, 153 — Sp. I, 10 — Vérity 221 — Ent. Zeitschr. VI, 82 — Stz. I, 65 — B. R. 14, T 4 — Frio. I, 74 — Favre 8 — Roug. 15.

21. **edusa** F. (= croceus Fourcr.) — Sp. III, T 3 — B. R. T 4 — Stz. I, T 26 — Vérity T XLVI, 28, 29 — XL VII, 3.

Vorkommen wie die vorige Art. Die Frühlingsgeneration[1]) ist nördlich der Alpen recht spärlich, zahlreicher aber schon im Wallis und Tessin. In der zweiten Generation ist dagegen der Falter weit häufiger und in einzelnen Jahren unsäglich gemein, so z. B. 1893 und 1895. Er gewinnt in den Alpen Höhen von 2500 m und darüber. Nach Gillmer (Gub. Ent. Zeitschr. I, p. 66) verbreitet sich der Falter von den Mittelmeerküsten aus, jährlich über Zentral- und Nordeuropa, wo die ♀ ♀ im Juni die Eier ablegen. Die Raupen fressen den Juni hindurch, verpuppen sich im Juli und liefern die Falter Ende des Monates oder im August. Dieselben paaren sich sogleich wieder, legen Eier, die Raupen schlüpfen und verpuppen sich. Aus diesen Puppen schlüpft in günstigen Jahren eine dritte Generation, Ende September oder im Oktober, welche aber durch kaltes und rauhes Wetter zugrunde geht. Wullschlegel beobachtete aber bei Martigny frische Falter von Januar bis März 1894, ebenso 1905. Im Dezember 1898 Falter in Menge, nachdem der Frost bereits eingetreten war, ebenso 1902. So dass also der Falter mindestens im Wallis als heimisch zu betrachten ist.

a) *helicina* Obthr. — Etudes XX, T 6 — Vértiy, T XLIX, 40.

♀ Form mit weissgelber Oberseite. Sie bildet den Uebergang zum nachfolgenden. Wallis, Genf (Wh.), Genthod, Nyon, Vufflens (Sauss.), Umgebung von Basel (Paravic.).

b) *helice* Hb. — Stz. I, T 27 — Vérity, T XLVI, 31 — B. R. T 4.

---

[1]) So kleine Exemplare wie Vérity's g. vernalis (T XLVII, 4—7) kommen bei uns kaum vor.

Die ♀ weisse Form kommt gelegentlich überall, aber meist einzeln neben dem Typus vor, zwar in beiden Generationen, aber zahlreicher in der sommerlichen; häufig war sie 1895 bei Basel.

c) ? *faillae* Stef. — Stz. I p. 68 — Perlini T IV — Bull. S. J. XXXII, 187.

♂ Form, im schwarzen Saume stechen alle Rippen bis zum Rande gelb ab. Uebergänge finden sich gelegentlich unter der typischen Form, so Vufflens (Sauss.). Einen Hermaphroditen rechts ♂, links ♀ erbeutete de Saussure bei Vufflens.

Die Raupe — Sp. IV T 1 — lebt an Cytisus, Onobrychis, Medicago usw. von September bis Mai und im Juni—Juli. Zucht wie bei hyale L.

E. Ent. Jahrb. VIII, 154 — Soc. Ent. XIV, 98 — Roug. 15 — Sp. I, 10 — Vérity 267 — Stz. I, 68 — B. R. 15, T 4 — Frio. I, 75 — Favre 8.

Gonepteryx Leach.
(Rhodocera B.)

22. **rhamni** L. — Stz. I, T 24 — Sp. III, T 3 — Vérity, T XLVII, 35—38 — B. R. T 4.

In ein bis zwei Generationen von Juli bis zum Frühjahr. In der Ebene und den Voralpen bis gegen 2000 m gemein, doch wird er in dieser Höhe wohl kaum heimisch sein.

Roug. (p. 16) berichtet, dass Hrn. Girod in Moutier im heissen Sommer 1893 aus einer Zucht normaler rhamni-Raupen ein Falter schlüpfte, welcher auf allen Flügeln die nämliche Zeichnung aufwies, wie sie das cleopatra L. ♂ auf den Vfl zeigt.

Die Eier werden einzeln auf die Blätter oder an die Blattstiele des Faulbaumes abgelegt, wo auch die Raupen — Sp. IV, T 2 — auf der Oberseite der Blätter sitzend, von Mai bis August zu finden und sehr leicht zu ziehen sind. Bei der Eizucht schlüpfen die Falter immer im Spätsommer. Der grössere Teil der Falter überwintert und fliegt vom Februar bis April; aus überwinternden Puppen erscheinen die Falter dann im April—Mai (?) und aus deren Raupen wiederum vom Juli an (Meyer-Dür, auch Frionnet und Vérity sind dieser Ansicht). Eine lebende Puppe erhielt ich am 28. I. 1908, sie war an der Unterseite einer am Boden wuchernden Epheuranke befestigt, ging aber leider im warmen Zimmer ein. Man fängt aber gelegentlich, im Frühjahr, so frische Falter, dass eine Ueberwinterung ausgeschlossen erscheint. Der Katalog Rhop. Soc. lép. Genève p. 7 gibt folgende interessante Daten: Falter 28. Juni — 1. Oktober, vom 26. November an Ueberwinterung; später 25. Februar bis 9. Juni.

E. Ent. Jahrb. VIII, 156 — Gub. Ent. Zeitschr. III, 32 — Roug. 16 — Stz. I, 61 — Soc. Ent. XIV. 98 — Sp. I, 11 — Vérity 281 — B. R. 16, T 4 — Frio. I, 78 — Favre 9.

23. **cleopatra** L. — Stz. I, T 24 — Sp. III, T 3 — B. R. T. 4 — Vérity T XLVIII, 19—21.

In zwei Generationen im Frühjahr und Sommer, nur aus der Südschweiz. Monte Bré (Mme. Süffert), Biasca 3 Exemplare, Juni 1895 und 1900 (Schneider, V.) Bellinzona 1 Exemplar, Juli 1895 (V.), Iselle (v. J.) und sogar am Axenstein (Kane), endlich wiederholt in der Umgebung von Genf beobachtet, Col de la Faucille im August (Sauss.).

Die Raupe — Sp. IV, T 2 — lebt an Rhamnus cathartica, alpina und alathernus, zweimal im Jahre.

E. Stz. I. 61 — Sp. I, 11 — Vérity 285 — Frio. I, 80.

III. Nymphalidae.

A. Nymphalinae.

Apatura O.

24. **iris** L. — Stz. I, T 50 — Sp. III, T 5 — B. R. T. 5.

In den Laubwäldern des ganzen Gebietes, wo die Futterpflanze vorhanden ist, verbreitet. In einer Generation, von Juni bis August, je nach der Höhenlage. Der Falter überschreitet selten 1000 m, wurde jedoch am Eingang des Dischmatales in 1560 m (Hauri) und auf der Frohnalp ob Brunnen in 1400 m (de Sauss.) Höhe erbeutet. Die Falter der Gattungen Apatura und Limenitis sitzen, namentlich in den Vormittagsstunden, gerne auf Exkrementen und feuchter Erde. In den spätern Nachmittagsstunden dagegen fliegen sie mehr an den Baumkronen. Sie sind mit stark riechendem Käse und Pferdemist in Mehrzahl zu ködern.

a) *jole* Schiff. — Stz. I, T 50 — Sp. III, T 5.

Ohne die weissen Flecken, ist eine vereinzelt auftretende Temperaturform. Bern (v. B.), Burgdorf (v. J.), Liestal (Seiler), Eclépens (Brunner), Krauchtal (Jäggi).

Die Eier werden im August einzeln auf die Blattoberseite von Salix caprea, aurita und cinerea abgelegt, die Räupchen schlüpfen nach 14 Tagen. Die Raupe — Sp. IV, T 2 — überwintert jung, an die Blattknospen angesponnen, im Mai ist sie halb erwachsen an schattigen Stellen stets mitten auf dem Blatt sitzend zu finden. Sie wächst jetzt sehr rasch und ist Mitte Juni ausgewachsen. Die Verpuppung erfolgt am Zweige angesponnen. Der Falter erscheint nach ca. 3 Wochen. Mir gelang die Zimmerzucht niemals, dagegen ohne Mühe im Gazebeutel.

E. Ent. Zeitschr. XXI, p. 42—50—58. — Gub. Ent. Zeitschr. II, 136 — Favre 25 — Ins. Börse XXI, p. 69 — Soc. Ent. IX, 43. — XIV 108 — Stz. I, 161 — Sp. I, 13 — B. R. 18, T 5 — Frio. I, 142.

25. **ilia** Schiff. — Stz. I, T 50 — Sp. III, T 5 — B. R. T 5.

Ueberall gleich der vorigen Art, spärlich nur in der Südschweiz.

a) *iliades* Mitis — IX. Jahresbericht W. E. V. 1898, p. 54.
Ohne jede Zeichnung, kommt selten unter der Art vor. Martigny (W.).

b) *clytie* Schiff. — Stz. I, T 50 — Sp. III, T 5 — B. R. T 5.

Die hellen Flecke sind ockergelb. Ist mit der Art verbreitet.

c) *eos* Rossi — Stz. I, T 50.

Hat die dunkle Grundfarbe rot aufgehellt. Hie und da, besonders im Tessin recht zahlreich vorhanden.

d) *astasioides* Stdg. — Stdg. 132 c.)

Ist eine Nebenform von clytie Schiff., bei der die braunen Binden und Flecke der Oberseite verschwunden sind. Ein Exemplar von Zürich (Müller), ein Exemplar aus dem Jura (Agassiz), Eclépens (Wh.).

Die Eier werden im Juli an die Knospen abgelegt, die Räupchen schlüpfen nach 8 Tagen, fressen bis etwa Mitte September und spinnen sich dann zur Ueberwinterung ein.

Die Raupe — Sp. IV, T 2 — lebt am Populus tremula, pyramidalis und auch an Weiden von September bis Juni. Sie überwintert wie iris L. und ist im Frührjahr halb erwachsen an niedern Büschen und sonnigen Stellen zu finden.

E. Ent. Zeitschr. XI 157 — XXII, 17 — Stz. I, 163 — Sp. I, 14 — Frio I, 144.

Limenitis Fab.

26. **rivularis** Scop. (= camilla Schiff). — Stz. I, T 57 — Sp. III, T 5 — B. R. T 6.

Der schöne, meist nicht häufige Falter kommt nur im Hügellande vor und erreicht kaum 1500 m. (Beim Spinabad öfter in 1450 m Höhe, Hauri). Er ist über das ganze Gebiet verbreitet. im Süden (W. S.) hat er zwei Generationen im Mai-Juni und Juli-September (Wullschlegel fand noch Mitte September völlig frische Exemplare). Nordwärts der Alpen fliegt er von Mitte Juni bis Mitte August, ganz ausnahmsweise im September, in zweiter Generation.

a) *prodiga* Fruhst. — Gub. Ent. Zeitschr. III, 94.

Ist grösser, unterschieden durch einen weissen Supplementärfleck der Vfl, jenseits der Zelle, zwischen den vordern Medianen. Salève (Fruhst.).

Die Eier werden einzeln an die Mittelrippe eines Blattes abgelegt. Die Raupe — Sp. IV, T 3 — lebt an Loniceren in bergigen Gegenden und an sonnigen Stellen vom September bis Mai. Die Ueberwinterung erfolgt in einem kleinen zusammengezogenen Blattrest, welcher mit einem Seidenfaden am Blattstiel befestigt ist. Die Raupe verlässt diesen Zufluchtsort erst im Mai, wenn sich die Blätter genügend entwickelt haben. Die Verpuppung erfolgt etwa Mitte Juni, die Puppenruhe dauert vier Wochen (Roug.).

E. Roug. 24 — Stz. I, 183 — Sp. I, 15 — Frio. I, 146.

27. **populi** L. — Stz. I, T 56 — Sp. III, T 5 — B. R. T 5.

Verbreitung wie die vorige Art, doch meistens seltener, aber etwas höher ansteigend, Flugzeit im Juni-Juli.[1]) Die

[1]) 2 Stück auf dem Gipfel des Pischahornes 2982 m (1887), 1 Stück 1906 im August bei Davos in 2600 m Höhe (Hauri). Das sind natürlich verflogene Tiere. Ein frisches Stück wurde ebenfalls im August (1910), bei Mauensee 524 m. gefangen (de Sauss.).

♂♂ Falter sind nur in der Südschweiz gleich stark weiss gezeichnet wie die ♀♀, im ganzen übrigen Gebiet sind die Fleckenbinden der ♂♂ wenig entwickelt und trüber. Solche Stücke werden gewöhnlich bezeichnet als:

a) *tremulae* Esp. — Esp. XXXI, 1—114, 3, 4. — Sp. III, T 5.

Eine sehr seltene Form mit wenigen trübweissen Flecken im Apex der Vfl, sonst völlig der hellen Fleckenbildung entbehrend, ist einmal bei Krauchtal gefangen worden (Kollekt. Raetzer). Sie entspricht genau der Abbildung bei Freyer, T 343.

b) *defasciata* Schultz. — Soc. Ent. XXII, 188.

Die silbergrüne Mittelbinde der Hfl Unterseite ist infolge Zunahme der roten Färbung fast oder ganz verschwunden. Ein Exemplar von Bern 1908 (V.).

Die Eier werden im Juli auf die Oberseite der Blätter abgelegt, die Räupchen erscheinen nach 2 Wochen. Die Raupe — Sp. IV, T 3 — lebt vom September bis Mai an Populus tremula, etwa in Manneshöhe über der Erde. Sie überwintert ganz klein an den Zweigspitzen und ist im Mai halb erwachsen auf Blättern in kahnförmigem Gespinst zu finden, später ebenso die Puppe. Leider sind erwachsene Raupen und Puppen öfter gestochen, und empfiehlt es sich daher, die Raupen möglichst klein einzutragen und dieselben im Gazebeutel gross zu ziehen. Die Puppenruhe dauert 14 Tage.

E. Ent. Zeitschr. XX, 88 — XXI, 30; — Gub. Ent. Zeitschr. III, 28 — Ent. Jahrb. XVII, 133 — Ins. Börse XX, 88 — XXI, 77 — XXIV, 191 — Corresp.-Bl. II, 15—37 — Soc. Ent. XIV, 108 — Lamp. 83 — Roug. 25 — Stz, I, 184 — Sp. I, 15 — B. R. 19, T 5 — Frio. I, 147.

28. **camilla** Esp. (= sibylla L.) — Stz. I, T 57 — Sp. III, T 5 — B. R. T 6.

In den Waldungen des ganzen Landes gemein, doch weniger hoch aufsteigend als die vorige Art. Fliegt von Mitte Juni bis Ende Juli. Selten kommen melanistische Exemplare vor, ohne weisse Binden oder diese schwarz angeflogen.

a) *puellula* Fruhst. — Gub. Ent. Zeitschr. III, 94.

Hat schmaler weiss gebänderte Flügel, ohne die roten Analpunkte. Genf, St. Blaise, Bözingen (V.).

Die Raupe — Sp. IV, T 3 — lebt an Loniceren wie die von rivularis Scop. vom September bis Mai. Sie überwintert in kleinen Gespinsten an den Stengeln und sitzt halb erwachsen oben auf den Blättern. Man sucht am besten die halb erwachsenen Raupen im Mai. Sie lassen sich sehr leicht ziehen und verpuppen sich an den Stengeln der Futterpflanzen. Die Puppenruhe dauert 8—14 Tage.

E. Ent. Jahrb. XI, 201 — Gub. Ent. Zeitschr. III, 32 — Stz. I, 181 — Soc. Ent. XIV, 108 — Sp. I, 15 — B. R. 19, T 6 — Frio. I, 149.

Neptis Fab.

29. **lucilla** F. — Stz. I, T 53 — Sp. III, T 5 — B. R. T 6.

Nur in der insubrischen Zone der Südschweiz, dort nicht gerade selten. Bignasco (Müller, Rehf.), Grono (v. J.), Soazza (V.), Lugano (Wh.), Val Vigezzo im Juni-Juli (Wüsth.), Monte Bré, Locarno (Wh.), Crevola (Rätzer, Jäggi).

Die Raupe — Sp. IV, T 3 — lebt an Spiraea-Arten, so ulmifolia, salicifolia und flexuosa von August bis Mai.

E. Sp. I, 16 — Stz. I, 174 — Frio I, 151.

Vanessa F.

30. **io** L. — Stz. I, T 62 — Sp. III, T 6 — B. R. T 7.

Der Falter fliegt in zwei Generationen, die erste von April bis Juni, die zweite von August an mit teilweiser Ueberwinterung. Er ist im ganzen Lande häufig und geht hochalpin bis ca. 2500 m.

a) *ioides* O.[1]) — Ochsenheim. Schmetterlinge I, 1, 109.

Ist eine kleinere Zwergform und kommt überall unter der Art vor, häufiger im Wallis und der Südschweiz.

b) *dyophthalmica* Garb. (= cyanosticta Ray.) — Bull. Soc. Veneto-Trent. I, p. 19.

Hinter dem Augenfleck der Hfl befindet sich noch ein zweiter, schwarz umzogener blauer Fleck. Fossard (Bl.).

c) ? *exoculata* Weym. — Jahresb. Elberfeld V, p. 55.

d) ? *belisaria* Obthr. — Stz. I, T 62 — Sp. III, T 14 — Stdf. Zool. St. II, 14—15.

---

[1]) Über die künstliche Zucht der ioides O. vide Ent. Zeitschr. IV, 138.

Diese extremen Temperaturformen werden von Favre (Suppl. 5) als im Wallis vorkommend aufgeführt.

e) *fischeri* Stdfs. — Sp. III, T 14 — Ent. Zeitschr. VI, 129 — Fischer Beitr. V, T — Stdfs. Handb. T VI — Ill. Wochenschr. f. Ent. III, 49, T.

Ohne den blauen Fleck des Vfl-Auges. Wurde bei Luzern gefangen (Stz. I, 201).

f) *antigone* Fschr. — Ill. Wochenschr. f. Ent. III, 49, T — Fischer, Beitr. V, T — XII, T.

Ist erstmals durch Temperaturexperiment erhalten worden. Ein dahin gehöriges, aber auf den Hfl ganz schwarzes Stück, ist erwähnt von Monstein (Bazz.).

g) ? *extrema* Fschr. — Ill. Wochenschr. f. Ent. III, 354, T — Fischer Beiträge X, T.

Ist eine ganz schwarze durch Temperaturexperiment erhaltene Form.

Die Eiablage erfolgt in Partien von 30—80 Stück, an die frischen Triebe von Nesseln. Die Raupe — Sp. IV, T 3 — lebt an Nesseln und Hopfen im Mai-Juni und vom August bis Oktober, gesellschaftlich.

E — Ent. Jahrb. XI, 142 — Lamp. 85 — Roug. 27 — Stz. I, 201 — Sp. I, 17 — B. R. 21, T 7 — Frio I, 155.

31. **urticae** L.[1]) — Sp. III, T 6 — Stz. I, T 62 — B. R. T 6.

Von Juni bis September mit Ueberwinterung und dann wieder im Mai überall gemein. Der Falter geht (nach Rougemont) im Gebirge gelegentlich bis 3500 m.

a) *urticoides* F. (= pygmæa Hb) — Stz. I, T 62.

Sehr kleine Stücke, vielleicht eine Hungerform, fing ein Zürchersammler am St. Bernhardinpass (Schneider).

b) *grueti* Corc. — Stz. I, 202.

Heisst eine stark geschwärzte Form mit schwarzbraunen Hfl, ohne Randmonde. Sie ist bis jetzt nur bei Renan ge-

[1]) ? ichnusa Bon. — Stz. I, T 62 — Stdfs. Handb. T VI — soll angeblich bei Lugano gefangen worden sein. Verhlg. Berl. Ent. Ver. in Ins. Börse XXV. Das muss aber auf Irrtum beruhen. Auf meine Anfrage hin teilte mir der angebliche Fänger (Dadd) mit, dass er nie in Lugano gewesen sei und nie ichnusa Bon. gefangen habe.

fangen worden, sodann in einer ähnlichen, aber noch dunkleren Form 1901 bei Davos (Hauri).

c) ? *atrebatensis* B. — Sp. III, T 14 — Stz. I, T 62.

d) ? *ichnusoides* Sel. — Sp. III, T 14 — Stz. I, T 62 — Fischer, Beiträge II, 4. 5.

Sind extreme Temperaturformen, welche nach Favre (Suppl. 6) im Wallis vorkommen sollen.

e) ? *connexa* Butlr. — Sp. III, T 14.

Kälteform.

Bei Locle wurden drei als Bastarde mit atalanta L. angesprochene Falter gefunden (Ann. Soc. Ent. de France 2, Pl. II; Bull. p. VI).

Die Raupen — Sp. IV, T 3 — leben an Nesseln von April bis September, wie die der vorigen Art.

E. — Ent. Jahrb. XI, 140 — Stz. I, 202 — Sp. I, 18 — B. R. 21, T 6 — Frio. I, 156.

32. **polychloros**[1]) L. — Sp. III, T 6 — Stz. I, T 63 — B. R. T 7.

In der Ebene und dem Hügellande bis etwa 1200 m gemein; Falter in einer Generation nördlich der Alpen, von Ende Juni bis Oktober mit Ueberwinterung, südlich der Alpen in zwei Generationen. — Auch am Genfersee in einer spärlichen II. Generation (Sauss.).

a) *pyromelas* Frr. — Frr. 139, II. pag. 75.

Kleinere dunkler gefärbte Form. S. W.

b) *testudo* Esp. — Sp. III, T 14 und T 6 — Stdfs. Zool. St. III, 4 u. IV, 1. 2 — Stz. I, T 63 — Fischer, Beiträge III, p. 10 — XII, T.

Vor langen Jahren zweimal bei Bern im Freien gefangen (M. D. u. v. Jenner).

c) ? *dixeyi* Stdfs. — Stdfs. Hdbch. T VII.

Ist durch Temperaturexperiment erhalten worden.

Die Eiablage erfolgt in grossen Partien an die äussersten Zweigspitzen.

---

[1]) ? xanthomelas Esp. — Sp. III, T 6 — angebl. von Winterthur (Frey 26) und aus dem Tessin (Ghidini). Nach M. D. von Meiringen.

Die Raupe — Sp. IV, T 3 — lebt an fast allen Laubbäumen gesellschaftlich von Mai bis September.

E. Ent. Jahrb. XI, 139 — Lamp. 86 — Stz. I, 204 — Sp. I, 17 — B. R. 22, T 7 — Frio I, 159.

33. **antiopa** L. — Stz. I, T 63 — Sp. III. T 6 — B. R. T 7. In einer überwinternden Generation von Juli bis Mai im ganzen Lande häufig. Hochalpin bis ca. 2500 m beobachtet.

a) ? *lintneri* Fitch. — Stdg. 162 a)

b) *hygiaea* Hdrch. — Stz. I, T 63 — Sp. III, T 14 — Stdfs. Zool. St. III, 5 u. IV, 3. 4. — Fischer, Beiträge, IV, p. 3.

Diese beiden extremen Temperaturformen werden von Favre (Suppl. 6), als im Wallis vorkommend, aufgeführt. Die Form hygiaea erzog Rühl zweimal; wie er annahm, war mehrfacher Futterwechsel, an welchem die übrigen Raupen zugrunde gingen, die Ursache der Verfärbung (Soc. Ent. III, 179).

c) ? *artemis* Fschr. — Ill. Wochenschr. f. Ent. III, T 278 — Fischer, Beiträge IX, p. 2.

Ist durch Temperaturexperiment erhalten worden.

d) ? *roederi* Stdfs. — Stdfs. Hdbch. T VII.

Ist durch Temperaturexperiment erhalten worden und ähnlich der vorigen Form.

e) ? *daubi* Stdfs. — Stdfs. Hdbch. T VII.

Ebenfalls durch Temperaturexperiment erhalten.

Die Raupe — Sp. IV, T 3 — lebt gesellschaftlich an Weiden und Birken von Mai bis Juli.

E. B. R. 22, T 7 — Ent. Jahrb. XI, 143 — Gub. Ent. Zeitschr. III, 60 — Sp. I, 17 — Stz. I, 205 — Ill. Zeitschr. f. Ent. V, 168 — Frio. I, 153.

Polygonia Hb.

(Grapta Kirby).

34. **C album** L.[1]) — Sp. III, T 5 — B. R. T 6.

Falter in der ersten Generation, Mai bis Juli, vorwiegend mit gelber, gefleckter, in der zweiten von Juli bis Ende

[1]) ? L album Esp. — Sp. III, T 6 — angeblich im Maggiatal (Ghidini), ich besitze zwei Exemplare, die von Bignasco stammen sollen. 3 Raupen wurden auf einer Rheininsel dicht an der Baslergrenze gefunden. (Reutti, 27).

September mit braungrauer, schwach gezeichneter Unterseite. Die zweite Generation überwintert, Vorkommen überall, aber der Falter übersteigt kaum 1600 m. Sogar noch bei Zermatt fand Püngeler vereinzelte überwinterte Stücke.

Als Typus betrachtet Tutt die Stücke mit fast einfarbig dunkelbrauner Unterseite, daneben unterscheidet er:

a) *variegata* Tutt — Stz. I, T 63 — (C album Unterseite).

Unterseite lebhaft gezeichnet und mit grüner Einsprengung.

b) *pallidior* Tutt. — Stz. I p. 207.

Unterseite hell, okergelb marmoriert. Vorwiegend in der zweiten Generation.

c) *pusilla* nennt Stz. eine Zwergform (Stz. I p. 207).

Alle diese Formen kommen auch bei uns neben dem Typus vor.

d) ? f. *album* Esp. — Stz. III, T 63 — Sp. III, T 14 — Stdfs. Zool. St. V, 3 — Ill. Wochenschr. f. Ent. III, 9 T — Fischer, Beiträge VI, T.

Ist sowohl im Freien gefangen, wie durch Temperaturexperiment erhalten worden. Ich glaube ein derartiges Exemplar im Juli 1910 bei Liestal gesehen zu haben. Aadorf (Z.-R.).

e) *hutchinsoni* Rob. (= pallida Tutt) — Stdg. 166 b.)

Wird als grössere, viel hellere, mit weniger gezähnten Flügeln versehene ♀ Sommerform beschrieben. 1 Stück fing am 14. Juli 1905 W. Wild bei Kirchberg (St. G.), Aadorf (Z.-R.), Balens, Vufflens, Allaman (Sauss.), Cevio, Bignasco, Lavizzara (Rehf.).

Bei einem Zuchtversuch legte das im Freien gefangene ♀ die Eier Ende Mai an Ulmenzweige. Die Raupen schlüpften nach acht Tagen und wurden zur Hälfte mit Ulme, zur Hälfte mit Brennesseln gefüttert. Beide gediehen gut, innerhalb zwei Monaten waren alle verpuppt. Nach 14 Tagen bis 3 Wochen erschienen die Falter, die mit Ulme gezogenen waren viel dunkler, als die mit Nesseln. (Breit, Soc. Ent. XIV 108).

Ein ♀ legte in Gefangenschaft vom 17. April bis 1. Juni 275 Eier ab, aus denen je nach 17 Tagen die Raupen entschlüpften (Pabst). Bei dieser langausgedehnten Eiablage und dem raschen Wachstum der Raupen ist es möglich, dass Falter der ersten und zweiten Generation gleichzeitig fliegen. Im Freien lebt die Raupe — Sp. IV, T 3 — einzeln an Ulmen, Hopfen, Nesseln und polyphag an andern Blattpflanzen, sie ist von April bis Oktober zu finden.

E. Ent. Jahrb. XI, 139 — Gub. Ent. Zeitschr. I, 88 — IV Nr. 5 — Lamp. 86 — Sp. I, 19 — Stz. I, 208 — B. R. 22, T 6 — Frio. I, 161.

35. **egea** Chr. — Stz. I, T 64 — Sp. III, T 5 — B. R. T 6.

Ich fing mehrere Exemplare anfangs Juni 1895 bei Ponte Brolla im Maggiatal, auch durch Ghidini wird ihr Vorkommen im Tessin bestätigt. Der Falter hat im Süden 2—3 Generationen. Die Eier der Herbstgeneration überwintern und schlüpfen im März. Die Raupe — Sp. IV, T 6 — lebt an denselben Pflanzen wie die der vorigen Art, im April—Mai und Juni—Juli.

E. Sp. I, 19 — Stz. I, 209 — Frio. I, 163.

Pyrameis Hb.

36. **atalanta** L. — Sp. III, T 6 — Stz. I, T 62 — B. R. T 7.

Ueberall in zwei Generationen, die erste vom 15. Mai bis 15. Juli, die zweite vom 1. August bis 15. November und überwinternd. Der Falter übersteigt kaum 2000 m.

a) *nana* Schultz. — Ent. Zeitschr. XIX p. 67.

Zwergform unter der Art, Genf.

b) *fracta* Tutt. — Stz. I p. 198.

Die Medianbinde ist schwarz durchbrochen. Nicht gerade selten von Zürich, Bern, Genf (V.), Aadorf (Z.-R.).

c) *klemensiewiczi* Sch. — Sp. III, T 14 — Stz. I, T 62 — Stdfs. Zool. St. IV, 5. 6.

Ist eine extreme Temperaturform. Ein Exemplar fing einst Dr. Ris am Lago di Muzzano bei Lugano, dann für das Wallis angegeben (Favre, Suppl. 6).

d) *merrifieldi* Stdfs. — Stdfs. Hdbch. T VII — Fischer Beiträge VIII, T.

Ist durch Temperaturexperiment erhalten worden. Ein derartiges Exemplar erhielt aus einer normalen Zucht Wild am 19. X. 1908 in Kirchberg St. G.

e) ? *klymene* Fschr. — Ill. Wochenschr. f. Ent. III, 262 T — Fischer, Beiträge VIII, T — Stz. I, T 62.

Ist durch Temperaturexperiment erhalten worden.

In der Regel geschieht die Paarung im Frühjahr, Ende Mai oder Anfang Juni, und die Eiablage im Juni, wenn die Brennessel eine gewisse Grösse erreicht hat. Frische Falter trifft man von Ende Juli ab. In warmen Herbstmonaten findet man noch im September oder Oktober halb erwachsene Raupen im Freien, aus Paarungen die im August oder September erfolgt sind. Allein diese Raupen oder Puppen verfallen ausnahmslos der im November einsetzenden Kälte. (Gillmer, Gub. Ent. Zeitschr. I, 90).

Die Raupen — Sp. IV, T 3 — leben am Cirsium, Helychrysum und Urtica, einzeln in zusammengesponnenen Blättern. E. Ent. Jahrb. XI, 143 — Favre 29 — Lamp. 84 — Roug. 27 — Sp. I, 20 — Stz. I, 199 — B. R. 20, I, T 7 — Friso. 164.

37. **cardui** L. — Sp. III, T 6 — Stz. I, T 62 — B. R. T 7.

Gleich wie die vorige Art, doch im Gebirge noch höher aufsteigend. Der Falter ist in den meisten Jahren nicht häufig, aber es sind mehrfach Wanderzüge von vielen Tausenden beobachtet worden, so 1879, 1893, 1899 und 1907.[1]) Flugzeit in erster Generation April bis Juni, in zweiter Juli bis Oktober. Der Falter variiert in Grösse und Färbung. Die Oberseite ist gewöhnlich trüb rotgelb, aber auch, namentlich bei der Sommerform, lebhaft rötlich angehaucht. Die Unterseite bald gelblich, bald bräunlich.

Gillmer hält es für ausserordentlich unwahrscheinlich, dass der Falter in Zentraleuropa überwintert. Er wandert vielmehr jedes Jahr aus dem Süden neu ein. Dagegen fand Prof. Standfuss zwei oder drei Mal überwinternde cardui-Falter in Schlesien. Bei Zürich fliegen abgeflogene cardui-Falter jedes Jahr Mitte April an Waldrändern.

a) *minor* Can. — Can. Miscell. Ent. Heft VI — Stz. I p. 199.

Zwergform. Hie und da unter der Art.

---

[1]) Vide Aigner-Abafi, Wanderzüge des Distelfalters i. Allg. Zeitschrift f. Ent. IX, 6.

b) ? *elymi* Rbr. — Sp. III, T 14 — Ill. Wochenschr. f. Ent. III, 241 T — Stdfs. Zool. St. IV, 7, 8. — Fischer, Beiträge VII, T.

Diese extreme Temperaturform angeblich aus dem Wallis (Favre) und von Basel (Leonh.).

c) ? *wiskotti* Stdfs. — Stdfs. Hdbch. T VII — Fischer, Beiträge VII, T.

Ist durch Temperaturexperiment erhalten worden.

Am 30. Juni 1907 abgelegte Eier lieferten die Raupen am 4. Juli, auf ein Distelblatt gesetzt, schlugen sie ihr Heim auf in einer Nische des am Stengel herunterlaufenden Blattes (Gillmer). Die Raupe — Sp. IV, T 3 — ist an Brennesseln, Disteln, Achillea und Gnaphalium zu finden. Sie lebt gewöhnlich einzeln, wie die vorige, von April bis September. In den Jahren 1891 und 1892 waren die Raupen in grosser Menge auf den Absinthpflanzungen im Val de Travers vorhanden und richteten dort bedeutenden Schaden an (Roug.).

E. Gub. Ent. Zeitschr. I, 83 — II, 133 — Ent. Zeitschr. X, 85 — Soc. Ent. XII, 108 — 125 — 141 — Stz. I, 200 — Sp. I, 20 — B. R. 20, T 7 — Frio. I, 167.

Arachnia Hb.

38. **levana** L. — Sp. III, T 5 — Stz. I, T 64 — B. R. T 6.

Das Falterchen nur in der Ebene und dem Hügellande, stellenweise häufig, aber nicht überall. Es erreicht bei Filisur 1000 m Höhe (Hauri) und lebt in zwei bis drei Generationen. Die Frühlingsform von Mitte April bis Ende Mai. Ein ♀ Stück fing Thomann auf der Meerenalp am Mürtschenstock in 1600 m Höhe, im Juli 1896. U. J. M. V. W. S. G.

a) *prorsa* L. — Stz. I, T 64 — Sp. III, T 5 — B. R. T 6.

Ist die Sommergeneration, Flugzeit 15. Juli bis 15. August.

b) *porima* O. — Stz. I, T 64 — Sp. III, T 5 — B. R. T 6.

Uebergangsform der beiden vorigen, von sehr wechselndem Aussehen. Sie kommt im Freien ausnahmsweise in der Herbstgeneration vor und ist sonst durch Temperaturexperiment erhalten. Gefunden bei Bern, Versam und Somvix.

Durch Hitze gelang auch die Umgestaltung der Sommerbrut in eine der Frühjahrsbrut ähnliche Form (Stdf. Zool. St. T IV, 11 — Fischer Beiträge XI p. 3).

Die Eier der Frühlingsgeneration werden im Mai oder Anfang Juni auf die Unterseite der Blätter abgelegt. Die Raupen — Sp. IV, T 3 — leben gesellig an Urtica dioica, auf der Unterseite der Blätter im Mai-Juni und August-September. Die Raupendauer beträgt etwa 4 Wochen. Die Puppen, welche die Sommerform ergeben, ruhen nur acht Tage, die der Frühlingsform überwintern.

E. Ent. Jahrb. XI, 138 — Ent. Zeitschr. VIII, 159 — XX, 137 — Soc. Ent. XIV, 108 — Sp. I, 20 — Stz. I, 210 — Frio. I, 170 — B. R. 23, T 6.

Melitaea Fabr.

39. ? **maturna** L. — Stz. I, T 65 — Sp. III, T 6 — B. R. T 8.

Der Typus wird nur von Killias für Graubünden angeführt, sodann berichtet Riggenbach in Mittlg. S. E. G. Bd. VII, p. 9 — dass Pfarrer Hauri in Davos die Form wolfensbergeri Frey in allen Uebergängen zur typischen maturna L. gefangen habe.

a) *wolfensbergeri* Frey. — Frey p. 27 — Stz. I, T 65.

Die Gebirgsform ist kleiner, das ♂ trüber, düsterer, mehr rotbraun, die ♀ ♀ Stücke sind etwas bunter. Die orangefarbene Mittelbinde beider Geschlechter zeigt sich nur am Vorderrande der Vfl aufgehellt. Die Engadinerstücke (v. Süs, Hauri) haben meist einen ganz schwarzen Rand. Diese Form kommt in den Alpen an manchen Orten vor, sie ist zwar gewöhnlich lokal, aber an den Stellen ihres Vorkommens recht zahlreich. Flugzeit im Juli. Erhebung von 1000 (Le Prese im Puschlav, Stierlin) bis ca. 2000 m (Davos). U. W. S. G.

Die Raupe — Sp. IV, T 3 — lebt polyphag an Eschen, Zitterpappeln und anderem Laubholz, aber auch an niederen Pflanzen, wie Veronica, Scabiosa und Plantago, von August bis Mai. Man findet die Raupe im Spätherbst, in Gespinsten vereinigt an Lonicera coerulea. Mitte Mai ist ein Teil derselben erwachsen, ein andrer noch klein, viele aber angestochen. Die Kleinen häuten sich nochmals und leben bis im

September, gehen aber bei der Zucht dann ein. Die Raupe scheint also ein- bis zweijährig zu sein (Hauri).

E. — Sp. I, 21 — Ent. Jahrb. XI, 145 — Ent. Zeitschr. V, 113 — Stz. I, 213 — Frio. I, 174 — Ent. Vereinsbl. 1/I 1910, p. 2.

40. **cynthia** Hb. — Stz. I, T 65 — Sp. III, T 6 — B. R. T 8.

Falter fliegt alpin im Juli-August, auf grasigen Halden von 1500 bis nahe an 3000 m. Im ganzen Alpengebiet stellenweise häufig. Der ♂ Falter ändert in zwei Richtungen ab:

a) Exemplare mit sehr prägnanten und auf den Vfl doppelten Orange-Ocellenbinden, entsprechend der Form *mysia* Hb. 3.

b) Die dunkle Mittelbinde der Vfl ist stark reduziert oder fehlt ganz. Das ist die Form *reducta* m. Beide Formen kommen unter der Art vor, aber sie sind ziemlich selten. Im Museum Bern befindet sich ein ♂ ohne jede weisse Zeichnung. U. O. W. S. G. Eine Kopula mit M. lappona Esp. beobachtete Frl. Rühl.

Die Eier werden einzeln abgelegt, aber mehrere Stücke auf die nämliche Pflanze. Die Raupe — Sp. IV, T 3 — lebt polyphag an niederen Pflanzen von August bis Mai, kann aber auch zweimal überwintern.

E. — Sp. I, 21 — Stz. I, 213 — Frio. I, 174.

41. **aurinia** Rott. (= artemis S. V.) — Stz. I, T 65 — Sp. III, T 6 — B. R. T 8.

Falter in einer Generation, von Mai bis Anfang Juni, in der Ebene und dem Hügellande an sumpfigen Stellen überall. Er erreicht im Wallis bei Jeur-Brulée ca. 1500 m Höhe, ohne von der typischen Form abzuweichen (Wullschl.).

a) *nana* Rehf. — Cat. Rhop. Genève, pag. 12.

Zwergform, von nur 26 mm Grösse. Genf.

b) *orientalis* B. — Stz. I, T 65.

Oberseite bunt, mit gelber Beimischung, Unterseite fast einfarbig. Wohl nur in Uebergängen von Glion, Caux, Bouveret (Wh.), Jeur-Brulée, Champéry (Favre), Le Prese (Stierlin), Locarno (Ghid.), Crevola (v. J.), Igis (Thom.).

c) *provincialis* H. S. — Stz. I, T 65.

Ist von lebhafterer mehr roter Zeichnung. Annäherungen aus dem Tessin (V) und von Glion (Wh.).

d) *merope* Pr. — Stz. I, T 65 — Sp. III, T 6.

Ist die Gebirgsform und kommt auf allen Alpen vor, im Juli und August, von etwa 1800 bis über 2500 m. Sie ist besonders im Wallis häufig.

e) *dubia* Krul. — B. R. 25.

Ist kleiner, bleicher, die äussere Hfl Binde auf kleine, schwarz punktierte Flecke reduziert. Aadorf (Z.-R.).

Die Eier werden an die Unterseite der Wurzelblätter von Scabiosen abgelegt. Die Raupen erscheinen nach ca. 10 Tagen, fressen nur wenig und überwintern klein. Anfang März beginnen sie aufs neue zu fressen und lieben sehr den Sonnenschein. Sie lassen sich danach mit Geissblatt und Schneebeere erziehen. (Gillmer, Gub. Ent. Zeitschr. I, 94).

In der Freiheit leben die Raupen — Sp. IV, T 3 — von September bis Mai, in einem gemeinschaftlichen Gespinst überwinternd, an Scabiosa, Centaurea, Plantago und Geranium. Die Puppen werden frei an die Nahrungspflanze aufgehängt oder an Steinen, Stengeln u. s. w. befestigt. Die Falter erscheinen nach ca. 10 Tagen.

Die Raupe der alpinen Form *merope* Pr. lebt an Primula viscosa und wohl noch andern alpinen Pflanzen.

E. Ent. Jahrb. XI, 145 — Favre 30 — Soc. Ent. XIV, 109 — Stz. I, 215 — Sp. I, 22 — B. R. 25, T 8 — Frio. I, 175.

42. **cinxia** L. — Sp. III, T 7 — Stz. I, T 65 — B. R. T 8.

Der Falter kommt, von Mai bis Juli und ausnahmsweise in zweiter Generation im August, in der Ebene und dem Hügellande überall vor. Höhengrenze bei etwa 1700 m. (1 Ex. von Schleins aus dieser Höhe erwähnt Dr. Thomann).

a) *obscurior* Stdg. — Stz. I, T 65.

Ist eine unter der Art gelegentlich vorkommende Form, bei der bes. die Hfl stark geschwärzt sind. St. Blaise (V.), Martigny (W.).

Eine prachtvolle individuelle Form mit sehr hellen Vfl, die Hfl aber dunkel, die Unterseite stark abweichend erbeutete Herr W. Wild bei Flawyl, ein ähnliches Stück Herr Gröbli bei Bruggen.

Das ♀ legt seine Eier im Juni an die Unterseite der Blätter von Plantago lanceolata oder Hieracium pilosellae.

Die Raupen — Sp. IV, T 3 — schlüpfen Anfang Juli, überwintern klein in gemeinsamem Gespinnst und beginnen im März wieder zu fressen. Sie sind Anfang Mai erwachsen; die Puppenruhe dauert zwei bis drei Wochen. (Gillmer, Gub. Ent. Zeitschr. I, 95).

E. Ent. Jahrb. XI, 146 — Sp. I, 22 — Stz. I, 215 — Frio. I, 177.

43. **phoebe** Knoch. — Stz. I, T 65 — Sp. III, T 7 — B. R. T 8.

In den gewöhnlichen zwei Generationen, Mai-Juni und Juli-August, weit verbreitet aber nicht überall. U. N. J. V. W. S. G. Der Falter geht bis ca. 1600 m.

a) *minor* Frey — Favre p. 31.

Zwergform. W. S. G. J.

b) *occitanica* Stdg. — Stz. I, T 66.

Ist grösser, Vfl stärker gefleckt; nur aus dem Wallis und Tessin. Gondo (V.), Varen, Berisal (Wh.), St. Niklaus (Favre), Pfynwald (W.), Biasca (Schneider).

c) ? *aetherea* Ev. — Stz. I, T 66.

Eine asiatische Form von bedeutender Grösse, gleichmässigerer gelbroter Färbung und feinerer Zeichnung, wird für Wallis und Graubünden aufgeführt (M. D. u. Wh.), auch vom Lago di Muzzano, im Tessin (Hauri).

d) *alternans* Stz. — Stz. I, 216.

Aus dem Zermattertal ist «eine Form, bei der helle und dunkle Fleckenbinden regelmässig abwechseln. Die marginalen Flecke, die der Mittelbinde und einige in den Zellen sind lebhaft gelb, die submarginalen und die über die Zellenden ziehenden Binden dagegen rotbraun. Hiedurch entsteht ein sehr buntes Bild».

e) *cinxioides* Musch. — Cat. Rhop. Genève, Vol. I, T 1.

Die Hfl Mittelbinde zeigt schwarze, gelb eingefasste Punkte, ähnlich *cinxia* L. Sie ist in der Umgebung von Genf mehrfach gefangen worden, und ich besitze Exemplare vom Simplon und Campolungo, welche in gleicher Richtung tendieren.

Die Eiablage erfolgt in Mehrzahl auf dieselbe Pflanze.

Die Raupe — Sp. IV, T 3 — lebt an Centaurea scabiosa

4

und jacea, auch an Plantago, von August bis Juni auf Berg- und Waldwiesen.

E. Sp. I, 23 – Stz. I, 217 – B. R. 26, T 8 – Frio. I, 179.

44. **didyma** O.[1]) — Stz. I, T 66 — Sp. III, T 7 — B. R. T 8.

Ist die variabelste Melitaea, besonders im ♀ Geschlecht. Die ♂♂ variieren von orangegelb bis rotbraun, mit mehr oder weniger ausgeprägter schwarzer Zeichnung, ober- und unterseits. Die ♀♀ vollends schwanken von hellgelb zu tiefbraun bis schwärzlich, an den nämlichen Flugorten. Dabei sind die gelben Binden der Hfl Unterseite bald sehr ausgeprägt, bald in kleine zierliche Halbmöndchen aufgelöst. Exemplare mit sehr lebhaft violett schillernder Oberseite fing Hr. Robert bei Biel.[2])

Falter ist in der Ebene, dem Jura und in den Alpen weit verbreitet und an den Orten seines Vorkommens häufig, er fehlt aber in manchen Gegenden (so Berner Mittelland und Graubündner Rheintal, oberhalb von Chur). Flugzeit in 2 Generationen Mai bis Juni und Juli bis Ende August. Höhengrenze nahe an 2000 m.

Für unser Gebiet werden gewöhnlich die folgenden Nebenformen aufgeführt:

a) *alpina* Stdg. — Stz. I, T 66.

♂ schwach gefleckt, kleiner, das ♀ hat ganz überschwärzte Vfl, Hfl rotbraun. U. O. W. S. G.

b) *meridionalis* Stdg. — Stz. I, T 66.

♂ ist hell ziegelrot, schwach gefleckt, die Vfl des ♀ mit grauem, die Hfl mit grünlichem Anflug. Unter der Art im Wallis.

c) *graeca* Stdg. — Stz. I, p. 218.

♂ hat dunkel ziegelrote Flügel mit schwarzen Rändern, die Vfl des ♀ grünlich angeflogen. Martigny (W.), Vevey (Wh.), Sion (v. J.).

d) *occidentalis* Stdg. — Stz. I, T 66.

Ist in beiden Geschlechtern heller, fast gelb. La Batiaz (W.), Fully (V.), Pfynwald (Wh.).

[1]) ? trivia Schiff. — Sp. III, T 7 — nach Ghidini angeblich im Tessin.

[2]) Zur Variabilität von M. didyma O. vergl. Schultz, in Ent. Zeitschr. XIX, p. 150, sowie Skala, in Ent. Zeitschr. XX, p. 310.

e) *wullschlegeli* Obthr. — Oberthr. Et. III, Pl. XXVI.

Von La Batiaz, hat die Flecke der Oberseite auf wenige verwischte Längsstrahlen reduziert, die Hfl Unterseite zeigt das Wurzelfeld gelb, die andern Teile fast weiss und sehr wenig gezeichnet.

f) Ihr ähnlich ist die Form *radiata* Obthr. — Obth. Et. III, Pl. XXVI von Zürich, bei welcher die schwarzen Flecke der Ober- und Unterseite zu Längsstrahlen ausgebildet sind.

g) *tenuisignata* Skala — Ent. Zeitschr. XX, p. 310, T IV.

Erinnert in der Zeichnung an neera F. W. — Stz. I, T 66 — von der sie sich jedoch durch Kleinheit und weniger lebhafte Färbung unterscheidet. Veyrier. (Cat. Rhop.).

h) *pallida* Skala — Ent. Zeitschr. XX, p. 310, T IV.

Ober- und Unterseite sind bleicher und weniger gezeichnet. Versoix. (Cat. Rhop.).

i) *ocellata* Skala — Ent. Zeitschr. XX, p. 310 T IV.

Die schwarze Submarginalfleckenreihe hängt vollkommen zusammen, die Marginalmonde der Hfl sind durch gelbbraune Schuppen vom Saume teilweise geschieden und erhalten hierdurch eine augenähnliche Form. Gex. (Cat. Rhop.).

k) *acrogynoides* Rev. — Bull. lép. de Genève Vol. 2, Pl. 2.

Nahe dem Apex und dem Vorderrand mit 3—4 gelblichen Fleckchen. Hermance, Versoix. (Cat. Rhop.).

l) *marginata* Skala — Ent. Zeitschr. XX, p. 310, T IV.

Die schwarzen Marginalmonde aller Flügel sind in eine breite Saumwinde umgewandelt. Martigny 3./VII. 1906. (V.)

m) *sulbalbida* Schultz — Ent. Zeitschr. XX, p. 91.

Zur Form alpina Stdg. gehörende Exemplare von beingelber Grundfärbung aller Flügel. Wallis.

Meiner Ansicht nach besitzen wir die meisten dieser Formen nur in Uebergängen, die sich nirgends scharf voneinander trennen lassen. Hie und da kommen ♀♀ vor mit lebhaftem Glanz der Oberseite. Ein ♂ mit stark geschwärzter Oberseite[1])

[1]) Ein fast gleiches Stück erhielt Prof. Standfuss durch Hitze. (Zool. Stud. IV, 10).

und solche, die unterseits strahlenartig gebändert erscheinen, fing ich bei St. Blaise. Ein albinistisches Männchen erbeutete Bion bei Bözingen und Brunner fing im Wallis eine prachtvolle individuelle Form von ziegelroter Grundfarbe und aschgrauen Binden; endlich wird noch ein ♀ mit ganz weisser Grundfarbe der Vfl von Schultz aus dem Wallis erwähnt.

Die Raupe — Sp. IV, T 3 — überwintert klein und lebt nachher von April bis Juni an Veronica, Plantago, Linaria, Scabiosa, Melampyrum, Artemisia und besonders auf Stachys recta (Rob.), gerne auf Waldwiesen.

E. Ent. Jahrbuch XIX, p. 135 — Roug. p. 28 — Stz. I, p. 219 — Sp. I, p. 23 — B. R. 26, T 8 — Frio. I, 180.

45. **? dejone** H. G. — Stz. I, T 67 — Sp. III, T 4.

Der Typus soll nach Ghidini im Tessin vorkommen.

a) *berisali* Rühl. — Stz. I, T 66 — Obthr. I, Pl. 1.

Wurde von Herrn v. Büren bei Martigny entdeckt und irrtümlich der Lokalität Berisal zugeschrieben. Der Falter fliegt in zwei Generationen, im Mai—Juni und August—September, nur von Stalden (v. B.), Martigny, Saillon (W.) und Varen (Wh.). Er ist leicht kenntlich an dem liegenden ⪤ im Analfeld der Vfl auf Ober- wie Unterseite und der breiten Saumbinde, welche alle Flügel einrahmt. Die Sommergeneration ist etwas kleiner, die Flügel gestreckter, die Oberseite breiter gestreift.

Die Raupe — Sp. IV, Nachtr. T I — lebt an Linaria vulgaris und minor von September bis Mai und dann wieder im Juli—August. Da die Nahrungspflanzen in den Weinbergen fortwährend ausgejätet werden, so fängt die Raupe an spärlich zu werden.

E. Favre 32 — Soc. Ent. V, 149 — Frio. I, 182.

46. **athalia** Rott. — Sp. III, T 7 — Stz. I, T 66 — B. R. T 8.

Der Falter fliegt nördlich der Alpen in der Regel nur in einer Generation von Mai bis August. Im Tessin und Wallis aber schon im April—Mai und kommt dort öfter zweimal im Jahre vor. Er ist im ganzen Gebiet verbreitet und übersteigt in den Alpen 2200 m. Neben dem Typus kommen vor:

a) *corythalia* Hb. (= pyronia Hb.) — Stdg. 191 a).

Ist feuriger, mit beinahe zeichnungslosen Flügelwurzeln. Ueberall unter der Art.

b) *navarinae* Selys — Stdg. 191 b).

Die schwarze Färbung überwiegt stark. Gadmen (St.), Elgg (Gram.), Aadorf (Z. R.), Genf (Cat. Rhop.), Stalden (v. J.), Biasca (V.), Bözingen (Steck).

c) *helvetica* Rühl. — Soc. Ent. III, 136.

♂ von der Grösse wie athalia Rott., ♀ grösser als jene. Die Mittelbinde der Hfl ist oben strahlenartig verlängert, unten silberweiss; ein Charakteristikum bildet die Form des in der zweiten Wurzelzelle befindlichen Zeichens, ein gelbes Längsquadrat, schwarz gerandet, das in dieser Form athalia Rott. nicht besitzt. Bergün, Stalla (Rühl), Gadmen, Gotthard (V.), Berisal (Stierlin).

d) *aphaea* Hb. — Hb. 738, 739.

Kleinere Gebirgsform mit starker Verdunkelung der Basalpartie der Hfl. Sie bildet ein Gegenstück zu parthenie f. varia M. D. Petit Sacconnex (Cat. Rhop.), Berisal (v. J.), Davos (Hauri), Orvin (Rob.).

e) *delminia* Fruhst. — Soc. Ent. XXV, 51.

Von satt rotbrauner Grundfarbe, aber mit sehr breitem Postdiscalfeld beider Flügelpaare, Basis der Hfl-Oberseite wenig geschwärzt, Unterseite der Hfl weniger intensiv gelbrot gefleckt und gebändert. Simplon (Fruhst.), Neuveville (V.).

f) *alba* Rehf. — Bull. Soc. lép. Genève, Vol. I, Pl. 8.

Die sonst gelbbraune Grundfarbe aller Flügel ist rein weiss. Iselle 14. VII. 1907.

Schöne Exemplare aus Wallis und Tessin in meiner Sammlung. Mehrere haben Mittelfeld und Saumbinden noch stärker verdüstert als navarinae Selys, auch die Hfl-Unterseite weicht stark ab. Ein Stück ist oben völlig schwarzbraun bis auf einige gelbe Randpunkte und zeigt auf der Unterseite streifenartige Binden. Ein weiteres Stück hat das Mittelfeld der Hfl beidseitig violettbraun gefärbt.

Am 14. Juli 1900 erhaltene Eier waren an die Blattunterseite von Plantago abgelegt. Die Raupen schlüpften am

24. und wurden mit Melampyrum nemorosum erzogen. Sie überwinterten klein (Gillmer, Gub. Ent. Zeitschr. I, 95). Die Raupe — Sp. IV T 3 — lebt an Plantago, Veronica, Melampyrum, Chrysanthemum, Digitalis usw. von August bis Juni.

E. Ent. Zeitschr. XI, 147 — Gub. Ent. Zeitschr. I, 199 — Soc. Ent XIV, 114 — Stz. I, 222 — Sp. I, 24 — B. R. 28, T 8 — Frio. I, 182.

47. **aurelia** Nick. — Sp. III, T 7 — Stz. I, T 66 — Obthr. Fasc. IV, Pl. XLV.

Eine sehr veränderliche Art, fliegt wie athalia Rott. besonders auf sumpfigen Wiesen. Sie ist im ganzen Gebiet bis über 2000 m verbreitet. Eine schöne individuelle Form erbeutete Müller-Rutz im Wallis, dieselbe zeigt auf der Hfl Unterseite eine Reihe starker runder, nach vorn ovaler Ringe. Einen teilweisen Albino fing ich am Simplon im Juli 1906, er entspricht dem in Berl. Ent. Zeitschr. 54, T I dargestellten Stück.

a) *rhaetica* Frey. — Stz. I, T 66 — M.-D. T 1 — Frey p. 30.

Ist eine feiner gezeichnete Gebirgsform von hellerer Grundfarbe und stärker gebogener Vorderrandspitze; das ♀ nicht selten mit sehr lichten braunen Fleckenreihen. Sie fliegt von Mai bis Juli. Lenzerheide, Davos, Klosters (Hauri). Chur (Caff.), Visp (Wh.), Val Piora (Stierlin), Chièboz 12. VII. 1904 in Menge, desgleichen Alp Luyzern (Wullschl.). Die Raupe — Sp. IV, T 6 — lebt an den nämlichen Pflanzen wie die vorige Art, von August bis Juni auf Sumpfwiesen.

E. Ent. Jahrb. XI, 147 — Gub. Zeitschr. I, 199 — Stz. I, 221 — Sp. I, 24 — Frio. I, 184.

48. **britomartis**[1]) Assm. — Stz. I, T 66 — Stdg. 192 b).

Mit starker schwarzer Zeichnung, besonders am Wurzelfeld und am Saum. Ist eigene Art und nicht Lokalform der vorigen. Reazzino am Eingang ins Verzascatal (Wheeler), ausserdem im Wallis bei Sion, Sierre, Naters (Wh.), Laquintal (Favre). Die Raupe — Sp. IV, T 1 — ist perlgrau, schwarz gezeichnet, mit weissen dunkel behaarten Dornzapfen, die auf gelben Flecken stehen.

E. Stz. I, 221 — Sp. I, 24 — B. R. 28.

---

[1]) Vergl. die Arbeiten von Wheeler in Trans. Ent. Soc. London 1908 u. Ent. Record XX.

49. **parthenie** Brkh. — Stz. I, T 67 — Sp. III, T 7 — B. R. T 8 — Obthr. Fasc. IV, Pl. XLIV.

Der Falter ist von der Ebene bis in die Voralpen hinein überall, namentlich an nassen Stellen, verbreitet, im Mai—Juni und wieder von Ende Juli—September. Er geht bei Zermatt bis unterhalb Riffelalp (2227 m) mit Uebergängen zu varia M. D. (Püngeler). Unter dieser Art kommen die bei athalia Rott. besprochenen Formen corythalia Hb. und navarinae S. ebenfalls vor. Der ♂ Falter wurde mehrfach in Kopula mit athalia Rott. ♀ beobachtet.

a) *varia* M.-D. — Stz. I, T 67 — M.-D. T I.

Nur im Gebirge vorkommend, ist kleiner, dunkler, unterseits mit weisslicher Mittelbinde, ♀ grünlich. Höhenverbreitung von 1800 bis 2400 m. Flugzeit Juli. W. V. G. S. Bei Davos oft sehr schöne melanistisch gefärbte ♀♀ (Hauri).

b) *jordisi* Rühl[1]) — Soc. Ent. VII, 164 — Stz. I, T 67 — Obthr. I, Pl. I.

Eine sehr interessante individuelle Form, Type aus Frankfurt. Ich besitze ein Exemplar aus dem Tessin, ein zweites fing Corti am 15. VI. 07 bei Dübendorf.

c) *molpadia* Obthr. — Et. Fasc. IV, Pl. XLIV.

Von Dr. Steck bei Twann, sowie von mir bei Stalden gefangene Exemplare entsprechen genau den Abbildungen, welche Oberthür von dieser schönen, beidseitig stark verdunkelten Form gibt.

Die Raupe — Sp. IV, Nachtr. T I — lebt auf Sumpfwiesen, an Plantago, Veronica, Melampyrum und Scabiosa von August—Juni. Sie ist leicht auf in Töpfe gepflanzten Scabiosen zu erziehen.

E. — Sp. I, 25 — Stz. I, 223 — Frio. I, 185.

50. **dictynna** Esp. — Stz. I, T 67 — Sp. III, T 7 — B. R. T 8.

In einer Generation nach der Höhenlage von Ende Mai bis September, im ganzen Land verbreitet. Höhengrenze etwa bei 2000 m. Auch bei dieser Art kommen besonders

---

[1]) Davon ist meiner Ansicht nach rhoio Obthr. — Et. Fasc. IV. Pl. XLIV — nicht wesentlich verschieden.

helle Stücke (= corythalia Hb.) und ganz dunkle (= navarinae S.) vor, letztere ist im Gadmental nicht gerade selten. Ueberhaupt wird diese Melitaea bei zunehmender Höhenlage kleiner und die Hfl dunkler, besonders schwarze Stücke wurden bei Mürren erbeutet (= seminigra Musch.). Kopula dictynna Esp. ♂ X athalia Rott. ♀ ist öfter beobachtet.

a) *albida* Skala-Gub. Ent. Zeitschr. III, 229.

Nach einem von Dr. Gramann bei Elgg gefangenen Exemplar benannt. Ist ein typischer Albino.

Hybride Exemplare schweizerischer Herkunft aus der Gruppe dictynna Esp., athalia Rott., aurelia Nick. erwähnt Prof. Standfuss in seinem Handbuch (pg. 53).

Ueber die ersten Stände ist nichts bekannt. Die Raupe — Sp. IV, T 3 — lebt an Valeriana, Spiraea, Veronica und Plantago, gesellschaftlich in Gespinsten überwinternd, von August—Juni auf feuchten Waldwiesen. Freyer hat die erwachsene Raupe im Juni auf Melampyrum nemorosum oben auf der Blattoberseite gefunden. Der Falter entwickelte sich nach einer 10—12tägigen Puppenruhe.

E. Ent. Jahrb. XI, 146 — Gub. Ent. Zeitschr. I, 104 — Soc. Ent. XIV, 114 — Stz. I, 223 — Sp. I, 25 — Frio. I, 186.

51. **asteria** Frr. — Sp. III, T 7 — Stz. I, T 71 — B. R. T 8.

Der Falter ist mit Sicherheit nur aus den Graubündneralpen bekannt, kommt aber angeblich auch im Wallis vor.[1]) Diese Art bewohnt das eigentliche hochalpine Terrain, von weit oberhalb der Waldgrenze bis zur Schneelinie. Der Falter erreicht Höhen von 2800 m und fliegt im Juli-August. Churwalden (Hug.), Parpan, Davos, Pontresina, Val Fain, Albula, Guarda (Kill.), Heutal (Honegger). Vals (Jörger), Val Tuoi, Albula (M.-Dürl.), Hochwanggebiet, Montalin, Parpaner Schwarzhorn (Thom.) Maggiatal ob Fusio (v. J.) und angeblich vom Simplon (Wheeler).

Die Lebensweise der Raupe — Sp. IV, Nachtr. T 1 — ist unbekannt.

E. — Sp. I 25 — Stz. I 225.

[1]) Das Vorkommen dieser Art im Wallis ist sehr fraglich. Jeden falls aber wurde der Falter von Herrn Püngeler in dem von ihm so gründlich durchforschten Zermattergebiet nicht gefunden. Die alte Guenée'sche Angabe «Zwischen Zermatt und dem Gornergrat» beruht sicher auf Verwechslung mit der damals kaum bekannten alpinen Form von parthenie Borkh.

Brenthis Hb.

52. **selene** Schiff. — Sp. III, T 7 — Stz. I, T 67 — B. R. T 8.

Der Falter fliegt in der Ebene zweimal im Jahr und ist im ganzen Gebiet verbreitet, aber, besonders in der Nordschweiz, gewöhnlich nicht häufig. Die Frühlingsgeneration — Stz. I, T 67 — Sp. III, T 7 — ist mittelgross, heller und fliegt von Mai bis Ende Juni.

a) *selenia* Frr. — Stz. I, T 67.

Ist die kleinere dunklere Sommergeneration, mit gestreckteren Vfl. Ihre Flugzeit geht von Juni bis September.

b) *montana* M. D. — M.-D. p. 122.

Die Gebirgsform geht bei Andermatt bis 2400 m Höhe, sie besitzt nur eine Generation. Diese Falter sind bedeutend grösser, oberseits dunkler, auf der Hfl-Unterseite bleicher, mit gelbgrünen Binden. U. O. J. V. W. G. S.

Unter allen diesen Formen kommen vor:

c) *thalia* Hb. — Stdg. 204 a).

Mit stark verdunkelter Oberseite. Martigny (W.), Bouveret (Wh.).

d) *rinaldus* Hbst. — Stdg. 204 b).

Das Mittelfeld ist aufgehellt, die Silberflecke der Hfl-Unterseite in Wische ausgezogen. Bouveret (Wh.).

Bei einer Zimmerzucht legten die ♀ ♀ ihre Eier an Viola canina ab und die Raupen gediehen bei Fütterung mit dieser Pflanze gut. Einige wuchsen schneller und ergaben die zweite Generation Mitte Juli. Die andern waren um diese Zeit noch klein, im Herbst erst halb erwachsen und überwinterten. (Breit, Gub. Ent. Zeitschr. I, 114).

Die Raupe — Sp. IV, T 4 — lebt auf sonnigen Waldwiesen von September-Mai an Veilchen, Erdbeere und Heidelbeere.

E. Ent. Jahrb. XI, 148 — Gub. Ent. Zeitschr. I, 379 — Ins. Börse XXIII, 26 — Soc. Ent. XIV, 114 — Sp. I, 26 — Stz. I, 229 — Frio. I, 188.

53. **euphrosine** L. — Sp. III. T 7 — Stz. I, T 67 — B. R. T 8.

In zwei Generationen von Ende April bis Juni und im Juli-August, in der Ebene und dem Hügellande überall. In den Alpen nur im Juli-August, bis ca. 1200 m Höhe. Der Falter fliegt gerne auf Sumpf- und Bergwiesen.

Ein schwärzlich überflogenes Stück fing ich im Juni 1910 bei Martigny. Solche Exemplare kommen in nassen Jahren öfter vor.

a) *densoi* Fruhst. — Gub. Ent. Zeitschr. III, 113.

Grösser, oberseits auffallend hellgelb. Unterseite mit fast doppelt so breiter gelber Medianbinde der Hfl. Champéry, Dent du Midi.

b) *transversa* Tutt.

Die schwarzen Flecke aller Flügel sind zu einer Zickzack-Linie in Mitte der Flügel zusammengeflossen. Ein Stück aus dem Erstfeldertal. (Hoffm).

Einen teilweisen Albino fing Ziegler-Reinacher bei Aadorf.

Die Raupe — Sp. IV, T 4 — lebt an Veilchen und Erdbeere von September bis Mai und im Juni, auf lichten und trockenen Waldstellen und liebt sehr den Sonnenschein.

E. Ent. Jahrb. XI, 148 — Gub. Ent. Zeitschr. I, 379 — Soc. Ent. XIV, 114 — Ins. Börse XXIII, 26 — Sp. 1, 27 — Stz. I, 230 — Frio. I, 189.

54. **pales** Schiff.— Stz. I, T 67. — B. R. T 9.

Der Typus kommt bei uns nur in den Alpen vor und erreicht dort Höhen bis 3000 m. Flugzeit von Ende Juni—August. Von arsilache Esp. unterschieden durch die beinahe zeichnungslose Unterseite der Vfl. Ein ♂ mit weissen Hfl fing ich bei Gadmen, einen vollständigen Albino Hauri bei Davos im Juli 1905.

a) *killiasi* Rühl — Soc. Ent. VII, 113.

Ihr fehlen die schwarze Mittelbinde und die Saumpunkte der Vfl. Dafür sind die Hfl eher stärker gezeichnet. Julier (Rühl).

b) { *isis* Hb.— Stz. I, T 67 — Sp. III, T 7, ♂ Form.
{ *napaea* Hb. — Stz. I, T 67 — B. R. T 9, ♀ Form.

Diese zwei Formen gehören nach den Untersuchungen von Rougemont's, welcher sie mehrfach aus der Raupe gezogen hat, zusammen. Man findet die Raupen an den nämlichen Stellen und den gleichen Pflanzen. Die Puppe ist von jener der typischen pales Schiff. wesentlich verschieden. Darum hält er diese für eigene Art, welche in den höheren Lagen den Typus vertritt. Das ♂ ist gewöhnlich etwas grösser, beidseitig bleicher, mit feinern schwarzen Zeichnungen. Die ♀ Form ist ausgezeichnet durch die dunkle, grünlich bis schwärzlich bestäubte, bei sehr extremen Stücken violett schillernde Oberseite. Die Unterseite beider Geschlechter ist mehr gelbgrün gefärbt, die ganze Fleckenzeichnung verwischter als bei pales Schiff. Nur aus den Alpen von U.O.W.S.G. In den höheren Lagen oft sehr zahlreich, besonders an sterilen Stellen.

c) *cinctata* Favre. — Faun. Val. Suppl. 7.

♂ Form, von Barmaz und der Dent du Midi mit einer breiten schwarzen Mittelbinde über die Oberseite aller Flügel, welche auf den Vfl einen dreieckigen Fleck bildet.

d) *thales* Schultz — Stz. I, 230 — Soc. Ent. XXII, 177.

♂ Form mit fast völlig geschwärzter Oberseite aller Flügel, Hfl-Unterseite silberstreifig. Roseggtal, Simplon; Davos (Hauri).

e) *arsilache* Esp.— Stz. I, T 68 — Sp. III, T 7.

Ist dunkler, die schwarze Zeichnung tritt schärfer hervor und ist auch auf der Vfl Unterseite vorhanden. Sie ist die Vertreterin der alpinen Formen in den Torfsümpfen der Voralpen und des Jura. Mehrere melanistische Exemplare sind mir bekannt geworden. Eines fing Mory in der Vallée de Joux, ein weiteres Prof. Standfuss bei Einsiedeln. U.O.J.V.W.G. Guédat fing auf den Sümpfen bei Tramelan ♂♂ arsilache-Exemplare, welche genau der Beschreibung von cinctata Favre entsprechen. Ebenso ein Exemplar der Form killiasi Rühl. Diese Form fliegt von Ende Juni ab und den ganzen Monat Juli hindurch, sie ist am leichtesten zwischen 9 und 10 Uhr des Morgens, d. h. ehe die Sonne zu heiss wird, zu erbeuten, oder dann am Abend, wo sie in Gemeinschaft mit amathusia Esp. und M. dictynna Esp. auf Blüten ruhend gefunden wird.

f) *palustris* Fruhst. — Gub. Ent. Zeitschr. III, 112.

Kleiner mit manchmal dunkelroter, feiner weiss punktierter Unterseite. Sumpfwiesen im Engadin, Arolla, Zermatt, Simplon.

g) *conducta* Schultz — Ent. Zeitschr. XXII, 39.

Vfl-Flecke streifenartig erweitert, auf den Hfl sind die beiden Fleckenreihen streifenförmig zusammengeflossen, die Unterseite fast zeichnungslos. Preda (Schultz). Saas-Fee (Courv.).

Die Eier werden Ende Juni abgelegt. Die Raupen schlüpfen nach acht Tagen und überwintern wahrscheinlich halb erwachsen von September an. Ende Mai oder Anfang Juni sind sie erwachsen, die Puppenruhe dauert zwei bis drei Wochen. Die Raupe — Sp. IV T 4 — lebt polyphag an niederen Pflanzen, auch an Veilchen. Die arsilache Esp.-Raupe lebt besonders gerne auf sumpfigem Boden an Moosbeere (Vacc. oxycoccus) und Viola canina, man findet sie im Mai oder Anfang Juni in den Morgenstunden die Blüten und Knospen der Futterpflanze verzehrend.

E. Gub. Ent. Zeitschr. I, 396 — Ins. Welt III, 93 — Stz. I, 231 — Sp. I, 27 — Frio. I, 191.

55. **thore** Hb. — Stz. I, T 68 — Sp. III, T 7 — B. R. T 16.

In den Alpen in einer Generation, schon vom Juni an erscheinend, gewöhnlich aber im Juli—August. Der ziemlich lokal und spärlich auftretende schöne Falter bevorzugt buschige Stellen, er beginnt bei 1000 und erreicht über 2000 m Höhe, so im Val Tschitta (Honegger). Er setzt sich gerne an Geranium aconitifolium. Das ♂ variiert durch stärkere oder schwächere schwarze Bestäubung. Bei manchen Exemplaren sind die schwarzen Binden zusammengeflossen. U. O. V. G. S. W.

Ein am 16. Juli 1903 bei Pontresina gefangenes ♀ legte vom 17.—19. auf die Unterseite der Blätter von Viola biflora 60 Eier ab. Die Raupen schlüpften vom 28. August an, sie frassen bis Oktober und überwinterten dann zwischen Blättern und Moos. Viola biflora und canina sterben zwar im Winter ab, haben aber bereits junge Blättchen getrieben, wenn die Raupen anfangs April erwachen. Sie frassen nun, an einen sonnigen Ort gestellt, sehr rasch, waren Mitte Mai erwachsen, verpuppten sich Ende des Monats und lieferten die Falter von Mitte Juni an.

E. Entomologist's Record XV, 301 — XVI, 236/39, — XVII, 78 — XVIII, 69 — Gub. Ent. Zeitschr. I, 388 — Stz. I, 234.

56. **dia** L. — Stz. I, T 68 — Sp. III, T 7 — B. R. T 9.

Der Falter fliegt im ganzen Hügellande von April bis November in zwei bis drei Generationen, übersteigt aber kaum 1000 m.

a) *vittata* Sp. (= medio-fasciata Schultz) — Stz. I, 232.

Sind Exemplare mit breiten, zusammengeflossenen Mittelbinden. Unter der Art, nicht häufig. Versoix. Villette (Cat. Rhop.), Luziensteig IX. 1906 (Thom.).

b) *leonina* Fruhst. — Gub. Ent. Zeitschr. III, 21.

Ist eine durchwegs heller gelbe, in einzelnen Exemplaren fast weisse, Form. Genf.

Die Raupen der ersten Generation leben von Ende Mai—Juni einzeln und liefern die Falter der zweiten Generation von Ende Juli ab. Ein Teil der Raupen überwintert aber halb erwachsen. Die Raupen der zweiten Brut schlüpfen von Ende August ab, wachsen rasch und überwintern, wie die der ersten Brut. Im März beginnen beide Bruten wieder zu fressen und sind Ende April oder Anfang Mai erwachsen. (Gillmer, Ins. Börse XXVI, 11).

Die Raupe — Sp. IV T 4 — lebt an Veilchen, Brunella vulgaris und Rubusarten an sonnigen trockenen Orten.

E. Ent. Jahrb. XI, 149 — XIX. 133 — Gub. Ent. Zeitschr. I, 396 — Sp. I. 28 — Stz. I, 232 — Frio. I, 192.

57. **amathusia** Esp. — Stz. I, T 68 — Sp. III T. 7 — B. R. T 9.

Im Hügelland und den Voralpen bis auf mindestens 2000 m (Val Tschitta, Honegger) weit verbreitet und stellenweise ungemein häufig. Flugzeit von Juli bis Mitte August. U. N. M. J. O. W. S. G. Der Falter ändert beträchtlich ab, besonders dunkle und schöne Aberrationen kommen im Gadmental und am Simplon vor; zwei Albinos fing Fruhstorfer bei Zermatt. Ein grosses, verdunkeltes ♀ von Fadüra (Thom.).

a) *nigrata* Schultz — Soc. Ent. XXII, 177 — Stz. I, 232.

Ist stark geschwärzt bis in die Mitte der Flügel hinein. Gadmental (St.), Simplon (V.), Preda (Kayser).

b) *nigrofasciata* Favre. — Faun. Val. Suppl. 39.

Die schwarzen Zeichnungen sind zu einer Binde zusammengeflossen. Mont Chemin (Favre).

c) Im Gadmental finden sich Stücke, welche die Pfeilflecke der Randbinde mit der Mittelpunktreihe verbunden zeigen. Das ist *radifera* Schultz -- Soc. Ent. XXII, 177.

d) *tramelana* Culot. — Bull. Soc. lép. Genève Vol. I, Pl. I. Hfl gleich der nigrata Schultz, ausserdem stehen im Analfeld der Vfl zwei ⪤ förmige Flecke (ähnlich wie bei Mel. berisali Rühl). Le Brezon.

e) *blachieri* Fruhst.— Bull. lép. Genève VI. 1910, Pl. 1 — Gub. Ent. Zeitschr. III, 21.

Ist eine melanistisch angeflogene grössere Form. Der Distalsaum aller Flügel ist breit schwarz gesäumt, die Unterseite auffallend schön hellgelb gefleckt. Fusio, Alpien, Sambucco (Rehf.), Frohnalp (de Sauss.).

f) *blandina* Fruhst.— Gub. Ent. Zeitschr. I, 310.

Wahrscheinlich Trockenzeitform, Oberseite der Vfl fast weiss, Hfl hell ockergelb. Unterseite bleichgelb, Hfl heller violett. Drei Exemplare Zermatt, Juli 1906.

g) *serena* Fruhst.— Gub. Ent. Zeitschr. III, 20, 21.

Eine heller gelbliche, namentlich unterseits auffallend bleich gelbe und schwach rot gezeichnete Form. Zermatt, Simplon.

Ein Exemplar mit kastanienbraun überflogenen Vfl fing ich im Juli 1907 bei Simpeln.

Die Raupe überwintert von Oktober an halb erwachsen bis April, frisst bis Ende Mai und verpuppt sich Ende des Monates oder anfangs Juni. Die Falter erscheinen nach zwei bis drei Wochen. Die Raupe — Sp. IV, T 4 — lebt auf feuchten Wiesen an Veilchen und Polygonum.

E. Gub. Ent. Zeitschr. I, 395 — Sp. I, 28, — Stz. I, 232 — Frio. I, 193.

Argynnis Fab.

58. **daphne** Schiff.— Stz. I, T 69 — Sp. III, T 7 — B. R. T 9.

Der Falter ist besonders im Wallis häufig, von Ende Mai bis Anfang August, und vereinzelt auch anderwärts beobachtet worden. Nur in der Ebene. Er ist besonders zahlreich an den Abhängen von Follesterres, auf blühenden Brombeerstauden. U. J. V. W. S. G.

a) *asopis* Schultz — Soc. Ent. XXII, 177 — Ent. Zeitschr. XXII, 39.

Mit breiter schwarzer Mittellinie und fast erloschenen Antemarginalflecken. Wallis.

b) *gritta* Schultz — Soc. Ent. XXII, 178 — Ent. Zeitschr. XXII, 39.

Das Violett der Hfl-Unterseite ist durch rötliche Färbung ersetzt. Sehr häufig im Wallis.

c) *nikator* Fruhst. — Gub. Ent. Zeitschr. III, 113.

Von lichter gelbbrauner Grundfarbe, mit kleinerer, feiner angelegter Schwarzzeichnung, Unterseite heller. Die helle, gelbe Mittelbinde schärfer abgegrenzt. Martigny.

Die Eiablage erfolgt im Juli. Die Raupen schlüpfen nach ca. 10 Tagen, lassen sich mit Blättern und Blüten von Brombeeren erziehen und überwintern von Oktober an halb erwachsen. Im April beginnen sie wieder zu fressen und sind Mitte Mai erwachsen. Die Puppenruhe dauert ca. 10 Tage und die Falter erscheinen von den letzten Maitagen an oder anfangs Juni. Die Raupe — Sp. IV, T 4 — lebt an Veilchen und Rubus.

E. Gub. Ent. Zeitschr. III, 195 — Sp. I, 29 — Stz. I, 235 — Frio. I, 194.

59. **ino** Rott. — Sp. III, T 8 — Stz. I, T 68 — B. R. T 9.

Falter nur in einer sommerlichen Generation, von Juni bis August auftretend. Ist im ganzen Gebiet verbreitet, aber nicht überall häufig. Er bevorzugt nasse Stellen. Die höchste bekannt gewordene Flugstelle ist bei Fetan, 1638 m (Stierlin). Eine von Müller-Rutz gefangene Zustandsform zeigt auf den Vfl, statt der Zickzack-Binde, eine Reihe runder oder länglicher Flecke.

a) *zinalensis* Favre.— Faun. Val. Suppl. 39.

Ist auf der Oberseite schwarz überflogen, die Basalhälfte der Hfl völlig schwarz. Zinal.

b) *adula* Frust.— Soc. Ent. XXV, 52.

Heller, kleiner, mit zierlichen, schwarzen Punktflecken, geringem Distalsaum aller Flügel und ohne den schwarzblauen Anflug der Oberseite. Eingang ins Vextal.

Das ♀ legt seine Eier im Juli oder August einzeln an die Unterseite der Blätter ab. Die Raupen schlüpfen nach ca.

8 Tagen, fressen nur in der Nacht und halten sich am Tage unter Blättern verborgen. Von Oktober an überwintern sie in Rasenbüscheln etwa halb erwachsen. Ihr Winterquartier verlassen sie im April und fressen bis Juni. Die Falter schlüpfen zwei bis drei Wochen nach der Verpuppung. (Gillmer, Gub. Ent. Zeitschr. III, 135/395).

Die Raupe — Sp. IV, T 4 — lebt an Sanguisorba officinalis, Spiraea und Rubus.

E. Stz. I, 235 — Sp. I, 29 — Frio. I, 195.

60. **latonia** L. — Stz. I, T 69 — Sp. III, T 8 — B. R. T 9.

Der Falter fliegt in der Ebene in zwei bis drei Generationen, fast das ganze Jahr hindurch, im Gebirge nur einmal (Wullschlegel beobachtete den Falter von Februar—November ununterbrochen, die Raupe im Februar—April—Juni). Man fand sowohl Raupen als Puppen im Freien überwinternd. Der Falter ist im ganzen Lande häufig, besonders auf Aeckern, wo Viola tricolor gedeiht, und erreicht im Gebirge Höhen von 2500 m und darüber. Die Frühlingsfalter sind klein, der Vfl-Rand und die Flügelwurzeln dunkelgrün. Die Sommergeneration ist grösser, rotgelb und weniger verdunkelt. Das Wurzelfeld rotgelb behaart; besonders grosse Exemplare mit etwa ums doppelte vergrösserten Silberflecken erwähnt Seitz von Zermatt, auch aus dem Tessin (V.).

a) *valdensis* Esp. — Stdg. 225 a).

Die Silberflecke der Hfl-Unterseite sind zu radiären Wischen zusammengeflossen. Sehr selten Dombresson (Roug.), Wallis (Favre), Bern (Jäggi), Airolo VII, 1910 (Püngeler).

b) *melaena* Sp. — Sp. I, 29.

Ein auf der Oberseite fast schwarzes ♂, doch ohne zusammenfliessende Silbermakeln auf der Unterseite, fing Püngeler bei Zermatt.

c) *J nigrum* Tutt — Versoix, Aire. (Cat. Rhop. Genève p. 15.)

Eine Winterzucht gelang Breit. Ein Ende Oktober eingetragenes ♀ legte die Eier in einem an die Sonne gestellten Einmacheglas an Viola tricolor. Die Raupen schlüpften nach 14 Tagen. Sie wurden anfänglich im Glase, später an eingepflanzten Veilchenstöcken unter Gaze gezogen. Drei Raupen verpuppten sich schon frühzeitig und lieferten nach 14tägiger Puppenruhe die Falter noch im Herbst. Der Rest überwinterte im ungeheizten Raum, ohne den Frass völlig einzustellen. Sie lieferten die Falter Ende Februar. Das ♀ legt die Eier einzeln an die Unterseite der Blätter, die Raupen — Sp. IV, T 4 — leben an Veilchen, Onobrychis, Anchusa und Rubus gerne auf trockenen Aeckern. (Breit Soc. Ent. XVII, 41.)

E. Soc. Ent. XIV, 114 — Ent. Zeitschr. XXII, 143/149 — Ent. Jahrb. XI, 149 — Frio. 143/149 I, 197 — Gub. Ent. Zeitschr. I, 366— Sp. I, 29 — Stz. I, 236.

61. **aglaia** L. — Stz. I, T 69 — Sp. III, T 8 — B. R. T 9.

Falter von Mitte Juni bis Ende August überall, bis zur Baumgrenze. Die Falter von aglaia L., niobe L. und adippe L. weisen, namentlich im ♀ Geschlecht und in den gebirgigen Teilen des Landes, häufig stark verdunkelte Flügeloberseiten auf.

a) Tessinerexemplare sind sehr gross, die ♀ ♀ bald tief violettschwarz, bald ockergelb, die Unterseite beider Geschlechter bald grünlich, bald gelblich. Sie erinnern an *ottomana* Röb. — Stz. I, T 69.

b) *nana* Wh.— Wheeler 72.

Zwergform, ist auch etwas heller. Mehrfach am Simplon erbeutet.

c) *emilia* Q.— Quens. Acerbi II, p. 253, T II Fig 1, 2.

Sind melanistische Exemplare genannt worden. Ein Stück vom Hasleberg im Berner Museum, ein Stück vom Gadmental in meiner Sammlung, auch von St. Moritz und Davos (Hauri), Falein ob Trimmis (Thom.), endlich von Dombresson (Roug.).

d) *fasciata* Blach.— Soc. lép. Genève, Juni 1910, Pl. I.

Stücke mit starken Mittelbinden kommen auch bei dieser Art vor. Ein Exemplar aus dem Gadmental Juli 08 (V.).

e) *wimani* Holmgr.— Ent. Zeitschr. XX, p. 17. — B. E. Z. 1900, T 2.

Ist ebenfalls eine melanistische Form. Von Camphèr. (Fruhst.) und vom Stallerberg (Honegger).

f) *charlotta* Haw. — Brit. Lep. I, 32.

Ist eine noch dunklere Form. Auf der Hfl-Unterseite sind die basalen Silberflecken völlig verschmolzen. Camphèr

(Fruhst.). Ein beinahe einfarbig schwarzes Stück fing de Rougemont bei Dombresson, auf der Oberseite der Vfl bleibt nur in der Costalzelle ein kleiner gelber Fleck.

g) *arvernensis* Brams. — Stdg. 230 — Sp. I. p. 30. ♀ Form, die Silberflecken der Hfl-Wurzel sind zu radiären Wischen zusammengeflossen. Von Kirchberg St.-G. und Uzwil (Wild).

Am 11. Juli 1900 abgelegte Eier schlüpften am 27. Die Raupen überwinterten ganz klein. Die Ueberwinterung erfolgte am Boden zwischen Rasenbüscheln. Die Raupen beginnen im März wieder zu fressen, aber nur nachts, und sind im Mai erwachsen. (Gillmer, Ins. Börse XXIII, 20).

Die Raupen — Sp. IV, T 4 — leben an Veilchen, besonders Viola tricolor, gerne auf Waldlichtungen.

E. Gub. Ent. Zeitschr. I. 231/306 — Soc. Ent. XIV, 114 — Ent. Jahrb. XI. 149 — Sp. I, 30 — Stz. I, 237 — B. R. 33. T 9 — Frio. I. 202.

62. **niobe** L. — Stz. I, T 69 — Sp. III. T 8 — B. R. T 9.

I. Die bei uns weniger häufige Form mit silbergefleckter, braun gebänderter Unterseite fliegt in einer Generation von Juni bis August. Diese Form überschreitet kaum 1500 m. Neben ihr kommen vor:

a) *pelopia* Bkh. — Sp. III, T 8.

Diese stark geschwärzte Temperaturform wurde nur ganz vereinzelt gefangen. Davos (Hauri). Dombresson (Roug.), Berisal (Wh.). Gadmen (St.), St. Moritz (Püng.). Martigny (W.). Stalden (Steck).

b) *radiata* Sp. — Kill. Nachtr. II. 13.

Hat die Silberflecke der Hfl-Unterseite zu Wischen verschmolzen. Davos (Turati).

II. *eris* Meig.— Stz. I, T 69 — Sp. III, T 8.

Weist auf der gelbgrünen Unterseite nur noch Spuren von Silberflecken auf. Sie ist die herrschende Form besonders im Gebirge und geht dort bis an 2500 m. Zu ihr gehört:

c) *fasciata* Tutt.— Bull. Soc. lép. Genève, Juni 1910. Mit sehr starker Mittelbinde. Genf.

Unter den beiden Hauptformen sind noch benannt worden:

d) *obscura* Sp. — Sp. I, 30.

Form von bleicher oder auch dunkelbräunlicher Grundfarbe, mit stark schwärzlich oder grünlich schillernder Oberseite. J. O. W. G. S.

e) *pallida* Gillm. — Stz. I, 237.

Ist eine fahle, bleichgelbe ♀ Form. S. G.

f) *thyra* Schultz — Ent. Zeitschr. XXII. 39.

Die schwarze Umrandung der Randmonde ist mit den Antemarginalflecken durch breite, schwarze Längsstrahlen vereinigt, welche durch die Grundfärbung getrennt sind. Wallis.

Die Eier werden im Juli abgelegt, die Raupe entwickelt sich gegen Ende des Monates und scheint im Ei zu überwintern. In einem warmen Gewächshaus erschienen die Raupen am 21. Februar 1906. (Gillmer).

Die Raupe — Sp. IV, T 4 — lebt an Veilchen, auf Bergwiesen und ist im Mai—Juni erwachsen.

E. Gub. Ent. Zeitschr. I, 247/366 — Soc. Ent. XXI, 75 — Ent. Jahrb. XI, 150 — Stz I, 238 — Sp. I, 30 — B. R. 34, T 9 -- Frio. I, 199.

63. **adippe** L. — Stz. I. T 69 — Sp. III, T 8 — B. R. T 9.

Der Falter fliegt von Juni bis August überall in der Ebene, in den Alpen bis etwa 1600 m.

a) *cleodoxa* O. — Stz. I, T 69.

Scheint mir eigene Art zu sein, da der Falter schon von weitem am Fluge von adippe L. zu unterscheiden ist. Die typische cleodoxa O. wohl nur in der Südschweiz, aber dort überall; Uebergänge dazu, mit verschwindenden Silberflecken der Hfl-Unterseite, aus V. W. J. G. N.

b) *baiuvarica* Sp. — Sp. I, 30 — Stz. I, T 69.

Sehr feurig gefärbt, Unterseite der Hfl prachtvoll kontrastreich gezeichnet. Leukerbad (Fruhst.), Aadorf (Z.-R.). Ist bei Filisur die herrschende Form (Hauri).

c) *mainalia* Fruhst. — Gub. Ent. Zeitschr. IV, Nr. 9.

In der Oberseite der baiuvarica Sp. nahestehend, Hfl-Unterseite heller grün, die Silberflecke grösser, die rotbraune Binde heller. Genf.

d) *cléodippe* Stdg. — Stdg. 232 c).

Unterseite grün, mit wenig oder ohne Silber. Meiringen. Därligen, Breitmoos (v. J.), Crevola (V.), Champ du Moulin (Gauckler).

e) *virgata* Tutt — Wheeler 73.

Ist tief chokoladebraun mit dunklerer Schattierung. Gryon.

Die Raupe — Sp. IV, T 4 — lebt an Viola odorata und tricolor im Mai—Juni auf sonnigen Waldlichtungen. Die Raupen verbergen sich über Tag und fressen nachts. Das Ei überwintert, aber die junge Raupe bildet sich darin vollständig aus. Am 27. August abgelegte Eier schlüpften am 2. März des folgenden Jahres aus. (Gillmer, Gub. Ent. Zeitschr. I, 297/366). E Ent. Jahrb. XI, 150 — Sp. I. 30 — Stz. I, 239. — Frio. I, 200.

64. **paphia** L. — Stz. I, T 70 — Sp. III, T 8 — B. R T 9.

Im ganzen Tief- und Hügellande bis in die Alpentäler hinein von Juni bis August sehr gemein, aber nur bis etwa 1200 m ansteigend (Airolo). Der Falter fliegt gerne auf Waldlichtungen und am Saume der Wälder. Sehr schöne Aberrationen im Berner Museum. Wiederholt sind Zwitter, auch mit der Valesinaform, beobachtet worden.

a) *confluens* Sp. — Sp. I, 30.

Sind Stücke mit zusammengeflossenen Fleckenbinden genannt worden. Ein Stück (Sammlung Benteli) von Bern, ein Stück von Pfäffers (Call.).

b) *valesina* Esp.— Sp. III, T 8 — Stz. I, T 70/71.

Ist besonders im südlichen Faunengebiet häufig, vereinzelt auch in der Nordschweiz, aber mehr in Uebergangsformen. Die Form erreicht bei Airolo 1000 m Höhe. S. W. J. G. V. N.

c) *nigricans* Cosm. — Cat. Rhop. Genève p. 16.

Ueberschwärzte Form. Bois de Bay.

d) ? *ocellata* Frings — Sp. III, T 14.

Temperaturform.

Die Eiablage erfolgt einzeln Ende Juli. Die Raupen schlüpfen nach 14 Tagen und überwintern klein am Grunde von Rasenbüscheln. Die Raupen — Sp. IV. T 4 — leben an Veilchen, Brombeeren und Himbeeren von Juli bis Mai—Juni. Auch in der Gefangenschaft werden die Eier gern an Brombeeren und Himbeeren abgelegt, auch an Waldveilchen. Die Raupen überwintern ohne vorher zu fressen in zusammengerollten Blättern. Im Februar in das warme Zimmer genommen und an einen eingepflanzten Veilchenstock gesetzt, beginnen sie sofort zu fressen und sind im März halb erwachsen. Die Raupen sind auf der Unterseite der Blätter zu suchen, wo auch die Verpuppung erfolgt. Die Puppenruhe dauert zwei bis drei Wochen.

E. Gub. Ent. Zeitschr. I, 297. 350 — II, 107 — Soc. Ent. XIV, 114 — Ins. Börse XXIII, 11/27 — Ent. Jahrb. II, 64—XI, 151. 200 — Sp. I, 31 — Stz. I, 242 — Ent. Zeitschr. II, 64 — B. R. 35, T 9 — Frio. I, 203.

65. **pandora** Schiff. — Sp. III, T 8 — Stz. I, T 71 — B.R. T 9.

Ist unsere grösste und schönste Argynnis. Sehr selten, doch auch in neuester Zeit mehrfach im Wallis, Waadtland und in Graubünden gefangen worden.

a) *paupercula* Ragusa — Stdg. 240 a)

Ohne Silberflecke der Hfl Unterseite. Wallis (Z.—R.), Lenk (Roug.), 3 Stück im Unterwallis (Jäggi).

Da der Falter im Aostatal nicht gar selten ist, überfliegt er vielleicht hin und wieder von dorther.

Die Raupe — Sp. IV, T 4 — lebt an Viola tricolor von September bis Juni.

E. Gub. Ent. Zeitschr. I, 350 — Sp. I, 31 — Stz. I, 242 — Soc. Ent. XXV, 85 — Frio. I, 205.

B. Satyrinæ.

Melanargia Meig.

66 ? **lachesis** Hb.[1]) — Stz. I, T 38 — Sp. III, T 9.

In zwei Exemplaren von Borel in Bex gefangen. Es sind nach Wheeler unzweifelhafte lachesis Hb. Es kann sich aber wohl sicher nur um aus Südfrankreich zufällig eingewanderte Tiere handeln. Ein Stück erhielt auch Müller-Rutz bei Genf.

Die Raupe — Sp. IV, T 4 — überwintert bis Mai an Gräsern, besonders Lamarkia aurea.

E. Sp. I, 230 — Frio. I, 207.

---

[1]) Mittlg. S. E. G. IX, Nr. 2 & Wheeler p. 144.

67. **galathea** L. — B. R. T 10.

Der Falter fliegt in einer Generation von Ende Mai bis Mitte August und ist im ganzen Tief- und Hügelland, bis etwa 1500 m, auf Wiesen sehr gemein.

Als Typus — Stz. I, T 38 — Sp. III, T 9 — gilt eine Form von fast rein weisser Grundfarbe auf Ober- wie Unterseite. Sie kommt bei uns mehr in der Südschweiz, sowie an warmen Orten des Jura vor.

a) *fulvata* Lowe — Wheeler pag. 143.

Diese in beiden Geschlechtern auf Ober- wie Unterseite bleich grün gelbliche Form ist die im Mittelland vorherrschende, kommt aber auch in W. & G. vor.

b) *flava* Tutt — Wheeler pag. 143.

Sind ♀♀ dieser Form benannt, welche, neben heller gelblicher Oberseite, die Hfl Unterseite ockergelb gefärbt haben. Martigny (W), Bözingen, St. Blaise (V), Aadorf (Z.-R.).

c) *nicoleti* Culot — Bull. Soc. lép. Genève Vol. 1. Pl. 1.

Hat die schwarzen Saumbinden aller Flügel ungefleckt. Tramelan (Nicolet).

d) *punctata* Grd. — Soc. Ent. XXXIII, 82.

Ist eine Form aus dem Jura, Wallis und der Südschweiz von rein weisser Färbung, bei welcher in der Hfl-Randbinde 2—5 bläuliche heller umringelte Augen stehen. Bözingen, St. Blaise, Biasca (V), Martigny (Wullschlegel), Elgg (Gram.).

e) *vispardi* Jullien.— Bull. Soc. lép. Genève pag. 167, Pl. 6.

Ist eine Uebergangsform zur nachfolgenden, mit sehr dickem Zellschlussfleck und von trüberer Färbung. Vallon de Versoix (Jull.), Simplon (Blach.), Aadorf (Z.-R.), Vufflens (Sauss.).

f) *procida* Hbst. (= galacaera Esp.) — Stz. I, T 38.

Kommt als Seltenheit in den insubrischen Gegenden vor. Die Oberseite ist viel dunkler gezeichnet, sowie die weissen Saumflecke verkleinert oder beinahe fehlend. Lugano (Wh.), Locarno (v. J.), Crevola (Jäggi), Maggia, Promontogno (v. J.). Der Falter erreicht noch die Höhe von Fusio 1281 m (v. N.). Angeblich auch von Dornach und Hüningen (Leonh.).

g) *galene* O. — Jahresber. des Wiener Ent. Vereins 1897, T 1.

Hat auf der Unterseite statt der Augen nur Punkte. Genf. (Cat. Rhop.)

h) *leucomelas* Esp.— Stz. I, T 38.

♀ Form mit rein weisser zeichnungsloser Hfl-Unterseite. W. S. selten. Im Juli 1909 fing ich mehrere Exemplare bei Crevola (V), Lugano (Hauri), Chiasso (Fontana).

i) *lugens* Obthr.— Et. XX, Pl. 2 — Bull. Soc. lép. Genève, Vol. 1, Pl. 6.— Stz. I, T 39.

Ist eine beidseitig dunkelbraune, leicht violett schimmernde melanistische Form, von Versoix (Rev.).

k) *nereus* Fruhst. — Cat. Rhop. Genève p. 16.

♀ Form. Aus dem Wallis.

Das ♀ lässt seine Eier zu Boden fallen. Die Raupe schlüpft im August und überwintert klein. Die Raupe — Sp. IV, T 4 — lebt an Gräsern, am Tage sehr versteckt. Im April beginnt sie wieder zu fressen und ist bis Mitte Juni erwachsen. Die Puppenruhe dauert ca. 3 Wochen.

E. Gub. Ent. Zeitschr. I, 318 — Ent. Jahrb. XI, 151 — Soc. Ent. XIV, 114 — Sp. I, 33 & Nachtr. 341 — Stz. I, 115 — B. R. 37, T 10 — Frio. I, 208.

Maniola Schrk.

(Erebia Dalm.)

Die alpinen Arten der Gattung Maniola pflegen sich, sobald die Sonne weggeht, und wäre das auch nur für wenige Augenblicke der Fall, in Büschen von Juniperus und Rhododendron zu bergen. Dort halten sie auch ihre Nachtruhe und können am späten Abend oder frühen Morgen durch Absuchen und Auseinanderbiegen der Büsche bequem und in Mehrzahl gefangen werden.

68. **epiphron** Kn.— Stz. I, T 36 — Sp. III, T 9 — B. R. T 10. Die typische Form fehlt.

a) *cassiope* F.— M. D. T. II, Fig. 4 — Stz. I, T 36 — B. R. T 10.

Ist kleiner. Vfl schmaler, gestreckter, von der Spitze zum Innenrand schräg zulaufend. Die Flecke der Vfl-Binde stehen näher beisammen. Der Falter fliegt auf blumenreichen Hängen des ganzen alpinen Gebietes im Juli—August und geht von 1200 bis über 2600 m (Gornergrat. Hoffm.).

b) *nelamus* Bsd. (= bernensis M. D.) — M, D. 152. T II. Fig. 3 — Stz. I, T 36.

Unterscheidet sich von der vorigen Form dadurch, dass die rostrote Vfl.-Binde auf zwei bis drei verwaschene Fleckchen. in denen kleine schwarze Pupillen stehen. reduziert ist. U. O. G. S. W. In den Appenzelleralpen die vorherrschende Form.

c) *valesiana* M. D. — M. D. 152. T II Fig. 5.

Ist grösser, die breite zusammenhängende Binde reicht fast bis zum Innenrand der Vfl. Die Pupillen sind vermehrt. Meyenwand (MD). Simplon, Laquintal (V). Pierre à Voir (W.). Campolungo (v. J.).

Die Raupe — Sp. IV. T 4 — lebt an Gräsern. besonders Aira præcox und cæspitosa, von Herbst bis Mai. Am Tage verborgen und nur nachts fressend, Puppenruhe 10—14 Tage.

E. Wullschlegel in Mitteilg. schweiz. Ent. Gesellschaft Bd. X, Nr. 7 — Favre 39 — Stz. I, 95 — Sp. I, 34 — Frio. I, 213.

69. **melampus** Füssl.— Stz. I, T 36 — Sp. III, T 9 — B.R. T 10.

Verbreitung wie cassiope F., aber viel gemeiner. Flugzeit Juli und August.

a) *sudetica* Stdg.— Stz. I, T 36.

Mit grösseren Flecken. Pilatus (Schmidlin). Alpe Sardasca (Z. D.), Promontogno (v. J.).

b) *randae* Frey — Frey Lep. 36.

♂ mit vier weissen Flecken auf den Vfl. Ist individuelle Form. Randa (Frey), Ob. Wallis (Agassiz).

c) *augurinus* Fruhst. — Ent. Zeitschr. XXIV, Nr. 7.

Ist eine grössere Form mit sehr hellen, stark verbreiteten rotbraunen Binden, die von feinen schwarzen Queradern geteilt sind. Vom Simplon und Laquintal.

Einen Albino fing Lütschg bei Preda im Juli 1909.

Ein am 7/VII 1895 im Klöntal gefangenes ♀ legte 15 Eier ab. dieselben lieferten die Raupen nach 10-14 Tagen. Sie wurden an einer lebenden Pflanze von Poa annua erzogen, frassen nur nachts und verpuppten sich von Anfang September an. Die Verpuppung erfolgte unter den Grasbüscheln frei an der Erde. Die Puppenruhe dauerte 10 Tage und die Falter erschienen sämtlich noch im Herbst. (Liebmann, Ent. Zeitschr. XI, 45)

E. — Sp. I, 34 — Stz. I, 96 — Frio. I, 214.

70. **flavofasciata** Heyne — Sp. III, T 17b — Stz. I, T 36 — Perlini TI — Bull. Soc. lép. Genève Vol. I, Pl. 1.

Diese Art wurde im Sommer 1893 von Oberst von Nolte auf dem Campolungo entdeckt. Der ausschliesslich alpine Falter ist bis jetzt fast nur aus jener Gegend bekannt geworden, aber dort im Juli—August an manchen Stellen zu finden. Campolungo, Alpe Massari, Naretpass, Sassellopass, Crête Briollent, Alpe Pianascio, Campo la Torba. Der Falter wurde neuerdings auch am Bernhardin gefangen (Maag) und auf der Alpe Veglia im Val Vedro (Blachier). Er beginnt bei etwa 2000 und geht bis 2500 m.

a) *thiemei* Bartel — Stz. I, T 36.

In der ausgesprochenen Form bisher nur im Engadin. Sie hat die roten Flecken verloschen, die schwarzen Augenpunkte klein und die Hfl-Binde auf der Unterseite schmaler. Schafberg (Bartel), Tscherva-Gletscher (Fis.). Aehnliche Exemplare kommen aber auch im Tessin vor.

Das Ei und die junge Raupe wurden beschrieben in Bull. Soc. lép. Genève Vol. I, 59. Die Erziehung gelang nicht.

71. **eriphyle** Frr.— Stz. I, T 36 — Sp. III, T 9 — B. R. T 16.

Wiederum nur alpin und lokal im Juli mit Höhenverbreitung bis nahe an 3000 m. Gemmi, Rhonegletscher (v. J.), Val Piora (Stierlin), Bernhardin, Stalla, Splügen, Val Tschitta (Honegger), Davos (Hauri), Campolungo (Gröbli), Niesen (Jaeggi), Furka, Meyenwand (v. J.), Grimsel (Wh.), Simplon, Alpe de Lens (Favre), Trübseealp (Wh.), Gotthard (V.), Flüela, Flimserstein (Cafl.), Val Somvix (v. J.), Hochwang (Thom.), Vals (Jörger), Fextal (Hch.).

a) Eine besondere Lokalform erwähnt Meyer-Dür von der Gemmi. Sie ist kleiner, düster mattbraun, die Binden aller Flügel auf wenige sehr kleine, rostrote Flecke reduziert = reducta m.— M. D. T. II, 8 — Sie findet ihren schärfsten Ausdruck in einer Form ohne jeden gelben Fleck auf der Hfl-Oberseite. Diese Form wurde im Juli 1906 in Anzahl bei Mürren gefangen (Lütschg).

b) *tristis* H. S. — H. S. 387/390.

Die Vfl-Binde ist breiter und lebhafter gefärbt. die Hfl-Unterseite rötlich angehaucht. Davos (Hauri).

c) *intermedia* Frey — Soc. Ent. I. 161.

Hat auf den Hfl deutlichere gelbe Flecke. Davos (Hauri), Wallis (Wh.).

Nach Favre lebt die Raupe bis Mai an Gräsern.

72. **christi** Rätzer — Mittlg. S. E. G. VIII, 220 — Stz. I, T 36 — Sp. III. T 17 b — Obthr. I. Pl. I.

Falter nur aus dem Simplongebiet, vom Laquintal bis zum Hospiz fliegend, von Mitte Juni bis Mitte Juli. Diese Art wurde 1882 von Rätzer im Laquintal entdeckt und beschrieben in Mitteilg. schweiz. Ent. Gesellschaft Bd. VIII, Heft 6. M. christi ähnelt am meisten der Valesianaform von cassiope F., ist aber leicht zu unterscheiden:

1. An dem gerundeten Apex der Vfl und den gerundeten Hfl.
2. Die Hfl-Unterseite des ♂ zeigt eine leicht grau angeflogene sehr breite Randbinde, in der kleine schwarze Punkte stehen. Das ♀ hat auf der Hfl-Oberseite sehr grosse deutliche Augen, die Unterseite ist gelbgrau, Randbinde wie beim ♂.

Am 15. oder 16. Juli 1905 abgelegte Eier schlüpften am 28. (Gillmer, Ins. Börse XXIII, 8).

Die Raupe ist unbekannt.

73 **mnestra** Hb.— Stz. I, T 36 — Sp. III, T 9.

Ist fast im ganzen Alpengebiet im Juli—August verbreitet, aber ziemlich lokal und nicht gerade häufig. Den Appenzeller- und St. Galleralpen scheint der Falter zu fehlen. Er erreicht am Gornergrat 2600 m.

Die Raupe ist unbeschrieben, sie lebt nach Favre bis Mai an Gräsern.

74. **pharte** Hb. — Stz. I, T 36 — Sp. III, T 9 — B. R. T 16.

Verbreitung und Vorkommen, wie die vorige Art, in den Bündneralpen bis 2000 m häufig.

a) *phartina* Stdg.— Stz. I, T 36 — Obthr. I, Pl. 4.

Ist kleiner, die roten Binden beinahe am Verschwinden. Unter dem Typus U. O. W. S. G.

b) *fasciata* Sp. — Sp. I, 35.

Grundfarbe dunkler, die Binden heller und grösser. Trübseealp (Wheeler), Guarda, Fusio (v. J.).

Die unbeschriebene Raupe lebt nach Favre bis Mai-Juni an Gräsern.

75. **manto** Esp. (=pyrrha S. V.) — Stz. I, T 36 — Sp. III, T 9.

Der Falter ist von Juni bis August im ganzen alpinen Gebiet westlich vom Gotthard verbreitet und nicht selten. Er kommt zwar auch in U. & G. vor, ist aber dort weit spärlicher. Höhenverbreitung zwischen 1200—2200 m. Der Falter variiert bedeutend, nach der Grösse und Stärke der Orangebinden, sowie nach Grösse und Zahl der Ocellen, bes. im ♀ Geschlecht. Als Typus gilt eine Form mit sehr lebhafter, fein schwarzpunktierter Randbinde der Vfl. Die gelben Binden können abnehmen und die Ocellen sich vergrössern oder beide ganz verschwinden. Neben der typischen Form kommen vor:

a) *bubastis* Meisn. — N. Schw. Anz. 1818, 78 — Stz. I, 99.

Die Hfl-Unterseite hat eine weisse Binde und die Fransen sind dunkel gefleckt. Stockhorn (v. J.), Gadmen (St.), Engelberg (Christ), Pilatus (Schmidlin), Glacier de Trient (W), Leukerbad (Wh).

b) *caecilia* Hb.— Stz. I, T 36.

Von den Fleckenbinden sind beidseitig nur noch Reste vorhanden, so dass in ausgeprägten Formen das Tier einfarbig braun erscheint. Gadmen (St.), Mürren (Lütschg), Adelboden (Steinegger), Brienzer Rothhorn (v. J.), Sefinental, Dent du Midi (Fis.), Engelberg (Christ), Jochpass (Z. D.), Guarda (Chp.), Stelvio (Cafl.).

c) *pyrrhula* Frey — Frey, Lép. 37 — Stz. I, T 36.

Zwergform, Vfl stumpfer, Binden und Augenflecke verloschen. U. O. V. W. G.

Die hellgelbliche Raupe lebt von August bis Juni an Gräsern, von 1500 m an aufwärts. Sie ist über Tag in den

Grasstöcken verborgen. Verpuppung frei an Gräsern. Falter nach ca. 14tägiger Puppenruhe (Wullschl.).

E. Mittlg. schweiz. Ent. Gesellschaft Bd. X, Nr. 7 — Sp. I, 35 — Stz. I, 99 — Frio. I, 215.

76. **ceto** Hb. — Stz. I, T 36 — Sp. III, T 9 — B. R. T 10.

Der schöne Falter mehr im südlichen und westlichen Gebiet, nicht überall. Pays d'Enhaut, Furka (V), Leukerthal (W), Süs (Hauri), Tarasp (Kil.), Genf (Cat. Rhop.), dann besonders häufig in den Südtälern von ca. 1000—1500 m. Flugzeit von Juni bis Juli.

a) *phorcis* Frr.— Stz. I, T 36.

Die Augen der grünlichen Hfl-Unterseite sind weiss umzogen. Unter der Art in Wallis, Graubünden.

b) *obscura* Rätz. — Stz. I, T 36. — Mittlg. S. E. G. VIII, 222.

Von Rätzer im Laquinthal entdeckt und beschrieben in den Mitteilungen schweiz. Ent. Gesellschaft, Bd. VIII, Heft 6. Ist eine durch alle Uebergänge mit dem Typus verbundene Form von der Südseite des Simplon. Sie ist gewöhnlich etwas kleiner und die Orangeflecke aller Flügel sind nach Zahl und Grösse reduziert. Sie beginnt mit etwa 1200 und steigt bis 2600 m an. S. W.

c) *caradjae* Cafl. — Fauna Graubündens II. Nachtr. p. 15.

Ist etwas kleiner als die vorige. Die Binden vollständig verschwunden. Bei Ponte im Engadin neben dem Typus.

Die Raupe lebt an Gräsern, besonders Poa annua bis April. Anfang August abgelegte Eier lieferten die Raupen nach 10—12 Tagen, sie wurden den Winter über im warmen Zimmer erzogen und verpuppten sich Anfang März. Die Puppenruhe dauerte 3 Wochen. (Liebmann, Ent. Zeitschr. VIII, 48).

E. Ent. Zeitschr. XVIII, 98 — Mitteilg. schweiz. Ent. Gesellsch. Bd. X, Nr. 7 — Sp. I, 36— Stz. I, 100 — Frio. I, 216.

77. **medusa** F.— Stz. I, T 35 — Sp. III, T 9 — B. R. T 10.

Falter in der Ebene und dem Hügellande von Mai bis Juni gemein, besonders auf Sumpf- und Bergwiesen.

a)? *psodea* Hb.— Stz. I T 35.

Eine Form mit zahlreicheren und grösseren Augen, sie kommt fast nur in der Grenzzone vor. Macugnaga häufig

(Rätz.), Pontarlier (Kane), dann einmal bei Gadmen gefangen (St.).

b) *procopiani* Horm.— Stz. I, p. 100 — Horm. Ent. Nachtr. 1892, 2.

Ist kleiner, dunkler, die Augen ungekernt. Elgg (Gramann).

c) *hippomedusa* O.— Stz. I, T 35.

Die im Juli fliegende Gebirgsform ist etwas kleiner, Augenbinde dunkler. Im Basler-, Solothurner- und Neuenburger-Jura, aber gewöhnlich lokal. Ein Exemplar fing Rühl im August am Greifensee. Häufiger in den Alpen von W. G. O. S. V.

d) *difflua* Blach.— Bull lép. Genève, Juni 1910, Pl. 1. Hat ein gelb aufgehelltes Mittelfeld. Von Onex, Mai 1907.

e) *mantoides* Gram.— Gub. Ent. Zeitschr. IV, Nr. 16.

Oberseite wie pyrrhula Frey, Vfl-Unterseite mit zwei kleinen weissgekernten Augen, in verwaschener Binde. Hfl mit drei bis vier ganz kleinen Augen. Kälteform, von Elgg (Gram.).

f) *dilucescens* Gram. — Gub. Ent. Zeitschr. IV, Nr. 16.

Charakterisiert durch die starke Verbreiterung der rotgelben Fleckenbinde, oft bis weit in die Mittelzelle hinein. Aadorf (Weg.), auch im Jura (V), Landquart (Thom.).

g) *pherusa* Schultz — Ent. Zeitschr. XXII, 4.

Hfl oberseits mit nur einem kleinen rotgelben Fleck, in der Mitte nahe dem Aussenrand. Vfl mit rotgelben Flecken, in denen zwei kleine schwarze, weiss gekernte Augen stehen. Elgg (Gram.).

Am 9. Juni abgelegte Eier schlüpften am 19. Die Raupe — Sp. IV, T 4 — lebt an Panicum, Milium und andern Gräsern, von August bis März-April in lichten Wäldern. Man erhält die Raupen durch Schöpfen.

E. Ins. Börse XXI, 212 — Ent. Zeitschr. XVIII, 98 — XX, 138 — Ent. Jahrb. XI, 152 — Roug. 32 — Sp. I, 36 — Stz. I, 100 — B. R. 41, T 10 — Frio. I, 217.

78. **oeme** Hb. — Stz. I, T 35 — Sp. III, T 9.

Der Falter ist im ganzen Alpengebiet verbreitet und erreicht beim Albula-Hospiz 2315 m Höhe (Honegger). Flugzeit von Juni bis August.

a) *lugens* Stdg. — Stdg. 278 a)

Kleiner, die wenigen Augenpunkte verloscnen. Appenzelleralpen, Calfeisenthal (M. R.), Adelboden (v. J.), Einsiedeln (V), Gadmental (St.), auch im Wallis (W), Mürren (Wh.), Trümmletental (Fis.), Valzeina, Sais (Thomann).

b) *spodia* Stdg. — Stz. I, T 35 — Sp. III, T 9.

Ist grösser, mit zahlreicheren, weiss gekernten Augen. Nur im Wallis, so Gemmi, Laquintal (Favre).

c) *pacula* Fruhst.— Gub. Ent. Zeitschr. III, 211.

Eine der spodia Stdg. nahestehende Form, mit mehr rotbrauner Umsäumung der Ocellen und mit kleinen weissen Pupillen. Im Jura bei Genf, von Mitte Juni ab.

Die Raupe lebt an Simsen, Luzula und anderen Hartgräsern.

E. Sp. I, 36 — Stz. 1, 100 — Frio. I, 218.

79. **stygne** O.— Stz. I, T 35 — Sp. III, T 9 — B. R. T 10.

Der Falter ist im Jura und den niedern Alpengegenden weit verbreitet. Er kommt zwischen Leissigen und Därligen am Thunersee sowie auch bei Malans und Igis (Thom.) schon in 600 m Höhe vor und geht — in einer kleineren, dunkleren Form — an der Furka bis 1900 m. Ganz ausnahmsweise auch bei Vernayaz im Rhonethal. Flugzeit von Mai bis August. J. O. W. S. G. V. U.

a) *abocula* Favre — Favre, Supp. p. 7 — Obthr. Et. V, Pl. LXXIII.

♀ Form, hat die Vfl ungefleckt, auf den Hfl befinden sich zwei ungekernte Augen. Plateau de Trient.

b) *valesiaca* Elw. — Stdg. 279 a) — Obthr. Et. LXXIII. (?)[1])

Ist oberseits fast einfarbig schwarzbraun. W. O. G. U. S.

c) *chaera* Fruhst. — Gub. Ent. Zeitschr. III, 211.

Kleiner, mit deutlicheren und grösser weiss gekernten Ocellen. Die roten Felder der Unterseite länger und schmaler. Les Plans, Wallis.

Ein sehr merkwürdiges ♀, vielleicht ein hybrides Stück, erbeutete Steinegger am Jaunpass ob Boltigen.

[1]) Während valesiaca Elw. fast oder gänzlich ohne Ocellen ist, zeigt das von Oberthür abgebildete Stück im Gegenteil sehr zahlreiche, und wohl entwickelte Ocellen und kommt auf den ersten Anblick evias God. nahe

Raupe an Gräsern bis Mai.

E.— Sp. I, 37 — Wullschlegel in Mittlg. S. E. G. X, Nr. 7 — Frio. I, 219.

80. **evias** God.— Sp. III, T 10 — Stz. I. T 35.

Der schöne Falter ist nur aus dem Süden unseres Faunengebietes bekannt. V. W. S. G. In der Talsohle des Wallis und Tessin fliegt er schon von April—Mai an, um im Juli bis August im Engadin zu endigen. Er ist dort z. B. am Ofenpass von 1900—2100 m auf Engadiner- wie Münstertalerseite häufig (Thom.). Sehr kleine Exemplare erbeutete Hoffmann am 15./VII 1910 auf der Findelenalp in 2600 m Höhe. Der Falter fliegt bei Vernayaz und Saillon auch in der Ebene und sitzt gerne im Strassenstaub, auch auf Excrementen.

a) *caeca* Obthr. — Ent. Zeitschr. XXIII, 4 — Obthr. Et. V, Pl. LXXVIII.

Vfl ohne Ocellen auf Ober- wie Unterseite. Wallis.

b) *depupillata* Schultz — Ent. Zeitschr. XXII, 4.

Ohne die weissen Pupillen auf Vfl und Hfl, statt ihrer stehen im Apex der Vfl zwei sehr grosse schwarze Flecke. Wallis.

c) *eurikleia* Fruhst.— Gub. Ent. Zeitschr. III, 211.

Die Submarginalbinde ist besonders auf den Vfl viel schmaler. Martigny.

d) *letincia* Fruhst. — Gub. Ent. Zeitschr. III, 211.

Kleinere Gebirgsform mit eher breiterer Submarginalbinde. Engadin.

Die Raupe lebt nach Favre bis im Mai an Gräsern und ist unbeschrieben.

E. Frio. I, 219.

81. **nerine** Frr[1]) — Stz. I, T 37 — Sp. III, T 10.

Falter alpin, nur im Tessin, Ober- & Unterengadin, Stelvio (Cafl.), Puschlav (Stierlin), Vals (Jörger), Val Tuors (V), sodann häufig im Veltlin (Landolt). Merkwürdig helle Exemplare fing Dr. Trautmann bei Fusio. Er fliegt im Juli und August.

a) *italica* Frey — Frey, Lép. 39.

Uebergangsform zur folgenden. Puschlav, Bormio (Frey), nach Ghidini auch im Tessin.

[1]) Der Falter ist viel verbreiteter, als dies Caflisch in seiner Karte angibt.

b) *stelviana* Curò — Stz. I, 101 — Bull S. E. J. 1871, 341.

Die rote Vfl Binde hängt zusammen, die Unterseite ist ohne Augen und blasser. Unterengadin, Bormio (Curò).

c) *reichlini* H. S. — Sp. III, T 10.

Ist grösser, die Vfl Binde stark reduziert. Val Tuors, Juli 1902 (V), Stilfserjoch (Heller).

d) *morula* Spr. — Perlini T III.

Kleinere dunklere Form mit nur schwach gelb umrandeten Augen. Gemmi (Favre), Stilfserjoch (Heller, Settari).

E. unbekannt.

82. **glacialis** Esp.— Sp. III, T 10 — Stz. I, T 37.

Der Typus fast nur in U. G. W. Der Falter fliegt gerne an Schutt- und Grashalden, beginnt bei ca. 1800 und steigt bis gegen 3200 m auf.

a) *alecto* Hb. — Stz. I, T 37.

Mit undeutlicher rostfarbener Binde und zwei weiss gekernten Augen auf den Vfl. Kommt bei uns, aber selten, neben der typischen Form vor. W. S. G.

b) *pluto* Esp.— Stz. I, T, 37.

Ober- und Unterseite fast einfarbig schwarzbraun, die Binden nur noch in Spuren vorhanden, ist bei uns die häufigste Form. Besonders schöne fast schwarze Exemplare im Gadmental. U. O. W. G. S.

Aus im Juli 1903, bei Preda abgelegten Eiern erhielt Krodel die jungen Räupchen nach 18—19 Tagen. Das Wachstum ging sehr langsam, obwohl die Räupchen Tag und Nacht frassen. Vom 25. IX. an hörten die Raupen auf zu fressen und gingen von da ab ein. Es scheint, dass die Raupen etwa halberwachsen überwintern. (Allg. Zeitschr. f. Ent. IX, 442).

Anfangs Juli 1902 fand ich auf dem Gornergrat unter Steinen eine erwachsene Raupe und erzog daraus das ♀ der Stammform. Diese Raupe war saftgrün mit weisslicher Rückenlinie und violetten Seitenstreifen, sehr dick und wulstig. Sie lebt nach Favre im Mai—Juni an Gräsern.

E.— Sp. I, Nachtr. 243 — Soc. Ent. XVIII, 74.

83. **pronoë** Esp.— Esp. III, T 10 — Stz. I, T 37 — B. R. T 16.

Die typische Form fehlt nach allen Angaben, einzig Selmons will sie bei St. Maria im Münstertal gefangen haben (Bazz.), Crêt de la Neige 6. IX. 1908 (Lacr.).

a) *pitho* Hb.— Stz. I, T 37.

In Erhebungen von 1500—2500 m und höher in den Alpen weit verbreitet. Der Falter fliegt spät von Mitte Juli an bis Mitte September. U. O. W. S. G. Im Jura von der Dôle (Frey), Col de Crozet, Crêt de la Neige, Reculet. (Wheeler).

Ein albinistisches ♂ fing Schultz bei Bergün. (Ent. Zeitschr. XIX, 150).

Die Raupe lebt von Oktober bis Juli an Gräsern.

E. Sp. I, 38 — Stz. I, 103 — Lamp. 93 — Frio. I, 221.

84. **goante** Esp.— Sp. III, T 10 — Stz. I T 37.

Der Falter ist von Juli bis September in den Alpen weit verbreitet und fehlt nur den Appenzeller-Bergen. Die tiefste Stelle seines Vorkommens scheint in der Tessinschlucht von Dazio Grande zu sein (800 m); beim Albula Hospitz erreicht er 2400 m. Man findet ihn auf den Gebirgsstrassen oft zu vielen Tausenden im Sande sitzend.

a) *jolanthe* Schultz — Ent. Zeitschr. XXII, 4.

Die Ocellen der Hfl sind auf der Flügel-Oberseite ungekernt. Engadin. Ein Exemplar mit weissen Flecken, aus dem Oberwallis, erwähnt Agassiz.

Die Raupe ist unbekannt, sie ist nach Favre im Mai bis Juni an Gräsern erwachsen zu finden.

85. **gorge** Esp.— Stz. I, T 37 — Sp. III, T 10 — B. R. T 16.

Der Falter fliegt gern an felsigen Orten und auf Schutthalden, von 1400 bis 3200 m und ist in den Alpen von Juni bis August weit verbreitet. U. O. W. S. G. Neben dem Typus fliegen:

a) *erynnis* Esp.— Stz. I, T 37.

Bei der die Augen völlig verschwinden können. W.S.G.O.

b) *triopes* Spr.— Sp. III, T 10 — Stz. I, T 37.

Mit drei bis fünf grossen weissgekernten Augen. Nur aus S. G. O., aber, besonders im Engadin, verbreitet und nicht gerade selten.

Die Raupe lebt an Gräsern im Mai—Juni.

E. — Sp. I, Nachtr. 242 — Ent. Zeitschr. XVII, 78 — Frio. I, 223.

86. **aethiops** Esp. (= medea Hb.) — Stz. I, T 37 — Sp. III, T 10 — B. R. T 10.

Von Juli bis September im ganzen Gebiet mit Ausnahme der Hochalpen häufig, doch geht der Falter bis 2000 m, er bevorzugt lichte Waldstellen. Die Exemplare aus den Walliser- und Bündneralpen sind viel dunkler als solche aus dem Berner Oberland.

a) *leucotaenia* Stdg. (= neorides Frr.) — Stz. I, T 37.

Hat die Aussenbinde der Hfl-Unterseite weiss bestäubt, überall unter der Art.

b) *stricta* Mousl. — Wheeler 137.

Mit undeutlichen Binden auf der Unterseite der Vfl und sehr kleinen Flecken. Gebirgsform von Berisal, Zermatt, Mürren.

c) *violacea* Wh. — Wheeler 137.

Die Binden verschieden violettfarbig, gewöhnlich dunkler beim ♂, heller beim ♀. Im Jura umgekehrt bleicher beim ♂. Aus dem Jura. Aigle.

d) *rubria* Fruhst.— Soc. Ent. XXIV, 126.

Ist grösser, die Vfl-Binden stark verbreitert, besonders auf der Unterseite. Die schwarzen Ocellen prächtig entwickelt und deutlich weiss gekernt. Fusio.

Die Raupe — Lamp. T 10 — frisst an Dactylis, Poa annua und Agrostis canina und lebt bis Mai—Juni in lichten Wäldern.

E. Ins. Börse XXIII, 27 — Lamp. 93 — Sp. I, 38 — Stz. I, 106 — Frio. I, 224.

87. **euryale** Esp.— Stz. I, T 37 — B. R. T 10.

Als Typus gilt die schlesische grössere Form, mit hellgelber Vfl-Binde.

a) *helvetica* m.

Ist ihre Vertreterin bei uns. Diese Form ist etwas kleiner, die Vfl-Binde dunkler, stets zusammenhängend und mit drei schwarzen weiss gekernten Ocellen ausgestattet. Im Jura und den Alpen im Juli—August verbreitet und in den höheren Lagen oft massenhaft. Der Falter erreicht beim Albulahospiz 2400 m Höhe (Honegger); die tiefste, mir bekannt gewordene Stelle ist im Erstfeldertal mit 470 m angegeben. Der Falter pflegt — wie alle seiner Gattung — sofort zu verschwinden, sobald eine Wolke die Sonne verdeckt, er birgt sich dann unter Blättern. In den Sümpfen bei Tramelan fand Guédat, dass er sich in grosser Zahl und Regelmässigkeit unter die Blätter von Caltha palustris zurückzog. Ein ♀ mit 4 Ocellen der Vfl aus dem Engadin (V), ein solches mit 5 Ocellen von Splügen (Honegger).

b) *ocellaris* Stdg. — Sp. III, T 11 — Stz. I, T 37 (extreme Form).

Vfl-Binde wie bei helvetica m., aber die Ocellen ungekernt. U. O. G. M. S. Häufig am Bantiger bei Bern.

c) *philomela*[1]) Esp. — Esp. 116, 4.

Diese sehr schöne Form, ein tief dunkelbraunes grosses, kräftiges Tier hat die Binden auf der Oberseite aller Flügel tropfenartig aufgelöst. Die Augen sind ungekernt, die Hfl-Unterseite strichartig weissgelb gebändert. Gurnigel, Walalp, Hohgant (v. J.), San Carlo (v. J.), Gemmi (v. J.), Lenzerheide (V), Maiensässe von Lostallo (Thom.).

d) *euryaloides* Tgstr.— Stz. I, T 37.

Die Vfl-Binde ist durch die braune Grundfarbe strichartig in Felder eingeteilt. Die Ocellen nur durch zwei ganz kleine schwarze Punkte angedeutet oder ganz fehlend. Engadin, Simplon, Zermatt (V), Splügen (Honegger).

e) *ochracea* Wh.— Wheeler p. 135.

Die Färbung der hellen Vorderrandbinde der Hfl Unterseite weisslich, aber bisweilen gelb. Vom Simplon. (Vergl. Spuler I, 29).

Einen prachtvollen Hermaphroditen fing Frey am Maloja.

Die Raupe — Sp. IV, T 4 — lebt von September bis April an Gräsern, von ca. 1000 m an aufwärts.

E. Roug. 32 — Stz. I, 108 — Sp. I, 39 — Frio. I, 225.

88. **ligea** L.— Stz. I, T 37 — Sp. III, T 10 — B. R. T 10.

Von Mitte Juni bis August verbreitet, im Jura der Ebene und den Alpen. Der Typus überschreitet die Waldregion nicht. Ein ganz helles (milchkaffeefarbenes) Stück fing Bolle bei Dombresson, im VII. 1902.

a) *caeca* Kol. — Verh. d. k. k. zool. bot. G. Wien LX, 7.

Ist eine neben dem Typus vorkommende und diesem genau entsprechende Form, nur sind die Ocellen ungekernt. Bantiger bei Bern (V).

b) *adyte* Hb.[2]) — Stz. I, T 37 — Sp. III, T 11.

---

[1]) Vgl. auch Meyer-Dür, p. 180 & Frey, Lép. p. 43.

[2]) Nach der Ansicht des Hrn. Dadd würde adyte Hb. zu euryale Esp. gehören. (Ent. Vereinsblatt v. 1/I. 1909). Ich habe, um mir über diese Frage

Vertritt den Typus in den höhern Regionen und geht bis über 2000 m. Kleiner, dunkler, die Augen ungekernt. Unterseite fast einfarbig mit wenig weisser Zeichnung.

c) *carthusianorum* Fruhst.— Soc. Ent. XIV, 125.

Die Oberseite ist auffallend hell oder dunkelrot gebändert, das ♀ ebenso dunkelbraunrot wie der ♂, die Ocellen aller Flügel stark weiss gekernt. Die breite, weisse Mittelbinde der ♀ Hfl Unterseite ist bis zum Analwinkel verlängert. Fusio (Blachier).

Im Juli—August gefangene ♀♀ wurden in einem Zuchtgefäss, das eingepflanzte Stöcke von Aira caespitosa enthielt, lebend erhalten, sie begannen nach 14 Tagen mit der Eiablage und setzten dieselbe 4—5 Wochen lang fort. Die meisten Eier überwintern, die Räupchen erscheinen im April—Mai, fressen bis August und überwintern fast erwachsen. Nach der zweiten Ueberwinterung fangen die Raupen im April wieder an zu fressen, häuten sich nochmals und liefern die Falter Ende Juni—Anfang Juli. Bisweilen erscheinen die Räupchen aber schon 5 Wochen nach der Eiablage, dann überwintert die junge Raupe. Endlich kommt es vor, dass zwar die Eier überwintern, dass aber die Raupen schon im folgenden Spätsommer die Falter ergeben. (Selzer. Ent. Vereinsbl. v-1/I. 1910 p. 2).

Die Raupe — Sp. IV, T 4 — lebt auch an Milium effusum und anderen Gräsern.

E. Ent. Jahrb. XI, 153 — Sp. I, 39 — Stz. I, 108 — Frio. I, 226 — Ins. Börse XXIII, 8.

89. **lappona** Esp.— Sp. III, T10 — Stz. I, T 37 — B. R. T 10.

Falter in den Alpen von etwa 1000m an überall in den höhern Lagen und an den Orten seines Vorkommens meist häufig. Er übersteigt im Wallis 3000 m. Sehr grosse tiefdunkle Stücke fing ich am Gotthard. Flugzeit von Juni bis August.

---

ein Urteil zu bilden, mehrere Hundert Falter aus allen möglichen Sammlungen und Gegenden unseres Landes durchgesehen. Jedoch bin ich zur Meinung gelangt, das euryale-helvetica m. mit ocellaris Stdg., philomela Esp. & euryaloides Tgstr. eine Reihe bildet, dass aber anderseits ligea L. & adyte Hb. zusammengehören. Definitive Klarheit müsste die Untersuchung der Genitalapparate bringen.

a) *pollux* Esp. — Esp. 67, 3.

Mit ungebänderter grauer Unterseite. Unter der Art. O. W. G. S.

b) *castor* Esp. — Esp. 68, 2.

Oberseite einfarbiger, nur mit zwei Augen. Unter der Art.

c) *caeca* Favre — Wheeler 142 — Obthr. Et. Pl. LXXIII.

Die schwarzen Flecke auf Ober- und Unterseite aller Flügel fehlen. Corne de Sorrebois, Val d'Anniviers (W.).

d) *stennyo* Grasl.— Stdg. 319 b)

Vfl-Oberseite ohne die dunklen Querlinien, unten wie pollux Esp. Unter der Art. Jaunpass (Steinegger), Arpilles im August (W.).

e) *albina* Obthr. — Obthr. Et. V, Pl. LXXIII.

♀ albinistische Form. Piz Umbrail.

Die Raupe — Sp. IV, Nachtr. T I — lebt an Gräsern von August bis Juni von 1500 m an aufwärts.

E. Mittl. schweiz. E. G. X, 288 — Sp. I, 40. — Stz. I, 113 — Frio. I, 227.

90. **tyndarus**[1]) Esp. (= dromus Fabr.) — Sp. III, T 10. — Stz. I. T 37 — B. R. T 10.

Der Typus, von Meiringen, hat die gelbe Vfl-Binde strichartig aufgelöst und trägt auf Ober- wie Unterseite zwei kleine bläulich gekernte Augen. Auf der Hfl-Oberseite stehen zwei bis vier schwarz gekernte, gelbe, schwach ausgedehnte Flecken. Das ist unsere gewöhnliche Form, welche von Juli bis August auf allen Alpen von etwa 1300 m an häufig fliegt. Höhengrenze bei etwa 2800 m (Gornergrat, V.). Ein ♀ mit bis zur Flügelwurzel verbreiteter roter Binde — nur der Vorder- und Aussenrand schwarz — die Hfl-Binde rotbraun, wurde von Dr. Thomann im VIII, 1910 bei Bevers erbeutet.

a) *coecodromus* Gn.— Stz. I, T 37.

Werden Exemplare ohne Augen und mit verwischter Vfl-Binde genannt. Beverspass, Umbrail (Kill.), Stelvio (Cafl.), Bellalp, Zermatt (Favre), Thion s./Sion (Christ), Berisal (Wh.), Arolla (Tutt), Oberalp (Chap.), Riffelberg (v. J.).

b) *cassioides* Hochenw. (= dromus H. S.) — Stz. I, T 37.

Mit deutlich weiss gekernten, grössern Vfl-Augen, welche

[1]) Vgl. «Variétés et Aberrations d'Erébia Tyndarus dans les alpes de la Suisse et de la haute Savoie.» Reverdin, Bull. Soc. lép. Genève, Juni 1908 und «Notes sur quelques formes d'Erebia tyndarus.» Vol. I, Fasc. 4.

in zusammenhängender, ausgedehnterer, gelber Fleckenbinde stehen. Auch die drei bis vier Hfl-Augen sind sehr deutlich gezeichnet, ebenso die Hfl-Unterseite. Unter der Art, besonders in den Waadtländer- und Walliseralpen, vom Moléson, sodann zahlreich am Pilatus im Juli 1910 (Schmidlin) und am Frohnalpstock (de Sauss.).

d) *addenda* Tutt — Reverdin, Bull. Soc. lép. Genève Vol. I, Pl. 7 & 10.

Besitzt vier Augen auf den Vfl, deren Basalfeld gelblich aufgehellt sein kann.

d) *addenda-apicalis* Rev.— Rev. Bull. Soc. lép. Genève, Vol. I, Pl. 10.

Hat ganz kleine Augen im Apex der Vfl.

e) *depupillata* Rev. — Rev. Bull. Soc. lép. Genève, Vol. I, Pl. 7 & 10.

Die Vfl tragen statt der gekernten Augen zwei schwarze Punkte.

f) *caeca* Rev.— Rev. Bull. Soc. lép. de Genève, Vol. I, Pl. 10.

Das gelbe Feld der Vfl ist ohne Ocellen, diese bleiben aber auf den Hfl.

g) *murina* Rev. — Rev. Bull. Soc. lép. Genève, Vol. I, Pl. 10.

Besitzt in den reduzierten gelben Flecken der Vfl zwei grosse, gekernte Augen, die Hfl-Unterseite ist beim ♂ rein grau, ohne jede Zeichnung, beim ♀ gelblich grau mit drei schwachen Wellenlinien. Vom Moléson.

h) *carmenta* Fruhst. — Soc. Ent. XXIV, 125.

Die Ocellen sind gross, mit lebhafter roter Umsäumung, mit vier deutlich weiss gekernten Augen der Vfl-Oberseite. Unterseite noch heller als bei der vorigen Form, besonders im Apex der Vfl. Fusio (Blachier).

Die grüne Raupe — Sp. IV, Nachtr. T 1 — lebt an Gräsern bis Mai—Juni.

E. Wullschl. in Mittl. S. E. G. Bd. X. Heft 7 — Sp. I, 40 — Stz. I, 113 — Frio. I, 228.

Oeneis Hb.

(Chionobas B.)

91. **aello** Hb.— Stz. I, T 40 — Sp. III, T 11— B. R. T 10.

Der Falter ist nach Färbung der Ockerbinden und in der Augenzahl sehr veränderlich. Selten kommen rauchig übergossene oder leicht violett schimmernde Stücke vor. Er erscheint zwar jährlich, aber nur jedes zweite Jahr häufiger, und ist ziemlich lokal, doch an den Orten seines Vorkommens gewöhnlich nicht selten zu finden. Westlich vom Goithard, fast ausschliesslich in den Jahren mit gerader Ziffer, östlich in den ungeraden. Der Falter fliegt gerne an Grashalden und saugt auf Silene acaulis. Die ♂♂ sind in den Vormittagsstunden verhältnismässig leicht zu fangen, die ♀♀ erscheinen erst nach Mittag und es beginnt sogleich die Copula. Der Falter fliegt alpin von Juni bis August und geht bis etwa 2600 m (Findelenalp, Hoffm.), wird aber ausnahmsweise auch in der Ebene beobachtet. So erbeutete ich im Juni 1908 mehrere Stücke im Rhonethal bei Vernayaz. Er soll auch einmal am Crêt de la Neige im Jura gefangen worden sein (?) U. O. W. S. G.

a) *unicolor* Rbl. — B. R. 45.

Ist viel düsterer, fast einfarbig, mit verloschener ockergelber Aussenbinde, die Ocellen kleiner. Unter der Art.

Ich vermute, dass die Eier im Juli an Gräser abgelegt werden und überwintern. Die Raupe ist wohl in der Regel zweijährig, aber es scheinen einzelne rascher heranzuwachsen und schon nach einmaliger Ueberwinterung den Falter zu liefern.

E. Stz. I, 119 — Sp. I, 40 — Frio. I, 229.

Eumenis Scop.

(Satyrus Latr.)

92. ? **fagi**[1]) Scop. (= hermione L.) — Sp. III, T 11 — Stz. I, T 41 — B. R. T 11.

Nach den Untersuchungen von Fruhstorfer, bestätigt durch Genitaluntersuchungen von Jullien in Genf und Lütschg in Bern, kommt die typische fagi Scop. in unserem Gebiet nicht vor, wohl aber zwei zu ihr gehörende Formen. Flugzeit Juni bis August.

[1]) Vgl. Fruhstorfer. Ent. Zeitschr. XXII, 94 & 1909/10 Nr. 14/17 — Ins. Börse XXV p. 80 & Culot in Bull. Soc. lép. Genève Vol I. Fasc. 4.

a) *albifera* Fruhst.— Ent. Zeitschr. XXIV, Nr. 16.

Der Falter ist in beiden Geschlechtern ausgezeichnet durch die stark weissen Hfl auf Ober- und Unterseite. Lugano und wohl im ganzen südlichen Gebiet, aber nur in der Talregion bis etwa 500 m Höhe.

b) *selene* Fourcr. — Ent. Zeitschr. XXIV, Nr. 15, 16. Arcine bei Genf, Mont Vuache und vermutlich im ganzen Jura bis Basel, bis etwa 800 m Höhe. Ein Stück erbeutete Dr. Wehrli im Schaarenwald bei Diessenhofen.

Die Raupe — Sp. IV, T 4 — lebt an Holcus lanatus und mollis von September bis Mai auf lichten Waldstellen.

E. Favre 47 — Roug. 33 — Lamp. 95 — Sp. I, 42 — Stz. I. 123 — Frio. I, 232 — Ent. Rec. 1899, 341.

93. **alcyone** Schiff.— Sp. III, T 11 — Stz. I, 42.

Die typische Form fehlt.

a) *vivilo* Fruhst. — Ent Zeitschr. XXIV, Nr. 17.

♂ und ♀ mit sehr heller, vielfach weisslicher Binde der Vfl, die Hfl-Binde der ♀♀ meist rein weiss. Ist im ganzen Jura bis zur Lägern bald häufiger, bald seltener anzutreffen. Der Typus stammt von Neuchâtel. Höhenverbreitung zwischen 500 und 1000 m.

b) *genava* Fruhst. — Ent. Zeitschr. XXIV, Nr. 16, 17.

Die helle Submarginalzone bei beiden Geschlechtern durch dunkelgelbes Kolorit ausgezeichnet, Binde der ♀ nur ganz schmal weiss. Martigny, Leuk, Stalden, Savièse. Der Falter geht im Wallis bis nahe an 1400 m.

Die Eier werden im August einzeln an Gräser abgelegt. Die Raupe überwintert klein zwischen Graswurzeln oder unter Steinen, beginnt im April, aber nur nachts wieder zu fressen und ist in der ersten Junihälfte erwachsen. Die Raupe — Sp. IV, T 5 — lebt an Brachypodium pinnatum. Die Verpuppung erfolgt in einem losen Gespinst in der Erde und die Puppenruhe dauert ca. 4 Wochen. Die Falter erscheinen von Juli an.

E. Favre 47 — Lamp. 95 — Ins. Börse XXIII, 11 — Sp. I, 42 und Nachtr. 343 — Stz. I, 123 — Frio. I, 233.

94. **circe** F. (= proserpina S. V.) — Sp. III, T 11 — Stz. I, T 41 — B. R. T 11.

Der Falter mehr im westlichen und südlichen Gebiet, doch auch, aber vereinzelt, von der Lägern und aus dem Mittelland bis in die Voralpen hinein. Flugzeit Juli und August. Er ist in einzelnen Jahren sehr häufig, so 1906 bei Noiraigue (v. J.), 1908 bei Vufflens (Sauss.), um in anderen Jahren fast völlig zu fehlen. N. M. J. V. W. S. G.

Die Raupe — Sp. IV, T 5 — lebt an Anthoxanthum, Bromus, Lolium von September bis Mai—Juni auf lichten trockenen Waldwiesen. Sie verbirgt sich über Tag an der Erde, ist aber von 7 Uhr abends an am Futter zu finden und sehr leicht zu erziehen. Die Verpuppung erfolgt in der Erde.

E. Soc. Ent. 224 — Lamp. 94 — Roug. 33 — Sp. I, 41 — Stz. I, 123 — B. R. 46, T 1 — Frio. I, 230.

95. **briseis** L. — Stz. I, 42 — Sp. III, T 11 — B. R. T 11.

Falter im August bis September nur aus J. W. S. G. V. bekannt, besonders häufig bei St. Blaise an dürren Abhängen.

a) *prieurioides* Blach. — Bull. Soc. lép. Genève, Vol. I, Pl. 9.

♂♂ Exemplare von Eclépens zeigen öfters die Discoidalzelle der Vfl durch einen graugelblichen Fleck ausgefüllt, welcher von dem dunklen Grunde lebhaft absticht (Blachier).

Im August gefangene ♀♀ werden an in Blumentöpfe eingepflanzte Stöcke von Schafschwingel (Festuca ovina) gesetzt. Dazu gibt man einige frische Distelblüten (als Nahrung für die ♀♀). Die Eiablage wird dann beginnen und dauert etwa 14 Tage. Ende August bis Mitte September schlüpfen die Raupen. Sie wachsen sehr langsam. Die Töpfe stellt man an die Sonne, bleibt das Gras nicht schön grün, so muss es erneuert werden. Ist die Kälte nicht zu gross, so fressen die Raupen den ganzen Winter hindurch. Im Februar kann man sie ins warme Zimmer nehmen und dann beliebige süsse Gräser füttern. Die Verpuppung erfolgt in einer Erdhöhle dicht unter den Graswurzeln, die Puppenruhe dauert ca. 4 Wochen. (Selzer, Gub. Ent. Zeitschr. I, 114).

Die Raupe — Sp. IV, T 5 — lebt an Sesleria und andern Gräsern von September bis Juni, auf Kalkboden.

E. Ins. Börse XXIII, 27 — Ent. Jahrb. XI, 153 — Sp. I, 42 & Nachtr. 343 — Stz. I, 124 — Frio. I, 234.

96. **semele** L. — Stz. I, T 42 — Sp. III, T 11 — B. R. T 11.

Der Falter fehlt an dürren steinigen Orten nirgends, besonders häufig ist er im Jura, wo er von Juli bis Oktober fliegt.

Er überschreitet im Aversertal 1500 m; von dort stammt ein Stück mit starker Hfl-Binde, ähnlich mersina Stdg. (Honegger). Ein einzelnes, ganz frisches sehr grosses Stück fing de Rougemont oberhalb Grimentz (Wallis) in 2262 m Höhe.

a) ? *aristaeus* B. — Stz. I, T 42 — Perlini T VI.

Das Discalfeld der Vfl ist orange gefärbt. Hfl-Binde sehr breit. Angeblich aus dem Wallis von Berisal (Favre).

b) *pallidior* Tutt — Wheeler 112.

Die gelben Binden sind blass strohfarben. Vallorbe (Wh.). Ober-Gurnigel (Frey), Genf (Cat. Rhop.).

c) *cadmus* Fruhst. — Gub. Ent. Zeitschr. II, 9.

Besonders gross, die schmalen Submarginalflecke der Hfl rotbraun, unterseits dunkler, monotoner. Simplonstrasse. Zermatt.

Das Ei wird einzeln abgelegt, die Raupen schlüpfen nach drei Wochen und überwintern sehr klein in den Polstern der Nahrungspflanzen, in Bodenrissen und unter Steinen. Ende März oder Anfang April beginnen sie sich wieder zu zeigen, bergen sich über Tag im Grase oder unter trockenem Laub und fressen nur nachts. (Gillmer.) Die Raupen — Sp. IV, T 5 — leben an Aira canescens, caespitosa, Triticum repens und andern Gräsern von September bis Mai, auf dürren steinigen Waldplätzen. Die Verpuppung erfolgt in der Erde. Die Zucht gestaltet sich ähnlich wie bei briseis L.

E. Gub. Ent. Zeitschr. I, 114 — Soc. Ent. XIV, 114 — Ins. Börse XIV, 202 — XXIII, 114 — Ent. Jahrb. XI, 153 — Sp. I, 41 & Nachtr. 343 — Stz. I, 125 — Frio. I, 235.

97. **arethusa** Esp. — Sp. III, T 12 — Stz. I, T 43 — B. R. T 16.

Der Falter ist ganz vereinzelt und bisher nur an wenigen Orten beobachtet worden. Moutier (Roug.), Champ du Moulin (Gauckler), Biasca (V.), Val d'Anniviers (Mennet).

Die Eier werden im Fliegen ausgestreut, die Räupchen überwintern sehr klein.

Die Raupe lebt an Festuca von September bis Mai—Juni, auf dürren trockenen Hügeln. Verpuppung in der Erde. Die Puppenruhe dauert 3 Wochen.

E. Favre 49 — Sp. I, 43 — Stz. I, 126 — Frio. I, 237.

98. ? **statilinus** Hufn. (= fauna Hb.) — Stz. I, T 44 — Sp. III, T 12 — B. R. T 12.

Wie schon Meyer-Dür herausgefunden hat, fehlt uns die typische kleine Form der norddeutschen Ebene.

a) *allionia* F. — Stz. I, T 44.

Diese südliche Form ist dagegen vor langer Zeit von Couleru bei St. Blaise gefangen worden, sowie ein Stück im Sommer 1910 bei Ballaigues (d'Auriol). Die Couleru'schen Exemplare stammen aus dem Bois de l'Éter zwischen St. Blaise und Cornaux, sie scheinen von Riviera Stücken nicht verschieden.

b) *onosandrus* Fruhst. — Ent. Zeitschr. XIII, 128.

Die Walliserform charakterisiert sich als zwischen den beiden vorigen stehende Lokalrasse. Sie ist grösser als statilinus Hufn., aber kleiner als allionia F. Namentlich beim ♀ sind die Hfl viel stärker gezackt, die Unterseite mehr gelbgrau, braun bestäubt mit einer zackigen Mittelbinde und weisslichen Staubstreifen ausserhalb derselben. Diese Form ist von Martigny bis Brig verbreitet, sie fliegt von Mitte August bis Mitte Oktober und liebt trockene, sterile Halden. Felspartien u. s. w. Höhenverbreitung am Simplon bis etwa zum Schallberg (1321 m).

Die Raupe — Sp. IV, T 1 — lebt an Gräsern von September bis Ende Juni, so Festuca ovina und Aira canescens. Sie überwintert nach der zweiten Häutung und beginnt im Mai wieder zu fressen. Die Verpuppung erfolgt im Juli, die Puppenruhe dauert 3 Wochen (Wullschl.).

E. Sp. I, 53 — Mittlg. S. E. G. X, 208 — Stz. I, 129 — Zeitschr. f. wiss. Ins. Biol. II, 33 — Frio. I, 239.

99. **cordula** F. — Sp. III, T 12 — Stz. I, T 44 — B. R. T 11, 16.

Ist eigene Art und nicht Form der actaea Esp. Sie ist grösser als diese und mit mindestens zwei Augen. Der Falter fliegt von Mitte Juni bis Mitte August an heissen, trockenen, grasigen Halden nur im südlichen Gebiet. Er beginnt bei etwa 700 und geht bis 1500m. V. W. S. G.

a) *milada* Fruhst. — Gub. Ent. Zeitschr. I, 351 — Stz. I, T 44.

Sind Exemplare aus dem Zermattertal. Sie halten zwischen actaea Esp. und cordula F. die Mitte. Die ♀♀ nähern sich durch ockergelben Anflug der Mittelbinde der folgenden Form. Täsch, Zermatt.

b) *poeas* Hb.— Stdg. 378 c).

Mit vier bis fünf Augen; beim ♀ befindet sich auf der Oberseite der Hfl eine breite ockergelbe Binde, Unterseite heller. Verbreitet von 500 bis 1500 m, aber fast nur aus dem untersten Rhonetal, von Sitten bis Aigle und Vissoye.

Die Raupe — Sp. IV, Nachtr. T I — lebt an Gräsern bis Mai—Juni, z. B. an Festuca ovina, Stipa pennata und capillata.

E. Wullschl. in Mittl. S. E. G. Bd. X, Nr. 7. — Sp. I, 44 — Stz. I, 131.

100. **dryas** Scop.— Stz. I, T 44 — Sp. III, T 12 — B. R. T 11.

Der Falter bewohnt sowohl nasse Wiesen, wie trockene grasige Halden und ist im ganzen Gebiet, aber ziemlich lokal, zu treffen. Flugzeit Juli bis August, Höhengrenze bei etwa 1600 m.

a) Von besonderer Grösse und Schönheit ist der Falter im Wallis und Tessin. In beiden Geschlechtern so gross wie cordula F. mit sehr grossen Ocellen, welche auf der Vfl-Unterseite gelb geringelt erscheinen. Auch sind die Vfl schärfer gezackt. Fruhstorfer nennt diese Form *armilla*.

b) *tripunctatus* Neub. — Soc. Ent. XXI, 33.

Form mit einem kleinen dritten Auge, ober- oder unterhalb des Zweiten. Kommt vereinzelt unter der Art vor.

Zwei am 15. VIII. gefangene ♀♀ legten zusammen 71 Eier ab. Die Eier wurden einfach fallen gelassen und nicht angeheftet. Die Räupchen schlüpften am 19. IX., also nach 34 Tagen, verzehrten vorerst die Eihüllen und benagten dann Gräser. Die Raupen überwintern klein. (Krodel, Ent. Zeitschr. X, 149).

Die Raupe — Sp. IV, T 4 — lebt an Avena elatior bis Mai—Juni.

E. Ent. Jahrb. XI, 154 — Ent. Zeitschr. XIV, Nr. 11 — Sp. I, 44 — Stz. I, 132 — Frio. I, 242.

Pararge Hb.

101. **egeria** L. — Sp. III, T 12 — Stz. I, T 45.

Diese gelbrot gezeichnete Form kommt nur in der Südschweiz und dem Unterwallis vor. Schon von März—Mai aus überwinternden Puppen, dann wieder von Juli bis September.

a) *intermedia* Tutt—Wh. 105.

Uebergangsform zur folgenden, sie erreicht annähernd die Färbung der typischen egeria L. An warmen Orten des Wallis, Südjura und Graubünden.

b) *egerides* Stdg. — Sp. III, T 12 — Stz. I, T 45 - B. R. T 11.

Die bleichere Form. In der Hochebene und dem Jura überall, besonders in Laubwäldern. Sie fliegt in zwei Generationen im April—Mai und von Juli bis Ende September. Die Falter der Sommergeneration haben etwas dunklere Fleckenbinden. Zwei bei Davos erbeutete Stücke erwähnt Pfarrer Hauri (1560 m.).

c) *elegantia* Fruhst. — Ent. Zeitschr. XXII, 211.

Sommerform (?), aus der Umgebung von Genf. Die Vfl-Flecken der ♂♂ sind markanter und hell gelbbraun, die ♀♀ führen sehr grosse lange Querflecken auf den Vfl. Am Petit-Salève in 600 m Höhe im Mai.

Die ♀♀ der ersten Generation legen ihre Eier an allen Grasarten ab. Die Raupe frisst am Tage und auch nachts. Die Verwandlungszeit vom Ei bis zum Falter dauert ca. 2 Monate. Am 3. Juli 1900 abgelegte Eier schlüpften nach 8 Tagen, die Falter schlüpfen vom 25. August an. Von der Nachkommenschaft dieser Sommerbrut überwintert in der Regel die Puppe. die Falter erscheinen von Mitte April ab (Gillmer, Ins. Börse, XXIII, 20). Die Raupe — Sp. IV, T 5 — lebt am Triticum repens und andern Gräsern im Juli und von September an.

E. Soc. Ent. XIV, 115 — Ent. Jahrb. XI, 155 — Sp. I, 49 und Nachtr. 344 — Stz. I, 133 — B. R. T 11 — Frio. I, 260.

102. **megaera** L. — Stz. I, T 45 — Sp. III, T 12 — B. R. T 11.

Der Falter kommt in der Regel überall in zwei Generationen vor, die erste von Ende April bis Ende Juni, die zweite von Mitte August bis November. (12. XI. 02. frisch! Wullschl.).

Bei den ♂♂ der typischen Form ist auf der Oberseite der Vfl die schräge Mittelbinde sehr breit, die starken Querlinien der Vfl reichen bis zum Innenrand. Auf den Hfl ist das Wurzelfeld dunkel und nur bei der Saumbinde aufgehellt. Die Unterseite aller Flügel ist braungrau. Das ist die häufigste Form nördlich der Alpen. Der Falter überschreitet 1500 m wohl kaum mehr, immerhin fing Dr. Schibler am Jakobshorn bei Davos ein — wohl vom Winde verschlagenes — Stück in 2300 m Höhe.

a) *megaerina* H.-S. — H.-S. VI, 19.

Im Wallis und Tessin wird die Mittelbinde der Vfl schmaler und erreicht auf der Unterseite den Innenrand nicht mehr. Das Wurzelfeld erscheint goldgelb behaart, Unterseite der Hfl weissgrau. Salgesch, Varen (Roug.), Biasca (V.), Grono (v. J.).

b) *alberti* Redl. — Gub. Ent. Zeitschr. IX, 57.

Mit einem grossen Auge unterhalb der normalen Ocellen der Vfl. Zürich (V.), Genf (Cat. Rhop.), Martigny (W.), Branson, Saillon (Favre), Sierre, Aigle, Charpigny (Wh.).

c) ? *transcaspica* Stdg. — Stdg. 390 c).

♂ oben viel dunkler, viel weniger gelb. Die dunklen Zeichnungen sehr breit, die Hfl stark verdunkelt. Losone, Locarno (Fison), Maggiatal (V.).

Ein im Herbst gefangenes ♀ legte ca. 40 Eier, die Eiablage erfolgte in einem der Sonne ausgesetzten Glas an Gräser. Nach 10 Tagen schlüpften die Raupen und liessen sich das Futter gut schmecken. Zwei Raupen entwickelten sich so schnell, dass sie bereits Ende Oktober erwachsen waren, sich verpuppten und Mitte November die Falter lieferten. Die übrigen Raupen überwinterten halbwüchsig, sie frassen den ganzen Winter ein wenig, verpuppten sich im Mai und lieferten nach 15 bis 18tägiger Puppenruhe die Falter. Aus Anfang Juni abgelegten Eiern dieser ersten Generation schlüpften die Raupen nach acht Tagen, der Raupenzustand dauerte vier Wochen und die Puppenruhe 10 bis 12 Tage (**Breit, Soc. Ent. XIV, 139**). Die Raupe — Sp. IV, T 5 — lebt an Veilchen und weichen Gräsern, von September bis Mai und im Juli-August.

E. Ent. Jahrb. VIII, 176 — XI, 155 — Gub. Ent. Zeitschr. I, 334 — Ins. Börse XXIII, 15 — Stz. I, 134 — Sp. I, 50 — Frio. I, 261.

103. **hiera** F. — Stz. I, T 45 — Sp. III, T 12.

Der Falter in der Hügel- und Bergregion des ganzen Landes vorkommend, doch nirgends häufig. Er fliegt in einer Generation, je nach der Höhenlage von April bis Juli. Doch berichtet de Rougemont von einem am 13. IX. 1900 gefangenen Stück, das vielleicht einer 2. Generation entstammt? Der Falter erreicht auf der Bortelalp ca. 2000 m Höhe (Honegger).

a) *calida* Fruhst. — Ins. Börse XXV, Nr. 23.

Von hell ockergelber, mit dem dunkelgrauen Untergrund lebhaft kontrastierender Ocellenperipherie und Medianfleckung. Die Längsbinden der Vfl viel deutlicher, die Unterseite aller Flügel dunkler. Form vom Petit-Salève.

b) *schultzi* Schmidt (=trinoculata Wh.) — Ent. Zeitschr. XVI, 89.

Besitzt unterhalb des grossen Auges im Apex der Vfl ein zweites kleineres Auge oder einen schwarzen Punkt. Jura (Wh.).

Die Raupe lebt an weichen Gräsern wie die vorige Art, von September bis Mai.

E. Sp. I, 50 — Stz. I, 135 — Frio. I, 263.

104. **maera** L. — Stz. I, T 45 — Sp. III, T 12 — B. R. T 11.

Der sehr veränderliche Falter kommt zwar im ganzen Gebiet vor, aber im Mittellande nur ausnahmsweise und vereinzelt. Sehr häufig ist er dagegen im Jura und geht in den Alpen bis 2000 m. Flugzeit in einer Generation von Juni bis September.

a) *monotonia* Schilde — Stdg. 392 a).

Werden eintönig braune Exemplare benannt. Die rotgelben Flecke beim ♂ schmal und verloschen, beim ♀ lebhafter und als scharf abstechende Binde. Besonders O. M.

b) *montana* Horm. — Sp. III, T 12, Fig. 7b.

Uebergang zur folgenden Form. Die Binden beim ♂ lebhaft braunrot, sie gehen fast bis zum Innenrand. Beim ♀ bis zur Flügelmitte. J. O. W. S.

c) ? *adrasta* Hb. — Stz. I, T 45.

Ist das gerade Gegenteil der monotonia-Form, lebhaft rotgelb, Hfl-Oberseite ohne Augen, während sich die Augenzahl der Vfl auf vier bis fünf vermehren kann. Mehr in heissen Lagen des Wallis und des insubrischen Gebietes. Die typische adrasta Hb. kommt bei uns kaum vor. Unsere Exemplare dieser Richtung gehören eher zu montana Horm. oder triops Fuchs.

d) *triops* Fuchs (= biocellata Krod.) — Jahresb. Nass. V., XLII, 195.

Ist ähnlich wie adrasta Hb., besitzt aber im Apex der Vfl drei Augen. Aigle, Genf (Wh.), Lavizzara (Rehf.), Monnetier (Blach.).

e) *lenocinia* Fruhst. — Ent. Zeitschr. XXII. 123.

Form aus den südlichen Schweizeralpen. Das ♀ ist durch einen kastanienbraunen Anflug der Vfl ausgezeichnet. Zermatt, Simplon.

f) *herdonia* Fruhst. — Gub. Ent. Zeitschr. III, 133.

Wird wegen der lebhaften gelben Oberflächenfärbung der ♀♀ fälschlich als «adrasta» bezeichnet, aber auch die hellsten Stücke erreichen nicht den bleich-gelben Anflug von adrasta Hb. Jura, Wallis.

Die im Freien gefangenen ♀♀ setzten ihre Eier nach ca. 14 Tagen an Gras ab, ein Teil der Raupen entwickelte sich sehr rasch und lieferte die zweite Generation im August. Ein anderer Teil wuchs langsam und wurde im Freien in einem mit Gaze übersponnenen Glastopf überwintert. Im Januar ins warme Zimmer genommen, entwickelten sich die Raupen sehr schnell und verpuppten sich Mitte Februar. Die Falter erschienen Anfang März. (Selzer, Ent. Zeitschr. XVIII, 39).

Die Raupe — Sp. IV, T 5 — lebt an Poa annua, Glyceria fluitans, Hordeum maximum, Festuca elatior und andern Gräsern, von September bis Mai und im Juli, besonders an steinigen Waldrändern.

E. Ent. Jahrb. XI, 154 — Roug. 35 — Stz. I, 135 — Sp. I, 150 — B. R. 51, T 11 — Frio. I, 264.

105. **achine** Sc. (= dejanira L.) — Sp. III, T 12 — Stz. I, T 45 — B. R. T 12.

Der Falter fliegt in den Laubwaldungen des Mittellandes von Juni bis August, aber meistens lokal. U. N. J. M. V. W. G. S.

Die Raupe — Sp. IV, T 5 — lebt an Carex, Lolium und andern Gräsern, von August bis Mai in lichten Wäldern.

E. Gub. Ent. Zeitschr. III, 223 — Sp. I, 50 — Stz. I, 136 — Frio. I, 265.

Aphantopus Wallg.

106. **hyperantus** L. — Sp. III. T 13 — Stz. I, T 46 — B. R. T 12.

Falter von Juni bis August überall gemein. Er fliegt gerne an Waldrändern und auf feuchten Wiesen. Er wurde noch in ca. 1600 m Höhe erbeutet. Ein Stück mit bedeutend vergrösserten, ovalen Ocellen der Unterseite fing W. Wild bei Goldau am 16. VII. 1902, ein gleiches Fontana bei Chiasso.

Ein albinistisches Stück, beidseitig ganz hellbraun (etwas heller als C. pamphilus L.) erwähnt F. Sulzer von Aadorf.

a) *vidua* Müll. — Wheeler 116.

Ist oben ungefleckt, die Vfl zeigen zwei, die Hfl drei Augen auf der Unterseite. Genf.

b) *arete* Müll. — Stz. I, T 46.

Die Augen sind auf der Unterseite aller Flügel fast verschwunden und nur noch durch weisse Punkte angedeutet. Ueberall, aber selten unter der Art.

c) *caeca* Fuchs — Stett. Ent. Zeitschr. 1884, 253.

Wie die vorige Form, aber auch diese weissen Punkte sind fast verschwunden. Ziemlich selten unter der Art. bei Bern hie und da im Seelhofen-Moos (Steinegger).

d) *obsoleta* Tutt — Wheeler 116.

Ohne irgend welche Ocellen. Genf.

e) *minor* Fuchs — Rühl, p. 567.

Ein Zwergexemplar von nur 16 mm Vfl-Länge fing W. Wild bei Kirchberg St. G., Basel (Leonh.).

Das ♀ lässt die Eier einfach zur Erde fallen. Die Raupen schlüpfen nach etwa 18 Tagen, etwa von Ende Juli ab. Sie überwintern halberwachsen und verpuppen sich Ende Mai oder Anfang Juni zwischen Graswurzeln. Die Falter erscheinen nach drei Wochen. (Gillmer, Gub. Ent. Zeitschr. I, 359). Die Raupe — Sp. IV, T 5 — lebt an Milium effusum und Poa annua, von September bis Mai auf Waldwiesen.

E. Ins. Börse XXIII, 15 — Ent. Jahrb. XI, 156 — Soc. Ent. XIV, 115 — Stz. I, 137 — Sp. I, 45 — Frio. I, 243.

Epinephele Hb.

107. **jurtina** L. (=janira L.) — Stz. I, T 47 — Sp. III, T 13 — B. R. T 12.

Von Juni bis Oktober in der Ebene und dem Hügellande überall, besonders auf Wiesen sehr gemein. Höhengrenze bei etwa 1500 m.

a) *rufocincta* Fuchs — Stz. I, 141.

Ist eine in heissen Sommern vorkommende Uebergangsform zur folgenden, bleibt aber immer erheblich kleiner. J.W.S.

b) *hispulla* Hb. — Stz. I, T 47.

Die südliche grössere Sommerform, das ♀ charakterisiert durch orangefarbiges Wurzel- und Mittelfeld der Vfl und ebensolche Hfl-Binde. Nur aus W. S. G. (?) (Filisur, Hauri).

c) *grisea* Tutt — Wheeler 137.

Form mit grauer Binde der Hfl-Unterseite.

d) *violacea* Wh. — Wheeler 137.

Die Binden schimmern violett, gewöhnlich dunkler beim ♂, bleicher beim ♀.

Diese beiden Formen kommen neben dem Typus vor.

e) *phormica* Fruhst. — Gub. Ent. Zeitschr. III, 121.

Ist ähnlich wie hispulla Hb., aber ohne die gelbe Medianbinde der Hfl-Oberseite und mit geringerer discaler Aufhellung. Wallis.

f) *brigitta* Ljungh. (=semialba B.) — Act. Holm. 1799, p. 147, T II, 3 — Berl. Ent. Zeitschr. 54, T I.

Ein teilweiser Albino mit weiss gewölkter Grundfärbung. Von Schangnau (V.).

Ein bis auf wenige gelbliche Spuren schneeweisses ♀ fing J. Guédat bei Tramelan.

Am 21. VIII. 1910 abgelegte Eier schlüpften nach 21 tägiger Eiruhe, die Ablage war einzeln erfolgt oder zu zwei bis drei an den Fuss der Stengel von Gräsern, aber auch an Leontodon, Plantago und Potentilla. Die Raupe wächst im September sehr langsam und überwintert klein. Sie beginnt im April wieder zu fressen und ist Ende Mai erwachsen. (Rehfous).

Die Raupe — Sp. IV, T 5 — lebt an Poa annua und andern Gräsern, auf Wiesen im April-Mai und im August-September.

E. Ent. Jahrb. XI, 156 — Soc. Ent. XIV, 115 — Ins. Börse XIII, 19 — Sp. I, 45 — Stz. I, 141 — B. R. 52, T 12 — Frio. I, 245.

108. **lycaon** Rott.[1]) — Sp. III, T 12 — Stz. I, T 47 — B. R. T 12.

Der Falter ist im Juli-August häufig im südlichen Gebiet. W. S. G. Vereinzelt auch nordwärts der Alpen beobachtet worden. U. J. V. Er geht im Saasthal bis etwa 1800 m.

a) *ephisius* Fruhst. — Gub. Ent. Zeitschr. III, 121.

Charakteristisch ist die gelbliche discale Aufhellung der Vfl. Form vom Simplon, Zermatt. Arolla. Vuache, Salève.

b) *oceanina* Fruhst. — Ent. Zeitschr. XXIII, 218.

Steht obiger Form nahe, aber die Ocellen sind unterseits grösser, Unterseite der Hfl heller grau. Oberseite der ♀♀ hell graubraun, ohne schwärzliche basale Beschuppung. Die Augenflecke der Vfl haben Neigung zu verschwinden. Genf, Gex, Tessin.

c) *nicocles* Fruhst. — Gub. Ent. Zeitschr. III, 120.

Grösser, mit breitem Sexualfleck der Vfl, beidseits wesentlich dunkler. Südhang des Simplon, Iselle.

Die Raupe — Sp. IV, T 5 — lebt bis Mai—Juni an Gräsern auf Waldwiesen.

E. Favre 51 — Sp. I, 46 — Stz. I, 142 — Lamp. 98 — Frio. I, 247.

109. **tithonus** L. — Sp. III, T 13 — Stz. I, T 46 — B. R. T 12.

Flugzeit wie die vorige Art. Nur in den milderen Gegenden von M. J. V. G., dann besonders häufig in der Südschweiz.

Die Raupen schlüpfen nach ca. 14 Tagen Mitte August, verzehren vorderhand die Eischalen und nehmen dann weiche Gräser, sie wachsen langsam, überwintern klein und sind im Juni erwachsen. Sie verpuppen sich Ende Juni oder Anfang Juli und liefern die Falter nach drei bis vier Wochen.

Die Raupe — Sp. IV, T 5 — lebt an Poa annua und andern Gräsern, in Laubholzwäldern.

E. Gub. Ent. Zeitschr. II, 11 — Soc. Ent. XIV, 115 — Sp. I, 46 — Stz. I, 139 — Frio. I, 248.

---

[1]) Nach den Untersuchungen des Grafen Turati sind bisher zwei gute, in verschiedenen Formen verbreitete Arten durcheinander geworfen worden. Die eigentliche Hauptform von lupinus Costa ist intermedia Stdg. — Stdg. 405 e) — bezw. dieser nahestehende Unterformen. Es wäre zu untersuchen, ob nicht auch die Südschweiz eine lupinus-Form beherbergt (? nicocles Fruhst.).

110. ? **ida** Esp. — Stz. I, T 46 — Sp. III, T 13 — B. R. T 12.
Nur aus dem Tessin im Juli—August, Locarno (Hug.) und von Arcine (Fruhst.).

Die Raupe — Sp. IV, T 5 — lebt an Aira caespitosa und andern Gräsern bis April—Mai.

E. Stz. I, 138 — Sp. I, 46 — Frio. I, 250.

Coenonympha Hb.

111. **oedipus** F. — Stz. I, T 48 — Sp. III, T 13 — B. R. T 16.
Der Falter ist nur in der Südschweiz W. S. (Chiasso, Fontana) und vor langen Jahren von Bremi bei Dübendorf gefangen worden. Flugzeit im Juni—Juli.

Die Raupe lebt an Sumpfgräsern von August bis Juni, auf feuchten Wiesen.

E. Sp. I, 47 — Stz. I, 143 — Frio. I, 252.

112. **hero** L. — Stz. I, T 48 — Sp. III, T 13 — B. R. T 12.
Als vereizelte Seltenheit aus N. M. J. W. bekannt. Der Falter fliegt in einer Generation von Ende Mai bis Ende Juni.

Die Eiablage erfolgt einzeln an Gräser. Die Raupe lebt bis Mai an Elymus europaeus auf feuchten Wiesen.

E. Ent. Jahrb. XI, 157 — Ins. Börse XXIII, 114 — Sp. I, 47 — Stz. I, 143 — Frio. I, 253.

113. **iphis** Schiff. — Stz. I, T 48 — Sp. III, T 13 — B. R. T 12.
Verbreiteter als die vorige Art und überall, aber keineswegs häufig, beobachtet. Der Falter liebt trockene Streuewiesen und ist am leichtesten abends nach Sonnenuntergang auf Heuhaufen schlafend zu erbeuten. Flugzeit von Juni bis August.

Der Falter erreicht bei Manas im U.-Engadin 1700 m Höhe (Thom.).

a) *carpathica* Horm. — Stz. I, 144 — Horm. z. b. V. 1897, 45.

Kleinere Gebirgsform fast oder ganz ohne Hfl-Augen. La Faucille (Cat. Rhop.), Eclépens (Obthr.).

b) *anaxagoras* Assm. — Bresl. Ent. Zeitschr. 1857, p. 9 — Stz. I, 144.

Form ohne die Metallinie der Hfl-Unterseite und mit verkleinerten Ocellen. La Faucille (Cat. Rhop.), Dornach (Leonh.).

Die Eiablage erfolgt einzeln oder in Reihen an Gräser. Die Raupe — Sp. IV, T 5 — lebt an Brachypodium silvaticum, Melica ciliata, Briza media, Cynosurus cristatus und andern Gräsern, wie die vorige Art bis Mai in lichten Wäldern.

E. Ill. Zeitschr. f. Ent. V, 351 — Ent. Jahrb. XI, 157 — XIX, 133 — Gub. Ent. Zeitschr. III, 223 — Sp. I, 47 — Stz. I, 144 — Frio. I, 254.

114. **arcania** L. — Stz. I, T 48 — Sp. III, T 13 — B. R. T 12. Falter von Juni bis August an feuchten wie trockenen Stellen, in der Ebene, dem Hügellande und dem Jura verbreitet, bis etwa 1400 m Höhe (Arniberg, Hoffm.).

a) *insubrica* Rätz. — Mittl. S. E. G. VI, 353 — Stz. I, T 48 — Obthr. I, Pl. 1 — IV, Pl. XXXVII.

Hat die Binde der Hfl-Unterseite verschmälert. Sie kommt nur im südlichen Gebiet vor. W. S. G.

b) *saleviana* Fruhst. — Ent. Zeitschr. XXIV, Nr. 1.

Die weisse Mittelbinde der Hfl ist fast doppelt so breit als bei insubrica Rätz. Salève, Eclépens, Veyrier, Versoix.

c) *philea* Frr. — Stdg. 433 c).

In höheren Lagen, besonders der südlichen Alpentäler, wird der Falter kleiner, auch die Grösse der Ocellen der Hfl-Unterseite nimmt ab. Diese Form unterscheidet sich von dem Formenkreise der folgenden satyrion Esp., hauptsächlich durch das viel lebhafter rötlich gefärbte Basalfeld der Vfl-Oberseite. Pont de Nant (Blach.), Fusio (Musch.), Iselle (v. J.), Airolo bis 1500 m (V.).

Diese Form kommt auch vor ohne Ocellen der Hfl Binde (= *caeca* Obthr.) — Obthr. Fasc. IV, Pl. XXXVII.

Die Raupe — Sp. IV, T 5 — lebt an Melica ciliata und nutans, von August bis Mai in Laubwäldern.

E. Ent. Jahrb. XI, 157 — Gub. Ent. Zeitschr. III, 223 — Sp. I, 48 — Stz. I, 144 — B. R. 55, T 12 — Frio. I, 255.

115. **satyrion** Esp.[1]) — Stz. I, T 48 — Sp. III, T 13 — B. R. T 16.

Ist nach den Untersuchungen der Genitalien durch Dr. Dampf eine eigene Art und nicht Bergform der vorigen. Sie

---

[1]) ? *dorus* Esp. — Stz. I, T 48 — Sp. III, T 13. Nach Killias angeblich aus Graubünden.

ist meist kleiner als die arcania-Formen und düsterer gefärbt, auf der Unterseite unterschieden durch das Fehlen des Auges in der Vfl-Spitze, das nur zuweilen leicht angedeutet sein kann. Die Ocellen der Hfl sind klein und nicht gelb geringelt. Das Auge zunächst dem Costalrand ist in das weisse Saumfeld hinausgerückt. Der Falter variiert ausserordentlich in der Grösse, in der hellern oder dunkleren Färbung der Oberseite, sowie in der Zahl der Augen auf der Hfl-Unterseite. Diese letztern können auf Punkte reduziert sein oder völlig fehlen. Flugzeit Juni—Juli. Er kommt auf den Alpen überall vor, beginnt bei 1500 und übersteigt 2500 m. Er fliegt gerne an feuchten und sumpfigen Stellen.

a) *darwiniana* Stdg. — Stz. I, T 46.

Gehört hierher und nicht zu arcania L. Die Hfl-Augen sind kleiner und nicht umrandet. Es ist das die Form der tieferen, südlichen Lagen, sie wird durch alle Uebergänge verbunden. Besonders ausgeprägte, unterseits grossäugige Stücke kommen bei Faido vor (Püngeler). W. S.

b) *obscura* Rühl (=unicolor Wh.). — Stz. I, T 48.

Ober- und Unterseite sind fast einfarbig schwarzbraun. Besonders häufig auf der Lenzerhaide (V.), Schafberg (Fis.), Campfèr (Wh.), Zermatt, Meyenwand (Favre).

c) *caeca* Wh. — Wheeler 119.

Die Hfl-Unterseite ist augenlos. Les Plans.

Die Raupe lebt an alpinen Gräsern und ist im Juni erwachsen.

E. Gub. Ent. Zeitschr. II, 25 — Ent. Record XIV, 59 — XIX, 133.

116. **pamphilus** L. (=nephele Hb.).

In der Ebene in zwei bis drei Generationen, von März bis Oktober, in den Alpen nur einmal. Sehr gemein in den Alpen bis 1800 m. Die Frühjahrsgeneration ist im Tessin unsäglich häufig. Diese erste Generation — Stz. I, T 48 — ist heller, die Vfl-Unterseite mit schwachem Schattenstreif vor der Ocelle; Hfl unten grüngrau, das Wurzelfeld dunkel, weisslich begrenzt, im Saumfelde stehen zwei bis vier kleine Flecke. Die Sommergeneration — Sp. III, T 13 — ist auf der Oberseite dunkel umrandet. Die Unterseite der Hfl hell, gelbgrau, das Wurzelfeld weisslich oder rötlich.

a) *lillus* Esp. — Sp. III, T 13 — Stz. I, T 48.

Die südliche Sommerform. Ist grösser, heller und schmaler gerändert. Sie kommt nur in V. W. S. vor.

b) *marginata* Rühl — Stz. I, T 48.

Der Aussenrand aller Flügel ist sehr breit. Sie fliegt unter der Sommergeneration. Häufig in der Südschweiz (Hauri), vereinzelt auch bei Bern (V.).

c) *pallida* Tutt — Wheeler 120.

Ist lohfarbig, mit hellerem Aussenrand. Salève (Cat. Rhop.).

d) *addenda* Rev. — Bull. lép. Genève, Vol. II, Pl. II.

Die Vfl-Unterseite hat vier Augenflecken. Voirons (Rev.), Vufflens öfter (Sauss.).

e) *bipupillata* Cosm. —Stz. I, 146.

Das Apikalauge ist stark vergrössert und doppelt gekernt. St. Blaise (V.), bei Vufflens und auch anderorts im Waadtland häufig (Sauss.).

f) ? *balearica* Musch. — Bull. Soc. lép. Genève I, 71.

Diese interessante Form findet sich auch bei uns.

Die Eier werden auch in der Gefangenschaft leicht an Gaze oder auf Gräser abgelegt. Von der Frühlingsgeneration im Juni, von der Sommergeneration im August. Die Raupen schlüpfen nach 9 bis 10 Tagen. Von der ersten Generation wachsen ein Teil der Raupen sehr rasch und liefern die Falter im August, ein Teil aber überwintert. Auch die Raupen der zweiten Brut überwintern, je nach den Witterungsverhältnissen beginnen sie Ende Februar oder im März wieder zu fressen. Man findet die Raupen von Mitte April bis Mitte Juni erwachsen, dann wieder von Juli bis September. Die Puppenruhe dauert zwei bis drei Wochen. (Gillmer, Gub. Ent. Zeitschr. II, 26). Die Raupe — Sp. IV, T 5 — lebt an Cynosurus, Poa, Anthoxanthum und andern Gräsern.

E. Ent. Jahrb. XI, 157 — Soc. Ent. XIV, 115 — Sp. I, 48 — Stz. I. 146 — B. R. 55, T 12 — Frio. I, 257.

117. **typhon**[1]) Rott. (=davus Fab.). — Sp. III, T 13 — Stz. I, T 48 — B. R. T 12.

[1]) Eine Form ? *thimoites* beschrieb Fruhstorfer in Soc. Ent. XXV, 54 — nach Exemplaren, die er unter den Vorräten Wullschlegels entdeckte. Da aber typhon Rott. bisher von niemandem im Wallis aufgefun-

Der Falter fliegt im Juni-Juli auf sumpfigen Wiesen, fehlt aber mancherorts, so in W. u. S. Er geht am Arniberg (Uri) bis 1400 m Höhe (Hoffm.).

a) ? *philoxenus* Esp. — Stz. I, T 48.

Ist dunkler, mit grösseren gelb eingefassten Augen; sie ist nur im Thurgau gefunden worden. Aadorf, Hagenbucher-Ried (Z.-R.).

b) *isis* Thnbg. — Stz. I, T 48.

Im Jura (Roug.), nach Spuler in den höheren Alpen. tritt eine kleinere Form auf mit grauer Unterseite und wenigen kleinen Augen. Tramelan, in den Torfsümpfen der La Gruyère (G).

c) *laidion* Brkh.—Brkh. I, 91.

Ist etwas heller gelb als der Typus. Im Jura (Roug.).

Die Eidauer beträgt 9 bis 10 Tage, die Raupen fressen nur am Tage und überwintern klein. Sie sind Ende Mai bis Anfang Juni erwachsen und verpuppen sich auf einem kleinen Seidenpolster an den Halmen der Futterpflanze. Die Puppenruhe dauert 18 bis 20 Tage (Gillmer, Gub. Ent. Zeitschr. II, 53). Die Raupe — Sp. IV, T 48 — lebt an Festuca elatior, Rhynchospora alba, Carex, Eriophorum und andern Sumpfgräsern.

E. Ent. Jahrb. XI, 158 — Lamp. 99 — Sp. I, 47 und Nachtrag 344 — Stz. I, 147 — Frio. I, 259.

C. Libytheinae.

Libythea F.

118. **celtis** L. F. — Sp. III, T 17 — Stz. I, T 71 — B. R. T 5.

Nur der Südschweiz angehörig und dort stellenweise nicht gerade selten, z. B. Val Vedro (v. B.), Misox (V.), Chiasso (Knecht), Lugano (Roug.), Gandria (Hauri), Crevola (v. B.), Gondo (v. J.), Simpeln (Püng.) und sodann von Campocologno im Puschlav (Stierlin), Brusio (Fis.). Flugzeit Juni—Juli.

Die Raupe — Sp. IV, T 2 — lebt an Celtis australis bis Mai.

E. Ent. Zeitschr. XXII, 206 — Favre 25 — Sp. I. 51 — Stz. I, 251 — B. R. 56, T 16 — Frio. I, 137.

---

den wurde, so ist anzunehmen, dass Wullschl. die fraglichen Falter anderweitig bezogen hat. Dies ist um so wahrscheinlicher, als er einen ausgebreiteten Tauschverkehr unterhielt. Er suchte auch öfter lebende ♀♀ von typhon zu erhalten, um den Falter bei Martigny anzusiedeln. Weder Favre noch Wullschlegel, noch Wheeler erwähnen die Art aus dem Wallis!

IV. Erycinidae.

Nemeobius Steph.

119. **lucina** L. — Sp. III, T 17 — Stz. I, T 89 — B. R. T 5.

Im Mai—Juni in der Ebene und der Hügelregion überall bis etwa 1200 m. Besonders grosse dunkle Stücke trifft man im Tessin; der Falter lebt dort regelmässig nochmals im August, auch im Jura kommt eine spärliche 2. Generation vor. Diese Falter sind sehr dunkel, die Flecke verkleinert (G.).

a) *albomaculata* Blach. — Bull. Soc. lép. Genève I, Pl. 9. Die Mittelbinde der Hfl ist rein weiss. Versoix (Drex.).

Die Raupe — Sp. IV, T 2 — lebt an Ampfer, Primeln und anderen niederen Pflanzen von August bis April, bei Tage versteckt.

E. Ent. Jahrb. IX, 151 — Sp. I, 52 — Stz. I, 252 — Frio. I, 136.

V. Lycaenidae.

Viele Lycaenen zeigen eine ausserordentliche individuelle Veränderlichkeit. Diese ist so bedeutend, dass z. B. von L. coridon Poda allein über 150 (Tutt!) Formen beschrieben und benannt worden sind. Sie alle aufzuführen wäre zwecklos und auch darum unnötig, weil nur wenige für unser Gebiet mit Fundorten belegt werden können. Die hauptsächlichsten Abweichungsrichtungen sind:

1. Vermehrung oder Verminderung der Ocellen auf der Flügelunterseite;
2. Zusammenfliessen der Ocellen, so dass strichartige Binden entstehen (Confluenzen);
3. Zunahme oder Abnahme der Orangefleckenbinden auf Ober- und Unterseite;
4. Die Färbung der ♀♀ kann braun sein, es kann aber ein blauer Anflug sich bilden, der im Extrem die ganzen Flügel so bedeckt, dass die Tiere den ♂♂ Faltern sehr ähnlich werden. (Formae ♀ caeruleae).

Viele dieser Formen lassen sich erbeuten, wenn die Falter nach Sonnenuntergang auf Blüten ruhen.

Prof. Dr. Courvoisier — z. Z. wohl der beste Kenner der Lycaeniden — nach dessen ausgezeichneten Aufsätzen „Entdeckungsreisen und kritische Spaziergänge ins Gebiet der Lycaeniden" in der Ent. Zeitschrift XXIV, p. 59 u. folg., diese Zusammenstellung bearbeitet ist, verdanke ich für die Zeichnungsaberrationen die umstehende Tabelle.

Thecla F.

120. **linceus** Esp. (= *spini* Schiff.) — Stz. I, T 72 — Sp. III, T 15 — B. R. T 13.

8

Ist in der Ebene, wie der Hügelregion weit verbreitet; die höchste bekannte Erhebung bei Zermatt 1700 m (Courv.). Flugzeit von April bis August. Am besten entwickelt und oft in grosser Zahl gesellig zur Zeit der Blüte von Sedum album, auf dem sie gerne sitzt (Courv.).

a) *vandalusica* Led. (= lynceus Hb.) — Stz. I, T 72.

♀, selten ♂ Form, mit grossen, leuchtenden Orangeflecken auf den Vfl. Bei St. Blaise einzeln (V.), Cortébert, Frinvillier (G.).

b) *brevicaudis* Püngeler i. l.

Das Schwänzchen der Hfl sehr verkürzt, die Verlängerung auch beim ♀ fehlend, die rotgelben Flecken im Afterwinkel oberseits schwächer, die Unterseite dunkler und grauer. Zermatt, in etwa 40 Stücken erzogen.

Die Raupe an Rhamnus alpina, stets in Symbiose mit einer schwarzbraunen Ameisenart.

c) *latefasciata* Courv. — M.-D. p. 49.

♀ mit weisser Binde der Hfl-Unterseite bis zu 4 mm verbreitert. Martigny 1898, von Wullschlegel erbeutet.

Zeichnungs-Aberrationen:

elongata Courv. *multiconfluens* Courv. *radiata* Courv. *paucipuncta* Courv.	Kommen gelegentlich mehr oder weniger selten vor.

Die Raupe — Sp. IV, T 2 — lebt an Rhamnus, Schlehen und Pflaumen im Mai—Juni und Juli auf sonnigen Hügeln.

E. Ent. Jahrb. IX, 149 — Sp. I, 53 und Nachtr. 344 — Stz. I, 265 — Frio. I, 83.

121. **w album** Kn. — Stz. I, T 72 — Sp. III, T 15.

In den tieferen Landesteilen fast überall, mit Ausnahme der Ostschweiz, meist aber selten und einzeln fliegend, von Mai bis Juli. N. M. J. O. V. W. S. G.

a) *butlerowi* Kr. — Bull. Mosc. IV, 216.

Auf der Unterseite die weisse Linie ohne W Bildung. Gelegentlich unter der Art. O. V. J. (Wh.).

Ein von de Rougemont gefangenes ♂ weist im Analwinkel der Hfl rote Flecke auf, wie das ♀ sie regelmässig besitzt (Roug. 16).

Die Raupe — Sp. IV, T 2 — lebt an Linden, Ulmen, Eichen, Erlen, Viburnum usw. bis Mai—Juni, bei Tag auf der Unterseite der Blätter versteckt.

Die Eiablage erfolgt direkt neben eine fehlgeschlagene Blattknospe an den bereits verholzten, nicht an den noch im Wachstum befindlichen grünen Zweigen. Auch gefangene ♀♀ legen leicht ihre Eier ab. Das Ei überwintert (Gillmer, Ins. Börse, XXIII, 20).

Die erwachsene Raupe verpuppt sich in den Ritzen der Baumrinde. Die Puppenruhe dauert 10 bis 14 Tage.

E. Sp. I, 53 und Nachtr. 345 — Ent. Zeitschr. XIX, 108 — Ent. Jahrb. IX, 149 — Stz. I, 265 — Frio. I, 84.

122. **ilicis** Esp. — Stz. I, T 73 — Sp. I, T 15.

Ist etwas häufiger als die vorige Art, aber mit nämlicher Erscheinungszeit. Eine Form mit in beiden Geschlechtern grauschwarzer, bläulich schillernder Unterseite erbeutete Wullschlegel bei Martigny. Ein ♀ Exemplar aus dem Wallis hat rechts einen stark albinotischen Vfl (Courv.). U. N. M. J. O. V. W. S. G.

a) *cerri* Hb. — B. R. T 13 — Hb. ♂ 863, ♀ 866!

Beide Geschlechter haben grössere Orangeflecken auf den Vfl. Wohl überall unter der Art. J. W. S. G.

b) *esculi* Hb.[1]) — Stz. I, T 73.

Ist eine kleinere Form, die Vfl ohne weisse Binde, die

---

[1]) *esculi* Hb. soll nach Oberthür eigene Art sein. Sie ist aber offenbar nur Form der ilicis Esp.

Hübner hat mehrere ganz verschiedene Formen von „Esculi" geliefert:

Esculi I. F. 559—560. Ober- und Unterseite, von denjenigen der gewöhnlichen „Ilicis Esp." in nichts wesentlichem abweichend. — Er führt sie aber als eigene Art hinter ilicis auf und gibt dazu eine Beschreibung, die von derjenigen von ilicis nur wenig sich unterscheidet und zu seinen Bildern von „Cerri" nicht stimmt.

Esculi II. F. 690—691, ♂. Oberseite stark aufgehellt, wie bei „maculatus Gerhd." und „Fountaineae Aigner". — Unterseite: Die Vfl ohne weisse Querbinde, die Hfl nur mit einigen weissen Punkten. Wegen der aufgehellten Oberseite hat Staudinger diese „Esculi II" als Synonym von „Cerri" bezeichnet. Die Autoren aber haben in buntem Durcheinander die beiden „Esculi" und „Cerri" miteinander verwechselt

Saumbinde der Hfl unten in ganz kleine weisse Strichelchen aufgelöst. Umgebung Basels, Ravellenfluh, Martigny (Courv.).

Zeichnungsaberration:

privata Courv. (= esculi II Hb.).

Die weissen Querbinden der Vfl fehlen ganz, die der Hfl sind stark verkleinert. Gelegentlich überall unter der Art.

Die Eiablage scheint von Mitte Juni an zu erfolgen. Die Raupen schlüpfen anfangs Juli, sie nehmen sofort die Knospen in Angriff und überspinnen diese mit Fäden, an denen sie sich hängen lassen. Man findet sie in Mehrzahl an demselben Busch.

Die Raupe — Sp. IV, T 2 — lebt an Ulmen und Eichen, von Herbst bis Mai.

E. Ent. Jahrb. IX, 149 — Gub. Ent. Zeitschr. I, 98 — Sp. I, 53 — Stz. I, 266 — Frio. I, 86.

123. **acaciae** F. — Stz. I, T 73 — Sp. III, T 15.

Der Falter ist nur von wenigen Orten bekannt geworden. Er fliegt von Juni bis Juli an heissen trockenen Stellen und sitzt gerne auf blühende Schafgarbe, ist aber überall recht selten und im Auftreten zerstreut. Liestal (Christ), Isteiner-Klotz (R.-St.), Basel, Dornacher-Ruine (Honegger), Pfeffinger-Ruine, Holderbank, Ravellenfluh (Courv.), Neuchâtel (V.), Dombresson (Bolle), Gounois, Tramelan (G.), Magglingen, Twann (v. J.), Bechburg (R.-St.), Zürich (Z.-D.), Aadorf (Z.-R.), Genf (Aud.), Ecogia, Veyrier, Ornex (Blach.), Onex (Humb.),

---

und unglaubliche Angaben gemacht. Nun ist klar, dass nur „Esculi I“ diesen Namen behalten darf.

Sie soll eine besondere portugiesisch-spanische Form sein. Ich halte sie aber kaum für wesentlich von andern ilicis der iberischen Halbinsel verschieden und kann an meinem Material alle Uebergänge nachweisen, wie ich auch von Basels Umgebung und von allen möglichen andern Orten her Stücke habe, die genau mit sogenannten „Esculi“ stimmen.

Esculi II stellt mit ihrer an den Vfl fehlenden, an den Hfl sehr reduzierten weissen Binde eine Zeichnungsaberration: privata Courv. dar, welche unter der Stammform überall vorkommt. Diese Aberration ist im Süden offenbar sehr häufig und wird bei der Form, „mauretanica Stdg.“ geradezu Typus. Sogar das vollständige Verschwinden der Binde auf allen Flügeln ist in Nordafrika häufig.

Seitz bildet nur die Oberseite einer angeblichen „esculi I“ ab, beschreibt aber dazu die Unterseite einer „esculi II“ (Courv.).

Sierre (Paul), Noës, Corin, Niouc (Favre), Aigle (Wh.), Grono, Calancatal (V.), Arcine (Mong.), La Faucille (Pictet).

Die Raupe — Sp. IV, Nachtr. T I — lebt an Schlehen und Pflaumen von Mai bis Juli, an sonnigen warmen Hügeln auf niederen, verkrüppelten Büschen.

E. Roug. 17 — Sp. I, 53 — Stz. I, 267 — Frio. I, 87.

124. **pruni** L. — Stz. I, T 73 — Sp. III, T 15 — B. R. T 13.

Der Falter kommt in der Ebene und der Hügelregion des ganzen Landes vor. Er fliegt von Juni bis August, gerne in Gärten.

a) *excessa* Tutt — Brit. Butt. II, 197 — Esp. I, T 39 und Nachtr. XV.

Die Vfl-Binde besteht aus vier bis fünf Flecken. Genf (Cat. Rhop.).

Die Eier werden einzeln oder zu zweien an die dünnen Zweige von Prunus spinosa abgelegt; das Ei überwintert. Die Raupen — Sp. IV, T 2 — erscheinen im April und fressen nur nachts. Sie verpuppen sich im Mai und liefern die Falter nach ca. drei Wochen.

E. Gub. Ent. Zeitschr. II, 54 — Ent. Jahrb. IX, 149 — Sp. I, 53 — Stz. I, 267 — B. R. 59, T 13 — Frio. I, 88.

Zephyrus Dalm.

125. **betulae** L. — Sp. III, T 15 — B. R. T 13.

Der Falter, in einer Generation, fliegt von Juni bis September fast nur in der Ebene, ist aber dort weit verbreitet. Er erreicht im Einfischtal 1600 m Höhe (Courv.). Ein ♂ mit heller, dem ♀ ähnlicher Mittelbinde fing de Rougemont bei Dombresson. N. M. J. O. V. W. S. G.

a) *spinosae* Gerh. — Stdg. 492 — B. R. 60.

Die Querbinde des ♂ ist bleich ockergelb und breiter. Aadorf (Z.-R.), Hochwald bei Basel, Gamsen im Wallis (Courv.).

b) *restricta* Tutt — Brit. Butt. II, 279 — Stz. I, 273.

Die Orangebinde des ♀ ist verschmälert. Hochwald bei Basel (Courv.).

c) *lineata* Tutt — Brit. Butt. II, 279 — Stz. I, 273.

Die Orangebinde ist durch schwarze Adern in mehrere Felder geteilt. Hochwald, Gempen bei Basel (Courv.).

d) *virgata* Tutt — Brit. Butt. II, 280 — Stz. I, 273.

Auf der Unterseite der Hfl ist die weiss geränderte Binde sehr gut ausgebildet. Hochwald, Gempen bei Basel (Courv.).

e) *fisoni* Wh. — Wheeler 47 — Stz. I, 273.

♀ Form mit hellgelber Discalbinde. Charpigny.

Die Eiablage erfolgt im September oder Oktober einzeln an Schlehen, die Eier überwintern. Die Raupen — Sp. IV, T 2 — schlüpfen von Ende April bis Ende Mai. Sie ruhen über Tag an der Unterseite der Blätter und sind von Ende Juni an erwachsen. Verpuppung an der Erde, die Puppenruhe dauert 18 bis 24 Tage. (Gillmer, Gub. Ent. Zeitschr. II, 58).

E. Ins. Börse XXIII, 42. 52 — Ent. Jahrb. IX, 148 — Ent. Zeitschr. XIX, 107 — Roug. 16 — Sp. I, 54 — Stz. I, 273 — Frio. I, 92.

126. **quercus** L. — Sp. III, T 15 — Stz. I, T 74 — B. R. T 13.

Wo Eichen wachsen überall, besonders häufig im Jura. Flugzeit von Juni bis August. U. N. M. J. O. V. W. G. S.

a) *bellus* Gerh. — Stz. I, T 74.

♀ Form, mit roten Keilflecken auf der Oberseite der Vfl. Ist bei uns eine grosse Seltenheit. Ein Stück von Winterthur (Rohrd.), Branson (Wullschl.), Florissant (Rehf.), Conches (Aud.), Veyrier (Blach.).

Die Eiablage beginnt im letzten Julidrittel und erfolgt an dünne Eichenzweige. Das Ei überwintert und die Raupen — Sp. IV, T 2 — schlüpfen Ende April bis Anfang Mai und sind Ende Juni erwachsen. Sie sind besonders an Waldrändern und auf Lichtungen zu finden. Mordraupen! Die Verpuppung erfolgt an der Erde, die Falter schlüpfen nach 15 bis 18tägiger Puppenruhe. (Gillmer, Gub. Ent. Zeitschr. II, 58).

E. Ent. Jahrb. IX, 150 — Lamp. 101 — Roug. 17 — Sp. I, 54 — Stz. I, 272 — B. R. 59, T 13 — Frio. I, 90.

Callophrys Billb.

127. **rubi** L. — Stz. I, T 72 — Sp. III, T 15 — B. R. T 13.

Ueberall in der Ebene, in ein bis zwei Generationen [1]),

[1]) Nach Rühl die einzige Art mit zwei Generationen, die erste von April an, die zweite von anfangs Juli bis September, ausnahmsweise eine dritte im Oktober oder November. Im September findet man schon junge Raupen der zweiten Generation, die im Oktober zur Verpuppung gelangen (Soc. Ent. III, Nr. 18). Auch Seitz und Spuler sind ähnlicher Ansicht.

von Ende März bis September. In den Alpen mit nur einer Generation, die Höhengrenze geht bis etwa 1800 m.

a) *punctata* Tutt — Stz. I, 263.

Die Punkte der Hfl - Unterseite bilden eine Reihe und setzen sich manchmal auf die Vfl fort. Genf (Cat. Rhop.), Basel (Courv.).

b) *bipunctata* Tutt — Brit. Butt. II, 92.

Mit zwei Flecken auf der Hfl-Unterseite. Genf (Cat. Rhop.), St. Blaise (V.).

c) *inferopunctata* Tutt — Brit. Butt. II, 92.

Mit starken weissen Punkten nur auf den Hfl. Genf (Cat. Rhop.).

d) *immaculata* Fuchs — Stz. I, T 72.

Hat eine ganz einfarbig grüne Unterseite, ohne alle Punkte. Sie ist typisch ausserordentlich selten. N. V. W. S.

Das ♀ legt die Eier im Juni einzeln in die unaufgeblühten Knospen von Onobrychis sativa. Dabei setzt es sich auf die Unterseite der Blütenköpfchen, so dass das Abdomen weit in dieselben hineinreicht (Rehf.).

Die Raupe schlüpft nach acht Tagen, die Raupendauer beträgt einen Monat und die Verpuppung erfolgt an der Erde.

Die Raupe — Sp. IV, T 2 — lebt polyphag an niederen Pflanzen. Mordraupe!

E. Ent. Jahrb. IX, 150 — Gub. Ent. Zeitschr. II, 57 — Roug. 18 — Soc. Ent. XVIII, 51 — Stz. I, 263 — Sp. I, 54 — Frio. I, 89.

Chrysophanus Hb.

128. **virgaureae** L. — Stz. I, T 76 — Sp. III, T 15 — B. R. T 60.

Der Falter fliegt von Ende Juni bis August, nur im Jura und den Alpen. Er ist besonders auf den höheren Jurakämmen oft in grossen Scharen anzutreffen, und geht bis etwa 2200 m (Galenalp, Honegger). Der Falter ändert beträchtlich ab, besonders im ♀ Geschlecht. Ein gynandromorphes Stück fing Naville bei Maggia.

a) *montana* M. D. — Stz. I, 282 — M. D. 53.

Alpine ♀ kleinere Form, die Vfl trüber, braungelb, die Hfl stark schwärzlich bestäubt. Sie kommt der nachfolgenden nahe und wird oft mit jener verwechselt. U. W. S. G.

b) *zermattensis* Fallou-Ann. Soc. Ent. France 1865, T 2 — Stz. I, T 76.

Oberseite des ♂ wie beim Typus, die des ♀ ist sepiabraun, heller auf den Vfl, dunkler auf den Hfl. Beide Geschlechter sind durch die Unterseite von allen ähnlichen Formen unterschieden. Diese ist ausgezeichnet durch dunkelbraungraue Säume der Vfl und durchweg schwärzliche Hfl, an welchen nur im Analwinkel zwei kleine rötlich-gelbe Stellen frei bleiben. Diese Form fliegt am ausgeprägtesten in den Walliser Südtälern, etwa von 1600—2400 m.

In der Südschweiz wird der Falter beträchtlich grösser, das ♂ zeigt oft sehr breiten Saum und grossen Mittelfleck der Vfl (= *lunulata* Courv.), die ♀♀ bilden Uebergangsformen zur typischen virgaureae L.

c) *seriata* Fruhst. (= caeruleo-punctata Schultz) — Stz. I, 282.

Ist ebenfalls eine der zermattensis Fallou nahestehende Form, bei der sich auf der Oberseite der Hfl ein Kranz weisslicher Flecken befindet. Zermattertal.

d) *fredegunde* Fruhst. — Stz. I, 282.

Ist die nämliche Form, welche ausserdem auf der Vfl-Unterseite eine Reihe weisser Aussenrandflecke zeigt. (Diese Bildung kommt aber auch bei beiden Geschlechtern der typischen virgaureae L. vor).

e) *athanagild* Fruhst. — Gub. Ent. Zeitschr. II, 194.

Wiederum zu zermattensis Fallou gehörende kleinere Form, mit verdunkelter Unterseite und ausgedehnteren analen Mondflecken der ♂♂. Oberseits sehr hell, unterseits dunkel ockergelb. Engadin, Juli 1902.

f) *osthelderi* Fruhst. — Gub. Ent. Zeitschr. III, 94.

Aehnelt der zermattensis Fallou, ist aber grösser, Distalsaum doppelt so breit, Hfl stärker schwarz gezähnt. ♀ Hfl fast ganz schwarz, mit deutlichen blauen Submarginalpunkten. Im Tessin verbreitet.

Ein ♂ mit weissem, rechtem Hfl von Binn 1908 (Courv.).

Zeichnungsaberrationen:

elongata Courv.

pluripuncta Courv. Mit überzähligen Punkten zwischen Mittelmond und Bogenaugen.

parallela Courv.
paucipuncta Courv.
Mehr oder weniger zahlreich unter der Art.

Eiablage und Zucht gestalten sich ähnlich wie bei hippothoë L., aber die Eier überwintern. Der Puppentopf wird leicht mit Laub überdeckt und ins Freie gestellt; nimmt man denselben anfangs Januar ins Zimmer, so kann man Ende Mai die Falter erhalten. (Selzer, Gub. Ent. Zeitschr. II, 73).

Die Eier oder auch die Raupen überwintern; Anfang April sitzen die jungen Raupen versteckt unter den trockenen Blättern oder an den Stengeln von Sauerampfer. Mitte bis Ende Mai sind sie erwachsen und sitzen jetzt oben auf den Blättern. Sie verpuppen sich im Juni und liefern die Falter nach 14 Tagen.

Die Raupe — Sp. IV, T 2 — lebt an Rumex und angeblich auch an Solidago.

E. Ent. Zeitschr. XIV, 83 — Ent. Jahrb. IX, 151 — Ins. Börse XXV, 3. 214 — Stz. I, 281 — Sp. I, 56 — B. R. 61, T 13 — Frio. I, 96.

129. **hippothoë** L. (= euridice Rott. = chryseis Bergstr.) — Stz. I, T 76 — Sp. III, T 15 — B. R. T 13.

Im Tiefland, dem Jura und den Alpen bis etwa 1500 m vorhanden. Der Falter fliegt lokal auf feuchten Wiesen und kommt zwar im ganzen Gebiet vor, ist aber mancherorts seltener. Flugzeit Juni—Juli. U. N. M. J. V. W. G. S.

a) *euridice* Esp. (= eurybia O.) — Stz. I, T 76.

Die ♂♂ sind gelblich, ohne den lebhaften Violettglanz; der Mittelmond der Vfl fehlt häufig. Die ♀♀ oben dunkler, mehr braun, bis tiefschwarzbraun. Solche Stücke nennt Favre *nigra*. Eine scharfe Scheidung zwischen diesen beiden Formen lässt sich weder in Bezug auf den Färbungscharakter, noch hinsichtlich des Vorkommens vornehmen. Auch diese Form kann neben der typischen in der Ebene vorkommen (Martigny, Courv.), in Lagen zwischen 700—1500 m fliegen beide nebeneinander, während dann freilich darüber hinaus bis etwa 2000 m (Findelen, Hoffm.) euridice Esp. allein übrig bleibt.

b) ? *stiberi* Gerh. — T 35, f. 1 — Wh. 15.

Ist kleiner, ♀ oberhalb gelblicher. Engelberg (Wh.).

c) *purpureopunctata* Wh. — Wh. 17.

In der Orangebinde der Hfl-Oberseite treten kleine Purpurflecken auf. Arcine (Mong.).

d) *albidolunulata* Rev. — Bull. Soc. lép. Genève I, 170.

♀ Form. Die Vorderrandbinde der Hfl zeigt auf der Oberseite weisse Möndchen. Salève (Rev.), Simplon (v. J.), Binn (Honegger), Almagelalp (Courv.).

e) *cisalpina* Fruhst. — Gub. Ent. Zeitschr. III, 120.

♂ grösser, breiter gesäumt. ♀ Vfl mit feuriger, aber mit schwarzen Schuppen bedeckter Aufhellung des Discus. Im Tessin verbreitet.

Zeichnungsaberrationen:

elongata Courv. Mit verlängerten Bogenaugen. Ein ♂ bei Langenbruck 1896; ein ♂ von Fionnay 1906 (Courv.).

radiata Courv. (= confluens Gerh.) Mit Confluenz zwischen Bogenaugen und Randmonden. Ein ♂ bei Burg 1909, Gryon, Fusio, Piora (Courv.), Salève, Dóle (Cat. Rhop.), Chandolin (Blach.), La Croisette, Plans des Pitons (Poulin), Boltigen (V.).

caeca Courv. Unterseits ohne Bogenaugen. Basel.

Die Raupe — Sp. IV, T 2 — lebt an Rumexarten von August bis Mai, auf feuchten Bergwiesen und Waldlichtungen.

Zur Eiablage werden die gefangenen ♀♀ auf in Blumentöpfe gepflanzte Rumexstöcke gesetzt, und diese mit einem Gazebeutel umgeben. Man begiesse die Töpfe täglich etwas und stelle sie an die Sonne. Die Eiablage geschieht einzeln auf die Unterseite der Blätter und ist in 14 Tagen beendigt. Die Raupen schlüpfen nach zwei bis drei Wochen. Sie häuten sich vor der Ueberwinterung nur einmal und suchen Mitte Oktober ihr Winterlager auf. Man bedeckt den Boden des Topfes mit 2 cm langen Stückchen Ampferstengel und Schilfrohr; die Raupen nehmen ihr Winterquartier in diesen Röhrchen. Bis Januar lasse man die Raupen im Freien und allen Witterungseinflüssen ausgesetzt und nehme sie dann ins warme Zimmer. Der Ampfer wird dann bald Blätter treiben, wird gern gefressen, und die Zucht ist nun bis zum Falter einfach. (Selzer, Gub. Ent. Zeitschr. II, 73).

E. Gub. Ent. Zeitschr. II, 65 — III 60 — Ent. Jahrb. IX, 151 — Sp. I, 57 — Stz. I, 284 — Frio. I. 99 — Ent. Zeitschr. XIV, Nr. 11.

130. **dispar** Hw. — Stz. I, T 76 — Sp. III, T 17b — B. R. T 13.

Der Typus fehlt.

a) *rutilus* Wernb. — Stz. I, T 76 — Sp. III, T 15 — B. R. T 13.

Der Basler Sammler Knecht fing einst einige Exemplare dieses schönen Falters im Oberelsass, dicht an der Baslergrenze. (Mittlg. S. E. G. VIII, 368). Zwei Exemplare erbeutete Prof. Courvoisier ebendort. Endlich wurde ein teilweise albinotisches ♂ bei Hüningen erbeutet (Leonh.). Flugzeit von Juni bis August.

Zeichnungsaberration:

pluripuncta Courv. Mit überzähligen Bogenaugen. Von St. Ludwig, 1890.

Das Ei wird einzeln oder zu zwei bis vier Stück an die Unterseite der Blätter von Rumexarten abgelegt, meist R. hydrolapathum. Die Raupe — Sp. IV, T 48 — lässt sich aber auch mit R. sanguineus oder aquaticus ernähren. (Gillmer, Ins. Börse XXIII, 23).

E. Ent. Zeitschr. XX, 130 — Gub. Ent. Zeitschr. I, 110 — Sp. I, 57 — Stz. I, 283 — Frio. I, 97.

131. **alciphron** Rott. (= hipponoë Esp.) — Stz. I, T 77 — Sp. III, T 15 — B. R. T 13.

Die Stammform ist angeblich bei Engelberg gefunden worden (Frey), sodann sicher im Wiesental und bei Mühlhausen, endlich von Wullschlegel am Col de la Forclaz im Juni 1898 und Juli 1900. Die Oberwalliserform betrachtet Courvoisier als Uebergang zu gordius S. (= *intermedia* Stef.), und die Angabe von Bazzigher «Bergell» hat sich als Verwechslung mit jener herausgestellt.

a) *isokrates* Fruhst. — Gub. Ent. Zeitschr. III, 120.

Mit loser verbundenen und zarteren Flecken der Vfl; diese sind stark lila übergossen. ♀ grösser, Vfl unterseits gelb angeflogen, Hfl mit breiterer Submarginalbinde. Südhang des Simplon.

b) *gordius* Sulzer — Stz. I, T 77.

Mit viel stärker rotgelber Oberseite und viel grösseren schwarzen Flecken beider Geschlechter. Der blaue Glanz des ♂ ist weniger stark, nur am Distalrande sehr lebhaft. Die Exemplare aus der Südschweiz sind viel kräftiger und feuriger rot gefärbt als solche aus dem Rhonetal. Der Falter fliegt von Ende Mai bis August; er ist im ganzen südlichen Gebiet häufig und geht am Simplon bis nahe an 2000 m. V. W. S. G.

Eine prachtvolle individuelle Form fing Buser am 3. Juli 1906 bei Martigny. Die Punkte aller Flügel sind auf Ober- und Unterseite in grosse Mittelflecken zusammengeflossen. Die Saumpunkte nur schwach angedeutet, aber die Adern sehr scharf gezeichnet.

c) *gaudeolus* Fruhst. — Gub. Ent. Zeitschr. III, 120.

Form von Zermatt und Nordhang des Simplon, mit viel helleren, gelben, kleinen und schwächer punktierten ♀♀.

d) *midas* Wh. — Wheeler 16.

Die Fleckenreihe ausserhalb der Vfl-Mitte zu Punkten verkleinert, der breite Rand beim Analwinkel in Flecken aufgelöst. Hfl-Binde schwarz, die keilförmigen Striche lassen den Diskus glänzend kupfrig erscheinen, bis auf einen schwarzen Mittelfleck. Martigny, Vernayaz.

e) *albescens* Obthr. — Obthr. Et. Fasc. IV, Pl. XXXVII.

Wurde ein beidseitig bleich strohgelbes ♂ Exemplar aus Graubünden benannt.

f) *obscura* Courv. — Ent. Zeitschr. XXIV, Nr. 47.

♂ und ♀ Stücke von der Südseite des Simplon und aus dem Tessin, welche oberseits dunkler übergossen und auf der Hfl-Unterseite dunkelgrau sind.

Die Eiablage der *alciphron* Rott. ♀♀ erfolgt an die Unterseite der Blätter von Rumexarten im Juli oder Anfang August. Die Raupe — Sp. IV, T 2 — schlüpft nach ca. 10 Tagen und überwintert klein. Man findet sie im April oder Mai, bei Tage an der Erde verborgen; sie ist Mitte Mai erwachsen und verpuppt sich zu Ende des Monates oder anfangs Juni. Die Falter erscheinen nach 2—3 Wochen. (Gillmer, Ins. Börse XXIII, 20).

Die Eier der *gordius* Sulz. ♀♀ werden in Mehrzahl an die Unterseite der Blätter abgelegt. Die Raupen schlüpfen im Spätsommer, überwintern klein in die Stengel der Futterpflanze eingebohrt und sind im April bis Mai erwachsen. Die Verpuppung erfolgt an der Erde, unter Steinen u. s. w., mit ganz wenigen Fäden angesponnen.

E. Ent. Jahrb. IX, 151 — Gub. Ent. Zeitschr. II, 66 — Sp. I, 57 u. Nachtr. 345 — Stz. I, 285 — Favre 12 — Frio. I, 100.

132. **phlaeas** L. — Stz. I, T 77 — Sp. III, T 15 — B. R. T 13.

Falter im ganzen Gebiet verbreitet, in der Ebene von April bis Mai und von Juli bis Oktober.

Ich fing am 10. November 1909 ein ganz frisches Stück bei Schwarzenburg; also zwei bis drei Generationen. Der Falter geht in den Alpen bis etwa 1500 m.

a) *schmidti* Gerh. — Stz. I, T 77.

Ist ein Albino von gelbweisser Grundfarbe. Martigny (Sloper).

b) *caeruleopunctata* Rühl — Stz. I, 286.

Werden Falter benannt mit bläulicher Punktreihe auf der Hfl-Oberseite. Unter der Art. J. V. S. G.

c) *suffusa* Tutt (= false eleus Fabr.) — Sp. III, T 15 — Brit. Butt. I. 153. (1896), I, 374,
fuscata Tutt (= false eleus Fabr.) — Stz. I, T 77 — Brit. Butt. I. 378.

Diese verdunkelten Formen sind wahrscheinlich fast immer mit eleus Fabr. verwechselt worden. Fabricius hat diese Form beschrieben: «oben dunkel, deutlich geschwänzt, unten an Vfl und Hfl aschgrau». Diese Form ist eine äusserst seltene, individuelle Abweichung, deren Vorkommen in unserem Gebiet nicht nachgewiesen ist. Von eleus Fabr. sind unsere verdunkelten bald mehr, bald weniger lang geschwänzten phlaeas L. eben immer dadurch unterschieden, dass deren Unterseite graurot, aber nicht aschgrau ist. Diese Formen treten in beiden Generationen, besonders an heissen Orten des Wallis und der Südschweiz auf.

Zeichnungsaberrationen:

elongata Courv. Ein ♂ von Basel 1885 (Courv.).
confluens Courv.
paucipuncta Courv.
caeca Courv.
} Kommen unter der Art nicht selten vor.

Die Falter der ersten Generation entstehen aus überwinterten Raupen. Ihre Entwicklungsdauer und Puppenruhe dauern je drei Wochen; die Raupen der zweiten Generation liefern die Falter noch im Herbst oder überwintern an der Nahrungspflanze und fressen bei milder Witterung auch im Winter (Gillmer, Gub. Ent. Zeitschr. II, 66). Verpuppung zwischen zusammengesponnenen Blättern der Futterpflanze. Die Raupe — Sp. IV, T 2 — lebt an Rumex, Polygonum und Oxalis von September bis Mai und von Juni bis August.

E. Ent. Jahrb. IX, 152 — Ent. Zeitschr. XXIII, 29 — Roug. 19 — Soc. Ent. XIV, 99 — Sp. I, 58 — Stz. I, 285 — Frio. I, 101 — Ent. Vereinsbl. I, Nr. 6.

133. **tityrus** Poda (= *dorilis* Hufn. = circe O.) — Stz. I, T 77 — Sp. III, T 15 — B. R. T 13.

Falter in der Erscheinungszeit und der Verbreitung der vorigen Art, in der Ebene, dem Hügellande und Jura vorkommend. Er ist auch in den Alpen bis in eine Höhe von 1600 m häufig. Der Falter fliegt gerne auf trockenen Wiesen, von Ende April bis Anfang August.[1])

a) *locarnensis* Tutt — Ent. Rec. XIV, 221.

Von Mergoscia im untern Tessin wird beschrieben: «Oberseite kupferrot, Unterseite ockergelb, stark gefleckt. Die ♀♀ sehr gross, die Hfl-Binde besonders glänzend» (Chapm.).

b) *nana* Wh. — Stz. I, 287.

Ist eine Zwergform. Aus O. V. W.

c) *brantsi* T. H. — Stz. I, 287.

♀ Form, hat auf der Oberseite eine Reihe weisslicher Punkte. Unter der Art. Aigle, Roche, Caux (Wh.).

d) *straminea* Blach. — Bull. Soc. lép. Genève II, Pl. 1.

♀ Form von gelbweisser Grundfarbe. Crassier (Loriol), Chalet des Bois (Blach.).

---

[1]) Dass Frühlingsfalter, wie häufig behauptet wird, grösser und Sommerfalter kleiner seien, dass bei jenen die Orangeflecken des ♂ deutlicher ausgeprägt seien, als bei diesen, bestreitet Prof. Courvoisier ganz entschieden. Solche Behauptungen, wie sie z. B. bei Rebel sich finden, der umgekehrt dem Frühlings-♂ keine Orangeflecken zuspricht, stützen sich nur auf zu kleines Material. Grosse Serien lehren, dass bei allen Generationen alles vorkommt oder fehlt.

e) *purpureopunctata* Wh. — Ent. Rec. 1902.

♀ Besitzt auf dem Discus der Hfl kleine Purpurpunkte. Veytaux, Les Avants (Wh.), Beckenried (Courv.).

f) *fulvomarginalis* Schultz — Stz. I, 287.

♂ Form, bei welcher die rotgelben Randmonde sehr deutlich werden und auch auf den Vfl auftreten. Häufig unter der Art. Der Name ist übrigens recht überflüssig, da alle Uebergänge von fast ungefleckten bis zu durchweg stark gefleckten Stücken vorkommen (Courv.).

g) *subalpina* Speyer (= montana M. D.) — Stz. I, T 77 — M.-D., T II, 2.

Ist in ausgeprägten Stücken bedeutend grösser als die typische tityrus Poda, mehr schwärzlich und fast ohne Punktierung der Vfl-Oberseite. Jedoch kommen alle Uebergänge zwischen ihr und der typischen Form vor. Ihre Hauptverbreitung hat subalpina Spr. zwischen 1100 und 2500 m. Sie kann jedoch nur ganz im allgemeinen als Vertreterin der Ebenenform im Gebirge gelten. Letztere kommt bis zum Stelvio hinauf vor (2755 m), erstere aber bei Chur (Cafl.) und Martigny (W.) auch in der Ebene. Flugzeit im Juli bis August.

h) *brunnea* Wh. — Wheeler 18.

Hat Orangeflecken am Aussenrande der Hfl-Unterseite. Die ♀ Oberseite ist von der einfarbig dunkelbraunen Färbung des ♂, bis zu trüb kupferbraun auf dem Discus der Vfl. Mürren; Meiental, Gadmental, Martigny, Val Tuors (Courv.).

Zeichnungsaberrationen:

elongata Courv. Aus der Umgebung von Basel öfter, Laquintal.

radiata Courv. (= strandi Schultz). Umgebung von Basel 1904.

paucipuncta Courv. Ist bei dieser Art recht selten.

Das Ei wird einzeln auf die Unterseite der Wurzelblätter von Rumex abgelegt. Die Raupen überwintern klein, leben nach Art der phlaeas-Raupen und sind Ende April erwachsen. Die Verpuppung erfolgt zwischen Blättern oder auch am Boden (Gillmer, Ins. Börse XXI, 205). Die zweite Generation entwickelt sich vom Ei bis zum Falter in ca. 6 Wochen oder die Raupen überwintern.

Die Raupe — Sp. IV, T 2 — lebt an Rumex und Sarothamnus von September bis April und im Juni—Juli.

E. Ent. Jahrb. IX, 152 — Ent. Zeitschr. XVIII, 42 — Gub. Ent. Zeitschrift II, 77 — Soc. Ent. XIV, 99 — Sp. I, 58 und Nachtr. 345 — Stz. I, 287 — Frio. I, 102.

134. **amphidamas** Esp. (= helle S. V.) — Stz. I, T 77 — Sp. III, T 15 — B. R. T 13.

Dieses schöne Falterchen ist aus dem Jura und den Alpen bekannt, besonders prächtige Exemplare kommen bei Tramelan vor. Der Falter fliegt gerne an feuchten Stellen auf kalkigem Boden, wo Gipslager oder Schwefelquellen sind. Er ist sehr häufig oberhalb dem Schwarzseebad (V.). Die gewöhnliche Flugzeit ist von Mitte Juni bis Mitte Juli. Nach Wanner-Schachenmann kommt er im Orsental bei Schaffhausen in zwei Generationen vor, im Mai und August. Besonders die letztere an sonnigen Hängen sehr zahlreich. Die Schweizerfalter sind grösser als solche aus der Leipzigergegend, mit sehr starkem, violettem Schimmer und die rote Fleckenbinde breiter. Einen Zwitter erzog Prof. Standfuss.

Die beste Zeit, um den Falter frisch zu erbeuten, ist am Vormittag zwischen 9 und 11 Uhr, oder abends, wo man die Falterchen in Mehrzahl auf Gebüschen schlafend findet. Auch an Tagen, wenn die Sonne nicht recht scheint, findet man die Falter auf Büschen sitzend. U. J. O. V. W. G.

Die Raupe — Sp. IV, T 2 — lebt an Polygonum bistorta und auch an Rumex (Püng.), im Juni, August und September.

E. Sp. I, 58 — Stz. I, 287.

Tarucus Moore.

135. **telicanus** Lang — Stz. I, T 77 — Sp. III, T 15 — B. R. T 14.

Der Falter erscheint zwar in weiter Verbreitung, ist aber fast immer vereinzelt und gewöhnlich nicht häufig. Er fliegt in zwei Generationen, erstmals im Mai bis Juni und später wieder im August bis September, gerne an trockenen, heissen Stellen der Ebene. Ein stark verflogenes ♀ erbeutete Hauri bei Davos (1560 m), am 24. VII. 1904.

Der Falter ist mindestens im Wallis (Martigny), im Tessin (Lugano, Chiasso), sowie bei Genf, wo er jedes Jahr vorkommt, als heimisch zu betrachten. In der Nordschweiz, sowie im Gebirge aber wohl nur ein Zugvogel. U. N. V. W. S. G. J.

Die Raupe — Sp. IV, T 2 — lebt an Lythrum salicaria, Calluna und Melilotus, von Juni bis Oktober.

E. Favre 14 — Sp. I, 59 — Stz. I, 293 — Frio. I, 105.

Polyommatus Latr.
(Lampides Hb.)

136. **baeticus** L. — Sp. III, T 15 — Stz. I, T 77 — B. R. T 16.

Der Falter erscheint nördlich der Alpen nur in heissen Jahren als vereinzelte Seltenheit im August und September. In der insubrischen Zone dagegen ist er jedes Jahr wohl lokal, aber durchaus nicht gerade selten zu finden. Er kommt in allen Stadien vor, so bei Aigle, Martigny, Sion, Sierre seit einer Reihe von Jahren an eng begrenzten Stellen. Seine Flugzeit geht im Wallis von Juli bis Dezember in zwei Generationen (Wullschl.). Dabei sind die Walliser Exemplare von besonders lebhaftem, violetten Glanze. U. N. J. W. V. S. G.

Die Raupe — Sp. IV, T 2 — lebt in den Hülsen der Colutea arborescens, Spartium scoparium und andern Papilionaceen, sie soll gelegentlich auch an niedere Pflanzen gehen, von Juli bis September. Aber Wullschlegel fand junge Raupen auch noch im Oktober und November. Ein Teil der Puppen überwintert, sie sind mit Leichtigkeit zu treiben.

E. Ent. Zeitschr. XXIII, 170 — Sp. I, 59 — Stz. I, 291 — Frio. I, 103.

Everes Hb.

137. **argiades** Pall. (= amyntas S. V.) — Sp. III, T 16 — Stz. I, T 78 — B. R. T 14.

Der Name gilt der grösseren (Sommer?) Form. Sie fliegt im Juli und August. Der Falter ist in der Ebene zwar weit verbreitet, aber meist einzeln und nicht gerade häufig. Er fliegt gerne an warmen Waldstellen. N. J. O. V. W. S.

a) *polysperchon* Bergstr. — Stz. I, T 78.

Galt bisher als die kleinere Frühlingsform. Der Falter fliegt aber genau gleich auch im Spätsommer (Courv.). Die

9

gelben Flecke der Hfl-Unterseite sind bleicher, die ♀♀ stärker blau. Flugzeit im April—Mai.

b) *latimargo* Courv. — Lyc. Basels, p. 157.

Mit breitem, schwarzen Rand aller Flügel. Bei Basel, 1901.

c) *albino* Courv. — Lyc. Basels, p. 157.

Ein ♀ aus der Umgebung Basels, 1895.

Zeichnungsaberration:

extrema Courv. (= *striata* Tutt) — Brit. Butt. III, 65 — Bull. Soc. lép. Genève II, Pl. 4.

Unterseite mit in Richtung der Nerven verlängerten Flecken. Hermance (Roch).

Aus Ende Juli abgelegten Eiern wurden (von Zeller) die Frühlingsform polysperchon Bergstr. und (von Frohawk) die Sommerform argiades Pall. gezogen. Die ersteren Raupen überwinterten halberwachsen, verpuppten sich Mitte April in einem ausgetrockneten Erlenblatt und lieferten die Falter vom 26. April an. Die zweiten Raupen verpuppten sich schon Ende August und lieferten die Falter im September. Zellers Eier stammten aus Deutschland, diejenigen Frohawks aus Südfrankreich. Die Eidauer beträgt 6 bis 9 Tage.

Die Raupen — Sp. IV, Nachtr. T I — verzehren Blüten und Früchte von Kleearten. Sie leben im Juni—Juli und von August bis April. (Entomologist XXXVII, 245).

E. Ent. Jahrb. IX, 153 — Sp. I, 60 — Stz. I, 298 — Ent. Zeitschr. II, 87 — Frio. I, 106 — Favre 15.

138. **alcetas** Hb. (= coretas O.) — Obthr. Et. III, Pl. XX.

Wird von Oberthür (Fasc. IV, 160) als eigene Art betrachtet. Die von argiades Pall. abweichende Flügelform, die Färbung bei ♂ und ♀, die Zeichnung drängen zu dieser Annahme. Vergleicht man Serien von beiden Arten, so kann man kaum die eine als Form der andern betrachten, trotz des Umstandes, dass Chapman die Genitalien beider übereinstimmend gefunden haben will.

Sicher wird die Frage nur durch Erforschung der Biologie des Tieres zu entscheiden sein. Flugzeit im Mai—Juni und Juli—August. Versoix (Rev.), Bois de Fernex (Pictet), Vuache (Blach.), Martigny (W.), Vernayaz, Branson, Saillon, Pfynwald (Courv.), Plan-Cerisier, Fully (Favre), Lugano (V.),

Locarno (Chapm.), Hermance (Blach.), Veyrier (Rehf.), Lancy (D.), Genthod (Saras.).

E. Soc. Ent. XXIV, 186 — Gub. Ent. Zeitschr. III, 233.

Zizera Moore.

139. **minimus** Füsslin (= alsus S. V.) — Stz. I, T 82 — Sp. III, T 17.

Das Falterchen ist überall verbreitet und häufig. Es fliegt von April bis August in ein bis zwei Generationen, je nach der Höhenlage. Höhenverbreitung am Gornergrat bis ca. 3000 m (Courv.), doch ist anzunehmen, dass die Tiere ihre Entwicklung in tieferen Regionen durchmachen. In den Walliser-Hochtälern umschwärmen die Falter mit Vorliebe Büsche von Phaca alpina.

Die Art variiert bedeutend in der Grösse und der Färbung. Was zunächst die Grösse anbelangt, so schwankt dieselbe zwischen ca. 1—2½ cm. Die Färbungen bewegen sich zwischen graublau, graugrün, grünblau; im ♀ Geschlecht mehr als im ♂, auch von braun bis fast schwarz. Alle diese Abänderungen sind jedoch durchaus individueller Natur, sie kommen in der Ebene, wie in den Bergen und an den nämlichen Flugorten vor. Die dafür erteilten Namen *alsoides* Gerh. (grösser, blaugrün bestäubt), *montana* Favre[1]) (grösser, graugrün) und *magna* Rühl (grösser, oberseits dunkler) haben lediglich Wert als Bezeichnungen für Zustandsformen, welche überall neben und unter der typischen auftreten.

Zeichnungsaberrationen:

elongata Courv. Aus dem Saastal (Courv.).

caeca Courv. (= obsoleta Tutt). Bechburg, Niederbauen (Courv.).

Das ♀ legt die Eier einzeln auf die noch unerschlossenen Blüten von Anthyllis vulneraria ab. Oberhalb Fusio erfolgte im Juli 1910 noch in Höhen von 2000—2200 m die Eiablage in der nämlichen Weise und an die gleiche Pflanze, wie in der Ebene. Niemals wurden die Eier oder Raupen

[1]) Nicht Frey; dieser sagt nur (Lep. p. 21) «Man begegnet in den Alpen nicht selten ungewöhnlich grossen, reichlicher blau bestäubten Stücken».

an einer andern Pflanze gefunden. Die Raupen — Sp. IV, T 2 — verzehren die Fruchtknoten und Samen; jung leben sie im Innern der Blüten, später sitzen sie auf denselben und bohren sich bis zum Fruchtknoten hinein. Sie leben von Juni bis August, die Puppen überwintern (Rehf.).

E. Sp. I, 67 — Stz. I, 295 — Favre 23 — Frio. I, 126.

Lycaena F.

140. **argus** Schiff. (= argus L. = argyrognomon Bergstr.) B. R. T 14 — Sp. III, T 16 — Stz. I, T 78 — Obthr. Et. XX, Pl. IV.

«Was diese Art gegenüber ihrem nächsten Verwandten dem «aegon Schiff.» kennzeichnet, das ist, abgesehen von ihrer durchschnittlich bedeutenderen Grösse, die gleichmässig blaue Färbung der ganzen Oberseite beim ♂, sowie die an den Vfl linienförmige, an den Hfl nur wenig breitere schwarze Umrandung, aus welcher aber an letzteren einzelne Zacken in den blauen Raum eindringen können. Das Blau kann bald reiner, bald rötlich, auch heller oder dunkler, matter oder leuchtender sein» (Courv.).

Der Falter ist bei uns mehr eine Erscheinung der Ebene und des Hügellandes, doch auch im Jura und den Alpen bis 2200 m (Galenalp, Honegg.). Er fliegt in zwei Generationen, im Mai-Juni und von August bis Oktober.

a) *ligurica* Courv. — Ent. Zeitschr. XXIV, 81 — Obthr. Et. IV, Pl. XLI — Iris XXV, T II.

♂ grösser als der Typus, Oberseite ähnlich der von semiargus Rott., mit 1½ cm breitem, dunkeln Saum, der längs der Hfl in einige Zacken oder Punkte übergeht; die Adern schwärzlich bestäubt. Unterseite öfter gelblich. Von den Ufern des Luganersees im Mai und September (Courv.), Chiasso (Fontana).

b) *caerulea* Courv. (= callarga Stdg.) — Stz. I, T 78 — Ent. Zeitschr. XXIV, 81.

♀ blaue Form mit stark violettem Schimmer und lebhaften gelben Randmonden. Kommt besonders in der Spätgeneration vor. W. S. G.

c) *vallesiaca* Obthr. — Obthr. Et. 1904, T II.

Ausgezeichnet durch einen violetten Wisch, der, vom helleren Blau des Discus umgeben, vom Ende der Mittelzelle des Vfl, zuweilen auch des Hfl, keilförmig sich verbreiternd zum Apex ausstrahlt und oft in den dunkeln Saum übergeht. Walliser-Rhonetal, stellenweise sehr häufig (V.).

Die Raupe dieser Form lebt nach Wullschlegel an Hippophaë rhamnoides.

d) *astragaliphaga* Courv. (mündl. Mittlg.) — Ent. Zeitschr. XXIV, 82.

Ungewöhnlich grosse, selten unter 28 mm messende ♀ Form, mit wechselnder oft sehr glänzender blauer Färbung, hauptsächlich charakteristisch durch eine auf beiden Flügeln, vom Analwinkel bis zur Flügelspitze ununterbrochen fortlaufende Kette grell-gelbroter Spitzbogen. Die Unterseite hell graugelb.

Die Raupe lebt an Astragalus exscapus. Im Pfynwald (Courv., V.).

e) *unicolora* Favre — Suppl. p. 3.

♀♀ die auf der blauen Oberseite der roten Randmonde entbehren. Selten im Wallis, so Martigny, Fully (W.), Gamsen (And.).

f) *brunnea* Courv.[1]) — Ent. Zeitschr. XXIV, 82.

Ist eine oben ganz braune, nicht mit roten Randmonden gezeichnete Form. Aus den Alpen; vielleicht an hochgelegene Oertlichkeiten gebunden (Courv.).

g) *argulus* Frey[2]) — Obthr. Et. XX, T 4, F. 58.

Ist viel kleiner, die Oberseite trüb hellblau, die Unterseite gelblich. Die niedlichen Falterchen kommen im ganzen Rhonetal von Martigny bis zur Furka, z. T. neben dem Typus, in den höheren Regionen der Seitentäler bis zur Baumgrenze hinauf, statt desselben vor. Sie fehlen aber auch nicht in den Berner-, Glarner-, Tessiner- und Graubündneralpen. Die

[1]) Spuler bezeichnet die typischen ♀♀ mit *brunnea* — (Sp. III, T 16, Fig. 3).

[2]) Argulus Frey und aegidion Meisn. werden vielfach (so auch im Staudinger-Catalog 1901) als synonym behandelt, Berge-Rebel führt sie beide unter aegon Schiff. auf. Richtig ist argulus Frey zu argus Schiff. und aegidion Meisn. zu aegon Schiff. zu zählen.

Falter leben gern gesellig und treten oft massenhaft zu Hunderten an der gleichen Stelle auf. Sie setzen sich mit Vorliebe auf Wachholderbüsche (Courv.).

h) *nivea* Courv. — Iris XXV, T II.

♂ gross, oben leuchtend hellblau, unten schneeweiss; ♀ oben rotbraun mit Mittelmond der Vfl, die Randmonde aller Flügel sehr entwickelt, Unterseite hell gelbbraun. Pfynwald (Courv.).

i) *calliopis* Bsd. — Obthr. Et. XX, Pl. V.

Der ♂ heller, die Oberseite des ♀ hellblau mit schwarzen Saumpunkten auf allen Flügeln, diejenigen der Hfl von roten Flecken überragt. Diese eigentümliche südfranzösische Form[1]) kam vor bei Arcine (Blach.) und Naz (Lacr.).

Zeichnungsaberrationen:

elongata Courv.

radiata Courv., Pfynwald.

pluripuncta Courv. *parvipuncta* Courv. *paucipuncta* Courv. *caeca* Courv.	kommen auch bei dieser Art mehr oder weniger häufig vor.

Das Ei überwintert, die Raupen — Sp. IV, T 2 — leben gewöhnlich an Spartium, Melilotus, Trifolium und Onobrychis, aber auch an Colutea arborescens, von Mai bis Juli und von August bis Oktober.

E. Ent. Jahrb. IX, 155 — Sp. I, 61 — Stz. I, 302 — Frio. I, 107.

141. **aegon** Schiff. (false argus L. = argyrotoxus Bergstr.) — Stz. I, T 78 — Sp. III, T 16 — B. R. T 14.

Der Falter ist von geringerer Grösse als der vorige. Die Färbung der Oberseite stets viel dunkler, violettblau. doch hie und da mit mehr grauem oder rötlichem Schimmer. Alle Flügel mit einem breiteren, einwärts verwischten Saum umgeben. Ausnahmsweise kommt ein strichförmiger Mittelmond vor. Die ♀♀ weisen auf braunem Grund einige rote Randmonde auf. Die Unterseite der ♂♂ ist hellgrau oder bläulich-weiss, mit bläulicher Wurzelfärbung, die der ♀♀ gelblich bis kaffeebraun, mit grünlicher Wurzelbestäubung. Eine rostrote Querbinde, von blausilbernen Augen begrenzt, läuft dem

[1]) Vgl. Courvoisier, Ent. Zeitschr. XXIV, 81.

Hfl-Rand entlang. Zwischen den schwarzen Bogenaugen und dieser Binde erscheint auf den Hfl eine weisse Querbinde (Courv.). Der Falter ist im ganzen Gebiet verbreitet und vielfach gemein. In der Ebene im Mai-Juni, dann wieder von Juli bis September, in den Alpen nur in einer Generation.

a) *bella* H. S. (= rufomaculata Reverd.) — Stz, I, T 78 — Bull. Soc. lép. Genève I, Pl. 10.

Ist eine kleine unten sehr helle Form. Die ♂♂ tragen auf der Hfl-Oberseite einige schwärzliche und grellrote Randflecken. Aus dem Unterwallis und vom Simplon (Rev.), auch von Randa und Alpien (Rätz.).

b) *alpina* Courv.[1]) — Ent. Zeitschr. XXIV, 92.

Bei wechselnder, aber im ganzen sehr geringer Grösse, weisen solche Stücke eine nicht nur auffallend breite, sondern auch sehr dunkle und gegen den Discus stark sich absetzende schwarze Berandung aller Flügel und fast ausnahmslos deutliche, oft sogar sehr grosse Mittelmonde auf den Vfl, nicht selten auch auf den Hfl auf. Bisweilen tritt auch eine schwärzliche Uebergiessung der ganzen Flügel oder doch der Adern auf. Diese Falter sind regelmässige, häufig in grosser Zahl auftretende Bewohner der alpinen Region. Etwa von 1200 m an aufwärts und in gewissen Gegenden die ausschliesslichen Vertreter ihrer Art. Walliser-, Urner-, Tessiner- und Graubündner-Alpen. Diese Form geht bis etwa 2400 m Höhe.

c) *killiasi* Christ — Ber. d. Natf. G. Gbdn. 1883, p. 10.

Die ♂ Oberseite zeigt ein breites, schwarzes nach innen strahlig verschwindendes Band, so dass nur wenig Blau bleibt; das ♀ ist auffallend klein. Lokalform von Tarasp (Kill.), Faido und Dalpe annähernd (V.).

d) *caerulea* Courv. — Ent. Zeitschr. XXIV, 93.

♀ Form mit heller blauer Oberseite aller Flügel, so dass nur noch ein schwärzlicher Saum übrig bleibt und mit prächtigen rotgelben Randmonden, besonders auf den Hfl. In Mehrzahl im Spätsommer vom Vierwaldstättersee, Simplon (Courv.).

[1]) Nec alpina Berce, welche von Berge-Rebel und neuerdings auch von Oberthür (Fascic. IV, 1910), als Form von aegon Schiff. bezeichnet wird, aber von Berce selber zu argus Schiff. gezählt worden ist und nach seiner Beschreibung auch dorthin gehört, hingegen nicht mit «argulus Frey» identifiziert werden darf. (Courv.).

e) *brunnea* Courv. — Ent. Zeitschr. XXIV, 93.

Analog der nämlichen Form von argus Schiff. In den Alpen.

f) *hypochiona* Rbr. — Cat. Lép. And. I. 1858. 35.

Annäherungen an diese hellere, rötlich blau gefärbte, am Hinterrand schwarz punktierte. unten schneeweisse spanische Form fing Prof. Courvoisier im Rhonetal.

g) *aegidion* Meisn. — Naturw. Anzeiger I. 1818, Nr. 11 — Gerh. T 23, Fig. 3 — Ent. Zeitschr. XXIV, 93.

Individuelle Form, sie entspricht der alpina Courv., aber es fehlen ihr die Metallpupillen der Hfl-Unterseite. Unter der Art. W. S.

h) ? *valesiana* M. D. — M. D. p. 67.

Mit gelbgrauer Unterseite und sehr kleinen Ocellen. Nach Seitz häufig unter dem Typus im Wallis.

i) *nigrescens* Courv. — Iris XXV. 103 T II.

Zeigt in beiden Geschlechtern eine rauchgraue bis schwärzliche Grundfarbe der Unterseite. Die rötlichen Randmonde der Vfl, oft auch der Hfl durch dunkelgraue Schatten verdeckt. Saillon im Mai 1908 (Courv.).

k) *punctifera* Courv. — Ent. Zeitschr. XXIV, 81.

Mit grossen schwarzen Randpunkten auf den Hfl beim ♂. Aus der Umgebung von Basel. öfter.

Zeichnungsaberrationen:

crassipuncta Courv.
elongata Courv.
radiata Courv.
extrema Courv. — Bull. Soc. lép. Genève I, Pl. 9. Von Berisal (Courv.).
pluripuncta Courv.
paucipuncta Courv.

kommen in beiden Geschlechtern unter der Art vor.

Das Ei überwintert und die Raupen schlüpfen im März—April. Die Eier werden einzeln abgelegt, die Raupen sind in der ersten Junihälfte erwachsen und die Falter erscheinen 14 Tage nach der Verpuppung. (Gub. Ent. Zeitschr. II, 138).

Die Raupe — Sp. IV, T 2 — lebt bei uns an Ononis,

Colutea und Ginster von April bis Juni und im August und September.

E. Ent. Jahrb. IX, 154 — Soc. Ent. XIV, 99; — XX, 131 — Gub. Ent. Zeitschr. I, 110 — Sp. I, 61 — Stz. I, 300 — Frio. I, 109.

142. **sephyrus** Friv. — Sp. III, T 16 — Stz. I, T 78.

Die typische Art fehlt.

a) *lycidas* Trapp[1]) — Stz. I, T 78 — Obthr. I, Pl. II.

Wurde von Trapp im Wallis entdeckt und kommt besonders im Saaser- und Zermattertal, am Simplon, sowie bei Follaterres (W.) vor. Angeblich auch an der Gemmi (Standen) und im Maggiatal (Musch.). Flugzeit von Ende Mai bis im August. Es kommen auch Exemplare vor, die unterseits im Analwinkel der Hfl glänzende Schuppen tragen, so dass Hybridation mit optilete Knoch. denkbar wäre. Ein ⚥ meiner Sammlung von Stalden zeigt die Analwinkel der Hfl gelb gefleckt.

b) *caerulea* Courv. — Ent. Zeitschr. XXIV, 99.

♀ Form mit blauer Oberseite, bis auf den breiten schwarzen Saum der Hfl, in welchem rotgelbe Randmonde stehen. Unter der Art selten. Stalden, Berisal (Courv.).

Zeichnungsaberrationen:

elongata Courv.
parallela Courv. } kommen unter der Art vor.
radiata Courv.

Die Raupen leben an Astragalus exscapus bis Mai.

143. **baton** Bergstr. — Stz. I, T 79 — Sp. III, T 16 — B. R. T 14.

Im ganzen Lande verbreitet, aber stets einzeln. Der Falter geht in den Alpen bis 2500 m und bevorzugt trockene warme Stellen. Flugzeit in ein bis zwei Generationen von April — August. Auffallend grosse Stücke fand Dr. Stierlin im Val Piora.

Zeichnungsaberration:

costa-juncta Courv. Bei einem ♀ von Martigny (Courv.).

Die Raupe — Sp. IV, Nachtr. T I — lebt an den Blüten von Thymus serpyllum und vulgare, auch an Coronilla varia

[1]) Vergl. die Monographie von Jäggi in Mittlg. S. E. G. VI, 95 T.

im April-Mai und im Juni-Juli. Die Raupen der zweiten Generation überwintern.

E. Lamp. 104 — Sp. I, 62 — Stz. I, 305.

144. **orion** Pall. — Sp. III, T 16 — Stz. I, T 79 — B. R. T 14.

Ist nur aus dem westlichen und südlichen Gebiet bekannt, der Falter fliegt dort in zwei Generationen im April—Mai und Juli—August. Er überschreitet gewöhnlich 1000 m Höhe nicht, aber ich sah ein sehr kleines ganz frisches ♀ gefangen von Hoffmann am 16. VII. 1910 auf der Findelenalp in 2600 m Höhe. Es muss aber doch wohl ein verirrtes Stück sein, da orion Pall. bei Zermatt fehlt (Püng.).

a) *ornata* Stdg. — Stz. I, T 79.

Ist die kleinere, lebhafter blaue Frühlingsgeneration, sie geht bei Airolo bis nahe an 1000 m (V.).

b) *nigra* Rühl — Stz. I, T 79.

Eine besonders im ♀ Geschlecht ganz schwarz auftretende Sommergeneration. Vorkommen mehr in tieferen Lagen der insubrischen Täler und des Wallis.

c) *metioche* Fruhst. — Gub. Ent. Zeitschr. IV, 63.

Ist grösser, der blaue Anflug der Oberseite gering, die Unterseite mit sehr grossen oft zu Binden zusammenfliessenden Makeln, die Randmonde schmal, ockergelb. Wallis und Tessin, häufig.

d) *lariana* Fruhst. — Gub. Ent. Zeitschr. IV, 63.

♂♂ ausgezeichnet durch sehr helles bis an die weisslichen Submarginalpunkte der Vfl reichendes Blau. Hfl ähnlich ornata Stdg., aber ohne die schwarzen, weiss umringten Ocellen. Monte Bisbino und am Comersee.

Zeichnungsaberrationen:

elongata Courv. *costa-juncta* Courv. *semiarcuata* Courv. *arcuata* Courv.	kommen auch bei dieser Art vor.

Zufällig erhaltene Eier wurden auf Sedum album in einem Glasgefäss abgelegt; die Raupen schlüpften nach wenigen Tagen. Das Futter hält sich ziemlich lange Zeit; wird es welk, so genügt es, einige frische Pflänzchen auf die alten zu legen. Auf den Boden wurden Topfscherben und Steine gelegt, da die Raupen zur Verpuppung Hohlräume brauchen. Innerhalb acht Wochen waren die Raupen verpuppt. Die Puppen dürfen nicht zu trocken gehalten werden, die Falter schlüpften im April. Im Freien lebt die Raupe an felsigen Orten von Mai bis August. (Tumma, Ent. Zeitschr. VIII, 32).

E. Ent. Jahrb. IX, 155 — Ent. Zeitschr. XVII, 91 — Sp. I, 62 — Stz. I, 306 — Frio. I, 113.

145. **optilete** Kn. — Sp. III, T 16 — Stz. I, T 79.

Die Stammform sicher nur aus der badischen Umgebung Basels, so Jungholz ob Säckingen, Hinterzarten im Höllental (Courv.).

a) *cyparissus* Hb. — Stz. I, T 79.

Die kleinere Form von leuchtenderem Blau mit schmäleren schwarzen Flügelrändern. Der Falter fliegt in einer Generation, im Juli-August, als Gebirgstier nur im Jura und den Walliser-, Tessiner- und Graubündner-Alpen, aber auch in den Sümpfen des Kantons Zug zwischen Sihlbrugg und Menziken, dann bei Einsiedeln (V.). Er geht im Wallis bis über 2500 m. N. J. O. W. G. S. U.

Zeichnungsaberrationen:

elongata Cour. (= subtus-radiata Favre). Aus dem Wallis.

pluripuncta Courv.

Die Raupe — Sp. IV, T 2 — lebt an Vaccinium und Oxycoccus von August bis Juni auf sumpfigen Wiesen.

E. Sp. I, 62 — Stz. I, 304 — Frio. I, 110.

146. **orbitulus** Esp. (nec de Prunner) — Stz. I, T 79 — Sp. III, T 16 — B. R. T 14.

Ist im ganzen alpinen Gebiet verbreitet und nirgends selten. Der Falter beginnt bei 1200 und geht bis nahe an 2600 m (Findelen-Gletscher, Hoffm.).

a) *oberthüri* Stdg. — Stz. I, T 79.

Aus den Pyrenäen beschriebene grössere Form, mit schärfer markierter Zeichnung.

b) *orbitulinus* Stdg. (= subtus-punctis-fortissimis Favre) — Stdg. 581 b.

Unterseite mit grösseren Ocellen.

c) *wosnesenski* Mén. — Stz. I, T 79.

Mit kräftigen Ocellen, aber gering entwickelten weissen Flecken der Hfl-Unterseite.

Exemplare, die sich an diese drei Formen eng anschliessen, sind auch in unsern Alpen nicht selten (Courv.).

d) *aquilo* Auriv. — Stz. I, T 79.

Die Ocellen sind erlöschend. Ein Stück vom Piz Languard (Courv.).

e) *aquilonia* Wh. — Wheeler 37.

Mittelmond der Vfl dunkelschwarz, dreieckig. der Hfl kleiner, runder, heller, beide weiss umrandet; Antemarginalreihe von weissen Flecken; Saum heller, als die Grundfarbe. ♂♂ vom Pilatus, Engadin (Lowe); ♀♀ von Niederbauen, der Frutt, vom Pas de Cheville, Laquintal und Albula (Courv.); am Glärnisch die herrschende Form (Musch.).

f) *alboocellata* Wh. — Stz. I, 307.

♀ Form mit weisser Fleckenreihe der Vfl-Unterseite. Davos (Hauri).

Bei Davos wurden ♀♀ mit blass-orangegelben Flecken am Saum der Hfl-Oberseite erbeutet.

Zeichnungsaberrationen:

radiata Courv. (= striata Rev.) — Bull. Soc. lép. Genève 1, Pl. 10.

♀ Form, Mittelfleck der Vfl-Oberseite blau umzogen, im Apex zwei blaue Wische. Die schwarzen Flecke der Vfl-Unterseite in schwarze Striche ausgezogen. Torrentalp (Rev.).

caeca Courv., kommt auch bei dieser Art vor.

Die Raupe wird im Juni-Juli unter Steinen und an Androsace vitaliana gefunden. Diese nur den südlichen Walliseralpen eigene Pflanze kann aber nicht die einzige Futterpflanze des durch alle unsere Alpen so sehr verbreiteten Falters sein. Chapman fand sie an Soldanella alpina.

E. Sp. I, 63 — Stz. I, 307 — Frio. I, 113.

147. **pheretes** Hb. (= orbitulus de Prunner) — Stz. I, T 79 — Sp. III, T 16 — B. R. T 14.

Verbreitung wie die vorige Art, aber gewöhnlich lokaler

und seltener, sie fliegt im Juli-August, etwa zwischen 1000 und 3000 m. G. W. U. O. S.

a) *caerulea* Courv. — Ent. Zeitschr. XXIV, 107.

♀ Form mit blauer Oberseite, auf welcher die Flecke der Unterseite durchschimmern. Selten neben dem Typus. Simplon (Courv.).

b) *caeruleopunctata* Wh. — Wheeler 39.

♀ Form mit blauen Flecken auf der Vfl-Oberseite. Pierre à Voir (W.), Zinal (Courv.), Mürren (Wh.), Glärnisch (Musch.).

c) *pheretiades* Rätzer (non Ev., = minor Musch.) — Bull. Soc. lép. Genève I, 369.

In der Rätzer'schen Sammlung (Mus. Bern) stecken eine Anzahl Zwergexemplare von Alpien am Simplon und vom Gornergrat unter der obigen Bezeichnung. Ausser der geringern Grösse weichen sie vom Typus kaum ab. Vom Glärnisch (Musch.).

d) *pupillata* Musch. — Bull. Soc. lép. Genève I, 369.

Die weissen Bogenaugen der Hfl-Unterseite sind gross und schwarz gekernt. Glärnisch (Musch.), Gotthard (V.).

Zeichnungsaberrationen:

paucipuncta Courv. (= maloyensis Rühl) — Soc. Ent. VII, Nr. 23.

Ohne die Bogenaugen der Vfl-Unterseite. Maloja (Rühl). Maggiatal (v. J.), Calfeisental (M.-R.), Val Piora (Stierlin), Zermatt, Simplon (Püng.), Frutt, Val Ferret, Val Tuors (Courv.).

caeca Courv.

Ist eine ♂ Form, welche auf der Vfl-Unterseite nur den schwarzen Mittelmond, auf den Hfl nur den weissen Wisch aufweist. Von der Frutt (Courv.).

Die Raupe ist unbekannt, sie lebt vermutlich an Phaca alpina und frigida. Wenigstens fing Püngeler die ♀♀ Falter an diesen Pflanzen, wenn er auch die Eiablage nie beobachten konnte.

148. **medon** Esp. (= astrarche Bergstr. = agestis S. V.) — B. R. T 14 — Stz. I, T 79 — Sp. III, T 16 — Ent. Zeitschr. XXIV, 112.

Der Falter ist im Jura und den Alpen allgemein verbreitet, dagegen in der Ebene nicht häufig; seine Höhengrenze geht bis nahe an 2500 m. Flugzeit in zwei Generationen von Ende April bis September.

a) Die Sommergeneration[1]) geht im Süden des Gebietes über in *calida* Bell. — Stz. I, T 79. 80 — Sp. III, T 16.

Sie besitzt lebhaft braungelbe Unterseite mit starken Randbinden. W. S.

b) *allous* Hb. — Stz. I, T 79.

Werden alpine Stücke genannt, deren Oberseite dunkler, und Fleckenbinde erloschen ist. W. S. G.

c) *cramera* Eschh. — Stz. I, T 80.

Die feurige rote Fleckenbinde hängt fast zusammen. In einer Uebergangsform von Basel (Courv.).

Zeichnungsaberrationen:

elongata Courv.

pluripuncta Courv.

caeca Courv. — Bull. Soc. lép. Genève II, Pl. 1.

Kommen auch bei dieser Art vor.

Rehfous beobachtete die Eiablage mehrmals im September 1910. Die ♀♀ legten dieselben stets auf die Blätter von Helianthemum vulgare. Die Raupen schlüpfen nach 10—15 Tagen und verzehren die Blattsubstanz.

Die Raupe — Sp. IV, T 2 — lebt von September bis Mai und im Juni—Juli auch an Erodium cicutarium und andern niedern Pflanzen.

E. Ent. Zeitschr. XXI, 160 — Sp. I, 63 — Stz. I, 309 — Frio. I, 114 — Favre 18.

149. **donzeli** B. — Stz. I. T 80 — Sp. III, T 17 — B. R. T 16.

Der ziemlich seltene Falter findet sich nur in den Alpen von W. S. G. Er beginnt dort bei etwa 1200 und geht bis 2000 m, so z. B. im Val Tasna bei Ardez (Stierlin).

[1]) Die vielfach wiederkehrende Behauptung, die zuerst Meyer-Dür aufstellte, dass die Frühlingsform von der Sommerform durch geringere Entwicklung der rotgelben Randflecken abweiche, ist in dieser Allgemeinheit eben so unrichtig, wie die Behauptung von der grauen Unterseite der Frühlings- und der braungelben der Sommerexemplare. Schwache und starke Randflecken, graue und braungelbe Unterseite kommen bei beiden Generationen vor (Courv.).

Er fliegt gerne an feuchten Erdstellen innerhalb der Waldregion. Zermatt (Püng.), Saas (Blach.), Riffelalp (Favre), Zinal (Roug.), Turtmann (M.-R.), Val Ferret, Saas, Binn, Simplon (Courv., V.), Ponchette (Favre); verbreitet im Engadin, so Sils (Stdfs.), St. Moritz, Celerina, Pontresina (Honegger), Samaden (Kill.), Val Bevers, Roseggtal (v. J.), Julier (Rühl); Campolungo (V.).

a) *septentrionalis* Krul. — Soc. Ent. XXIII, 11.

Ist von Prof. Courvoisier auch bei uns beobachtet.

b) *obscura* Courv. — Ent. Zeitschr. XXIV, 126.

♂ verdunkelte Form, die oft kein deutliches Blau mehr zeigt. Aus den Walliser-Hochtälern (Courv.).

c) ? *hyacinthus* H. S. — Ent. Zeitschr. XXIV, 127 — Stz. I, T 80.

Ein dieser kleinasiatischen (Lokal- ?) Form nahestehendes ♂ ohne den weissen Strich der Hfl-Unterseite fing Prof. Courvoisier 1895 bei Berisal.

Die Raupe lebt von Herbst bis Mai—Juni an Geranium.
E. Stz. I, 310 — Ent. Rec. XVIII, 313 — XIX, 12.

150. **chiron** Rott. (= eumedon Esp.) — Stz. I, T 80 — B. R. T 14 — Sp. III, T 16 — Ent. Zeitschr. XXIV, 131.

Der überall seltene Falter ist über das ganze Gebiet verbreitet. Er fliegt von Juni bis August und geht in den Alpen bis etwa 2500 m. Dort wird der Falter kleiner, mit weniger Orange.

a) *fylgia* Spangb. — Obthr. Et. IV, Pl. XLII.

Ohne den weissen Längsstrahl der Hfl-Unterseite. Selten unter der Art. Riffelalp (Obthr.), Laquintal (Courv.).

b) *nigrostriata* Musch. — Bull. Soc. lép. Genève I, 264.

Der Mittelmond der Hfl-Unterseite ist mit den Randmonden durch eine schwarze Linie verbunden, welche den weissen Strahl in zwei Teile trennt. Ein ♂ vom Simplon (Musch.).

Zeichnungsaberration:

caeca Courv. (= subtus-impunctata Favre).

Vfl ohne Punkte der Unterseite. Wallis (W.). Appenzelleralpen, Calfeisental (M.-R.), Gemmi (Courv.).

Die Raupe ist unbeschrieben, sie lebt im Mai—Juni in den Blüten und Früchten von Geranium sanguineum, pratense, silvaticum und purpureum, auf feuchten Wiesen.

E. Stz. I, 309 — Sp. I, 64 — Frio. I, 116 — Favre 19.

151. **icarus** Rott. (= alexis Scop.) — Stz. I, T 80 — Sp. III, T 16 — B. R. T 14.

Der Falter kommt in zwei bis drei Generationen von April bis Ende Oktober im ganzen Gebiet vor. Er ist in der Ebene sehr gemein, um in Höhenlagen von etwa 2200 m (Col de Balme, V.) als seltenere Erscheinung zu endigen.[1])

Ein gynandromorphes Stück erbeutete J. Guédat bei Tramelan, ein weiteres Prof. Blachier bei Genf (Bull. Soc. lép. II, Pl. 1).

Einen mutmasslichen Hybriden von icarus Rott.×escheri Hb. erbeutete ich im Juni 1910 bei Martigny. Der Falter ist oberseits genau wie escheri, unterseits genau wie icarus. Auch Standfuss erwähnt ♂♂ Exemplare aus dem Wallis dieser Hybridation (Hdbch. p. 53).

a) *caerulea* Fuchs — Stz. I. T 80.

♀ Form mit blauer Bestäubung der ganzen Flügeloberseite. Unter der Art, besonders auf kalkigem Gebiet.

b) *punctifera* Courv. — Lyc. Basels, p. 160.

Mit grossen schwarzen Randpunkten auf der Hfl-Oberseite der ♂♂. Basel.

c) *latimargo* Courv. — Lyc. Basels, p. 160.

Besitzt breite schwarze Flügelränder. Basel.

d) *fuliginosa* Courv. — Lyc. Basels, p. 160.

Die Zone der roten Randpunkte der Unterseite ist russig überdeckt. Basel.

e) *nigro-cuneata* Lacr. — Bull. Soc. lép. Genève I. Pl. 9.

---

[1]) Die oft aufgestellte Behauptung, dass die Frühlingsgeneration grössere, im ♂ Geschlecht reiner blaue, im ♀ häufiger blaue und in beiden Geschlechtern mit geringeren Randflecken versehene Falter liefere, ist, wie man an grossen Serien zeigen kann, nicht zutreffend. Im Frühling wie im Sommer findet man kleine und grosse, reiner und rötlicher blaue ♂, blaue und braune ♀, schwache und starke Randflecken., ohne dass man von der einen oder andern Jahreszeit sagen kann, sie sei entschieden bevorzugt. Ja meine schönsten blauen ♀ sind alle Sommerexemplare (Courv.).

Die Unterseite aller Flügel ist durch weissliche Striche, in welchen — innerhalb der Orangebinde — keilförmige schwarze Flecke stehen, aufgehellt. Genf.

f) *celina* Aust. — Stz. I, T 80.

♂ kleinere Form, vom gewöhnlichen Blau des icarus Rott. mit schwarzen Punkten auf der Hfl-Oberseite. Lostallo im VIII/IX. 1910 (Thom.)[1])

Zeichnungsaberrationen:

crassipuncta Courv.
elongata Courv.
semiarcuata Courv.
arcuata Courv., Weym. (= melanotoxa Pinc. = arcua Favre)
digitata Courv.

---

[1]) In der Gub. Ent. Zeitschr. II, 10. 17 führt Gillmer die folgenden Formen auf:

I. ♂ Formen:
1. Typus: rötlichblau.
2. *pallida* Tutt. Ist blass rötlich-blau (bisher nur unter der Sommerform beobachtet).
3. *clara* Tutt. Glänzend blau, ähnlich dem bellargus ♂.
4. *celina* Anst. Rötlichblau, die Hfl mit schwarzen Saumpunkten.

II. ♀ Formen:
5. Typus: ganz braun oder schwärzlichbraun mit gelben Randflecken.
6. *fusca* Gillm. Wie die vorige aber ohne die gelben Randflecke.
7. *icarus-cuneata* Gillm. Braun mit orange Randflecken und weisslichen Kegelflecken der Hfl.
8. *semiclara* Tutt. Braun mit glänzend blauer Basis und erloschenen roten Saumflecken. Unter der Frühlingsbrut.
9. *caerulescens* Wh. Die Wurzeln bis gegen die Flügelmitte blau bestäubt.
10. *caerulea* Fuchs. Blau mit Mittelfleck der Vfl.
11. *caerulea-cuneata* Tutt. Braun, bis zur Mitte blau übergossen, Hfl mit Mittelflecken und Keilzeichen.
12. *pallida* Tutt. Braun, mit rötlichblauen Schuppen durchsetzt, Kegelzeichen und oft blassblau gesäumten Orangeflecken.
13. *angulata* Tutt. Braun, blau durchsetzt, mit blassblauen Würfelhacken auf der Innenseite der Orangebinde der Vfl.
14. *amethystina* Gillm. Ganz blau mit roten Randflecken.
15. *clara* Tutt. Ganz blau mit fast oder ganz erloschenen Randmonden. Unter der Frühlingsbrut.

Weiter kann man den Furor nomenclatorius kaum mehr treiben!

10

radiata Courv.
extrema Courv.
tripuncta Courv.
quadripuncta Courv.
pluripuncta Courv.

Alle diese Formen kommen unter der Art vor.

unipuncta Courv. (= iphis Meig.)[1])

Ziemlich häufig aus der Umgebung Basels (Courv.), Aadorf (Z.-R.).

impuncta Courv. (= icarinus Scr.) — Stz. I, T 80.

Ueberall nicht selten. Nach Rätzer an heissen Abhängen des Wallis Mitte Juli die herrschende zweite Generation.

paucipuncta Courv. (= semipersica Tutt).

caeca Courv.

Eine sehr bemerkenswerte Aberration, mit vergrösserten Ocellen der Unterseite, die auf silberweissem, gegen die Flügelwurzeln hin bläulichem Grunde stehen, wurde bei Hermance erbeutet. (Bull. Soc. lép. Genève I. Pl. 9).

Die Raupe — Sp. IV, T 2 — lebt an Kleearten, Ginster und anderen niederen Pflanzen.

Das ♀ legt seine Eier im Juni einzeln an die Blätter und Blüten ab. Die jungen Raupen verzehren die Blattsubstanz, später auch die Blüten. Von der zweiten Junihälfte an sind die Raupen erwachsen und liefern die Falter von Ende Juli bis Mitte August. Im August abgelegte Eier schlüpfen nach 9 bis 10 Tagen. Diese liefern bis Ende September oder Anfang Oktober eine spärlichere zweite Brut oder überwintern. In der Sommerbrut gibt es ebenfalls vorauseilende oder zurückbleibende Raupen, erstere liefern die Falter schon von Mitte Juli an, letztere oft erst gegen Ende August. Der Falter ist demnach, bis auf kurze Intervalle, von Mai bis Oktober zu treffen. (Gillmer, Gub. Ent. Zeitschr. II, 153).

E. Ent. Jahrb. IX, 157 — Soc. Ent. XIV, 99 — Gub. Ent. Zeitschr. I, 127 — Sp. I, 64 — Stz. I, 312 — B. R. T 14 — Frio. I, 117 — Favre 19 — Roug. 21.

152. **tithonus** Hb. (= eros O.) — Stz. I, T 80 — Sp. III, T 16 — Ent. Zeitschr. XXIV, 148.

---

[1]) Prof. Courvoisier betrachtet bei den Wurzelaugen tragenden Lycaenen: icarus Rott., tithonus Hb., bellargus Rott. und coridon Poda die Zweizahl als Norm.

Der Falter ist in der Ebene selten, wird aber in den Alpen von O. W. S. G. — stellenweise auch in der Talsohle — häufig, besonders im ♂ Geschlecht. So im Val Piora zu Tausenden längs des Ritomsees (Stierlin). Höhenverbreitung bis etwa 2200 m (Findelen, Hoffm.). Flugzeit im Juli-August.

a) *caerulescens* Obthr. — Stz. I, T 80.

♀♀ mit hellblauem Anflug. Unter der Art, selten.

b) *caerulea* Courv. — Ent. Zeitschr. XXIV, 148.

♀ Form mit sehr reichlichem Blau aller Flügel, bis auf einen schmalen Saum vom Silberblau des ♂. Wallis, Engadin.

c) *lunulata* Courv. — Ent. Zeitschr. XXIV, 148.

Sehr seltene ♂ Form mit Mittelmond auf den Vfl.

d) *punctifera* O. — Ent. Zeitschr. XXIV, 148.

♂ Form mit Punkten am Saum der Hfl-Oberseite. Häufig.

e) *albipicta* Schultz — Ent. Zeitschr. XIX, 214.

♀ Form mit weisslichem Queraderfleck auf der Oberseite der Vfl. Silvaplana.

f) ? *eroides* Friv. — Stdg. 597 o.)

Diese grössere, im ♂ reiner blaue Form angeblich aus Graubünden (Kill.) und von Arolla (Z.-R.).

g) *petrividendus* Favre — Faun. val. p. 19.

Ist ein Unicum vom Pierre-à-Voir, ohne die schwarzen Randflecke der Unterseite, statt dessen mit einer weisslichen Binde an allen Flügeln.

h) *hermaphroditus* Knecht — Mittl. S. E. G., Bd. IX, 157 — Iris XXV, 104 T II.

Von Knecht 1893 am Albula erbeutet. Rechte Hälfte ♂, linke Hälfte ♀.

Zeichnungsaberrationen:

elongata Courv.
disco-juncta Courv. } (=subtus-radiata Obthr.) — Obthr. Et. XX,
costa-juncta Courv. } Pl. III — Bull. Soc. lép. Genève II, Pl. 1.
semiarcuata Courv.
arcuata Courv.
digitata Courv.
radiata Courv.
tripuncta Courv.

unipuncta Courv.
impuncta Courv.
kommen auch unter dieser Art vor.

Püngeler beobachtete bei Zermatt ein ♀, wie es die Eier auf Oxytropis campestris absetzte. Die Raupe ist unbekannt.

153. **hylas** Esp. (= dorylas Hb.) — Stz. I, T 80 — Sp. III, T 16 — B. R. T 14.

Der Falter, meistens eine seltenere Erscheinung, kommt im ganzen Lande vor, am zahlreichsten auf kalkigem Boden und in der alpinen Region. Er fliegt in zwei Generationen, im Mai—Juni und von Juli bis Oktober. Er übersteigt kaum 2000 m Höhe. (Honegger fing auf der Kl. Scheidegg ein Exemplar in 2066 m Höhe).

a) *golgus* Hb. (= minor Tutt) — Ent. Zeitschr. XXIV, 156.

Zwergform. Basel, Wallis, Bergün (Courv.), Fossard, La Bergue, Russin (Blach.), Hermance (Rev.).

b) *nigropunctata* Wh. — Wheeler 34 — Stz. I, T 80.

♂ Form mit schwarzen Punkten, längs des Hfl-Randes. Von St. Georges im Jura, Monnetier, Veyrier (Blach.), Genf und anderwärts (Musch.).

c) *caerulea* Courv. (= metallica Favre = gabrielis Obthr.) — Ent. Zeitschr. XXIV, 156.

♀ Form mit ausgedehnter blauer Färbung der Oberseite. Selten. W. J. S. V.

d) *tiroliensis* Heyd. — Ent. Zeitschr. XXIII, 177 — XXIV, 167.

Unterseite beider Geschlechter mit grössern Ocellen, zumal der Vfl. Die Randflecke sehr vergrössert und die schwarzen Randmonde spitz dachförmig. Unter der Art. Basel, Jura, Vierwaldstättersee (Courv.).

e) *griseoviolaceus* Obthr. — Obthr. XX, T III.

Völlig blaugraue ♂♂ Exemplare. In der Sammlung v. Jenner aus dem Wallis, in der meinigen von St. Blaise 5. VIII. 1906.

Prof. Courvoisier fing auch Exemplare von grünlichem Colorit und solche, die jedes Glanzes entbehren und mit weisslichem Flaum überzogen sind, ohne scharfe schwarze Ränder.

Zeichnungsaberrationen:

disco-elongata Courv. (= subtus-partimradiata Obthr.).

pluripuncta Courv. (= addenda Tutt).

Unter der Art, nicht selten.

transversa Courv. — Ent. Zeitschr. XXIV, 167.

Ein Unicum, bei welchem an den Vfl alle, an den Hfl die mittleren Bogenaugen zu einer queren, wie mit Tinte gezogenen Zickzacklinie verbunden sind.

Rehfous beobachtete einmal die Eiablage am 19. VI. 1910. Sie erfolgte einzeln auf die Blätter von Anthyllis vulneraria. Die Raupe lebt an Steinklee, Wundklee und Thymian, besonders auf Kalkboden in Wald- und Bergwiesen.

E. Sp. I, 65 — Stz. I, 314 — Frio. I, 119 — Favre 21.

154. **amanda** Schn. — Sp. III, T 16 — Stz. I, T 80.

Der Falter fliegt an sumpfigen Stellen der Waadt, des Wallis und in Graubünden, ganz lokal von Ende Mai bis Juli. Er ist besonders im Unterengadin bei Zernez, Guarda, Lavin, Tarasp häufig (Hauri), aber auch von Chiéboz (Steinegger), Saillon. Saxon, Aigle, Vernayaz im Rhonetal (V.), Mayens de Sion (Pictet). Der Falter besitzt im Unt.-Engadin meist eine hellere Unterseite als im Wallis. Die Ocellen sind grösser, die gelben Saumflecke kräftiger entwickelt (Hauri).

a) *hispelis* Fruhst. — Soc. Ent. XXV, 48.

♂ Form, sie ist satter blau, die Unterseite weisslich, das Hauptkennzeichen bilden die beinahe verschwindenden bleich rötlichgelben Subanalmakeln. Martigny, Simplon.

Zeichnungsaberration:

caeca Courv. (= caeca Gill.) — Soc. Ent. XVIII, Nr. 23.

Mit mehr oder weniger augenloser Unterseite. Martigny (Courv., Musch.).

Das Ei wird an die Unterseite der Fiederblättchen von Vicia cracca und zwar meistens in der Nähe ihres Grundes einzeln, selten zu zweien, angeheftet. (Gillmer, Ins. Börse XXIII, 115).

Die Raupen leben an feuchten, buschigen Orten, an Vicia cracca, sie überwintern klein und sind im Mai—Juni erwachsen. Die Falter erscheinen nach 14 Tagen.

E. Sp. I, 65 — Stz. I, 313 — Frio. I, 118 — Favre 19.

155. **meleager** Esp. — Sp. III, T 17 — Stz. I, T 81 — B. R. T 14.

Der Falter ist immer nur ganz vereinzelt und lokal zu finden. Er fliegt im Juni—Juli. La Batiaz, Plan-Cerisier, Fully (W.), Follaterres, Branson (V.), Sierre (Paul), Val d'Anniviers, Bois de Finge, Salgesch, Vârone (Roug.), Leuk, Visp, Stalden (Jäggi), Huteck (v. J.), Biasca, Grono (V.), Tarasp (Kill.).

a) *steeveni* Tr. — Stz. I, T 81.

Eine dunkelbraune, mit schwärzlichen Adern ausgestattete ♀ Form, welche im Wallis die einzig vorkommende ist. Follaterres (V.), Batiaz, Varen (W.).

Die Raupe lebt an Astragalus, Onobrychis, Thymus und Orobus bis Mai.

E. Sp. I, 65 — Stz. I, 314 — Frio. I, 119 — Favre 21.

156. **escheri** Hb.[1]) — Stz. I, T 81 — Sp. III, T 16.

Kommt fast nur im südlichen Gebiet vor. Der Falter beginnt bei ca. 600 m (Saillon, Courv.) und steigt bis 2200 m (Findelen, Courv. und Col de Balme, V.). Er fliegt in einer Generation im Juni-Juli, besonders an heissen, steinigen Orten, wo er sich gerne auf die Blüten von Thymian setzt. Gegen Abend oder am frühen Morgen findet man das Tier in Mehrzahl auf Juniperus-Büschen ruhend. Der westlichste Punkt seines Vorkommens scheint bei Aigle (Wh.) zu sein; die vage Angabe «Préalpes» (T. de G.[2]) ist unsicher. Sehr verbreitet ist der Falter dagegen im Wallis bis hoch in die Seitentäler hinauf; im Val Vedro von Gondo bis Iselle (Courv., V.); im Maggiatal bei Fusio (Musch.); Tessin (Chapm.). Endlich kommt er auch an einigen Stellen des Kantons Graubünden vor, so im mittleren Albulatal, bei Tiefenkasten, Filisur bis Wiesen ist er oft fast häufig (Schibler), am Schynpass (Courv.), bei Schmitten (Hauri), fraglich von Campfèr (Jones) und Pontresina (Wh.). Graubündner-Exemplare sind oberseits strahlend blau, unterseits dunkler und die rötlichen Saumpunkte meist schwächer, aber die Punktreihe im Discus der Vfl sehr kräftig, die Punkte sehr gross und bis zum Innenrand reichend.

---

[1]) ? L. admetus-ripperti Bsd. soll nach Ghidini im Tessin vorkommen. Nach Lampert besässen wir auch die typische admetus Esp. (?).

[2]) vgl. Tobie de Gottrau «Catalogue des Macrolépidoptères de Fribourg.» 1907.

Die rötlichen Saumflecke der ♀♀ auf der Hfl-Oberseite (zuweilen auch auf den Vfl) fast ganz erloschen.

a) *punctulata* Wh. — Wheeler p. 34 — Sp. III, T 16.

⚦ Form, welche oberseits längs der Hfl-Ränder schwarze Punkte trägt. Selten. Wallis 3 Stück (Courv.), Brig (V.).

Zeichnungsaberrationen:

crassipuncta Courv.	Sind unter dieser Art recht selten beobachtet worden.
elongata Courv.	
paucipuncta Courv.	
costa-juncta Courv.	

radiata Courv. ? Ein wohl dahin gehöriges Stück fing Frey bei Zermatt.

Die Raupe lebt im März—April an Astragalus incanus, alpinus, exscapus und monspessulanus. Angeblich auch an Thymus serpyllum, Plantago und Cynoglossum.

E. Favre 20 — Stz. I, 314 — Frio. I, 120 — Sp. I, 65.

157. **bellargus** Rott. (= adonis S. V.) — Sp. III, T 16 — Stz. I, T 81 — B. R. T 14.

Der Falter fliegt in zwei Generationen im Mai-Juni und von Juli bis Oktober. Er kommt im ganzen Gebiet häufig vor, in den Alpen bis etwa 2000 m. Besonders grosse Stücke fing ich am Generoso im Juni 1896. Die Falter sind bequem und in grosser Zahl erhältlich durch Absuchen von Scabiosen und andern Blüten nach Sonnenuntergang, sie nächtigen auch öfter an Grashalmen.

Ein Hermaphrodit wurde von Wullschlegel bei Follaterres erbeutet. Ein weiteres derartiges Stück l. ceronus Esp. ♀, r. bellargus Rott. ⚦ fing Courvoisier bei Vernayaz im Mai 1911.

a) *punctulata* Courv. (= puncta Tutt) — Ent. Zeitschr. XXIV, 168 — Stz. I, T 81 — Lyc. Basels p. 160.

Exemplare mit vergrösserten Randflecken der Hfl-Oberseite. dieselben können auch auf den Vfl angedeutet sein. Unter der Art. Genf, Simplon, Campolungo, Martigny (Musch.).

b) *caerulea* Courv. (= ceronus Esp.) — Sp. III. T 16 — Stz. I, T 81.

Die blaue ♀ Form kommt besonders auf Kalk (nach Rätzer auf mit Gips gedüngten Kleefeldern) vor. Prächtige

Stücke am Südrande des Jura, Twann (v. J.), St. Blaise (V.), Veyrier (Blach.), Genf (Weber, Musch.); Basel (Courv.), Martigny (W.), Monnetier (Blach.), am Ofenpass noch in 2000 m Höhe (Thom.).

c) *grisea* Courv. — Ent. Zeitschr. XXIV, 169.

Mit grauem Schimmer, besonders der Vfl Spitzen, überlaufene ♀ Form. Sehr selten von Basel (Courv.).

d) *polonus* Z. — Stz. I, T 81 — Ent. Zeitschr. XXIV, 169 — Brit. Butt. IV, Pl. 1 — Iris XXV, 105 T II.

Polonus ist ein Bastard zwischen bellargus Rott. und coridon Poda. Es sind von dieser Kreuzung eine ganze Anzahl Stücke bekannt geworden. Airolo (Dadd), Bella Tola (Forbes), Pfyn (Rosa), Genf (Blachier), La Batiaz (W.), Fusio (Musch.), Veyrier (Rehf.), Bois des Frères (Pictet).

e) ? *newmani* Reuss.[1]) — Iris XXV, 105 T II.

Einen Bastard (?) von bellargus Rott. × icarus Rott. erhielt Prof. Courvoisier aus dem Kanton Bern.

f) *plumbeus* Courv. (= suffusa Tutt ?) — Lyc. Basels 1910, 161.

Ein bleigraues ♂, von Basel 1909.

g) *brunnescens* Tutt — Brit. Butt. III, 332.

♀ rein braune Form. Von Versoix (Cat. Rhop.), aber auch sonst unter der Art.

h) *minor* Musch. — Bull. Soc. lép. Genève I, 264.

Zwergform. Von Hermance.

i) *albolineata* Tutt — Brit. Butt. III, 332.

♂ Form mit feiner weisser Saumlinie. Mornex (Blach.).

k) *marginata* Tutt — Brit. Butt. III. 343 — Stz. I, 315.

♂ mit verbreitertem schwarzen Rand. Veyrier (Blach.), Martigny (Musch.).

l) *posticolunulata* Tutt — Brit. Butt. III. 332.

♀ mit orangenen Möndchen nur auf den Hfl. Genf (Musch.). Tessin häufig (V.).

m) *lunulata* Tutt — Brit. Butt. III, 332.

---

[1]) In Folkestone (England) fing L. W. Neuman einen Falter, den er für eine Kreuzung zwischen bellargus Rott. ♂ × icarus Rott. ♀ oder coridon Poda ♂ × icarus Rott. ♀ anspricht. (Deutsche Entomologische National-Bibliothek II, 24).

Rühl (pag. 268) erwähnt solche Stücke aus dem Elsass und von Paris.

♀ mit orangenen Möndchen auf allen Flügeln. Martigny (Musch.), Tessin häufig (V.), Mte. Generoso (Fontana).

n) *venilia* Bergstr. — Brit. Butt. III, 344.

♀ die auf den braunen Hfl 6 gelbe, bläulich gerandete Möndchen aufweisen. Genf (Musch.).

o) *salacia* Bergstr. — Brit. Butt. III, 344.

♀ Form, Grundfarbe braun, die Flügelwurzeln blau bestäubt, auf allen Flügeln orangene Randmonde, die der Hfl gekernt und blau gerandet. Genf (Musch.).[1])

Zeichnungsaberrationen:

crassipuncta Courv.
disco-elongata Courv.
costa-juncta Courv.
retro-juncta a. b. Courv.
semiarcuata Courv.
arcuata Courv.
digitata Courv.
radiata Courv.
extrema Courv. (= striata Tutt)
tripuncta Courv.
pluripuncta Courv.
unipuncta Courv. (=unipunctata Musch.)
impuncta Courv.
paucipuncta Courv. (= cinnides Stdg.)
caeca Courv. (= krodeli Gillm. = obsoleta Tutt) — Stz. I, T 81.

Alle diese Formen kommen unter dieser Art zwar überall, aber verhältnismässig selten vor.

Die Raupe — Sp. IV, T 2 — lebt im April-Mai und Juni-Juli an Coronilla, Hippocrepis, Ginster und Klee auf sonnigen Hügeln.

E. Sp. I, 65 — Soc. Ent. XIV, 107 — Stz. I, 315 — Roug. 22 — Frio. I, 120 — Favre 20.

158. **coridon** Poda — Sp. III, T 16 — Stz. I, T 81 — B. R. T. 14.

Eine ausserordentlich veränderliche Art.[2]) Der Falter

---

[1]) Von den Färbungs-Aberrationen der Oberseite des ♀, von welchen Tutt nicht weniger als 18 aufzählt, bringe ich nur diejenigen, welche mit schweizerischen Fundorten belegt werden können.

[2]) Zur Variabilität von L. coridon Poda vgl. Ent. Zeitschr. XVIII, 114/117 — Ins. Börse XXII, 124 und Tutt Brit. Butt. IV, 1/107.

fliegt in einer Generation von Mitte Juni bis Ende September. Er ist eine unserer häufigsten Lycaenen, im ganzen Gebiet verbreitet und besonders in den südlichen Alpentälern oft in ganzen Schwärmen zu treffen. Er findet seine Höhengrenze bei etwa 2000 m. Die ♂♂ Falter des Jura und der Ebene sind etwas kleiner und von mehr grünweisser Färbung. Die alpinen dagegen, besonders aber die Walliser- und Tessinerexemplare sind grösser und eher bläulich weiss. Hie und da finden sich ♀♀ mit weisslichem Mittelfleck der Hfl. Die Fransen sind gewöhnlich breit braun gescheckt, selten kommen Exemplare vor, bei denen dieselben rein weiss sind.

Ein schöner Hermaphrodit l. ♂, r. ♀ wurde bei Davos-Platz gefangen (Hauri).

a) *apennina* Z.— Stz. I, T 81.

Ist von blass grünlichblauer Färbung und fast ohne schwarzen Rand. Von Basel, Wallis, sogar Simplon (Courv.). Ihr ähnlich sind *graeca* Rühl, *meridionalis* Tutt und *rezniceki* Bartel, die alle auch bei uns vorkommen sollen.

b)? *corydonius* H. S.— Stz. I, T 81.

Diese kleinasiatische Form «mit leicht blauem Schimmer besonders im Analwinkel der Flügel», angeblich von Pfyn im Wallis. (Ent. Rec. XXXV, 96).

c) *calydonius* Wheeler (= caucasica Ld.?) — Wheeler. p. 31 — Stz. I, 315 — Obthr. Et. XX, Pl. III.

Ist hell himmelblau mit schmalem, scharf gezeichnetem schwarzem Rand, Hfl mit einer Reihe grosser isolierter, schwarzer Flecken. La Batiaz (W.), Basel, Martigny und Pontresina (Courv.). Die beiden erstern Exemplare besitzen auch längs des Randes der Vfl schwarze Punkte. Aadorf (Z.-R.), Bois des Frères (Pictet), Dent du Midi (Musch.).

d) *marginata* Tutt (= obscurata Courv.) — Brit. Butt. IV, 9. — Ent. Zeitschr. XXIV, 182.

♂ Form mit ungewöhnlich stark verbreitertem Vfl-Saum. Aadorf (Z.-R.), Veyrier (Cat. Rhop.), St. Blaise (V.), Klöntal, Col Ferret (Musch.), Basel, Balstal, Leuk (Courv.).

e) *suavis* Schultz — Ent. Zeitschr. XVIII, Nr. 24.

Der ♂ besitzt auf der Oberseite der Hfl eine kleinere oder grössere Zahl gelbroter Randflecke. Unter der Art, selten. Ballaigues (d'Auriol), Basel, Vierwaldstättersee, Wallis, Airolo,

Bergün, Bauen, Martigny, Binn (Courv.), Salève (Mong.), Jura (Thud.), Col Ferret (Musch.), Thoiry (Blach.).

f) *caerulea* Courv. (= semibrunnea Mill. = semisyngrapha Tutt) — Mill. Jc. T 8.

♀ Uebergangsform zur folgenden, mit blauer Wurzelbestäubung. Unter der Art. Basel, Mürren, Kandersteg, Fionnay (Courv.), Twann (Steinegger), Versoix (Jull.).

g) *syngrapha* Kef.— Stz. I, T 81.

♀ Ganz blaue Form, bis auf einen schwarzen Rand. Selten. Twann (V.), Tramelan (Guédat), Basel (Courv.), Gamsen (And.), Fully (W.), Ballaigues (d'Auriol), Le Brezon (Corcelle). Versoix (Jullien).

h) *aurantia* Tutt — Brit. Butt. IV, 12.

♀ Form, die statt der Monde grössere, einwärts verlängerte Keile zeigt. Thoiry (Cat. Rhop.).

i) *suffusa* Tutt — Brit. Butt. IV, 9.

♂ ganz grau übergossen. Basel (Courv.).

k) *albicincta* Tutt — Brit. Butt. IV, 12.

Die Mittelmonde der Oberseite aller Flügel des ♀ sind weiss gesäumt. Liestal, Bechburg, Dornach, Basel (Courv.), Col Ferret (Musch.), Veyrier, Versoix, Mornex (Blach.), Salève (Mong.).

l) *subalbolunulata* Tutt — Brit. Butt. IV, 14.

♀ Form mit orangefarbenen und weissen Möndchen der Hfl. Versoix (Cat. Rhop.).

m) *divisa* Tutt — Brit. Butt. IV, 10. 11.

♂ Form; der breite schwarze Flügelsaum ist der Länge nach durch eine helle Linie geteilt. Archamp (Cat. Rhop.).

n) *cincta* Tutt — Brit. Butt. IV, 10.

♂ Form; auf der Hfl-Unterseite sind die Zwischenrippenflächen weisslich umzogen. Veyrier (Cat. Rhop.).

o) *cuneata* Tutt — Brit. Butt. IV, 10.

Gleich wie die vorige, aber die schwarzen Flecken springen keilförmig in den Flügel hinein. Satigny. (Cat. Rhop.)[1])

p) *pallida* Tutt — Brit. Butt. IV, 11.

Hat in beiden Geschlechtern eine fast weisse Unterseite. Aadorf (Z.—R.).

[1]) Von den Aberrationen der Oberseite des ♂, von welchen Tutt nicht weniger als 26 aufstellt, bringe ich nur die nachweisbar bei uns gefundenen.

q)? *hispana* H. S.— Stdg. 614 d).

Bleicher. die schwarzen Saumflecke der Hfl gelblich umzogen. Eclépens (Lowe).

r) *albipuncta* Tutt— Brit. Butt. IV, Pl. I.

♀ Mit weissem Mittelfleck auf der Oberseite aller Flügel. Genf. Dent du Midi (Musch.).

s) *punctata* Tutt — Brit. Butt. IV, 23.

♂ hellsilberblau mit dunklen gefleckten Marginalbinden. Genf. Col Ferret (Musch.).

t) *coeruleomarginata* Tutt — Brit. Butt. IV, 23.

♂ Grundfarbe silberblau mit dunkeln ungefleckten Marginalbinden. Crevin (Musch.).

Zeichnungsaberrationen:

crassipuncta Courv.
basi-elongata Courv.
semiarcuata Courv.
arcuata Courv.
biarcuata Courv.
parallela Courv..
digitata Courv.
extrema Courv. (= striata Tutt)
tripuncta Courv.
quadripuncta Courv.
pluripuncta Courv.
unipuncta Courv.
impuncta Courv.
paucipuncta Courv.
caeca Courv. (= cinnus Hb. = sohni Rühl = obsoleta Tutt) — Stz. I, T 81.

Alle diese Formen finden sich gelegentlich überall unter der Art.

Die Eiablage geschieht im August-September oder Oktober, dicht an der Erde an die Stengel der Nahrungspflanze, besonders gerne an Hippocrepis comosa. Das Ei überwintert (Rehf.).

Die Raupe — Sp. IV, T 2 — lebt im Mai-Juni an Coronilla, Vicia, Astragalus, Hippocrepis usw. auf Kalkboden an sonnigen Orten. Man findet sie anfangs Juni, nach Sonnenuntergang auf den Blättern der Nahrungspflanzen, bei Tag aber unter Steinen verborgen. Die Frasspuren verraten ihre Anwesenheit. Die Verpuppung erfolgt Ende des Monates, an oder unter Steinen. Die Puppenruhe dauert zwei bis drei Wochen. (Allg. Zeitschr. für Ent. IX, 104).

E. Ent. Jahrb. IX, 157 — Ent. Zeitschr. XIX, 117/126 — Roug. 22 — Stz. I, 315 — Sp. I, 66 — Allg. Zeitschr. für Ent. IX, 49 — B. R. 72, T 14 — Ill. Zeitschr. für Ent. V, 351 — Frio. I, 121 — Favre 20.

159 **damon** Schiff.— Stz. I T, 81 — Sp. III, T 17 — B. R. T 14.

Der Falter kommt von Genf bis an die östliche Grenze, sowie im Jura und den Alpen vor. Er beginnt bei etwa 400 und geht bis ca. 3000 m. (Prof. Courvoisier besitzt ein Stück vom Gornergrat aus 3200 m Höhe). Der Falter tritt periodisch während einiger Jahre häufig auf, um dann längere Zeit fast ganz zu fehlen (Roug., Courv.). Flugzeit von Juni bis Ende August, je nach der Höhenlage.

a) ? *ferreti* Favre — Suppl. IV (false actis H. S., Favre 22). Von der Farbe des Typus, aber viel kleiner und schmaler schwarz gerandet. Val Ferret? Einige derartige Stücke fing Rätzer bei Alpien am Simplon, sowie bei Gadmen. (Sie stecken jetzt in der Museumssammlung Bern unter der Bezeichnung: alpina Rätzer). Besonders kleine Exemplare erwähnt auch Rühl von der Lägern.

b) *transparens* Courv.— Ent. Zeitschr. XXIV, 191.

♀ Form aus dem Wallis. Auf der Oberseite der Hfl befindet sich ein — der Unterseite genau entsprechender — langer, blaubestäubter, weisser Wisch.

c) *maculata* Rev.— Bull. Soc. lép. Genève I, Pl. 10 — II, Pl. 2 (s. typisches erstes Bild bei Esper T. 62, F 4).

Ist eine ♀ Form, die Flügelwurzeln besitzen blauen Anflug und die Hfl zwei ebensolche pfeilförmige Flecken im Analwinkel. Berisal (Rev.), Gryon, Inden (Courv.).

d) *caerulescens* Musch. i. l.

♀ Form mit blau bestäubten Flügeln. Selten unter dieser Art. Col Ferret (Musch.).

Nach Christ (Ber. Nat. Ges. Graub. 1883, 2) sind die Falter bei Tarasp auffallend stark ultramarinblau und bilden so Uebergänge zu damone Esp. Es kommen auch Exemplare vor, bei denen, durch dunkle Suffusion von den Rändern her, die blaue Färbung gegen die Wurzeln zurückgedrängt ist. Dadurch erscheint die Oberseite grau. Evolena (Courv.), St. Blaise (V.), Zermatt (v. J.). Endlich finden sich gelegentlich ♀♀ mit geringer grünblauer Wurzelbestäubung. St. Blaise (V).

Zeichnungsaberrationen:

Der Falter variiert ganz ausserordentlich in der Zahl der Augen auf der Unterseite aller Flügel. Bei zunehmender Augenzahl wird die blaue Färbung der Oberseite glänzender und ausgedehnter, die Unterseite mehr und mehr braun. Bei abnehmender Augenzahl wird dagegen die Blaufärbung der Oberseite trüber und ist mehr auf die Flügelwurzeln beschränkt, die Unterseite aber wird rein grau. Sehr häufig ist die Augenzahl asymmetrisch.[1])

decorata Courv.— Iris XXV, 106 T II.
crassipuncta Courv. (= resarta Musch.)
disco-elongata Courv. (= extensa Krod. [künstlich gezogenes Exemplar] — Allg. Zeitschr. f. Ent. IX, T).
costa-juncta Courv.
parvipuncta Courv.
paucipuncta Courv.
caeca Courv.(=gillmeri Krod.) — Allg. Zeitschr. f. Ent. IX, T.
kommen auch unter dieser Art vor.

Die Raupe — Sp. IV, T 2 — lebt an Onobrychis sativa von September bis Mai-Juni auf sonnigen Hügeln. Sie ist auch am Tage an den Blüten, die sie ausschliesslich verzehrt, zu finden.

E. Roug. 22 — Stz. I, 317 — Sp, I, 66 — Allg. Zeitschr. f. Ent. IX, 49 — Frio. I, 124.

160. **jolas** O. — Sp. III, T 17 — Stz. I. T 82.

Der schöne Falter ist im Wallis und Tessin, da wo die Nahrungspflanze in Menge vorkommt, nicht gerade selten. Er fliegt in zwei Generationen im Mai-Juni und von Juli bis September, aber nur im Tal- und Hügelgebiet. Besonders grosse Exemplare fing ich im Misox.

Die Raupe — Sp. IV, T 2 — lebt in den Samenschoten von Colutea arborescens von Juni bis Oktober. Die Puppen der zweiten Brut überwintern. Sobald die junge Raupe die Eihülle abgeworfen hat, bohrt sie sich in eine weiche Schote

---

[1]) Vergl. Vorbrodt «Variabilität von Lyc. damon Schiff.» Gub. Ent. Zeitschr. I, 375.

und nährt sich von deren Samenkörnern; sie verlässt die Schote nur wieder zur Verpuppung. Zur Zucht bricht man die Zweige mit den Schoten ab und stellt sie in Wasser ein. Den Boden des Zuchtkastens bedeckt man mit dürrem Laub, unter dem sich die Raupen verpuppen. (Aigner-Abafi, Ill. Zeitschr. f. Ent. V, 225). Man kann die Puppen kalt überwintern oder mit Wärme und Feuchtigkeit treiben. Im Tessin unter Steinen gefundene Puppen haben mir auf diese Weise bis Weihnachten — ohne Verluste — die Falter ergeben.

E. Lamp. 105 — Favre 24 — Sp. I, 67 — Stz. I, 318 — Frio. I, 124.

161. **sebrus** B.[1]) — Stz. I, T 82 — Sp. III, T 17.

Der Falter ist, besonders im Wallis, an vielen Orten gemein, doch kommt er auch, aber viel spärlicher, anderwärts vor. So im ganzen Jura von Genf bis Schaffhausen an geeigneten Stellen und endlich in V. S. G. Flugzeit in zwei Generationen im April-Mai und von Juli bis September. Er fliegt gerne an trockenen Halden und geht im Wallis bis nahe an 2000 m.

a) *caerulescens* Rebel — Cat. Rhop. 31.

♀ Form mit blauem Anflug der Flügelwurzeln. St. Blaise (V.), St. Triphon, Lavey (Roug.), Martigny (Courv.). Monnetier, Hermance (Blach.).

Zeichnungsaberrationen:

disco-elongata Courv.

paucipuncta Courv.

Unter der Art.

Von allen Lycaeniden ♀ ♀ braucht sebrus B. die längste Zeit zur Eiablage. Das am schnellsten legende ♀ benötigte für die Ablage zweier Eier 10 Minuten! Dieselbe erfolgt in die noch nicht erblühten Knospen von Onobrychis sativa, auch an Medicago lupulina (Rehfous). Die Raupe ist unbeschrieben. Sie lebt an Onobrychis sativa und montana, Colutea arborescens, Lathyrus montanus und auch an Orobus bis Ende April und von Juli an mit Ueberwinterung. (Wullschl. notiert: «30. IV. 1897, die überwinterten Raupen fangen an sich zu verpuppen»).

E. Stz. I, 319 — Sp. I, 67 — Favre 22 — Frio I, 126.

---

[1]) ? *melanops* B. — Stz. I, T 82 — Soll im Wallis bei Sion gefunden worden sein. Vgl. Püngeler in Stett. Ent. Zeitschr. 57, 218 und Ent. Soc. London 1887, 394. Ist aber wahrscheinlich Verwechslung mit blachieri Mill.

162. **semiargus** Rott. (= acis Schiff.) — Stz. I, T 82 — Sp. III, T 17 — B. R. T 14.

Der Falter ist im ganzen Gebiet verbreitet und nirgends selten. In den Alpen geht er bis ca. 2600 m. (Hoffmann erbeutete ein Stück auf der Findelenalp in dieser Höhe). Flugzeit in ein bis zwei Generationen, je nach der Höhenlage von Mai bis August. Die ♂♂ der Sommergeneration sind grösser, die Unterseite heller mit blasseren Ocellen.

a) *montana* M.-D. — Stz. I, T 82.

Wurde die meist kleinere, dunkler blaue Gebirgsform benannt. Indessen kommen ganz gleiche Stücke auch in der Ebene vor und anderseits im Gebirge ausnehmend grosse. W. S. G.

b) *impura* Krul. (= decorata Courv. (?) = alconoides Musch. = albipunctata Musch.) — Soc. Ent. XVII, Nr. 7 — Iris XXV, 106 T II.

Vereinzelt kommen Stücke vor, welche unten längs des Aussenrandes der Hfl, ja sogar der Vfl, helle, aber dunkel gekernte, Randmonde aufweisen. Grimsel, Gemmi, Vitznau und wohl auch anderwärts unter der Art (Courv.). Stäfa (Musch.).

Zeichnungsaberrationen:

disco-elongata Courv. (= striata Wh. = excessa Tutt).

paucipuncta Courv.

caeca Courv.

kommen auch bei dieser Art vor.

Die Eier wurden auf den Grund der Blütenkelche des Wundklees abgelegt, am 5. Juli 1907. Die Räupchen schlüpften nach 10 Tagen; vom August an hörten sie auf zu fressen und überwinterten bis Ende März oder Anfang April. Mitte Mai waren sie erwachsen und verpuppten sich. Die Falter schlüpften vom 5. Juni an. (Gillmer, Gub. Ent. Zeitschr. II, 312).

Die Raupe lebt auch an Armeria vulgaris, Melilotus officinalis, Anthyllis vulneraria und Trifolium pratense.

E. Entomologist XLI, 161 — Gub. Ent. Zeitschr. II, 189 — Soc. Ent. XIV, 99 — Ent. Jahrb. IX, 158 — Sp. I, 67 — Stz. I, 319 — Frio. I, 127 — Favre 23.

163. **alexis** Poda (= cyllarus Rott.) — Ent. Zeitschr. XXIV, 197 — Sp. III, T 17 — Stz. I, T 82 — B. R. T 14.

Der Falter fliegt bei uns in ein bis zwei Generationen, von Ende April bis August.[1]) Er ist in der Ebene nicht gerade häufig, tritt aber in einzelnen Jahren, besonders im Jura und den Alpentälern, zahlreicher auf. Seine Höhengrenze geht bis wenig über 2000 m. Eine grosse, breitflüglige Form mit breitem, schwarzem Saum erwähnt Dr. Thomann von Lavin im Unter-Engadin.

a) *blachieri* Mill. — Stz. I, T 82.

Ist eine in beiden Geschlechtern dunklere Zwergform. Die Unterseite ist braungrau, die Vfl-Augen schimmern beim ♂ durch, die des ♀ haben oben einen dem Typus fehlenden Mittelmond und beide Flügel mit schwärzlichen Bogenaugen besetzt. Saillon (W., Courv.,V.), Monnetier, Troinex, Veyrier (Blach.), Versoix (Rev.), Bois des Frères (Cat. Rhop.).

b) *andereggi* Rühl — Soc. Ent. VI, Nr. 7 — Stz. I, T 82. Diese erst im ♀ Geschlecht beschriebene Form ist auch im ♂ vom Typus verschieden. Der ♂ ist grösser, die Vfl breiter, alle reiner blau, mit sehr ausgeprägten schwarzen Randbinden. Die Unterseite ist bedeutend heller, die Vfl-Ocellen sehr gross. Das ♀ ist rein braun ohne blauen Anflug, seine Unterseite braungrau und an den Flügelwurzeln messinggelb bestäubt. V. W. S.

c) *tristis* Gerh.[2]) — Ent. Zeitschr. XXIV, 199.

Grosse dunkle Form, mit zahlreichen wohlenwickelten Augen. Unter der Art. Bois de Bay (Blach.).

d) *plumbeus* Courv.— Lyc. Basels p. 163.

Bleigraue ♂ Form. Basel 1896.

---

[1]) W.—Sch. sagt: «Bei Schaffhausen nicht selten von Ende April bis Mitte Mai und wieder, aber seltener im August.» Honegger fing ein Stück auf der Stulseralp am 3. VIII. 1891, Püngeler ein solches bei Dombresson am 10. VIII. 1890, ein weiteres am 2. VIII. 1907 Prof. Blachier bei Satigny. Gleichwohl bleibt fraglich, ob eine regelmässige zweite Generation vorkommt oder ob nur gelegentlich einzelne Stücke sich vorzeitig entwickeln.

[2])? *lugens* Car. — Stz. I, T 82 — ist nach den Erörterungen Prof. Courvoisiers's in der Ent. Zeitschr. XXIV, 199 schwerlich weder im Wallis beobachtet, wie Staudinger und Wheeler angeben, noch bei Genf (Musch.). Wahrscheinlich ist lugens Car. eine auf die Balkanhalbinsel und die Gegend von Sarepta beschränkte Lokalform. Manche nennen «lugens» Stücke, welche unterseits keine Ocellen haben, also lediglich paucipuncta Courv. Aberrationen sind.

11

e) *nigra* Courv. — Lyc. Basels p. 163.

♀ tief blauschwarze Form. Basel 1909.

f) *punctata* Musch. i. l.

Besitzt 3 Punkte auf der Oberseite der Vfl, sowie mehrere (etwa 4) auf der Hfl-Oberseite; ♀ Form. Genf öfter, Prevessin, Bois des Frères (Musch.).

Zeichnungsaberrationen:

disco-elongata Courv. (= subtus-radiata Obthr. = striata Tutt).
pluripuncta Courv.
paucipuncta Courv. (= dimus Bergstr.)
caeca Courv.
kommen auch bei dieser Art vor.

Rehfous beobachtete die Eiablage am 21. V. 1908 einzeln oder zu zweit an die Knospen von Medicago sativa. Mehrfach fand er Ende Juni an dieser Pflanze, aber auch an Onobrychis sativa, erwachsene Raupen.

Dagegen konstatierte Gillmer, dass die Eier im Juli, meist in Mehrzahl an dieselbe Pflanze, an Gentiana pneumonanthe abgelegt wurden. Die Räupchen schlüpften Ende des Monates oder anfangs August und überwinterten klein. Im April-Mai fand er die erwachsenen Raupen — Sp. IV, T 2 — an dieser Pflanze, aber auch an Onobrychis, Astragalus, Trifolium, Melilotus und Genista. (Gub. Ent. Zeitschr. III, 15).

Darnach scheinen sich tatsächlich einzelne Raupen sehr rasch zu entwickeln und eine zweite Generation zu liefern, während die Mehrzahl erst nach der Ueberwinterung heranwächst.

E. Ent. Jahrb. IX, 158 — Favre 23 — Soc. Ent. XVII, 92 — Sp. I, 68 — Stz. I, 319 — B. R. 74, T 14 — Frio. I. 128.

164. **alcon** F. — Stz. I, T 83 — Sp. III, T 17.

Der Falter fliegt in einer Generation von Juni bis August und ist meist lokal, aber an trockenen, wie an feuchten Orten des ganzen Gebietes zu treffen. In den Alpen geht er bis 2200 m (Galenalp, Honegger).

a) *monticola* Stdg. — Stz. I, T 83.

Ist eine etwas kleinere, bleichere Form mit stärker blaugrün bestäubtem Wurzelfeld der Hfl-Unterseite. Berisal (Wh.),

Mattmark (Rätz.), Gornergrat bis 2600 m (v. B.), Findelen (Hoffm.).

b) *nigra* Wh. — Wheeler, p. 21.

♀, oberseits ganz schwarze Form. Steinental am Simplon. Paul Robert beobachtete am 21. August 1902 die Eiablage in die Blüten und Höhlungen der Blütenstiele von Gentiana cruciata, am 22. September waren die Raupen noch nicht geschlüpft. Die Raupe überwintert klein und lebt im Mai, auch an Gentiana pneumonanthe und Cytisus sagittalis.

E. Sp. I, 68 — Stz. I, 320 — Ent. Rec. XVIII, 263 — Ent. Zeitschr. XX, 234 — Soc. Ent. XIV, 108. XXVII, 92 — Ins. Börse XXV, 190 — Gub. Ent. Zeitschr. II, 239 — Frio. I, 131 — Ent. Vereinsbl. I, No. 1 — Favre 24.

165. **euphemus** Hb. — Stz. I, T 83 — Sp. III, T 17.

Die Heimat dieses Falters sind vorwiegend sumpfige Wiesen, auf denen Sanguisorba reichlich gedeiht; gelegentlich wird er aber auch an dürren Stellen gefunden. Vorkommen ziemlich lokal, aber in weiter Verbreitung; er geht bei Findelen bis 2200 m (Hoffm.). Flugzeit von Juni bis August. U. N. M. J. V. W. G.

a) *unicolor* m.

♂ Form, ohne die Bogenaugen der Vfl-Oberseite, auch die der Hfl können verschwinden. Bern 3 Stück VIII. 1906 (V.). Die Raupe lebt — angeblich ausschliesslich — an Sanguisorba officinalis von September bis Mai.

E. Sp. I, 68 — Ent. Jahrb. IX, 158. XIV, 107 — Stz. I, 320 — Soc. Ent. XIV, 99 — Frio. I, 131.

166. **arcas** Rott. — Sp. III, T 17 — Stz. I, T 83.

Der Falter fliegt an den nämlichen Stellen und zur gleichen Zeit wie die vorige Art, tritt aber eher etwas spärlicher auf. Die Art scheint im Wallis und der Südschweiz zu fehlen. U. M. J. O. G. V.

a) *minor* Rätzer.

Zwergform. Von Siselen, Bern (v. J.), Genf (Cat. Rhop.).

Zeichnungsaberration:

caeca Courv. (=inocellata Sohn) — Soc. Ent. VIII, 77.

Die Unterseite ohne oder fast ohne Augen. Bern (V.). Die Eier werden Ende Juli oder Anfang August in die

Blütenköpfe von Sanguisorba officinalis abgelegt, die Raupen leben von September bis Mai.

E. Sp. I, 69 und Nachtr. 347 — Stz. I, 321 — Ent. Jahrb. IX, 150 — Ent. Zeitschr. XVIII, 119 — Frio. I, 133 — Soc. Ent. XIV, 99.

167. **arion** L. — Stz. I, T 83 — Sp. III, T 17 — B. R. T 14.

Der Falter ist von Ende Mai bis im August in der Ebene, dem Jura und den Alpen überall, nur in einer Generation, verbreitet. Seine Höhengrenze übersteigt 2000 m (z. B. im Val Tschitta, Honegger).

a) *unicolor* Horm. — Ent. Nachr. 1892, 1.

Hat die Oberseite aller Flügel beinahe völlig ohne die schwarzen Flecke. Nicht häufig unter der Art.

b) *obscura* Christ (= alpina Raetzer) — Verh. Nat. Ges. Basel 1878, 374 — Stz. I, T 83.

Ist die meist kleinere, dunklere Gebirgsform genannt worden. Es kommen aber derartige Stücke auch in der Ebene vor und umgekehrt trifft man in Lagen von 1500 und 2000 m völlig normale arion L. Falter an. Diese Form fehlt nach de Rougemont dem Jura.

c) *insubrica* m.

Bildet das Gegenstück zu der vorigen Form. Sie ist viel kräftiger und erreicht an Grösse völlig die mächtigsten jolas O. Die Flügelränder sind sehr breit und tief sammetschwarz, das allein blau gebliebene Mittelfeld sehr glänzend. Die Flecken der Vfl sind in lange Streifen ausgezogen. Die Grundfarbe der Unterseite schwankt von dunkelrauchgrau bis gelblich. Die Flügelwurzeln sind nur leicht hell grünblau bestäubt, dagegen sämtliche Ocellen sehr kräftig entwickelt. Val Vedro, Tessin, Misox, an warmen Stellen neben der typischen Form. Besonders schöne Stücke fand Fontana am Mte. Generoso.

d) *arcina* Fruhst. — Gub. Ent. Zeitschr. IV, 55.

Ist eine Uebergangsform zu *ligurica* Wagn. Der ♂ fast ohne die schwarzen Discalflecke, das ♀ mit ovalen Medianmakeln in weisslichem Felde; die Unterseite ziemlich hell. Arcine, Charmey, Eclépens, Veyrier im Juli. Wallis (Courv.), Chiasso (Fontana).

e) *nana* Courv. — Lyc. Basels p. 163.

Eine winzige Zwergform. Von Holderbank.

f) *albofasciata* Musch. i. l.

♀ Form, welche auf der Hfl-Oberseite schwarze, weiss umzogene Flecken aufweist. Genf, Staefa (Musch.).

Zeichnungsaberrationen:

disco-elongata Courv.
retro-juncta Courv.
disco-juncta Courv.
parallela Courv.
radiata Courv. (= striata Musch.)
tripuncta Courv.
novopuncta Courv. (= bipunctata Musch.)
parvipuncta Courv.
unipuncta Courv. (= punctata Musch.)[1]
impuncta Courv.
paucipuncta Courv.
caeca Courv. (= arthurus Melv. = obsoleta Musch.)

sind bei dieser Art gelegentlich beobachtet worden.

Die Eiablage geschieht einzeln zwischen die Blütenknospen des Thymian. Das Schlüpfen der Raupen scheint gleichzeitig mit dem Aufbrechen der Blütenknospen zu erfolgen (Gillmer, Ent. Zeitschr. XVII, 37).

Die Raupen — Lamp. T 16 — leben von September bis Mai auf Wald- und Buschwiesen an Thymus serpyllum.

E. Sp. I, 69 — Soc. Ent. XXI, 98. 106 — Ent. Jahrb. IX, 159 — Stz. I, 321 — Entomologist XXXVI, 57. XXXVIII, 193. XXXIX, 145 — Frio. I, 132.

Cyaniris Dalm.

168. **argiolus** L. — Sp. III, T 17 — Stz. I, T 83 — B. R. T 14.

---

[1]) Linné beschrieb bei seinem «Arion» die Augen der Unterseite nie genau. Ein Linné'scher Typus besteht also in dieser Hinsicht nicht. Aber die erste existierende Abbildung bei Rösel 1755 (vor Linné!) zeigt ein Wurzelauge des Vfl; also ist der *Arion-Typus* einäugig; soll er benannt werden, so muss er *unipuncta Courv.* heissen! In seinen Entdeckungsreisen (Ent. Zeitschr. XXIV, 203) hat Prof. Courvoisier berichtet, dass von 135 Stück seiner Sammlung nur 20 % augenlos, 60 % einäugig, ca. 20 % zwei- und dreiäugig sind.

Der Falter ist im ganzen Gebiet verbreitet und geht im Gebirge bis etwas über 1600 m (Lostaller-Alpen, Thom.). Er fliegt meist einzeln, in den gewöhnlichen zwei Generationen, von Ende März bis Mai und im Juli—August. Diese letztere aber spärlicher als die Frühjahrsgeneration.

a) *hypoleuca* Kollar — Stz. I, T 83.

Ein derartiges Stück mit auffallend milchweisser, etwas glänzender Unterseite, ohne irgendwelche Wurzelbestäubung, erbeutete ich am 16. Juli 1910 bei Liestal.

b) *thersanon* Bergstr. — Ent. Zeitschr. XXIV, 206.

Ohne die Randmonde der Unterseite. Unter der Art.

Zeichnungsaberrationen:[1])

disco-elongata Courv. ist bei dieser Art ein seltenes Vorkommnis.

parvipuncta Fuchs, Courv. }
paucipuncta Courv. } sind dagegen recht häufig.

Die Raupe — Sp. IV, T 2 — lebt an Rhamnus, Genista, Calluna und zahlreichen anderen Pflanzen im Mai—Juni und August—September. Die Puppen der zweiten Brut überwintern.

E. Ent. Jahrb. IX, 157 — Soc. Ent. XIV, 99 — Sp. I, 69 — Stz. I, 322 — Frio. I, 134.

Netrocera.

VI. Hesperidae.

Heteropterus Duméril
(Cyclopides Hb.)

169. **morpheus** Pall. — Stz. I, T 87 — Sp. III, T 17 c. 18 — B. R. T 15.

Der Falter ist nur aus dem Tessin bekannt; in der Leventina zwischen Biasca und Bellinzona, Giubiasco 12. VII. 1907 (Fontana), Reazzino (Ghidini), zwischen Bellinzona

[1]) Tutt hat eine «*C. nigrum*» aufgestellt (Brit. Butt. II, 398). Es ist das eine bei den meisten Lycaenen häufige, aber unauffällige Confluenz zwischen den 2 in der zweithintersten Zelle der Hfl stehenden Bogenaugen, welche kaum eines Namens bedürftig ist. Bei argiolus L. ist sie allerdings ziemlich auffällig, wegen der weissen Unterseite. (Vgl. Courvoisier, in Ill. Zeitschr. f. wiss. Ins. Biol. III, 34).

und Locarno (V.), Pte. Brolla (Blach.) und schliesslich auf der Südseite des Monte Cenere (Wh.), Valle Trodo (Ghidini). Er bewohnt sumpfige Wiesen und ist leicht kenntlich an seinem hüpfenden Flug. Flugzeit in einer Generation im Juni—Juli.

Die Raupe — Sp. IV, T 48 — lebt von August bis Mai-Juni an Gräsern auf Sumpfwiesen.

E. Lamp. 107 — Gub. Ent. Zeitschr. 1, 144 — Sp. I, 70 — Frio. I, 267.

Pamphila F.

(Carterocephalus Led.)

170. **palaemon** Pall. (= paniscus F.) — Stz. I, T 87 — Sp. III, T 17 c. 18 — B. R. T 15.

Falter im Mai bis Juli, überall in der Ebene, im Jura und den Voralpen. Die Höhengrenze liegt etwas über 1500 m.

a) *conjuncta* Blach. — Cat. Rhop. Genève p. 33.

Mit zusammengeflossenen Flecken, fast einfarbig schwarz. Versoix (Blach.).

Ein Ex. mit fast einfarbig dunkeln Hfl von Gempen (Honegger).

b) *melicertes* Schultz — Cat. Rhop. Genève p. 33.

Extreme Form, mit zeichnungslosen, schwarzbraunen Vfl, die Flecke der Hfl zusammengeflossen. Versoix (Mong., Rehf.).

Die Eiablage erfolgt im Juni—Juli, die Räupchen schlüpfen nach 10 Tagen, sie wachsen langsam heran und überwintern klein, in gerollte Blätter eingesponnen.

Die Raupe — Sp. IV, T 5 — lebt von Juli bis Mai auf feuchten Waldblössen an Plantago lanceolata, auch an Triticum und Gräsern. Die Puppen werden an Pflanzenstengel aufgehängt, die Falter erscheinen nach 14 Tagen.

E. Ent. Jahrb. XI, 163 — Lamp. 107 — Soc. Ent. XX, 161 — Sp. I, 71 — Frio. I, 268.

Adopaea Billb.

171. **lineola** O. — Sp. III, T 17 c. 18 — Stz. I, T 87 — B. R. T 15.

Der Falter ist über das ganze Gebiet verbreitet und nirgends selten. Er geht im Jura und den Alpen bis etwa

1800 m und fliegt in einer Generation von Mitte Juni bis August.

a) *ludoviciana* Mab. — Stz. I, 347.

Ist kleiner, die Flügel oberhalb dunkler rotgelb, breit schwarz gesäumt, das ♀ verdüstert. Oberwallis, Simplon (Wheeler).

Die Raupe — Sp. IV, T 5 — überwintert und lebt bis Juni an Triticum und Gräsern, wie Arrhenatherum elatius. Guédat fand sie sogar auf Prunus spinosa.

E. Ent. Jahrb. XI, 161 — Soc. Ent. XIV, 115 — Sp. I, 72 — Frio. I, 270.

172. **thaumas** Hufn. (= linea S. V.) — Sp. III, T 18 — Stz. I, T 87 — B. R. T 15.

Vorkommen wie die vorige Art, eher noch häufiger. Der Falter fliegt besonders gern in der Nähe von Wäldern, auch auf Wiesen und an Gräben. Flugzeit von Mitte Juni bis August.

Die Raupe — Sp. IV, T 5 — lebt an Festuca, Aira, Phleum, zwischen zusammengesponnenen Blättern und Stengeln, sie überwintert und ist im Mai—Juni erwachsen.

E. Ent. Jahrb. XI, 161 — Soc. Ent. XIV, 115 — Sp. I, 72 — Frio. I, 271 — Favre 57.

173. **actaeon** Esp. — Sp. III, T 17 c. 18 — Stz. I, T 87 — B. R. T 15.

Der Falter lebt in der Verbreitung der vorigen Arten, ist aber etwas spärlicher als diese und mehr auf trockenen Grasplätzen zu finden. Er fliegt von Juli bis August.

Die Raupe — Sp. IV, T 5 — lebt an Gräsern, so Arrhenatherum elatius, Calamagrostis epigeia, Poa annua und Brachypodium silvaticum, auch an Triticum repens bis Juni.

E. Lamp. 108 — Sp. I, 72 — Frio. I, 272 — Favre 58.

Augiades Hb.

174. **comma** L. — Sp. III, T 17 c. 18 — Stz. I, T 88 — B. R. T 15.

Diese sehr veränderliche Art fliegt von Ende Juni bis September, in einer Generation[1]) und ist im ganzen Gebiet

[1]) Nach Catal. Rhop. Soc. lép. Genève in zwei Generationen, Juni bis Juli und August bis Oktober.(?)

verbreitet. Sehr helle kleine Exemplare fing Rühl auf der Lägern. In den höhern Alpen wird der Falter zur dunkleren Form:

a) *alpina* Bath. — Stz. I, T 88.

Sie ist ähnlich der folgenden Form und nur unterschieden durch die sehr dunkle mehr schwärzliche Färbung. Urnerboden, Pont de Nant, Bérisal (Wh.), Col de Balme (V.).

b) *catena* Stdg. — Stz. I, T 88.

Die Unterseite ist grün, die Flecke weiss, schwarz umrandet. Diese Form fliegt neben der vorhergehenden und geht bis etwa 2500 m. Sie ist auch im Jura stellenweise nicht selten, so bei St. Blaise und Bözingen (V.).

Das Ei überwintert. Die Raupe — Sp. IV, T 5 — lebt an Coronilla, Poa, Triticum, Holcus, Festuca u. s. w. von Juli bis Mai, am Boden in aus den Stengeln gesponnenen Röhrchen.

E. Ent. Jahrb. XI, 163 — Roug. 40 — Sp. I, 72 und Nachtr. 348 — Soc. Ent. XIV, 115 — Frio. I, 278 — Favre 58.

175. **sylvanus** Esp. — Stz. I, T 88 — Sp. III, T 18 — B. R. T 15.

Vorkommen nach Art der vorigen, Erscheinungszeit von Ende Mai bis Mitte August, Höhengrenze bei etwa 2000 m. Ein Exemplar von hellgelber Grundfarbe und schwarzen Aussenrändern aller Flügel wurde am 25. VII. 1910 bei Evolena erbeutet (Honegger).

Die Raupe — Sp. IV, T 5 — lebt in zusammengerollten Blättern an Festuca, Poa, Avena, Holcus, Triticum von September bis Mai—Juni.

E. Ent. Jahrb. XI, 162 — Roug. 40 — Sp. I, 73 — Soc. Ent. XIV, 115 — Frio. I, 275 — Favre 58.

Carcharodus Hb.

Die Bearbeitung der Gattungen Carcharodus und Hesperia erfolgte nach den Aufsätzen von C. Lacreuze und Prof. J. Reverdin.[1])

[1]) C. Lacreuze «Observations sur les Hespérides de la Suisse». Bull. Soc. lép. Genève II, Fasc. 1.

Prof. J. Reverdin, «Note sur l'armure génitale mâle de quelques Hespéries paléarctiques». Bull. Soc. lép. Genève II, Fasc. 1 — «Hesperia malvae L. et fritillum Rbr.» Soc. Ent. XXVI, 17 — «Hesperia malvae L., Hesp. fritillum Rbr., Hesp. melotis Dup.» Bull. Soc. lép. Genève II, Fasc. 2.

Eine schöne Studie über diese Gattungen enthält auch Oberthür «Etudes de lépidoptèrologie comparée» IV, 1910.

Diese Bearbeitungen sind wohl die besten der Gegenwart und die einzigen, welche tadellose Abbildungen bringen.

Im allgemeinen findet Reverdin, dass die alpinen Exemplare auf den Vfl kleinere weisse Flecken tragen und dass die Mittelbinde der Hfl ausgelöschter oder gar nicht vorhanden ist, während bei den südlichen oder den Formen der Ebene gerade der umgekehrte Fall eintritt. Darum gelangt er dazu, zu unterscheiden zwischen Bergformen und Formen der Ebene. Das ist der Fall bei alveus Hb. und serratulae Rbr.; carlinae Rbr. scheint Bergform von cirsii Rbr.; conyzae G. von onopordi Rbr.; malvoides Elw. endlich ist eigene Art. Auch die Ergebnisse der Genitalforschung zwingen zu dieser Klassifikation, denn so veränderlich und ähnlich diese Falterarten in ihrem Kleide erscheinen, so konstant und verschieden sind sie in der Beschaffenheit ihrer Genitalapparate. Somit sind die Bearbeitungen von Lacreuze und Reverdin die einzigen, welche ganz bestimmten Richtlinien folgen. — Bedauerlich ist, dass die Entwicklungsgeschichte aller Hesperiden welche uns doch die sichersten Anhaltspunkte über deren Artrechte geben müsste, fast unbekannt ist.

176. **lavaterae** Esp. — Stz. I, T 85 — Sp. III, T 13. 17 c — B. R. T 15 — Obthr, Et. V. Pl. LXIV.

Der Falter ist auf warme, trockene Stellen des Jura, Wallis und der südlichen Alpentäler beschränkt; merkwürdigerweise kam ein Stück im Scharenwald bei Diessenhofen vor (W.-Sch.). Er fliegt meist einzeln und ist überhaupt nicht gerade eine häufige Erscheinung. Unsere Exemplare zeichnen sich aus durch bedeutende Grösse und charakteristische Flügelform. Aus dem Misox sah ich Stücke mit stark grünlichem Anflug. Flugzeit von Juni bis August; der Falter geht im Binnental bis 1500 m. J. V. W. S.

Die Raupe — Sp. IV, T 48 — lebt einzeln zwischen zusammengesponnenen Blättern an Stachys recta, sie überwintert klein und ist im Mai erwachsen. Man findet sie besonders auf sonnigen, trockenen Hügeln.

E. Roug. 37 — Sp. I, 73 — Frio. I, 277.

177. **alceae** Esp. (= malvarum Hffsg.) — Sp. III, T 13. 17 c — Stz. I, T 85 — B. R. T 15.

Der Falter ist zwar in allen tieferen Teilen des Landes zu finden, aber meist lokal und durchaus nicht häufig. Erscheinungszeit von April bis Ende Mai, dann wieder von Juli bis August. U. N. M. J. V. W. S. G.

Am 8. VIII. 1895 gefundene Eier waren auf die Oberseite von Malva silvestris abgelegt, die Räupchen schlüpften nach 10 Tagen. Die Raupe — Sp. IV, T 5 — lebt in zusammengesponnenen Blättern von Malven auf sonnigen Hügeln im Mai—Juni und von August an; die der Herbstbrut überwintern. In der Gefangenschaft erfolgte die Ueberwinterung erwachsen in den Falten von Gaze. Im Frühjahr krochen die Raupen noch 8 Tage herum ohne zu fressen und verpuppten sich Mitte April. (Ent. Zeitschr. X., 175).

E. Ent. Jahrb. XI, 159 — Favre 54 — Roug. 37 — Sp. I, 74 — Frio. I, 278 — Soc. Ent. XIV, 115.

178. **althaeae** Hb. — Sp. III, T 13. 17 c — Stz. I, T 85 — B. R. T 15 — Obthr. Et. V. Pl. XIV.

Ist die häufigste und am meisten verbreitete unserer Arten, die Erscheinungszeit stimmt mit der von alceae Esp. überein. Der Falter geht in den Alpentälern bis etwa 1600 m (Clavinenalp, Reverdin). U. N. M. J. O. V. W. S. G.

Die Raupe — Sp. IV, Nachtr. T I — lebt an Stachys silvatica und germanica gleich derjenigen der vorigen Art.

E. Roug. 37 — Sp. I, 74 — Frio. I, 280 — Ent. Zeitchr. II, 65.

179. **baeticus** Rbr. (=marrubii Rbr.) — Stz. I, T 85 — Obthr. Et. Pl. LXIV.

Es ist nun durch Genitaluntersuchungen von Dr. Dampf und C. Lacreuze nachgewiesen, dass baeticus Rbr. eigene Art und nicht Form von althaeae Hb. ist.

Der Falter fliegt an heissen, trockenen Stellen im Wallis, mit mässiger Erhebung. Saillon (W., V.), Chiéboz (1341 m, W.), Vex (Christ), Leuk (Knecht).

Der Falter ist im Wallis nicht gleich gefärbt, wie spanische Stücke und hat mit Seitz's Abbildung wenig Aehnlichkeit. Die Oberseite der Vfl ist olivbraun, stark mit aschgrau gemischt, die Adern gelblich. Die Hfl schwärzlich mit sehr grossem, leuchtend weissem und dunkel geteiltem Mittelfleck. Die Hfl-Unterseite ist weiss, mit hell zimmetbraunen Fleckenbinden (=valesiacus Wull.-Obthr. Et. V. Pl. LXIV). Der Falter fliegt in einer Generation von Juni bis September.

Die Raupe ist grünlich weiss, dicht mit feinen weissen Häärchen bedeckt, über den Rücken laufen drei feine, grauschwarze Linien, der Kopf ist gross, schwarz. Sie lebt ausschliesslich an Marrubium vulgare, zwischen zusammengesponnenen Blättern oder Blütenknospen; ebenso erfolgt die Verpuppung. Die Puppe ist dunkelbraun, blau bereift, einer Catocala-Puppe, abgesehen von der geringern Grösse, nicht unähnlich. Wullschlegel notiert: «Die Raupen schlüpften am 24. August 1898, waren am 22. Oktober noch ganz klein, am 3. Mai 1899 ½ cm lang, Ende Mai halb erwachsen. (In der freien Natur am selben Tage gleich gross). Die ersten Falter schlüpften am 26. Juni, die letzten Anfang September.»

Hesperia F.
(Syrichthus B.)

a. Pyrgus Hb.

180. **sao** Hb.[1]) (=sertorius Hffsg.) — Stz. I, T 85 — Sp. III, T 17 c. 18 — Lacreuze Pl. 3 — B. R. T 15.

Der Falter ist über das ganze Gebiet verbreitet, aber nicht überall häufig; am zahlreichsten tritt er auf am Südrande des Jura und im Wallis. Flugzeit in zwei Generationen, vom April bis Juni und im Juli — August. Höhengrenze bei etwa 2300 m (schöne, reine Stücke von der Findelenalp, Hoffm.). Er ist leicht kenntlich an den feinen, weissen Randpunkten der Oberseite und der prächtig kirschroten Hfl-Unterseite.

a) ? *eucrate* O. — Stz. I, T 85.

Diese südliche, kleinere Form mit gelb überflogener Oberseite, die Unterseite fahl blass, von Berisal (Gramann).

Die Eier waren am 20. Juni 1906 an die dürren Wurzelblätter von Potentilla verna abgelegt. Die Raupen schlüpften am 30. und minierten anfangs diese Blätter (Gillmer, Ent. Zeitschr. XX, 130).

Die Raupe — Frr. 361, T 626 — lebt an Himbeeren und Wiesenknopf, von September bis April und im Juni — Juli, an sonnigen trockenen Stellen.

E. Roug. 39 — Sp. I, 75 und Nachtr. 348 — Ent. Zeitschr. XX. 130 — Frio I, 282 — Favre 57.

[1]) P. ? *orbifer* Hb. — Stz. I, T 85 — ist einmal im benachbarten Trafoi, sodann (Ins. Börse XXVI, 12) bei Pontresina gefangen worden. Ein ♂ ♀ erhielt v. Büren von einem Händler; diese tragen die Etiquette «Lugano». Das Vorkommen scheint sehr unsicher und bedarf weiterer Bestätigung.

b. Scelothrix Rbr.

181. **carthami** Hb. — Sp. III, T 13. 17 c — Stz. I, T 85 — Lacreuze Pl. 3 — B. R. T 15.

Der Falter fliegt an sonnigen trockenen Orten in ein bis zwei Generationen, im Mai—Juni und Juli—August. Er beginnt schon bei 500 m (Martigny, St. Blaise) und erreicht auf der Galenalp 2200 m (Honegger). Er ist charakteristisch durch eine weisse Saumbinde auf der Unterseite aller Flügel. Unsere carthami Hb. sind meist viel grösser als deutsche; in besonders auffallender Weise ist das bei Walliser- und Tessinerexemplaren der Fall. N. J. V. W. S. G.

a) *valesiaca* Rühl — Stz. I, T 85 — Obthr. Et. IV, Pl. LV.

Hat einfarbige, dunkle Hfl und kommt im Wallis und Tessin unter der Art vor.

Die Raupe lebt an Althaea und Malva, auch Centaurea und an Gräsern, im April—Mai und im Juni.

E. Ent. Jahrb. XI, 159 — Sp. I, 76 — Frio. I, 284 — Stz. I, 338.

182. **alveus** Hb. — Stz. I, T 85 — Sp. III, T 13. 17 c — B. R. T 15.

Die Oberseite ist matt schwarz, ohne gelbliche Beimischung, die weissen Flecke etwas grösser als bei carlinae Rbr. Hfl mit trüb graugrüner, breiter Mittelbinde, der grosse Mittelfleck nach hinten scharf gezähnt. Die Wurzelfelder stark blaugrün oder gelblich behaart. Die Unterseite der Hfl bräunlich oder grünlich, der weisse Fleck in Zelle 4—5 der Hfl-Unterseite ist wurzelwärts gerade und scharf abgeschnitten.

a) *Form der Ebene* — Rev. Pl. 4 — Lacr. Pl. 3.

Die Flecke der Vfl sind grösser und reiner weiss, ebenso die Mittelbinde der Hfl-Oberseite. Die Hfl-Unterseite dagegen trüber und mehr schmutzig gelb (Type von La Rippe im Jura).

b) *Bergform* — Rev. Pl. 4.

Die Vfl-Flecke sind stark verkleinert, die Mittelbinde der Hfl verwischt oder nur durch einen leichten bräunlichen Schimmer angedeutet, die Hfl-Unterseite heller, reiner gelb (Type von Chandolin).

c) *riffelensis* Obthr. — Et. Fasc. IV, Pl. LIV.

Nach zahlreichen im Juli—August zwischen Zermatt und Riffelalp in verschiedenen Jahren gefangenen Exemplaren aufgestellt. Sie gehört zu den Bergformen, ist aber dadurch charakterisiert, dass die Vfl-Oberseite hell gelblich bepudert erscheint, ähnlich wie bei cacaliae Rbr. Die Hfl-Unterseite ist auffallend blass, grüngelb.

d) *bellieri* Obthr. — Et. Fasc. IV, Pl. LVI.

Ebenfalls von der Riffelalp, Ende Juli 1902. Ist eine Form mit lebhaft olivbraun angeflogenen Vfl, die Hfl-Unterseite bleichgelb mit grossen weissen Flecken. Aehnliche Exemplare besitze ich vom Campolungo, vom Simplon und endlich von Gadmen.

Der Falter hat in der Ebene zwei Generationen, Mai —Juni und von Juli bis September; in höheren Lagen erscheint er nur einmal von Mitte Juni an.

Eine Eiablage beobachtete Rehfous am 13. IX. 1908. Das ♀ legte zwei Eier auf die Unterseite der Blätter von Potentilla reptans.

Paul Robert erzog eine von Guédat bei Tramelan in der ersten Junihälfte an Potentilla fragariastrum gefundene Raupe, welche am 13. Juli 1910 einen typischen alveus Hb. Falter ergab. Die erwachsene Raupe hatte eine Grösse von 2 cm, sie war violettgrau, mit drei grauen Rückenlinien, die Seiten weinrot. Der Nackenschild weiss, mit zwei braunschwarzen Flecken. Der Kopf gross, gekörnt und glänzend schwarz. Der ganze Körper, auch der Kopf, mit kurzen Häärchen bedeckt. Die Füsse rötlich. Die Verpuppung erfolgte Ende Juni in einem ganz leichten Gewebe, das zwischen einem gefalteten Blatt angelegt war. Die Puppe ist braun, aschgrau bereift.

E. Lamp. 109 — Roug. 38 — Ent. Jahrb. XI, 159 — Sp. I, 76 — Frio. I, 285 — B. R. 84, T 15.

183. **carlinae** Rbr. — Rev. Pl. 4 — Stz. I, T 85.

Ist reiner braun, die Flecke kleiner, die Mittelbinde der Hfl wenig ausgeprägt, niemals so weiss wie bei cirsii Rbr.; die Hfl-Unterseite zeigt sich graugrün oder rötlichbraun, im zweiten Rippenzwischenraum steht ein runder weisser Fleck.

Der Falter ist fast ausschliesslich alpin und fliegt von Juni bis August. Er ist in den Walliser Alpen überall verbreitet und recht häufig (Rev.), Gemmi (v. J.), Gadmen (St.), Campolungo (V.), Lavizzara (Rehf.), Chambéry, Monnetier, Gex (Blach.).

a) *cirsii* Rbr. (= fritillum Hb. und Tr., nec Rbr. pro parte[1]) — Stz. I, T 85 — Lacreuze Pl. 3 — Rev. Pl. 4 — Obthr. Et. Fasc. IV, Pl. LVI.

Ist etwas grösser, die Flügel sind gestreckter, spitziger und, besonders bei Exemplaren aus der Südschweiz, gelblich bestäubt. Die Vfl-Oberseite ähnlich carthami Hb., die Hfl-Oberseite ausgezeichnet durch zwei gelbweisse Fleckenbinden. der Mittelfleck sehr gross und gezähnt. Die Unterseite der Hfl ist schwarzbraun oder rötlich, im Analwinkel steht ein grauschwarzer Fleck. Der Falter fliegt in einer Generation, im August—September. Er ist im Jura stellenweise häufig, sodann im Wallis und der Südschweiz.

Mehrere am 18. IX. 1910 bei der Eiablage beobachtete cirsii Rbr. ♀♀ plazierten die Eier einzeln auf die Unterseite der Blätter von Potentilla reptans (Rehfous). Die Entwicklungsgeschichte und die Raupe sind unbekannt.

E. Ins. Börse XXIII, 27 — Roug. 38, Pl. 1.

184. **onopordi** Rbr. — Stz. I, T 85 — Sp. III, T 17 c (?)

Diese Art wurde von Meyer-Dür nach einem angeblich typischen Exemplar aus Südfrankreich bestimmt; von Frey aufgenommen mit der Bemerkung «ob M. D. richtig bestimmt hat steht anhin»; Favre sagt, er sei dieser Form noch nicht begegnet, aber von Jenner habe sie auf Bortelalp, Mattmark und bei Saas gefangen. Schliesslich erwähnt noch R. St. ein bei Davos gefangenes Stück. Letzteres habe ich nicht

[1]) Fritillum Hübner 464—5 und Treitschke X, 1 p. 94 sind meiner Ansicht nach identisch und Synonyma von cirsii Rambur. In den Sammlungen findet man unter der Bezeichnung fritillum Hb. freilich mancherlei Tiere, welche mit Hübners Abbildungen nicht immer übereinstimmen. Diese sind in meinen Augen ziemlich getreue Darstellungen der Rambur'schen cirsii, wie dieser sie wiedergibt in Faun. And. Pl. 8. Eigentlich gehörte dem Namen Hübner's die Priorität, es scheint mir jedoch, dass durch Einziehen der Bezeichnung Rambur's die herrschende Konfusion noch vergrössert würde.

gesehen, wohl aber die Exemplare von Jenner's, die sich als typische serratulae-caeca Frr. herausgestellt haben. Es darf wohl als sicher angenommen werden, dass die typische onopordi Rbr. bei uns nicht vorhanden ist.

a) *conyzae* Gn. (false onopordi Rbr.) — Rev. Pl. 4, 5 — Stz. I, T 86 — Obthr. Etud. IV, Pl. LVII.

Ist eher kleiner als die vorigen Arten, mit ähnlicher, aber einfarbigerer Zeichnung der Hfl-Unterseite. Aber der Mittelfleck ist viel grösser und die braunen Binden stärker. Die weisse Saumbinde ist reduziert oder fehlt gänzlich. Bekannt sind Exemplare von Lucinge (Blach.), Genf (Rev.). Tramelan (G.), Martigny Anfang Juli (Blach.), Zermatt (Obthr.), Pfynwald (Mai 1910, V.), Steinental (Rätz.), Vufflens (Sauss.), Biasca (V.).

185. **malvoides** Elw.[1]) (= fritillum Rbr. nec Hübner und Treitschke) — Bull. Soc. lép, Genève II, Pl. 4. 11. 12. — Faune And. Pl. 8.

Dieses Tierchen ist wohl von den meisten Sammlern mit malvae L. — welcher Art es nach seinem Kleide sehr nahe steht — verwechselt worden. Zahlreiche Untersuchungen von Prof. Reverdin haben jedoch mit Sicherheit ergeben, dass die Genitalanhänge von allen andern Arten verschieden sind. Auch sind die Fühler etwas kürzer und die Fühlerkolben hell gelblich oder rötlich, bei malvae L. aber dunkel, oft schwärzlich gefärbt. Malvoides Elw. hat die Palpen unterseits weisslich, malvae L. aber grau. Endlich ist die Weissfleckung der Hfl bei malvoides geringer entwickelt. Diese Art fliegt von anfangs Juni bis im August, je nach der Höhenlage. Die sog. malvae L., die man im Hochsommer in den Alpen trifft, sind immer malvoides Elw.

Der Falter ist wohl im ganzen alpinen Gebiet verbreitet und gehört auch dem Jura an.

Praz de Fort 5. VI., Martigny, Riffelalp (2227 m), Torrentalp, Fusio, Creta Briolent, Davos, Simplon 22. VII. und 5. VIII. (Rev.), Gadmen, St. Blaise, Bözingen, Grono (305 m, V.).

---

[1]) Vgl. Fussnote zu Nr. 183. Reverdin zieht auch hier den Namen »fritillum« — welcher so viele Konfusionen verursachte — ein.

a) *semiconfluens* Rev. — Bull. Soc. lép. Genève II, Pl. 11.

Die weissen Flecke der Vfl-Oberseite sind vergrössert, verlängert und neigen zum Zusammenfliessen. Auf dem Hfl sind die Flecken dagegen beidseitig verkleinert. Praz de Fort (Roch).

186. **serratulae** Rbr. — Stz. I, T 85 — Sp. III, T 13. 17 c — B. R. 84.

Grösser als die vorige Art; oberseits sind die weisslichen Flecke verkleinert, so dass der Falter grünlichschwarz bis braunschwarz erscheint. Sicher daran kenntlich, dass der costale Basalfleck der Hfl-Unterseite oval ist und stets isoliert bleibt. Flugzeit je nach der Höhenlage von Mai bis August, in einer Generation. Der Falter kommt auch in der Ebene vor, ist aber verbreiteter im Jura und den Alpen. U. N. M. J. O. V. W. S. G.

a) *Form der Ebene.* — Rev. Pl. 4 — (Type vom Croix de Monnetier).

Das Tier ist etwas grösser, die Vfl-Flecke der Oberseite ebenfalls grösser, die Hfl-Unterseite gelblich. Zahlreiche Exemplare, welche ich im Juni 1910 im Pfynwald in etwa 700 m Höhe erbeutete, zeigen genau dieses Bild, ebenso solche von Elgg (Gramann).

b) *Bergform.* — Rev. Pl. 4 — (Type von der Schynigen Platte).

Ist kleiner, die Vfl-Flecke etwas reduziert, die Hfl-Unterseite graugrün.

c) *caeca* Frr. — Stz. I, T 85.

Ist noch kleiner, oberseits die Flecke stark reduziert oder ganz fehlend. Der costale Basalfleck steht bald allein, bald ist er mit dem Medianfleck lose verbunden. Vielleicht eigene Art? Nur hochalpin im Juli und August O. W. G.

d) *tarasoides*[1]) Höfn. — Jahrb. Kärnt. XXIV, 2.

---

[1]) ? *centaureae* Rbr. — Stz. I, T 86 — welche von Raetzer im Steinental des Simplon gefangen sein sollte, fehlt unserem Lande. Das in der Museumssammlung Bern befindliche Originalstück Rätzers schien mir mit centaurea Rbr. nichts zu tun zu haben, ich sandte dasselbe daher an Professor Reverdin, der gefunden hat, dass das Tier eine c o n y z a e G. ist! Der Mangel an Vergleichsmaterial und guter Literatur mag den Irrtum Rätzers verschuldet haben.

Ich fing im Juli 1909 im Steinental des Simplon zwei Exemplare, die mit Höfners Beschreibung völlig übereinstimmen.

Die Raupe ist unbeschrieben, sie lebt an Potentilla-Arten und angeblich auch an Aira montana. Nach Gillmer überwintert die erwachsene Raupe.

E. Lamp. 109 — Favre 56 — Sp. I, 76 — Frio. I, 286 — Ent. Wochenbl. XXV, 51.

187. **cacaliae** Rbr. — Stz. I, T 85 — Sp. III, T 13. 17 c — Lacr. Pl. 3.

Der ausschliesslich alpine Falter ist kenntlich an der bleichen Hfl-Unterseite. Die weissliche Mittelbinde ist wurzelwärts zu einem Zahn verlängert, die Analwinkel der Hfl abgerundet. Ein Stück ohne jeden weissen Fleck der Oberseite aller Flügel erbeutete Prof. Reverdin auf der Torrentalp. Der Falter fliegt im Juli—August und ist auf allen Alpen verbreitet und nicht selten. Er geht von 1000 m (Lenk) bis 2500 m (Furka).

Nach Frionnet lebt die Raupe an Tussilago farfara.

E. Frio. I, 286.

188. **andromedae** Wallg. — Stz. I, T 85 — Sp. III, T 17 c. 18 — Lacreuze Pl. 3 — B. R. 85.

Ein brauchbares Kennzeichen bildet die auf der Vfl-Oberseite schräg einwärts ziehende Querreihe weisser Fleckchen, in welche der Doppelpunkt der Querader aufgenommen ist. Die Hfl-Unterseite ist viel schärfer gezeichnet als bei cacaliae Rbr. Besonders charakteristisch sind zwei am Innenrand der Hfl stehende ein ! bildende weisse Flecke. Der Analwinkel wie bei cacaliae Rbr. Die Fransen breit, rein weiss, gleich breit grünschwarz gestreift. Der Falter lebt im Juli—August auf den Alpen von O. W. S. G.; besonders grosse Exemplare fand Rätzer bei Mattmark. Höhenverbreitung zwischen 1250 (Pont de Nant) und 2500 m (Col de Balm, V.).

a) *striata* m.

Ich besitze ein Exemplar vom Simplon, bei welchem die Flecke der Vfl in Streifen ausgezogen sind (ähnlich den taras-Formen von malvae L.); in der Mitte dieser Streifen befinden sich deutliche schwarze Punkte.

Die Raupe ist unbekannt; sie scheint zweijährig zu sein, da bei Davos der Falter nur in ungeraden Jahren gefangen wird (Hauri).

189. **malvae** L.[1]) (= alveolus Hb.) — Sp. III, T 17 c. 18 — Stz. I, T 86 — B. R. T 15.

Der Falter fliegt in einer Generation in der Ebene von März bis Mai, in den höheren Lagen — und er geht im Süden des Gebietes bis nahe an 2000 m — auch noch im Juni—Juli.[2]) Es ist eine der am weitesten verbreiteten und häufigsten unserer Arten. Der Falter ändert in der Zahl und Grösse der Flecken, sowie in der Färbung und Bestäubung der Oberseite beträchtlich ab. Die Hfl-Unterseite wechselt von graugrün bis rotbraun, immer aber heben sich die Adern der Hfl-Unterseite durch hellere Färbung deutlich ab und machen so die Art sicher kenntlich.

a) *taras*[3]) Bergstr. — Stz. I, T 86 — Lacreuze Pl. 3 — B. R. T 15.

Besonders ♂, ausnahmsweise auch ♀ Form, bei der die Vfl-Flecke beidseitig strichartig zusammengeflossen sind. Dagegen ist die Mittelbinde der Hfl-Unterseite verkümmert. Selten, aber gelegentlich überall unter der Art. Mehrere Exemplare sind bei Bern gefangen worden (v. J., Schmidl., V.), Weissenburgerschlucht (Hug.), Gadmen (St.), Niesen (Jäggi), Zürich (V.), Monnetier, Bois de Fernex (Blach.), Conches (Aud.), Bois de Veyrier (Blach.), l'Allondon (Verdier), Hermance (Rev.), Martigny (W.), Sion (Paul), Sepey, Gryon (Wh.), Gd. Gorge, Salève (Lacr.), Onex (Humb.).

Von den zahlreichen Zwischenformen sind benannt und bei uns beobachtet worden:

b) *intermedia* Schilde — Berl. Ent. Z. XXX, 61.

Vfl-Oberseite wie malvae L., Hfl wie taras Bergstr. Bern (v. J.).

---

[1]) ? melotis Dup. (= hypoleucos Led.) — Sp. III, T 17 c — soll in der Schweiz gefangen worden sein (Ins.-Börse XXIV), auch Frey (Lep. p. 54) berichtet über ein malvae L. ♂ vom Albula, das jener Art oberseits genau entsprochen habe.

[2]) Vgl. das bei Nr. 185 malvoides Elw. Gesagte.

[3]) «Ueber Hesp. malvae f. taras ♂ und ♀» vgl. Löffler, Ent. Zeitschrift XVIII, 77.

c) *pseudotaras* Lacr. — Bull. Soc. lép. Genève II, Pl. 3. Hat die Oberseite aller Flügel wie malvae L., die Unterseite wie taras Bergstr. La Plaine (Lacr.).

Die Eier werden einzeln oder zu zweien auf die Unterseite der Blätter von Potentilla repens abgelegt (Rehf.). Die Raupe — Sp. IV, T 5 — lebt an Potentilla, Comarum, Fragaria, Coronilla und andern niedern Pflanzen, von August bis März. Die Verpuppung erfolgt zwischen zusammengesponnenen Blättern, die Falter schlüpfen nach 14 Tagen.

E. Favre 56 — Frio. I, 287 — Roug. 39 — Ent. Jahrb. XI, 160 — Stz. I, 339 — Sp. I, 77 — B. R. 85, T 15 — Soc. Ent. XIV, 115.

Thanaos B.
(Nisoniades Hb.)

190. **tages** L. — Sp. III, T 17 c. 18 — Stz. I, T 86 — B. R. T 15.

Der Falter ist von April bis Juni und wiederum im Juli bis August im ganzen Gebiet gemein und geht in den Alpen bis etwa 2000 m. Die Falter lieben es sich, zur Nachtruhe auf die dürren Aehren zu setzen, welche von den vorjährigen Pflanzen der Betonica officinalis stehen geblieben sind, oft drei oder vier Falter an die nämliche Pflanze. Sie sind dort sehr schwer zu sehen, aber man erbeutet auf diese Art öfter ganz frische, tadellose Stücke (G.).

a) *approximata* Lowe — Wheeler p. 8.

Ist fast einfarbig schwärzlich-braun. Aigle.

Die Eiablage erfolgt einzeln auf die Blätter von Hippocrepis comosa und Medicago lupulina. (Rehf.).

Die Raupe — Sp. IV, T 5 — lebt auch an Eryngium, Lotus, Coronilla, Iberis und andern niedern Pflanzen, von September bis April und im Juni—Juli. Die Verpuppung erfolgt in Blätter eingesponnen, die Puppenruhe dauert 14 Tage.

E. Ent. Jahrb. XI, 160 — Lamp. 110 — Sp. I, 77 — Soc. Ent. XIV, 115 — Stz. I, 340 — B. R. 86, T 15 — Frio. I, 289 — Favre 57.

VII. Sphingidae.[1])

Die Schmetterlinge schwärmen meist abends in der Dämmerung an Blüten und saugen ohne sich zu setzen; einige Arten fliegen auch am Tage. Die meisten sind bei uns heimisch, während andere der sehr flugkräftigen Falterarten jährlich aus dem Süden neu einwandern. Die Raupen tragen auf dem 11. Ringe ein Horn oder eine Erhöhung, sie fressen des Nachts und verbergen sich am Tage unter Blättern oder an der Erde. Die Verpuppung erfolgt ausnahmslos an oder in der Erde, manchmal in einem lockeren Gespinst. Die meisten Arten überwintern als Puppe.

Herse Oken.

(Agrius Hb. — Protoparce Burm.)

191. **convolvuli** L. — Sp. III, T 18 — B. R. T 17 — Stz. II, T 36.

Falter im Mai—Juni und von August bis Oktober im ganzen Gebiet verbreitet. Er ist in den südlichen Alpentälern mehrfach in ganzen Schwärmen beobachtet worden und überfliegt die Alpenkette, wie nerii L., celerio L., livornica Esp. und atropos L. (Neben vielen andern derart beobachteten Stücken, sei ein lebendes Exemplar, das La Nicca bei der Zapporthütte im Rheinwaldgebiet in 2800 m Höhe fand, erwähnt). Man kann die Falter an blühendem, weissem Tabak und Geissblatt in der Abenddämmerung in Mehrzahl fangen.

Die Raupe — Sp. IV, T 6 — lebt an Convolvulus arvensis, von Juni bis September, besonders auf Kartoffeläckern.

Die Eiablage erfolgt von Juni bis August; die Räupchen schlüpfen nach 8 Tagen. Die Raupe lebt einzeln und versteckt sich gewöhnlich über Tage an der Erde. Im September — Oktober ist dieselbe erwachsen und verpuppt sich ziemlich tief in der Erde. Die Falter erscheinen noch im Herbst oder nach der Ueberwinterung im Mai—Juni des nächsten Jahres.

Die Raupe ist leicht zu erziehen, nur muss ein genügend grosser Raum und so viel Erde zur Verfügung stehen, dass sie die gewünschte Verpuppungstiefe finden können (30 bis 40 cm). Die Puppen dürfen nicht gestört werden.

---

[1]) Nomenklatur und Reihenfolge nach Rothschild und Jordan «Sphingidae». Genera insectorum. Fasc. 57.

E. Ent. Jahrb. XII, 118. 144 — Favre 59 — Ent. Zeitschr. IX, 3. XVI, 86. XVII, 22. 27. 29. XX, 189. 190 — Lamp. 113 — Mittlg. S. E. G. 1910, Nr. 1 — Roug. 41 — Sp. I, 86 — B. R. 91, T 17 — Frio. II, 56 — Ill. Wochenschr. f. Ent. 1897, 208.

Acherontia O.

192. **atropos** L. — Sp. III, T 18 — B. R. T 17 — Stz. II, T 36.

Ein Zugvogel wie nerii L., celerio L., livornica Esp. und convolvuli L., doch auch bei uns sich entwickelnd. Der Falter ist im Herbst häufig, im Frühjahr nur sehr selten beobachtet worden. Verbreitung über das ganze Gebiet. Ein Stück wurde am 11. IX. 1911 am elektrischen Licht an der Eigerwand in 2900 m gefangen (Steinegger). Ein ♀ erbeutete ich in Zürich noch am 5. XII. 1895. Ein Exemplar ohne die schwarze Mittelbinde der Hfl in der Sammlung Lütschg Bern.

Die Raupe — Sp. IV, T 6 — lebt an Kartoffeln, Atropa, Datura, Lycium, Evonymus und zahlreichen andern Pflanzen, von Juli bis Oktober. Eine halberwachsene Raupe fand ich bei Engstringen sogar noch am 11. November 1901. Die Zucht erfolgt am leichtesten und sichersten im Freien in unten offenen, oben mit Drahtgitter verschlossenen Kasten, in welche Kartoffelstauden eingepflanzt werden. Oder die Kasten werden ganz einfach über die Stauden gedeckt und die Erde rund umher etwas aufgegraben. So dem Wind und Wetter bloss gestellt, gedeihen die Raupen vorzüglich. Zur Verpuppung gehen sie sehr tief in die Erde. Ein Teil der Falter erscheint im Oktober, ein anderer im Juni des nächsten Jahres. In dem Umstande, dass die Raupe in den gewöhnlichen Zuchtkasten nicht die genügende Erdschicht zu der ihr beliebten Tiefe für die Verpuppung findet und in der Schwierigkeit dabei den richtigen Feuchtigkeitsgrad zu erreichen, liegen die Ursachen der Misserfolge bei der Zimmerzucht (Ent. Zeitschr. V, 7).

E. Ent. Jahrb. XII, 118 — Gub. Ent. Zeitschr. I, 161. III, 8 — Gartenlaube 1889, Nr. 26 — Ent. Zeitschr. III, 131. IV, 52. 65. 73. 89. V, 53. VI, 82. IX, 60. X, 85. XI, 11. XVIII, 97. XIX, 100. XX, 189. 190 — Soc. Ent. I, Nr. 1. 2. 3. 4. 13 — Favre 59 — Lamp. 141 — Mittlg. S. E. G. 1910, Nr. 1 — Roug. 41 — Sp. I, 87 — Ill. Zeitschr. f. Ent. II. III. IV. — B. R. 87, T 17 — Frio. II, 48.

Hyloicus Hb.

(Sphinx O.)

193. **ligustri** L. — Sp. III, T 18 — B. R. T 17 — Stz. II, T 36.

Der Falter ist von Mai bis August besonders in Berggegenden häufig, mehr vereinzelt aber im ganzen Gebiet zu finden. Er erreicht (bei Splügen) 1500 m Höhe. Die ♀♀ schwärmen abends gerne an blühendem Liguster; sie sind — wenn befruchtet — leicht zur Eiablage zu bewegen. Die Eier werden im Juni—Juli abgelegt, man findet sie auf der Unterseite der Blätter, einzeln oder zu 3—6 Stück. Die Räupchen schlüpfen nach 10 Tagen.

Die Raupen — Sp. IV, T 7 — leben an Liguster, Syringa, Esche und Spiraea von Juni bis September. Sie sind in 5 bis 6 Wochen erwachsen. Die Verpuppung erfolgt ziemlich tief in der Erde. Die Puppe kann gelegentlich 1—2 Jahre überliegen, ehe der Falter erscheint.

E. Ent. Jahrb. XII, 145 — Favre 59 — Roug. 42 — Sp. I, 86 — B. R. 92. T 17 — Frio. II, 60 — Ill. Zeitschr. f. Ent. 1898, 360.

194. **pinastri** L. — Stz. II, T 18 — B. R. T 19 — Stz. II, T 36.

Der Falter fliegt von Mai bis August, je nach der Höhenlage, den Nahrungspflanzen folgend, überall. Die höchste mir bekannt gewordene Stelle ist Cresta (1663 m); auch bei Zermatt kommt der Falter zwar sehr einzeln, aber doch alljährlich in grossen Stücken ans Licht (Püng.). Die ♀♀ werden gleichzeitig mit denjenigen der vorigen Art abends an blühendem Liguster getroffen.

a) *virgata* Tutt — Brit. Lep. IV, 277.

Mit weissgrauer Grundfarbe und sehr hervortretenden schwarzbraunen Mittelschatten. Diese Form kommt in besonders ausgeprägten Stücken bei Bern vor (V.), Elgg (Gram.), Landquart (Thom.), St. Gallen (M. R.), Kirchberg, St. G. (Wild).

Die Raupe — Sp. IV, T 7 — lebt an Nadelhölzern von Juli bis Oktober; bei Bern ausschliesslich an Pinus strobus. Ich fand auch eine Raupe an Eiche und Rätzer eine solche an Erlen fressend. Die Eier werden im Juli einzeln an die

Tannennadeln abgelegt. Die Räupchen schlüpfen nach 8 bis 14 Tagen und benötigen zu ihrer Entwicklung 5—6 Wochen. Die Verpuppung erfolgt an der Erdoberfläche unter herabgefallenen Nadeln oder Moos. Die Puppe überwintert. Ich fand öfter erwachsene, in der Verpuppung begriffene Raupen noch im November oder anfangs Dezember, nachdem bereits Frost eingetreten war. Solche Raupen erweisen sich ausnahmslos als gestochen.

E. Ent. Jahrb. XII, 145 — Favre 60 — Roug. 42 — Sp. I, 87 — B. R. 92, T 19 — Frio. II, 64.

Marumba Moore.

195.? **quercus** Schiff. — Sp. III, T 20 — Stz. II, T 38 — B. R. T 18.

Ein frisches ♂ erbeutete Fontana in Chiasso am Licht am 22. VIII. 1901. Eine Raupe fand auch Ghidini bei Lugano.

Die Raupe — Sp. IV, T 8 — lebt von Juni bis September an Eichen, bes. Quercus cerris.

E. Allg. Zeitschr. f. Ent. VI, 137 — Sp. I, 90 — Ent. Zeitschr. V, 48 — Frio. II, 102.

Mimas Hb.[1])

(Dilina Dalm.)

196. **tiliae** L. — Sp. III, T 20 — B. R. T 18.

Der Falter ist im ganzen Gebiet verbreitet, er ist eine der häufigsten Arten. Besonders zu Hause ist er in der Hügelregion und den Voralpen, wird aber 1500 m kaum übersteigen. Flugzeit von Mai bis Juli.

a) *brunnea* Bart. — Sp. I, 89 — B. R. 90 — Stz. II, T 38.

Der ganze Falter ist rotbraun, die Hfl öfter schwärzlich.

b) *maculata* Wallgr. — Sp. I, 89 — B. R. 90 — Stz. II, T 38.

Die Mittelbinde der Vfl ist unterbrochen, so dass zwei getrennte Flecke entstehen.

c) *centripuncta* Clark (= ulmi Bart.) — Sp. I, 89 — B. R. 90 — Stz. II, T 38.

---

[1]) Über Mimas tiliae L. vgl. die Monographie von Tutt in Brit. Lep. III, 398/422; deutsch von M. Gillmer, Ent. Zeitschr. 1905.

Die Mittelbinde ist fast gänzlich verschwunden, so dass in der Mitte der Vfl nur noch ein kleiner Fleck bestehen bleibt.

Alle diese Formen finden sich bald seltener, bald häufiger unter der Art.

d) *costipuncta* Clark — B. R. 90.

Der vordere der Mittelflecken der Vfl ist allein erhalten, der hintere fehlt. Bern (V.).

e) *suffusa* Clark — B. R. 90.

Die Hfl sind fast einfarbig schwarzbraun. Bern (V.).

f) *obsoleta* Clark (= exstincta Stdg.) — Ent. Rec. I, 328 — Stdg. 730 d).

Die Mittelbinde der Vfl ist völlig ausgelöscht, so dass dieselben einfarbig erscheinen. Sehr selten. Basel (Leonh.).

Der Hybride:[1])

g)? *leoniae* Stdfs. — Obthr. III, Pl. XV.

= tiliae L. ♂ × ocellata L. ♀. Wurde von Prof. Standfuss mehrfach erzogen.

Die Raupe — Sp. III, T 8 — lebt an Linden, Ulmen, Birken und Eichen von Juni bis August. Die Eier werden auf die Unterseite der Blätter abgelegt. Die Kopula brachte ich dadurch zustande, dass ich die Falter über Nacht im Zimmer fliegen liess. Die Zucht ist sehr leicht. Die Verpuppung erfolgt an der Erdoberfläche unter Blattresten oder nur ganz wenig tief in der Erde.

E. Ent. Jahrb. XII, 151 — Gub. Ent. Zeitschr. III, 171 — Sp. I, 89 — B. R. 90, T 18 — Frio. II, 98 — Brit. Lep. III, 398 — Favre 62 — Roug 45.

Sphinx L.

(Smerinthus O.)

197. **ocellata** L. — Sp. II, T 20 — B. R. T 18 — Stz. II, T 38.

Der Falter ist in allen Landesteilen verbreitet und häufig. Er fliegt gewöhnlich in einer Generation im Mai — Juni, aus-

[1]) Von den Gattungen Mimas, Amorpha, Celerio und Pergesa sind zahlreiche Hybriden durch Zucht erhalten worden, einige wenige fanden sich auch in der freien Natur. Ich habe bei den betreffenden Arten diejenigen Hybriden aufgeführt, welche mir bekannt geworden sind, soweit dieselben aus bei uns vorkommenden Eltern hervorgegangen sind. Die im Freien gefundenen Hybriden sind mit * bezeichnet, die andern mit ? Vgl. Denso, «Katalog der Schwärmer-Hybriden» (Bull. Soc. lép. Genève I, 320). Über Hybriden-Zucht, Mittlg. Münch. E. G. No. 11/12 1910.

nahmsweise auch im August — September. Höhengrenze etwa bei 1600 m (Latsch, Selm.); auch bei Zermatt ein grosses graues ♂ am Licht (Püng.).

a) *rosea* Bart. — Favre p. 60 — B. R. 89.

Rosenrot überflogene Form. Gelegentlich unter der Art, besonders im Wallis.

Ein Hybride ist bekannt:

b) * *hybridus* Stdg. - Stdg. 726 a).

= ocellata L. ♂ × populi L. ♀. Von Prof. Standfuss erzogen. Ein dahin gehörendes Exemplar wurde in Martigny aus einer gegrabenen Puppe erhalten (W.).

Die Raupe -- Sp. IV, T 8 — lebt an Weiden, Pappeln und Apfelbäumen von Juni bis Oktober.

E. Soc. Ent. XIV, 164 — Favre 63 — Roug. 45 — Sp. I, 89 — Ent. Jahrb. XII, 151 — B. R. 90, T 18 — Frio. II, 104 — Tutt Brit. Lep. III, 424.

Amorpha Kirb.

198. **populi** L. — Sp. II, T 20 — B. R. T 18 — Stz. II, T 38.

Der Falter ist in 2 Generationen von Mai bis September im ganzen Lande verbreitet und noch häufiger als die vorige Art. Er gelangt noch in der Talsohle von Bergün (1364 m, Honegger) zur Entwicklung, sogar bei Zermatt (1620 m) kamen in 2 verschiedenen Jahren je 1 Stück zum Licht (Püng.). Im Färbungscharakter[1]) schwankt er von weissgelb bis graubraun, hie und da mit rosigem oder violettem Schimmer. Einen vollkommenen Zwitter erhielt Wanner-Schachenmann in Schaffhausen durch Raupenzucht 1889.

a) *subflava* Gillm. — Ill. Zeitschr. f. Ent. VII, 345.

Ein Exemplar von Zürich bildet einen Uebergang zu dieser zeichnungslosen, lehmgelblichen Form (V.).

b) *fuchsi* Bart. — Sp. I, 90.

Von rötlich-brauner Färbung und schwacher Zeichnung. Aadorf (Z.-R.).

c) *fasciata* Sp. — Sp. I, 90.

Mit breiter, schwarzbrauner Mittelbinde. Aadorf (Z.-R.).

d) *cinerea* Gillm. — B. R. 89.

Von aschgrauer Grundfarbe. Aadorf (Z.-R.).

---

[1]) Ueber die Variabilität von A. populi L. vergl. Berge-Rebel, p. 89.

Hybride:

e)? *rothschildi* Stdfs. (=inversa Tutt) — Stdfs. Handb. II, 55 — Mittlg. S. E. G. X, 435. XI, 248.

= populi L. ♂ × ocellata L. ♀. Wurde von Prof. Standfuss erzogen.

Die Raupe — Sp. IV, T 8 — lebt an Pappeln und Weiden, von Juni bis Oktober. Am 28. VI. 1896 fand ich ein Pärchen in Kopula, es wurde in einem grossen Gazebeutel auf P. tremula aufgebunden; das ♀ legte in der Nacht die Eier oben auf die Blätter ab. Die Räupchen schlüpften am 6. Juli, waren Mitte August erwachsen und verpuppten sich tief in der Erde. Die Falter erschienen zwischen dem 11. und 19. Mai des folgenden Jahres.

E. Ent. Jahrb. XII, 152 — Sp. I, 90 — B. R. 89, T 18 — Frio. II, 106 — Brit. Lep. III, 460 — Favre 63 — Roug. 45.

Haemorrhagia Grote.

(Hemaris Dalm.)

199. **tityus** L. (= bombyliformis Esp. = scabiosae Z.) — Sp. III, T 20 — B. R. T 21 — Stz. II, T 40.

Der Falter fliegt im Mai—Juni und Juli—August im ganzen Gebiet, in den Alpen bis etwa 1500 m.

Die Raupe — Sp. IV, T 9 — lebt an Scabiosa- und Lychnis-Arten, angeblich auch an Geissblatt, von Juni bis September. Die Puppe der zweiten Brut überwintert.

E. Ent. Jahrb. XII, 154 — Favre 64 — Roug. 46 — Sp. I, 79 — Ent. Zeitschr. II, 51 — Frio. II, 115 — Brit. Lep. III, 528.

200. **fuciformis** L. (= bombyliformis O.) — Sp. III, T 20 — B. R. T 21 — Stz. II, T 40.

Der Falter erscheint gleichzeitig mit der vorigen Art und ist verbreitet wie jene. Ausnahmsweise fing Dr. Thomann im Schanfigg ein Stück in 2200 m Höhe.

Der frisch geschlüpfte Falter zeigt die Flügel dicht schwärzlich bestäubt, diese Bestäubung geht aber beim Flug verloren.

a) *milesiformis* Tr. — Stdg. 771 a) — B. R. 99.

Ist die kleinere, hellere Sommerform.

Die Raupe — Sp. IV, T 9 — lebt an Geissblatt, auch wohl an Symphoricarpus von Juni bis September. Denso fand Eier und junge Raupen auf Lonicera xylosteum-Büschen, auch auf L. periclymenum und Symphoricarpus racemosus. Das junge Räupchen sitzt auf der Mittelrippe der Blattunterseite, Löcher in den Blättern verraten seine Anwesenheit. Die zweite, seltenere Generation ergibt die Form milesiformis Tr. Die Raupen schlüpften am 1. Juli, waren Mitte des Monates verpuppt und lieferten die Falter schon vom 1. August an. Die Puppen aus dieser Generation überwintern und lassen sich leicht treiben. (Ent. Zeitschr. XX, 180).

E. Ent. Zeitschr. II, 51 — Ent. Jahrb. XII, 154 — Favre 64 — Sp. I, 78 — B. R. 100, T 21 — Brit. Lep. III, 512 — Ins. Welt II, 51 — Korr.-Blatt II, 39 — Frio. II, 116 — Roug. 46.

Deilephila Lasp.

(Daphnis Hb.)

201. **nerii** L. — Sp. III, T 20 — B. R. T 18 — Stz. II, T 39.

In heissen Sommern aus dem Süden zugeflogen und überall gelegentlich als Raupe oder Falter gefunden. Von Juni bis Oktober. Die Raupe war im Sommer 1896 in Martigny sehr häufig, ebenso 1906 (Wullschl.).

Die Raupe — Sp. IV, T 8 — lebt an Oleander. von Juli bis September. In Ermangelung von Oleander gelang Prof. Standfuss die Zucht auch mit Immergrün, ja er fand auf dieser Pflanze sogar die Freiland-Raupen in allen Grössenstadien.

In der letzten Juli-Woche geschlüpfte Räupchen wurden anfangs in Gläsern mit den Spitzentrieben von Oleander und und mit Immergrünblättern gefüttert. Beide Pflanzen wurden gierig gefressen und die Entwicklung der Raupen ging sehr rasch vor sich. Vom zehnten Tage an wurden die Raupen in warmer, feuchter Luft unter Drahtgaze gehalten und täglich zweimal frisches Futter gereicht. Von Mitte August an verpuppten sich die Raupen unter Moos, dieses wurde mässig feucht erhalten, die Falter erschienen nach vier Wochen. (Kloss, Ill. Wochenschr. f. Ent. I, 483).

E. Korresp.-Blatt I, 100 — Ent. Jahrb. XII, 150. 199. XIII, 124 — Gub. Ent. Zeitschr. I, 21 — Roug. 44 — Ent. Zeitsch. XX, 277 — Ill. Zeit. f. Ent. 1900, 234 — Mittlg. S. E. G. 1910, Nr. 1 — Sp. I, 86 — Ins. Welt IV, 37. 38 — B. R. 91, T 18 — Frio. II, 95 — Favre 62.

Proserpinus Hb.

(Pterogon B.)

202. **proserpina** Pall. (= oenotherae Schiff.). — Sp. III, T 20 — B. R. T 18 — Stz. II, T 40.

In der Ebene, dem Jura und den Alpentälern verbreitet, aber ziemlich lokal. Der Falter geht bis nahe an 1500 m Höhe. Flugzeit im Mai—Juni.

a) ? *brunnea* Geest — Esp. T 26 — Ill. Zeitschr. f. Ent. VIII, 311.

Hat die grüne Zeichnung durch Dunkelrotbraun ersetzt. Ein derartiges Stück scheint Zeller bei Bergün gefangen zu haben.

Die Raupe — Sp. IV, T 8 — lebt an Epilobium bes. rosmarinifolium und Oenothera im Juli—August. Im Jahr 1908 war sie bei St. Blaise und Biel noch im Oktober sehr häufig. Die Raupe ist am Tage meist unter Steinen oder am Fusse der Pflanzen verborgen, nur bei gänzlich bedecktem Himmel und bei Einbruch der Nacht auf der Pflanze zu finden.

Man fängt die befruchteten ♀♀ Falter am leichtesten abends in der Dämmerung, wo sie an Echiumblüten schwärmen. Sie werden in einen mit Epilobium bepflanzten und mit Drahtgitter bedeckten Topf getan und an die Sonne gestellt, wo sie sich mühelos zur Eiablage bequemen. Die nach zwei Wochen erscheinenden Räupchen finden bei dieser Art Zucht sogleich das richtige Futter und müssen erst entfernt werden, wenn alle Blätter verzehrt sind. Sie werden hierauf in einen zweiten ähnlich bepflanzten Topf versetzt. Zur Verpuppung werden die Raupen in geräumige Kasten gebracht, welche ausser einer 20 cm hohen Erdschicht eine gehörige Lage Blätter und Stengel der Futterpflanze enthalten. Dieser Kasten wird möglichst der Sonne ausgesetzt. Die Puppenruhe darf nicht gestört werden, auch Befeuchtung ist unnötig. Auf diese Weise kann das Erscheinen der Falter von Mai des nächsten Jahres an mit Sicherheit erwartet werden. (Frank, Soc. Ent. III, 107).

E. Soc. Ent. III, 75. 98. 147 — Ins. Welt IV, 38 — Ent. Jahrb. XII, 153 — Ent. Zeitschr. XIX, 108. 204 — Roug. 45 — Favre 63 — Sp. I, 80 — Frio. II, 110.

Macroglossum Scop.

203. **stellatarum** L. — Sp. III, T 20 — B. R. T 21 — Stz. II, T 40.

Ist überall die gemeinste Sphingide und kommt sogar noch in Höhen von 2500 m vor. Der Falter entwickelt sich in zwei Generationen und überwintert, als der einzige seiner Art.

Die Raupe — Sp. IV, T 8 — lebt an Galium und Stellaria von Juni bis Oktober.

E. Ent. Jahrb. XII, 153 — Sp. I, 79 — B. R. 99, T 21 — Frio. II, 112 — Favre 63 — Roug. 46.

Celerio Oken.

204. **euphorbiae** L. — Sp. III, T 19 — B. R. T 19 — Stz. II, T 41.

Der Falter ist im ganzen Lande überall, wo die Nahrungspflanze vorkommt, vorhanden, besonders zahlreich in den südlichen Alpentälern, bis etwa 2000 m. Flugzeit von Mitte Mai bis August. Der Falter ändert beträchtlich ab; besonders im insubrischen Gebiet finden sich schwärzlich gesprenkelte Exemplare (suffusa Tutt?), sodann solche, die eine seidenartig glänzende Behaarung des Thorax und Leibes aufweisen. Ein verdunkeltes Stück, mit Spulers Beschreibung I, p. 82 übereinstimmend, fing ich im August 1909 bei Bern. Endlich erzog v. Jenner bei Bern ein ♀ mit stark verdunkelten, beinahe einfarbig grünschwarzen Vfl, auch die Hfl sind etwas dunkler.

a) *rubescens* Garb. — Obthr. Et. V, Pl. LXX.

Uebergang zur folgenden. Eine sehr schöne Form mit tief weinroter Bestäubung der Oberseite. Vereinzelt N. J. W. S.

b) ? *paralias* Nick. — Stz. II, T 41.

Diese südliche Form soll in Uebergängen auch bei uns beobachtet worden sein. J. W. S. Ein Exemplar ohne die schwarze Hfl-Binde erhielt Honegger durch Zucht in Mühlen. G.

c) ? *lafitolii* Th.-Mieg. — Natural. XI, 181 — Stz. II, T 41.

Die Hfl sind gelb. Ein Exemplar durch Zucht, vom Obersee (Glarus), erhalten (V.); jetzt in Sammlung Standfuss.

Zahlreiche Hybriden sind mir bekannt geworden:

d) ? *harmuthi* Kord. — Obthr. III, Pl. 14 — B. R. T 20.
= euphorbiae L. ♂ × elpenor L. ♀.

e) * *epilobii* B. — Mittlg. S. E. G. Bd. X, T — Bull. Soc. lép. Genève I, Pl. 5 — B. R. T 20 — Obthr. I, Pl. VI. III, Pl. XIV — Sp. III, T 19.
= euphorbiae L. ♂ × vespertilio Esp. ♀. Aus dem Wallis (Paul), Genf (Denso), Basel, Hüningen (Mory).

f) ? *kindervateri* Kys. — B. R. T 20.
= euphorbiae L. ♂ × galii Rott. ♀.

g) * *pauli* Mory[1]) — Mittlg. S. E. G. X, T — B. R. T 20.
= ? euphorbiae L. ♂ × hippophaës Esp. ♀.
Die Raupe dieses Hybriden wurde von Paul bei Sion auf Hippophaë rhamnoides gefunden.

h) ? *pernoldiana* Aust. — Obthr. II, Pl. XIV.
= epilobii B. ♂ × euphorbiae L. ♀.

i) * *gillmeri* Rbl. — B. R. T 20.
= euphorbiae L. ♂ × livornica Esp. ♀.
Die Raupe — Sp. IV, T 7 — (epilobii Raupe Sp. IV, T 48 — Bull. Soc. lép. Genève I, T 4) lebt an Euphorbia cyparissias und Polygonum aviculare von Juni bis Oktober. Verpuppung in der Erde. Ein Teil der Puppen entwickelt sich sehr rasch uud liefert von Mitte August an eine zweite Generation. Die Mehrzahl der Puppen überwintert und benötigt eine Puppenruhe von 11—12 Monaten. Ja, es kommt sogar vor, dass die Puppen zwei Mal überwintern.

E. Ent. Jahrb. XII, 147 — Roug. 43 — Sp. I, 82 — B. R. 95, T 19 20 — Frio. II, 76 — Soc. Ent. 1892, 142 — Ent. Zeitschr. XXV, 75 — Favre 61.

205. **galii** Rott. — Sp. II, T 19 — B. R. T 19 — Stz. II, T 41.
Der Falter ist zwar im ganzen Gebiet angetroffen worden,

---

[1]) In der Ent. Zeitschr. XXV, 151 spricht Dr. Denso die Vermutung aus, dass möglicherweise der Hybride pauli Mory eher einer Kreuzung C. livornica Esp. × hippophaës Esp. entstammen möchte, da der Hybride pauli nicht mit von ihm (Denso) gezogenen zwei Exemplaren der wirklichen Kreuzung euphorbiae L. ♂ × hippophaës ♀ übereinstimme. Sollten weitere Experimente den Beweis liefern, dass Hybride pauli Mory nicht mit dem Kreuzungsprodukt euphorbiae ♂ × hippophaës ♀ identisch ist, so würde er diesen letztern Hybriden euphaës Denso nennen.

aber, mit Ausnahme der Graubündner-Alpentäler, fast überall seltener. Er geht bis etwa 1800 m und fliegt in zwei Generationen von Mai bis Juli und August bis Oktober. Die Falter wurden bei Tramelan mehrfach abends an Dianthus superbus schwärmend erbeutet (G.).

Hybriden:

a) * *phileuphorbiae* Mütz. (= galiphorbiae Denso) — Obthr. III, Pl. XIV — B. R. T 20.

= galii Rott. ♂ × euphorbiae L. ♀.

b) ? *gschwandneri* Kord. (= jacobsi Pern.) — B. R. T 20 — Obthr. III, Pl. XIV.

= galii Rott. ♂ × elpenor L. ♀.

c) ? *carolae* Kys. — B. R. T 20.

= galii Rott. ♂ × vespertilio Esp. ♀.

Die Raupe — Sp. IV, T 7 — lebt an sonnigen Waldstellen auf Galium, Impatiens, Epilobium, Euphorbia von Juli bis September. Eine im November 1905 gefundene Raupe ergab im Juni 1906 einen normalen Falter (Thom.).

E. Ent. Jahrb. XII, 147 — Ent. Zeitschr. XX, 111 — Roug. 43 — Sp. I, 83 — B. R. 94, T 19 — Frio. II, 73 — Favre 61.

206. **vespertilio** Esp. — Sp. III, T 19 — B. R. T 19 — Stz. II, T 41.

Der Falter ist in den wärmeren Landesteilen weit verbreitet, aber natürlich lokal und an die Nahrungspflanze gebunden. Flugzeit von Mai bis Juli, ausnahmsweise im September. Die höchste mir bekannt gewordene Stelle ist bei Zermatt, wo R. Püngeler den Falter fast alljährlich am Licht fing; ein anderer Sammler fand dort auch zahlreiche Raupen. J. V. W. S. G.

a) *salmonea* Obthr. — Obthr. I, Pl. V.

Ist eine albinotische Form von Basel; sie wurde in 2 Stücken aus der Raupe erzogen (Leonh.).

b) *flava* Blach. — Bull. Soc. Ent. France 1905.

Besitzt gelbliche Hfl. Genf (Blach.).

Folgende Hybriden sind mir bekannt geworden:

c) ? *densoi* D. — Bull. Soc. lép. Genève I, Pl. 5 — B. R. T 20.

= vespertilio Esp. ♂ × euphorbiae L. ♀.

d) * *vespophaës* Denso — Obthr. I, Pl. V.
= vespertilio Esp. ♂ × hippophaës Esp. ♀.

e) * *eugeni* Mory (= epiloboides Aust.) — Mittlg. S. E. G. X, T.
= epilobii B. ♂ × vespertilio Esp. ♀.

Die Raupen wurden bei Hüningen auf Epilobium gefunden (Mory).

f) * *burckhardti* Mory — Obthr. I, Pl. V.
= ? eugeni Mory ♂ × vespertilio Esp. ♀. Von Hüningen (Mony).

g) * *lippei* Mory. — Mittlg. S. E. G. X, T.
= ? *eugeni* Mory ♂ × vespertilio Esp. ♀ } ♂ × vespertilio Esp. oder epilobii B. ♀.

h) ? *vespelpenor* Denso — Ent. Zeitschr. XXV, 184.
= vespertilio Esp. ♂ × elpenor L. ♀.

Die Eier werden auf die Unterseite der Blätter abgelegt. Die Räupchen schlüpfen nach ca. 14 Tagen und verbergen sich am Tage unter Steinen oder dürren Blättern am Fusse der Nahrungspflanze. Raupen, die man am Tage an der Pflanze findet, sind meistens gestochen. Man sucht die Raupe am besten nach Sonnenuntergang, wo sie fressend gefunden wird.

Man findet sie aber auch leicht am Tage, weil die abgefressenen Stengel und Kotspuren ihre Anwesenheit verraten. Die Zucht ist sehr einfach mit Epilobium rosmarinifolium. Man darf das Futter nur nicht einstellen, sondern muss dasselbe alle zwei bis drei Tage erneuern. Die Raupen brauchen aber einen sehr grossen Zuchtkasten, weil sie vor der Verpuppung viel umher laufen. Der Zuchtkasten wird mit einer reichlichen Sand- und Erdschicht ausgerüstet und diese handhoch mit Epilobiumblättern bedeckt. Die Verpuppung erfolgt auf oder in der Erde in einem lockeren Gespinst. Bedingung des Gelingens der Zucht ist, dass Raupen und Puppen absolut trocken gehalten werden, auch müssen die Puppen unberührt bleiben. An kaltem, trockenem Orte überwintert schlüpfen die Falter im Mai—Juni des nächsten Jahres, ausnahmsweise schon im Herbst.

Die Raupe — Sp. IV, T 7 — Bull. Soc. lép. Genève I, Pl. 2—4 — lebt im Freien von Juni bis Oktober.

E. Ent. Jahrb. VI, 59. XVII, 116 — Ent. Zeitschr. XX, 163. 230. 247. XXII, 33. XXV, 2 — Lamp. 113 — Soc. Ent. III, 131 — Favre 60 — Roug. 42 — Sp. I, 84 — Frio. II, 68.

207. **hippophaës** Esp. — Sp. II, T 19 — B. R. T 19 — Stz. II, T 41.

Ist unsere seltenste einheimische Art. Flugzeit von April bis Juli, ausnahmsweise auch im Herbst. St. Galler-Rheintal (M. R.), Ragaz (Kill.), Genf (D., V.), Thonon (D.), Neuchâtel, Colombier (Roug.), Vouvry, St. Maurice, St. Léonard, Turtman, Granges, Baltschieder, Visp, Brig (Favre), Martigny, La Croix, Fully, Branson (W.), Sion, Sierre (Paul).

a) *flava* Blach.

Aus einer im Wallis gefundenen Raupe wurde ein Exemplar mit gelben Hfl erzogen (Poully).

Folgende Hybriden sind mir bekannt geworden:

b) * *amelia* Feisth. — B. R. T 20.

= hippophaës Esp. ♂ × vespertilio Esp. ♀. Sion (Paul), Martigny (W.).

c) * *vespertilioides* Bsd. — Bull. Soc. lép. Genève I, 349 — B. R. 96.

= ? amelia Feisth. ♂ × vespertilio Esp. ♀. Nur von Sion (Paul), Thonon, Genf (Denso).

Die Raupe — Sp. IV, T 7 — lebt an Hippophaë rhamnoides von Juli bis September und sitzt oben auf den Blättern. Man findet die Eier und die ganz jungen Raupen dagegen auf der Blatt-Unterseite. Erst später sitzen sie auf der Blatt-Oberseite oder an den Stengeln; die abgefressenen Aestchen verraten ihre Anwesenheit. Die günstigste Zeit sie zu suchen ist im Juli, für die Eier Mitte bis Ende Juni. Die Raupen müssen trocken und warm erzogen werden. Sie verpuppen sich zwischen der Erde und einer darauf gelegten Moosschicht. Die Falter schlüpfen schon im August—September oder vom Mai des nächsten Jahres an.

E. Mittlg. Münch. E. G., No. 11/12 1910 — Bull. Soc. lép. Genève, I, Pl. 4 — Ins. Börse XXIV, 72 — Favre 60 — Sp. I, 84 — B. R. 95, T. 20.

208. **lineata** F.

Die typische Form fehlt.

a) *livornica* Esp. — Sp. III, T 19 — B. R. T 18 — Stz. II, T 41.

Der Falter ist ähnlich wie celerio L. ein zuwandernder Zugvogel, aber ungleich häufiger zu finden als jener. Im August 1904 flog er in Mehrzahl beim Gotthardhospiz an Cirsium, wie ich deutlich beobachten konnte, in der Richtung von Süd nach Nord. Uebrigens wurde der Falter öfter erstarrt auf Firnschnee gefunden. Beides sind Beweise, dass er die Alpen überfliegt. Im heissen Sommer 1906 war er bei Martigny ausserordentlich zahlreich (Wullschl.), ebenso bei Luzern (Locher) und 1881 bei Zürich (Nägeli). Die Flugzeit ist von Juni bis September und, vielleicht aus überwinterten Puppen (?), im Mai—Juni.

Ende Mai abgelegte Eier schlüpften zwischen dem 5. und 8. Juni, die Räupchen wurden mit Fuchsiablättern gefüttert und vorerst in einem grossen Einmacheglas erzogen. Nach der zweiten Häutung wurden die Raupen auf eine Fuchsiapflanze versetzt und diese mit einem Gazebeutel umgeben. Viel Luft und Sonnenschein und völlige Trockenhaltung scheinen die Zucht zu begünstigen. Mitte Juli waren sie erwachsen und verpuppten sich in der Erde; die Falter schlüpften nach ca. drei Wochen. Die im September erwachsenen Herbstraupen müssen noch im gleichen Monat zur Verpuppung gebracht werden; warm und mässig feucht gehalten, ergeben sie dann im Oktober die Falter. Überliegende Puppen gehen in der Regel ein. (Gillmer, Ent. Zeitschr. XVIII, 70).

Die Raupe — Sp. IV, T 7 — lebt an Scabiosa, Galium, Linaria, Fuchsien, Weinreben u. s. w. im Mai—Juni und von Juli bis September.

E. Ent. Zeitschr. XVIII, 89. 94. XX, 220. 225. 235. XXI, 23 — Ent. Jahrb. XXII, 124. 148 — Mittlg. S. E. G. XIX, 110 — Roug. 43 — Sp. I, 81 und Nachtr. 349 — Frio. II, 82 — Soc. Ent. 1893, 19 — Favre 61.

Pergesa Walk.
(Choerocampa Dup.)

209. **elpenor** L. — Sp. II, T 19 — B. R. T 19 — Stz. II, T 42.

Der Falter fliegt im Mai—Juni, seltener auch im Herbst, überall in der Ebene und dem Hügelland. Er geht in den

Alpen bis etwa 1500 m. Die Falter schwärmen in der Abenddämmerung gerne an blühendem Geissblatt.

Folgende Hybriden sind mir bekannt geworden:

a) * *luciani* Denso — Bull. Soc. lép. Genève I, Pl. 5.
= elpenor L. ♂ × porcellus L. ♀.

b) * *pernoldi* Jac. (= philippsi Pern). — B. R. T 20.
= elpenor L. ♂ × euphorbiae L. ♀.

c) ? *elpogalii* Castek — Gub. Ent. Zeitschr. IV, 33.
= elpenor L. ♂ × galii Rott. ♀.

d) ? *irene* Denso — Bull. Soc. lép. Genève I, Pl. 11.
= elpenor L. ♂ × hippophaës Esp. ♀.

e) ? *gillyi* Kys. — B. R. T 20.
= elpenor L. ♂ × vespertilio Esp. ♀.

Die Raupe — Sp. IV, T 8 — lebt an Epilobium, Impatiens, Galium, Weinrebe, Fuchsien und zahlreichen andern Pflanzen von Juni bis September. Sie versteckt sich über Tage nahe an der Erde.

E. Ent. Jahrb. XII, 149 — Favre 62 — Roug. 44 — Sp. I, 81 — Ill. Zeitschr. f. Ent. V, 168 — B. R. 97, T 19 — Gub. Ent. Zeitschr. II, 225 — Frio. II, 89.

Metopsilus Dunc.

210. **porcellus** L. — Sp. III, T 20 — B. R. T 19 — Stz. II, T 42.

Vorkommen und Erscheinenszeit wie bei der vorigen Art, aber sie ist eher etwas spärlicher als jene. Bei Zermatt (1620 m) alljährlich am Licht gefangen; dort fast ohne rote Färbung, dadurch dem *suellus* Stdg. sich nähernd, der indessen nach Rothschild und Jordan eine eigene Art sein soll (Püng). Die Falter schwärmen abends mit Vorliebe an Silenen. Ein Hybride ist mir bekannt geworden:

a) * *standfussi* Bart. (= elpenorellus Stdg.) — Obthr. III, Pl. XIV.

= porcellus L. ♂ × elpenor L. ♀. Von Zürich, Renan.

Die Raupe — Sp. IV, T 8 — lebt an Epilobium und Galium wie die vorige Art.

E. Ent. Jahrb. XI, 150 — Favre 62 — Soc. Ent. IX, 90 — Sp. I, 81 — B. R. 98, T 19 — Frio. II, 93 — Roug. 44.

Hippotion Hb.

(Choerocampa Dup.)

211. **celerio** L. — Sp. III, T 19 — B. R. T 19 — Stz. II, T 42.

Diese südliche Art kommt in heissen Sommern auch bei uns als vereinzelte, aber gelegentlich überall beobachtete Erscheinung vor. Flugzeit im September—Oktober oder aus überwinterten Puppen im Mai—Juni.

Die Raupe — Sp. IV, T 7 — lebt an Galium, Linaria, Fuchsien, auch an Weinreben, im August—September.

E. Favre 61 — Ins. Welt IV, 37 — Sp. I, 80 — Ent. Zeitschr. IX, 11 — Frio. II, 87.

Bombyces.

Die Falter fliegen meistens in der Nacht und kommen gerne zum Licht. Am Tage ruhen sie an Bäumen, Zäunen, Felsen, Mauern und halten dabei die Flügel steil dachförmig. Die Raupen leben gewöhnlich auf Laub- oder Nadelhölzern, einige auch an niedern Pflanzen. Die Verpuppung erfolgt in einem mehr oder weniger festen Gespinst an oder in der Erde, unter Rindenstücken oder Steinen.

VIII. Notodontidae.

Cerura Schrk.

(Harpya O.)

212. **bicuspis** Brkh. — Sp. III, T 21 — B. R. T 22 — Stz. II, T 44.

Der Falter ist im April—Mai und Juni—Juli zwar selten, aber doch an vielen Orten beobachtet worden. Zürich (Rühl, V.), St. Gallen (M.-R.), Liestal (Seiler), Oftringen, Lenzburg (W.), Bern (v. J.), Freiburg (T. de G.), Neuveville (Coul.), Martigny (Favre), Bergell (Bazz.).

Die Raupe — Sp. IV, T 19 — lebt an Birken, Erlen, Zitterpappeln und Buchen, im Juni—Juli und August—September. Die Verpuppung erfolgt in einem sehr harten Kokon, welcher an die Stämme oder grossen Aeste befestigt wird.

E. Sp. I, 92 — Ent. Jahrb. VI, 146 — Frio. II, 292 — Favre 113.

213. **furcula** Cl. — Sp. III, T 21 — Stz. II, T 44.

Ueberall und nicht so selten wie die vorige Art, aber keineswegs häufig, in zwei Generationen im Mai—Juni und Juli—August. Höhengrenze bei etwa 1500 m.

a) *alpina* Bartel.

Diese Form ist nach Mitteilungen Püngelers nach Zermatter-Stücken seiner Sammlung beschrieben worden. Sie ist grau überflogen, die Zeichnungen undeutlich, Uebergangsform zu der viel dunkleren, nordischen *borealis* Boh. Der Falter wird alljährlich, doch sehr einzeln, bei Zermatt am Licht gefangen.

Die Raupe — Sp. IV, T 19 — lebt an Buchen, Weiden, Birken und Pappeln im Juni—Juli und August—September.

Die Eiablage erfolgte bei einem Zuchtversuche anfangs Juni in einem Kartonschächtelchen; nach 14 Tagen schlüpften die Raupen. Sie wurden in einem grossen Glas an eingestellte Buchenzweige gesetzt, deren Blätter sie gerne verzehrten. Mitte September waren die Raupen erwachsen; sie fertigten teils an der Futterpflanze, teils in den Ecken des Zuchtkastens, in den sie zuletzt verbracht worden waren, die Kokons. Die Falter schlüpften von Ende Mai des folgenden Jahres an. (Breit, Soc. Ent. XII, 99).

E. Ent. Jahrb. VI, 149 — Gub. Ent. Zeitschr. II, 2 — Sp. I, 92 — Frio. II, 293 — Favre 113.

214. **bifida** Hb. — Sp. III, T 21 — B. R. T 22 — Stz. II, T 44.

Vorkommen und Erscheinungszeit wie bei den vorigen Arten, manchmal schon im April. Der Falter wurde zweimal bei Zermatt gefangen. Eine Zucht aus Eiern ergab zwar eine Anzahl grosse, aber nicht besonders dunkle Stücke (Püng.).

a) ? *saltensis* Schöyen — Stdg. 781 b).

Diese nordische Art mit graugelblich bestäubten Vfl, die Zackenlinien fast fehlend, angeblich aus Graubünden (Kill.).

Die Raupe — Sp. IV, T 19 — lebt an Populus tremula und nigra im Juni—Juli und August—September, gerne an niederen Büschen.

E. Ent. Jahrb. VI, 149 — Gub. Ent. Zeitschr. III, 171 — Sp. I, 92 — B. R. 101, T 22 — Frio. II, 294.

Dicranura B.

215. **erminea** Esp. — Sp. III, T 21 — B. R. T 22 — Stz. II, T 44.

Ist seltener als die folgende Art, aber in ähnlicher Verbreitung. Flugzeit in einer Generation von Mai bis Juli. U. M. J. W? G. N. V. S.

Nach einer im Freien künstlich erzielten Copula legte das ♀ Ende Mai ca. 300 Eier ab. Die Raupen schlüpften nach 10 Tagen und wurden mit Pappeln und Weiden gefüttert. Sie wurden in Kasten mit Glasdeckeln im Zimmer gehalten und, als sie erwachsen waren, in einen Kasten verbracht, dessen Boden mit groben Sägespähnen bedeckt war. Darauf wurden fingerdicke Zweigstücke und alte Korke gelegt; dazwischen spannen sich die Raupen ein, lagen zwei bis drei Wochen in Kokons und wurden dann erst zur Puppe. **(Habisch, Gub. Ent. Zeitschr. II, 139).**

Die Raupe — Sp. IV, T 19 — lebt von Mai bis September an Pappeln und Weiden.

E. Gub. Ent. Zeitschr. III, 171 — Ent. Jahrb. VI, 149 — Sp. I, 92 — Frio. II, 295 — Favre 113 — Roug. 72.

216. **vinula** L. — Sp. III, T 21 — B. R. T 22 — Stz. II, T 44.

Die gemeinste Art; sie kommt überall vor, in den Alpen bis über 2500 m. Flugzeit von April bis Anfang August, je nach der Höhenlage.

Hybride:

a) ? *guillemoti* Tutt — Brit. Lep. V, 20 — Ann. Soc. Ent. France 1856, Pl. 1.

= vinula L. ♂ × erminea Esp. ♀.

Die Raupe — Sp. IV, T 19 — lebt an Weiden und Pappeln von Juni bis September. Die Eier werden in der Regel zu zwei oder drei auf die Oberseite der Blätter abgelegt und sind dort, wie auch die jungen Raupen, im Juni—Juli leicht zu finden. Die Raupen schlüpfen nach 14 Tagen und sind zwar sehr leicht zu erziehen, doch ist es bequemer, etwas später die erwachsenen einzutragen. Im Freien erfolgt die Verpuppung am Fusse der Stämme unter losgesprungener Rinde, im Zuchtkasten wird in der Wand eine leichte Vertiefung ausgenagt und dort der sehr harte Kokon befestigt. Die Puppe überwintert.

E. Soc. Ent. II, 179 — Ent. Jahrb. VI, 150 — Sp. I, 93 — B. R. 102, T 22 — Frio. II, 297 — Favre 114 — Roug. 73.

Hoplitis Hb.

(Hybocampa Ld.).

217. **milhauseri** F. — Sp. III, T 22 — B. R. T 22 — Stz. II, T 45.

Der Falter ist im Tieflande weit verbreitet, aber stets ziemlich selten. In den Jahren 1905 und 1906 sind am elektrischen Licht in Liestal ca. 10 Stück gefangen worden; Fangzeit Ende Mai bis Anfang Juni. Flugzeit erst nach 11 Uhr abends; sie kommen geräuschlos angeflogen und setzen sich an irgend einen Gegenstand, der nicht dem vollen Lichte ausgesetzt ist (Seiler). St. Gallen (M.-R.), Frauenfeld (Wehrli), Zürich öfter (Rühl, Naegeli, V.), Oberuzwil (Wild), Biel (Rob.), Tessin (Roug.), Bern (v. J.), Freiburg (T. de G.), Genf (Aud.), Martigny, Branson (W.), Fully, Ravoire (Favre), Sion, Sierre (Paul), Tramelan (G.).

Die Raupe — Sp. IV, T 19 — lebt besonders an niederen Eichenbüschen, aber auch an Buchen von Juni bis September. Die Verpuppung geschieht in einem harten Kokon, welcher meist unter Manneshöhe an die Stämme oder untern Aeste befestigt wird. Derselbe wird durch Flechten sehr rasch überwachsen und ist darum schwer zu finden. Die Spechte stellen diesen Kokons stark nach und fressen dieselben aus.

E. Ent. Jahrb. VI, 154 — Gub. Zeitschr. III, 171 — Sp. I, 93 — B. R. 103, T 22 — Ill. Wochenschr. f. Ent. 1896, 355 — Frio. II, 300 — Favre 114 — Roug. 73.

Stauropus Germ.

218. **fagi** L. — Sp. III, T 21 — B. R. T 22 — Stz. II, T 44.

In der Ebene und dem Hügelland überall verbreitet, aber stets ziemlich selten. Flugzeit in zwei Generationen, im April—Mai und Juli—August. Von Jenner fand ein frischgeschlüpftes Exemplar bei Bern am 30. XI. 1895! Der Falter sitzt über Tag gerne an Stangenholz von Sorbus und Buchen, besonders an Waldrändern und Waldwegen. Er erreicht bei Göschenen 1100 m Höhe (Hoffm.). U. N. M. J. O. W. G. S. V.

Die Raupe — Sp. IV, T 19 — lebt an Eichen, Buchen, Haseln, Prunus padus, Cytisus laburnum und andern Laubhölzern von Mai bis September. Um Eier zu erhalten sucht man die ♀♀ in Buchenschlägen; man findet sie besonders in armdickem Stangenholz. Um die Eiablage zu erleichtern, befestigt man in der Ecke eines Kartonschächtelchens ein Stückchen Schwamm, das stets feucht zu erhalten ist. Die jungen Raupen zieht man am besten in Gläsern, in die man täglich frische Futterzweige hineinlegt. Nach der zweiten Häutung versetzt man sie in einen geräumigen Zuchtkasten, in welchem die Zweige im Wasser stehen. Von nun an ist es nötig, die Raupen täglich tüchtig zu bespritzen und oft frisches Futter zu verabreichen. Die Verpuppung erfolgt zwischen Blättern auf der Erdoberfläche; auch die Puppen verlangen viel Feuchtigkeit. Die Falter erscheinen nach vier Wochen oder die Puppen überwintern. Zusammengesperrte Freilandraupen vertragen sich nicht miteinander, sondern beissen sich gerne die Beine ab. (Ent. Zeitschr. II, 50 u. f.).

E. Ent. Zeitschr. II, 63. V, 11. 22. 38. 47. VII, 115. XIX, 172. XXI, 184. XXII, 32 — Gub. Ent. Zeitschr. IV, 132 — Ins. Börse XXII, 149. XXVII, 63 — Soc. Ent. IV, 130. 152. X, 2. 83. 90. XI, 49. 57. XVI, 185. XXV, 53 — Ent. Jahrb. VI, 152. VIII, 172. XV, 94 — Sp. I, 94 — B. R. 102, T 22 — Frio. II, 302 — Favre 114 — Roug. 73.

Exaereta Hb.

(Uropus Bsd.).

219. **ulmi** Schiff. — Sp. III, T 22 — B. R. T 22 — Stz. II, T 46.

Das von Frey angezweifelte Vorkommen ist seither mehrfach bestätigt worden. Winterthur, Zürich (Müller), Bern (Rothb.), Basel (Seiler), Genf (Weber), Siders (Paul). Flugzeit von März bis Mai.

Die Raupe — Sp. IV, T 19. 48 — lebt an Ulmen von Mai bis Oktober. Die Verpuppung erfolgt in einem leichten Kokon in der Erde, am Fusse der Stämme.

E. Ent. Jahrb. VI, 154 — Sp. I, 94 —, Frio, II, 305 — Favre 114.

Gluphisia B.

220. **crenata** Esp. — Sp. III, T 22 — B. R. T 22 — Stz. II, T 46.

Falter nur in der Ebene, vereinzelt und nicht gerade häufig. Er fliegt von April bis Juni, ausnahmsweise auch im August. Frauenfeld (Wehrli), Zürich öfter (Z.-D., V.), Zofingen, Oftringen, Aarau, Wildegg (W.), Olten (Brügger), Bechburg (R.-St.), Tschugg, Gampelen (Coul.), Büren (Rätz.), Liestal (Seiler), Tramelan (G.), Genf (Aud.), Thusis (V.), St. Galler-Rheintal öfter (M.-R.), St. Margrethen (M.-Dürl.),

Die Raupe — Sp. IV, T 20 — lebt gesellschaftlich an Pappeln von Juni bis Oktober zwischen zusammengesponnenen Blättern, wo auch die Verpuppung erfolgt. Das die Puppe enthaltende Blatt fällt später an die Erde und man findet sie beim Durchsuchen des Laubes im Winter.

E. Ent. Jahrb. VI, 164 — Lamp. 119 — Sp. I, 94 — Frio, II, 306.

Drymonia Hb.

221. **querna** F. — Sp. III, T 22 — Stz. II, T 45.

Bei uns nur im Tieflande als Seltenheit, hie und da gefunden. Flugzeit von April bis Juni. St. Gallen (M.-R.), Ossingen (Stierl.), Zürich, Thusis (V.), Engelberg (Solothurn) (W.), Neuchâtel (Roug.), Tramelan (G.), Genf (Aud.), Salgesch (Roug.), Sion (Paul).

Die Raupe — Sp. IV, T 20 — lebt an isoliert stehenden Eichenbüschen im Mai—Juni und von August bis Oktober. Man findet sie über Tag auf der Unterseite der Blätter sitzend. Verpuppung in einer Erdhöhle.

E. Ent. Jahrb. VI, 160 — Favre 116 — Roug. 75 — Sp. I, 95 — Frio. II, 307.

222. **trimacula** Esp. — Sp. III, T 22. — Stz. II, T 45.

Der Falter fliegt von April bis Juni und ist an vielen Orten, aber meist einzeln, gefunden worden. Er scheint noch am häufigsten im Jura zu sein. U. N. M. J. V.

a) *dodonaea* Hb. — Sp. III, T 23 — B. R. T 23 — Stz. II, T 45.

Vfl grau mit weisslichen Binden. Unter der Art.

Die Raupe — Sp. IV, T 20 — lebt an Birken und Eichen von Juni bis August. Ueber Tag ist sie in den Rindenritzen der Stämme und untern Aeste zu finden.

E. Ent. Jahrb. VI, 160 — Lamp. 119 — Sp. I, 95 — Frio. II, 308 — Roug. 75.

223. **chaonia** Hb. — Sp. III, T 22 — B. R. T 23 — Stz. II, T 45.

Vorkommen ähnlich der vorigen Art, aber eher etwas häufiger als jene. U. N. M. J. V. W. G. S.

Die Raupe — Sp. IV, T 20 — lebt an Eichen von Mai bis Juni. Im Herbst 1868 wurden die Raupen bei Bern geklopft, also wohl in zweiter Generation? Die Falter erschienen vom 26. April 1869 an (v. J.). Die Eier werden bei der Zimmerzucht in einem Glase kalt gestellt aufbewahrt und die geschlüpften jungen Raupen an Eichenzweigen in einem möglichst grossen Glas gezogen. Allzu oftes Aendern des Futters empfiehlt sich nicht. Sind die Raupen zur Verpuppung reif, so kommen sie in den Zuchtkasten. Sie verspinnen sich in der Erde, überwintern als Puppe und liefern den Falter im April—Mai des nächsten Jahres. (Bohatschek, Ent. Zeitschr. XXI, 44).

E. Ent. Jahrb. VI, 195 — Sp. I, 95 — B. R. 104, T 23 — Frio. II, 309 — Favre 116 — Roug. 74.

Pheosia Hb.

224. **tremula** Cl. (= dictaea L.) — Sp. III, T 22 — B. R. T 22 — Stz. II, T 45.

Der Falter kommt in der ganzen Ebene vor, im Gebirge erreicht er 1600 m, aber stets einzeln. Er fliegt in zwei Generationen von April bis Ende Mai und im Juli—August. Bei Zermatt sehr einzeln am Licht; etwas grauer, aber nicht dunkler als deutsche Stücke (Püng.).

a) *obscura* m. — Gub. Ent. Zeitschr. I, 371.

Mit markanter schwarzbrauner Flügelzeichnung und ebensolchem Thorax und Abdomen. Die Unterseite aller Flügel rauchschwarz. Thusis, ein Stück (V.).

Die Raupe — Sp. IV, T 20 — lebt an Birken, Weiden und Pappeln im Juni—Juli und August—September. Man findet die Raupen an den Wurzelschösslingen, sowie an jungen buschartigen Pappeln. Ihre Zucht ist leicht und geschieht am besten im Glase, da sich das Futter dort am längsten frisch erhält und nicht in Wasser gestellt werden muss. Jeden dritten Tag reiche man frisches Futter. Die Verpuppung erfolgt an oder in der Erde. Die Raupen der Frühlingsbrut begnügen sich mit der Anlage eines Gespinstes unter Gras und Blättern, die der Herbstbrut gehen etwas in die Erde hinein. Die erstern liefern die Falter nach 2—3 Wochen, die andern nach der Ueberwinterung im Frühling.

E. Ent. Jahrb. VI, 155 — Ent. Zeitschr. II, 9 — Soc. Ent. I, 180 — Roug. 73 — Sp. I, 96 — B. R. 105, T 22 — Frio. II, 311 — Favre 114.

225. **gnoma** F. (= dictaeoides Esp.) — Sp. III, T 22 — B. R. T 22 — Stz. II, T 45.

Der Falter abermals in zwei Generationen, im Mai—Juni und Juli—August, in ähnlicher Verbreitung, aber seltener als die vorige Art. Er geht im Urner-Reusstal bis Göschenen (1100 m, L.).

a) *leonis* Stichel (= frigida Zett.) — Berl. Ent. Zeitschr. 1900, T 2 — Stz. II, T 45.

Ist eine stark verdunkelte Gebirgsform mit schwarzbrauner Zeichnung und Thorax. Bei Davos die herrschende Form (Hauri); bei Zermatt alljährlich einzeln an der Lampe, mehr oder weniger ausgeprägt (Püng., Schultz).

Die Raupe — Sp. IV, T 20 — lebt an Birken im Juni —Juli und August—September. Die Verpuppung erfolgt in einem weichen Gewebe, welches in Rindenritzen nahe der Erde oder an den untern Aesten in den Astwinkeln gefunden wird.

E. Ent. Jahrb. VI, 165 — Roug. 73 — Soc. Ent. I, 180 — Sp. I, 96 — Frio. II, 312 — Favre 115.

Notodonta O.

226. **ziczac** L. — Sp. III, T 22 — B. R. T 23 — Stz. II, T 45.

Der Falter ist in allen tieferen Landesteilen verbreitet und häufig. Flugzeit von Ende März bis Mai und im August —September. Bei Zermatt einzeln, doch regelmässig am Licht und auch noch bis Riffelalp (2227 m) aufsteigend (Püng.).

Hybride:

a) ? *newmani* Tutt — Brit. Lep. V, 20.
= ziczac L. ♂ × dromedarius L. ♀.

b) ? *heinickei* Hem. — Gub. Ent. Zeitschr. V, 273
= ziczac L. ♂ × tritophus Esp. ♀.

Die Eiablage erfolgt auf die Oberseite der Blätter, die Räupchen erscheinen nach 10—14 Tagen. Sie sitzen über

Tag an den Rändern der Blätter oder den Blattstielen und wachsen so rasch heran, dass schon nach 3—4 Wochen die Verpuppung erfolgt. Diese geschieht an der Erdoberfläche, unter Moos oder zwischen abgefallenen Blättern in einem weichen Gewebe. Die Falter der Frühjahrsbrut schlüpfen nach etwa zwei Wochen. Die Puppen der zweiten Generation überwintern.

Die Raupe — Sp. IV, T 20 — lebt an Weiden und Pappeln im Mai—Juni und September—Oktober, besonders an niederen Büschen.

E. Ent. Jahrb. VI, 157 — Sp. I, 96 — B. R. 105, T 23 — Zeitschr f. wiss. Ins. Biol. II, 266 — Frio. II, 314 — Favre 115 — Roug. 74.

227. **dromedarius** L. — Sp. III, T 22 — B. R. T 23 — Stz. II, T 46.

Vorkommen und Erscheinungszeit ähnlich der vorigen Art. Sie ist vielleicht etwas weniger häufig, steigt aber in den Voralpen bis etwa 1600 m auf (Hauri). Bei Zermatt viel seltener als die vorige Art, aber in grossen, grauen Stücken (Püng.).

Die Raupe — Sp. IV, T 20 — lebt an Birken, Haseln, Erlen und Weiden von Juni bis Oktober. Die Verpuppung erfolgt in einem weichen Gespinst an oder in der Erde, oft unter Moos oder im Innern von Rasenbüscheln.

E. Ent. Jahrb. VI, 159 — Sp. I, 96 — Frio. II, 316 — Favre 116 — Roug. 74.

228. **phoebe** Sieb. (= tritophus S. V.) — Sp. III, T 22 — B. R. T 23 — Obthr. Et. V, Pl. LXV — Stz. II, T 45.

Flugzeit im Mai—Juni und August—September.

Der Falter ist bei uns nicht häufig, aber doch sehr weit verbreitet. Ein ganz reines ♂ fing Püngeler bei Zermatt (1620 m) am Licht. U. N. M. J. W. G.

Die Raupe — Sp. IV, Nachtr. T I — lebt an Pappeln, Weiden und Birken, im Juni—Juli und August—September. Sie ist angeblich im September bei Schaffhausen nicht selten (W.-Sch.).

E. Ent. Jahrb. VI, 157 — Sp. I, 97 — Frio. II, 317 — Favre 116 — Roug. 74.

229. **tritophus** Esp. (= torva Hb.) — Sp. III, T 22 — B. R. T 23 — Stz. II, T 46.

Im ganzen Tieflande vorkommend, aber überall selten. Flugzeit im Mai—Juni und Juli—August. St. Gallen (M.-R.), Frauenfeld (Wehrli), Winterthur (Bied.), Zürich (Naegeli, V.), Bremgarten (Boll), Lenzburg, Oftringen (W.), Jolimont (Coul.), Büren (Rätz.), Bern (v. J.), Basel (Honegg.), Tramelan (G.), Sion, Sierre (Paul), Erstfeld, Göschenen (L.), Biasca (V.).

Hybride:

a)? *dubia* Tutt — Brit. Lep. V, 20.

= tritophus Esp. ♂ × dromedarius L. ♀.

Die Raupe — Lamp. T 23 — lebt an Pappeln, im Juni —Juli und von August bis Oktober. Sie ist der ziczac L. Raupe ähnlich, aber sie besitzt drei kegelförmige Erhöhungen, ziczac nur deren zwei. Ausserdem tritt sie auch in einer blaugrünen Form auf. Am 12. Mai gelegte Eier eines Freiland ♀ ergaben die Raupen schon am 19. Dieselben wurden mit Espenlaub gefüttert, das sie sehr gerne nahmen. Innert vier Wochen waren die Raupen erwachsen und verspannen sich im Zuchtglase; Blattreste und Erdkrümchen dienten zur Herstellung der Kokons. Schon am 4. Juli schlüpften die Falter, nach nur neuntägiger Puppenruhe, so dass also die ganze Entwicklungsgeschichte dieser zweiten Generation sieben Wochen dauerte. (Breit, Soc. Ent. XVI, 99).

E. Ent. Jahrb. VI, 158 — Roug. 74 — Sp. I, 97 — Frio. II, 318 — Favre 115.

230. **anceps** Goeze (= trepida Esp.) — Sp. III, T 22 — B. R. T 23 — Stz. II, T 46.

Vorkommen wie die vorige Art, aber häufiger als jene. Flugzeit im Mai—Juni. U. N. J. W. G. V.

Sehr häufig war der Falter bei Martigny am 16. April 1896 (Wullschl.).

Die Raupe — Sp. IV, T 20 — lebt an Eichen von Juni bis September. Man erhält sie durch Abklopfen der untern Zweige alter Bäume. Bei Bern am 7. VII. 1905 geklopfte Raupen verpuppten sich Anfang August; die Falter schlüpften zwischen dem 2. und 5. Mai 1906. Ein am 6. Mai 1900 gefangenes ♀ ergab 200 Eier, welche am 24. Mai schlüpften. Die Raupen verpuppten sich vom 15. Juli an und lieferten vom 21. April 1901 an die Falter. Es blieben aber noch eine

Anzahl gesunder Puppen überliegen, aus welchen die letzten drei Falter erst im Mai 1905 schlüpften. Ich habe die Puppe einige Male im Winter im Innern von Rasenbüscheln gefunden. in welche sich die Raupe hineingebohrt hatte.

E. Ent. Zeitschr. XXI, 44 — Ent. Jahrb. VI, 158 — Favre 115 — Roug. 74 — Sp. I, 97 — B. R. 106, T 23 — Frio. II, 319.

Spatalia Hb.

231. ? **argentina** Schiff. — Sp. III, T 22 — B. R. T 23 — Stz. II, T 46.

Die Raupe wurde im Sommer 1904 bei Sissach an Pappeln gefunden, der Falter schlüpfte am 4. April 1905 (Müller); einen Falter fand Ghidini am 8. V. 1896 bei Cortivallo im Tessin.

Die Raupe — Sp. IV, T 20 — lebt an Eichen, Pappeln und Weidenbüschen von Juni bis Oktober.

E. Sp. I, 97 — Frio. II, 320.

Leucodonta Stdg.

232. **bicoloria** Schiff. — Sp. III, T 22 — B. R. T 23 — Stz. II, T 46.

Der schöne Falter ist nur von ganz wenigen Orten bekannt geworden. Flugzeit von Mai bis Juli. Zürich (Rühl), Bremgarten, Oftringen (W.), Bechburg (R.-St.), Weissenburgerschlucht (Hug.), Pfynwald (Paul), Meiringen (Jäggi), Genf (Aud.).

Die Raupe — Sp. IV, T 20 — lebt an Birken von Juli bis September. Die Verpuppung erfolgt an der Erdoberfläche unter Blättern oder Moos.

E. Ent. Jahrb. VI, 160 — Sp. I, 98 — Frio. II, 322.

Ochrostigma Hb.

(Drynobia Dup.).

233. **velitaris** Rott. — Sp. III, T 22 — B. R. T 23 — Stz. II, T 45.

Der Falter ist nirgends häufig und kommt nicht überall vor. Flugzeit im Juni—Juli. U. N. M. J. W. V.

Die Raupe — Sp. IV, T 20 — lebt an Eichen und Pappeln von Juni bis September. Man findet sie besonders an den untersten Zweigen von kleinen Bäumen, wo sie die frischen Triebe benagt. Die Verpuppung geschieht in der

Erde oder unter Blättern in einem leichten Erdkokon. Die Puppe überwintert.

E. Ent. Jahrb. VI, 163 — Sp. I, 98 — Frio. II, 323 — Favre 117 — Roug. 75.

234. **melagona** Bkh. — Sp. III, T 22 — B. R. T 23 — Stz. II, T 45.

Ist etwas weniger selten als die vorige Art, aber auch nicht gerade häufig. Vorkommen in ein bis zwei Generationen von Ende Mai bis Juli und im August—September. U. N. J. M. S.

Die Raupe — Sp. IV, T 20 — lebt an Buchen und Eichenbüschen von Juni bis September. Bei der Zucht kann man die ♀♀ durch Einsperren in eine kleine Kartonschachtel, in welche einige Buchenblätter gelegt werden, zur Eiablage veranlassen. Nach zirka zwei Wochen schlüpfen die Raupen. Sie sind sehr beweglich und verstehen es ungemein gut, durch die kleinste Oeffnung zu entwischen. Es ist daher zweckmässig, die Raupen bis zur zweiten oder dritten Häutung in Gläsern zu erziehen, welche mit Gazestoff überbunden sind. Schon nach drei bis vier Wochen sind die Raupen erwachsen und verspinnen sich unter Moos auf der Oberfläche der Erde. Die Falter können schon im September erscheinen oder erst im Frühling des folgenden Jahres. Es kommt aber auch vor, dass die Puppen mehrere Jahre liegen bleiben. (Volkmann, Ent. Zeitschr. I, 6).

E. Soc. Ent. IX, 145 — Ent. Jahrb. VI, 164 — Sp. I, 98 und Nachtr. 349 — Frio. II, 324 — Iris XIV, 147 — Roug. 76.

Odontosia Hb.

235. **carmelita** Esp. — Sp. III, T 22 — B. R. T 23 — Stz. II, T 46.

Sehr selten und nur an wenigen Orten beobachtet. Flugzeit von April bis Juni. Zürich (Rühl, V.), Wallis (R.-St.), Davos (Boner), Aadorf (Z.-R.), Elgg (Gram.), Flums (Wild), Göschenen (Hoffm.). Die Raupen wurden von Müller in Sissach im Sommer 1900 von Birken geklopft, Entwicklung am 18. März 1901 (Seiler).

Die Raupe — Sp. IV, T 20 — lebt an Birken von Juli bis Oktober. Die Eier werden auf die Unterseite der Blätter abgelegt, wo sich auch die ausgeschlüpften Räupchen sogleich festspinnen. Am besten gedeiht die Zucht, wenn die einige Tage alten Räupchen im Gazebeutel im Freien aufgebunden werden. Sobald sie ausgewachsen sind, was an ihrem fettig glänzenden Aussehen erkennbar ist, werden sie hereingenommen. Ende September oder Anfang Oktober gehen sie in die Erde und verpuppen sich dort in einer Erdhöhle.

E. Ent. Jahrb. VI, 161 — Ent. Zeitschr. III, 91 — Soc. Ent. III, 9 — Sp. I, 99 — Frio. II, 326 — Favre 116.

Lophopteryx Stph.

236. **camelina** L. — Sp. III, T 22 — B. R. T 23 — Stz. II, T 46.

In zwei Generationen, von April—Mai und im Juli bis September, weit verbreitet und nirgends selten. Im Gebirge bis etwa 1200 m. Die Schmetterlinge sind bei Landquart fast alle violettbraun, nicht rotbraun (Thom.).

a) *giraffina* Hb. — Sp. I, 99.

Ist bei uns die Gebirgsform und steigt bis über 1500 m. Sie ist grösser, dunkler, fast schwärzlichbraun. Sie kommt besonders im Gadmental vor und dann nicht selten in Graubünden, dort nur in einer Generation von Juli bis September.

Die Raupe — Sp. IV, T 20 — lebt an fast allen Laubbäumen gesellschaftlich von Mai bis Juli und von August bis Oktober. Die Puppen der zweiten Generation überwintern. Ein im Juli in Copula gefundenes ♀ legte die Eier leicht ab; die Räupchen wurden anfänglich im Glase gezogen, später im Zuchtkasten und mit Erle gefüttert. Die Puppen überwinterten im Zimmer und lieferten die Falter von Februar bis April.

E. Ent. Jahrb. VI, 162 — Roug. 75 — Sp. I, 99 — Favre 116 — B. R. 108, T 23 — Frio. II, 327.

237. **cucullа** Esp. — Sp. III, T 22 — B. R. T 23 — Stz. II, T 46.

Seltener als die vorige Art und immer einzeln, aber weit verbreitet. Flugzeit von Ende Mai bis August in einer Generation.

Ein frisch geschlüpftes ♀ fand ich im Eriztal in etwa 1050 m Höhe am 18. VI. 1906. Zürich öfter (Hug., Rühl, Müller, Naegeli, V.), Winterthur (Bied.), Frauenfeld (Wehrli), St. Gallen, Bruggen (M.-R.). Liestal (Seiler), Biel (Rob.),

Tramelan (G.), Weissenburgerschlucht (Hug.), Erstfeld (L.), Sierre (Paul).

Die Raupe — Sp. IV, T 20 — lebt an Ahorn von Juni bis September an den Zweigspitzen in Manneshöhe. Die stehen gebliebenen Blattstiele verraten ihre Anwesenheit. Die Puppe überwintert.

E. Ent. Jahrb. VI, 162 — Favre 117 — Sp. I, 99 — Bull. Soc. Ent. France 1907, 215 — Frio. II, 328 — Roug. 75.

Pterostoma Germ.

238. **palpina** L. — Sp. III, T 22 — B. R. T 23 — Stz. II, T 47.

Im ganzen Gebiet häufig. Der Falter geht in den Alpen bis über 1600 m und fliegt in zwei Generationen im April —Mai und von Juli bis August.

Die Raupe — Sp. IV, T 20 — lebt an Pappeln und Weiden, im Juni—Juli und von September bis November. Die Puppe überwintert.

E. Ent. Jahrb. VI, 163 — Sp. I, 100 — B. R. 109, T 23 — Frio. II, 331 — Favre 117 — Roug. 75.

Ptilophora Stph.

239. **plumigera** Esp. — Sp. III, T 22 — B. R. T 23 — Stz. II, T 47.

Der Falter ist überall gemein und geht in den Alpen bis 1500 m. Besonders grosse kräftige Exemplare fand Rätzer im Gadmental. Flugzeit von Oktober bis März. (Wullschl. notiert: Falter im November, Dezember, Januar, Februar, März).

Die Raupe — Sp. IV, T 20 — lebt an schattigen Orten an Ahornbüschen, Rotbuche und Schlehe von Mai bis August. Sie sitzt auf der Unterseite der Blätter.

E. Ent. Jahrb. VI, 165 — Ent. Zeitschr. XX, 263 — Sp. I, 101 — Frio. II, 333 — Favre 117 — Roug. 76.

Phalera Hb.

240. **bucephala** L. — Sp. III, T 23 — B. R. T 23 — Stz. II, T 47.

Der sehr gemeine Falter fliegt von Mai bis Juli und ist überall verbreitet. Ein sehr grosses ♂ Stück bei Zermatt (1620 m) am Licht (Püng.).

Die Raupe — Sp. IV, T 20 — lebt an Eichen, Buchen, Pappeln, Weiden, Linden und Birken von Juli bis Oktober; in der Jugend gesellig.

E. Ent. Jahrb. VI, 166 — Sp. I, 101 — B. R. 109, T 23 — Frio. II, 334 — Favre 118.

Pygaera O.

241. **anastomosis** L. — Sp. III, T 23 — B. R. T 23 — Stz. II, T 47.

Der Falter fliegt in zwei Generationen im April—Mai und Juli—August und ist zwar weit verbreitet, aber nicht gerade häufig. N. M. J. O. W. G. V.

Die Raupe — Sp. IV, T 21 — lebt an Zitterpappeln und Weiden, in die Blätter eingesponnen, von Mai bis Juli und im August—September.

E. Ent. Jahrb. VI, 167 — Sp. I, 102 — B. R. 110, T 23 — Frio. II, 338 — Favre 118.

242. **curtula** L. — Sp. III, T 23 — B. R. T 23 — Stz. II, T 47.

Vorkommen und Erscheinungszeit wie bei der vorigen Art; sie ist aber viel allgemeiner verbreitet und häufiger. Der Falter geht in den Alpen bis über 1600 m.

Hybriden:

a) ? *proava* Stdfs. (= prima Tutt) — Stdfs. Zool. St. T III, 11. 12 — Hybr. Exp. T IV, 11. 12.
= curtula L. ♂ × pigra Hufn ♀.

b) ? *raeschkei* Stdfs. — Stdfs. Zool. Stud. T IV, 13. 14.
= curtula L. ♂ × anachoreta F. ♀.

c) *proava* Stdfs. ♂ × proava Stdfs. ♀ — Stdfs. Hybr. Exp. p. 27.

Alle von Prof. Standfuss erzogen.

Die Raupe — Sp. IV, T 21 — lebt an Weiden und Pappeln zwischen zusammengesponnenen Blättern im Mai—Juni und von August bis Oktober.

E. Ent. Jahrb. VI, 167 — Roug. 76 — Sp. I, 102 — Frio. II, 339 — Favre 119.

243. **anachoreta** F. — Sp. III, T 23 — B. R. T 23 — Stz. II, T 47.

Verbreitung und Erscheinungszeit wie bei den vorigen Arten.

Hybriden:

a) ? *difficilis* Tutt — Stdfs. Hybr. Exp. T IV, 15. 16.
= anachoreta F. ♂ × curtula L. ♀.

b) ? *similis* Tutt — Ins. Börse XXII, 194.
= difficilis Tutt ♂ × curtula L. ♀.

c) ? *facilis* Tutt — Brit. Lep. V, 21.
= raeschkei Stdfs. ♂ × anachoreta F. ♀.

d) ? *approximata* Tutt — Ins. Börse XXII, 194.
= facilis Tutt ♂ × anachoreta F. ♀.

Alle von Prof. Standfuss erzogen.

Die Raupe — Sp. IV, T 21 — lebt an Pappeln und Weiden von Juni bis September.

E. Ent. Jahrb. VI, 168 — Sp. I, 103 — B. R. 111, T 23 — Frio. II, 341 — Favre 119.

244. **pigra** Hufn. — Sp. III, T 23 — B. R. T 23.

Die häufigste Art; in Verbreitung und Erscheinungzeit der vorigen. Sie steigt im Gebirge am höchsten auf und ist z. B. im Gadmental bis 2100 m sehr häufig. Der Falter ist bei Zermatt grösser und grauer als im Tieflande (Püng.).

Hybride:

a) ? *inversa* Tutt — Brit. Lep. V, 21 — Stdfs. Hybr. Exp. T IV, 9. 10.
= pigra Hufn ♂ × curtula L. ♀.

b) ? *inversa* Tutt ♂ × inversa Tutt ♀ — Stdfs. Hybr. Exp. p. 27.

Von Prof. Standfuss erzogen.

Die Raupe — Sp. IV, T 21 — lebt an Weiden und Zitterpappeln im Mai—Juni und von Juli bis Oktober.

E. Ent. Jahrb. VI, 168 — Sp. I, 103 — B. R. 111, T 23 — Frio. II, 342 — Favre 119.

IX. Thaumatopoeidae.

Thaumatopoea Hb.

(Cnethocampa Stph.)

245. **processionea** L. — Sp. III, T 22 — B. R. T 28 — Stz. II, T 21.

Der Falter tritt bei uns nirgends sehr häufig auf und ist auf die Ebene beschränkt. Flugzeit von Juli bis September. U. N. M. J. V. W. G.

Die Raupe — Sp. IV, T 20 — lebt an Eichen, meistens in Nestern und in Astwinkeln, im Mai—Juni. Das legende ♀ bestreicht eine kleine Rindenfläche der Eiche, meist auf der Sonnenseite, mit einem klebrigen Schleim; hierauf kommen 150 bis 200 Eier, die dann mit Afterwolle überzogen werden. Die Eier überwintern; die Raupen schlüpfen mit dem Ausschlagen der Eichen Mitte Mai und sind um Mitte Juli erwachsen. Von der zweiten Julihälfte ab spinnen sie sich gemeinsam ein. Die Schmetterlinge schlüpfen gegen Abend, von Mitte August an (Gillmer, Gub. Ent. Zeitschr. II, 324).

E. Favre 117 — Lamp. 122 — Sp. I, 104 — Ill. Wochenschr. f. Ent. I, 113 — B. R. 112, T 28 — Corresp. Bl. II, 64 — Frio. II, 344 — Stz. II, 143.

246. **pityocampa** Schiff. — Sp. III, T 22 — B. R. T 28 — Stz. II, T 21.

Der Falter ist auf die südlichen und westlichen Landesteile beschränkt und besonders in der Waadt und dem Tessin häufig. Flugzeit von Mai bis Juli. Ein frisches ♂ Stück bei Zermatt (1620 m) am Licht (Püng.) V. J. W. S. G.

a) *obscura* m.

Ist eine von Locher im Val Muggio (Tessin) aufgefundene viel dunklere Form. Die Vfl sind noch bedeutend dunkler, als diejenigen der von Millière (Vol. 6, Pl. 1, fig. 2) dargestellten Form und auch die Hfl schwärzlich. Sie kommt dort nicht selten neben dem Typus vor.

Die Raupen — Sp. IV, T 20 — leben an Nadelholz, besonders an Pinus silvestris, im Tessin aber an Picea excelsa, von Juli bis April. Sie überwintern gemeinschaftlich in einem grossen an Aesten befestigten Gespinst. Anfangs Mai hören sie auf zu fressen und wandern aus dem Nest aus. Bei der Zimmerzucht kann dieses ruhelose Umherwandern mehrere Tage andauern, ehe sich die Raupen zur Verpuppung in den Sand einbohren.

E. Favre 118 — Lamp. 122 — Sp. I, 104 — Frio. II, 346 — Stz. II, 144.

X. Drepanidae.

Drepana Schrk.

247. **falcataria** L. — Sp. III, T 21 — B. R. T 22 — Stz. II, T 23.

Falter in zwei Generationen, im Mai—Juni und Juli. Er scheint in der Ebene und dem Hügellande ziemlich verbreitet zu sein. Höhengrenze etwa bei 1000 m. U. N. M. J. W. G. S.

Hybride:

a) ? *approximata* Apatz — Ins. Börse XVI, T 4 — Stdfs. Hybr. Exp. T IV, 7. 8.

= falcataria L. ♂ × curvatula Bkh. ♀.

Wurde von Prof. Standfuss gezogen.

Die Raupe — Sp. IV, T 19 — lebt an Birken und Erlen, im Mai—Juni und von August bis Oktober. Sie verpuppt sich in einem zusammengesponnenen Blatt.

E. Soc. Ent. XXV, 53 — Ent. Jahrb. XIV, 107 — Favre 112 — Sp. I, 105 — Frio. II, 348 — Roug. 71 — Stz. II, 199.

248. **curvatula** Bkh. — Sp. III, T 21 — Stz. II, T 23.

Der Falter ist viel spärlicher als die vorige Art und kommt mehr in den nördlichen Landesteilen vor, aber auch im Wallis. Erscheinungszeit wie bei der vorigen Art. U. N. M. J. W.

Hybride:

a) ? *rebeli* Stdfs. — Stdfs. Zool. St. T I, — Hybr. Exp. T IV.

= curvatula Bkh. ♂ × falcataria L. ♀.

b) ? *rebeli* Stdfs. ♂ × approximata Apatz ♀ — Ins. Börse XVI, T 4 — Stz. II, T 23.

Von Prof. Standfuss erzogen.

Die Raupe — Sp. IV, T 19 — lebt an Erlen von Juni bis September.

E. Ent. Jahrb. XIV, 107 — Sp. I, 106 — Frio. II, 350 — Favre 112 — Stz. II, 199.

249. **harpagula** Esp. — Sp. III, T 21 — B. R. T 22 — Stz. II, T 23.

Falter in Verbreitung und Erscheinungszeit ähnlich der vorigen Art, aber seltener. Zürich (Rühl), Frauenfeld (Weg.),

Liestal (Seiler), Elgg (Gram.), Winterthur (Bied.), Bern (Rätz., v. J., V.), Lenzburg (W.), Bechburg (R.-St,), Lignières (Coul.).

Die Raupe — Sp. IV, T 19 — lebt an Erlen, Birken und Linden, im Mai—Juni und September—Oktober.

E. Ent. Jahrb. XIV, 107 — Sp. I, 106 — B. R. 137, T 22 — Frio. II, 351 — Stz. II, 200.

250. **lacertinaria** L. — Sp. III, T 21 — B. R. T 22 — Stz. II, T 23.

Der Falter ist in der Ebene, dem Jura und bis in die Alpentäler hinein weit verbreitet. Flugzeit im Mai, dann nochmals im Juli—August. Eine Raupe fand Dr. Thomann bei Curaglia im Medelsertal in 1000 m Höhe. U. N. M. J. W. G.

a) *aestiva* Rbl. — B. R. 137.

Der Name gilt der grössern und bleichern Sommerform.

Die Raupe — Sp. IV, T 19 — lebt an Birken und Erlen, im Mai—Juni und August—September.

E. Ent. Jahrb. XIV, 107 — Favre 112 — Sp. I, 106 — Frio. II, 352 — Stz. II, 200.

251. **binaria** Hufn. — Sp. III, T 21 — B. R. T 22 — Stz. II, T 23.

Falter in Verbreitung und Erscheinungszeit der vorigen Art und eher noch häufiger als jene. U. N. M. J. W. G.

a) ? *uncinula* Hb. — Stz. II, T 23.

Ein ♀ mit schön violettem Anflug der Vfl erzog Dr. Thomann bei Malans.

Die Raupe — Sp. IV, T 19 — lebt an Eichen und Buchen im Juni und August—September.

E. Ent. Jahrb. XIV, 108 — Sp. I, 106 — Frio. II, 353 — Stz. II, 200.

252. **cultraria** F. — Sp. III, T 21 — B. R. T 22 — Stz. II, T 23.

Der Falter fehlt in der Ebene, dem Jura und den Voralpen nirgends und ist nicht selten. Er fliegt erstmals im April—Mai und dann wieder von Juli bis September, gerne in Buchenwäldern. Höhengrenze bei etwa 1500 m.

a) *aestiva* Spr. — Stz. II, T 23.

Die Sommergeneration ist kleiner und hat zwei dunkle Makeln auf den Vfl.

Die Raupe — Sp. IV, T 19 — lebt an Buchen im Juni —Juli und im September—Oktober. Am 19. Mai 1907 gefangene ♀♀ legten bis am 22. die Eier auf Buchenblätter. Die Raupen schlüpften am 28. Mai. Sie wurden in einem Glase mit Buchenlaub erzogen, häuteten sich viermal und waren am 25. Juni erwachsen. Sie verspannen sich in einem zusammengezogenen Buchenblatt und die Falter schlüpften vom 7. Juli an (Warnecke, Ent. Wochenblatt XXV, 3).

E. Ent. Jahrb. XIV, 108 — Favre 112 — Sp. I, 106 — Frio. II, 354 — Stz. II, 200.

Cilix Leach.

253. **glaucata** Scop. (= spinula Schiff.) — Sp. III, T 21 — B. R. T 22 — Stz. II, T 48.

Ist in allen ebenen Landesteilen verbreitet. Der Falter fliegt in zwei Generationen im April—Mai und Juli—August.

Die Raupe — Sp. IV, T 19 — lebt an Schlehen, Weissdorn und Pflaumenarten im Mai—Juni und September—Oktober. Die Verpuppung erfolgt in einem braunen Kokon, der in einem zusammengefalteten Blatt angelegt wird.

E. Ent. Jahrb. XIV, 107 — Sp. I, 107 — Frio. II, 355 — Favre 113 — Stz. II, 204.

XI. Saturniidae.

Saturnia B.

254. **pyri** Schiff. — Sp. III, T 24 — B. R. T 27 — Stz. II, T 31.

Der Falter kommt mehr vereinzelt im Westen unseres Gebietes, namentlich an den Ufern des Neuenburger-, Murtner- und Genfersees vor, aber auch sonst in der Waadt, so bei Ollon, Vufflens, Crans, Lavey (Sauss.). Sodann, stellenweise recht häufig, im Wallis und besonders in der Südschweiz. Er geht im Tessin bis etwa 800, im Vispertal bis 900 m Höhe. Flugzeit im Mai. Der Falter scheint aber auch, wohl nur ganz ausnahmsweise, im Herbst zu fliegen. Prof. Göldi sah am 15. Oktober 1910 drei bis vier Stück in Locarno am elektrischen Licht fliegen. Seiner Ueberzeugung nach, war Verwechslung mit Attacus cynthia L., die in Tessin gelegentlich im Herbst auftritt, ausgeschlossen.

Zahlreiche Hybriden[1]) sind gezogen worden:

[1]) Vgl. Standfuss «Hybridations-Experimente». Ins. Börse XVI, T III, IV. Ich erwähne nur diejenigen Formen, deren Eltern bei uns vorkommen.

a) ? *hybrida media* Stdg. — Stdg. 1037 a).
= ? pyrii Schiff. ♂ × pavonia L. ♀.

b) ? *daubi* Stdfs.
c) ? *emiliae* Stdfs. } — Stdfs. Hdbch. T I.

= pavonia L. ♂ × pyri Schiff. ♀.

d) ? *standfussi* Wisk. — Stdf. Hdbch. T II — Ins. Börse XVI, T III.

= emiliae Stdfs. ♂ × pavonia L. ♀.

e) ? *risi* Stdfs. — Stdfs. Hdbch. T IV.

= emiliae Stdfs. ♂ × pyri Schiff. ♀.

f) ? *complexa* Tutt — Ins. Börse XVI, T IV — Mittlg. S. E. G. VIII, 10.

= standfussi Wisk. ♂ × pavonia L. ♀.

Die Raupe — Sp. IV, T 18 — lebt an Obstbäumen aller Art, aber auch an Eschen, Buchen, Bergahorn und Corylus von Mai bis August. Die Puppen überwintern und werden unter Steinen, Zäunen, in Spalieren u. s. w. gefunden.

E. Ent. Zeitschr. VIII, 40 — Sp. I, 108 — Frio. II, 357 — B. R. 133 T 27 — Stz. II, 220.

255. **pavonia** L. — Sp. III, T 24 — B. R. T 27 — Stz. II, T 31.

Der Falter der typischen Form ist im Frühling, von März bis Mai, in der Ebene und dem Jura überall verbreitet und häufig. (Wullschl. notiert für das Wallis: Februar, März, April und Juli).

a) *alpina* Favre — Favre 111.

Ist ihre Vertreterin im Hochgebirge des Wallis und Tessin. Sie ist reichlich ein Drittel kleiner, dünner beschuppt und fast durchscheinend. Das ♂ oft schwefelgelb, das ♀ rosa angeflogen (*rosacea* New.), die Ocellen sehr gross. Diese Form geht bis nahe an 2000 m, so am Fongio bei Airolo, wo sie recht häufig ist (V.).

b) *meridionalis* Calb. (= ligurica Weism.). — Iris I, 155 — Perlini III. VI. — Ent. Zeitschr. XXV, 23.

Diese südliche grössere Form, bei der die ♂ Vfl gelbrot bestäubt, die des ♀ dunkelbraungrau sind, kommt in tieferen Lagen der Südschweiz vor. Tessin- und Maggiatäler (Fritsche), Val Mesocco (L.); sie war am 28. V. 1896 bei Locarno und Brissago als Raupe zahlreich zu finden (V.).

Die Raupe — Sp. IV, T 19 — lebt an Schlehen, Weiden, Rubus, Heidekraut, Vaccinium, Hippophaë rhamnoides von Mai bis Juli. Die braunen Eier findet man leicht an Schwarzdornzweigen zur Zeit, wenn diese noch kahl sind. Die Eidauer beträgt drei Wochen; die Raupen sind sehr leicht zu erziehen. Die Puppen überwintern an die Stämmchen der Futterpflanzen nahe der Erde befestigt oder unter Steinen.

E. Sp. I, 108 — Ent. Jahrb. XI, 201. XIV, 104 — Ent. Zeitschr. IV, 10. IX, 106. XXIII, 121 — Favre 111 — Gub. Ent. Zeitschr. III, 60 — B. R. 134, T 27 — Frio. II, 361 — Stz. II, 222.

Aglia O.

256. **tau**[1]) L. — Sp. III, T 21 — B. R. T 27.

Der Falter fliegt in der Ebene, den Voralpen und dem Jura überall. Flugzeit im April—Mai, Höhengrenze etwa bei 1500 m. Die Berner Exemplare unterscheiden sich wesentlich von andern dadurch, dass die Randbinde der Hfl tief schwarz ausgefüllt ist. Eine sehr schöne Aberration von Bern in Sammlung R. Benteli: das ganze Tier ist mit schwarzen Flecken besprenkelt.

a) *ferenigra* Th.-Mieg. (= lugens Stdfs.) — Sp. III, T 21 — Stdfs. Hdbch. T VIII — Berl. Ent. Zeit. XXXII, T III.

Alle Flügel sind beidseitig mehr oder weniger schwarzbraun verdunkelt. Diese Form ist als grosse Seltenheit im Bremgartenwald und Dählhölzli bei Bern, aber wiederholt, gefangen worden und soll auch im Wallis vorkommen. Chiasso (Fontana), Stein a. Rh. (W.-Sch.), Basel (Leonh.), Zürich (Nägeli). Drei Stück wurden im Frühling 1910 bei Alpnachstad beobachtet und eines derselben erbeutet (Buchholzer).

Die Eier werden auf die Unterseite der Blätter abgelegt, die Räupchen schlüpfen nach 15 Tagen. Ihre Zucht gelingt im Zimmer kaum, ist aber nicht schwierig, wenn die Raupen aufgebunden werden können. Die Verpuppung erfolgt zwischen

[1]) Vergl.: Standfuss, Zuchtexperimente mit Aglia tau und deren Mutationen. Iris XXIV und Ent. Nat. Bibliothek I.

Schultz, Variabilität von A. tau. Ent. Zeitschr. XIX, 108/115 u. f.

herabgefallenen Blättern in einem ganz lockeren Gespinst; die Puppen überwintern.

Die Raupe — Sp. IV, T 19 — lebt an Buchen, Eichen, Linden, Birken, Erlen, im Tessin auch an Kastanien, im Juni—Juli und kann leicht geklopft werden. Dr. Thomann beobachtete sogar Eiablage auf einen Apfelbaum.

E. Ent. Jahrb. XIII, 127. XIV, 105 — Ent. Zeitschr. X, 119 — Sp. I. 110 — B. R. 136, T 27 — Frio. II, 365 — Favre 111 — Stz. II, 224.

Attacus L.

(Philosamia Grote)

257. **cynthia** L. — Ab. in Voelschow, Zucht der Seidenspinner.

Diese ostasiatische Art ist an den insubrischen Seen weit verbreitet und kann dort als eingebürgert betrachtet werden. Sie ist auch am Vierwaldstättersee bei Flüelen, Vitznau und am Thunersee bei Gunten (v. B.) vereinzelt gefangen worden. Die Tessiner-Lokalform, von Locarno und Lugano u. s. w., besitzt eine gelblichere Grundfarbe der Flügel als der Typus. Flugzeit im Juni—Juli, gelegentlich aber schon im Herbst.

Die Raupe lebt an Ailanthus glandulosa, kann aber auch mit Linden, Schlehen und Rhicinus gezogen werden, im August—September. Die Räupchen schlüpfen nach 2—3 Wochen, wachsen — auf Ailanthus aufgebunden — ziemlich rasch heran und sind nach 5—6 Wochen erwachsen. Zur Verpuppung spinnt sich die Raupe an Zweige an. Ein Teil der Falter schlüpft noch im Herbst, ein anderer überwintert in der Puppe und liefert die Falter im Mai—Juni des folgenden Jahres.

E. Sp. I, 111 — Corr. del Ticino 17. VIII. 1901 — Ent. Zeitschr. XIX, 86 — Frio. II, 367 — Stz. II, 212.

XII. Lemoniidae.

Lemonia Hb.

(Crateronyx Dup.)

258. **taraxaci** Esp. — Sp. III, T 27 — B. R. T 25.

Der Falter ist als Seltenheit mancherorts beobachtet worden. Zürich (Z.-D.), Dischmatal (Hug.), Gotthard (Nägeli),

Göschenen (Hoffm.), Andermatt (V.), Furka (Müller), Fusio (v. N.), Bedrettotal (V.), Gletsch (Gram.), Simplon (Struve); bei Zermatt die ♂♂ nicht selten am Licht, bis Riffelalp (2227 m) aufsteigend (Püng.); Ried im Lötschental (Jullien), Gornergrat, Grimentz, Grächen, Turtmantal (Roug.), Arpilles (W.). Am 15. August 1899 am Randen ein totes ♀, ebendort am 5. Juni 1904 eine Raupe (W.-Sch.). Heimisch scheint der Falter nur in den Alpentälern des Wallis, Gotthard und Graubünden zu sein. Die Flugzeit ist bei uns von Ende Juni bis Mitte September. Die Höhengrenze bei 2000 m.

Die Raupe — Sp. IV, T 17 — lebt an Hieracium, Leontodon und andern niedern Pflanzen, von Mai bis Juli. Sie ist schwer zu erziehen. Am besten geschieht das in einem grossen, unten offenen Zuchtkasten, den man im Freien an einem sonnigen Ort in die Erde gräbt. Diese wird gesiebt und gereinigt, zu ein Drittel mit Sand vermischt und in diesem Behälter die Raupen mit Taraxacum gefüttert. Die Falter erscheinen von Mitte August an und kopulieren sich auch in der Gefangenschaft; die Eier überwintern. (Aigner-Abafi, Ill. Wochenschr. f. Ent. V, 218).

E. Ins. Welt III, 122 — Soc. Ent. I, 155 — Frio. II, 369 — Sp. I, 111 — Favre 109.

259. **dumi** L. — Sp. III, T 27 — B. R. T 25.

In den ebeneren Teilen unseres Landes weit verbreitet, doch nirgends häufig. Der Falter fliegt im Oktober und November an schönen Tagen ungemein rasch und niedrig über die Wiesen dahin und ist schwer zu haschen. U. N. M. J. W. V.

Die Raupe — Sp. IV, T 17 — lebt an niedern Pflanzen, wie Hieracium, Leontodon, Lactuca u. s. w., im Mai bis Juni. Copula und Eiablage sind sehr leicht erhältlich, wenn der Zuchtkasten nur recht der Sonne ausgesetzt wird. Das Ei überwintert. Die Raupen schlüpfen Mitte April. An warmen Abenden kommt die Raupe aus ihrem Versteck an der Erde hervor um zu fressen, während kalten Nächten liegt sie am Boden versteckt. Tritt nach kalten Nächten während des Tages mildere Temperatur ein, so liegt sie auf Erdhügeln oder im Sande, um sich zu sonnen (Soc. Ent. X, 9). Die Raupenzucht ist schwierig, die Raupe verlangt viel Feuchtigkeit und Sonne. Die Zucht gelingt am leichtesten bei Fütterung vorerst mit dürren, dann mit völlig welken Blättern von Löwenzahn, Salat, Scabiosen, Wegerich und Ampfer. Am besten ist es, die Raupen in hellen Nächten zwischen 9 und 11 Uhr zu schöpfen oder dann ganz früh am Morgen, wo sie noch am Futter zu finden sind, zu suchen. Zur Verpuppung bohrt sich die erwachsene Raupe in Erdspalten oder in Erdklumpen ein; unter keinen Umständen darf die Puppenruhe gestört werden. Die Falter erscheinen im Oktober—November.

E. Soc. Ent. I, 52. X, 58 — Ent. Zeitschr. IX, 142. XIV, 137. 196. XIX, 197. 206. XX, 3. 28. 53. 212. 222. XXII, 116 — Gub. Ent. Zeitschr. III, 22. 190 — Ent. Jahrb. VII, 178 — Sp. I, 111 — Frio. II, 369 — Ent. Nachr. VI, 6 — Ent. Vereinsbl. 1. und 15. XII. 1909.

XIII. Endromididae.

Endromis O.

260. **versicolora** L. — Sp. III, T 24 — B. R. T 26 — Stz. II, T 35.

Der Falter ist in allen ebenen Teilen des Landes angetroffen worden und scheint nur den insubrischen Gebieten zu fehlen, aber er ist nirgends gerade häufig. Seine Höhengrenze geht etwa bis 1500 m (Lavin, Thom.). Er fliegt im April—Mai.

Die Raupe — Sp. IV, T 18 — lebt in der Jugend gesellschaftlich, später einzeln an Birken, Erlen, Linden, Haseln und Hainbuchen von Mai bis Juli. Man findet die frisch geschlüpften Falter an den Birkenstämmen, etwa in Manneshöhe oder tiefer sitzend. Die beste Zeit sie zu suchen ist von 10 Uhr morgens bis gegen Mittag, wo man sie öfter in Copula erbeuten kann. Die ♀♀ legen ihre Eier gerne an Birkenreiser oder auch an Gaze ab. Die Raupen schlüpfen nach 14 Tagen und leben gemeinschaftlich an den Zweigspitzen. Die Zucht ist sehr leicht, wenn die Räupchen an einem schattigen Baume im Gazebeutel aufgebunden werden können. Da die Verpuppung in der Erde erfolgt, müssen die Raupen rechtzeitig in den Puppenkasten verbracht werden. Die Verpuppung erfolgt im Juni; die Puppen überwintern und lassen sich leicht treiben.

E. Corresp. Bl. II, 41 — Ent. Jahrb. VII, 187 — Gub. Ent. Zeitschr. IV, 160 — Soc. Ent. IX, 148 — Roug. 70 — Sp. I, 112 — B. R. 130, T 26 — Frio. II, 371 — Favre 111 — Stz. II, 193.

XIV. Lasiocampidae.

Trichiura Stph.

261. **crataegi** L. — Sp. III, T 26 — B. R. T 24 — Stz. II, T 24.

Der Falter ist in der Ebene und der Hügelregion des ganzen Gebietes bis etwa 1000 m Höhe weit verbreitet, aber wohl nirgends gerade häufig. Er fliegt von August bis Oktober.

a) *ariae* Hb. — Stz. II, T 24.

Diese grössere, dunkelgraue Gebirgsform lebt auf den Alpen des Wallis, Graubündens, im Gadmental und wohl auch in anderen alpinen Gebieten. Höhenverbreitung etwa zwischen 1000 und 2000 m. Flugzeit von Mai bis Mitte September.

Die Raupe der crataegi L. — Sp. IV, T 17 — lebt an Schlehen, Weissdorn, Erlen, Pappeln, Weiden, Birken und Haseln im Mai—Juni, die der ariae Hb. an Alnus viridis und Vaccinium uliginosum. In höhern Lagen scheinen die Eier zu überwintern und die Falter erscheinen dort im August, in tieferen Lagen, sowie bei der Zimmerzucht überwintern die Puppen und ergeben die Falter von Mai an.

E. Ent. Jahrb. VII, 170 — Favre 105 — Sp. I, 114 — Roug. 67 — B. R. 122, T 24 — Frio. II, 373 — Brit. Lep. II, 483 — Stz. II, 152.

Poecilocampa Stph.

262. **populi** L. — Sp. III, T 26 — B. R. T 24 — Stz. II, T 24.

In der ganzen Ebene verbreitet, Flugzeit von Ende August bis im Dezember. Die Höhengrenze etwa bei 1200 m (Somvix, v. J.).

a) *alpina* Frey — Mittlg. S. E. G. IV, 259. VII, 18 — Stz. II, T 24.

Ist die grössere, kräftigere Gebirgsform, mit breitweissem Halskragen und ebensolchen Saumrändern der Vfl. Chur

(Bazz.), Oberengadin (Kill.), Splügen, Mühlen (Honegger), Davos (Hauri), Simplon (Püng.), Arpilles, Tête Noire (W.), Chandolin die Raupen im Juli, Falter daraus am 13. November (Blach.) und wohl noch anderwärts in W. S. G.

Die Raupe — Sp. IV, T 17 — lebt an Eichen, Linden, Buchen, Erlen, Birken, Weissdorn und Schlehen, die der *alpina* Frey dagegen an Lärchen und Weiden, von Mai bis September.

E. Ent. Jahrb. VIII, 172 — Favre 106 — Sp. I, 114 — B. R. 122, T 24 — Frio. II, 876 — Püng. Stett. Ent. Zeit. 50, p. 59. 144 — Ins. Börse 1899, 297 — Stz. II, 153 — Roug. 67.

Malacosoma Hb.

263. **neustria** L. — Sp. III, T 26 — B. R. T 25 — Stz. II, T 24.

Der Falter ist im Juli—August überall gemein bis in etwa 1600 m Höhe. Er kommt in einer gelblichen und einer braunen Form vor.

a) *virgata* Tutt — B. R. 120 — Stz. II, 151.

Gelbe Stücke mit rotbrauner Mittelbinde. Büren (Rätz.), Bern (V.).

b) *unicolor* Aigner — Sp. I, 115 — Stz. II, 151.

Ohne die Mittelbinde. Von Aadorf (Z.-R.).

c) *pyri* Scop. — B. R. 120 — Stz. II, 151.

Ist rotbraun mit hellerem Mittelstreif. Aadorf (Z.-R.).

Hybride:

d) ? *schaufussi* Stdfs. — Hdbch. T III.

= neustria L. ♂ × castrensis L. ♀.

Von Prof. Standfuss erzogen.

Die Eier werden in einem Ring um die Stiele der Futterpflanzen gelegt, mit einer Art Firnis überzogen und überwintern dergestalt bis im April oder Mai des nächsten Jahres.

Die Raupe — Sp. IV, T 17 — tritt hie und da schädlich an Obstbäumen auf und lebt ausserdem an Schlehen, Weissdorn, Pappeln, Birken, Eichen und andern Laubhölzern von April bis Juni, in der Jugend gesellig. Die Verpuppung erfolgt in einem lockeren Gespinst zwischen Blättern. Die Puppenruhe dauert 14 Tage.

E. Ent. Jahrb. VII, 172 — Lamp. 131 — Sp. I, 115 — B. R. 120, T 25 — Frio. II, 378 — Brit. Lep. II, 546 — Stz. II, 150 — Ill. Wochenschr. f. Ent. I, 673 — Favre 107 — Roug. 68.

264. **castrensis** L. — Sp. III, T 26 — B. R. T 24 — Stz. II, T 24.

Der Falter scheint in der Nord- und Zentralschweiz fast völlig zu fehlen, nur Wegelin erwähnt ihn aus dem Thurgau. Dagegen ist er im ganzen Jura gefunden worden und ist sehr gemein im Wallis und der Südschweiz; auch von Filisur und Reichenau (Bazz.). Er fliegt von Juli bis August. Höhengrenze etwa bei 1800 m.

Die Eiablage erfolgt gleich wie bei der folgenden Art, mit deren Lebensweise diejenige von castrensis L. genau übereinstimmt.

Die Raupe — Sp. IV, T 17 — lebt polyphag an niederen Pflanzen im April—Mai, in der Jugend gesellschaftlich. Die Verpuppung erfolgt zwischen Blättern in einem dichten weissen Gespinst.

E. Favre 107 — Lamp. 131 — Sp. I, 115 — Frio. II, 380 — Brit. Lep. II, 530 — Stz. II, 151.

265. **alpicola** Stdg. — Sp. III, T 26 — Stz. II, T 24.

Der Falter ist in den Alpen von O. W. G. S. oft sehr häufig und kommt gelegentlich auch im Jura[1]) vor. Er beginnt bei zirka 1600 m und geht bis über 2300 m. Flugzeit im Juli—August[2]). Am Piz Corvatsch wurde ein Zwitter gefangen, ein ebensolches Stück erzog Wullschlegel[3]) und ein drittes Exemplar erwähnt Muschamp im Bull lép. Genève. I, 169.

[1]) Im Juli 1895 fing Gasser bei Thayngen ein ♀.

[2]) ? *franconica* Esp. — Sp. IV, T 26 — ist angeblich am Salève, im Neuenburger Jura, sowie in den Freiburgeralpen gefunden worden, aber diese Angaben beruhen wahrscheinlich auf Verwechslung mit alpicola Stdg. (= franconica Mill.). Weber in Genf will am 18. Juni 1861 die erwachsene Raupe zahlreich am Salève gefunden haben. Die Falter schlüpften vom 15. März an (?). Er nennt dieselben «franconica». Nach Mitteilung von Professor Blachier kommt alpicola Stdg. am Salève vor.

[3]) *alpicola* Stdg. scheint im Wallis gelegentlich zwei Generationen zu haben. Wullschlegel fand die Raupen schon im April und Mai. Sie verpuppten sich im Juni—Juli oder August und die Falter erschienen stets nach 14tägiger Puppenruhe. Sie wurden aber im Freien auch im Juli—August—September und Oktober erbeutet!

Neben dem Typus kommen vor:
a) *othello* Blach. — Ann. Soc. France 1889, T 4.
Die einfarbig hellbraune ♂ Form.
b) *pallida* Stz. — Stz. II, T 24.
Eine ♀ sehr helle, blass graubraune Form.
c) *obscura* Stz. — Stz. II, T 24.
♀ dunkel schwarzbraune Form.

Alle drei Formen sind zu erhalten, wenn man sich mit grossen Zuchten abgibt. Am spärlichsten scheint othello Blach. zu sein.

Die Eier werden in 2—3 cm breitem Ring um einen Pflanzenstengel herum gelegt, mit einer lackartigen Masse leicht überzogen und überwintern derart bis Mai. In der zweiten Hälfte Mai schlüpfen die Raupen — Sp. IV, T 17 —. Sie leben in gemeinsamem Gespinst bis nach der vierten Häutung polyphag an niederen Pflanzen, verzehren aber auch Rosen- und Weidenblätter. In den Alpen leben die Raupen sehr gerne an Alchemilla alpina. Ich habe in der Ebene mit A. vulgaris grosse Zuchten leicht und ohne Verluste durchgebracht. Bei der Eizucht muss durch Kaltstellen dafür gesorgt werden, dass das Schlüpfen der Raupen nicht schon im März beginnt, wo geeignetes Futter schwer zu beschaffen ist. Nach der vierten Häutung zerstreuen sich die Raupen. Es empfiehlt sich, sie dann in recht grosse Kasten zu verbringen, damit das Einspinnen nicht in Klumpen geschieht. Die Verpuppung erfolgt anfangs Juli und die Falter erscheinen nach 14 Tagen, stets am Vormittage. Sofort nach der vollständigen Entwicklung fliegen die ♂♂ sehr wild umher und beschädigen sich leicht. Auch in der Gefangenschaft sind Copula und Eiablage unschwer zu erzielen.

E. Ins. Börse XXII, 91 — Favre 106 — Ent. Zeitschr. XX, 271. 280 — Sp. I, 116 — Stz. II, 152.

Eriogaster Germ.

266. **rimicola** Hb. — Sp. III, T 26 — B. R. T 25 — Stz. II, T 24.

Der Falter ist bei uns recht selten und nur an wenigen Orten gefangen worden. Zürich (V.), Schaffhausen (W.-Sch.). Freiburg (T. de G.) und sodann besonders im Jura bei

15

St. Blaise und Bözingen (V.), Gorges de l'Areuse (Roug.), Genf, Saconnex (Culot). Flugzeit im September—Oktober.

Die Raupe — Sp. IV, T 17 — lebt an Eichenbüschen und sitzt bei Tag an den Aesten unter Blättern versteckt. Man findet sie im Mai—Juni. Ausnahmsweise häufig traten die Raupen auf bei Neuchâtel 1862 und 1897/98 (Roug.). Die Puppe überliegt öfter mehrere Jahre.

E. Ent. Jahrb. VII, 175 — Roug. 68 — Sp. I, 116 — B. R. 123, T 25 — Frio. II, 384 — Stz. II, 154.

267. **catax** L. — Sp. III, T 26 — B. R. T 25 — Stz. II, T 24.

Im ganzen Lande in der Ebene verbreitet, Nachrichten fehlen nur aus der Südschweiz. Der Falter ist besonders häufig in der Umgebung von Genf. Flugzeit im September—Oktober.

Die Raupen — Sp. IV, T 17 — leben an Eichen, Birken, Pappeln, Schlehen. Sie überwintern in gemeinsamem Gespinst und werden von April bis Juni gefunden.

Anfang Mai 1902 fand ich in der Umgebung Genfs die Raupen in Menge an Eichenbüschen. Auf einem Gespinst sassen an der warmen Frühlingssonne jeweilen 50—100 Stück, sie schlugen bei der Berührung alle in taktmässiger Weise mit den Köpfen hin und her. Die Zucht ist leicht, die Verpuppung erfolgt anfangs Juni unter Blättern, an oder in der Erde. Die Kokons können ruhig der kühlen, feuchten Herbstluft ausgesetzt werden, die Falter erscheinen in der Mehrzahl im Oktober. Einige Puppen überliegen aber und gehen entweder ein oder ergeben die Schmetterlinge im Frühling des folgenden Jahres.

E. Ent. Jahrb. VII, 174 — Ins. Börse XXV, 157 — Sp. I, 117 — B. R. 123, T 25 — Frio. II, 385 — Stz. II, 154.

268. **lanestris** L. — Sp. III, T 26 — B. R. T 25 — Stz. II, T 24.

Der Falter ist im ganzen Gebiet gemein, er fliegt von Februar bis Mai, ganz ausnahmsweise auch schon im September —Oktober. Auf den Arnibergen des Kantons Uri erreicht er 1400 m Höhe (Hoffm.).

a) *grisea* Tutt (= borealis Caradj.) — B. R. 123.

Bei Bern, aber auch in Graubünden und Wallis, kommen neben typisch gefärbten Stücken stark grau angeflogene vor.

Die Raupe — Sp. IV, T 17 — lebt an Laubholz oft zu Hunderten in kindskopfgrossen Gespinsten von Mai bis August. Die Eier sind leicht zu finden, bevor die Sträucher Blätter haben. Sie erscheinen als fingerbreiter, rings um die Zweige gewundener grauer Wollstreif. Die Raupen schlüpfen mit der Entfaltung der Blätter und bleiben, bis sie erwachsen sind, gemeinschaftlich in dem nämlichen Gespinst. Nachts, zum Frasse und zu den Häutungen, ziehen sie sich in das Gespinst zurück. Die Verpuppung erfolgt einzeln auf oder etwas in der Erde. Die Falter erscheinen im Frühjahr des folgenden Jahres.

E. Ent. Jahrb. VII, 173 — Favre 107 — Soc. Ent. II, 68 — Sp. I, 117 — Frio. II, 387 — Stz. II, 154 — B. R. 123, T 25.

269. **arbusculae** Frr. — Frr. 590, f. 2 — Mill. Jc. 134, f. 6. 7.

Die Artrechte werden sich wohl noch erweisen lassen. Diese Art ist vielfach mit grauen Stücken der vorigen verwechselt worden, mit denen sie gar keine Aehnlichkeit hat. Sie besitzt eine breitere, stärker gezackte Vfl-Binde. Die Grundfärbung, besonders des ♂ ist viel dunkler, braun- oder schwarzgrau. Der Falter ist auf das alpine Gebiet von Wallis, Tessin und Graubünden beschränkt; Höhenverbreitung bis über 2000 m. Flugzeit von April bis Juli.

Die Raupe — Sp. IV, T 48 — lebt an Salix arbuscula, Sorbus aria, Alnus viridis, Betula verrucosa, Vaccinium uliginosum. Sie ist auf den Alpen des obersten Maggiatales (hinter dem Vespero) zu vielen Tausenden zu finden, aber die Zucht ist sehr schwierig, besonders weil ihre Entwicklungszeit in der Ebene bis neun Jahre dauern kann.

Die Raupen leben in den Alpen an nassen Stellen. Bei der Zucht in der Ebene müssen sie aber absolut trocken gehalten werden. Ihre Erziehung gelingt noch am ersten durch Aufbinden auf Salix caprea.

E. Soc. Ent. VIII, 140 — Favre 108 — Sp. I, 117 — Stz. II, 154.

Lasiocampa Schrk.

270. **quercus** L.[1]) — Sp. III, T 26. 27 — B. R. T 26 — Stz. II, T 25.

[1]) **Ueber die Formen von L. quercus vergl. Dadd, Berl. Ent. Zeit. 53, 137 — Berge-Rebel 124 — Tutt, Brit. Lep. Vol. III.**

Der Falter ist im Juli—August gemein, in der Ebene und dem Hügellande. Der ♂ fliegt am Tage.

a) ? *callunae* Palm. — Stz. II, T 25.

Das ♂ hat in der Vfl-Wurzel einen grossen gelben Fleck, das ♀ ist dunkler, fast braun, die Vfl-Binden beider Geschlechter sind schmaler. Uebergänge zu dieser Form (das ♂ von Landquart, das ♀ aus dem Somvix) sandte mir Dr. Thomann. Dagegen hat sich die Notiz bei Roug. p. 69 als irrig herausgestellt. Angeblich auch von Basel (Leonh.).

b) *alpina* Frey[1]) — Frey, Lep. 97 — Stz. II, T 25.

Die Gebirgsform fliegt etwa von 1500—2000 m, im schattigen Urner-Reusstal aber schon bei 900 m. Das ♂ ist kräftiger, tief kastanienbraun, die meistens verbreiterte Randbinde, sowie die Hfl-Fransen blassgelb. Das ♀ ausgezeichnet durch seine Grösse, variiert von trüb hellgelb bis rötlich oder dunkel graubraun. Ausnahmsweise kommen ähnliche Exemplare auch in der Ebene vor (= *subalpina* Agassiz), oder man fängt die typische quercus L. auch im Hochgebirge. Angebliche alpina Frey Stücke sind erwähnt von Zürich und von Liestal, anderseits kommt am Steingletscher des Susten auch die typische quercus L. vor (Rätz.). Ein ♀ von dem tief kastanienbraunen Kolorit des ♂ erbeutete Hoffmann auf der Arnialp im Juli 1908. Bei Zermatt erzog Püngeler im Juni 1910 ein ♀ mit einem ♂ linken Fühler.

Hybride:

c) ? *wagneri* Tutt — Ins.-Börse XXII, 194.

= quercus L. ♂ × trifolii Esp. ♀.

Die Zucht aus dem Ei gelingt sehr leicht, besonders wenn man die jungen Raupen an Epheu gewöhnt, in welchem Fall die Zucht auch im Winter im warmen Zimmer fortgesetzt werden kann. Bei dieser Art der Züchtung erhält man im Frühling die Puppen und die Falter von Ende Juni an. Von der typischen quercus L. überwintern sowohl Raupen als Puppen, je nach der Höhenlage die einen oder andern. Die Falter, deren Puppen

[1]) ? *roboris* Schr. — Stdg. 970 c).

♂ südliche Form, charakterisiert durch die sehr breiten Randbinden ist von Favre für das Wallis erwähnt (Wullschl. bestreitet das Vorkommen).

überwinterten, sowie auch die der eigentlichen alpinen Form, schlüpfen stets 3—4 Wochen früher als diejenigen aus Sommerpuppen. Auch die alpina Frey Form ist sehr leicht aus dem Ei zu erziehen. Man füttere abwechselnd Epheu, Heidelbeere und Buche. Ihre Entwicklungszeit dauert zwei Jahre. Sie überwintert in der Regel einmal als Raupe und einmal als Puppe. Es kommt aber ausnahmsweise vor, dass die Falter im Oktober statt erst im nächsten Sommer erscheinen. Solche Falter sind dann so dünn beschuppt, dass sie glasig erscheinen. Am besten ist freilich Ende Mai oder Anfang Juni die Kokons zu suchen. Man findet sie an oder unter Steinen, auch frei an der Erdoberfläche, besonders unter Büschen von Juniperus, und erhält auf diese Weise die Falter bereits Ende Juni.

Die Raupe ist abgebildet — Sp. IV, T 17 —. Die der alpinen Form bevorzugt Eberesche und Alnus viridis, wird aber auch an Heidelbeeren und Lärchen gefunden.

E. Soc. Ent. IX, 2. 18. 25 — Corr.-Bl. II, 57 — Ent. Zeitschr. XX, 52. 181. XXIII, 79 — Favre 108 — Sp. I, 118 — B. R. 125, T 26 — Frio. II, 389 — Brit. Lep. III, 42 — Ann. Soc. Fr. 1858, 442 (callunae Palm.) — Berl. Ent. Zeit. LV (18. 19.) — Stz. II, 156.

271. **trifolii** Esp. — Sp. III, T 26 — B. R. T 25 — Stz. II, T 25.

Der Falter ist in allen ebenen Landesteilen weit verbreitet, besonders gerne auf trockenen Kleefeldern. Er war in den heissen Sommern von 1893 und 1895 bei Zürich sehr zahlreich vorhanden. Flugzeit von Juli bis September.

a) *iberica* Gn. — Stdg. 976 a).

Dieser spanischen Form nahekommende einfarbig rotbraune Stücke sind auch bei uns zu finden; mehrere Exemplare von Zürich (V.), Elgg (Gram.), Sion (Paul).

b) *medicaginis* Bkh. — Stz. II, T 25.

Ist in beiden Geschlechtern gelbgrau bestäubt und kommt unter der Art vor, gewöhnlich seltener als diese. Ziemlich zahlreich fand ich sie am Südrande des Jura bei St. Blaise.

Ein ockerfarbiges ♀, dem auch der weisse Mittelfleck der Vfl fehlt, wurde von Nägeli bei Zürich am Licht gefangen.

Es überwintern sowohl Eier als junge Raupen. Ihre Aufzucht lohnt aber selten die aufgewandte Mühe, wenn man sie nicht im Freien unter Gazebeutel halten kann. Der ihrem Gedeihen notwendige Feuchtigkeitsgrad ist sehr schwer zu treffen, so dass die Raupen entweder faulen oder vertrocknen. Man sucht besser die halberwachsenen Raupen im Mai; besonders auf trockenen, sonnigen Wiesen, wo Esparsette gedeiht, sind sie leicht zu finden. Sie sind am Tage am Boden versteckt, nach Sonnenuntergang auf den Futterpflanzen zu treffen. Die Raupen ziehen sich dann sehr leicht an eingestelltem Futter, spinnen sich von Juni an ein und ergeben nach ca. 4 Wochen den Falter. Die Raupe — Sp. IV, 17 — lebt von September bis Juni.

E. Ent. Jahrb. VII, 175 — Lamp. 132 — Soc. Ent. VIII, 37 — Sp. I, 118 — Frio. II, 391 — Brit. Lep. III, 7 — Stz. II, 158 — Favre 108.

Macrothylacia Ramb.

272. **rubi** L. — Sp. III, T 27 — B. R. T 26 — Stz. II, T 26.

Der Falter kommt in der Ebene, dem Jura und den Voralpen bis etwa 1600 m überall vor. Flugzeit im Mai—Juni; der ♂ fliegt am Tage, das ♀ in der Dämmerung. Der Falter erreicht noch Zermatt, ist aber dort nicht häufig (Püng.).

a) *approximata* Tutt — B. R. 125.

Die Querstreifen des Vfl stehen nahe beisammen. Aadorf (Z.-R.), Zürich (V.).

b) *fasciata* Tutt — B. R. 125.

Die Querstreifen sind zu einer hellen Binde zusammengeflossen. Aadorf (Z.-R.), Zürich (V.).

c) *unilinea* Tutt — B. R. 125.

Ohne den inneren Querstreifen der Vfl. Aadorf (Z.-R.), Zürich, Gadmen (V., Lütschg).

Die Raupen — Sp. IV, T 17 — leben polyphag an niederen Pflanzen und an Eichenbüschen, von Juli bis April. Sie sind im Herbst leicht in grösserer Zahl zu finden; sie werden in einem, groben Sand und Moos enthaltenden und mit Eichenblättern als Futter versehenen Zuchtkasten im Freien überwintert, so dass der Regen höchstens spritzweise Zutritt hat. In den ersten Tagen Januar — darauf scheint es anzukommen — in das warme Zimmer genommen und tüchtig gebadet, verpuppen sich die Raupen bald, ohne noch zu fressen und ergeben die Falter von Anfang Februar an. (Decker, Ent. Zeitschr. XX, 21).

E. Ent. Zeitschr. VII, 239. XVII, 3. XIV, 10. XX, 21 — Ent. Jahrb. VII, 176 — Favre 108 — Sp. I, 119 — Ill. Zeitschr. f. Ent. V, 218 — B. R. 125, T 26 — Frio. II, 393 — Ent. Vereinsbl. 15 XII 1909, p. 46 — Bull. Soc. lép. Genève Fasc. IV — Gub. Ent. Zeitschr. IV, 289. V, 18 — Stz. II, 160.

Selenephera Ramb.

273. **lunigera** Esp. — Sp. III, T 27 — B. R. T 26 — Stz. II, T 27.

Besonders die hellgraue typische Form ist bei uns eine grosse Seltenheit. Der Falter fliegt im Juli—August. Zürich (V.), Dombresson (Bolle), Gadmental (St.), Tramelan (G.), Ried (Rob.).

a) *lobulina* Esp. — Sp. III, T 27 — Stz. II, T 27.

Ist die etwas häufigere mehr schwärzliche Form. Zürich (V., Naegeli), Jura (Roug.), Gadmental (St.), Bern (V.), St. Gallen (M.-R.), Elgg (Gram.), Tenigerbad (Roos), Bruggen, Sitterwald (Gröbli), Gorges de l'Areuse (P. Favre), Les Rasses (Aud.), Dombresson (Bolle).

Die Raupe — Sp. IV, T 18 — lebt an Rot- und Weisstannen von September bis Juli und kann im Frühjahr geklopft werden. Sie ist sehr leicht zu treiben und ergibt dann einen Teil der Falter im Frühjahr, einen Teil aber auch erst im Juli. Ich habe den schönen Falter mehrfach mit gutem Erfolg gezogen, indem ich die frischgeschlüpften Raupen auf ein kleines in einen Blumentopf eingepflanztes Tännchen versetzte und dieses mit Gaze überband. Im Herbst und auch im Winter, an sonnigen Tagen, liefen die Raupen munter umher. Sie wurden dann in das warme Zimmer genommen, tüchtig gespritzt und gediehen so vorzüglich. Als die Raupen halb erwachsen waren, fütterte ich nur mit Rottannenzweigen von älteren Bäumen. Die schönen Raupen spannen sich im Februar an den Zweigen ein. Die Falter schlüpfen meist im Juli, stets am Nachmittag. Die Copula geschieht abends und wird auch in der Gefangenschaft gerne eingegangen, wenn man den Faltern Gelegenheit gibt, im Zimmer umherzufliegen. Die Eiablage erfolgt am nächsten Abend an Fichtenzweige, die Raupen schlüpfen nach zwei bis drei Wochen.

E. Ent. Jahrb. VIII, 182 — Gub. Ent. Zeitschr. II, 18 — Ent. Zeitschr. VII, 213. 232. 238. XIX, 200 — Sp. I, 120 — Frio. II, 397 — Stz. II, 165.

Cosmotriche Hb.

274. **potatoria** L. — Sp. III, T 27 — B. R. T 25 — Stz. II, T 26.

Der Falter ist überall häufig und geht in den Alpen bis etwa 1500 m. Das ♂ beginnt den Flug in den spätern Nachmittagsstunden, es fliegt aber hauptsächlich nachts und kommt gerne ans Licht.

Ueber *hybride* Falter von potatoria L. ♂ und L. quercus L. ♀ berichtet Stichel (E. V. XXVI, 42).

a) *inversa* Caradj. — B. R. 124.

Ist dunkler braun, mit rötlichem Schimmer. Aadorf (Z.-R.), Bern 14. VII. 1908 (Steck).

b) *berolinensis* Heyne — Soc. Ent. XIV, 3.

Das ♂ ist heller, gelblich, fast wie das ♀. Basel (Leonh.).

Die Raupen — Sp. IV, T 18 — leben an harten Waldgräsern von September bis Mai auf Wald- und Bergwiesen. Sie trinken sehr gerne und verlangen bei der Zucht tägliches Bespritzen. Am 20. Mai gefundene Raupen spannen sich zwischen dem 28. Mai und dem 17. Juni ein, die Falter schlüpften vom 21. Juni an. Am 22. abgelegte Eier ergaben bis am 13. August wiederum die ersten spinnreifen Raupen, andere waren dazumal noch klein. Eine zweite Faltergeneration entwickelte sich vom 14. September an, die Eier dieser Falter überwinterten. (Bandermann, Soc. Ent. XXI, 148). Ich pflege die Raupen in Gläsern zu ziehen, wo sie sich auch verpuppen.

E. Sp. I, 121 — Ent. Jahrb. VII, 179 — Roug. 69 — Favre 109 — B. R. 126, T 25 — Frio. II, 399 — Brit. Lep. III, 158 — Ins. Börse 1899, 93. 1897, 287 — Stz. II, 164.

Epicnaptera Rbr.

275. **ilicifolia** L. — Sp. III, T 27 — Stz. II, T 27 — B. R. T 26.

Der Falter ist bei uns nicht häufig und kommt nur in der Ebene vor. Flugzeit von April bis Juni. Conche (Aud.), Martigny (W.), Sion (Paul), Bergell (Bazz.), St. Blaise (V.), Schüpfen (Rothb.), Bern (Rätz.), Oftringen (W.), Zürich (Rühl, V.), Flums (Wild), St. Gallen (M.-R.).

Die Raupe — Sp. IV, T 18 — lebt an Weiden und Heidelbeeren im Juli—August.

E. Ent. Jahrb. VII, 182 — Soc. Ent. XXI, 148 — Sp. I, 121 — Frio. II, 401 — Brit. Lep. III, 186 — Stz. II, 166 — Favre 110.

276. **tremulifolia** Hb. (= betulifolia O.) — Sp. III, T 27 — B. R. T 26 — Stz. II, T 27.

Ist weniger selten als die vorige Art, aber immerhin durchaus nicht gemein. Erscheinungszeit wie diese, der Falter steigt im Gebirge höher auf und erreicht im Binnental 1400 m. Bei St. Blaise mehrmals im April—Mai (Steck, V.) U. N. M. J. W. S. G.

Hybride:

a) ? *veris* Ep. — Berl. Ent. Zeit. 52, 107.
= tremulifolia Hb. ♂ × ilicifolia L. ♀.

Die Raupe — Sp. IV, T 18 — lebt an Birken, Eichen, Pappeln, Vogelbeeren und Obstbäumen von Juni bis September.

E. Ent. Jahrb. VII, 182 — Roug. 70 — Sp. I, 121 — Frio. II, 402 — Ent. Zeitschr. 1907, 36 — Stz. II, 167 — Favre 110.

Gastropacha Ochs.

277. **quercifolia** L. — Sp. III, T 27 — B. R. T 25 — Stz. II, T 27.

Der Falter ist in der Ebene, den Voralpen und dem Jura allgemein verbreitet und nirgends selten. Er fliegt von Juni bis August.

a) *alnifolia* O. — Stz. II, T 27.

Diese schwärzlich braune Form ist aus bei Bern gefundenen Freilandeiern in einigen Stücken gezogen worden (Steinegger). Auch von Wullschlegel bei Martigny erbeutet, von Aadorf (Z.-R.), Filisur (Hauri).

b) ? *ulmifolia* Heuäcker — Stdg. 998 c).

Eine viel hellere, gelblichere Form mit rosa Schimmer. Sie soll bei Basel aus der Raupe gezogen worden sein (Leonh.).

Hybriden:

c) * *quercifolia* L. ♂ × tremulifolia Hb. ♀. Mittl. S. E. G. IV, 30.

d) * *johni Frings* — Soc. Ent. XXII, 89.
= quercifolia L. ♂ × populifolia Esp. ♀.

Das ♀ legt Mitte Juli die Eier in Häufchen von 12 bis 30 Stück auf die Blätter oder kleineren Zweige. Die Raupen schlüpfen Ende Juli oder Anfang August und überwintern klein, indem sie sich mit einigen Fäden an Zweigen befestigen. Bei der Zucht überwintere man die Raupen in einem kalten trockenen Raum. Die Raupe — Sp. IV, T 18 — lebt an Schlehen, Pflaumen, Vogelbeeren, Birnen- und Aepfelbäumen von Juli bis Mai. Sie wird am leichtesten im März—April gesucht, wo sie an sumpfigen Stellen, gerne an Rhamnus frangula sitzend, gefunden wird. Im Frühjahr, wenn noch kein geeignetes Blattfutter vorhanden ist, kann man den Raupen Weidenkätzchen reichen, welche sie gerne nehmen. Sie sind im Juni erwachsen und verpuppen sich in einem lockeren Gespinst. Die Puppenruhe dauert drei bis vier Wochen. Eine ausgewachsene Raupe wurde am 14. III. 1893 in Bern in einem Treibhaus an Prunus gefunden, der Falter erschien schon am 15. Mai.

E. Ent. Jahrb. VII, 180 — Favre 110 — Ent. Zeitschr. V, 166. VI, 61. XXV, 190 — Sp. I, 122 — B. R. 128, T 25 — Frio. II, 405 — Brit. Lep. III, 201 — Stz. II, 168 — Roug. 69.

278. **populifolia** Esp. — Sp. III, T 27 — B. R. T 26 — Stz. II, T 27.

Der Falter ist zwar über alle ebenen Landesteile verbreitet, aber stets ein seltenes Vorkommnis. Er fliegt von Juli bis August, ausnahmsweise noch im September.

a) g. a. *obscura* Heuäcker — Stett. Ent. Zeit. 1873, 244.

Eine kleinere, dunklere II. Generation wurde bei Basel erzogen. Die Falter schlüpften im September (Leonh.).

Die Copula ist im Anflugkasten sehr leicht zu erzielen, das ♀ legt zwei- bis dreihundert Eier. Die jungen Raupen sind sehr lebhaft und müssen, weil sie fortwährend Fäden spinnen, bis zum 5. oder 6. Lebenstag getrennt werden, dann werden sie ruhiger. Zweckmässig ist es auch, ihnen dicke Zweigstücke in den Zuchtkasten zu stellen, an denen sie sich bequem festhalten können. Die Raupen wollen oft tüchtig bespritzt sein und werden vom Oktober an am besten im Freien, aber unter Dach überwintert. Von April an können sie im Zimmer weiter gezogen werden. Sie spinnen sich im

Mai in einem weissgrauen Kokon ein und ergeben die Falter im Juni—Juli (Ent. Zeitschr. VIII, 104).

Die Raupe — Sp. IV, T 18 — lebt an Pappeln auf den höchsten Zweigen, von September bis Mai.

E. Ent. Jahrb. VIII, 181. 187 — Favre 110 — Ent. Zeitschr. II, 110. XXV, 190 — Ins. Börse XI, 38. 81. 132 — Soc. Ent. I, Nr. 19. IX, 26 — Frio. II, 407 — Sp. I, 123 — Stz. II, 169.

Odonestis Germ.

279. **pruni** L. — Sp. III, T 27 — B. R. T 25 — Stz. II, T 27.

Der in der Ebene und dem Hügellande allgemein verbreitete, doch wohl nirgends häufige Falter fliegt von Juni bis August. Er erreicht bei Evolena 1378 m Höhe (v. J.).

Die Raupe — Sp. IV, T 18 — lebt an Laubholz, besonders an Obstbäumen, von Herbst bis Juni. Sie sitzt über Tag so an Stämme oder Astgabeln angeschmiegt, dass sie leicht übersehen wird. Die Raupe überwintert klein an den äussersten Zweigspitzen. Bei der Zucht hänge man im Herbst den Gazebeutel mit den abgeschnittenen Zweigen an einem recht luftigen, trockenen Ort auf. im Frühling bespritzt man die Raupen tüchtig und gibt ihnen dann vorerst die Blütenkätzchen der Sahlweiden oder Haselnuss. Man kann die Raupen auch ohne Ueberwinterung zur Entwicklung bringen, Bedingungen sind Wärme und Feuchtigkeit. Wenn das Futter zu mangeln beginnt, so stecke man Apfelschalen an die Zweige, welche gerne genommen werden.

E. Ent. Jahrb. VII, 180 — Favre 109 — Ins. Welt III, 109. IV, 13 — Sp. I, 123 — Ill. Wochenschr. f. Ent. I, 515 — Frio. II, 408 — Stz. II. 170 —Ent. Zeitschr. XXV, 190.

Dendrolimus Germ.

280. **pini** L. — Sp. III, T 27 — B. R. T 26 — Stz. II, T 28.

Der Falter ist je nach dem Vorkommen der Nahrungspflanze in der Ebene und dem Hügellande verbreitet und nirgends selten; er geht in der typischen Form bei Göschenen bis 1100 m Höhe (Hoffm.). Der Falter ist bei uns nur sehr selten verheerend aufgetreten[1]). Flugzeit im Juni—Juli. Eine ausserordentlich stark variierende Art.

[1]) Im Sommer 1909 wurde der Föhrenwald zwischen Ardon und Sion von pini L. Raupen vollständig kahl gefressen, 90% der Raupen waren gestochen. Die Falter erschienen von Juni bis August und glichen

a) *unicolor-brunnea* Rbl. — B. R. 129.

Werden rotbraune, fast zeichnungslose Stücke genannt, wie solche bei Zürich und im Thurgau nicht selten vorkommen. Auch von Genf (Blach.). Bei Flums fliegt nur eine dunkle, bei Kirchberg St. G. nur diese braune Form (Wild).

b) *montana* Stdg. — Sp. III, T 27 — Stz. II, T 28.

Ein sehr grosses, kräftiges, dichtschuppiges Tier mit kupferfarbenen bis kastanienbraunen und lebhaft weisslich gezeichneten Vfl; gilt als die montane bis alpine Vertreterin des Typus. Im rauhen Berner Klima ist sie ausschliessliche Form. Sie steigt bei Visperterminen und im Gadmental bis etwa 1500 m an. Sehr schöne, fast schwarze Exemplare mit weissen Binden kamen bei Biasca vor (Schneider). U. M. J. O. W. G.

Die Raupe — Sp. IV, T 18 — lebt an Pinus silvestris (die Raupe der montana Stdg. bei Bern ausschliesslich an Pinus strobus), von August an überwinternd bis Juni. Ich suche die Raupen im Frühwinter oder auch im Februar — März, wo sie am Fusse der Stämme unter Nadeln eingerollt liegen. Man kann die Raupen sogleich in das warme Zimmer nehmen; bei täglicher Bespritzung und Warmhaltung werden sie nach einigen Tagen zu fressen beginnen. Das Futter stelle ich nie ein, sondern erneuere dasselbe jeden dritten Tag. Dabei werden jedesmal die Raupen tüchtig bespritzt und wenn immer möglich an die Sonne gestellt. Auf diese Weise behandelt, spinnen sich die Raupen — fast ohne Verluste — im Dezember oder Januar ein und liefern nach 5—6 Wochen die Falter. Ist das Futter gefroren, so taue ich dasselbe zuerst auf. Ueberwinterung der Raupen auf einem offenen Balkon gelingt auch sehr leicht, nur dürfen die Raupen nicht zu lange liegen bleiben. Ich habe auf diese Weise mehrere hundert Falter erzogen.

E. Ent. Zeitschr. XI, 131 — Ins. Börse XI, 131. XII, 44 — Soc. Ent. IV, 147. V, 29 — Sp. I, 124 — B. R. 129, T 26 — Frio. II, 409 — Stz. II, 171.

---

merkwürdigerweise der deutschen, bei uns sonst fehlenden Form vollständig. Spuren des Frasses waren noch 1910 deutlich wahrnehmbar. (Vide auch Dr. Stierlin, «Der Kiefernspinner als Waldverwüster». Winterthur. 1910).

XV. Lymantriidae.

Orgyia O.

281. **gonostigma** F. — Sp. III, T 25 — B. R. T 21 — Stz. II, T 19.

Ein in der Ebene und dem Hügellande weit verbreiteter, aber nicht gerade häufiger Falter. Er geht im Gadmental bis etwa 1500 m und fliegt in zwei Generationen im Mai—Juni und August—September, in höheren Lagen aber nur einmal im Jahr. Schaffhausen (W.-Sch.), Frauenfeld (Wehrli), Zürich (Rühl, Müller), Bern (V.), Tramelan (G.), Crassier (Loriol), Conche (Aud.), Vernayaz, Martigny, Saillon (W.), Ardon (Favre), Sion, Sierre (Paul), Pfynwald (Roug.), Weissenburgerschlucht (Hug.), Ilanz (Caveng), Gantertal (v. J.).

Zwei über Nacht ausgesetzte ♀♀ lieferten über 200 gut befruchtete Eier. Die Raupen schlüpften am 2. Juli, sie wurden mit Schlehen und Hainbuchenlaub gefüttert. Die grösseren Raupen lieferten im Lauf des September die Falter; diese wurden wieder ausgesetzt zwecks Copula. Bis zum Spätherbst erhielt ich derart die Raupen zweier Generationen, die beide überwinterten und im folgenden Jahre von Mai an die Falter lieferten.

Die Raupe — Sp. IV, T 15 — lebt an fast allen Laubhölzern.

E. Ent. Jahrb. XIV, 94 — Sp. I, 126 — B. R. 114, T 21 — Stz. II, 117 — Frio. II, 416 — Favre 103.

282. **antiqua** L. — Sp. III, T 25 — B. R. T 21 — Stz. II, T 19.

Der im ganzen Gebiet sehr gemeine und häufige Falter lebt in ein bis zwei Generationen von Juni bis Oktober, je nach der Höhenlage. Höhengrenze wie bei der vorigen Art.

Die Raupe — Sp. IV, T 15 — lebt an Laubhölzern, von September bis Juni. Das Ei überwintert. Favre bemerkt: «La ♀ passe de 14 à 16 jours et le ♂ de 30 à 50 jours à l'état de chrysalide.» Ich kann diese Wahrnehmung nicht stützen, so oft ich den Falter auch zog, immer erschienen nach 14 Tagen bis drei Wochen die Falter und zwar beide Geschlechter gleichzeitig. Kaum entwickelt, begannen sie auch die Copula, welcher die Eiablage auf dem Fusse folgte. Ausnahmslos wurden die bräunlichen Eier auf ein leichtes Gespinst abgelegt in Partien von 100 bis 200 Stück. Die Eier der zweiten Generation überwintern. Seiler sagt (Bombyciden von Liestal, p. 59): «Im Herbst 1900 zwei Gelege Eier eingetragen, von den am 28. Mai 1901 ausgeschlüpften Raupen Ende Juli Falter in grosser Zahl erhalten. Trotz reichlicher Fütterung war nur eine Generation zu erzielen.»

E. Ent. Jahrb. XIV, 94 — Sp. I, 127 — B. R. 114, T 21 — Stz. II, 117 — Frio. II, 418 — Favre 103.

Dasychira Stph.

283. **fascelina** L. — Sp. III, T 25 — B. R. T 21 — Stz. II, T 19.

Der fast überall häufige Falter ist in der Ebene, dem Jura, wie in den Alpen verbreitet. Er erreicht Höhen von über 2000 m. Flugzeit in einer Generation von Juni bis August, je nach Höhenlage.

a) *unicolor* Schultz (= laricis Schille) — Ent. Zeitschr. XXIV, Nr. 7.

Ist lichtgrau, einfarbig, ohne jede Zeichnung. Aus einer im Simplongebiet gefundenen Raupe gezogen. Diese Form ist bei Andermatt nicht selten (V.), auch vom Albula (Honegger).

b) *obscura* Zett. — Stdg. 904 a).

Eine dieser ähnliche, dunkel schwarzgraue Form kommt im Jura bei Dombresson vor (Bolle).

Die Raupe — Sp. IV, T 16 — lebt an Weiden und niederen Pflanzen aller Art, in den Alpen auch an Lärche.[1]) Sie überwintert gesellschaftlich unter losen Rindenstücken von Ende August bis April. Am 25. April gefundene 30 Raupen liessen sich mit Esparsette leicht ziehen und gaben vom 14. Juni an die Falter.

E. Ent. Jahrb. XIV, 95 — Sp. I, 128 — B. R. 115, T 21 — Frio. II, 425 — Stz. II, 112.

284. **pudibunda** L.[1]) — Sp. III, T 25 — B. R. T 21 — Stz. II, T 19.

---

[1]) ? Gespinste, die er als von D. *selenitica* Esp. herstammend betrachtete, fand Wullschlegel an Lärchen bei La Croix und am Mt. Chemin im August 1906.

Diese viel gemeinere Art kommt im Mai—Juni überall vor, im Gebirge bis etwa 1600 m. Ein ♂ fing Püngeler bei Zermatt. Sie pflegt im Juni in Walenstadt zu Hunderten ans Licht zu fliegen. Am 29. VI. 1902 fand Honegger die Tiere im Walde gegen Kandern zu Tausenden im Grase und an Baumstämmen. Eine bei Bern am 3. X. 1911 gefundene erwachsene Raupe ergab im warmen Zimmer schon am 9. XII. einen ♀ Falter (Lütschg).

a) *concolor* Stdg. — Sp. III, T 25 — Stz. II, T 19.

Ein derartiges Stück erzog Steinegger aus einer Raupe, die er bei Bern gefunden hatte. Der Falter ist nur wenig heller als die typische deutsche concolor-Form.

Die Raupe — Sp. IV, T 16 — lebt polyphag an Laubhölzern und niedern Pflanzen. Sie ist im Herbst erwachsen und die Puppe überwintert.

E. Ent. Jahrb. XIV, 96 — Sp. I, 129 — B. R. 115, T 21 — Stz. II, 426 — Soc. Ent. II, Nr. 4 — Favre 104.

Arctornis Germ.

(Laria Schrk.)

285. **L nigrum** Muell. — Sp. III, T 25 — B. R. T 24 — Stz. II, T 20.

Der überall, aber vereinzelt und seltener auftretende Falter ist mehr im nördlichen und westlichen Gebiet heimisch; den Alpen scheint er zu fehlen. Flugzeit von Mai bis Juli. Der Falter sitzt am Tage gerne an den Blättern von Waldbäumen und kann dann geklopft werden. Er geht aber auch nachts ans Licht. St. Gallen (M.-R.), Uzwil (Wild), Zürich (Naegeli, V.), Frauenfeld (Wehrli), Büren (Rätz.), Bern (v. J.), Freiburg (T. de G.), Yverdon (Roug.), Biel (Rob.), Liestal (Seiler), Crassier (Loriol), Conche (Aud.), Martigny (W.), Corin (Favre), Cresta (Honegg.), Landquart (Thom.), Thusis (V.).

Die Raupe — Sp. IV, T 16 — lebt an Stammausschlägen der Linden, Ulmen, Pappeln, Eichen, Kastanien u. s. w. Zwei Stück fand v. Jenner bei Bern am 6. IV. 1881 an Anemone nemorosa. Da zu dieser Zeit — im rauhen Bernerklima — die Linden noch keine Blätter haben, scheint es, dass die Räupchen im Frühjahr vorerst niedere Pflanzen annehmen, die ihnen freilich nach der Art ihrer Ueberwinterung, am ehesten zur Hand sind. Ein Wink für die Zucht! Sie überwintern klein, in zusammengerollten, dürren Blättern und sind im Mai erwachsen. Ich fand die jungen Raupen beim Puppengraben im Winter öfter, einzeln in dürren Lindenblättern. Es ist bei der Zimmerzucht schwierig, sie im Frühling zum Fressen zu bringen; immer geht ein Teil der Raupen dabei zugrunde. Sehr leicht ist die Zucht, wenn die Raupen im Frühling aufgebunden werden können. Sie beginnen anfangs Mai zu fressen und sind nach etwa fünf Wochen erwachsen. Die Verpuppung erfolgt zwischen Blättern eingesponnen und die Puppenruhe dauert nur ca. 8—10 Tage.

E. Ent. Jahrb. XIV, 97 — Favre 104 — Ent. Zeitschr. II, 56. XXI, 60 — Lamp. 128 — Roug. 66 — Sp. I, 130 — B. R. 117, T 24 — Frio. II, 430 — Stz. II, 123.

Stilpnotia Westw.

(Leucoma Stph.)

286. **salicis** L. — Sp. III, T 25 — B. R. T 24 — Stz. II, T 20.

Mit dem Vorkommen der Nahrungspflanzen bald häufiger, bald seltener, aber im ganzen Gebiet verbreitet. Bei Airolo jedes Jahr zu Tausenden in allen Entwicklungstadien zu finden, ebenso bei Splügen (Honegger). Flugzeit im Juni —Juli. Rotgelbe Exemplare wurden gefangen am Simplon (Sp.) und bei Airolo (V.). Der Falter geht bis nahe an 2000 m.

Die Raupe — Sp. IV, T 16 — lebt an Pappeln und besonders im Gebirge an Weiden im Mai—Juni zwischen zusammengesponnenen Blättern, wo sie sich auch verpuppt.

E. Ent. Jahrb. XIV, 97 — Favre 104 — Sp. I, 130 — B. R. 117, T 24 — Frio. II, 432 — Stz. II, 123.

Lymantria Hb.

(Psilura Stph.)

287. **dispar** L. — Sp. III, T 26 — B. R. T 24 — Stz. II, T 20.

Der Falter ist namentlich in der Südschweiz sehr häufig, doch auch nördlich der Alpen an manchen Orten nicht fehlend. Er fliegt in einer Generation von Juni bis Anfang September und erreicht in den Bergen etwa 1200 m Höhe. Dispar-Raupen haben 1891 bei Ilfingen (Jura) die Buchenwälder vollständig kahl gefressen. U. N. J. V. W. G. S.

a) *disparoides* Gillm.

Kleine jurassische Form; sie ist im Südjura überall die ausschliessliche.

Die Raupe — Sp. IV, T 16 — lebt an Laubhölzern aller Art, aber auch an Lärchen und Thuya, von April bis Juni.

E. Ent. Jahrb. XIV, 102 — Favre 105 — Soc. Ent. XII, 35 — Sp. I, 131 — B. R. 118, T 24 — Frio. II, 435 — Stz. II, 127 — Berl. Ent. Zeit. LV (10).

288. **monacha** L. — Sp. III, T 25 — B. R. T 24 — Stz. II, T 20.

Im ganzen Lande verbreitet, aber niemals als Schädling aufgetreten. 1890 und 1891 sind aus Süddeutschland zugeflogene sehr grosse Schwärme im Bodensee ertrunken beobachtet worden. Flugzeit von Juli bis September. Der Falter geht gewöhnlich bis ca. 1600 m. Ein ♀ erbeutete Püngeler ausnahmsweise noch beim Riffelhaus in 2585 m Höhe; der Falter ist natürlich dort nicht heimisch, er wurde überhaupt bei Zermatt nur in einzelnen Jahren gefangen.

a) *nigra* Frr. — Stz. II, T. 20.

Uebergang zur folgenden. Im Wallis und der Südschweiz die vorherrschende Form.

b) *eremita* O. — Sp. III, T 25 — Stz. II, T 20.

Eine einfarbig schwarzgrau übergossene, bei uns besonders im ♂ Geschlecht auftretende Lokalform. Häufig am Simplon (v. J.), bei Martigny (W.), auch von Zürich (Stdfs.), Gorges de l'Areuse (P. Favre). Die vollständig schwarze *atra* Linst. kommt bei uns nicht vor.

Die Eier wurden möglichst kalt aufbewahrt und schlüpften Ende April. Die Raupen frassen gerne die weichen Nadeln der jungen Lärchentriebe und gediehen bei dieser Fütterung vortrefflich. Später nahmen sie auch Weissdorn. Die Verpuppung erfolgte in leichtem Gespinst Mitte Juni, die Falter erschienen nach vier Wochen.

Die Raupe — Sp. IV, T 16 — lebt polyphag an Nadel- und Laubhölzern von Mai bis Juli.

E. Corr.-Bl. I, 50 — Ent. Jahrb. XIV, 100 — Gub. Ent. Zeitschr. III, 10 — Ent. Zeitschr. V, 94. XXI, 97. XXIII, 102 — Soc. Ent. XVII, 162

16

— Sp. I, 131 — Ins. Börse VII, 13 — B. R. 118, T 24 — Frio. II, 437 — Ent. Vereinsbl. 1. XI. 1909, p. 41 — Stz. II, 128 — Favre 105.

Euproctis Hb.

289. **chrysorrhoea** L. (= auriflua Esp.) — Sp. III, T 25 — B. R. T 24 — Stz. II, T 21.

Der Falter ist in allen tieferen Landesteilen häufig. Geradezu gemein und schädlich tritt er im Wallis und Tessin auf. Flugzeit von Juni bis August. Ein Exemplar von Basel wurde noch am 4. IX. 1907 erbeutet (Honegger).

a) *punctigera* Teich. — Ent. Zeitschr. XX, 97.

Mehr oder weniger mit grossen, schwärzlichen Punkten bestreut. Bern (Steinegger), Martigny (W.), Basel (Leonh.).

b) *punctella* Stz. — Stz. II, T 21.

Exemplare mit nur wenigen, kleineren, vereinzelten Punkten. Unter der Art, nicht selten.

Die Raupe — Sp. IV, T 16 — lebt an Obstbäumen und andern Laubhölzern, besonders an Eichen von August bis Mai, nesterweise überwinternd. Ende Mai oder im Juni können die zwischen Blattbüscheln gesellschaftlich liegenden Puppen gesammelt werden; dies geschieht aber der umherfliegenden Haare wegen am besten bei Regenwetter. Die Falter schlüpfen von Ende Juni an. (Bandermann, Ent. Zeitschr. XX, 97).

E. Ent. Jahrb. XIV, 98 — Lamp. 127 — Roug. 66 — Sp. I, 132 — Zeitschr. f. wiss. Ins. Biol. I, 472. III, 135 — B. R. 116, T 24 — Frio. II, 442 — Stz. II, 135 — Favre 104.

Porthesia Stph.

290. **similis** Füssl. — Sp. III, T 25 — B. R. T 24 — Stz. II, T 21.

Dieser eher etwas spärlicher auftretende Falter fliegt im Juni-Juli und ausnahmsweise nochmals im Herbst. Verbreitung wie die vorige Art.

Die Raupe — Sp. IV, T 16 — lebt polyphag an allen Laubhölzern von Juli bis Mai. Sie überwintert einzeln in einem kleinen Gespinst unter lockerer Baumrinde.

E. Ent. Jahrb. XIV, 100 — Favre 105 — Lamp. 128 — Sp. I, 133 — B. R. 116, T 24 — Frio. II, 444 — Stz. II, 134.

XVI. Noctuidae.

Die Schmetterlinge dieser Familie leben mit wenigen Ausnahmen am Tage versteckt in dürrem Laub, in Büschen, an Baumstämmen, Telegraphenstangen, unter Steinen oder in Mauerspalten und können an derartigen Orten — besonders bei trüber Witterung — manchmal in Mehrzahl erbeutet werden. Die nächtlich fliegenden Arten erhält man am leichtesten durch Köder- oder Lichtfang. Einige Gattungen sind aber heliophile, ihre Falter fliegen im Sonnenschein und saugen gerne Blüten von Disteln, Scabiosen u. s. w.

Die Raupen sind meist nackt und führen eine verborgene Lebensweise. Man findet sie tagsüber in der Erde, unter Steinen, Laub oder Rindenstücken, nachts mit der Laterne am Futter. Verpuppung in der Erde oder in morschem Holz.

A. Acronyctinae.

Panthea Hb.

291. **coenobita** Esp. — Stz. III, T 2 — Sp. III, T 32 — Culot, Noc. T 1. 2 — B. R. T 29.

Der schöne Falter ist im Tieflande weit verbreitet, aber überall ziemlich selten; bei Bern, wo er vor etwa 20 Jahren noch häufig war, fast verschwunden. Flugzeit von Mai bis Juli, je nach der Höhenlage; der Falter erreicht noch die Talsohle des Davos (1560 m, Hauri). St. Gallen (M.-R.). Bruggen (Gröbli), Flums (Wild), Frauenfeld (Wehrli), Wald, Ossingen (Stierl.), Zürich (Nägeli, V.), Biel (Rob.), Sonvilier. Tramelan (G.), Dombresson (Roug.), Bern (v. J., V.), Freiburg (T. de G.), Martigny, Rossetan (W.), Val d'Anniviers (Favre). Weissenburgerschlucht (Hug.), Erstfeld (Hoffm.), Thusis (V.). Liestal (Senn), Chur (Bazz.).

Die Raupe — Sp. IV, T 22 und Nachtr. T II — lebt an Rottannen, von August bis Oktober; bei Bern an Pinus strobus. Will man die Falter aus der Raupe ziehen, so muss man die halberwachsenen Raupen, von Mitte September bis Ende Oktober, an den untern Zweigen der Bäume an Waldrändern oder auf Lichtungen suchen. Erwachsene Raupen sind meist gestochen und die Eizucht ist schwierig. Mitte bis Ende Oktober sind die Raupen erwachsen und verpuppen sich am Fusse der Bäume in den Spalten und Höhlungen der Wurzelstöcke oder zwischen abgefallenen Nadeln. Die Puppen überwintern und die Falter erscheinen von Mitte Juni an.

Sie müsseu abends nach Sonnenuntergang an Stämmen gesucht werden (Papst, Iris I, 115).

E. Ins. Welt IV, 41 — Ent. Jahrb. XV, 84 — Roug. 83 — Stz. III, 10 — Sp. I, 134 — Ent. Zeitschr. IX, 98 — Favre 128.

Trichosea Grote.

292. **ludifica** L. — Stz. III, T 2 — Sp. III, T 31 — Culot, Noc. T 1 — B. R. T 29.

Der Falter fliegt in zwei Generationen, im Mai—Juni und August—September. Er ist im Tieflande sehr weit verbreitet, aber fast überall seltener. Nur bei Elgg, nach Dr. Gramann, in der Frühjahrsgeneration sehr häufig. Unsere schweizerischen Exemplare unterscheiden sich durch weisslichere Grundfärbung aller Flügel von solchen deutscher Herkunft. Höhengrenze bei etwa 1000 m. U. N. M. J. V. S. G.

Die Raupe -- Sp. IV, T 22 — lebt an Weiden, Weissdorn, Ulmen, Apfelbäumen und Ebereschen im Juni—Juli und September—Oktober. Dr. Thomann fand dieselbe im Misox sogar an Castanea vesca.

E. Ent. Jahrb. XV, 87 — Sp. I, 135 — Roug. 83 — Favre 128 — Stz. III, 10.

Diphthera Hb.

(Moma Hb.)

293. **alpium** Osb. (= orion Esp.) — Stz. III, T 2 — Sp. III, T 31 — Culot, Noc. T 1 — B. R. T 29.

Der Falter ist im Mai—Juni in der ganzen Ebene verbreitet, aber wohl nirgends gerade häufig.

Die Raupe — Sp. IV, T 22 — lebt an Eichen, Buchen, Rosskastanien, von Juli bis September. In der Jugend ist sie gesellig, sie sitzt am Tag an Baumstämmen in den Rindenrissen. Ich fand sie sehr häufig bei Säckingen an Kirschbäumen.

E. Ent. Jahrb. XV, 88 — Favre 127 — Stz. III, 11 — Sp. I, 135 — Roug. 83 — B. R. 142, T 29.

Colocasia O.

(Demas Stph.)

294. **coryli** L. — Sp. III, T 31 — Stz. III, T 2 — Culot, Noc. T 1 — B. R. T 28.

Der Falter ist in der Ebene, dem Hügellande und dem Jura verbreitet und fast überall häufig. Er lebt in ein bis zwei Generationen, im Mai—Juni und Juli—August und geht im Jura und den Voralpen bis etwa 1500 m.

a) *medionigra* m.

Neben der typischen Form kommen bei Dombresson Stücke vor, welche ein dunkelschwarzbraunes Mittelfeld besitzen (Bolle).

Die Raupe — Sp. IV, T 21 — lebt polyphag an Laubholz von Juni bis Oktober.

E. Ent. Jahrb. XV, 88 — Soc. Ent. II, 171 — Sp. I, 136 — Stz. III, 11 — Roug. 79 — Favre 122.

Acronycta O.

295. **leporina** L.[1]) — Culot, Noc. T 1 — Stz. III, T 3 — Sp. III, T 31 — B. R. T 28.

Die weisse Stammform dieses Falters kommt in weiter Verbreitung bis in die Voralpen hinein überall vor, sie ist aber wesentlich sparsamer als die nachfolgende. Der Falter erreicht bei Zermatt 1620 m Höhe (Püng.). Flugzeit von Mai bis August in 1—2 Generationen.

a) *bradyporina* Esp. — Stz. III, T 3 — Culot, Noc. T 1.

Ist rauchgrau überflogen. In der Erscheinungszeit der vorigen Form, nirgends selten.

Die Raupe — Sp. IV, T 21 — lebt an Weiden, Erlen, Pappeln, Eichen und Birken von Juli bis September. Ich fand sie bei St. Blaise wiederholt im Juli fast erwachsen und dann nochmals im September und muss daher eine, vielleicht nur gelegentliche, zweite Generation annehmen.

E. Ent. Jahrb. XV, 89 — Favre 122 — Roug. 79 — Sp. I, 136 — Stz. III, 14 — Ent. Vereinsbl. I, No. 2 — Favre 122.

296. **aceris** L. — Sp. III, T 31 — Stz. III, T 2 — Culot, Noc. T 1 — B. R. T 28.

Ueberall gemein in zwei Generationen, von April bis Juni und im Juli—August. In den Voralpen bis etwa 1500 m.

---

[1]) Ueber die Variabilität vide Gillmer, Soc. Ent. XXI, 43 — Ins. Börse XXIII, 118. 122

a) *candelisequa* Esp. — Esp. 191, 1.

Eine dunklere rötlichbraune Form. Sie kommt bei Engelberg (Solothurn, W.), und im Wallis (Favre) vor.

Die Raupe — Sp. IV, T 21 — lebt an Ahorn, Rosskastanien, Eichen u. s. w. von Juli bis September und sitzt über Tag auf der Unterseite der Blätter.

E. Ent. Jahrb. XV, 89 — Roug. 79 — Sp. I, 136 — Stz. III, 13 — Favre 122 — B. R. 143, T 28.

297. **megacephala** F. — Sp. III, T 31 — Stz. III, T 3 — Culot, Noc. T 1 — B. R. T 28.

Falter in ähnlicher Verbreitung und Erscheinungszeit wie die vorige Art. Er erreicht in grossen, grauen Stücken, als seltene Erscheinung, Zermatt (Püng.). Der Falter wird im insubrischen Gebiet kleiner und reiner grau, nicht rötlich.

Die Raupe — Sp. IV, T 21 — lebt an Pappeln und Weiden von Juni bis Oktober. Sie ruht mit seitwärts zurückgelegtem Vorderkörper auf der Oberseite der Blätter und verpuppt sich unter lockeren Rindenstücken in leicht rostfarbigem Cocon.

E. Ent. Jahrb. XV, 89 — Favre 123 — Roug. 80 — Sp. I, 137 — Stz. III, 15 — B. R. 143, T 28.

298. **alni** L. — Stz. III, T 2 — Sp. III, T 31 — Culot, Noc. T 1 — B. R. T 28.

Der Falter ist im ganzen Tieflande und den südlichen Alpentälern beobachtet worden, aber überall recht spärlich. Flugzeit im Mai—Juni. St. Gallen (M.-R.), Flums (Wild), Scharenwald (W.-Sch.), Zürich (V., Nägeli), Liestal (Seiler), Valangin, Yverdon (Roug.), Zermatt (1620 m, Püng.), Martigny (W.), Ilanz (Caveng), Thusis (V.), Crassier (Loriol), Conche (Aud.), Bern (Bent.), Bechburg (R.-St.), Luzern (Loch.).

a) *steinerti* Casp. — Soc. Ent. XIII, Nr. 1 — Stz. III, T 2.

Diese Form mit schwärzlich verdunkelten Vfl kommt im Wallis vor (Favre), Bergell (v. J.).

Ein ♀ legt 150—200 Eier ab, die Raupen schlüpfen nach 14 Tagen. Als Futter dient am besten an trockenen

Orten gewachsenes Erlen- oder Birkenlaub, auch Kirschblätter werden gerne genommen.

Die Raupe — Sp. IV, T 21 — lebt von Juni bis September. Die erwachsenen Raupen bohren sich in abgestorbene Rinde ein und ergeben im Mai des folgenden Jahres die Falter. (Caspari, Soc. Ent. X, 65. 73).

E. Ent. Jahrb. XV, 99 — Favre 123 — Ent. Zeitschr. VI, 18 — Soc. Ent. II, 58 — Stz. III, 13 — Sp. I, 137 — Ins. Börse IX, Nr. 6. X, Nr. 1 — Roug. 80 — B. R. 143, T 28 — Ent. Vereinsbl. I, Nr. 2.

299. **strigosa** F. — Stz. III, T 3 — Sp. III, T 31. — Culot, Noc. T 1.

Ist bei uns die seltenste Art ihrer Gattung. Flugzeit im Juli—August. Bern (v. J.), Büren (Rätz.), Burgdorf (Müller), Allschwil (Mory), Frauenfeld (Wehrli), Oftringen (W.), Moutier, Yverdon (Roug.), Liestal (Seiler), Aadorf (Z.-R.), Zürich (Rühl). Bei Albisrieden und an der Baldern fand Gröbli den Falter in Mehrzahl an den Föhrenstämmen sitzend. Er erreicht im Nikolaital etwa 1200 m Höhe (v. J.).

Die Raupe — Sp. IV, T 21 — lebt an Weissdorn, Schlehen und Pflaumen von Juli bis September. Bei der Zucht wurden die Eier anfangs Juni abgelegt. Die Raupen schlüpften nach 14 Tagen und wurden dann im Freien aufgebunden. Die junge Raupe sitzt unter den Blättern versteckt und frisst das Chlorophyll heraus, so dass die Blätter durchscheinend werden. Später sitzt sie dann auf der Blattoberseite. Nach der fünften Häutung sind die Raupen erwachsen und beginnen sich schokoladebraun zu färben. Zur Verpuppung braucht die Raupe faules weiches Holz oder Torf, in den sie sich einbohrt. Am 19. Juli waren alle Raupen eingesponnen, die Falter schlüpften vom Juni des nächsten Jahres an. (Caspari, Soc. Ent. XIII, 123).

E. Jahrb. Nass. V. 48, 129 — Stz. III, 16 — Sp. I, 137 — Roug. 80.

300. **tridens** Schiff. — Sp. III, T 31 — Stz. I, T 3 — Culot, Noc. T 1 — B. R. T 28.

Der Falter ist in der Ebene, dem Jura und den Voralpen weit verbreitet. Flugzeit im Mai—Juni und von Juli bis September. N. M. J. O. V. W.

Die Raupe — Sp. IV, T 21 — lebt an Pflaumen, Weissdorn, Apfelbäumen, Eichen, Erlen, Weiden von Juni bis September.

E. Ent. Jahrb. XV, 91 — Favre 123 — Sp. I, 137 — Stz. III, 16 — Roug. 80.

301. **psi** L. — Stz. III, T 3 — Sp. III, T 31 — Culot, Noc. T 1 — B. R. T 28.

Ueberall häufig von April bis Juni und im Juli—August. Der Falter geht bis über 1500 m Höhe.

Die Raupe — Sp. IV, T 21 — lebt polyphag an Laubholz von Juni bis Oktober.

E. Ent. Jahrb. XV, 92 — Stz. III, 15 — Sp. I, 138 — Roug. 80 — B. R. 144, T 28 — Favre 123.

302. **cuspis** Hb. — Sp. III, T 31 — Culot, Noc. T 1 — Stz. III, T 2.

Der Falter ist im ganzen Lande verbreitet, aber nirgends häufig und stets nur einzeln getroffen worden. Flugzeit im Juni —Juli. Frauenfeld (Wehrli), St. Gallen (Taesch.), Zürich (Rühl), Bern (v. J., V.), Gadmental (St.), Siders (Steck). Salgesch (Roug.), Erstfeld (Hoffm.), Chur (Cafl.), Bergell (Bazz.), Thusis (V.), Davos (Hauri).

Die Raupe — Sp. IV, T 21 — lebt an Erlen im August — September. Ich habe sie am Brienzergrat noch bei 2000 m Höhe gefunden. Die Verpuppung erfolgt an der Erde zwischen Blättern und Moos und die Puppe überwintert.

E. Ent. Jahrb. XV, 92 — Stz. III, 14 — Sp. I, 138 — Roug. 80 — Ent. Vereinsbl. I, Nr. 2 — Favre 123.

303. **menyanthidis** View.[1]) — Sp. III, T 31 — Stz. III, T 3 — Culot, Noc. T 1

Verbreitung und Erscheinungszeit wie bei der vorigen Art. Flugzeit von April bis Juli, je nach der Höhenlage. Der Falter geht bei Göschenen bis etwa 1200 m. St. Gallen (Täsch.), Bergün (Rühl), Erstfeld (L.), Frauenfeld (Wehrli), Zürich (Rühl, V.), Hallwylersee, Aathal, Wauwyl (W.), Bern (v. J., V.), Tramelan, Bellelay (G.), Pontins (Roug.).

a) ? *scotia* Tutt — Brit. Noct. I, 24.

Diese grössere, hellere, schärfer gezeichnete, aus Schottland bekannte Form, soll auch bei uns vorkommen (Sp. I. 351).

Die Raupe — Sp. IV, T 21 — lebt an Vaccinium, Myrica,

[1]) Vergl. die Monographie Gillmers in Ent. Zeitschr. XVIII, 130 u. folg.

Calluna vulgaris, Weiden- und Eichenbüschen, auch an Fieberklee und Lysimachia von Juli bis September.

Das in eine Schachtel gesperrte ♀ legt sehr leicht seine Eier ab. Die Raupen schlüpfen nach zwei Wochen. Sie ziehen sich noch am leichtesten mit Sahlweidenzweigen, welche täglich zu erneuern sind. Zur Verpuppung empfiehlt es sich Torf oder Rasenpolster in den Kasten zu legen, in welche sich die Raupen einbohren. Anfangs August erscheint die zweite Generation. Ein Teil der Puppen überwintert aber und liefert die Falter im Mai des folgenden Jahres. (Marowski, Ent. Zeitschr. XXI, 36.)

E. Ent. Zeitschr. XVIII, 11. 183. XIX, 2 u. folg. — Ent. Jahrb. XV, 92 — Soc. Ent. XIX, 12 — Sp. I, 138. Nachtr. 351 — Stz. III, 17 — Roug. 81 — Favre 123 — Ent. Rec. I, 145.

304. **auricoma** F. — Sp. III, T 31 — Culot, Noc. T 1 — Stz. III, T 3 — B. R. T 28.

Der überall gemeine Falter ist im ganzen Gebiet verbreitet und geht in den Alpen bis zur Baumgrenze. Flugzeit im Mai—Juni und Juli—August.

a) *pepli* Hb. (= alpina Frr.) — Stz. III, T 3 — Culot, Noc. T 1.

Diese dunklere Form kommt besonders im Gebirge vor. Gotthard (V.), Gadmental (St.), Simplon (Rätz.), Zermatt (Püng.), aber auch bei Conche (Aud.).

Die Raupe — Sp. IV, T 22 — lebt polyphag an niederen Pflanzen und Laubhölzern von Juni bis Oktober. Von der zweiten Generation überwintert die Puppe. Von Püngeler bei Zermatt aus dem Ei erzogene Raupen der Form pepli Hb. hatten weisse statt rote Warzen, wie das Freyer für Raupen aus den bayrischen Alpen und Schilde für solche aus Finnland angeben.

E. Ent. Jahrb. XV. 92 — Stz. III, 16 — Sp. I, 138 — Roug. 81 — B. R. 145, T 28 — Favre 123.

305. **euphorbiae** F. — Sp. III, T 31 — Culot Noc., T 1 — Stz. III, T 3.

Der Falter ist in der Ebene, dem Jura und der Südschweiz überall gemein. Flugzeit von April bis Juni und im Juli—August.

a) *montivaga* Gn. — Stz. III, T 3 — Culot Noc., T 2.

Ist die Gebirgsform und kommt in den Alpen wie im Jura vor. Sie geht bis über 2500 m. J. O. W. S. G.

Die Raupe — Sp. IV, T 22 und Roug. T I — lebt polyphag an niederen Pflanzen von Mai bis Oktober.

E. Ent. Jahrb. XV, 92 — Roug. 81. 323 — Stz. III, 17 — Sp. I, 139 — Favre 124.

306. ? **abscondita** Tr. — Sp. III, T 31 — Stz. III, T 3 (?) — Culot, Noc. T 2.

Ist vielleicht nur Lokalform der vorigen Art. Die Färbung mehr blau- oder gelbgrau, die Zeichnungen verwischter, Hfl rein weiss. Sie wurde im VIII. 1856 bei Lavey (Wallis) gefunden und von Millière bestimmt (Roug.). Ich besitze ein frisches Stück, welches am 28. VII. 1911 bei Martigny gefangen wurde.

Die Raupe — Sp. IV, T 22 — ist ähnlich der vorigen, aber ohne roten Rückenfleck und Seitenstreifen. Sie lebt von Juni bis September an Euphrasia, Calluna, Wolfsmilch, Birken, Wollweiden und Zitterpappeln.

307. **euphrasiae** Brahm. — Sp. III, T 31 — Culot, Noc. T 2 — Stz. III, T 3.

Ich halte sie für eigene Art, welche nicht mit hellen Stücken von euphorbiae F., wie solche besonders auf Kalkboden vorkommen, zusammen geworfen werden darf. In Verbreitung und Erscheinungszeit ist sie zwar der euphorbiae F. ähnlich, aber bedeutend seltener. Zürich (V.), Weissenburgerschlucht (Hug.), Gadmental (Rätz., St.), Orvin, Biel (Rob.), Tramelan (G.), Martigny (W.), Mt. Ravoire, Mt. Chemin, La Croix (Favre), Sion, Sierre (Paul), Engadin (Kill.).

a) *esulae* Hb. — Roug. 81, Pl. 1.

Ist eine verdunkelte Form. Biel (Rob.).

Die Raupe — Sp. IV, T 22 — ist von der euphorbiae Raupe sehr verschieden, viel dunkler schwärzlichrot, die weisse Zeichnung kleeblattartig. Sie lebt an Gentiana lutea, Plantago, Origanum, aber auch an Schwarzdorn von Mai bis September.

E. Ent. Jahrb. XV, 92 — Favre 124 — Roug. 81 und 324 — Sp. I, 139.

308. **rumicis** L. — Sp. III, T 31 — Stz. III, T 3 — Culot, Noc. T 2 — B. R. T 28.

Ueberall gemein, in den Alpen bis über 1500 m. Flugzeit im Mai—Juni und Juli—August.

a) *salicis* Curt. — Stdg. 1102 a).

Besitzt stark verdunkelte Vfl, von denen nur das weisse Fleckchen am Innenrand hell bleibt. Unter der Art, besonders alpin und auf Mooren.

Die Raupe — Sp. IV, T 22 — lebt polyphag an niedern Pflanzen und Laubhölzern von Juli bis Oktober.

E. Ent. Jahrb. XV, 93 — Stz. III, 17 — Sp. I, 139 — Roug. 81 — B. R. 146, T 28 — Favre 124.

Craniophora Snell.

309. **ligustri** F. — Sp. III, T 31 — Culot, Noc. T 2 — Stz. III, T 3 — B. R. T 28.

Ist im ganzen Gebiet verbreitet mit Ausnahme der Alpen. Flugzeit in zwei Generationen im Mai—Juni und August—September.

a) *sundevalli* Lampa — Stz. III, T 4.

Mit dunkelolivfarbigen Vfl, die der weisslichen Zeichnung völlig entbehren. Ein Stück von Arlesheim (Honegger), eines von Aadorf (Z.-R.).

Die Raupe — Sp. IV, T 22 — lebt an Liguster und Eschen von Juni bis September.

E. Ent. Jahrb. XV, 93 — Stz. III, 14 — Sp. I, 140 — Roug. 81 — Favre 124.

Simyra O.

310. **nervosa** F. — Stz. III, T 2 — Sp. III, T 31 — Culot, Noc. T 2.

Der Falter ist bei uns eine grosse Seltenheit und nur von ganz wenigen Orten bekannt geworden. Er fliegt, wie es scheint, in zwei Generationen im April—Mai und Juli—August. Zürich (Rühl), St. Léonard (v. J.), Sion, Sierre (Paul), Martigny (W.).

Die Raupe — Sp. IV, T 21 — lebt an Wolfsmilch und Sauerampfer von Mai an; sie überwintert. Man findet sie vom 20. Mai—17. Juni und vom 5. Oktober bis 17. November an Euphorbien, Linaria und Chondrilla. Bei der

Zucht muss man einen in viele Falten gelegten Lappen in den Kasten hängen. Die Raupen verweben denselben zum Puppengehäuse. (Ill. Zeitschr. f. Ent. V, 251).

E. Favre 122 — Stz. III, 12 — Sp. I, 141.

Arsilonche Ld.

311. **albovenosa** Goeze — Stz. III, T 2 — Sp. III. T 31 — Culot, Noc. T 3 — B. R. T 28.

Der Falter ist fast nur aus dem Wallis bekannt. Flugzeit in zwei Generationen von Mai bis August. Sion, Sierre. St. Léonard (Paul), Martigny (W.) und dann noch angeblich bei Freiburg (T. de G.) und Basel (Mory).

Die Raupe — Sp. IV, T 21 — lebt an Gräsern auf feuchten Wiesen, im Juni—Juli und September—Oktober.

E. Favre 122 — Stz. III, 12 — Sp. I, 141.

B. Trifinae.

Agrotis O.

312. **strigula** T. (= porphyrea S. V.) — Stz. III, T 9 — Sp. III, T 32 — Culot, Noc. T 13.

Der Falter ist in weiter Verbreitung fast im ganzen Lande vorhanden; in den Alpen bis über 2000 m. Unsere Exemplare sind grösser und dunkler als deutsche, besonders dunkle Exemplare fing Lütschg im Misox im Juli 1908. Flugzeit im Juni—Juli.

Die Raupe — Sp. IV, T 22 — lebt an Heidekraut von Mitte August bis Oktober und überwintert. Die meisten Agrotis-Raupen können im ersten Frühjahr durch nächtliches Absuchen von Primeln mit der Laterne erbeutet werden. Die Raupe ist manchmal in der zweiten Augusthälfte auf blühendem Heidekraut sehr häufig. Um sie zu erziehen, pflanzt man in den Zuchtkasten eine grosse Erdscholle mit Heidekraut und legt in einer Ecke ein Häufchen lockere Erde, Torf- und Blattreste bereit. Die Raupen sind trocken zu halten, sie fressen bis im November und überwintern von da an bis zum Frühjahr. Man kann sie dann auch noch im Freien finden, aber mehr zerstreut und seltener.

E. Favre 128 — Stz. III, 41 — Sp. I, 142 — Roug. 83.

313. **polygona** F. — Sp. III, T 32 — Stz. III, T 13 — Culot, Noc. T 3.

Der Falter wird meist selten und vereinzelt gefunden; Flugzeit von Juni bis September. Er erreicht bei Zermatt 1620 m Höhe (Püng., Sulz.), Bechburg (R.-St.), Tramelan (G.), St. Blaise, Dombresson (Roug.), Neuveville (Coul.), Martigny (W.), Mt. Ravoire, La Croix, Martigny-Combe (Favre), Thusis (V.). Salgesch (Roug.), Genf (Aud.), Aarburg, Born, Wartburg (W.).

Man sucht die Raupe — Sp. IV, T 22 — nachts mit der Laterne. Sie lebt polyphag an niederen Pflanzen, nach der Ueberwinterung bis April—Mai.

E. Favre 128 — Roug. 84 — Stz. III, 57 — Sp. I, 143.

314. **signum** F. (= sigma Hb.) — Sp. III, T 32 — Stz. III, T 10 — Culot, Noc. T 3 — B. R. T 29.

Der Falter ist in der Ebene und den Vorbergen bis etwa 1500 m nirgends selten, aber meist vereinzelt. Flugzeit von Juni bis August.

Die Raupe — Sp. IV, T 22 —, lebt polyphag an niederen Pflanzen, überwintert von August an und ist im Mai erwachsen. Sie verbirgt sich über Tag an der Erde.

E. Favre 129 — Roug. 84 — Stz. III, 45 — Sp. I, 143.

315. **linogrisea** Schiff. — Sp. III, T 32 — Stz. III, T 14 — Culot, Noc. T 3 — B. R. T 29.

Der Falter ist auf warme Stellen des Jura, Wallis und der südlichen Täler beschränkt, ganz vereinzelt aber auch in der Ebene gefunden worden. Zürich (Rühl), Oftringen, Frohburg, Belchen (W.), Biel (Rob.), Neuveville (Coul.), Thun (V., Z.-R.), Follaterres, Martigny (W., Stierl.), La Croix, Mt. Chemin, Chandolin (Favre), Sion, Sierre (Paul), Salgesch (Roug.), Gamsen, Visp, Brig (And.), Lostallo im August—September öfter (Thom., M.-R.), Bergell (Kill.). Ein Stück erbeutete Wullschlegel bei Martigny im Januar 1893, das sich wohl an geschützter Stelle vorzeitig entwickelt hatte.

Die Raupe — Sp. IV, T 22 — lebt von November bis April an Primeln und andern niedern Pflanzen, z. B. Hühnerdarm.

E. Favre 129 — Roug. 84 — Stz. III, 62 — Sp. I, 143.

316. **janthina** Esp. — Sp. III, T 32 — Stz. III, T 15 — Culot, Noc. T 3 — B. R. T 29.

Von Juni bis September in weitester Verbreitung durch die ebenen Landesteile und meist häufiger vorkommend.

) *latemarginata* Röb. — Stz. III, T 15.

Kleiner, mit breiterem schwarzem Saum der Hfl. Frauenfeld (Wehrli), Zürich (V.).

Die Raupe — Sp. IV, T 22 — lebt an niederen Pflanzen polyphag; nach der Ueberwinterung bis April—Mai. Kleine rund ausgewachsene Löcher in Mitte der Blätter verraten ihre Anwesenheit (Roug.).

E. Favre 129 — Roug. 84. 325 — Stz. III, 63 — Sp. I, 143.

317. **fimbria** L. — Sp. III, T 32 — Stz. III, T 14 — Culot. Noc. T 4 — B. R. T 29.

Der in seiner Färbung ungemein veränderliche Falter gehört in weitester Verbreitung dem ganzen Gebiet an und ist nirgends selten. Er ist noch in Höhen von 2500 m gefunden worden. In der Ebene in zwei Generationen von Juni bis September.

a) *rufa* Tutt — Stz. III, T 14 — Culot, Noc. T 4.

Mit rotbraunen Vfl; unter der Art nicht selten.

b) *solani* F. — Stz. III, T 14 — Culot, Noc. T 4.

Besitzt dunkel olivfarbene Vfl und kommt vereinzelt unter der Art vor; besonders im Wallis; so Martigny, Fully. Riffelalp (Favre), Sion, Sierre (Paul). Elgg (Gram.), Zürich (V.).

Die Raupe — Sp. IV, T 22 — lebt polyphag an niederen Pflanzen, von November an überwinternd bis April—Mai. Mordraupe!

Ein am 26. August gefundenes ♀ legte vom 30. an in wenigen Tagen ca. 2500 Eier. Die Raupen schlüpften nach 10—14 Tagen und wurden in Gläsern mit niedern Pflanzen erzogen. Mitte November waren sie erwachsen und gingen in die Erde zur Verpuppung. Sie wurden im Freien gehalten bis Anfang Januar und lieferten im warmen Zimmer die Falter von Anfang Februar ab. (Mühl, Ent. Zeitschr. XXII, 31).

E. Ent. Zeitschr. V, 10 — Favre 129 — Roug. 84 — Stz. III, 63 — Sp. I, 144 — B. R. 153, T 29.

318. **sobrina** Gn. — Stz. III, T 14 — Sp. III, T 32 — Culot, Noc. T 5.

Der Falter ist als vereinzelt auftretende Seltenheit bei Oftringen (W.), Bern (v. J., V.), Splügen (Honegger), aus dem Gadmental (St.), und von Elgg (Gram.) bekannt geworden. Er fliegt von Juni bis August.

a) *gruneri* Gn. — Culot, Noc. T 5.

Ist eintöniger, grauer als der Typus, ohne rote Bestäubung und tritt noch spärlicher auf. Eigental (W.), Gadmen (St.). Samaden (Kill.), Davos, mehrmals (Hauri), Latsch (Selmons), Tarasp (Cafl.), Zermatt (Püng.), Val d'Herens (Favre).

Die Raupen schlüpfen im September, überwintern sehr klein zwischen Blättern und sind Ende Mai bis Mitte Juni erwachsen, abends an niedern Zweigen von Berberitze zu klopfen. In der Gefangenschaft nehmen sie auch Plantago und andere niedere Pflanzen.

E. Soc. Ent. VI, 92 — Stz. III, 61 — Sp. I, 144.

319. **punicea** Hb. — Stz. III, T 10 — Sp. III, T 32 — Culot, Noc. T 5.

Der seltene Falter ist gefunden bei Zürich (Nägeli, V.). Siselen, Büren (Rätz.), Bucheggberg (Jäggi), Wildegg, Unterkulm, Elgg (Gram.), Engelberg, Gysulafluh (W.), Bern (V.), Frauenfeld (Wehrli), Dombresson (Bolle), Tramelan (G.), Gadmental (v. B.) und aus dem Wallis von Naters (Jäggi), aber überall als Seltenheit. Flugzeit im Juni—Juli.

Die Raupe — Sp. IV, T 22 — lebt von Herbst bis April an niedern Pflanzen. Sie ist bei Bern stellenweise im Herbst von Brombeeren zu klopfen, aber meist angestochen. Die in ihr lebende Schlupfwespe — Ichneumon opulentus — wurde von Dr. Steck mehrfach erbeutet.

E. Stz. III, 45 — Sp. I, 144 — Favre 130.

320. **augur** F. — Sp. III, T 32 — Culot, Noc. T 5 — Stz. III, T 10 — B. R. T 29.

Der Falter ist von Juni bis Oktober im ganzen Gebiet verbreitet und meistens häufiger. Er ruht bei Tage gerne in den Rissen von Telegraphenstangen und geht in den Alpen bis nahezu an 2000 m. Neben der typischen rotbraunen Form finden sich selten graubraune (= *hippophaes* H. G.

und ganz blasse Stücke mit verwischter Zeichnung und rosa Fransen (= *helvetina* Knaggs). Endlich kommen, besonders am Gotthard, ganz dunkle, fast schwärzliche Exemplare vor (= nigra m.).

Die Raupe — Sp. IV, T 22 — lebt bis Mai an Primeln, Löwenzahn, Loniceren, Viburnum, Schlehen, Brombeeren u. s. w. Sie ist am Tage gerne in hohlen Weidenstämmen versteckt.

E. Roug. 85 — Stz. III, 49 — Sp. I, 144 — B. R. 154, T 29 — Favre 130.

321. **senna** H-G. — Sp. III, T 32 — Stz. III, T 11 — Culot, Noc. T 5.

Der südliche Falter kommt nur im Wallis und in den Südtälern Graubündens vor, ist aber dort an warmen, sonnigen Plätzen nicht selten. Er fliegt im Juni—Juli und erreicht noch 1600 m Höhe (Zermatt, V.).

Die Raupe — Lamp. 34 — ist braungrau mit doppelter, eckiger, dunkelbrauner Rückenbinde. Sie lebt von Februar bis Mai an Artemisia campestris und absinthium (V.). Ich habe sie mehrfach erzogen; sie nahm in der Gefangenschaft gerne abgewelkten Löwenzahn, verpuppte sich Ende Mai in der Erde und lieferte den Falter von Mitte oder Ende Juni an.

E. Stz. III, 50 — B. R. 154 — Favre 130.

322 ? **erythrina** Rbr. — Sp. III, T 32 — Culot, Noc. T 5 — Stz. III, T 11.

Dieser Falter ist angeblich von Anderegg bei Gamsen im Wallis durch Lichtfang erbeutet worden. Flugzeit im Juni—Juli.

323. **obscura** Brahm. (= ravida Hb.) — Sp. III, T 32 — Culot, Noc. T 5 — Stz. III, T 10 — B. R. T 29.

Wiederum ein seltenes und nur von wenigen Orten bekannt gewordenes Tier. Engelberg, Eigenthal (W.), Sissach (Müller), Mt. de Fully, Martigny (W.), Weissenburgerschlucht (Hug.), Sion, Sierre (Paul), Iselle (Püng.). Flugzeit im Juni —Juli.

Die Raupe — Sp. IV, Nachtr. T II — lebt an Disteln,

Anagallis und andern niedern Pflanzen von November bis April—Mai.

E. Favre 130 — Stz. III, 49 — Sp. I, 145.

324. **pronuba** L. — Sp. III. T 32 — Stz. III, T 9 — Culot, Noc. T 4 — B. R. T 29.

Ist im ganzen Gebiet gemein und häufig. Der Falter pflegt öfter im Walde platt auf dürrem Laub oder den Blättern niederer Sträucher zu sitzen. Er fliegt in ein bis zwei Generationen von April bis September und steigt im Gebirge sehr hoch an. So ist er in Höhen von 2500—3000 m keineswegs selten. Ich fand die Puppe am Grenzgletscher sogar noch höher. Der Falter wurde auf der Station Eismeer der Jungfraubahn (3160 m) zu Hunderten am Lichte erbeutet (Lütschg).

a) *innuba* Tr. — Sp. III. T 32 — Stz. III, T 9 — Culot. Noc. T 4.

Ist die auf Vfl und Thorax dunkel gefärbte Form und kommt so häufig vor wie der Typus.

b) *hoegei* H-S. — H-S. N. Schm. 117, 118.

Kleiner, mit dunklem Mittelfleck der Hfl. Selten, unter der Art. La Croix (Favre), Martigny (W.), Basel (Leonh.).

Die Raupe — Sp. IV, T 22 — lebt polyphag an niederen Pflanzen vom November bis Mai und im August—September, auf lockerem Boden.

Die Eier wurden im September am schon dürren Stengel von breitblättrigem Rumex gefunden und die bald darauf schlüpfenden Raupen im Glas mit Rumex mühelos erzogen. Die Falter erschienen schon im Januar (V.). Wullschl. fand erwachsene Raupen im II. III. IV. IX. X. XI.. Falter im IV. V. VI. X. XI. XII!

E. Ins. Börse XII, 54 — Roug. 85 — Stz. III, 42 — Sp. I, 145 — B. R. 155, T 29 — Favre 131.

325. **orbona** Hufn. (= subsequa S. V.) — Sp. III, T 32 — Stz. III, T 9 — B. R. T 29 — Culot, Noc. T 4.

Der Falter ist weit verbreitet, aber wohl nirgends gerade häufig, mehr im Tieflande. Flugzeit von Juni bis August. U. N. M. J. V. W. S.

a) *consequa* Hb. — Stz. III, T 9.

Ist dunkler, die Makeln schärfer gezeichnet. Martigny (W.).

Die Raupe — Sp. IV, T 22 — lebt an niederen Pflanzen bis April—Mai.

E. Sp. I, 146 — Stz. III, 42 — Favre 131.

326. **comes** Hb. — Stz. III, T 9 — Sp. III, T 32 — Culot, Noc. T 4 — B. R. T 29.

Der Falter gehört nur den ebenen Landesteilen an und kommt in ähnlicher Verbreitung vor wie die vorige Art. Flugzeit von Juni bis September.

a) *adsequa* Tr. — Stz. III, T 9.

Ist die Form mit eintönigen, grau oder gelbgrau gefärbten Vfl. Unter der Art, besonders im Wallis (Favre).

b) *subsequa* Esp. — Esp. 104, 2. 3.

Die Vfl sind stärker rot, einfarbig. Unter der Art.

c) *prosequa* Tr. — Stz. III, T 9.

Dunkler, bunter, mit weisslichen Flecken. Unter der Art. Lenzburg (W.), Büren (Rätz.), Liestal, Sissach (Seiler), Basel (Leonh.), Wallis (Favre).

Die Raupe — Sp. IV, T 22 — lebt bis Mai an Primeln, Kleearten und andern niedern Pflanzen.

E. Ent. Jahrb. XI, 191. XIV, 116 — Favre 131 — Roug. 85 — Stz. III, 42 — Sp. I, 146 — B. R. 155, T 29 — XXI. Jahresb. Wiener Ent. V.

327. **castanea** Esp. — Stz. III, T 8 — Sp. III. T 32 — Culot, Noc. T 5.

Als Seltenheit an ganz wenigen Orten gefunden. Zürich (V.), Lenzburg (W.), Bern (v. J., V.), Gadmen (Jäggi), Martigny (W.), Sierre (Paul), Mt. Ravoire (Favre), Pt. Saconnex, Genf (Mong.) und sehr dunkle Stücke von Chiasso (Knecht). Flugzeit von Juni bis September.

a) *neglecta* Hb. — Sp. III, T 32 — Stz. III, T 8 — Culot, Noc. T 5.

Die etwas grössere, mehr graue Form. Unter der Art, aber eher häufiger als diese. Zürich (V.), Bern, Schüpfen (v. J.), Meiringen (Bent.), Gadmental (St.), Nyon (Sauss.), Conche (Aud.), Crassier (Loriol), Martigny (W.), Mt. Ravoire, Mt.

Chemin (Favre). Lostallo im August 1911 (Thom.), Sissach (Müller), Lenzburg (W.).

b) *cerasina* Frr. — Stz. III, T 8.

Die Vfl sind fast einfarbig fuchsrot. Zwei Exemplare von St. Blaise aus der Raupe gezogen 1908 (V.), Dombresson (Bolle).

Die Raupe — Sp. IV, T 22 — lebt an Heide, Heidelbeeren, Ginster und andern niedern Pflanzen bis Juni. Man findet sie anfangs Mai an Ginster, kurz bevor dieser blüht, dicht an die Stengel angeschmiegt. In der Jugend scheint sie sich über Tag unter Moos am Boden zu verstecken. Sie braucht 5—6 Wochen zur Verpuppung, dieselbe erfolgt Ende Juli und der Falter erscheint im August.

E. Ins. Welt III, 74 — Stz. III, 39 — Sp. I, 146 — XXI. Jahresb. Wiener Ent. V — Favre 131.

328 **hyperborea** Zett. — Stz. III, T 7 — Sp. III, T 32 — Culot, Noc. T 5.

Der sehr veränderliche Falter ist eine grosse Seltenheit für unser Faunengebiet. Chur, Weissenstein (Cafl)., Sils-Maria, Celerineralp (Frey), Albulahospiz (Honegg.), bei Davos mehrmals am Jakobshorn hoch überm Wald im Alpenrosengebüsch (Hauri), Ilanz (Caveng), am Falknis (Thom.), Simplon (Favre), Riffelalp (Püng.), Findelenalp (Roug.). Flugzeit von Juli bis September. Der Falter übersteigt 2500 m.

a) ? *alpina* Humph. — Culot, Noc. T 5 — Obthr. Et. I, Pl. I.

Diese schottische, dunklere mehr rotbraune Form mit schwärzlichen Keilflecken soll im August 1902 in einigen Stücken durch Nachtfang auf der Riffelalp erbeutet worden sein (Culot), sodann am Albula (Bayer).

b) *carnica* Herg. — Culot, Noc. T 5.

Ist kupferfarbig mit starker äusserer Querlinie. Vom Weissenstein in Graubünden (Cafl.), Latsch (Selm.).

c) *riffelensis* Obthr. — Obthr. I, Pl. I — Culot, Noc. T 5.

Ist grösser, dunkler grau. Alle von Püngeler auf der Riffelalp gefangenen Stücke gehören dieser Form an.

Die Raupe — Sp. IV, Nachtr. T II — lebt bis Juni an

Vaccinium myrtillus in Föhrenwäldern und ist am Tage unter Moos verborgen.

E. Sp. I, 147 — Favre 132.

329. **lorezi** Stdg. — Sp. III. T 45 — Soc. Ent. VI. No. 18.

Diese Art gehört ihrer bedornten Vorderschienen halber zu den Agrotisarten.

Das seltene, auf den östlichsten Teil des Kantons Graubünden beschränkte Tier wurde zuerst von Caflisch gefunden, aber für Hiptelia ochreago Hb. gehalten. 1891 fing dann Lorez den Falter in Mehrzahl zwischen 1700 und 1900 m Höhe, vermutlich am gleichen Ort. Flugzeit im Juli—August.

330. **collina** B. — Stz. III, T 12 — Sp. III, T 32 — Culot, Noc. T 6.

Der sehr seltene Falter ist im Gadmental mehrfach (St.), sodann im Wallis (?) und in Davos (Heckel) getroffen worden. Eine Raupe dieser Art glaubt de Rougemont am Chasseral gefunden zu haben, dieselbe war gestochen und darum der Fund unsicher. Eine Raupe fand Müller-Rutz bei St. Gallen mit andern Agrotisraupen und erzog daraus den Falter.

331. ? **agathina** Dup. — Sp. III, T 32 — Culot, Noc. T 6 — Stz. III, T 15.

Ist nur von Riggenbach-Stehlin auf der Bechburg erbeutet worden. Flugzeit im Juli—August.

Die Raupe — Sp. IV, T 23 — lebt an Calluna und Erica.

E. Sp. I, 147 — Lamp. 145 — Stz. III, 64.

332. **triangulum** Hufn. — Stz. III, T 9 — Sp. III, T 32 — Culot, Noc. T 6 — B. R. T 29.

Im ganzen Gebiet verbreitet und meistens häufiger. Der Falter geht im Gebirge bis etwa 1800 m. Flugzeit von Juni bis August.

Die Raupe — Sp. IV, T 23 — lebt bis April—Mai an Primeln, Geum, Stellaria.

E. Stz. III, 44 — Sp. I, 147 — Roug. 86 — Favre 132.

333. **baja** F. — Sp. III, T 32 — Stz. III, T 9 — Culot. Noc. T 6 — B. R. T 29.

Im ganzen Lande verbreitet und meistens eine häufigere Erscheinung. Falter von Juni bis September, er erreicht noch das Ober-Engadin (Sils-Maria 1797 m, Thom.).

a) *grisea* Tutt — Stz. III, 44.

Diese graue Form kommt neben der typischen vor. Elgg (Gram.).

Die Raupe — Sp. IV. T 23 — lebt an Atropa, Vaccinium, Primeln und andern niedern Pflanzen. Sie ist im April—Mai erwachsen an den Pflanzen oder unter dürren Blättern zu finden.

E. Sp. I, 148 — Stz. III, 44 — Roug. 86 — Favre 132.

334. **rhaetica** Stdg. — Culot, Noc. T 6.

Ist nach Aurivillius eigene Art und nicht Form der sincera H. S. Sowohl die Genitalanhänge, als die Zeichnung der Vfl sind verschieden. In der Zeichnung der Vfl ist der Falter sehr ähnlich speciosa Hb., aber die Makeln sind viel grösser und berühren sich beinahe. Die Färbung wechselt von hell lehmgrau bis rötlichbraun, die Hfl sind rötlich gelbgrau. Der seltene alpine Falter ist bis jetzt nur in der Schweiz gefunden worden. Er fliegt im Juli und August. Davos, Schatzalp (Hauri), Splügen (Honegger), Latsch (Selm.), Engadin (Frey), Scesaplana (Thom.), Albula bis 2200 m (v. J., Bayer), Hutecken im Saastal (ca. 1250 m, v. J.). Zermatt (Püng.). Varenalp (Roug.). Unter den auf dem Albula gefangenen Stücken befand sich ein ♀ mit einseitig zusammengeflossenen Makeln (Bayer).

335. **speciosa** Hb. — Stz. III, T 13 — Sp. III. T 33 — Culot, Noc. T 6.

Der Falter fehlt in der Ebene, findet sich aber schon im Jura (so in den Sümpfen von Tramelan) und dann besonders in den Alpen. Davos (Hauri), Latsch (Selm.). Gotthard, Thusis (V.), Göschenen (Hoffm.), Erstfeld (L.), Alpen von Chamonix (G.), Col de Balme (W.), Zermatt (Roug.), Engstlenalp, Gadmental, Triftal (St., V.), Orvin, Biel (Rob.), Tramelan, Moulin de la Gruyère (G.), Stilfserjoch (Struve. Settari), Weissenstein, St. Moritz (Cafl.).

Der Falter ist zwar meistens lokal, aber an den Orten seines Vorkommens nicht gerade selten. Flugzeit im Juli—August.

Man findet ihn über Tag gerne an Föhrenstämmen oder Felsen sitzend. Die Höhengrenze scheint mit derjenigen der Waldregion zusammenzufallen (Arosa 1856 m, Stange).

a) *obscura* Frey (= millieri Culot[1]) — Stz. III, T 13 — Culot Noc. T 6.

Besitzt dunkel schwarzgraue Vfl. Davos, Schatzalp (Hauri), Engadin (Frey), Gadmen (St.), Martigny (W.), Tourbière de la Gruyère (996 m, Roug.).

Die Raupe — Stett. E. Z. 1887, 142 — lebt an Vaccinium, Hieracium und Solidago bis April—Mai und ist am Tage unter Moos verborgen. Man findet sie an trüben, regnerischen Abenden unmittelbar nach der Schneeschmelze die Knospen verzehrend. Sie ist um diese Zeit schon fast erwachsen.

E. Roug. 86. 325 — Lamp. 146 — Soc. Ent. VI, 92 — Stz. III, 59 — Sp. I, 148.

336. **candelarum** Stdg. — Stz. III, T 11 — Sp. III, T 33 — Culot. Noc. T 6.

Der Falter ist oft, aber immer als vereinzelte Erscheinung, gefunden worden. Er fliegt von Ende Mai bis August und erreicht noch die Höhe von Arosa (1858 m. Stange).

Eine dunkelgraue Form mit scharfen, schwarzen Querbinden, das ganze Tier manchmal grauschwarz, fand Bayer im Laquintal. Aadorf (Sulz.), Zürich (V.), Biel (Rob.), St. Imier, La Heutte, Sonnenberg, Moutier (G.), Dombresson (Roug.), Hauenstein, Belchen (W.), Neuveville (Coul.), Genf (Aud.), Weissenburgerschlucht (Hug.), Martigny (W.), Branson, Mt. Ravoire, Schallberg, Berisal (Favre), Salgesch (Roug.), Evolena (v. J.), Göschenen (Hoffm.), Vättis (M.-R.), Landquart, Disentis (Thom.), Ilanz (Caveng), Heinzenberg (Keller), Nairs (Kill.).

a) *signata* Stdg. — Culot Noc. T 6.

Diese hellere, durch sehr scharfe schwarze Zackenlinien ausgezeichnete Form kommt unter der Art vor. Born, Belchen

[1]) Die von Culot neu aufgestellte Form millieri (vergl. Culot p. 42/43 und T 6, Fig. 16) deckt sich genau mit obscura Frey und der Name millieri muss daher fallen.

? Killias erwähnt vom Albula und Pontresina arctica Zett. — Stz. III, T 13 — diese Angabe dürfte sich ebenfalls auf obscura Frey beziehen.

(W.), Bechburg (R.-St.), Thusis, Bözingen, St. Blaise (V.), Gadmen (St.), Oensingen (Bayer), Martigny (W.), Zermatt (Püng.), Branson, Mt. Ravoire (Favre).

Die Raupe — Sp. IV, T 23 — lebt bis April—Mai an zahlreichen niederen Pflanzen. Anfang Juli erbeutete Falter paarten sich im Zuchtkasten, das ♀ legte die Eier auf Thymus ab. Die Räupchen schlüpften nach 12 Tagen, sie frassen nur Nachts und waren bei Tage am Boden versteckt. Die Ueberwinterung erfolgte klein; beim ersten Frühlingssonnenschein erwachten sie wieder und nahmen nun auch allerlei Futter, wie Weidenkätzchen, Goldrute, Habichtskraut u. s. w. Mitte Mai waren die Raupen erwachsen und verpuppten sich in der Erde, die Falter erschienen von Anfang Juli an. (Ent. Zeitschr. IV, 24).

E. Roug. 87 — Favre 133 — Stz. III, 52 — Sp. I, 148.

337. **c nigrum** L. — Sp. III, T 33 — Culot, Noc. T 7 — Stz. III, T 9 — B. R. T 29.

Der im ganzen Gebiet verbreitete und überall häufige Falter fliegt in zwei Generationen im Mai—Juni und August — September. Höhengrenze im Engadin bei etwa 1800 m. Der im Davos sonst vereinzelte Falter war 1891 sehr häufig am Licht (Hauri).

Die Raupe — Sp. IV, T 23 — lebt an niedern Pflanzen, von September bis April und im Juni—Juli, man findet sie öfter auf feuchtem Boden an Klee.

E. Sp. I, 149 — Stz. III, 43 — Lamp. 146 — Roug. 87 — Favre 133

338. **ditrapezium** Bkh. — Stz. III, T 9 — Sp. III, T 33 — Culot, Noc. T 6 — B. R. T 29.

Der Falter fliegt je nach der Höhenlage von Juni bis August und kommt im ganzen Gebiet nicht selten vor. Höhengrenze wie bei der vorigen Art.

Die Raupe — Sp. IV, T 23 — lebt an Primeln, Taubnessel, Bellis perennis, Löwenzahn und andern niedern Pflanzen bis April—Mai.

E. Sp. I, 149 — Lamp. 146 — Favre 133.

339. **stigmatica** Hb. (= rhomboidea Tr.) — Stz. III, T 10 — Sp. III, T 33 — Culot, Noc. T 7.

Verbreitung und Erscheinungszeit stimmen mit denjenigen der vorigen Art überein, aber der Falter ist seltener und mehr auf die ebeneren Landesteile beschränkt. St. Gallen (M.-R.), Schaffhausen (W.-Sch.), Frauenfeld (Wehrli), Zürich (V.), Burgdorf (Müller), Liestal (Seiler), Dombresson (Roug.), Büren (Rätz.), Bern (v. J.), Conche (Aud.), im ganzen Rhonetal nicht selten (W., Favre), Weissenburgerschlucht (Hug.), Bremgarten (Boll), Oftringen, Belchen, Lenzburg (W.).

Die Raupe — Sp. IV. T 23 — lebt an zahlreichen niederen Pflanzen, so Primeln, Galium, Pulmonaria, Lamium von Herbst bis April—Mai.

Ein im Juli gefangenes ♀ legte im Zuchtkasten die Eier an Gaze ab. Die Räupchen schlüpften nach 14 Tagen, wuchsen aber sehr langsam heran. Erst als sie halb erwachsen waren, nahm ihr Appetit zu, so dass sie in den ersten Oktobertagen ausgewachsen waren und Mitte des Monates in die Erde gingen. Die Verpuppung erfolgte aber erst nach der Ueberwinterung, die Falter schlüpften im warmen Zimmer im April—Mai.

E. Sp. I, 149 — Roug. 87 — Stz. III, 45 — Favre 133 — Ent. Zeitschr. VIII, 160.

340. **xanthographa** Schiff. — Stz. III. T 10 — Sp. III, T 33 — Culot, Noc. T 7.

Vorkommen wie bei den vorigen Arten, aber etwas später als diese, im August—September.

a) *cohaesa* H-S.—H-S. 95-97, II. p. 209 — Sp. I, 149. 150.

Diese mehr gelbgraue Form erhielt Rätzer durch Nachtfang in Büren. Zwei Exemplare erzog ich aus Raupen von St. Blaise, Biel (Rob.), Conche (Aud.).

b) *rufa* Tutt. Ist mehr braunrot. } Vgl. Sp. I, 149.
c) *nigra* Tutt. Ist grauschwarz. }

Beide Formen sind unter der Art nicht selten.

Die Raupe — Sp. IV, T 23 — lebt an niederen Pflanzen bis April—Mai. Anfangs September abgelegte Eier lieferten die Raupen nach ca. 10 Tagen. Sie wurden mit Ranunculus repens erzogen. Als das Futter im November ausging, wurden Apfelschalen gereicht und gerne genommen. Im

Dezember verschwanden die Raupen, lagen bis Anfang Februar und wurden dann erst zur Puppe. Die Falter erschienen Mitte des Monates. (Pabst, Ent. Zeitschr. III, 9)

E. Stz. III, 46 — Sp. I, 149 — Allg. Zeitschr. f. Ent. VI. 72 — Roug. 88 — Favre 133 — Iris XV, 316.

341. **umbrosa** Hb. — Stz. III, T 10 — Sp. III. T 33 — Culot. Noc. T 7.

Ist zuerst von Seiler bei Liestal (im Juli 1899) gefangen worden, sodann mehrfach auf Distelblüten bei Frauenfeld (Wehrli).

Die Raupe — Sp. IV, Nachtr. T II — lebt von Oktober bis Mai an Gräsern und niederen Pflanzen, auf Sandboden. Bei einem Zuchtversuch erfolgte die Eiablage Ende Juli an die Spitzen frischer Gräser, auch an die vertrockneten Grasbüschel. Die Raupen schlüpften Mitte August und krochen in die Mitte des ihnen gereichten Grasbüschels hinein, dort nur nächtlich fressend. Sie bevorzugen weiche saftige Gräser, nehmen aber auch Salat, Ampfer, Plantago, ja selbst Buchen-, Eichen- und Weidenblätter. Sie bedürfen zum Gedeihen vieler Feuchtigkeit. Die meisten Raupen waren Ende Oktober erwachsen, einige aber erst im Januar. Sie verspannen sich in lockerer Erde und lebten in diesen Cocons 6—8 Wochen unverpuppt. Die Falter erschienen im warmen Zimmer von Januar—Februar an; sie schritten sehr leicht zur Copula. Die Aufzucht dieser Raupen dauerte bis April und schon nach 2—4 Wochen erschienen die Schmetterlinge. (Caspari, Soc. Ent. X, 185)

E. Soc. Ent. XI, 3 — Lamp. 146 — Stz. III, 45 — Sp. I, 150.

342. **rubi** View.[1] — Sp. III. T 33 — Stz. III, T 10 — Culot. Noc. T 7.

Der Falter kommt zwar in weitester Verbreitung im ganzen Gebiet vor, doch ist er nirgends häufig. Im Oberengadin erreicht er Höhen von 2000 m. Flugzeit in 1—2

[1]) Von mehreren Seiten wird *florida* Schmidt aufgeführt. Diese ist aber eine einbrütige Form der kalten Moore Norddeutschlands und wird unserm Lande sicher fehlen. Alle von mir gesehenen sogenannten «florida» waren lediglich Sommertiere der typischen rubi View. und hatten mit der grösseren, breitflügelerigen, mit stumpfer Flügelspitze versehenen florida Schmidt nichts gemein.

Generationen, je nach der Höhenlage. In der Ebene im Mai —Juni und August—September.

Die Raupe der typischen rubi View. — Sp. IV. T 23 — lebt an Stellaria media, Caltha palustris, Löwenzahn und auch an Gräsern im März—April und Juni—Juli. Prof. Stange zog aus im Juni—Juli abgesetzten Eiern die Falter. Einige erschienen noch im gleichen Herbst, während die Mehrzahl der Raupen überwinterte und die Falter erst im nächsten Frühjahr ergab. Diese waren grösser und kräftiger als die gewöhnlichen rubi View., schienen ihm aber mit der echten florida Schmidt nicht identisch. **(Macrolep. d. Umg. v. Friedland).**

E. Ent. Zeitschr. XVI, 2. XXIII, 204 — Ins. Welt III, 33. 46. 74. 86 — Gub. Ent. Zeitschr. IV, Nr. 19 — Roug. 88 — Stz. III, 45 — Sp. I. 150.

343. **dahli** Hb. — Sp. III, T 33 — Culot. Noc. T 7 — Stz. III, T 10.

Der Falter ist bei uns eine grosse Seltenheit und nur wenige Male gefangen worden. Er fliegt von Ende Mai bis September und ist auf die tieferen Landesteile beschränkt. La Croix (Favre), Siders (Paul), Elgg (Gram.), St. Blaise (V.), Magglingen, Tramelan (G.), Born (W.), Biel (Rob.), Dombresson (Roug.), Siselen (Seiler), Aarburg (Brügger), Martigny (W.), Bern öfter (Bent., v. J., V.), Chur (Cafl.).

Die Raupe — Sp. IV. T 23 — lebt bis Mai an Plantago, Löwenzahn, Primeln und andern niedern Pflanzen. Ich erhielt sie in St. Blaise im Mai 1907 in Mehrzahl.

Mitte September erhaltene Eier schlüpften nach einigen Tagen im warmen Zimmer, sie wurden mit angewelktem Löwenzahn erzogen. Der Boden der Gläser war mit einer lockern Erdschicht und losen trockenen Buchen- und Eichenblättern bedeckt. Als im November das Futter knapp war, wurden welker Endiviensalat, Scheibchen gelber Rüben und Brot gerne genommen, ebenso wurden die trockenen Blätter benagt. Von Mitte November an verpuppten sich die Raupen, die ersten Falter erschienen Mitte Dezember. Einige Raupen wuchsen aber langsamer und waren erst im März spinnreif. **(Gauckler Ill. Wochenschr. f. Ent. II, 239).**

E. Sp. I, 150 — Lamp. 147 — Favre 134.

344. **brunnea** F. — Sp. III, T 33 — Culot, Noc. T 7 — Stz. III, T 101 — B. R. T 29.

Der Falter ist in der Ebene, dem Jura und den Voralpen weit verbreitet und nirgends gerade selten. Er fliegt von Juni bis August und überschreitet bei Zermatt 1600 m Höhe (Püng.).

Die Raupe — Sp. IV, T 23 — lebt polyphag an niedern Pflanzen bis Mai—Juni.

E. Sp. I, 150 — Favre 134 — Roug. 88 — Stz. III, 45.

345. **primulae** Esp. (= festiva Hb.) — Stz. III, T 8 — Sp. III, T 33 — Culot, Noc. T 7 — B. R. T 29.

Der schöne Falter kommt in weitester Verbreitung dem ganzen Gebiet zu, er geht in den Alpen bis etwa 1900 m. Flugzeit von Juni bis August. Er ist meist lokal, aber an vielen Orten nicht selten.

a) *conflua* Tr. — Sp. III, T 33 — Stz. III, T 8 — Culot, Noc. T 7.

Die Vfl-Wurzel ist schmaler, Färbung und Zeichnung eintöniger. Der Falter fliegt am Tage, kommt aber auch nachts ans Licht. Er geht bis 2100 m. U. O. J. W. S. G.

Die Raupe — Sp. IV, T 23 — lebt an niedern Pflanzen von September bis Juni, besonders Heidelbeeren und Primeln.

E. Lamp. 147 — Stz. III, 39 — Sp. I, 151 — Roug. 88 — Favre 134.

346. **depuncta** L. — Culot, Noc. T 8 — Sp. III, T 33 — Stz. III, T 9.

Der Falter fliegt im August—September, über Tag an Blüten und nachts zum Licht. Er erreicht noch die Höhe von Zermatt (Sulz.). Zürich (V.), Lägern (Stdfs.), Bremgarten (Boll), Liestal (Seiler), Sissach (Müller), Neuveville (Coul.), Biel (Rob.), Tramelan (G.), Dombresson (Roug.), Bechburg (R.-St.), Oftringen (W.), Burgdorf (Müller), Bern (Jäggi), Freiburg (T. de G.), Pt. Saconnex (Mong.), Martigny (W.), La Croix, Mt. Ravoire (Favre), Salgesch (Roug.), Göschenen (Hoffm.), Mastrils (Thom.), Ilanz (Caveng).

Die Raupe — Sp. IV, T 23 — lebt an Nesseln, Salvia, Primeln, Galium, Atropa und andern niedern Pflanzen. In der Gefangenschaft ist sie mit Löwenzahn zu erziehen.

E. Sp. I, 151 — Roug. 89 — Stz. III, 44 — XXI. Jahresb. W. E. V. — Gub. Ent. Zeitschr. V, 151 — Favre 134.

347. **glareosa** Esp. — Culot, Noc. T 8 — Sp. III, T 33 — Stz. III, T 8 — B. R. T 29.

Der vereinzelt und selten auftretende Falter fliegt im August—September. Er scheint auf die ebenern Landesteile beschränkt zu sein. Zürich (Rühl), Lenzburg (W.), Bechburg (R.-St.), St. Blaise (Roug.), Neuchâtel (V.), Neuveville (Coul.), Tramelan (G.), Biel (Rob.), Bern (v. J.), Onex (Humb.), Crassier (Loriol), Gamsen (And.), Mt. Ravoire (W.), Sion. Sierre (Paul), Bormio (Kill.).

Die Raupe — Sp. IV, T 23 — lebt an Galium mollugo, Hieracium murorum, Plantago u. s. w. bis Mai—Juni. Mordraupe!

E. Sp. I, 151 — Favre 135 — Roug. 89 — Stz. III, 39.

348. **margaritacea** Vill. — Sp. III. T 33 — Stz. III, T 13 — Culot, Noc. T 8.

Vorkommen ähnlich der vorigen Art, aber eher etwas weniger spärlich. Flugzeit von Juli bis September. Bechburg (v. J.), Biel (Rob.), Neuveville (Coul.), Neuchâtel (V.), Born (W.), Schaffhausen (W.-Sch.), St. Blaise, Dombresson (Roug.), La Batiaz, Mt. Ravoire (Favre), Martigny (W.), Salgesch (Roug.), Ilanz (Caveng), im August 1908 in Thusis am Licht nicht gar selten (V.), Gadmen (Jäggi), Erstfeld (L.), Mornex (Blach.).

Die Raupe — Sp. IV, T 23 — lebt an Galium, Hieracium, Plantago u. s. w. von September bis April. Man sucht die Raupe je nach der Witterung auf sonnigen Abhängen, wo im Steingeröll Labkraut wächst, im Februar oder März unter Steinen oder in der lockeren Erde. Sie ist eine der frühest fressenden Raupen im Jahr. Es ist deshalb nötig, Galiumstöcke einzupflanzen, oder, da solche im Zimmer nicht gedeihen, decke man schon im Herbst in geschützter Lage stehende Galiumstöcke mit dürrem Gras zu, damit ihre Triebe vor Frost geschützt sind. Die Raupen brauchen viel Luft und Sonne. Sie müssen vor der Verpuppung abgesondert werden, damit sie sich nicht stören. Die Puppenruhe dauert etwa vier Monate. (Srdinko, Gub. Ent. Zeitschr. II, 106)

E. Favre 135 — Roug. 89 — Stz. III, 54 — Sp. I, 151 — Allg. Zeitschr. f. Ent. VI, 73.

349. ? **larixia** Gn. — Culot. Noc. T 8 — Sp. III, T 33 — Stz. III, T 12.

Ein zwar stark abgeflogenes, aber unverkennbares ♀ Exemplar dieser, in den piemonteser- und provençalischen Alpen auftretenden Art fing von Jenner am 16. Juli 1884 bei Zermatt.

350. **multangula** Hb. — Sp. III, T 33 — Stz. III, T 10 — Culot, Noc. T 8 — B. R. T 29.

Der Falter ist durch den Jura und die Alpen weit verbreitet und in manchen Jahren häufig gefunden worden. Er fliegt von Juni bis August im Sonnenschein und sitzt gerne an Disteln; er geht in Höhen von 1800 m und darüber. M. O. W. G. S.

a) *dissoluta* Stdg. — Stz. III, T 10.

Ist die hellere, greller gezeichnete Form. Sie ist im Jura die ausschliessliche Form, kommt aber im Wallis neben der typischen vor. Bei Zermatt geht sie bis über 1600 m (Püng.).

Die Raupe — Sp. IV, T 23 — Roug. Pl. 1 — lebt an Galium mollugo bis Mai, über Tag unter dürrem Laub und Steinen verborgen, sie ist nachts mit der Laterne zu suchen.

E. Roug. 89 — Stz. III, 48 — Sp. I, 151 — Favre 135.

351. **rectangula** F. — Culot, Noc. T 8 — Sp. III, T 33 — Stz. III, 10.

Die typische Form kommt als Seltenheit im heissen Rhonetal des Wallis vor. So Evolena (R.-St. ?), Gamsen (And.), Berisal (Gram. ?), Simplon (Rätz. ?), Salgesch (Roug.). Sie ist angeblich auch einmal im Jura bei Boveresse gefunden (Roug.). Der Falter fliegt im Juni—Juli, wohl nur in der Talsohle und ohne erheblich aufzusteigen.

a) *andereggi* B. — Culot, Noc. T 8 — Stz. III, T 12.

Ist die in den Alpen ausschliesslich auftretende Form; sie ist kleiner, dunkler rotbraun. Von Zermatt bis Riffelalp, von Mitte Juli bis Mitte August (Püng.). Der Falter geht also bis 2500 m.

Das Ei überwintert, die Raupe — Sp. IV, T 23 — lebt an Steinklee, Luzerne, Löwenzahn u. s. w.

E. Sp. I, 152 — Stz. III, 48 — Allg. Zeitschr. f. Ent. VI, 73 — Favre 145.

352. **cuprea** Hb. — Culot, Noc. T 8 — Sp. III, T 33 — B. R. T 29 — Stz. III, T 11.

Falter in weitester Verbreitung im Jura und den Alpen; dort meist häufig. Er fliegt im Juli und August im Sonnenschein und sitzt gerne an Blüten. Höhenverbreitung etwa von 1000—2000 m, so am Falknis (Thom.). Im August 1903 zu Hunderten auf dem Randen (902 m, W.-Sch.) U. J. O. W. S. G.

Die Raupe — Sp. IV, T 23 — lebt an Löwenzahn und andern niedern Pflanzen bis April—Mai.

E. Sp. I, 152 — Roug. 90 — Stz. III, 50 — Favre 136.

353. **ocellina** Hb. — Culot, Noc. T 8 — Sp. III, T 33 — B. R. T 29 — Stz. III, T 11.

Der Falter ist im Juli—August im ganzen alpinen Gebiet gemein und häufig; er setzt sich gerne an Disteln. Er erreicht Höhen von 2300 m, so bei Davos (Hauri).

Die Raupe — Sp. III, T 48 — lebt von Herbst bis April —Mai an niedern Pflanzen.

E. Sp. I, 152 — Stz. III, 54.

354. **alpestris** B. — Culot, Noc. T 8 — Sp. III, T 33 — Stz. III, T 11.

Der Falter ist durch bedeutendere Grösse, helleren Hinterleib, breitere, spitzigere Flügel und hellere, buntere Zeichnung von der vorigen Art verschieden. Ring- und Nierenmakel sind stets getrennt. Flugzeit wie bei ocellina Hb., aber der Falter tritt weit spärlicher auf. Verbreitung im Jura und den Alpen. Tramelan (G.), Chasseral (Roug.), Mt. d'Orvin (Rob.), La Dôle (Loriol), Wengernalp (v. J.), Gadmental (St.), Rochers de Naye (Stierl.), La Forclaz, Col de Balme bis 2300 m (V.), Mt. Ravoire, Mt. Chemin, Simplon (W.), Gd. St. Bernard, Alpe de Lens, Chandolin (Favre), Zermatt (Püng.), Berisal (Gram.), Preda (Rühl, V.), Latsch (Selm.), Stelvio (Hirschke).

Die Raupe wurde von Guédat im Juni 1896 bei Tramelan in der lockeren Erde unter Galiumpflanzen gefunden und mit Löwenzahn, Hieracium und Hippocrepis erzogen. Auch die

Puppen fand er öfter in der weichen Erde unter Stöcken von Ornithogalum-Pflanzen.

355. **plecta** L. — Culot. Noc. T 8 — Sp. III, T 33 — Stz. III, T 9 — B. R. T 29.

Der Falter ist in der Ebene, dem Jura und den Voralpen überall verbreitet und meistens häufig. Er fliegt in zwei Generationen im Mai—Juni und August—September. Einmal bei Davos erbeutet (1560 m. Hauri), sowie ein Stück in Zermatt (1620 m. Püng.).

Die Raupe — Sp. IV, T 23 — lebt polyphag an niedern Pflanzen von Oktober bis April und im Juli—August. Sie ist leicht mit Salat zu erziehen.

E. Sp. I, 152 — Stz. III, 44 — Lamp. 148 — Roug. 90 — Favre 136.

356. **leucogaster** Frr. — Culot. Noc. T 8 — Sp. III, T 33 — Stz. III, T 10.

Dieser Falter ist bei uns eine grosse Seltenheit und nur in wenigen Exemplaren gefangen worden. Zürich 19. VIII. 96 (Nägeli). Aadorf (Z.-R.). Lenzburg (W.), Vétroz (Favre), Sion (Paul). Flugzeit vou Juni bis August.

Die Raupe — Sp. IV, T 23 — lebt an Lotus corniculatus bis April.

E. Sp. I, 153 — Stz. III, 44 — Lamp. 148 — Favre 137.

357. **musiva** Hb. — Culot, Noc. T 8 — Sp. III, T 33 — Stz. III, T 8.

Der schöne Falter ist zwar weit verbreitet, aber überall recht spärlich. Er fliegt von Juni bis September und geht in den Alpen bis über 2000 m Höhe. Biel (Rob.), Dombresson (Roug.), Tramelan (G.), Liestal (Seiler), Belchen (W.), Bechburg (R.-St.), Bern (v. J.). Weissenburgerschlucht (Hug.), Gadmental (St.), Göschenen (Hoffm.), Branson, La Batiaz, Glacier de Trient (W.), Rossetan (Favre), St. Moritz (M.-Dürl.), Thusis (V.), Ilanz (Caveng), Latsch (Selm.), Davos (Hauri), Arosa (Stge).

Die Raupe — Sp. IV. T 23. 48 — lebt polyphag an niedern Pflanzen bis März—April. Man findet sie besonders gerne im Innern der Galium mollugo Stöcke und kann sie leicht mit dieser Pflanze oder mit Löwenzahn erziehen.

E. Sp. I, 153 — Favre 137 — Roug. 90 — Stz. III, 39.

358. **flammatra** F. — Culot, Noc. T 8 — Sp. III, T 33 — Stz. III, T 9.

Der Falter ist nur an ganz wenigen Orten als vereinzelte Seltenheit angetroffen worden. Flugzeit im Juni—Juli. Born, Aarburg (W.), Martigny, Vissoye (W.), La Croix, Branson (Favre), Tarasp (Kill.), Latsch (Selm.).

In der zweiten Septemberhälfte abgelegte Eier schlüpften Ende des Monates. Im Freien lebt die Raupe an Artemisia campestris, Löwenzahn, Potentilla, Steinklee, Erdbeere, Muscari und andern niedern Pflanzen. Sie überwintert klein und ist gegen Ende Juli erwachsen. Man findet sie an heissen Abhängen, am Tage unter Pflanzen oder in der Erde verborgen. Verpuppung im Mai in einem leichten Erdgespinst.

E. Mittlg. S. E. G. X, 289 — Sp. I, 153 — Favre 137 — Stz. III, 43 — Verh. z. b. G. Wien LIII, 118.

359. **candelisequa** Hb. (= sagittifera Hb.) — Stz. III, T 13 — Sp. III, T 33 — Culot, Noc. T 8.

Der Falter ist eine lokale Seltenheit; am zahlreichsten kommt er noch im Wallis vor. Er geht bis 1600 m; Flugzeit im Juli—August. Genf (V.), Martigny, Fully (W.), Sion (Paul), Berisal, Planards, Branson, Mt. Ravoire (Favre), Stalden (Bent.), Salgesch, Grimentz, Simplon (Roug.), Gondo (Püng.), Poschiavo (Frey), Born, Aarburg (W.).

Die Raupe — Sp. IV, Nachtr. T II — lebt an Galium mollugo, Artemisia campestris, Löwenzahn, Goldrute, Petersilie, Potentilla und andern niedern Pflanzen. Sie überwintert klein, ist Ende April erst in zweiter Häutung und im Mai—Juni erwachsen.

Srdinko fand die Raupen auf felsigen südlichen Abhängen, auf welchen die Futterpflanzen nur kümmerlich gedeihen. Als solche fallen hauptsächlich Centaurea scabiosa, jacea und cyanus in Betracht, ausserdem Artemisia campestris u. s. w. Die Frasspuren dienen als Wegweiser, die Raupen leben einzeln und sind über Tage unter den untersten Blättern der Nährpflanzen oder in der lockern Erde und Felsspalten zu suchen. Die beste Zeit hiefür ist anfangs Juni. Verpuppung in der Erde, in einem eiförmigen Kokon; der Falter erscheint nach 5—6 Wochen Ende Juli oder anfangs

August. Leider sind die Raupen sehr oft gestochen. (Gub. Ent. Zeitschr. V, 218).

E. Lamp. 148 — Stz. III, 54 — Sp. I, 153 — Favre 137.

360 ? **fennica** Tausch. — Sp. III, T 34 — Culot, Noc. T 8 — Stz. III, T 10.

Der Falter soll vor langen Jahren im Aargau und auf der Wengernalp (W.) in zwei stark geflogenen Exemplaren gefangen worden sein. Neuere Angaben fehlen. Flugzeit im Juli—August.

Die Raupe lebt an Corydalis und Epilobium bis Juni an feuchten Stellen und ist bei Tage in der Erde versteckt.

E. Sp. I, 153 — Stz. III, 47.

361. **simulans** Hufn. (= pyrophila F.) Sp. III, T 34 — Stz. III, T 11 — Culot, Noc. T 9 — B. R. T 30.

Der Falter ist sowohl in der Ebene und dem Jura, wie den Alpen gefangen worden. Er geht bis etwa 2000 m Höhe. Bern (Bent.), Oftringen, Lenzburg (W.), Sissach (Müller), Sorvilier (Hug.), St. Blaise (Coul.), St. Aubin (Roug.), Crassier (Loriol), Genf (Aud.), Chur, Sils i. E. (Cafl.), Sion (Paul), Gadmen (Jäggi).

Die Raupe lebt an Gräsern und niedern Pflanzen und ist im März—April erwachsen.

E. Sp. I, 153 — Favre 137 — Stz. III, 52.

362. **lucernea** L. — Sp. III, T 34 — Culot, Noc. T 9 — Stz. III, T 11.

Ist in den Alpen weit verbreitet, aber lokal und nicht häufig. Der Falter geht aber noch höher als die vorige Art. Flugzeit von Juli bis in den Oktober hinein. Gadmental (St.), Mürren (V.), Rochers de Naye (Stierl.), Glacier de Trient (W.), Zermatt (Püng.), Gotthard (V.), Göschenen (Hoffm.), Val Piora (Stierl.), Engadin (Stdfs.), Davos (Hauri), Arosa (Stge.).

a) *dubia* m.

Eine besonders grosse, grauweisse Form mit verloschener Saumbinde der Hfl-Unterseite kommt im Wallis neben der typischen lucernea L. vor. Sie wurde anfänglich von Favre und Wullschlegel mit nictymera B. verwechselt und vielfach als solche verschickt. Sie ist aber niemals so stark lehm-

18

gelb als diese und deutlich unterschieden durch die wie bei lucernea sehr scharf gezähnte innere und äussere Wellenlinie. Ich glaube, dass diese Form überhaupt vielfach mit nictymera B. verwechselt wurde. Glacier de Trient (W.).

Die Raupe — Sp. IV, Nachtr. T II — lebt bis April — Mai an Gräsern, Löwenzahn, Oxalis und andern niedern Pflanzen. Die Puppenruhe dauert drei Wochen.

E. Sp. I, 154 — Stz. III, 51 — Favre 137.

363. **nictymera** B. (= simulatrix Hb?) — Culot, Noc. T 9 — Iris I, T 10.

Dieser Falter wurde und wird bis in die neueste Zeit hinein vielfach mit lucernea L. verwechselt. Jedenfalls sind alle Angaben über alpine Fundorte falsch und beziehen sich auf die vorige Art. Favre, Wullschlegel und der Verfasser fanden die Raupe stets im März—April erwachsen, im heissesten Winkel des Rhonetales bei Branson und La Batiaz. Das Vorkommen erscheint also sehr beschränkt und lokal und die Angaben über das angebliche Auffinden des Falters am Septimer, Stelvio und andern hoch gelegenen Stellen der Graubündner Alpen bedürfen erst noch der Bestätigung.[1]) Der Falter fliegt von Ende April bis Ende Juni.

Die Raupe — An. Soc. E. France 1844, Pl. VI — ist erwachsen schwarz, die Seiten und der Bauch grünlich, fast zeichnungslos. Sie lebt von November an an Festuca ovina, Galium, Leontodon und verpuppt sich Ende März oder Anfang April. Man findet sie über Tag unter Steinen und in Trocken-Mauern der Weinberge.

E. Favre 138 — Stz. III, 51 — Sp. I, 154.

364. **lucipeta** F. — Stz. III, T 11 — Sp. III, T 34 — Culot, Noc. T 9.

Der Falter fliegt im Juli—August in der Ebene, dem Jura und den Alpen. Er ist jedoch überall selten. Im Wallis erreicht er Höhen von 2000 m und darüber. Schaffhausen (W.-Sch.), Zürich (Frey), St. Gallen (M.-Dürl.), Arles-

---

[1]) ? Die grosse, helle lucernea L. Form, welche von Favre als dalmata Stdg. angesprochen wurde, hat mit dieser gar nichts gemein.

Ein ganz merkwürdiges Tier, man könnte sagen eine kleinere, violette *simulatrix* Hb., erbeutete Hauri bei Davos.

heim (Leuth.), Tramelan (G.), Biel, Bözingen (Rob.), Oftringen, Born, Aarburg (W.), St. Blaise, Martigny, Biasca (V.), Riffelalp (Püng.), Glacier de Trient (W.), Simplon (Favre), Göschenen (Hoffm.).

Die Raupe — Sp. IV, Nachtr. T II — lebt an Daucus carota, Euphorbia, Tussilago, Petasites, Thymus und andern niedern Pflanzen bis Mai—Juni. Man sucht die Raupe an sonnigen Erdhängen, da wo die lockere Erde rollt, besonders in Steinbrüchen, Dämmen und alten Kiesgruben. Wenn man an solchen Orten die lockere Erde mit der Hand recht sorgfältig beseitigt, so stösst man im April—Mai, neben vielen andern Agrotis-Raupen, gelegentlich auch auf die grosse schmutzig grüne lucipeta F.-Raupe. Sie liegt über Tag oft sehr weit von den Futterpflanzen entfernt, trotzdem lassen Frass- und Kotspuren auf ihre Anwesenheit schliessen. Ihre Zucht ist sehr leicht, wenn man ausser einer Düte der lockeren Erde auch einige Daucus carota Pflanzen mitnimmt und zuhause im Raupenkasten einpflanzt; sobald sie erlahmen, werden neue Pflanzen genommen. Ich habe die Raupen ganz trocken auf einem gedeckten, sonnigen Balkon erzogen. Sie frassen nur des Nachts, verpuppten sich im Anfang Juni und lieferten den Falter im Juli.

E. Gub. Ent. Zeitschr. I, 4. 367. III, 89 — Roug. 90 — Stz. III, 51 — Sp. I, 154.

365. **helvetina** B. — Sp. III, T 34 — Stz. III, T 11 — Culot, Noc. T 9.

Der Falter ist meist alpin, ganz ausnahmsweise auch in der Talsohle erbeutet worden. Er ist ziemlich lokal in seinem Auftreten, aber an den Orten seines Vorkommens nicht gerade selten. Flugzeit von Mitte Juli bis Ende August. Im Gadmental wird er an einer grossen Steinhalde zwischen 1750 und 2000 m häufig an den Steinen sitzend gefunden (St.), sodann Göschenen (Hoffm.), Thusis, Albula (Honegger), Davos (Hauri), Stelvio, Nairs (Kill.), Riffelalp, Zermatt, Gornergrat-Station, (3003 m, Püng.), Leukerbad (Favre), Salgesch (Roug.), Sierre (Paul), St. Niclaus (Fehr), Landquart (540 m) 1 Stück am Licht (Thom.), Arosa (Stge.).

366. **birivia** Hb. — Sp. III, T 34 — Stz. III, T 6 — Culot, Noc. T 9.

Der Falter wird in der Ebene und den Alpen gefunden, aber immer vereinzelt und selten. Flugzeit im Juli—August. Gorges de l'Areuse (Roug.), St. Gallen, St. Margrethen (M.-R.), Kreuzlingen (Weg.), Elgg (Gram.). Bern (v. J.), Gamsen (And.), Val d'Entremont (W.), Chur. Tarasp (Kill.), Davos (Hauri), Landquart (Thom.), Thusis, Mürren, Gadmen, Iselle, Crévola (V.).

Die Raupe lebt an Gräsern (Favre) und ist unbeschrieben.

E. Favre 141.

367. **decora** Hb. — Sp. III, T 34 — Stz. III, T 6 — Culot, Noc. T 9.

Der Falter kommt in weiter Verbreitung durch den Jura und die Alpentäler vor, ausnahmsweise ist er auch einmal bei Zürich gefangen worden. Er fliegt von Juni bis Oktober, Höhengrenze über 2000 m. Dr. Gramann traf die Falter bei Genf nachts 11 Uhr ruhig an Epilobium rosmarinifolium sitzend. Ich fing sie um dieselbe Zeit in Thusis am Licht.

a) *nivalis* And. — Bdv. 108 — Favre 141.

Mit hellgrauen Vfl und deutlich dunkel umzogenen Makeln. Unter der Art im Wallis, so Glacier de Trient (W.), Zermatt, Simplon (Favre); Thusis (V.).

b) *livida* Stdg. — Stz. III, T 6.

Besitzt ganz dunkelgraue Vfl mit grossen, weisslichen Makeln, Hfl ebenfalls dunkel. Unter der Art in Wallis und Graubünden, bei Thusis im September 1907 nicht selten; geht bei Arosa bis über 1800 m (Stange).

Die Raupe — Sp. IV, T 49 — lebt an Galium mollugo, Isatis tinctoria, Salvia pratensis, Gräsern und andern niedern Pflanzen von April bis Juni. Man findet sie in der rollenden Erde, nach Art der A. lucipeta F.-Raupe.

E. Lamp. 148 — Roug. 92 — Sp. I, 154 — Favre 141.

368. **culminicola** Stdg. — Sp. III, T 34 — Stz. III, T 6 — Iris I, 211 T 10. 11 — Culot, Noc. T 9.

Der am 5. VIII. 1869 von Frey am Gornergrat entdeckte Falter ist seither auch an andern hochalpinen Lokalitäten aufgefunden worden. So Mortheys (T. de G.), Riffelhaus, Zermatt (Favre), Glacier de Moiry (W.), Riffelalp (v. J.), Simplonkette (Püng.), Albula (Lütschg), Davos (Hauri), Stilfserjoch, Wormserjoch, Piz Padella (Kill.), Vals (Jörg.) bleibt aber stets eine bedeutende Seltenheit. Er schwärmt im Sonnenschein und setzt sich gerne auf die Polster der Silene acaulis, wird aber auch spät nachts am Lichte gefangen. Flugzeit von Mitte Juli bis Mitte August; Höhengrenze nahe an 3000 m.

369. **wiskotti** Stdfs.[1]) — Iris I, 212 T 10. 11 — Verhdlg. zool. bot. G. Wien XLIX, T IV — Culot, Noc. T 9.

Ist der vorigen Art ähnlich, aber kleiner, die Zellmakeln kleiner, grau ausgefüllt, die Bogenlinie ist viel stärker und weisslich gezackt und auf der Unterseite deutlicher, die Fransen sind dunkel gescheckt. Die Zähne der ♂ Fühler sind viel kürzer und stumpfer, die Stirne hat keinen Vorsprung. Vorkommen, Erscheinungszeit und Lebensweise sind ähnlich wie bei der vorigen Art. Grosser St. Bernhard (Favre), Riffelhaus (Püng.), Gornergrat (v. J., V.), Simplon (Bent.), Corne de Sorrebois (Roug.), Piz Languard (Cafl.), Weissenstein, Albulahospiz (Honegger, Cafl.), am Albula (Lütschg), Latsch (Selm.). Wiederholt vom Schiahorn, Dorftäli, Gipfel des Jatzhorns (Hauri).

370. **simplonia** H.-G. — Sp. III, T 34 — Stz. III, T 6 — Culot, Noc. T 9.

Ist eine der frühest fliegenden alpinen Agrotis-Arten, oft schon im Mai—Juni, in höhern Lagen im Juli. Hie und da kommt im August oder September eine zweite Generation vor. Der Falter setzt sich flach oben auf die Steine und ruht dort über Tag. Die Art variiert stark und es finden sich neben dunkelgrauen, sehr scharf schwärzlich gezeichneten Stücken weiss und gelblichgraue mit matter, verschwommener Zeichnung. Höhenverbreitung von etwa 1200 bis nahe an 3000 m. U. O. W. S. G.

Die Raupe — Sp. IV, Nachtr. T II — lebt im August —September an Löwenzahn (nicht Gras); sie entwickelt sich bis zum Herbst völlig und ist erwachsen gräulich, oliv-grün, etwas runzelig. Die Verpuppung erfolgt erst nach der Ueberwinterung (Bayer).

E. Sp. I, 155 — Favre 141.

[1]) Vgl. Standfuss, Iris I — Favre, Faun. val. 138.

371. **grisescens** Tr. (= corrosa H. S.) — Stz. III, T 6 — Sp. III, T 34 — Culot, Noc. T 10.

Diese im ganzen Alpengebiet verbreitete Art findet sich hie und da auch im Jura. Sie wird besonders im Engadin und in Thusis häufig am Licht gefangen. Flugzeit von Mai bis September. Die Höhenverbreitung geht von 470 m (Erstfeld) bis über 2200 m (Furka). Tramelan (G.), Dombresson (Roug.), Belchen (W.), Bern (v. J.), Weissenburgerschlucht (Hug.), Schwefelberg (Bent.), Gadmental (St.), Mt. Chemin, Mt. Ravoire (Favre), Glacier de Trient (W.), Mayens de Sion (Paul), Täsch, Zermatt, Riffelalp (Püng., Sulz.), Simplon (V.), Gletsch (Gram.), Göschenen (Hoffm., M.-R., V.), Fusio (v. N.), Valsertal (Jörg.), Thusis (V.), Silvaplana in Menge (Stdfs.), Davos (Hauri).

Aus den gelblichen, feingerippten Eiern schlüpfen die Räupchen nach 3—4 Wochen.

Die Raupe überwintert ganz klein von August—September an und ist im Mai—Juni erwachsen. Ueber Tag hält sie sich unter Steinen oder in Grasstöcken verborgen, Gräser sind auch ihre Nährpflanzen. Die Verpuppung erfolgt in leichtem Gespinst zwischen Graswurzeln (Wullschl.).

E. Mittlg. S. E. G. X, 289 — Roug. 92 — Soc. Ent. I, 138 — Sp. I, 155 — Stz. III, 29 — Favre 140.

372. **latens** Hb. — Stz. III, T 11 — Sp. III, T 34 — Culot, Noc. T 10.

Der Falter ist in Vorkommen, Erscheinungszeit und Lebensweise ähnlich der vorigen Art, aber etwas häufiger als jene. Er wird gelegentlich auch bei Martigny in der Ebene gefangen. Hauenstein (W.), Tramelan (G.), Dombresson (Bolle, Roug.), Rochers de Naye (Stierl.), La Batiaz, Martigny, Glacier de Trient (W.), Fully, Branson, Mt. Ravoire, Simplon (Favre), Sion (Paul), Visp (And.), Zermatt (Püng.), Gletsch (Gram.), Gotthard, Airolo (V.), Cresta (Honegg.), Ilanz (Caveng), Grindelwald, Engelberg (Solothurn, W.), Bechburg (R.-St.).

Ich besitze ein Exemplar, das vielleicht einer Hybridation mit der vorigen Art entstammt.

Die Raupe — Sp. IV, T 23 — lebt bis April—Mai an Gräsern. Man findet sie besonders auf dürrem, sonnigem Kalkboden im April—Mai unter Steinen, aber auch in der rollenden Erde. Ein gehöriger Grasbüschel in den Blumentopf eingepflanzt, erlaubt die Raupe mühelos zu erziehen. Im Untersatz muss stets Wasser vorhanden sein, damit die nötige Feuchtigkeit nicht fehlt. Die Verpuppung erfolgt an der Erdoberfläche unter Steinen, die Puppenruhe dauert sechs Wochen. (Gub. Ent. Zeitschr. II, 259).

E. Roug. 91 — Sp. I, 156 — Stz. III, 52.

373. **cos** Hb. (= denticulosa Esp.) — Sp. III, T 34 — Stz. III, T 6 — Culot, Noc. T 10.

Diese südliche Art findet sich nur an einzelnen besonders warmen Stellen, als seltene Erscheinung mit ganz geringer Höhenverbreitung. Flugzeit von August bis Oktober. Salgesch, Neuchâtel (Roug.), St. Blaise (V.), Biel (Rob.), Neuveville (Coul.), La Croix, Mt. Ravoire, Branson (Favre), Sion, Sierre (Paul), Useigne (Steck), Martigny (W.), angeblich von Sils (Kill.) und Davos (R.-St.).

a) *tephra* Bdv. — Gn. 109 — Stz. III, T 6.

Ist eine Form mit verloschenen Querstreifen der Vfl. Martigny, Branson unter der Art (W.).

Die Raupe — Sp. IV, Nachtr. T II — überwintert klein; ich fand sie stets im April—Mai über Tag in der lockeren Erde verborgen. Sie lebt an niederen Pflanzen wie Galium mollugo, Rumex acetosa, Centaurea, Artemisia, Coronilla varia, angeblich auch an Rubusarten. Verwandlung im Juni in einem ziemlich festen Erdkokon. Die Falter erscheinen Ende Juli oder anfangs August.

E. Sp. I, 156 — Roug. 92 — Stett. Ent. Zeit. 50. 225 — Favre 141.

374. **vallesiaca** B. — Stz. III, T 13 — Sp. III, T 28 — Culot, Noc. T 10 — Iris 1888, No. 5.

Der Falter gehört als seltene, lokale Art fast nur der heissen Rhone-Ebene an. Er erscheint zwischen dem 15. Juli und 15. August und saugt abends an Centaurea, Scabiosa und Silene inflata. Rossetan, Saillon, Martigny, Branson, Fully (W.), Sion, Sierre (Paul), Salgesch (Roug.) und ausserdem von Frau Süffert-Mieg bei Lugano gefangen.

Die Raupe ist oben gelbgrau bis dunkel lehmgelb, die Unterseite hell meergrün, über den ganzen Körper mit feinen schwarzen Punkten bedeckt, Kopf und Nackenschild etwas heller, die Stigmen schwarz punktiert. Sie erreicht erwachsen eine Grösse von $4^{1}/_{2}$—5 cm.

Die Raupe lebt an Artemisia campestris vom Herbst bis Juni und ist über Tag an der Erde versteckt, unter der Nahrungspflanze an dürren, heissen Stellen oder nachts mit der Laterne auf der Futterpflanze zu suchen. Sie ist bis jetzt nur bei Branson, Saillon und Salgesch im Rhonetal gefunden worden. Bei der Zucht erfolgte die Eiablage am 30. Juli 1900. Die Räupchen schlüpften am 7. August, überwinterten klein und waren Ende Juni oder Anfang Juli erwachsen. Die Verpuppung erfolgte Anfang Juli, in einem halbfesten Kokon, der in äusserst charakteristischer Weise mit zernagten, scharfen, schieferartigen Steinchen umgeben war. Der erste Falter schlüpfte am 25. Juli, der letzte am 10. August.

375. **fimbriola** Esp. — Sp. III, T 34 — Stz. III, T 13 — Culot, Noc. T 10.

Der Falter fliegt von Juni bis August und ist im Aargauer-Jura, sodann besonders im Wallis zu Hause. Dort in weiter Verbreitung durch die Talsohle. Rossetan, Martigny, Branson (W.), Sierre, Sion (Paul), Evolena, Useigne (Steck), Gamsen, Saastal, Mt. Ravoire (Favre), Zermatt (Jäggi), Engadin,(Wagner).

Die Raupe — Sp. IV, T 48 — lebt an den Herzblättern von Sempervivum, auch an Artemisia campestris und andern niedern Pflanzen bis März—April. Sie wurde von Wullschlegel einmal am 26. Dezember 1900 bei Follaterres erwachsen gefunden.

E. Sp. I, 156 — Stz. III, 56 — Favre 140.

376. **forcipula** Hb. — Stz. III, T 7 — Sp. III, T 34 — Culot, Noc. T 10.

Diese veränderliche Art ist aus dem Jura, dem Gadmental, vom Pilatus, dem Wallis und dem Bündnerland bekannt. Sie erreicht im Zermattertal etwa 1800 m Höhe und fliegt von Ende Mai bis Juli. An den Orten ihres Vorkommens ist sie eine häufigere Erscheinung.

a) *bornicensis* Fuchs — Stett. Ent. Zeit. 1884, 260.

Werden, unter der Art vorkommende, einfarbige Stücke benannt. Wallis.

b) *nigrescens* Höfn. (= obscurascens Schultz) — Soc. Ent. II, 121 — Stz. III, T 7 — Culot, Noc. T 10.

Ist eine dunklere, russig schwarze Form. Sie ist im Wallis nicht selten und kommt auch bei Dombresson (Roug., Bolle) im Jura als vorherrschende Form vor.

Die Raupe — Sp. IV, T 23. 49 — lebt an Galium mollugo, Rumex, Atriplex, Anthericum, Artemisia und andern niedern Pflanzen von Januar bis April—Mai. Sie ist über Tag an der Erde oder unter dürren Blättern und Steinen versteckt und frisst nur in der Nacht. Die Zucht gelingt ohne Schwierigkeit bei Fütterung mit Löwenzahn.

E. Lamp. 149 — Roug. 91 — Sp. I, 156 — Favre 140.

377. **signifera** F. — Sp. III, T 34 — Stz. III, T 7 — Culot. Noc. T 10.

Der Falter ist am Südhang des Jura, im Wallis, Gadmental und dem Engadin, sowie in den Südtälern eine ziemlich seltene Erscheinung. Er fliegt im Juni—Juli und erreicht bei Zermatt über 1600 m Höhe (Püng.), Evolena (v. J.), Berisal (V.), Gamsen, Leuk (And.), Sion, Sierre (Paul), La Croix, Branson (Favre), Martigny, La Batiaz (W.). Engadin (Landolt), Oftringen, Aarburg, Born (W.).

Die Raupe — Sp. IV, T 23 — lebt an Plantago, Gräsern und andern niedern Pflanzen von September bis Mai.

E. Sp. I, 157 — Lamp. 149 — Favre 140.

378. ? **puta** Hb. — Stz. III, T 12 — Culot, Noc. T 10.

Dieser südliche Falter ist bei uns nur zweimal gefunden worden. Ein Exemplar fing Hptm. Benteli bei Bern am 27. X. 1869. Ein Pärchen in Kopula fand ich im April 1903 an einem Rebstickel bei Weiningen (Zch.).

Flugzeit (im Süden) im März—April und September—Oktober.

Die Raupe — Mill. Jc. 112, Fig. 3. 4 — lebt an niedern Pflanzen, von August bis April.

E. Sp. I, 157 — Stz. III, 28 — Lamp. 149.

379. **putris** L. — Sp. III, T 34 — Stz. III, T 10 — Culot, Noc. T 11 — B. R. T 30.

Diese Art ist in der Ebene, dem Jura und den Voralpen überall verbreitet und nirgends selten. Flugzeit von Juni bis August, im Wallis auch im September. Der Falter geht im Erstfeldertal bis 1200 m Höhe (L.).

Die Raupe — Sp. IV, T 23 — lebt an Gras, Plantago, Winden, Rumex und andern niedern Pflanzen im April—Mai; im Süden des Gebietes nochmals im August. Ich fand die Puppe öfter im Winter zwischen Graswurzeln und erzog leicht den Falter.

E. Sp. I, 158 — Favre 139 — Stz. III, 49.

380. **cinerea** Hb.[1]) — Sp. III, T 34 — Stz. III, T 5 — Culot, Noc. T 11.

Der veränderliche Falter ist im ganzen Gebiet verbreitet und besonders im Jura häufig zu finden. Flugzeit von April bis Juni. Er erreicht im Engadin Höhen von 1800 m und mehr. Twann, Bözingen, Champ du Moulin (V.), Tramelan (G.), Dombresson am blühenden Flieder abends fast gemein (Bolle), Neuveville (Coul.), Bechburg (R.-St.), Liestal (Seiler), Bern (v. J.), Gadmental (St.), Mürren (V.), Freiburg (T. de G.), Branson, Martigny (W.), Mt. Ravoire (Favre), Guarda (Stierl.), Thusis (Cafl., V.), Churwalden (Thom.), Tarasp (Kill.), Aadorf (Z.-R.), Elgg (Gram.), Andermatt (V.), Pilatus (Locher), Oftringen, Gysulafluh, Lenzburg (W.).

a) *alpigena* Trti. — Bull. Soc. Ent. Ital. XVI, 78.

Ist heller mit violett-grauen, fast ungezeichneten Vfl. Mt. Ravoire, Trient im Wallis (Favre).

---

[1]) ? *fusca* B. (= septentrionalis Möschl. = patula Wkr.) — B. Jc. 78, 4 — Frr. 393, 3 — Stz. III, T 5.

Wird seit Freyer vielfach als in der Schweiz vorkommend aufgeführt; Frey hielt sie für identisch mit septentrionalis Möschl., mit der sie aber nicht das Mindeste zu tun hat. Dass Favre glaubte das Tier zu forcipula Hb. ziehen zu sollen, kann ich mir nur unter der Annahme erklären, dass er die Abbildungen (die Beschreibung Boisduvals ist nie erschienen) nicht verglichen hat. Fusca B. scheint in Wirklichkeit eine der cinerea Hb. nahestehende grössere Art zu sein. Sie ist dunkler, die grossen Makeln, sowie die distale Aufhellung ausserhalb derselben unterscheiden das Tier sogleich. Schweizerische Exemplare sind mir trotz aller Bemühungen nicht vor Augen gekommen. (Vergl. auch Dr. Rebel in Verhdlg. zool.-bot. G. Wien XLIX, 164).

b) *livonica* Teich. — Stz. III, T 5 — Culot, Noc. T 11. Ist eine viel dunklere, fast schwärzliche Form und kommt besonders im Gadmental und Wallis vor.

Die Raupe lebt an Leontodon, Rumex, Gras u. s. w. in den Wurzeln von August bis April und überwintert in einem Gespinst. Die Zucht ist schwierig; man sucht am besten im September und Oktober die erwachsene Raupe unter Steinen oder an den Wurzeln niederer Pflanzen. Ein Blumentopf wird mit reiner Weidenerde zu drei Vierteilen angefüllt und darüber eine dicke Schicht Flussand ausgebreitet. In diese Sandschicht werden Löwenzahnwurzeln wagrecht hineingelegt, so dass der Sand sie leicht überdeckt, darauf legt man flache Kieselsteine und da hinein kommen die Raupen. Das Futter hält sich in dem angefeuchteten Sand einige Tage frisch und muss dann mitsamt der Sandschicht erneuert werden, um der Pilzbildung zu begegnen. Die erwachsene, schon im Herbst spinnreife Raupe wird im Freien in einem in die Erde eingegrabenen Blumentopf, mit lockerem, eingepflanztem Rasenziegel überwintert. Der springende Punkt ist das richtige Mass von Feuchtigkeit und davon das Gelingen der ganzen Zucht abhängig. (Srdinko, Gub. Ent. Zeitschr. IV, No. 10).

E. Lamp. 149 — Stz. III, 27 — Sp. I, 158. 354 — Favre 142.

381. **exclamationis** L. — Stz. III, T 7 — Sp. III, T 34 — Culot, Noc. T 11 — B. R. T 30.

Der Falter ist im ganzen Faunengebiet sehr gemein, in den Alpen erreicht er 2000 m Höhe. Flugzeit in der Ebene in zwei Generationen von März bis September, im Gebirge nur im Juni—Juli. Die Färbung der Vfl variiert von hell weisslichgrau (=*pallida* Tutt) bis dunkel schwarzbraun (=*picea* Hw.).

Die Raupe — Sp. IV, T 23 — lebt an Graswurzeln und niedern Pflanzen von August bis April. Man findet sie besonders gerne an trockenen, warmen Stellen der südlichen Jurahänge, oft sehr zahlreich auf den Bergwiesen.

E. Sp. I, 158 — Stz. III, 34 — Lamp. 149 — B. R. 168, T 30 — Favre 142.

382. **nigricans** L. (= fumosa Hb.) — Sp. III, T 35 — Stz. III, T 6 — Culot, Noc. T 12.

Die an Grösse und Färbung veränderliche Art kommt im Jura und den Alpen vor, hie und da auch in der Ebene. Der Falter scheint besonders im höhern Jura häufiger zu sein. Flugzeit von Juli bis September, je nach der Höhenlage. Der Falter geht bis in Höhen von 2000 m (Albula, V.).

a) *rubricans* Esp. — Esp. 130, 2 — Gn. I, 286.

Heller, rötlicher. Unter der Art, in W. O. nicht selten.

b) *uniformis* Roug. — Cat. Lép. Jura Pl. I, fig. 6.

Ist wohl sicher nur eine besonders helle, braungraue nigricans L. Type im Museum Neuchâtel.

Die Raupe lebt von September bis April—Mai an Gräsern, Leontodon, Galium und andern niedern Pflanzen. Ich fand sie recht häufig am Südhang des Jura, bei der Suche nach A. lucipeta F.-Raupen und erzog sie wie jene.

E. Sp. I, 160 — Roug. 93 — Stz. III, 30 — Favre 143 — Ent. Zeitschr. XX, 93.

383. **recussa** Hb. — Stz. III, T 6 — Sp. III, T 35 — Culot, Noc. T 12.

Der Falter ist in den Alpen weit verbreitet und auch einmal im Jura bei Dombresson (Püng.) am Lichte gefangen worden. Er fliegt auch im Sonnenschein und setzt sich gerne auf Disteln. Flugzeit von Juli bis September. Höhengrenze bis über 2000 m. Davos (Hauri), Weissenstein (Cafl.), Thusis (v. J.), Gruben (M.-R.), Zermatt (Püng., Sulz.), Glacier de Trient, La Forclaz (W.), Weissenburgerschlucht (Hug.), Gadmental (Rätz.), Pilatus (Locher), Sils, Silvaplana (Frey). Tarasp (Kill.).

Die Raupe — Sp. IV, Nachtr. T 11 — lebt an Plantago, Leontodon, Graswurzeln u. s. w. bis April—Mai.

E. Sp. I, 159 — Favre 142.

384. **tritici** L. — Sp. III, T 35 — Stz. III, T 6 — Culot, Noc. T 12 — B. R. T 30.

Eine ungemein veränderliche Art, deren Färbung von hellgelb bis braunschwarz schwankt, die Zeichnung ist bald mehr oder weniger ausgeprägt.[1]) Flugzeit von Juni bis Oktober.

[1]) Die ganze tritici L.-Gruppe ist noch ein grosses Durcheinander, es gibt da mehr Arten, als gewöhnlich angenommen werden. Als eigene Arten sind vor allem abzutrennen: eruta Hb. und seliginis Dup., deren Artrechte sich wohl noch erweisen werden.

Der Falter ist zwar weit verbreitet, aber wohl nirgends gerade häufig. Zu tritici L. rechne ich noch die Form:

a) *aquilina* Hb. (= vitta Esp. nec Hb.) — Sp. III, T 35 — Stz. III, T 6 — Culot, Noc. T 13.

Heller, gelb bis rötlich und etwas grösser. Kommt neben der typischen Form vor, besonders im Jura, aber auch in W. und G. Höhenverbreitung bis über 1600 m. Zermatt (Püng.), Follaterres, Mt. Ravoire (Favre), Martigny, Branson (W.), Sion, Sierre (Paul), Ems-Chur (Cafl.), Dombresson (Roug.), Bechburg (R.-St.), Oftringen, Aarburg, Lenzburg (W.). Neuveville (Coul.), Genf (And.).

Die Raupe — Sp. IV, Nachtr. T II — lebt im Juni—Juli an Gras- und Getreidewurzeln, sowie an andern niedern Pflanzen.

E. Roug. 93 — Sp. I, 160 — Stz. III, 32 — Favre 143.

385. **eruta** Hb. (= siliginis G.) — Sp. III, T 35 — Stz. III, T 6 — Culot, Noc. T 12.

Ist nach de Rougemont eigene Art. Dunkler, fast grauschwarz, einfarbiger. Flugzeit im Juli—August. Sie ist im Wallis häufiger als tritici L. Höhenverbreitung bei Zermatt bis über 1600 m (Püng.). Mt. Ravoire (Favre), Martigny, Branson (W.), Naters (Bent.), Ems-Chur (Cafl.), St. Blaise (Roug.), Biel (Rob.).

Die Raupe lebt wie die der vorigen Art, ist aber grösser und dunkler als jene.

386. **seliginis** Dup. (= Mill. 36, var. E. = grandis Favre) — Culot, Noc. T 13 — Favre 143.

Ist eine grössere Art mit breiteren und abgerundeteren Flügeln. Die Vfl sind dunkler, die Zeichnungen dagegen heller und sehr gut ausgeprägt; die Hfl weisslich. Der Falter fliegt im Juli, nachts gerne an Salbeiblüten saugend. Martigny (W.), Mt. Ravoire (Favre).

387. **distinguenda** Ld. — Stz. III, T 5 — Sp. III, T 35.

Der südliche Falter ist bisher nur im Wallis gefunden worden. Gamsen (And.), Rossetan (Favre), Martigny (W.), Salgesch (Roug.), aber immer sehr selten und vereinzelt. Flugzeit im Juli und August.

Die Raupe ist unbeschrieben, Wullschlegel wusste sie an Graswurzeln zu finden.

E. Favre 144.

388. **vitta** Hb. — Sp. III, T 35 — Stz. III, T 7 — Culot, Noc. T 13.

Diese schöne Art ist im Kanton Graubünden, im Wallis und Jura mehrfach, aber stets als seltenes Tier erbeutet worden. Flugzeit in einer Generation von Ende Juni bis im September. Aus im Mai bei St. Blaise gefundener Raupe erhielt ich einen Falter im VIII. 1910; Sulzer fing ihn bei Zermatt (1620 m) noch am 12. IX. 1910. Mt. Ravoire, Martigny, Branson (Favre), Tarasp, Nairs (Kill.), Chur (Cafl.), Ilanz (Caveng), Oftringen, Aarburg (W.), Bechburg (R.-St.).

Die Raupe lebt an niederen Pflanzen von Herbst bis April—Mai. Ich fand sie bei der Suche nach Agr. lucipeta F. und erzog sie wie jene.

E. Sp. I, 161 — Favre 144.

389. **obelisca** Hb. — Sp. III, T 35 — Stz. III, T 5 — Culot, Noc. T 13.

Der Falter kommt zwar in weitester Verbreitung vor, doch scheint er lokal und nirgends häufiger zu sein. Flugzeit von Juni bis September; vielleicht in zwei Generationen? Höhengrenze bis ca. 1200 m.

a) *ruris* Hb. — Sp. III, T 35 — Stz. III, T 5.

Die Vfl sind fast einfarbig rötlichgrau oder braun, Hfl weisslicher. Unter der Art, aber seltener. Mt. Ravoire (Favre), Basel (Frefel).

b) *villiersi* Gn. — Stz. III, T 5 — Culot, Noc. T 13.

Grauer, ♂ heller und dunkler. Unter der Art, selten. Mt. Ravoire (Favre), Martigny (W.).

Die Raupe ist in der Lebensweise von der vorigen Art kaum unterschieden, sie lebt von September bis Juni. Ich fand die Raupe auf gleiche Art wie Agr. lucipeta F. und erzog sie wie jene. Die Puppen müssen mässig feucht gehalten werden.

E. Sp. I, 161. 354 — Roug. 94 — Bull. Soc. Neuchâtel nat. XXIX, 343 — Favre 144.

390. **multifida** Ld. — Sp. III, T 28 (?).

Von der hellen, scharf gezeichneten typischen Form scheint nur das Original aus Armenien bekannt zu sein. Die Schweizer- und Tiroler-Stücke gehören alle zu:

a) *sanctmoritzi* Bang-H. — Iris XIX, 132 T 5. XX, 88 T 3 — Verh. Zool. bot. G. Wien XLIX, T IV.

Diese dunkler gefärbte Form wurde nach einem besonders grossen, schönen Stück aufgestellt, welches Bang-Haas bei St. Moritz durch Nachtfang erbeutete. Auch vom Piz Nair (Püng.), Stelvio (B. R.).

391. **corticea** Hb. — Sp. III, T 35 — Stz. III, T 5 — Culot, Noc. T 13.

Der Falter ist im Hügellande, dem Jura und den Alpen überall vorhanden, meist häufiger. Er fliegt von Juni bis August. Höhengrenze nahe an 2000 m.

a) *irrorata-fusca* Tutt — Culot, Noc. T 13.

Uebergangsform zur folgenden. Tramelan (G.).

b) *neocomensis* Roug. — Cat. Lép. Pl. 1.

Ist kräftiger, fast einfarbig, von der Vfl-Zeichnung bleiben nur die drei Makeln. Dombresson (Roug., Bolle), Biel öfter (Rob.), Zermatt (Püng.).

c) *obscura* Frr. — Stdg. 1396 a).

Ist dunkler, bunter, das Mittelfeld der Vfl schwärzlich. Arosa (Stange), Davos (Hauri).

Die Raupe — Sp. IV, T 24 — lebt an Graswurzeln, Löwenzahn, Wolfsmilch und andern niedern Pflanzen von September bis Mai.

E. Sp. I, 162 — Favre 146 — Stz. III, 26 — Roug. 95.

392. **ypsilon** Rott. — Sp. III, T 35 — Stz. III, T 8 — B. R. T 30 — Culot, Noc. T 13.

Der überall häufige Falter ist im ganzen Gebiet verbreitet, er geht im Gadmental bis 2000 m. Flugzeit von Juni bis November; vielleicht in zwei Generationen, mit teilweiser Ueberwinterung?

Die Raupe — Sp. IV, Nachtr. T II — lebt in Gemüsegärten, an den Wurzeln von Gräsern und andern niedern Pflanzen von September bis April—Mai. Zwischen dem 15.

und 20. September an Grashalme abgelegte Eier ergaben die Räupchen am 29., sie nahmen mit Vorliebe Löwenzahn, aber auch Wegerich, Ampfer, Kohlarten u. s. w. Schon nach vier Wochen waren die sehr gross gewordenen Raupen zur Verpuppung in die Erde gegangen. (Siegel, Gub. Ent. Zeitschr. II, 236).

E. Sp. I, 162 — Stz. III, 37 — Favre 145.

393. **segetum** Schiff. — Sp. III, T 35 — Stz. III, T 5 — B. R. T 30 — Culot, Noc. T 14.

Im ganzen Gebiet gemein und häufig. Der Falter erreicht noch die Talsohle des Ober-Engadin. Er lebt in zwei Generationen im Mai—Juni und von August bis Oktober. Ich habe ihn öfter über Tag auf Wiesen und nachts am Licht gefangen.

a) *nigricornis* Vill. — Sp. I, 162 — Stz. III, 25.

Besitzt tief braunschwarze Vfl. Aadorf (Z.-R.), Büren (Rätz.), Bern (V.).

b) *pallida* Stdg. — Stz. III, T 5.

Ist blass, fahl hellgrau. Aadorf (Z.-R.), Büren (Rätz.), Basel (Leonh.).

Die Raupe — Sp. IV, T 24 — tritt in Gemüsegärten und Kornfeldern hie und da schädlich auf. Sie lebt im April —Mai und von August bis Januar. Im warmen Zimmer erhält man von im Herbst eingetragenen Raupen gelegentlich die Falter schon im Dezember.

E. Sp. I, 162 — Favre 146 — Roug. 95 — Stz. III, 25.

394. **trux** Hb. — Sp. III, T 35 — Stz. III, T 6 — Culot, Noc. T 14.

Diese ungemein veränderliche Art kommt fast ausschliesslich im Jura und Wallis vor, doch fing Rühl ein Exemplar am Julier und Mongenet eines bei Genf. Ausserdem von Martigny (v. J.), Gletsch (Gram.), Sissach (Müller); Wengernalp, Lenzburg, Wildegg, Rupperswyl (W). Wullschlegel fand den Falter nur einmal im Freien bei Branson in einem abgeflogenen Exemplar im November 1901. Er zog aber mehrere tausend Stück aus der Raupe. Der Falter ist lokal, aber an den Orten seines Vorkommens sehr häufig. Als typische Form wird die graugrüne, braunrot bepuderte angenommen.

a) *olivina* Stdg. — Stz. III, T 6 — Culot, Noc. T 14.

Diese Form entspricht ganz dem Typus, aber es fehlt ihr die rotbraune Bestäubung, so dass das Tier einfarbiger erscheint. Wallis (W.).

b) *terranea* Frr. — Stz. III, T 6 — Perlini T 3 — Culot, Noc. T 14.

Die Vfl sind hell rotbraun gefärbt. Wallis (W.), Sissach (Seiler).

c) *nigra* Tutt — Brit. Noc. II, 14.

Sind fast einfarbig schwarzbraune Stücke benannt. Martigny, Branson (W.).

d) *alpina* Sp. (= false lunigera Stph.)[1]) — Sp. III, T 35 — Stz. III, T 6 — Culot, Noc. T 14.

Ist eine Trux-Form, ausgezeichnet dadurch, dass die Ringmakel durch einen weissen Fleck ersetzt ist, auch die Nierenmakel zeigt Spuren von Weiss. Unter der Ringmakel steht ein schwarzer Keilfleck, wie er sich ähnlich besonders bei exclamationis L. findet. Die Grundfarbe schwankt von der typischen Trux-Färbung bis zu *nigra* Tutt und noch dunkler. Branson, Fully (W.), Soazza 30. VI. 1908 (v. J.).

Die Raupe — Sp. IV, Nachtr. T II — lebt bis März —April an den Wurzeln von Artemisia, Melilotus und zahlreichen andern niedern Pflanzen, besonders in brach liegenden Weinbergen. Die Raupe ist im Dezember klein, dann von Januar bis Mai halb erwachsen, im Juni erwachsen aus der Erde gegraben worden. Die Falter erschienen von Juli bis Oktober (W.).

E. Favre 145 — Sp. I, 162 — Stz. III, 30.

395. **saucia** Hb. — Sp. III, T 35 — Stz. III, T 11 — Culot, Noc. T 14.

Ein höchst wanderlustiges Insekt, das wahrscheinlich in Mittel- und Südamerika seine eigentliche Heimat hat und in Mitteleuropa jedes Jahr frisch einwandert. Da Wullschlegel im heissen Wallis die Raupen ununterbrochen von Januar bis November, die Falter von März bis November fand,

---

[1]) **Die echte englische lunigera Stph. findet sich nicht im Wallis; ihr ♂ hat dünnere, stärker gezähnte und länger gewimperte Fühler.**

so ist anzunehmen, dass dort die Puppe überwintert. Nördlich der Alpen tritt das Tier im Mai—Juni und August —September auf und ist manchmal, besonders in der Herbstgeneration, häufig, verschwindet aber im Winter, den es selbst in milden Jahren nicht zu überstehen vermag. Basel (Honegger), Lenzburg (W.), Bechburg (R.-St.), St. Blaise (V.), Tramelan (G.), Dombresson (Roug.), Liestal (Seiler), Bern (v. J.), Gadmen (St.), Chur (Thom.), Tarasp (Kill.), Cresta-Thusis (Honegger), Genf (Mong.), Martigny (W.), La Croix, Simplon (Favre), Zermatt (Püng.), Göschenen (Hoffm.), Lostallo (Thom.).

a) *margaritosa* Hw. (= aequa Hb.) — Culot, Noc. T 14.

Ist bunter, gescheckter und mehr gelblich. Unter der Art.

b) *philippsi* Caspari (= ? nigrocosta Tutt) — Stdg. 1402 a).

Eine Eizucht von Locarno ergab bei etwa 140 Faltern nur mit Cotypen Casparis ganz übereinstimmende, in der obern Saumhälfte der Vfl dunkelschwarzbraune Stücke und typische saucia Hb., keine margaritosa Hw.

Dagegen lieferte die Eiablage einer bei Zermatt gefangenen typischen margaritosa Hw. eine einzige margaritosa und über 100 saucia Hb. (Püng.).

Die Raupe hat in der Mitte des 3.—7. Segmentes je einen kleinen gelben Fleck, auf dem 11. Ring ein schwarzes Dreieck und dahinter bis in die Mitte des 12. einen grossen gelbweissen Fleck. Sie lebt an Gräsern, Taraxacum und andern niedern Pflanzen. Aus anfangs Oktober abgelegten Eiern erhielt ich die Raupe nach 14 Tagen. In einer dunklen Holzschachtel mit Gras, Löwenzahn und breitblättrigem Plantago gefüttert, frassen sie beinahe Tag und Nacht und waren schon nach vier Wochen erwachsen. Die Verpuppung erfolgte in der Erde und die Falter erschienen im warmen Zimmer von Mitte Dezember an.

E. Bull. Soc. Neuchâtel Sc. nat. XXIX, 344 — Roug. 95 — Soc. Ent. XIV, 89 — Stz. III, 53 — Sp. I, 163. 355 — Favre 144.

396. **crassa** Hb. (= huguenini Rühl) — Sp. III, T 35 — Culot, Noc. T 14 — Stz. III, T 5 — Soc. Ent. VI, Nr. 6.

Ist bei uns eine vereinzelt auftretende Seltenheit und fliegt von Juli bis September. Lenzburg (W.), Dombresson (Roug.), Neuveville (V.), Bern (v. J.), Genf (Aud.), Branson, Martigny (W.), Bovernier, La Batiaz (Favre), Aadorf (Z.-R.), Elgg (Gram.), Sissach (Müller).

Die Raupe — Sp. IV, Nachtr. T II — lebt an Graswurzeln und andern niedern Pflanzen von September bis Mai. Sie ist von Wullschlegel aber auch im Dezember und Januar erwachsen gegraben worden.

E. Sp. I, 163 — Stz. III, 24 — Lamp. 151 — Favre 146.

397. **vestigialis** Rott. — Sp. III, T 35 — Stz. III, T 7 — B. R. T 30 — Culot, Noc. T 15.

Der Falter ist nur von wenigen Orten des Wallis und Graubündens bekannt geworden. Charrat (Favre), Branson, Fully, Martigny, (W.), Sion (Steck), Sierre (Paul), Salgesch (Roug.), Stalden (Bent.). Flugzeit im August—September.

Die Raupe — Sp. IV, T 24 — lebt bis Mai an den Wurzeln von Gräsern, Disteln und andern niedern Pflanzen, auch an Föhren. Mordraupe! Sie verpuppt sich im Juli und muss mässig feucht gehalten werden. Wenn die Raupen sich an die Oberfläche des Sandes wühlen, so ist das ein Zeichen, dass sie zu wenig Feuchtigkeit haben. Man halte sie in einem flachen Kasten, den man öfter an die Sonne stellt. (Allg. Zeitsch. f. Ent. VI. 74)

E. Sp. I, 164. 355 — Favre 146 — Stz. III, 36.

398. **fatidica** Hb. — Sp. III, T 35 — Stz. III, T 5 — Culot, Noc. T 15.

Das hochalpine Tier ist in den Berner- und Graubündneralpen an zahlreichen Orten gefangen worden und kommt auch im Wallis vor. So im Saastal (Favre); Steingletscher (V.), Gadmen (St.), Wengernalp (W), Mürren (Benteli), Stelvio (Wocke), Oberengadin (Z.), Silser- und Celerineralpen (Frey), Muottas-Muraigl (Jäggi), Albulahospiz (Honegg.), Weissenstein (Lütschg).

Diese schönste aller Agrotisarten ist an den Orten ihres Vorkommens nicht gerade sehr selten, das ♂ fliegt gerne ans Licht, das ♀ muss im Grase und an Steinen gesucht werden, wo es seiner halbausgebildeten Flügel halber nur wenig beachtet wird. Nach Standfuss haben die dunkelsten, fast schwarzbraunen ♀♀ die kleinsten und rudimentärsten, die hellgrau gefärbten die am vollkommensten ausgebildeten Flügel. Höhenverbreitung zwischen 1800 und 2700 m (Gornergrat, v. J.).

Die Raupe — Sp. IV, T 24 — lebt an Graswurzeln. Die Puppe ist unter Steinen und trockenem Kuhmist zu finden, wo die Raupe in der weichen Erde gangförmige Verstecke anlegt.

E. Sp. I, 164 — Favre 146 — Stz. III, 25.

399. **praecox** L. — Sp. III, T 35 — Stz. III, T 13 — B. R. T 30 — Culot, Noc. T 15.

Der zierliche Falter ist zwar weit verbreitet, aber meist selten. Flugzeit von Juni bis September. Basel (Knecht), Bern (v. J.), Fully (W.), Sion, Sierre (Paul), Kreuzlingen (Weg), St. Gallen (M.-R.), Aadorf (Z.-R.), Zürich (Rühl), Dombresson (Roug.), Davos (Hauri), Ilanz (Caveng), Chur (Bazz.), Erstfeld (L.), Göschenen (Hoffm.), Agno (F.-G.).

Die Raupe — Sp. IV, T 24 — lebt an Plantago, Echium, Medicago, Euphorbia cyparissias, Onobrychis sativa, Trifolium u. s. w. bis Mai, auf sandigem Boden. Mordraupe!

Sie hält sich am Tage im Sande verborgen und ist erst von der Dämmerung an am Futter zu finden. Die Verpuppung erfolgt Ende Mai; die Falter erscheinen nach 4—5 Wochen.

E. Sp. I, 164 — Favre 147 — Stz. III, 56 — Lamp. 151.

400. **prasina** F. — Sp. III, T 36 — Stz. III, T 14 — B. R. T 30 — Culot, Noc. T 15.

Ist im ganzen ebenen Lande, im Jura und den Voralpen zu Hause und nirgends selten. Der Falter geht im Zermattertal bis über 1600 m. Flugzeit von Mai bis August. Es kommen ganz dunkle, fast schwärzliche Stücke vor. Diese Form ist bei Davos die herrschende (Hauri), auch von Thusis (V.).

Die Raupe — Sp. IV, T 24 — lebt polyphag an Primeln, Heidelbeeren, Adlerfarn und andern niedern Pflanzen von Oktober bis Mai. Am leichtesten erhält man die Raupen durch nächtliches Absuchen der Primeln mit der Laterne im ersten Frühjahr.

E. Sp. I, 164 — Favre 147 — Roug. 96 — Stz. III, 60.

401. **occulta** L. — Sp. III, T 36 — Stz. III, T 11 — B. R. T 30 — Culot, Noc. T 15.

Verbreitung wie die vorige Art, doch eher seltener. Flugzeit im Juli—August. In Diablerets aber noch Mitte September 1908 mehrfach am Licht (V.). Der Falter erreicht im Gadmental 1900 m Höhe (St.).

a) ? *implicata* Lef. — Stz. III, T 11 — Culot, Noc. T 16 (fig. 16!).

Mit fast schwarzen Vfl. von denen sich die weissen Fransen scharf abheben. Gadmental (St.), Bern (v. J.), Davos (Hauri).

Die Raupe — Sp. IV, T 24 — lebt an Taraxacum, Vaccinium, Epilobium, Leontodon u. s. w. von September bis Mai. Man sucht dieselbe am besten im Mai des Nachts mit der Laterne, man findet sie besonders auf sumpfigem Gebiet an Vaccinium uliginosum. Ueber Tag verbirgt sie sich an den Wurzelstöcken dieser Pflanze nahe dem Boden (Roug 96. 327).

E. Sp. I, 165 — Soc. Ent. XIX, 12 — Stz. III, 53 — B. R. 175, T 30 — Favre 147.

Sora Hein.

(Pachnobia Gn.)

402. **rubricosa** F. — Sp. III, T 45 — Stz. III, T 14 — B. R. T 34 — Culot, Noc. T 15.

Der Falter ist zur Zeit der Weidenblüte zu fangen. Er kommt in weitester Verbreitung fast im ganzen Gebiet vor, aber meist spärlich und einzeln.

Ein ♂ erbeutete Honegger bei Splügen noch am 3. VIII. 1907; der Falter geht bei Arosa bis 1856 m Höhe (Stange).

a) *rufa* Hw. — Stz. III, T 14.

Ist fast einfarbig rot, nicht grau getönt. Aadorf (Z.-R.).

Die Raupe — Sp. IV, T 31 — lebt an Galium, Polygonatum, Lactuca, Taraxacum, Rumex, Hippocrepis und andern niedern Pflanzen von Mai bis August an feuchten, sumpfigen Orten. Dr. Thomann fand sie bei Landquart in der Regel auf Anthericum.

E. Sp. I, 165 — Favre 185 — Stz. III, 60 — Roug. 127.

403. **leucographa** Schiff. — Stz. III, T 14 — Sp. III, T 45 — B. R. T 30 — Culot, Noc. T 15.

Verbreitung und Erscheinungszeit stimmen mit der vorigen Art überein. Doch ist der Falter eher etwas seltener und steigt im Gebirge weniger hoch auf. U. M. J. W. G. V.

Die Raupe — Sp. IV, Nachtr. T III — lebt besonders an Gräsern, aber auch an Vaccinium, Plantago, Stellaria, Polygonatum, Taraxacum u. s. w. von Mai bis Juli an schattigen Stellen. Ich fand sie auch auf Haseln.

E. Sp. I, 165 — Stz. III, 60 — Favre 185.

Charaeas Stph.

404. **graminis** L. — Sp. III, T 36 — Stz. III, T 20 — B. R. T 30 — Culot, Noc. T 16.

Der veränderliche Falter findet sich in weitester Verbreitung durch alle drei Regionen bis über 2100 m (Falknisgebiet, Thom.). Auf trockenen Alpenwiesen oft in ganzen Scharen. Flugzeit von Juni bis September.

a) *tricuspis* Esp. — Esp. III, 68, 2. 3.

Auf den einfarbig rotbraunen Vfl steht ein dreizackiger, mit der Nierenmakel verbundener Fleck. Seltener unter der Art. Wallis.

b) *albineura* B. (= gramineus Hw.) — Stz. III, T 20 — Culot, Noc. T 16.

Ist eine überall vorkommende Form, bei der sich die weissen Adern scharf abheben. Glacier de Trient (W.).

Die Raupe — Sp. IV, T 24 — lebt an Graswurzeln zuweilen verheerend (so einmal im Urserntal und bei Tramelan) von September bis Mai, bei Tage versteckt.

E. Sp. I, 167 — Roug. 96 — Lamp. 151 — Ent. Zeitschr. VII, 138. VIII, 160 — Favre 148 — Stz. III, 93.

Epineuronia Rbl.

(Neuronia Hb.)

405. **popularis** F. — Stz. III, T 19 — Sp. III, T 36 — B. R. T 30 — Culot, Noc. T 16.

Der Falter ist von Mitte Juli bis Oktober überall häufig. Er geht in den Alpen bis über 2000 m und fliegt gerne zum Licht.

Die Raupe — Sp. IV, T 24 — lebt an Lolium, Triticum und an Gräsern von September bis Mai, auf sandigen Stellen.

E. Sp. I, 167 — Favre 148 — Roug. 97 — Stz. III, 80 — Gub. Ent. Zeit. III, 223.

406. **cespitis** F. — Stz. III, T 19 — Sp. III, T 36 — Culot, Noc. T 16.

Der Falter kommt in der Ebene und dem Hügelgebiet bis in die Voralpen hinein überall vor, aber meist spärlicher als die vorige Art. Er erreicht bei Zermatt über 1600 m Höhe (Püng.). Erscheinungszeit von Juli bis September.

Die Raupe — Sp. IV, T 24 — lebt an Gräsern von September bis Mai.

E. Sp. I, 167 — Favre 148 — Stz. III, 80.

Mamestra Tr.

407. **leucophaea** View. — Sp. III, T 36 — Stz. III, T 19 — B. R. T 30— Culot, Noc. T 16.

Der Falter ist im ganzen Gebiet verbreitet, meist häufig, so noch bei Zermatt und bis Riffelalp aufsteigend. Flugzeit von April bis Juli, je nach Höhenlage. Im Gadmental kommen stark verdunkelte Exemplare vor. Dr. Thomann fand bei Landquart die ♂♂ öfter mit verdunkelter Mittelbinde; ein Stück aus dem Domleschg ist fast weiss mit sehr reduzierter schwarzer Zeichnung.

Die Raupe — Sp. IV, T 24 — lebt polyphag an Gräsern und andern niedern Pflanzen von August bis April. Man findet sie in lockerer Erde, Maulwurfshaufen oder am Fusse von Bäumen, wo die Erde weggegraben wurde.

E. Sp. I, 168 — Roug. 97 — Favre 149 — Stz. III, 79 — B. R. 178, T 30.

408. **serratilinea** Tr. — Sp. III, T 36 — Stz. III, T 16 — Culot, Noc. T 16.

Der Falter ist nur aus dem Wallis und Graubünden bekannt und auch dort nirgends häufig. Die Walliser-Exemplare fallen auf durch wenig gezeichnete Vfl von grüngelber Färbung. Der Falter fliegt von Juni bis August; Höhengrenze nahe an 2300 m (Findelen, Hoffm.). Oberengadin, Tarasp (Kill.), Ilanz (Caveng), ein Riesenexemplar von Biasca (V.), Zermatt nicht selten (Püng.), Gruben (Aud.), Mt. Chemin, Mt. Ravoire,

Mt. Fully (W.), Simplon, La Batiaz (Favre), Berisal (V.), Salgesch (Roug.).

Die Raupe — Sp. IV, T 24 — lebt von August bis Mai an Plantago, Verbascum und andern niedern Pflanzen.

E. Sp. I, 168 — Stz. III, 70 — Favre 149.

409. **advena** F. — Sp. III, T 36 — Stz. III, T 19 — B. R. T 30 — Culot, Noc. T 16.

Der Falter kommt in weitester Verbreitung besonders im Hügellande, doch auch im Jura und den Alpen vor. Er wird meist als spärlich bezeichnet, ist aber im Gadmentale ziemlich häufig anzutreffen. Flugzeit von Juni bis August. Er überschreitet 2000 m Höhe.

Die Raupe — Sp. IV, T 24 — lebt polyphag, in der Jugend an Linden, Weiden, Himbeeren, nach der Ueberwinterung auch an niedern Pflanzen (Roug.), von September bis Mai.

E. Sp. I, 168 — Roug. 97. 327 — Stz. III, 73 — Favre 149.

410. **tincta** Brahm. — Sp. III, T 36 — Stz. III, T 19 — B. R. T 30 — Culot, Noc. T 16.

Diese Art tritt eher etwas seltener auf als die vorige, sie findet sich fast ausschliesslich im Jura und den Alpen und wird die Waldregion kaum überschreiten. Der Falter ruht am Tag gerne an den Stämmen von Föhren und Tannen. Erscheinungszeit im Juni—Juli. N. J. U. O. W. G.

Die Raupe — Sp. IV, T 24 — lebt jung an Birken und Weiden, erst nach der Ueberwinterung auch an Vaccinium, Ononis, Rubus u. s. w. von September bis Mai.

E. Sp. I, 169. 355 — Roug. 97 — Favre 149 — Stz. III, 78.

411. **nebulosa** Hufn. — Stz. III, T 19 — Sp. III, T 36 — B. R. T 30 — Culot, Noc. T 16.

Falter von Mai bis Juli überall, bald häufiger, bald seltener. In den Alpen bis etwa 1600 m (Zermatt, Püng.). Man findet ihn über Tag an Stämmen sitzend, er fliegt auch gerne nachts ans Licht.

Die Raupe — Sp. IV, T 24 — lebt von September bis Mai an Gräsern, Plantago, Leontodon, Rubus, Persicum, Lamium, Verbascum, Galium, bei Tage an der Erde und gerne unter Hecken versteckt.

E. Sp. I, 169 — Roug. 98 — Stz. III, 78 — B. R. 179, T 30 — Favre 149.

412. **brassicae** L. — Sp. III, T 36 — Stz. III, T 15 — B. R. T 30 — Culot Noc., T 16.

Der Falter ist im ganzen Gebiet gemein; er geht in den Alpen bis etwa 2000 m Höhe. Flugzeit in 2—3 Generationen von April bis Oktober.

a) *albidilinea* Hw. — Stz. III, T 15.

Sehr dunkle Form mit scharfer, breiter Wellenlinie und weisser Nierenmakel. Wird von Landquart erwähnt (Thom.).

Die Raupe — Sp. IV, T 25 — lebt gerne an Kohlarten, auch polyphag an niedern Pflanzen, sogar an Atropa und Papaver. Im Juni und August—September.

E. Sp. I, 169 — Roug. 98 — Favre 151 — Stz. III, 67 — B. R. 179, T 30.

413. **persicariae** L. — Sp. III, T 36 — Stz. III, T 16 — Culot, Noc. T 17.

Der Falter fliegt in einer Generation im Juni—Juli. Verbreitung wie bei der vorigen Art, doch scheint er 1600 m kaum wesentlich zu übersteigen (Zermatt 1620 m, Püng.).

a) *unicolor* Stdg. — Stz. III, T 16.

Mit verdunkelter Nierenmakel. Wohl überall, aber selten unter der Art. Chur (Cafl.), Martigny (W.), Büren (Rätz.), Bechburg (R.-St.), Aarburg, Wildegg, Lenzburg (W.), Bern (Bent., v. J., V.).

Die Raupe — Sp. IV, T 25 — lebt polyphag, besonders an Polygonum, Rumex, Sambucus, Rubus. Nach der Literatur soll sie im September—Oktober leben und sich noch im Herbste verpuppen. Ich habe bei Bern noch weiche Puppen im Februar—März öfter gefunden, so dass ich eine teilweise Ueberwinterung der Raupe annehmen muss.

E. Sp. I, 170 — Favre 151 — Stz. III, 72 — Roug. 98.

414. **albicolon** Hb. — Stz. III, T 21 — Sp. III, T 36 — Culot, Noc. T 17.

Der Falter ist bei uns eine vereinzelt auftretende Seltenheit. Er fliegt von April bis Juni und geht in den Alpen bis über 1000 m. Airolo (Gerber), Branson, Martigny (W.), Sion,

Sierre (Paul), Salgesch (Roug.), Freiburg (T. de G.), Basel (Honegger), Ilanz (Caveng).

a) ? *egena* Ld. — Stdg. 1457 a).

Eine blassere, zeichnungslosere Form. Nur von Basel (Knecht). Ob die echte egena Ld.?

Die Raupe — Sp. IV, Nachtr. T III — lebt an Plantago und Löwenzahn von Juli bis September. Sie birgt sich über Tag an den Wurzelstöcken von Pappeln, in Stammritzen oder unter loser Rinde.

E Sp. I, 170 — Stz. III, 83 — Lamp. 153 — Favre 151.

415. **splendens** Hb. — Stz. III, T 17 — Sp. III, T 36 — Culot, Noc. T 17.

Der Falter ist als vereinzelt auftretende Seltenheit nur an wenigen Orten gefangen worden. Er fliegt im Juni—Juli, gelegentlich (in zweiter Generation?) im September (Nägeli), gern am Licht. Regensberg (Huber), Dübendorf (Corti), Zürich (Nägeli, V.), Kreuzlingen (Weg.), Aadorf (Z.-R.), Elgg (Gram.), Wallenstadt (V.), Büren (Rätz.), Bern (v. J.), Dombresson (Roug.), Bechburg (R.-St.), Freiburg (T. de G.), Clarens, Aigle (Tasker), Conche (Aud.), Pt. Saconnex (Mong.), Martigny (W.).

Die Raupe — Sp. IV, T 25 — lebt im August—September an niederen Pflanzen, ich fand sie bei Bern öfter an Solanum dulcamare.

Ein am 10. VI. 1908 am Licht gefangenes ♀ legte im Zuchtglas an Papier einige Eier; nach ca. 8 Tagen schlüpften die Räupchen. Die Zucht ist leicht. Ich bringe die Eier zwischen zwei Uhrgläser und lasse sie dort schlüpfen, gebe dann alle 1—2 Tage etwas verwelktes Futter hinein bis etwa zur dritten Häutung.

Von der dritten Häutung an gebe ich die Raupen in eine Holzkiste, halb gefüllt mit Sand und Erde, darauf einige Lagen etwas zerknülltes Filtrierpapier und das Futter.

Bei der Verpuppung schien es mir, als ob die oleracea L.-Raupen tiefer in die Erde gingen als die splendens Hb.-Raupen. Das Gespinst der letzteren ist noch lockerer als das der ersteren, die Puppen selbst konnte ich nicht von einander unterscheiden.

Am 10. Juli waren alle verpuppt, am 29. Juli bis 3. August alle geschlüpft. Ein Pärchen davon am 1. August ins Zuchtglas getan. Am 4. August viele Eier am Papier, Aussehen hellgrün. Mit Löwenzahn erzogen wie oben, zwischen 15. September und 22. September alle verpuppt, diese Falter erschienen Ende Mai bis Anfang Juni des folgenden Jahres (Dr. Corti).

E. Sp. I, 170 — Stz. III, 73 — Lamp. 153 — Favre 152.

416. **oleracea** L. — Sp. III, T 36 — Stz. III, T 17 — Culot, Noc. T 17.

Der in zwei Generationen vom Mai bis September fliegende Falter ist fast im ganzen Gebiet gemein. Höhengrenze bei etwa 1600 m (Airolo, V.).

Die Raupe — Sp. IV, T 25 — lebt von Juli bis Oktober polyphag an Gänsefuss und Akazien, Kohl, Lattich, Melde und zahlreichen andern Pflanzen. Die Puppe der zweiten Brut überwintert.

E. Sp. I, 170 — Favre 152 — Roug. 99 — Stz. III, 73.

417. **aliena** Hb. — Stz. III, T 16 — Sp. III, T 36 — Culot, Noc. T 17.

Der Falter gehört namentlich dem Jura und Wallis an, er ist überall selten und lokal nur an heissen Stellen zu finden. Aarburg, Oftringen, Born, Wartburg, Lenzburg (W.), Bechburg (R.-St.), Biel (Rob.), Tramelan (G.), St. Blaise (Roug.), Neuchâtel (V.), Bern (v. J.), Gadmental (St.), Martigny, Follaterres (W.), Fully, Salgesch (Roug.), Thusis (V.). Höhenverbreitung bis etwa 1500 m. Flugzeit im Mai—Juni.

Die Raupe — Sp. IV, Nachtr. T III — lebt an Melilotus, Hippocrepis, Cytisus, Trifolium, Ononis u. s. w. bis September, an trockenen, sonnigen Stellen. Die Verpuppung erfolgt an der Erdoberfläche unter Moos.

E. Sp. I, 171 — Stz. III, 71 — Lamp. 153 — Favre 152.

418. **genistae** Bkh. — Sp. III, T 36 — Stz. III, T 16 — B. R. T 30 — Culot, Noc. T 17.

Der Falter ist von April bis Juli überall verbreitet und häufig. Er geht bei Zermatt bis über 1600 m (Püng.).

Die Raupe — Sp. IV, T 25 — lebt auf Ginster, Heidelbeeren, Löwenzahn und andern niedern Pflanzen im Juli —August.

E. Sp. I, 171 — Stz. III, 71 — Lamp. 153 — Roug. 99 — Favre 152.

419. **dissimilis** Knoch (= suasa Bkh.) — Stz. III, T 16 — Sp. III, T 36 — B. R. T 31 — Culot, Noc. T 17.

Der Falter ist überall verbreitet und häufig, er fliegt in zwei Generationen von April bis Juni und im Juli—August. Nicht selten bei Zermatt (1620 m, Püng.). Der Falter variiert beträchtlich:

a) ? *extincta* Stdg. — Stdg. 1467 b).

Ist dunkler, Vfl gelblich gezeichnet. Büren (Rätz.), Landquart (Thom.). Ob das jedoch die echte, nur aus dem Amurland bekannte extincta Stdg. ist, erscheint zweifelhaft.

b) *errata* Gn. — Favre p. 150.

Ist grösser, mehr graugelb, Vfl heller. Unter der Art. Zermatt (Favre), Büren (Rätz).

c) *confluens* Ev. — Stz. III, T 16.

Ist eine dunkelbraune, fast schwärzliche Form. Elgg (Gram.).

Die Raupe — Sp. IV, Nachtr. T III — lebt polyphag an Cruciferen, Melilotus, Trifolium, Lactuca, Chenopodium, Tamarix u. s. w. von Juni bis Oktober.

E. Sp. I, 171 — Favre 150 — Stz. III, 71.

420. **thalassina** Rott. — Stz. III, T 16 — Sp. III, T 36 — B. R. T 31 — Culot, Noc. T 17.

Der Falter ist im Hügellande, dem Jura und den Alpen allgemein verbreitet und häufiger. Er lebt im Juni—Juli; Höhengrenze bei etwa 1600 m (Zermatt, Püng.).

a) *achates* Hb. — Stz. III, T 16.

Von weinroter Färbung und ohne graue Beimischung. Unter der Art, nicht selten. Zürich (V.), Bechburg (R.-St.), Born, Engelberg, Lenzburg (W.), Gadmental (St.).

Die Raupe — Sp. IV, T 24 — lebt an Eichen, Birken, Berberis, Brombeeren, Vaccinium, Chenopodium, Senecio, Solidago, Achillea u. s. w. im September.

E. Sp. I, 171 — Stz. III, 71 — Favre 150.

421. **contigua** Vill. — Stz. III, T 16 — Sp. III, T 36 — B. R. T 30 — Culot, Noc. T 17.

Diese Art ist wohl überall verbreitet, aber nicht gerade häufig. Flugzeit von Mai bis Juli. Höhengrenze nahe an 2000 m.

Die Raupe — Sp. IV, T 24 — lebt an Besenginster, Vaccinium, Heracleum, Rubus, Senecio, Achillea, Chenopodium und andern niedern Pflanzen, aber auch an Schlehen und Birken. Sie ist im August—September an den Blüten zu finden.

E. Sp. I, 172 — Favre 150 — Stz. III, 71 — Roug. 98.

422. **pisi**[1]) L. — Sp. III, T 36 — Stz. III, T 17 — B. R. T 30 — Culot, Noc. T 17.

Der Falter ist von Mai bis Juli überall häufig und gemein. In den Alpen bis etwa 2000 m (ob Andermatt, V.); er variiert dort beträchtlich von graurot bis dunkelbraun.

a) *rukavaarae* Hoffm. — Stdg. 1471 a).

Besitzt violettgraue Vfl. Von Arosa 1856 m (als herrschende Form?, Stange).

Die Raupe — Sp. IV, T 25 — lebt polyphag an Obstbäumen, Weiden und zahlreichen niedern Pflanzen, gerne an feuchten Stellen, von Juli bis Oktober. Sie sitzt auch am Tage auf dem Futter und ist leicht zu erziehen. Mordraupe!

E. Sp. I, 172 — Favre 151 — Soc. Ent. II, 171 — Gub. Ent. Zeitschr. III, 83. 103 — Stz. III, 73 — Roug. 98 — B. R. 181, T 30.

423. **trifolii** Rott. — Sp. III, T 37 — B. R. T 31 — Stz. III, T 15 — Culot, Noc. T 17.

Der Falter gehört mehr den tiefern Landesteilen an; er ist dort in zwei Generationen im April—Mai und Juli bis September weit verbreitet und gewöhnlich häufiger und geht bei Zermatt bis etwa 1600 m, dort in der zweiten Junihälfte in grauen Stücken nicht selten (Püng.). U. N. M. J. V. W. G.

a) *farkasi* Tr. — Stdg. 1477 a).

Dunkler, bunter; unter der Art. Wallis.

Die Raupe — Sp. IV, T 25 — lebt an Atriplex, Saponaria, Dianthus, Silene, Chenopodium, die Samen verzehrend, von Juni bis Oktober.

E. Sp. I, 173 — Stz. III, 68 — Lamp. 154 — B. R. 182, T 31 — Favre 153.

424. **glauca** Hb. — Stz. III, T 17 — Sp. III, T 37 — Culot, Noc. T 18.

---

[1]) Zur Variabilität von M. pisi L. vide Gillmer, Gub. Ent. Zeit. III, 103.

Der Falter ist im höhern Jura und den Alpen überall zu Hause und gewöhnlich nicht selten. Flugzeit von Mai bis Juli, je nach der Höhenlage. Höhenverbreitung zwischen 1000 und 2000 m, ausnahmsweise wurde er bei Crassier (477 m) in der Ebene getroffen (Loriol).

Die schöne Raupe — Sp. IV, T 25 — lebt an Vaccinium myrtillus und Gentiana lutea im August. Im August 1907 fand ich sie auf den Simmentalerbergen sehr zahlreich an Aconitum napellus, in Gesellschaft mit der Raupe von Phrag. sordida Hb. nach Sonnenuntergang. Die Raupen verpuppten sich im September und ergaben die Falter von Ende Mai des nächsten Jahres an. Sie nahmen in der Gefangenschaft auch Löwenzahn.

E. Sp. I, 173. 355 — Roug. 99 — Favre 152 — Stz. III, 74 — Iris XIV, 145.

425. **proxima** Hb.[1]) — Stz. III, T 16 — Sp. III, T 37 — Culot, Noc. T 19.

Falter nur im Jura und den Alpen von Juni bis September, sehr weit verbreitet und in manchen Jahren sehr häufig. Er geht im Wallis bis nahe an 2500 m. Einmal von Zürich (Rühl.). U. J. O. W. G.

a) *ochrostigma* Ev. — Stz. III, T 16.

Auf den Vfl mit gelblichem oder rotviolettem Fleck. Unter der Art. Jura (Roug.), Simplon (Püng.), Davos (Hauri).

Die Raupe lebt polyphag an niedern Pflanzen von August bis Mai, sie wird im Frühling des Nachts mit der Laterne gesucht. Sie lebt gleichzeitig und auch in ähnlicher Art wie die Agrotis-Raupen.

E. Sp. I, 177 — Roug. 101 — Favre 153 — Stett. Ent. Ztg. Bd. 50, 226 — Stz. III, 69.

426. **nana** Hufn. (= dentina Esp.) — Sp. III, T 37 — Stz. III, T 17 — B. R. T 31 — Culot, Noc. T 18.

Der Falter ist überall gemein, er fliegt in der Ebene in zwei Generationen im Mai—Juni und August—September, in höheren Lagen aber nur im Juli—August. Die Höhengrenze erreicht etwa 1500 m. Der Falter variiert beträcht-

[1]) Vergl. Püng. i. Stett. Ent. Ztg. Bd. 50, 226 — Roug. 101 — Favre 153 — Stz. III, 69.

lich. Als typische Form gilt eine hellgraue, wenig braun gemischte. Mit steigender Elevation wird das Tier zusehends dunkler, schwarzgrau, bis es schliesslich zur hochalpinen, fast einfarbig schwarzen Form:

a) *latenai* Pierr. — Stz. III, T 17 — Culot, Noc. T 18 geworden ist. Diese Form findet sich von 1000 bis 2500 m, aber durchaus nicht als ausschliessliche. Sie kommt in den Alpen wie im Jura vor.

Die Raupe — Sp. IV, T 25 — lebt im Juni—Juli und September—Oktober an Leontodon und Hieracium.

E. Favre 153 — Roug. 99 — Stz. III, 73 — Sp. I, 174.

427. ? **treitschkei** B. — Sp. III, T 37 — Stz. III, T 18 — Culot, Noc. T 18.

Die Raupe wurde ein Mal von Couleru bei Neuveville gefunden. Dieser Fund gewinnt an Wahrscheinlichkeit dadurch, dass Rehfous im Juni 1906 zwei ♂♂ dieses Falters am Fuss des Salève in der Nähe von Genf erbeutete. (Bull. Soc. lép. I, 188).

Der südliche Falter fliegt im Mai—Juni und August.

Die Raupe lebt an Hippocrepis und andern niedern Pflanzen.

E. Sp. I, 174 — Stz. III, 68.

428. **marmorosa** Bkh. — Sp. III, T 37 — Stz. III, T 15 — Culot, Noc. T 18.

Der Falter ist im Jura und den Alpen weit verbreitet, aber nur ganz ausnahmsweise häufiger anzutreffen. So Ende August 1895 auf dem Chasseral (Roug.). Er fliegt in zwei Generationen von Mai bis Juli und im August—September. U. J. O. S. W. G., ausnahmsweise einmal bei Zürich (Rühl), Aadorf (Z.-R.) und Frauenfeld (Wehrli); diese Form geht von der Ebene bis in etwa 2000 m Höhe.

a) *microdon* Gn. — Culot, Noc. T 18.

Dunkle, fast schwärzliche Form der höhern Lagen. Stelvio (Frey), Albulahospiz, Splügen (Honegger), Gadmental (St.), Simplon, Ponchette, Riffelalp, Pierre-à-Voir (Favre), Weissenburg (Hug.), Naye (W.). Diese Form geht im Wallis bis nahe an 3000 m. Im Zermattergebiet fliegt sie massenhaft am Licht, auch über Tag an Blumen (Püng.).

Die Raupe — Sp. IV, Nachtr. T III — lebt an Hippocrepis, Ornithopus, Lonicera, Silene, Saponaria bis Mai—Juni.

E. Sp. I, 174 — Favre 153 — Stz. III, 68 — Roug. 99.

429. **reticulata** Vill. (= saponariae Bkh.) — Sp. III, T 37 — Stz. III, T 19 — B. R. T 31 — Culot, Noc. T 18.

Der Falter kommt im ganzen Gebiet vor, häufiger ist er im Gadmental und namentlich im Wallis. Im Vispertal bis über 2200 m (Riffelalp, Püng.). Er fliegt von Juni bis August, am Abend gerne an Echiumblüten, aber auch Nachts am Lichte. Ein Exemplar mit drei Fühlern fing Wullschlegel bei Martigny am 25. VI. 1900.

Die Raupe — Sp. IV, T 25 — lebt an Saponaria, Dianthus, Silene am Tage versteckt.

E. Sp. I, 174 — Favre 154 — Stz. III, 79— B. R. 184, T 31.

430. **cavernosa** Ev. — Sp. III, T 37 — Stz. III, T 21 — Culot, Noc. T 18.

Diese östliche Art scheint sich als Relikt der Steppenfauna lediglich in der Umgebung von Chur erhalten zu haben. Ein erstes (♀) Exemplar fing Caflisch am elektrischen Licht im Sommer 1896, ein ♂ ebendort 1899 Senn. In der Folge erhielt Dr. Thomann den Falter mehrfach durch Nachtfang bei Landquart, so ein Stück 1904, fünf Stück am 2. VII. 1905, sowie ein ♂ ♀ am 1. VII. 1911.

Ein erster Zuchtversuch war nicht gelungen, indem die Puppen nach der Ueberwinterung eingingen. Aus am 4. VII. abgelegten Eiern schlüpften die Räupchen nach einer Woche, häuteten sich fünf Mal und waren bis am 22. VIII. verpuppt. Die erwachsene Raupe ist 3,5—4 cm lang und von schlanker Gestalt. Sie ist grün, auf dem Rücken dunkel berieselt, mit einer dunkeln und zwei hellen Rückenlinien und breiten weissen oder weinroten Seitenstreifen. Auch der Kopf ist grün, schwarz punktiert, der Bauch hellgrün. (Mittlg. S. E. G. XI, 306). Das am 1. VII. 1911 erbeutete ♀ legte vom 4. bis 7. über 150 Eier ab, die Räupchen erschienen zwischen dem 10. und 14. VII. Sie wurden anfänglich mit Silene inflata erzogen, deren Blätter und Blüten sie verzehrten. Sie nahmen aber auch Lotus corniculatus, Taraxacum officinale,

Plantago lanceolata, Centaurea jacea und scabiosa, Salvia pratensis, Medicago sativa, Onobrychis sativa, Achillea millefolium, Matricaria chamomilla, Leucanthemum vulgare und Picris hieracioides (Dr. Thomann).

431. **chrysozona** Bkh.[1]) (= dysodea Hb.) — Stz. III, T 17 — Sp. III, T 37 — B. R. T 31 — Culot, Noc. T 19.

Ueberall in den tieferen Landesteilen häufig, im April — Mai und von Juni bis August. Der Falter erreicht noch das Binnental (ca. 1400 m, V.).

a) *caduca* H. S. — Stz. III, T 17.

Ist eine mehr graue Form, fast ohne Gelb. Unter der Art. Mt. Ravoire (Favre), Büren (Rätz.).

Die Raupe — Sp. IV, T 25 — lebt an Prenanthes, Aquilegia, Hieracium, Lactuca, Trifolium von Juli bis September, stets gesellschaftlich.

E. Sp. I, 175 — Favre 154 — Roug. 100. 327 — Stz. III, 75 — B. R. 185, T 31.

432. **serena** F. — Stz. III, T 17 — Sp. III, T 37 — B. R. T 31 — Culot, Noc. T 19.

Der Falter kommt von März bis August überall vor und ist meistens häufig. Er geht in den Bergen bis etwa 1500 m Höhe und variiert beträchtlich.

a) ? *leuconota* Ev. — Stz. III, T 17 — Culot, Noc. T 19.

Wurzel, Saumfeld und Thorax sind weisslich. Büren (Rätzer).

b) *obscura* Stdg. — Stz. III, T 17 — Culot, Noc. T 19.

Die dunklere, einfarbigere Form. Sie geht von der Ebene (Conche, Aud.) bis in 2000 m Höhe (Gadmerflühe, St.).

Die Raupe — Sp. IV, T 25 — lebt polyphag an Hieracium, Prenanthes, Taraxacum, Picris hieracioides u. s. w. von Mai bis Oktober, besonders an den Blüten.

E. Sp. I, 175 — Favre 154 — Roug. 100 — Stz. III, 74.

Dianthoecia B.

433. **luteago** Hb. — Stz. III, T 16 — Culot, Noc. T 19 — Sp. III, T 37.

[1]) M. *cappa* Hb., welche bei Sissach gefangen sein sollte, hat sich als eine sehr helle M. chrysozona Bkh. herausgestellt.

Ich habe aus am Altberg bei Zürich an Silene nutans gefundenen Raupen mehrere Exemplare gezogen, womit das schon durch Bremi bei Zürich erwähnte Vorkommen bestätigt wird. Ausserdem wurde der Falter erbeutet bei Biel (Rob.), Martigny, Fully (W.), Sion, Sierre (Paul), sodann ziemlich häufig bei Promontogno (Bergell) am Licht (Hauri). Flugzeit im Mai—Juni, ausnahmsweise auch im August (Rob.).

a) *argillacea* Hb. — Stz. III, T 16 — Culot, Noc. T 19.

Eine buntere, heller und dunkel gemischte Form. Sehr selten. Dombresson (Roug.), Biel (Rob.), Gorges de l'Areuse (P. Favre), Florissant (Rehf.), Branson, Martigny, Mt. Chemin (W.), Sion, Sierre (Paul), Leuk (Stierlin).

Die Raupe — Sp. IV, Nachtr. T III — lebt an Silene inflata, otites und nutans im Juli—August in den Wurzeln und Stengeln. Die Puppe überwintert oder ergibt gelegentlich den Falter auch schon Ende August.

E. Sp. I, 176. 356 — Stz. III, 70 — Roug. 327 — Favre 155.

434. **caesia** Bkh. — Sp. III, T 37 — B. R. T 31 — Stz. III, T 18 — Culot, Noc. T 19.

Falter im Jura und den Alpen überall nicht selten; die jurassischen Exemplare sind heller als die alpinen. Flugzeit von Juni bis August, im Wallis schon im Mai. Der Falter ruht über Tag gerne an Felsen. Höhenverbreitung zwischen 1100—3000 m, ausnahmsweise wurde der Falter auch einmal bei Bern am Licht gefangen (Hiltb.).

a) *nigrescens* Stdg. — Stdg. 1539 b).

Diese nordische Form findet sich auch bei uns unter der Art, aber nur in den Alpen. Sie hat dunkel blaugraue, gelblich gemischte Vfl. In der Ostschweiz (Spuler), Airolo, Simplon (V.), Rhaetia (Stdg.), Arosa bei 1856 m (Stange).

Die Raupe — Sp, IV, T 49 — lebt von Juli bis September in den Kapseln der Silene nutans und inflata.

E. Sp. I, 177 — Roug. 102 — Favre 155 — Stz. III, 77.

435. **filigrama** Esp. — Sp. III, T 37 — Stz. III, T 18.

Die typische Art ist dunkelbraun, ähnlich magnoli B. Ich bin der Meinung, dass dieselbe bei uns sehr selten vorkommt, und deren Anführung z. T. auf Verwechslung mit der nachfolgenden xanthocyanea Hb. beruht. Büren

(Rätz.), Neuveville (Coul.), Biel (Rob.), Dombresson (Roug.), St. Imier, Sonvilier (G.), Oftringen, Lenzburg (W.), Lägern (Huber), Pt. Saconnex (Mong.), Ilanz (Caveng), Engadin (Z.), Gadmen (Bent.).

Die Raupe — Sp. IV, T 49 — lebt an den Samen und Blättern der Silene inflata und nutans.

E. Sp. I, 177 — Lamp. 155.

436. **xanthocyanea** Hb. — Stz. III, T 18.

Wird in neuerer Zeit als eigene Art betrachtet, weil die Raupe von derjenigen der vorigen Art verschieden ist. Der Falter ist dunkelgrau mit schwacher gelber Beimischung. Er ist im Jura und den Alpen zwar lokal, aber an manchen Orten erbeutet worden. Flugzeit im Mai—Juni, höher im Gebirge im Juli. Aargauer-Jura (W.), Bechburg (R.-St.), Dombresson (Roug.), Tramelan (G.), La Croix, Mt. Ravoire, ob Saillon (Favre), Martigny, La Forclaz (W.), Flims (Bazz.), Gadmental häufiger (St.). Höhengrenze wenig über 1500 m.

a) ? *luteocincta* Rbr. — Stdg. 1542 b).

Uebergänge zu dieser blassen, schwach gezeichneten Form, bei der die rostroten Töne scharf hervortreten, wurden an der Bechburg erbeutet (R.-St.).

Die Raupe lebt von Juli bis September an Silene nutans.

E. Sp. I, 177 — Stz. III, 76 — Favre 155.

437. **tephroleuca** B.[1]) — Sp. III, T 37 — Stz. II, T 18.

Der Falter ist wenig verbreitet und ein seltenes, geschätztes Tier. Er fliegt von Ende Juni an durch den Juli hindurch, hauptsächlich als alpines Gebirgstier, meist etwa von 1300 bis etwa 2200 m Höhe. Gadmental (Rätz., St., V.), Mürren (Bent.), Chamonix (B.), Col de Balme (Favre), Trient (W.), Simpeln (v. J., V.), Simplon (Rätz.), Zermatt, Riffelalp (Püng., Roug.), Salgesch (Roug.), Turtmantal (Z.-R.), Rochers de Naye (Stierlin), Samaden (Kill.), Splügen (Honegg.), Davos (Hauri), Oftringen (?, W.).

[1]) Die Originale Boisduvals stammten von Chamonix und sind dunkel olivbraun, fast schwärzlich, mit helleren Zeichnungen. Im Berneroberland (Gadmental) ist dagegen das Tier — wenn frisch — hell lehmgelblich, leicht grau angeflogen, mit weisslichen Zeichnungen. Rätzer benannte irrtümlich die typische Form als *nigra*. Vgl. Ann. Soc. Ent. France 1833, Pl. 14 und Rätzer «Eine Exkursion i. d. alp. Süd. d. Schweiz.»

Die der albimacula Bkh. ähnliche Raupe fand Püngeler bei Zermatt an Lychnis rupestris.

438. **magnoli** B. — Stz. III, T 18 — Sp. III, T 37 — Culot, Noc. T 20.

Ist ebenfalls eine Seltenheit. Der Falter fliegt an warmen, sonnigen Stellen, besonders auf Kalkboden von Mai bis Juli. Er geht im Gadmental bis 1500 m Höhe. Lenzburg, Oftringen, Othmarsingen (W.), Bechburg (R.-St.), St. Blaise, Biel (Rob.), Twann (v. J.), Tramelan (G.), Dombresson (Roug.), Neuchâtel (V.), Gorges de l'Areuse (P. Favre), Freiburg (T. de G.), Mt. Ravoire, Branson, Fully, Martigny (W.), Mt. Chemin (Favre), Sion, Sierre (Paul), Niouc (Steck), Berisal (Jäggi), Zermatt Ende Juni (1620 m, Püng.), Chur, Tarasp, Bergün, Bergell, Stelvio (Kill.).

Die Raupe — Sp. IV, Nachtr. T III — lebt an Silene nutans im Juli—August. W.-Sch. fand sie bei Schaffhausen auch in den Kapseln von Melandryum album.

E. Sp. I, 178 — Roug. 102 — Stz. III, 76 — Favre 155 — Mittlg. S. E. G. II, 133. III, 330 — Stett. E. Z. XX, 379. XXXII, 406.

439. **albimacula** Bkh. — Sp. III, T 37 — Stz. III, T 18 — Culot, Noc. T 20.

Der Falter ist in weiter Verbreitung von überall her bekannt und fliegt von Mai bis August, je nach der Höhenlage früher oder später. Er geht bis über 2000 m.

Die Raupe — Sp. IV, T 25 — lebt an Silene nutans, Lychnis dioica und Cucubalus im Juli—August. Die Eiablage erfolgt anfangs Juli. Die Raupen leben in den Kapseln und werden am frühen Morgen oder spät abends in den geleerten Kapseln gefunden. Man pflückt die Blumen in grossen Sträussen und stellt dieselben im Zuchtkasten ein. Später ist es nur nötig, hie und da neue Pflanzen hinzuzulegen. Anfangs August sind die Raupen erwachsen und verwandeln sich in der Erde; die Falter erscheinen im Mai oder Juni des nächsten Jahres.

E. Soc. Ent. III, 187 — Roug. 103 — Stz. III, 77 — Sp. I, 178 — Favre 156.

440. **conspersa** Schiff. (= nana Rott.). — Sp. III, T 37 — Stz. III, T 18 — B. R. T 31 — Culot, Noc. T 20.

Der Falter ist im ganzen Gebiet verbreitet, aber gewöhnlich nicht gemein. Flugzeit von Mai bis Juli, je nach der Höhenlage. Der Falter steigt bis etwa 2000 m an.

a) *ochrea* Gregs. — Stz. III, T 18.

Vfl mit ockergelber statt weisser Zeichnung. Selten unter der Art im Wallis (Favre).

Die Raupe — Sp. IV, T 25 — lebt an Coronaria flos cuculi, Silene vulgaris, Melandryum rubrum von Juni bis August.

E. Sp. I, 178 — Favre 156 — Stz. III, 77.

441. **compta** F. — Sp. III, T 37 — B. R. T 31 — Stz. III, T 18 — Culot, Noc. T 20.

Falter in Verbreitung der vorigen Art, eher etwas weniger selten. Flugzeit von Mai bis Juli und im August—September, im Gebirge aber nur in einer Generation.

a) *viscariae* Gn. — Gn. II, 26.

Mit gelber oder bräunlicher Mittelbinde der Vfl. Wallis unter der Art, selten (Favre).

Die Raupe — Sp. IV, T 25 — lebt an Dianthus, Silene und Lychnisarten von Juli bis Oktober, tagsüber versteckt.

E. Sp. I, 178 — Stz. III, 77 — Favre 156 — Roug. 103 — B. R. 187 T 31.

442. **capsincola** Hb. (= bicruris Hfn.) — Sp. III, T 37 — B. R. T 31 — Stz. III, T 17 — Culot, Noc. T 20.

Der Falter gehört mehr der Ebene und dem Hügellande an, ist aber auch im Jura und den Alpentälern verbreitet und nicht selten. Flugzeit in zwei Generationen von April bis Juli und im August—September.

Die Raupe — Sp. IV, T 25 — lebt an den nämlichen Pflanzen wie die vorige Art, auch an Saponaria und Melandryum, sie verzehrt die Samen. Mordraupe!

E. Sp. I, 179 — Stz. III, 75 — Favre 156 — Roug. 103 — Gub. Ent. Zeitschr. III, 61 — B. R. 187, T 31.

443. **cucubali** Füssl. (= *rivosa* Ström.) — Sp. III, T 37 — B. R. T 31 — Stz. III, T 17 — Culot, Noc. T 20.

Verbreitung und Erscheinungszeit wie die vorige Art. Der Falter geht in den Alpentälern bis etwa 1600 m (Davos, Hauri).

Die Raupe — Sp. IV, T 25 — lebt an Silene, Lychnis, Cucubalus und Agrostemma im Juli—August und September. Tagsüber versteckt; sie verzehrt im Gegensatze zur vorigen Art die Blätter.

E. Favre 157 — Sp. I, 179 — Roug. 103 — Stz. III, 75 — B. R. 188, T 31.

444. **carpophaga** Bkh. (= lepida Esp.) — Sp. III, T 37 — B. R. T 31 — Stz. III, T 17 — Culot, Noc. T 20.

Falter mehr an warmen sonnigen Stellen, sonst in Verbreitung und Erscheinungszeit der vorigen zwei Arten.

Die Falter vom Jura sind heller als die aus den Alpen; Höhengrenze unter 2000 m. Ein ♀ mit keilförmig bis zur Flügelwurzel verlängerter Ringmakel fing Dr. Thomann bei Landquart.

a) ? *pallida* Tutt — Stz. III, T 17.

Ein Exemplar dieser albinotischen Form wird von Basel erwähnt (Leonh.).

Die Raupe — Sp. IV, T 25 — lebt an Silene nutans, inflata und Agrostemma githago im Juli—August und September in den Kapseln.

E. Sp. I, 179 — Stz. III, 76 — Lamp. 156 — Roug. 104 — Favre 157.

445. **capsophila** Dup. — Sp. III, T 37 — Stz. III, T 18 — Culot, Noc. T 21.

Ich halte sie für eine gute Art. Das Tier ist robuster, kräftiger als carpophaga Bkh. Die Vfl etwas breiter, ihre Grundfärbung dunkel olivbraun, nicht gelblich. Alle hellen Zeichnungen rein weiss.

Der Falter fliegt von Ende April bis Anfang August, je nach der Höhenlage. Er geht von der Ebene bis in Höhen von 2000 m. Aarburg (W.), Biel (Rob.), St. Blaise (Roug.), Tramelan (G.), Bern (Hiltb.), Büren (Rätz.), Zermatt zu Hunderten (Püng.), Riffelalp (Favre), Salgesch (Roug.), Mt. Chemin (Favre), Martigny, La Forclaz (W.), Gadmental (St., V.), Airolo (V.), Erstfeldertal (L.), Ilanz (Caveng), Vals (Jörg.), Thusis (Cafl.), Cresta (Honegger), Landquart (Thom.), Chur (Cafl.), Tarasp (Kill.).

Die Raupe ist gedrungener, grauer als die der vorigen Art; sie lebt an Silene inflata und nutans, aber auch an Lychnisarten im August und September.

E. Stz. III, 76 — Mittlg. S. E. G. IV, 69.

446. **irregularis** Hufn. — Sp. III, T 37 — Stz. III, T 21 — B. R. T 31 — Culot, Noc. T 21.

Der auffallende Falter fliegt von Ende April bis anfangs Juli, ausnahmsweise auch im August. Er ist an heissen, sonnigen Abhängen des Wallis weit verbreitet und stellenweise häufig. Ueber Tag ruht er meist an den Blüten der Silene otites, wo er mühelos in Mehrzahl abzunehmen ist. Fliegend sah ich ihn nur in den heissesten Mittagsstunden und Nachts am Licht. Er geht bis etwa 1300 m Höhe (Schallberg, Favre). Follaterres, Branson, La Batiaz, Saillon (W., v. J., V.), Mt. Ravoire (Favre), Siders (Paul), Salgesch (Roug.), sodann am 11. VIII. 1911 bei Lostallo am Licht (Thom., M.-R.) und angeblich von St. Aubin (Roug.).

Die Raupe — Sp. IV, T 26 — lebt an Silene otites und soll auch an Gypsophila vorkommen von Juni bis August.

E. Sp. I, 180 — Favre 157 — Stz. III, 82 — Lamp. 156.

Bombycia Stph.

(Cleoceris Bsd.)

447. **viminalis** F. — Sp. III, T 46 — Stz. III, T 29 — B. R. T 34 — Culot, Noc. T 21.

Falter in weitester Verbreitung im ganzen Faunengebiet, in den Alpen bis ca. 1800 m Höhe; er ist meist nicht selten. Die alpinen Exemplare sind grösser und grauer als die der Ebene, sie gleichen nordischen Stücken, stimmen aber mit der englischen *obscura* Stdg. nicht überein. Flugzeit im Juli —August.

a) *saliceti* Bkh. — Stz. III, T 29.

Diese Form hat die innere Flügelhälfte verdunkelt. Nicht selten, neben dem Typus.

Die Raupe — Sp. IV, Nachtr. T III — lebt an Weiden, zwischen zusammengesponnenen Blättern von April bis Juni. Sie ist sehr leicht zu erziehen; man schneidet einfach die Zweige ab und stellt dieselben in Wasser, indem man alle 3—4 Tage neue Zweige dazu stellt und die alten dürr oder welk gewordenen entfernt. Die Raupen gehen von selbst auf die frischen Zweige, sobald sie ihre Blattgehäuse aufgezehrt haben. Auch die Verpuppung erfolgt zwischen den Blättern.

E. Sp. I, 180 — Favre 188 — Lamp. 156 — Stz. III, 122 — Roug. 130.

Miana Stph.

448. **ophiogramma** Esp. — Sp. III, T 41 — Stz. III, T 40 — Culot, Noc. T 21.

Der Falter ist bei uns eine lokale, besonders an sumpfigen Stellen auftretende Seltenheit. Er fliegt von Juni bis August. St. Gallen (M.-R.), Aadorf (Z.-R.), Elgg (Gram.), Frauenfeld (Wehrli), Scharenwald (W.-Sch.), Dübendorf nicht selten (Corti), Zürich (Nägeli, V.), Siselen, Büren ziemlich häufig (Rätz.), St. Blaise, Bern (V.), Basel (Honegg.), Yverdon, Dombresson (Roug.), Conche (Aud.), Florissant (Rehf.), Pt. Saconnex (Mong.), Zermatt (Püng.), Stalla (Rühl.), Latsch (Selm.), Ilanz (Caveng), Landquart (Thom.).

a) *maerens* Stdg. (= obscura Rätz.) — Stdg. 1561 a).

Viel dunkler, mit fast schwärzlichen Vfl. Sehr selten, unter der Art. Büren (Rätz.), Frauenfeld (Wehrli).

Die Raupe — Sp. IV, Nachtr. T III — lebt an Iris, Arundo, Phalaris, Glyceria u. s. w.

E. Sp. I, 180 — Favre 168 — Lamp. 156 — Stz. III, 170.

449. **literosa** Hw. — Sp. III, T 41 — Stz. III, T 40 — Culot, Noc. T 21.

Der ziemlich selten und vereinzelt auftretende Falter fliegt auf warmen dürren Wiesen von Juni bis August. Am Tage ruht er an Felsen und ist dort leichter zu erbeuten. Martigny, La Croix, Branson (W.), Sion (Paul), Salgesch (Roug.), Gamsen (And.), Mt. Ravoire (Favre), Zermatt (Püng.), Simplon (V.), Bergell (Bazz., v. J.), Biel (Rob.), Taubenloch (G.), Dombresson (Roug.), angeblich auch von Aadorf (Z.-R.).

Die Raupe — Sp. IV, T 49 — lebt an Gräsern z. B. Elymus arenarius, namentlich aber in den Stengeln von Dactylis glomerata im April—Mai.

E. Sp. I, 180 — Favre 168 — Lamp. 156 — Stz. III, 173.

450. **strigilis** Cl. — Sp. III, T 41 — B. R. T 32 — Stz. III, T 40 — Culot, Noc. T 21.

Diese sehr veränderliche Art ist überall häufig. Flugzeit im Mai—Juni, in höheren Lagen noch im August. Sie geht im Gebirge bis über 1500 m. Als Typus gilt die rötlichbraune mit starker, weisser Saumbinde versehene Form.

Die Raupe — Sp. IV, T 40 — lebt an Gräsern, von September bis Mai. Man sucht sie im ersten Frühjahr abends mit der Lampe an Grasspitzen. Sie verwandelt sich zwischen Graswurzeln oder unter Moos.

E. Sp. I, 181 — Favre 168 — Roug. 113 — Ill. Wochenschr. f. Ent. II, 490 — Stz. III, 172.

451. **latruncula** Hb. — B. R. T 32 — Stz. III, T 40.

Ist eigene Art.[1]) Kleiner als die vorige, heller, mehr rotbraun, mit schwacher weisser Zeichnung. Sie erscheint später als die vorige, von Juni bis August und ist meist seltener. Zürich (V.), Büren (Rätz.), Burgdorf (Müller), Bern (v. J.), Luzern (Locher), Oftringen, Lenzburg (W.), Biel (v. B.), Conche (Aud.), Martigny (W.), Frauenfeld (Wehrli).

a) *aethiops* Hw. — Sp. III, T 41 — Stz. III, T 40.

Völlig schwarz gewordene Form, der die weisse Binde gänzlich fehlt. Vereinzelt neben latruncula Hb. Zürich, Bern, (V.), Bechburg (R.-St.), Biel (Rob.), Conche (Aud.), Gd. Saconnex (Mong.), Mt. Ravoire, Mt. Chemin, Plan Cerisier (W.), Sierre (Paul), Versam (v. J.), Tarasp (Kill.), Landquart (Thom.).

Die Raupe ist unbeschrieben; sie lebt an Gräsern nach Art der vorigen.

452. **fasciuncula** Hw. — Sp. III, T 41 — Stz. III, T 40 — Culot, Noc. T 22.

Bisher nur bei Yverdon beobachtet (Roug.) und von Les Plans (Blach.). Falter im Juni—Juli.

Die Raupe — Sp. IV, T 49 — lebt im April—Mai in Aira-Stengeln.

E. Sp. I, 181 — Stz. III, 172.

453. **bicoloria** Vill. — Sp. III, T 41 — B. R. T. 32 — Stz. III, T 40 — Culot, Noc. T 22.

Eine sehr veränderliche Art. Als Typus gelten Stücke mit brauner Wurzel und weisslicher Saumhälfte. Der Falter ist mehr lokal und meist ziemlich selten; den Alpen scheint er zu fehlen. Flugzeit im Juli—August. St. Gallen (M.-R.), Bruggen (Gröbli), Frauenfeld häufig (Wehrli), Dübendorf (Corti), Zürich (V.), Liestal (Leuth., Seiler), Basel, Hüningen (P.-J.), Biel (Rob.), St. Blaise (V.), Dombresson, Yverdon (Roug.), Büren (Rätz.), Bern (v. J.), Freiburg (T. de G.), Pt.

[1]) Vgl. Spuler I, 181 — Dampf, Phys. ök. G. Königsberg 1907, p. 75 — Petersen, Rev. Russ. Ent. VI, 206.

Saconnex (Mong.), La Croix, Plan-Cerisier (W.), Pfynwald Sion, Sierre (Paul), Salgesch (Roug.), Chur (Cafl.), Landquart (Thom.).

a) *furuncula* Hb. — Stz. III, T 40 — Culot, Noc. T 22.

Hat die Saumhälfte der Vfl bräunlich überflogen. Unter der Art, selten. Aadorf (Z.-R.), Zürich (V.), Oftringen, Lenzburg (W.), Siselen, Büren (Rätz.), Bern (v. J.), Neuveville (Coul.), St. Blaise (Roug.), Basel (Honegg.), Conche (Aud.), Pt. Saconnex (Mong.), Martigny (W.).

b) *rufuncula* Hw. — Stz. III, T 40.

Ist einfarbig braun. Sehr selten. Aadorf (Z.-R.), Elgg (Gram.), Hüningen (P.-J.), Bern (v. J.), La Croix (Favre), Martigny (W.), Landquart (Thom.).

c) *vinctuncula* Hb. — Stz. III, T 41 — Culot, Noc. T 22.

Ist ebenfalls rotbraun mit dunklerer Mittelbinde. Nicht häufig. Aadorf (Z.-R.), Frauenfeld (Wehrli), Bechburg (R.-St.), Siselen, Büren, Bern (Rätz.), Veyrier (Lacr.), Pt. Saconnex (Mong.), Martigny (W.), Chur (Cafl.), Landquart (Thom.).

Die Raupe — Sp. IV, T 49 — lebt an Aira caespitosa, Festuca arundinacea und andern Gräsern in den Halmen, besonders auf sandigem Boden im Mai.

E. Sp. I, 181 — Lamp. 156 — Stz. III, 173.

454. **captiuncula** Tr. — Sp. III, T 51 — Stz. III, T 41 — Culot, Noc. T 22.

Der Falter tritt bei uns sehr lokal auf und ist nur an wenigen Orten beobachtet worden. Er fliegt im Juni—Juli im Sonnenschein. Seealptal häufiger (Taesch., M.-R.), Diablerets (V.), Chur (Kill.), Weisstannental (M.-R.), Weissenburgerschlucht (Hug.), Simplon (Rätz.), Laquintal (Favre), Dent de Branleire (W.). Höhengrenze nahe an 2000 m.

Die Raupe lebt von August bis Mai an Carex glauca.

E. Sp. I, 182 — Favre 218 — Stz. III, 174.

Bryophila Tr.

455. **raptricula** Hb. — Sp. III, T 31 — Stz. III, T 4 — B. R. T 29 — Culot, Noc. T 23.

Der Falter kommt in weitester Verbreitung in allen ebenen Landesteilen vor, ist aber meistens ein selteneres Objekt. Er fliegt von Juni bis September, schon in der Dämmerung.

a) *carbonis* Frr. — Stz. III, T 4.

Ist fast einfarbig schwarz. Pianazzo (Kill.), Chur (Bazz.), Basel (Leonh.).

b) *deceptricula* Hb. — Stz. III, T 4 — Sp. III, T 31 — Culot, Noc. T 23.

Färbung mehr oder weniger braun getönt. Unter der Art, selten. Aadorf (Z.-R.), Bremgarten (Boll), Oftringen, Lenzburg (W.), Bechburg (R.-St.), Basel (Leonh.), St. Blaise, Neuchâtel (V.), Neuveville (Coul.), Biel (v. J.), Büren (Rätz.), Bern (v. J.), Grimentz, Salgesch (Roug.), Chur (Cafl.).

Die Raupe — Sp. IV, T 22 — lebt an Steinflechten, besonders an alten Mauern, bis Mai.

Die Zucht ist schwierig; es empfiehlt sich, nur fast erwachsene Raupen einzutragen. Sie sind täglich zu bespritzen und an die Sonne zu stellen.

E. Sp. I, 182 — Soc. Ent. VI, 81 — Stz. III, 19 — Ins. Börse XXIII, 127 — Favre 125 — Roug. 82 — Ent. Zeitschr. XXI, 14.

456. **fraudatricula** Hb. — Stz. III, T 4 — Sp. III, T 31 — Obthr. Et. I, 59, Pl. IV — Culot, Noc. T 23.

Falter ist als lokale Seltenheit bei Aadorf (Z.-R.), Zürich (V.), Bern (28. VIII! Jäggi), Zimmerwald (v. J.), Basel (Honegg., Knecht), La Croix (Favre), Martigny (W.), Boudry, Salgesch (Roug.) erbeutet worden. Flugzeit im Juli—August.

Die Raupe — Sp. IV, Nachtr. T III — lebt bis April—Mai an Felsen- und Wurzelflechten.

E. Sp. I, 183 — Favre 125 — Lamp. 157.

457. **simulatricula** Gn. — Obthr. I, Pl. IV — Culot, Noc. T 23.

Ist eigene Art. Lebensweise und Erscheinungszeit von Raupe und Falter sind von fraudatricula Hb. verschieden. Der Falter ist kleiner, Vfl grau, Hfl weisslich und braun gerandet. Flugzeit im Juli—August. Mt. Chemin, La Croix (Favre), Martigny (W.); ob nur im Wallis?

Die Raupe lebt von März an bis Juli an Steinflechten.

E. Favre 125.

458. **strigula** Bkh. (= receptricula Hb.) — Sp. III, T 31 — Stz. III, T 4.

Ist eine Seltenheit. Der Falter fliegt an heissen Stellen des untern Rhonetales im August. Branson, Follaterres, La Batiaz, Martigny (W.), Plan-Cerisier (Favre), Sierre (Paul); sodann von Biel (Rob.).

Die Raupe — Sp. IV, T 22 — lebt im Mai—Juni an Flechten auf Eichen.

E. Sp. I, 183 — Favre 126 — Stz. III, 20 — Lamp. 157.

459. **ravula** Hb. — Sp. III, T 31 — Stz. III, T 4.

Der Falter kommt in allen tieferen Gegenden vor, ist aber gewöhnlich seltener. Flugzeit im Juli—August. St. Gallen (M.-R.), Zürich (Nägeli, V.), Lenzburg (W.), Bechburg (R.-St.), Biel (Rob.), St. Blaise (Coul.), Neuchâtel, Dombresson (Roug.), Sissach (Müller), La Croix (Favre), Martigny (W.), Sierre (Paul), Coltura (Cafl.).

a) *ereptricula* Tr. — Sp. III, T 31 — Stz. III, T 4.

Die Vfl sind schwärzlich, Basis und Makeln grau. Unter der Art selten. St. Gallen (M.-R.), Zofingen, Oftringen, Aarburg (W.), Bechburg (R.-St.), Basel (Honegg.), Neuveville (Coul.), Bern, Gunten (v. J.), Montagny (T. de G.), Genf (V.), La Croix, Mont Ravoire, Martigny (W.), Sion (Paul), Ilanz (Caveng).

Die Raupe — Sp. IV, Nachtr. T III — lebt bis Mai an Parmelia auf alten Mauern und Steinen. Sie ist Ende April erwachsen und wird am besten erst dann gesucht, weil ihre Aufzucht schwierig ist. Man findet sie in eine kleine Vertiefung eingebettet, welche mit einem Spinnennetz ähnlichen, 2—3 cm^2 grossen Gewebe überdeckt ist. Um sie aufzuziehen, trägt man mit feuchten Flechten bekleidete Steine ein. Die Raupe verpuppt sich im Mai in dem vorerwähnten Gespinst und liefert den Falter im Juni (Locke, Soc. Ent. I, 122).

E. Soc. Ent. VI, 81 — Stz. III, 20 — Sp. I, 183 — Favre 126 — Ent. Zeitschr. XXI, 21.

460. **galathea** Mill. — Sp. III, T 29 — Stz. III, T 4.

Nur aus dem Wallis und Graubünden, selten im Juli. Simplon (Rätz., Püng.), Berisal (v. J.), Simpeln (v. J., Rätz.), Casaccia (Kill.), Fusio (v. N.), Macugnaga (Püng.).

Die Raupe ist unbeschrieben; sie lebt (nach Favre) an Mauer- und Steinflechten bis Mai—Juni.

E. Favre 127.

461. **algae** F. (= spoliatricula S. V.) — Sp. III, T 31 — Stz. III, T 4 — B. R. T 29.

In der Ebene zwar überall verbreitet, aber meistens nicht häufig. Flugzeit von Juni bis August. Eine schöne Aberration fing Dr. Corti bei Dübendorf.

a) *degener* Esp. — Stz. III, T 4.

Mit fast einfarbig grünen Vfl. Siselen (Rätz.), Martigny (Favre), Sion (Paul), Salgesch (Roug.).

b) *mendacula* Hb. — Stz. III, T 4.

Ist kleiner, die Vfl hell mit dunkelgraugrün gemischt, besonders im Mittelfeld. Bern (v. J.), Basel, Genf, Bözingen (V.).

c) *calligrapha* Bkh. — Stz. III, T 4.

Diese schöne Form, bei welcher das Wurzel- und Aussenrandsfeld flechtengelb ausgefüllt sind, wurde bei Conche (Aud.) erbeutet.

Die Raupe — Sp. IV, Nachtr. T III — lebt an den Flechten fast aller Laubbäume bis April—Mai.

E. Sp. I, 184 — Stz. III, 20 — Lamp. 157 — Roug. 82.

462. **muralis** Forst. (= glandifera S. V.) — Stz. III, T 4 — Sp. III, T 31 — B. R. T 29.

Wie die vorige Art in weitester Verbreitung durch die niedern Landesteile, aber nicht gerade häufig. Flugzeit im Juli—August, im Tessin schon Mitte Mai (V.).

a) *par* Hb. — Stz. III, T 4.

Mit fast einfarbig grün-grauen Vfl, selten unter der Art. Grindelwald (W.), Gadmen (St.), Bern (V.), Martigny (W.), Misox (Kill.).

b) *obscura* Tutt — Ent. Rec. XXI, 48.

Ist dunkler, mehr braungrau; unter der Art im Wallis (Favre).

c) Ein normal gezeichnetes Stück von weisslicher Grundfarbe von Sion (Steinegger) entspricht genau der Abbildung von *ghilliani* Perl. — Perlini T IV.

Die Raupe — Sp. IV, T 22 — lebt an Mauer- und Dachflechten bis April.

E. Sp. I, 184 — Soc. Ent. VI, 81 — Ins. Börse XXIII, 127 — Roug. 82. 324 — Favre 126 — Stz. III, 21.

463. **perla** F. — Stz. III, T 4 — Sp. III, T 31 — B. R T 29.

Ist überall verbreitet und die häufigste Art. Flugzeit von Juni bis August. Der Falter erreicht auf dem Riffelberg 2585 m Höhe (Püng.).

a) *robusta* Fav. — Favre 127.

Grösser, kräftiger, schwärzer und schärfer gezeichnet als der Typus. La Batiaz, La Forclaz (W.), Finshauts, Salvan, St. Niklaus (Favre).

b) ? *pyrenaea* Obthr. (= lutescens Fuchs? Stz. III, T 4) — Obthr. Et. VIII, Pl. 1.

Die Grundfarbe ist gelblich, die Zeichnung schärfer mit mehr weiss. Wallis (W.).

c) *suffusa* Tutt — Stz. III, T 4.

Die Vfl sind stark schwärzlich bestäubt. Champex (Aud.).

Die Raupe — Sp. IV, T 22 — lebt bis Mai an Mauerflechten, sie ist am leichtesten früh Morgens und nach Regenwetter zu finden.

E. Sp. I, 184 — Stz. III, 21 — Ill. Wochenschr. f. Ent. II, 504 — Lamp. 157.

Diloba B.

464. **caeruleocephala** L. — Sp. III, T 31 — B. R. T 28.

Der Falter fliegt von September bis November und ist überall häufig. Eine Raupe fand Püngeler noch bei Fusio (1281 m) und erzog daraus ein grosses, graues ♀.

a) *separata* Schultz — Soc. Ent. XXI, 51.

Ring- und Nierenmakel sind durch die Grundfarbe deutlich breit geteilt. Zwei Ex. von Thusis, St. Blaise (V.).

Die Raupe — Sp. IV, T 21 — lebt an Schlehen, Weissdorn, Obstbäumen u. s. w. im Mai—Juni. Sie ist am Südrande des Jura und im Wallis sehr gemein.

E. Sp. I, 185 — Roug. 79 — Favre 121 — Ent. Zeitschr. II, 69 — B. R. 193, T 28.

Valeria Stph.

465. **jaspidea** Vill. — Sp. III, T 39 — Stz. III, T 33.

Der schöne Falter ist bei uns eine vereinzelt lebende Seltenheit. Flugzeit im März—April. Zürich (V.), Gysulafluh (W.), Biel (Rob.), Bern (v. J., V.), Martigny (W.), Viviers, Plan-Cerisier (Favre), Vernier (Bory).

Die Raupe — Sp. IV, T 27 — lebt an Schlehen im Mai —Juni.

E. Sp. I, 185 — Favre 162 — Lamp. 158 — Stz. III, 135.

466. **oleagina** F. — Sp. III, T 39 — Stz. III, T 33 — B. R. T. 32.

Verbreitung und Erscheinungszeit wie die vorige Art. Chippis, Granges (Favre), Martigny (W.), Sierre (Paul), Veyrier (Blach.), Neuchâtel (V.), Thun (Z.-R.), St. Gallen (Taeschler), Kirchberg St. G. (Wild).

Die Raupe — Sp. IV, T 27 — lebt an Schlehen und Weissdorn von Mai bis Juni.

Die Eiablage erfolgt im April auf die Unterseite der Blätter, die Raupen schlüpfen nach 14 Tagen und sitzen über Tag meist an der Rinde der Zweige, ziemlich tief am Stamm an dunklen Orten. Sie lassen sich sehr leicht in Einmachegläsern erziehen, in welche man etwa drei cm hoch Erde gibt und Schlehenzweige steckt. Die Verpuppung erfolgt in dieser Erdschicht, die Falter erscheinen im März des folgenden Jahres. (Ent. Zeitschr. III, 1).

Ent. Zeitschr. XVI, 38 — Stz. III, 135 — Favre 162 — Sp. I, 185 — Ent. Jahrb. X, 191 — Soc. Ent. III, 12 — B. R. 193, T 32.

Apamea Tr.

467. **testacea** Hb. — Sp. III, T 39 — B. R. T 32 — Stz. III, T 43.

Der Falter ist von Juli bis September weit verbreitet und mancherorts häufig. Er gehört mehr den tiefern Landesteilen an, doch fand ihn Püngeler einmal noch in der Höhe von Zermatt (1620 m.).

Die Raupe — Sp. IV, T 27 — lebt bis Mai—Juni an Gräsern, über Tag an der Erde versteckt. Mordraupe!

E. Sp. I, 186 — Favre 162 — Lamp. 158.

468. **dumerili** Dup. — Sp. III, T 39 — Stz. III, T 43.

Diese Art ist nur in den Umgebungen von Genf und Basel, aber öfter und in Mehrzahl beobachtet worden. Man findet den Falter über Tag an Pappelstämmen und an der Unterseite von Rumexblättern oder abends an dürren Grashalmen sitzend, wo er seiner hellen Färbung halber gut sichtbar ist. Crassier imVIII. 1883 (Loriol); Genf, Pt. Saconnex im VIII. 1902 und IX. 1910 (Mong.), Florissant im IX. 1906 (Lacr.); Basel am 7. IX. 1890 und 29. VIII. 1895 (Honegg.), im IX. 1906 (Schupp, Leonh.), im VIII. und IX. 1910 und

1911 (Schmid), Hüningen, St. Ludwig (Schmid). Fraglich bleibt noch, ob die Tiere bei uns heimisch sind oder ob sie vielleicht (schwarmweise) zuwandern.

a) *desyllesi* Gn. — Stdg. 1620 a).

Diese Form besitzt fast einfarbig rotbraune Vfl, nur die Makeln bleiben hell; Hfl heller, Unterseite mit geeckter Aussenrandlinie. Von Basel (Schmid).[1])

Anfangs September abgelegte Eier lieferten die Räupchen nach 14 Tagen. Die Zucht gelang nicht. Die unbeschriebene Raupe soll im Mai—Juni an Graswurzeln leben (P.-J. p. 261).

Thalpophila Hb.

(Celaena Stph.).

469. **matura** Hufn. (= texta Esp.) — Sp. III, T 39 — B. R. T 32 — Stz. III, T 44.

Der Falter kommt in den ebeneren Landesteilen in weiter Verbreitung vor. Er ist aber durchaus nicht häufig. Flugzeit von Juli bis September. Aadorf (Z.-R.), Dübendorf (Corti), Zürich (V.), Aarburg, Oftringen, Lenzburg (W.), Basel (Knecht), Liestal (Seiler), Siselen, Büren (Rätz.), Neuveville (Coul.), Biel (Rob.), St. Blaise, Dombresson (Roug.), Langnau i. E. (Bent.), Bern (v. J.), Genf häufig (Mong.), Mt. Ravoire, La Croix (W.), Lostallo (Thom.).

Die Raupe — Sp. IV, T 27 — lebt an Gräsern von September bis Mai. Die Eier scheinen über grasreiche Abhänge und Wiesen einfach ausgestreut zu werden. Die Raupen schlüpfen nach 14 Tagen. Am 18. August 1891 geschlüpfte Raupen wurden mit Poa annua gefüttert und gediehen dabei sehr gut. Sie lebten bis zur letzten Häutung über der Erde an den Halmen und Blättern, Tag und Nacht fressend. Nachher, bereits von Ende September an, verbargen sie sich den Tag über in der Erde und frassen nur mehr des Nachts. In diesem Zustand überwintert die Raupe im Freien. Im warmen Zimmer hingegen frassen sie bis Mitte November und vergruben sich hierauf in der Erde, wo sie drei bis vier Monate lagen, ehe sie zur Puppe wurden. Während dieser

[1]) Auch die Palaestina-Form *sancta* Stdg. soll bei Basel vorgekommen sein (Leonh.). Unter den zahlreichen Stücken, welche ich von dort in Händen hatte, konnte ich jedoch keine derartigen Exemplare auffinden.

Zeit dürfen die Raupen nicht gestört und die Erde muss mässig feucht erhalten werden. Die Verpuppung erfolgte im Frühling und die Falter schlüpften zwischen dem 2. und 27. April. (Liebmann, Ent. Zeitschr. V, 134).

E. Gub. Ent. Zeitschr. III, 223 — Lamp. 158 — Sp. I, 187 — Roug. 107 — Stz. III, 199.

Luperina B.

470. **rubella** Dup. — Sp. III, T 39 — Stz. III, T 43.

Der Falter ist sehr selten im Wallis, so bei Martigny, Fully (W.), Sion (Paul) beobachtet worden. Flugzeit im August—September.

Die Raupe — Mill. Jc. 77 — lebt an Graswurzeln bis Juli, sehr tief in der Erde.

E. Sp. I, 187 — Favre 162.

471. ? **zollikoferi** Frr. — Sp. III, T 39 — Stz. III, T 41.

Der Falter ist eine bedeutende Seltenheit. Er fliegt im September—Oktober. Von Chur (Kill.).

Die Raupe lebt an Thalictrum und an Gräsern im Mai —Juni, gerne an feuchten Stellen. Sie ist auch von Schilfrohr zu schöpfen.

E. Sp. I, 187 — Ill. Zeitschr. f. Ent. V, 299 — Stz. III, 178.

472. **standfussi** Wisk. — Stett. E. Ztg. 1894, p. 90 — Hampson T CXIX, 3 — Stz. III, T 41.

Der Falter wurde von Präparator Nägeli in Zürich entdeckt. Er erbeutete ihn durch Lichtfang, zuerst am 19. und 21. VIII. 1894, sodann am 16. VIII. 1897. Weitere Exemplare fingen Bosshart und Hüni-Inauen. Im ganzen wurden bei Zürich sechs Stücke gefangen, das letzte 1897. Weitere Exemplare sind mir bekannt von Ilanz (Caveng, Püng.) und Landquart (Thom.).

Der seltene Falter findet sich erst wieder in Tirol, Südbayern, Ober- und Niederösterreich und in den Bergen Westrumäniens.

Hadena Schrk.

473. **porphyrea** Esp. (= satura Hb.) — Sp. III, T 39 — Stz. III, T 32 — B. R. T 32.

Der Falter ist in der Ebene eine weit verbreitete Erscheinung, aber wohl nirgends häufig. Flugzeit von August

21

bis Oktober. Er erreicht bei Göschenen 1100 m Höhe (Hoffm.). Sehr dunkle Exemplare erbeutete Lütschg im Misox im Juli 1908.

Die Raupe — Sp. IV, T 27 — lebt polyphag an niedern Pflanzen, auch an Eupatorium, Lonicera und an Rubusarten von Mai bis Juli.

E. Sp. I, 189 — Lamp. 159 — Roug. 108 — Favre 163 — Stz. III, 131.

474. **funerea** Hein. — Sp. III, T 39 — Stz. III, T 39.

Der Falter ist bei uns eine grosse Seltenheit. Martigny (W.), Chur (Cafl.), Lenzburg (W.), Regensberg (Huber), Auvernier (P. Favre), Lostallo im VIII. 1911 (Thom.), Frauenfeld (Wehrli).

a) *albomaculata* Gram. — Gub. Ent. Zeitschr. IV, 171.

Die Grundfarbe der Vfl ist viel heller, kupferbraun und fast ohne schwarze Bestäubung. Charakteristisch für diese Form ist das Auftreten grosser, rein weiss umzogener und ebenso gefüllter Nierenmakeln. Lokalform, bisher nur von Elgg, aber dort nicht gerade selten. Diese Form wurde von Dr. Gramann in der ersten Julihälfte frisch erbeutet.

Die Raupe lebt an Gras und niederen Pflanzen bis Mai; man findet sie Ende April oder Anfang Mai erwachsen. Ihre grünen Exkremente liegen dann zu grössern Häufchen zusammengeballt zwischen den spriessenden grünen Hälmchen. Dieser Umstand erlaubt auch bei Tage die Raupen in grössern Mengen zu finden und zwar in unmittelbarer Nähe der Grasbüschel, unter trockenen Abfällen oder halb eingewühlt in die Erde. Die mit gewöhnlichen Wiesengräsern zu fütternden Raupen verpuppen sich dicht an der Erde, zwischen leicht zusammengesponnenen Grasteilen. Die Falter erscheinen im Juli. (Boldt, Gub. Ent. Zeitschr. IV, Nr. 9).

E. Gub. Ent. Zeitschr. IV, Nr. 19 — Ins. Börse XXV, 202 — Soc. Ent. XXIV, 181 — Sp. I, 189 — Ent. Jahrb. 1904, 146 — Stz. III, 165.

475. **adusta** Esp. — Sp. III, T 40 — Stz. III, T 32.

Der Falter ist im ganzen Gebiet verbreitet und überall häufiger. Höhengrenze nahe an 2500 m. Ich fand ihn am Gotthard öfter am frühen Vormittag frisch geschlüpft im Grase sitzend. Flugzeit von April bis September.

Die Raupe — Sp. IV, T 27 — lebt an Galium, Taraxacum, Clematis, Lamium und andern niedern Pflanzen von September bis Mai. Man sucht die Raupen an warmen Herbstabenden mit der Lampe an Solidago, Scabiosa, Galium u. s. w. Die Zucht ist leicht, weil die Scabiosen bis weit in den Herbst hinein blühen. Später füttere man die Raupen mit eingepflanzten Heidelbeerstöcken. Sie liegen den Winter über ohne sich zu verpuppen; die Ueberwinterung geschieht bis Februar im Freien unter Moos und trockenen Blättern. Dann nehme man die Raupen hinein und belasse sie in einem ungeheizten Raum, bis die Falter erscheinen. Sie vertragen das Treiben nicht und verpuppen sich im Frühjahr, ohne wieder zu fressen. (Schulz, Ill. Wochenschr. f. Ent. II, 31).

E. Sp. I, 190 — Favre 163 — Ill. Wochenschr. f. Entom. II, 505 — Roug. 108 — Lamp. 159 — Stz. III, 131.

476. **ochroleuca** Esp. — Sp. III, T 40 — B. R. T 32 — Stz. III, T 41.

Der Falter ist als seltenere Erscheinung im Jura und Wallis zu Hause. Flugzeit im Juli—August. Der Falter fliegt im Sonnenschein und setzt sich gerne an Disteln. Am Randen vom 2.—9. August 1903 häufig an Centaurea jacea sitzend (W.-Sch.), Basel (Leonh., Honegger), Yverdon (Roug.), Conche (Aud.), Moerel (Jäggi), Sierre (Paul, Steck), Leuk (W.), Sion (v. J.), La Batiaz, Martigny (W.), Pfynwald (V.), Salgesch (Roug.), Stalden (V.).

Die Raupe — Sp. IV, T 27 — lebt an Gräsern im Mai —Juni.

E. Sp. I, 190 — Favre 163 — Lamp. 159 — Stz. III, 175.

477. **platinea** Tr. — Sp. III, T 40 — Stz. III, T 41.

Der Falter kommt bei uns an heissen Stellen in der Ebene, dem Jura und bis etwa 1600 m Höhe auch in den Alpen vor. Er ist meistens selten und fliegt von Ende Mai bis August. Ein überwinterndes Exemplar in Sonvilier im April, Tramelan (G.), Dombresson (Bolle), Bechburg (R.-St.), Oftringen, Engelberg (Solothurn, W.), Martigny, La Croix, Vispertal, Zermatt (Favre), Mt. Ravoire, Alpe Louisine, Branson (W.), Chiéboz (V.), Berisal öfter (Jäggi), Bergell (Bazz.), Ardez (Thom.), Thusis im September 1907 in Menge (V.), Tarasp (Kill., Cafl.), Erstfeldertal (L.).

a) *ferrea* Püng. — Soc. Ent. XXI, 42 — Sp. III, T 30 — Stz. III, T 41.

Ist kleiner, dunkler grau mit deutlicherer Zeichnung. Vom Simplon (Püng.), Laquintal (Bayer).

Die Raupe lebt an Hippocrepis comosa und an Gräsern von Herbst bis Frühjahr. Eine im Frühjahr gefundene Raupe wurde mit Löwenzahn erzogen und lieferte den Falter anfangs Juni.

E. Ent. Zeitschr. X, 151 — Favre 164 — Lamp. 159 — Sp. I, 191.

478. **zeta** Tr. — Sp. III, T 40 — Stz. III, T 41.

Die Stammart ist selten und nur im Jura und den Alpen gefunden worden. Flugzeit von Juli bis September. Höhengrenze bei etwa 2600 m (Keschhütte, Honegger); Aargauer-Jura, Belchen (W.), Bechburg (R.-St.), Gotthard, Berisal (V.), Leuk (Stierlin). Martigny in der Ebene (W.), Mortheys (T. de G.), Trient, Simplon (Favre), Riffelalp (v. J.), Davos (Hauri), Albula, Oberengadin, Tarasp, Val Muranza, Stelvio (Kill.).

a) *pernix* Hb. — Stz. III, T 41.

Ist dunkler, trüber grau. Diese Form ist in den Alpen weit verbreitet und viel häufiger als die Stammform. U. O. W. S. G.

b) *fasciata* v. Büren — Ent. Zeitschr. XXIV, Nr. 24.

Ist eine Form der pernix Hb. mit breiter, dunkler Mittelbinde; aus dem Gadmental.

Die Raupe ähnelt sehr der maillardi H.-G.-Raupe; sie lebt an Graswurzeln von Herbst bis Mai und verpuppt sich unter Steinen.

E. Favre 164.

479. **maillardi** H.-G. — Sp. III, T 40 — Stz. III, T 41.

Auch diese Art ist auf die Alpen beschränkt und meist recht selten, dagegen flog der Falter im Juni 1899 bei Andermatt so zahlreich zum Licht, dass ich an einem Abend über 50 Stück fangen konnte. Flugzeit von Mitte Juni bis anfangs September. Höhengrenze nahe an 2500 m. Arosa (Stge.), Davos (Hauri), Weissenstein (Cafl.), Engadin, Sils, St. Moritz (Honegg.), Stalla, Rocca bella (Rühl), Morteratsch, Guardavall (Trti.), Maloja (v. J.), Göschenen (Hoffm.), Meienwand (Benteli), Gadmental (St.), Kandersteg. (v. J.), Mürren (V.), Gornergrat

(Hoffm.), Zermatt, Riffelalp (Püng., Sulz.), Simplon (Rätz.), Zinal (Roug.), Gd. St. Bernard, Val de Bagnes (Favre), Glacier de Trient (W.).

Die Raupe lebt an Gräsern, so Nardus stricta und Poa alpina von Herbst bis Mai—Juni.

E. Favre 164.

480. **furva** Hb. — Sp. III, T 40 — Stz. III, T 51.

Weit verbreitet in allen drei Regionen, aber nicht häufig. Der Falter fliegt von Juni bis September abends an Echiumblüten. Höhengrenze bei 2200 m. St. Gallen (Täsch.), Aadorf (Z.-R.), Aargauer-Jura (W.), Gadmental (St.), Chur, Ob. Engadin, Tarasp (Kill.), Davos (Hauri), Stelvio (Cafl.), Bergell (Bazz.), Biel (Rob.), Dombresson, Neuchâtel (Roug.), Gorges de l'Areuse (P. Favre), La Croix, Branson, Mt. Chemin (W.), Leukerbad (Favre), Zermatt (Püng.), Riffelalp (v. B.), Salgesch (Roug.).

Die Raupe — Sp. IV, T 27 — lebt an Gräsern z. B. Aira canescens bis Juni.

E. Sp. I, 191 — Lamp. 159 — Favre 165 — Stz. III, 177.

481. **sordida** Bkh. — Sp. III, T 40 — Stz. III, T 39. 40.

Der Falter ist in der Ebene, dem Jura und den Alpen verbreitet, aber fast überall ziemlich spärlich. Flugzeit im Juni—Juli. Er erreicht bei Zermatt 1620 m Höhe, in grauen Stücken (Püng.). N. M. J. O. V. W. G.

Die Raupe lebt von August bis Mai an Gräsern, in Holzschlägen.

E. Sp. I, 192 — Lamp. 159 — Stz. III, 167.

482. **gemmea** Tr. — Sp. III, T 40 — Stz. III, T 32.

Der Falter ist bei uns eine Seltenheit und kommt fast nur in den Alpen vor, ausnahmsweise aber auch im Jura. Flugzeit von August bis Oktober. Höhengrenze etwa bei 2000 m. St. Gallen (M.-R.), Oberengadin, Davos (Hauri), Ilanz (Caveng), Thusis (V.), Alveneu, Tarasp, Weissenstein (Kill.), Nairs, Maloja (Cafl.), Vals (Jörg.), Arosa (Stge.), Silvaplana (Stdfs.), Mürren, Lauterbrunnen (Bent.), Gadmental (St.), Mt. Chemin, Mt. des Ecotteaux (W.), Sierre (Paul), Grimentz (Roug.), Zermatt (Püng.), Göschenen (Hoffm.).

Die Raupe — Sp. IV, Nachtr. T III — lebt an Aira caespitosa, Phleum pratense und Alopecurus pratensis von September bis Juni. Bei der Zimmerzucht wurden die Eier im Herbst an Moosspitzen abgelegt und überwinterten bis Ende April. Die Futterpflanzen wurden in Blumentöpfe eingepflanzt bereit gehalten. Die jungen Raupen bohrten sich sogleich in Grasstengel ein und blieben darin bis zur Verpuppung. Diese erfolgte Ende Juni am Fusse der Gräser dicht über der Erde in einem glatten Gehäuse. Die Falter erschienen schon nach vier Wochen. (Pabst, Ent. Zeitschr. II, 129).

E. Ins. Welt III, 73 — Soc. Ent. IV, 112 — Sp. I, 192 — Stz. III, 133 — Favre 165 — Ent. Nachr. 1888, 257.

483. **rubrirena** Tr. — Sp. III, T 40 — Stz. III, T 41.

Der schöne Falter wiederum nur in den Alpen; man findet ihn im Juli—August an Zäunen und Felsen sitzend, sodann besonders zwischen den Schindeln der Sennhüttendächer. Gental, Rentsch, Oberhasli, Gadmental öfter (St.), Engstlenalp (v. J.), Ob.-Engadin, Albula, Davos (Hauri), Nairs (Kill.), Pontresina, Sils, Bergün (Honegg.), Valens (Kündig), Erstfeldertal (L.), Göschenen (Hoffm.), Ebenalp, Pfäffers (Taesch.), Alpe Bovine (W.), Zermatt, Riffelalp (Püng.), Simplon (V.), Schallberg (v. J.). Höhenverbreitung bis etwa 2300 m.

484. **monoglypha** Hufn. (= polyodon L.) — Sp. III, T 40 — B. R. T 32 — Stz. III, T 39.

Ueberall gemein und häufig von Juni bis September. Der Falter erreicht am Riffelberg 2585 m Höhe (Püng.).

a) *intacta* Peters. — Stz. III, T 39.

Einfarbig rot- oder graubraune Form, ohne den hellen Wisch am Innenwinkel der Vfl. Elgg (Gram.), Frauenfeld (Wehrli), St. Gallen (M.-R.).

b) *obscura* Th.-Mieg. — Natural. 1886, p. 237 — Stz. III, T 39.

Ist eine dunkelbraune bis schwärzlich überflogene Form. Martigny (W.), La Croix (Favre), Salgesch, Riffelalp (Roug.), Brig, Andermatt (V.), Ilanz (Caveng).

c) *infuscata* Buch. — Roug. Pl. 1, fig. 10 — Stz. III, T 39.

Ist noch dunkler, mit fast zeichnungslosen, schwarzbraunen Vfl. Aadorf (Z.-R.), Elgg (Gram.), Zürich, Wald, St. Blaise (V.), Tramelan (G.), Ried (Rob.), Salgesch, Riffelalp (Roug.), Davos (Hauri).

d) *aethiops* Th. Mieg. — B. R. 199 — Stz. III, T 39.

Fast zeichnungslose, beinahe einfarbig tiefschwarze Form. Elgg (Gram.).

Die Raupe — Sp. IV, T 27 — lebt von September bis Mai an Gräsern, an den Wurzeln. Sie verbirgt sich an der Erde unter einem leichten, mit Erde gemischten Gewebe.

E. Sp. I, 192 — Roug. 109 — Lamp. 159 — B. R. 199, T 32 — Favre 166 — Stz. III, 165.

485. **abjecta** Hb. — Sp. III, T 40 — Stz. III, T 40.

Der Falter als Seltenheit im Juni—Juli, nur in der Talsohle. Martigny (W.), Sion (Paul), Conche (Aud.), Pt. Saconnex (Mong.), Bern (v. J.), Biasca (V.).

Die Raupe — Buck. IV, Pl. 65 — lebt an Graswurzeln in der Erde oder unter Steinen von Herbst bis Mai.

E. Sp. I, 193 — Favre 165 — Lamp. 160 — Monthl. Magaz. XIV, 182.

486. **lateritia** Hufn. — Sp. III, T 40 — B. R. T 32 — Stz. III, T 39.

Der Falter ist im Jura und besonders in den Alpen häufiger. Er fliegt von Juli bis September und wird noch in Höhen von über 2000 m gefunden.

a) ? *borealis* Strand — B. R. 200.

Zwei dieser nordischen schwarzbraunen Form nahekommende Stücke sind von Arolla erwähnt (Z.-R.).

Die Raupe — Sp. IV, T 27 — lebt bis April und Mai an Gräsern.

E. Sp. I, 193 — Lamp. 160 — Stz. III, 166.

487. **lithoxylea** F. — Sp. III, T 40 — B. R. T 32 — Stz. III, T 39.

Ueberall verbreitet und an manchen Orten häufiger. So am 8. Juli 1908 an der Strasse von La Tourne nach Pont sehr zahlreich in den Rissen der Telegraphenstangen (V.). Flugzeit im Juni—Juli. Der Falter erreicht bei Göschenen 1100 m Höhe (Hoffm.).

Die Raupe — Sp. IV, Nachtr. T III — lebt an den Wurzeln von Gräsern von September bis Mai.

E. Sp. I, 193 — Lamp. 160 — Favre 166 — Stz. III, 163.

488. **sublustris** Esp. — Sp. III, T 40 — Stz. III, T 39.

Falter in Verbreitung und Erscheinungszeit der vorigen

Art, er ist gewöhnlich überall seltener als jene. Jedoch wurde er einige Male in grosser Zahl am elektrischen Licht beobachtet, so in Dombresson und Chaux-de-Fonds (Roug.). Der Falter steigt viel höher im Gebirge auf als lithoxylea F., so von Zermatt (1620 m) bis Riffelalp (2227 m, Püng.).

Die Raupe lebt an Gräsern von September bis Mai.

E. Sp. I, 193 — Stz. III, 163.

489. **rurea** F. — Sp. III, T 40 — B. R. T 32 — Stz. III, T 39.

Der Falter ist in der Ebene seltener als im Jura und den Alpen. Flugzeit von Ende Mai bis Mitte August. Er geht im Ober-Engadin bis 1800 m Höhe.

a) *alopecurus* Esp. (= combusta Dup.) — Sp. III, T 40 — Stz. III, T 39.

Ist dunkelrot bis schwarzbraun. Unter der Art, spärlicher als diese, aber nirgends selten.

Die Raupe — Sp. IV, T 27 — lebt an Lolium, Triticum und andern niedern Pflanzen von September bis Mai. Man sucht sie im Frühling abends mit der Lampe an niedern Pflanzen oder auch an Sträuchern. In der Gefangenschaft lässt sie sich mit Primeln erziehen. Sie verpuppt sich im April in der Erde unter Moos.

E. Sp. I, 193 — Roug. 110 — Lamp. 160 — Gub. Ent. Zeitschr. IV, Nr. 5 — Stz. III, 164.

490. **hepatica** Hb. — Sp. III, T 40 — Stz. III, T 39.

Der Falter kommt in weitester Verbreitung durch alle tiefern Landesteile vor, ist aber immer nur selten und vereinzelt beobachtet worden. Er fliegt von Juni bis August. Schaffhausen (W.-Sch.), Dübendorf (Corti), Zürich, Weiningen (V.), Bremgarten (Boll), Oftringen, Lenzburg (W.), Sissach (Müller), Basel (Honegg., Leonh., Stehelin), Büren (Rätz.), Bern (v. J.), Biel (Rob.), Yverdon (Roug.), Tramelan (G.), Neuveville (Coul.), Conche (Aud.), Sierre (Paul), Erstfeld (L.), Tarasp (Kill.).

Die Raupe — Sp. IV, T 27 — Roug. T 2 — lebt an Gräsern von September bis Mai. Ausgelegte hohle Pflanzenstengel dienen zu ihrer Einsammlung, man findet sie aber auch Nachts an Grasblüten, besonders auf Waldwegen.

E. Sp. I, 194 — Favre 167 — Roug. 329 — Gub. Ent. Zeitschr. IV, Nr. 5 — Stz. III, 164 — Ill. Wochenschr. f. Ent. II, 503.

491. **scolopacina** Esp. — Sp. III, T 40 — Stz. III, T 40.

Der Falter ist im Juni—Juli lokal und fast überall nicht häufig. Er fliegt besonders auf feuchten, grasigen und moorigen Waldblössen. St. Gallen (Täsch.), Elgg (Gram.), Schaffhausen (W.-Sch.), Aadorf (Z.-R.), Frauenfeld (Wehrli), Zürich (Rühl), Oftringen, Lenzburg (W.), Liestal (Leuth.), Basel (Honegg.), Biel (Rob.), St. Blaise (V.), Gorges de l'Areuse (P. Favre), Büren, ziemlich häufig (Rätz.), Bucheggberg, Bern (Jäggi), Freiburg (T. de G.), Genf, Conche (Aud.), Wallis (Favre), Fusio (Rehf.), Lostallo (M.-R.), Landquart (Thom.).

Die Raupe — Sp. IV, T 27 — lebt an Gräsern, besonders Briza media, Scirpus palustris und sylvaticus.

E. Sp. I, 194 — Favre 167 — Lamp. 160 — Gub. Ent. Zeitschr. IV, Nr. 5 — Stz. III, 170.

492. **gemina** Hb. (= obscura Hw.) — Sp. III, T 40 — B. R. T 32 — Stz. III, T 40.

Diese Art ist nur an wenigen Orten gefangen worden und gilt als selten. Flugzeit im Juni—Juli; besonders an Waldrändern. Frauenfeld (Wehrli), Elgg (Gram.), Engelberg, Lenzburg, Oftringen (W.), Basel (Honegg.), Biel (Rob., G.), Tramelan (G.), Neuveville, Neuchâtel (Coul., V.), Dombresson (Roug.), Büren (Rätz.), Freiburg (T. de G.), Martigny (W.), Visptal (Favre), Ober-Engadin (Kill.), Pontresina (Püng.).

a) *remissa* Tr. — Stz. III, T 40.

Ist die hellere, gescheckte Form. Aadorf (Z.-R.), Dübendorf (Corti), Dombresson (Roug.), Neuveville (Coul.), Crassier (Loriol), Conche (Aud.), Samaden (Cafl.), St. Moritz, Sils (Z.).

Die Raupe — Sp. IV, T 27 — lebt an Taraxacum, Primeln, Gräsern und andern niedern Pflanzen von September bis Mai, in Holzschlägen.

E. Sp. I, [194. 358 — Favre 167 — Stz. III, 168 — Roug. 111 — Ill. Zeitschr. f. Ent. II, 503.

493. **basilinea** F. — Sp. III, T 40 — B. R. T 32 — Stz. III. T 40.

Der Falter ist in allen tiefern Landesteilen verbreitet und gewöhnlich häufig, er geht in den Alpen, soweit der Getreidebau reicht. Flugzeit von Ende Mai bis Juli.

Die Raupe — Sp. IV. T 27 — Roug. T 2 — lebt von August bis Mai, in der Jugend an Getreideähren, nach der Ueberwinterung nur an Gräsern. Man sucht sie am besten im ersten Frühjahr abends mit der Laterne.

E. Sp. I, 194 — Roug. 110. 328, T 2 — Favre 166 — Gub. Ent. Zeitschr. IV, Nr. 5 — Ill. Wochenschr. f. Entom. II, 502 — Stz. III, 169.

494. **unaminis** Tr. — Sp. III, T 41 — Stz. III, T 40.

Der Falter gehört fast nur der Ebene an und, wie es scheint, ausschliesslich dem westlichen Teil des Faunengebietes. Er liebt feuchte, grasige Plätze, besonders an Bach- und Flussufern. Flugzeit im April und Mai. Aargauerjura und im Aargau verbreitet (Brügg.), Oftringen, Zofingen, Lenzburg (W.), Bechburg (R.-St.), ebenso im Neuenburgerjura (Roug.), Tramelan (G.), Biel (Rob.), Büren (Rätz.), Bern (v. J.).

Die Raupe — Sp. IV, T 27 — lebt an den Wurzeln von Sumpfgräsern von September bis Mai. Man findet sie auf Sumpfgebiet besonders an Phalaris arundinacea; sie überwintert klein, kommt im Frühjahr wieder zum Vorschein und verpuppt sich im April oder Mai. Ihre Zucht ist nicht schwierig, wenn man die Raupen im Frühjahr sucht.

E. Sp. I, 195 — Roug. 111 — Lamp. 161 — Stz. III, 168 — Ent. Zeitschr. XXIII, 208.

495. **illyria** Frr. — Sp. III, T 41 — Stz. III, T 40.

Der Falter fliegt von Mai bis Juli; er ist von der Ebene bis nahe an 2000 m Höhe verbreitet, aber stets selten. Frauenfeld (Wehrli), Lenzburg (W.), Bechburg (R.-St.), Biel (Rob.), Moutier (Crev.), Dombresson (Roug.), Tramelan (G.), Büren (Rätz.), Bern (v. J.), Weissenburgschlucht (Hug.), Gadmental (St.), La Croix, Trient (Favre), Martigny, Branson, Mt. d'Autant (W.), Zermatt (V.), Erstfeldertal (L.), Göschenen (Hoffm.), .Ilanz (Caveng). Tarasp (Kill.).

Die Raupe — Roug. T 3 — wurde im März 1890 von Guédat in trockenen Stengeln von Atropa belladonna entdeckt; sie lebt von Herbst bis März—April besonders an grossen Waldgräsern, auch an Veronica officinalis. Robert fand die Raupe Mitte Oktober abends mit der Laterne auf Dactylis glomerata längs schattiger Waldwege. Die Puppe überwinterte, die Falter schlüpften im Mai. Es scheinen also Raupen und Puppen zu überwintern.

E. Sp. I, 195. 358 — Roug. 112. 330, T 2 — Stz. III, 167.

496. **secalis** L. (= didyma Esp.) — Sp. III, T 41 — B. R. T 32 — Stz. III, T 40.

Der ungemein veränderliche Falter ist im ganzen Gebiet verbreitet und wohl überall in tiefern Lagen häufig. Er fliegt von Juli bis September. Höhengrenze etwa bei 2000 m. Als Typus gilt die Form mit schwärzlichen Vfl und breiter äusserer Randbinde.

a) *secalina* Hb. — Stz. III, T 40.

Die Grundfärbung wechselt von gelbgrau bis braungrau, das Mittelfeld ist dunkel und reicht bis zum Innenrand, oft geht ein schwarzer Strich von der Zapfenmakel zur äussern Querlinie. St. Gallen (M.-R.), Büren (Rätz.), Bern (V.).

b) *nictitans* Esp. — Stz. III, T 40.

Vfl fast zeichnungslos, schwarz mit heller Makel. Unter der Art, häufig.

c) *leucostigma* Esp. — Sp. III, T 41 — Stz. III, T 40.

Vfl braungelb mit weisser Nierenmakel. Nicht häufig. Frauenfeld (Wehrli), Zürich (V.), Büren (Rätz.), Bern (v. J.), Mürren (Lütschg), Gadmen (St.), Martigny (W.), Mt. Ravoire, Leukerbad (Favre).

d) *lilacina* Stz. III, T 40.

Von trüb lilagrauer Grundfärbung des Wurzel- und Postmedianfeldes, Mittel- und Saumfeld rotbraun, innere und äussere Linie, sowie die Nierenmakel lilagrau; Hfl olivbräunlich, Analbusch rot. Von Silvaplana (Stz. III, 171).

e) *struvei* Rag. — Stz. III, T 40.

Eine im Wurzel- und Saumfeld weisse, individuelle Form. Elgg (Gram.), Aadorf (Z.-R.), Besançon (Roug.), La Croix (W.), Engadin (Stz.).

Die Raupe — Sp. IV, T 27 — lebt an Gräsern von September an, an den Wurzeln und in den Stengeln.

E. Sp. I, 195 — Roug. 113 — Stz. III. 171.

Episema Hb.

497. **glaucina** Esp.[1]) — Stz. III, T 29 — Sp. III, T 38 — B. R. T 31.

Ein bis jetzt fast nur im Jura und Wallis gefundenes Tier des Tieflandes. Flugzeit von August bis Oktober. Oberwallis (Favre), Conche (Aud.), Bechburg (R.-St.), Oftringen, Aarburg, Hauenstein (W.), ein Stück in Zürich am Licht (Nägeli).

a) *dentimacula* Hb. — Sp. III, T 38 — Stz. III, T 29.

Besitzt gelbgraue bis violett gefärbte Vfl. Zermatt im IX. 1897 drei ♀♀ am Licht (Püng.), Florissant (Aud.).

b) *hispana* B. — Stz. III, T 29.

Vfl violettgrau mit deutlich ausgeprägten Makeln. Martigny, Branson (W., V.), Géronde (Favre), Sion, Sierre (Paul), Salgesch, Yverdon, Neuchâtel (Roug.), Biel (Rob.).

Die Raupe — Sp. IV, Nachtr. T III — lebt an Muscari racemosum, Ornithogalum umbellatum und Anthericum racemosum von Oktober an. Sie frisst die Blätter und Zwiebeln, überwintert sehr klein und ist im Mai erwachsen. Man findet sie dann unter Steinen oder in der Erde in der Nähe der Futterpflanzen. Frasspuren oder welk gewordene Blätter verraten ihre Anwesenheit.

E. Sp. I, 194 — Favre 158 — Roug. 104 — Stz. III, 119.

Ulochlaena H. S.

498. ? **hirta** Hb. — Sp. III, T 38 — Stz. III, T 29.

Wullschlegel fand drei Raupen im Mai an Graswurzeln bei Branson, später auch einige bei Martigny. Der Falter fliegt im August—September.

Die Raupe — Sp. IV, T 26 — lebt an weichen Gräsern.

E. Sp. I, 198.

Aporophila Gn.

499. **lutulenta** Bkh. — Sp. III, T 38 — Stz. III, T 30.

Der Falter ist im September—Oktober ganz vereinzelt und selten, besonders an Obstköder, vorgekommen. Aadorf

---

[1]) E. ? *scoriacea* Esp. — Sp. III, T 29 — wurde vor langen Jahren aus der bei Yverdon gefundenen Raupe gezogen (Roug.). Die Art bedarf der Bestätigung.

(Z.-R.), Seedorf (v. J.), Bern (Jäggi, V., v. J.), Langnau i. E. (v. B.),Bechburg (R.-St.), Oftringen, Aarburg, Lenzburg (W.), Biel (Rob.), Neuenburger-Jura (Roug.), Onex (Humb.), Conche (Aud.), Lostallo (Thom.), Tarasp (Kill.).

Die Raupe — Sp. IV, T 26 — lebt an Myosotis, Stellaria und andern niedern Pflanzen bis Mai und Juni.

E. Sp. I, 198 — Lamp. 161 — Roug. 174.

500. **nigra** Hw. (= aethiops O.) — Sp. III, T 38 — B. R. T 31 — Stz. III, T 30.

Der Falter ist wie der vorige nur ganz selten und an wenigen Orten erbeutet worden. Flugzeit von Mai bis August. Aarburg (W.), Basel (Leonh.), Neuveville (Coul.), Neuchâtel, St. Blaise (V.), Conche (Aud.), Crassier (Loriol), Wallis (Favre), Calancatal (Thom.).

Die Raupe — Sp. IV, T 26 — lebt polyphag an niedern Pflanzen, so Genista, Rumex, Cistus, Oxalis von Oktober bis Mai. Im Frühling 1908 fand ich einige Raupen bei St. Blaise auf Ginster.

E. Sp. I, 199 — Favre 158 — Lamp. 161.

Ammoconia Ld.

501. **caecimacula** F. — Sp. III, T 38 — Stz. III, T 14 — B. R. T 31.

Ist an wärmeren Plätzen der Ebene weit verbreitet und stellenweise häufig; Flugzeit von August bis Oktober. Man findet den Falter gelegentlich über Tag an Büschen oder niedern Pflanzen sitzend; er fliegt Nachts gerne zum Licht.

a) ? *sibirica* Stdg. — Stz. III, T 14.

Ist hell rotgelb. Bergell (Kill.).

Die Raupe — Sp. IV, T 26 — lebt an niedern Pflanzen, wie Leontodon, Stellaria, Galium, Taraxacum, Onobrychis, Digitalis von Oktober bis Juni. Man findet sie über Tag an den Stengeln der Futterpflanzen sitzend; die Zucht ist leicht.

E. Sp. I, 200 — Favre 158 — Soc. Ent. XIX, 12 — Ent. Zeitschr. XXIII, 238 — Roug. 105 — Gub. Ent. Zeitschr. III, 223 — Stz. III, 61.

502. **senex** Hb. (= vetula Dup.) — Stz. III, T 14 — Sp. III, T 38.

Der südliche Falter ist als vereinzelte Seltenheit bei Martigny (Wull.), Biasca (V.) und Vicosoprano (Bazz.) erbeutet worden. Flugzeit im September—Oktober.

Die Raupe — Sp. IV, T 26 — lebt im Juni an Leontodon. Plantago und andern niedern Pflanzen.

E. Sp. I, 200 — Favre 158 — Lamp. 162 — Stz. III, 61.

Polia Tr.

503. **polymita** L. — Sp. III, T 38 — Stz. III, T 33 — B. R. T 31.

Der schöne, auffallende Falter fliegt von August bis Oktober. ist aber auf wenige eng begrenzte Stellen beschränkt. Genf (V.), Salvan (Aud.); am Fusse des Mt. d'Autant am 14. VIII. 1900 in Menge ganz frisch, Mt. Chemin (W.), Martigny, La Croix, Mt. Ravoire (Favre), Sion, Sierre (Paul) und angeblich in der Bachdalen bei Oftringen (W.).

Die Raupe — Sp. IV, T 26 — lebt an Schlehen und niedern Pflanzen, so Chaerophyllum und Primeln von Mai bis Juli.

E. Sp. I, 201. 359 — Ins. Börse XXI, 348 — Lamp. 162 — Stz. III, 135 — Favre 159.

504. **flavicincta** F. — Stz. III, T 33 — B. R. T 31 — Sp. III, T 38.

Der vielfach mit xanthomista-*nivescens* Stdg. und rufocincta H.-G. verwechselte Falter ist im Faunengebiet zwar sehr weit verbreitet, aber überall recht selten. Er fliegt im September—Oktober und geht in den Alpen bis mindestens 1800 m. St. Gallen (Täsch.), Zürich (Rühl, V.), Lägern (Huber), Oftringen, Aarburg (W.), Liestal (Seiler), Basel (Honegg., Sulg.), Tramelan (G.), Dombresson (Roug.), Lausanne, Genf (Loriol), Pt. Saconnex (Mong.), Martigny (W.), Brig (Favre), Ob. Engadin (Z.-D.), Chur (Cafl.), Bergell (Bazz.).

a) ? *meridionalis* B. — Stz. III, T 33.

Diese verdunkelte und reichlicher gelb bestäubte Form angeblich von Pontresina (Sp.).

Die Raupe — Sp. IV, T 26 — lebt polyphag von Mai bis Juli an niederen Pflanzen, Stachelbeeren und Weiden an trockenen, warmen Orten. Guédat erhielt sie bei Tramelan in Mehrzahl durch Abklopfen von Berberitzen und Geissblatt.

E. Sp. I, 201. 359. — Lamp. 162 — Ins. Börse XXI, 348 — Stz. III, 136 — Favre 159.

505. **rufocincta** H.-G. — Sp. III. T 38 — Stz. III. T 33.

Der Falter ist ähnlich verbreitet wie die vorige Art, aber eher etwas häufiger als jene. Er fliegt von September bis November, kommt gerne zum Licht und Köder oder wird über Tag an Felsen gefunden. Püngeler fand die Raupe wiederholt noch in der Höhe von Zermatt (1620 m). Ein wahres Riesenexemplar traf ich bei Biasca. Lägern (Huber). Aargauerjura, Lenzburg, Staufberg (W.), Bechburg (R.-St.), Biel (Rob.), Tramelan (G.). Dombresson (Roug.), Liestal (Seiler), Montagny (T. de G.), Conche (Aud.), Pt. Saconnex (Mong.), Martigny, Branson (W.), La Croix, Mt. Ravoire, Mt. Chemin (Favre), Sion, Sierre (Paul), Coremmo (Ghidini), Engadin (Z.-D.), Cresta (Honegg.), Thusis (V.).

a) *mucida* Gn. — Stz. III, T 33.

Ist heller und fast ohne gelbe Beimischung. Kalkform. Lenzburg (W.), Bechburg (R.-St.), Neuveville (Coul.), St. Aubin (Roug.), Conche (Aud.), Florissant (Rehf.), Martigny (W.), Coremmo (Ghidini), Engadin (Z.).

Das Ei überwintert. Die Raupe — Sp. IV, T 26 — lebt polyphag an Asplenium, Hieracium, Silene, Crepis, Campanula und auch an Lonicera-Arten von April bis Mai. P. Robert traf sie bei Biel im Garten an den Blüten der Pensées fressend.

E. Sp. I, 201 — Roug. 105. 328 — Ent. Zeitschr. XXIII, 238 — Favre 159 — Stz. III, 136.

506. ? **dubia** Dup. — Sp. III, T 38 — Stz. III, T 33.

Der Falter ist im August—September sehr selten und lokal. Am Fusse des Mont d'Autant am 14. August 1900 schon verflogen (W.), Vignes de Martigny (Favre).

Die Raupe — Sp. IV, T 26 — lebt im November und Dezember an Atriplex, Helianthemum, Hyoscyamus, Centranthus und andern niedern Pflanzen.

E. Sp. I, 202 — Favre Suppl. 18 — Stz. III, 137.

507. **xanthomista** Hb. — Stz. III, T 33 — Sp. III, T 38.

Der Falter fliegt von Juli bis Oktober; er ist namentlich im Jura und den Alpen zu Hause und stellenweise häufig. Noch in der Höhe von Zermatt (1620 m) ist er gar nicht selten (Püng.).

Der Falter geht unmerklich über in die mehr schwarzgraue, der gelben Beimischung entbehrende Form:

a) *nigrocincta* Tr. — Stz. III, T 33.

Sie findet sich an den nämlichen Orten wie die typische Form und ist meistens noch häufiger als jene. Im Gadmental und bei Arosa (Stge.) geht sie bis etwa 2000 m Höhe.

b) *nivescens* Stdg. — Stz. III, T 33.

Ist eine viel hellere Kalkform mit schwarz und gelb bestäubten Vfl. Sie ist aber meist seltener als die vorigen beiden. Oensingen (Bayer), Oftringen, Aarburg, Born (W.), Neuchâtel, Dombresson, Chaumont (Roug.), Biel nicht selten (Rob.), Gadmen (V.), Martigny, Mt. Chemin (W.), La Croix (Favre), Bergell (Kill.), Davos (Hauri).

Die rosaorangefarbige Raupe — Sp. IV, T 26 — lebt bis April—Mai an Dipsacus silvestris, Hieracium, Leontodon, Plantago, Genista, Armeria, Verbascum, Rumex; bei Zermatt gerne an Thalictrum foetidum (Püng.). Bei der Zucht schlüpften die Raupen im April und waren Ende Mai erwachsen; die Falter erschienen vom 10. Juli 1902 an.

E. Sp. I, 202 — Ent. Zeitschr. XXIV, No. 9 — Lamp. 162 — Roug. 105 — Stz. III, 137 — Favre 159.

508. **canescens** Dup. — Sp. III, T 38 — Stz. III, T 33.

Der Falter ist sehr selten im September—Oktober und nur im Rhonetal gefangen worden. Lavey (Roug.), Martigny (W.), Gamsen (And.), Alpe de Lens, Naters (Favre).

Die Raupe — Sp. IV, Nachtr. T III — lebt an Asphodelus und andern niedern Pflanzen und ist im Mai—Juni erwachsen.

Bei einem Zuchtversuch schlüpften die Raupen in der letzten Oktoberwoche und wurden anfänglich an Grasstengeln erzogen, die im Glase aufrecht hingestellt worden waren. Ausser Avena fatua wurden auch alle andern weichen Gräser gerne genommen. Sie müssen warm gehalten und das Futter zwei bis dreimal täglich erneuert werden. So waren die Raupen anfangs Dezember erwachsen und nahmen nach der letzten Häutung von da ab auch Löwenzahn und andere niedere Pflanzen. Als die Kälte die Löwenzahnblätter zerstört hatte, frassen sie die Wurzeln. Nach der letzten Häutung frassen sie fast noch 14 Tage, ehe sie spinnreif waren. Die Verpuppung erfolgte in mit lockerer Erde angefüllten Blumentöpfen im warmen Zimmer. Die Puppenruhe dauerte fünf bis sieben Monate. Die Falter schlüpften selten vor 10 Uhr nachts. Eier, Raupen und Puppen wurden völlig trocken gehalten. (Völker, Gub. Ent. Zeitschr. II, 302)

E. Sp, I, 202 — Stz. III, 137 — Favre 160.

509. **suda** H. G. — Sp. III, T 38 — Stz. III, T 33.

Der Falter nur im heissen Jura und Wallis; lokal und selten. Flugzeit von August bis Oktober. Bönigen, Olten (W.). Bern 1 Stück (v. J.). Mt. Ecoteaux, La Croix, Mt. Ravoire (Favre), Martigny, Saillon (W.), Gamsen, Stalden (Roug.), Follaterres, La Batiaz (V.).

Die Raupe — Sp. IV, Nachtr. T III — lebt an Ononis natrix, Galium mollugo, Silene otites, Artemisia campestris u. s. w. im Mai und Juli. Eine am 3. Juli 1903 bei Martigny auf Galium gefundene Raupe verpuppte sich Mitte des Monats und ergab den Falter am 15. IX.

E. Sp. I, 202 — Favre 160. 318 und Suppl. 18.

510. **chi** Ch. — Sp. III, T 38 — Stz. III, T 33. 34. — B. R. T 31.

Der Falter erscheint gewöhnlich im Herbst, d. h. Ende August bis Oktober, ausnahmsweise (aus überwinterten Puppen) auch im Frühjahr. Er ist im ganzen Gebiet überall häufig; sehr gemein besonders im Gadmental und im Ober-Engadin bis nahe an 2000 m.

Die Raupe — Sp. IV, T 26 — lebt polyphag an Galium, Lactuca, Aquilegia, Sonchus, Silene, Lonicera u. s. w. von April bis September.

E. Sp. I, 202 — Roug. 106 — Lamp. 162 — Stz. III, 138 — Favre 160.

Dasypolia Gn.

511. **templi** Thnbg. — Stz. III, T 29 — Sp. III, T 47.

Diese Art ist fast nur in Wallis und Graubünden gefangen worden; sie geht von der Talsohle bis etwa 1800 m. Der Falter schlüpft Ende Juli, überwintert von Spätherbst an bis April und lebt bis Juni. (Wullschl. notiert: VIII., frisch, IV., VI.; Cafl. X.,; Hirschke VII.; Hauri Spätherbst und Frühling). St. Maurice, Martigny (W.), Col de Balme, Glacier de Trient (V.), Sierre (Paul), Bérisal, Simplon (V.), Zermatt

22

(Püng.), Davos (Hauri), St. Moritz (Cafl.), Tarasp (Kill.), Münster im Münstertal (Thom.), Gadmen (St.).

a) *alpina* Rogh. (= caflischi Rühl[1]) — Stz. III, T 29.

Ist die grössere, mehr blaugraue Form; Mittelbinde, Makeln und Fransen dunkler, die Hfl fast ohne Zeichnung. Zermatt in Unzahl (Püng.), Göschenen 20. IV. 1909 (Hoffm.), Davos öfter (Hauri).

Die Raupe — Sp. IV, T 33 — lebt an Heracleum spondylium von Mai bis Juli.

Bei der Zimmerzucht wurden die Eier Mitte April auf die Blüten abgesetzt, die Raupen schlüpften nach 14 Tagen und frassen vorerst die Blüten und jungen Triebe, später bohrten sie sich in die Stengel ein und durch diese bis in die Wurzeln hinab. Die Falter erschienen von Ende Juli an. (Labhart, Soc. Ent. VII, 189)

E. Sp. I, 203 — Stz. III, 122 — Favre 200 — Lamp. 162.

512. **ferdinandi** Rühl — Stz. III, T 29 — Hampson VI, Pl. 106. — Soc. Ent. II, 169.

Bedeutend kleiner als die gleichzeitig und ohne Uebergänge fliegende templi-alpina Rogh., die Flügelspitze nicht mehr gerundet, die Wellenlinie fehlend, die Beschuppung viel feiner und gleichmässiger. Selten. Der Falter fliegt z. T. im Herbst, überwintert und wird noch bis Mitte Juni getroffen. Zermatt mehrfach (Püng., Sulz.), Engadin, Stilfserjoch (Rühl).

Aus dem Ei erzogene Raupen bohrten sich in die Wurzeln von Heracleum ein und wuchsen rasch, wurden aber von Ameisen getötet (Püng.).

Brachionycha Hb.
(Asterocopus Bsd.)

513. **nubeculosa** Esp. — Stz. III, T 29 — Sp. III, T 47 — B. R. T. 35.

Der Falter ist bei uns eine Seltenheit; er fliegt im März—April. Aadorf, Elgg (Z.-R.), Zürich (Nägeli), Uto (Rühl), Neuchâtel ? (Coul.), Lignières (Roug.), Chur (Bazz.), Ilanz (Caveng), Latsch (Selm.), Münster im Münstertal (Thom.).

[1]) Vergl. *Rebel*, Verhdlg. zool.-bot. G. Wien XLIX, 166.

Die Raupe — Sp. IV, T 32 — lebt an Birken, Ulmen, Hainbuchen und Prunusarten im Mai—Juni. Die Falter müssen im März—April geklopft werden. Die ♀♀ legen bis 300 Eier ab. Die Zucht im Zimmer ist aber schwierig und meist mit Verlusten verbunden. Besser gedeihen die Raupen beim Aufbinden im Freien auf Birken. Zur Zeit der Verpuppung, also im Juni, werden die Raupen in Zuchtkästen verbracht, welche Mulm und eine Erdschicht von mindestens 30 cm Tiefe enthalten müssen, da die Raupen sich sehr tief in die Erde vergraben. Der Mulm muss genügende Feuchtigkeit besitzen, so dass die Puppen nicht gespritzt werden müssen. In kalten trockenen Räumen überwintert, schlüpfen die Falter von März an. (Rühl, Soc. Ent. III, 27)

E. Lamp. 163 — Sp. I, 203 — Ill. Zeitschr. f. Ent. V, 369 — Stz. III, 121.

514. **sphinx** Hufn. — Sp. III, T 47 — Stz. III, T 29 — B. R. T. 35.

Der Falter kommt in der Ebene und dem Jura überall vor, auch in den Voralpen (Weissenburgerschlucht im Simmental, Hug.); er wird aber meistens vereinzelt und nicht gerade häufig gefunden. Flugzeit im Oktober—November.

Die Raupe — Sp. IV, T 32 — lebt an Weiden, Pappeln, Eichen, Linden, Buchen und Obstbäumen im Mai—Juni.

E. Sp. I. 203 — Favre 199 — Lamp. 163 — Stz. III, 121 — Roug. 138.

Miselia Stph.

515. **oxyacanthae** L. — Sp. III, T 39 — Stz. III, T 31 — B. R. T 32.

Der Falter ist im ganzen Gebiet verbreitet und häufig, in den Alpen bis etwa 1600 m. Flugzeit von Mitte Juli bis im November. Er birgt sich über Tag an Bäumen, unter dürrem Laub u. s. w. und kommt erst spät abends an den Köder.

Die Raupe — Sp. IV, T 27 — lebt an Apfelbaum, Schlehen, Pflaumen, Weissdorn im April—Mai, bei Tage in den Stammritzen verborgen. Die junge Raupe erbeutete ich durch Klopfen.

E. Sp. I, 204 — Favre 161 — Lamp. 163 — Roug. 107 — B. R. 210, T 32 — Stz. III, 129.

Charipter a Gn.

516. **viridana** Walch. (= culta S. V.) — Sp. III, T 39 — Stz. III, T 32 — B. R. T 32.

Der schöne Falter ist im Juni—Juli in der Ebene weit verbreitet, aber überall selten. St. Gallen, Müllheim (M.-R.), Oberuzwil (Wild), Frauenfeld (Wehrli), Zürich (Nägeli), Zug (Wild), Gysulafluh, Wartburg, Oftringen (W.), Bechburg (R.-St.), Tramelan, Sonvilier (G.), Liestal (Leuth.), Préfargier (Godet), Biel (Rob.), St. Blaise (V.), Büren (Rätz.), Bern (Hiltb.), Crassier (Loriol), Granges, Chippis (Favre), Sierre (Paul), Thusis (V.).

Die Raupe — Sp. IV, T 27 — lebt im August—September am Moos und den Flechten der Schlehen-, Pflaumen-, Weissdorn-, Birnbäume und Berberitzen. Am Tage ist sie am Fusse der Stämme oder unter Moos und Flechten verborgen.

E. Sp. I, 204 — Lamp. 163 — Roug. 107 — Stz. III, 133 — Favre 161.

Dichonia Hb.

517. **aprilina** L. — Sp. III, T 39 — B. R. T 32 — Stz. III, T 32.

Der Falter ist in den tiefern Landesteilen überall vorhanden und nicht selten; Flugzeit von Juli bis Oktober. Bei Chur fliegt er in stark berussten Stücken (Kill., Cafl.), ebenso bei Ilanz (Caveng).

Die Raupe — Sp. IV, T 26 — lebt an Eichen, Buchen, Eschen, Obstbäumen u. s. w. im Mai—Juni. Ich fand sie im Juni 1907 in der Nähe von Basel an Kirschbäumen sehr zahlreich über Tag in Stammritzen geborgen. Die Verpuppung erfolgte Ende des Monates und die Falter schlüpften zwischen dem 10. und 20. IX.

E. Sp. I, 205 — Favre 161 — Roug. 107 — Lamp. 164 — B. R. 211, T 33 — Stz. III, 132.

518. **convergens** F. — Sp. III, T 39 — Stz. III, T 32.

Viel spärlicher als die vorige Art; in der Erscheinungszeit mit ihr übereinstimmend. Aargauerjura (W.), Bechburg (R.-St.), Büren (Rätz.), Biel (Rob.), St. Blaise (V.), Dombresson (Bolle), Neuchâtel (Roug., V.), Plan-Cerisier, Mt. Ravoire, Branson (W.), Sion, Sierre (Paul), Lostallo im Misox (Thom.).

Die Raupe — Sp. IV, T 26 — lebt an Eichen bis Mai.

E. Sp. I, 205 — Roug. 328, T 1 — Lamp. 165 — Stz. III, 132.

Dryobota Ld.

519. ? **monochroma** Esp. — Sp. III, T 39 — Stz. III, T 32.

Das Bürgerrecht dieser Art erscheint zweifelhaft und dieselbe bedarf der Bestätigung. Ein Stück fing Riggenbach auf der Bechburg, ein weiteres von Freiburg sah ich in der Sammlung von Tobie de Gottrau; Staudinger erwähnt die Südschweiz. Der Falter fliegt im August—September.

Die Raupe — Sp. IV, Nachtr. T III — lebt im Mai—Juni an Eichen.

E. Sp. III, 206 — Stz. III, 134.

520. **protea** Bkh. — Sp. III, T 39 — Stz. III, T 32.

Der Falter ist von der Ebene bis in die Voralpentäler hinein verbreitet und meistens überall, wo Eichen vorhanden, sind ziemlich häufig. Flugzeit von August bis November. Er kommt gerne an den Köder.

Die Raupe — Sp. IV, T 26 — lebt an Eichen von April bis Juni.

E. Sp. I, 206 — Favre 161 — Lamp. 165. — Roug. 106 — Stz. III, 134 — Favre 161.

Dipterygia Stph.

521. **scabriuscula** L. (= pinastri L.) — Sp. III, T 41 — B. R. T 32 — Stz. III, T 38.

Der Falter ist weit verbreitet. Er fliegt wahrscheinlich in 2 Generationen im Mai—Juni und August—September. In der Nordschweiz seltener, dagegen im Tessin, Misox und Bergell häufig; im Unterengadin bis etwa 1500 m. Er kommt gerne an den Köder.

Raupe — Sp. IV, T 27 — lebt an Taraxacum, Rumex, Polygonum und andern niedern Pflanzen von Juni bis April. Am 19. V. 1911 abgelegte Eier ergaben die Räupchen nach 8 Tagen, dieselben wurden mit Ampfer erzogen. Die Falter erschienen schon in der zweiten Junihälfte, immer zwischen 8 u. 9 Uhr morgens.

E. Sp. I, 207 — Roug. 114 — Lamp. 165 — Stz. III, 163 — Favre 169.

Hyppa Dup.

522. **rectilinea** Esp. — Sp. III, T 41 — B. R. T 32 — Stz. III, T 42.

Der Falter ist besonders im Jura und den Alpentälern weit verbreitet und nicht selten; ganz ausnahmsweise kommt er auch in der Ebene vor. Flugzeit im Juni—Juli.

Die Raupe — Sp. IV, T 28 — lebt von Ende Juli an auf Calluna vulgaris, Vaccinium uliginosum, Epilobium, Rubus, Lamium und Pteris aquilina. Sie überwintert erwachsen bis Mai, verpuppt sich dann in der Erde und liefert den Falter nach 14 Tagen.

E. Sp. I, 207 — Roug. 114. 331 — Ins. Börse XXV, 202 — Favre 318 — Lamp. 165.

Rhizogramma Ld.

523. **detersa** Esp. — Sp. III, T 41 — B. R. T 32.

Der Falter ist im ganzen Lande verbreitet, in den Alpen bis ca. 2000 m. Flugzeit von Juli bis September; er ist am Tage gerne an Lattenzäunen und Baumstämmen verborgen. Sehr häufig ist er in den insubrischen Gebieten.

Die Raupe — Sp. IV, T 49 — lebt an Berberis von September bis Mai, über Tag nahe am Boden an den Wurzelstöcken. Nachts mit der Laterne im Frühling sehr leicht und in Mehrzahl zu finden.

E. Sp. I, 208 — Roug. 114 — Favre 169 — Lamp. 166.

Chloantha B.

524. **radiosa** Esp. — Stz. III, T 15 — Sp. III, T 41.

Vereinzelt und selten an warmen Stellen im Mai—Juni. Aadorf (Z.-R.), Schaffhausen (W.-Sch.), Aargauerjura, Belchen (W.), Genf (V.), Reculet, Voirons (Blach.), im Wallis bes. bei Stalden nicht selten (Roug.).

Die Raupe — Sp. IV, T 28 — lebt an den Blüten von Hypericum perforatum und alpinum im Juli—August. Sie muss an warmen, geschützten Stellen gesucht werden, wo die Nahrungspflanze in Partien beisammen steht.

E. Sp. I, 208 — Favre 318. Suppl. 19 — Lamp. 166 — Stz. III, 65.

525. **polyodon** Cl. (= perspicillaris L.) — Sp. III, T 41 — Stz. III, T 15 — B. R. T 32.

Der schöne Falter fliegt gerne an warmen, sonnigen Stellen des Mittellandes und Jura, in 2 Generationen von Mai bis anfangs August. Er ist fast überall ziemlich selten. St. Gallen (Täsch.), Frauenfeld (Wehrli), Schaffhausen (W.-Sch.), Dübendorf (Corti), Zürich (V.), Bremgarten (Boll), Born, Aarburg, Oftringen, Lenzburg (W.), Bechburg (R.-St.), Liestal (Seiler, Leuth.), Basel, Hüningen (Honegg., Leonh.), Tramelan (G.), Biel (Rob.), Neuveville (Coul.), Dombresson, Yverdon (Roug.), Siselen, Büren (Rätz.), Bern (v. J.), Léchelles (T. de G.), Genf, Conche (Aud.), Biasca (V.), Bergell (Bazz.), Chur (Cafl.).

Die Raupe — Sp. IV, T 28 — lebt an schattigen Waldstellen auf Hypericum und Astragalus im Juni und August—September auf der Unterseite der Blätter, meistens 6—8 Stück an derselben Pflanze.

Die Zucht aus dem Ei ist nicht schwierig. Man füllt ein Holzkästchen zu $^2/_3$ mit aus Baumstrünken genommenem, feuchtem Mulm und stellt da hinein die Stengel der Futterpflanze (Hypericum perforatum), die sich so ganz gut im Schatten, den die Raupen bevorzugen, einige Tage frisch erhält. Vor der Verpuppung bringt man die erwachsenen Raupen in einen Kasten mit Erde und Moos. Die ganze Zucht dauert nur 8 Wochen. **(Elbmann, Soc. Ent. VI, 62)**

E. Sp. I, 208 — Roug. 114 — Soc. Ent. VI, 62 — Lamp. 166 — Stz. III, 65.

526. **hyperici** F. — Sp. III, T 41 — Stz. III, T 15.

Der Falter lebt fast nur an heissen Orten im Jura und der Südschweiz, im März—April und Juli—August. Aadorf (Z.-R.), Born (W.), Bern (Rätz.), Onex (Humb.), Mt. Chemin, Martigny, La Croix (W.), Branson (V.), Sierre (Paul), Stalden (Bent.), Zermatt (v. J.), Bergell (Bazz.), Thusis (V.).

Die Raupe — Sp. IV, T 28 — lebt an sonnigen, geschützten Abhängen auf Hypericum von März bis Mai—Juni und im September—Oktober. Die Puppen der zweiten Brut überwintern.

E. Sp. I, 208 — Favre 170 — Lamp. 166 — Stz. III, 65.

Callopistria Hb.
(Eriopus Tr.)

527. **purpureofasciata** Piller (= pteridis Fab. = juventina Cr.) — Sp. III, T 41 — B. R. T 32 — Stz. III, T 44.

Der Falter fliegt im Juni—Juli recht selten und vereinzelt. Zürich 28. VII. 1901 (Nägeli), Belvoirpark (V.), Lenzburg (W.), Bern (v. J., V.), Genf (Aud.), Sion (Paul), Biasca (V.), Lostallo (Thom.).

Die Raupe — Sp. IV, T 28 — lebt an Pteris aquilina im August—September.

Die Zucht der jungen Raupen ist sehr schwierig, weil sich das Futter nicht frisch erhalten lässt. Man sucht deshalb am besten die erwachsenen Raupen, welche man oben auf den Blättern der Futterpflanze finden kann. Sie brauchen dann kaum noch Fütterung und bedürfen nur eines Gefässes mit Erde und Moos. Mitte September verspinnen sie sich und liegen im Cocon bis März. Die Ueberwinterung geschieht im Freien, allen Unbilden der Witterung ausgesetzt, aber es muss dafür gesorgt werden, dass die Feuchtigkeit abfliessen kann. Die Puppen dürfen nicht gestört werden. Man kann die Raupen im Januar nach und nach an die Wärme nehmen; sie müssen dann alle acht Tage durch Befeuchtung des Sandes die nötige Feuchtigkeit erhalten. (Gleissner, Ent. Zeitschr. III, 92).

E. Favre 170 — Lamp. 166 — Sp. I, 209 — Stz. III, 194.

528. **latreillei** Dup. — Sp. III, T 41 — Stz. III, T 44.

Der Falter nur aus den insubrischen Gebieten; er fliegt von Juli bis Oktober und ist nicht gerade selten, aber sehr lokal. Simplon, Val Vedro (Favre), Tessin (Püng.), Bergell (v. J.), Grono VII. 1907 (V.), Lostallo mehrfach (Thom., M.-R.).

Die Raupe — Sp. IV, T 28 — lebt im Sommer an Ceterach officinarum und andern Farrenkräutern.

E. Sp. I, 209 — Favre 170 — Lamp. 167 — Stz. III, 195.

Polyphaenis B.

529. **sericata** Esp. — Sp. III, T 41 — Stz. III, T 44 — B. R. T 32.

Der Falter kommt selten und vereinzelt an heissen Stellen, besonders im Jura und Wallis, vor. Flugzeit von

Mai bis Juli. Aarburg, Lenzburg (W.), Bechburg (R.-St.), Landeron (Coul.), Biel, St. Blaise (Rob.), Pfäffers (Püng.), Chur (Kill.), Salgesch (Roug.), Martigny, Branson (W.), Sion, Sierre (Paul), Rossetan (Favre).

Die Raupe — Sp. IV, T 28 — lebt an Lonicera xylosteum, Ligustrum und Cornus von September bis Mai. Sie ist am Tage zwischen dürren Blättern an der Erde versteckt.

E. Sp. I, 209 — Roug. 115 — Favre 170 — Lamp. 167 — Stz. III, 198.

Trachea Hb.

530. **atriplicis** L. — Sp. III, T 41 — Stz. III, T 43 — B. R. T 33.

Der Falter ist in der Ebene, dem Jura und in den Voralpen bis etwa 1800 m überall häufig. Flugzeit von Juni bis August. Er kommt abends gerne zum Köder.

Die Raupe — Sp. IV, T 28 — lebt an Atriplex, Rumex, Polygonum, Convolvulus u. s. w. vom Juli bis Oktober, tagsüber versteckt; sie verwandelt sich erst im Frühjahr.

E. Sp. I, 210 — Soc. Ent. II, 171 — Roug. 115 — Favre 171 — Ill. Wochenschr. f. Ent. II, 505 — B. R. 217, T 33 — Stz. III, 187.

Trigonophora Hb.

531. ? **flammea** Esp. — Sp. III, T 41 — Stz. III, T 34.

Diese schöne Art wurde von Dr. Thomann im September 1906 bei Lostallo im Misox, mehrfach am Köder erbeutet. 1907 zeigte sich zur gleichen Zeit auch nicht ein Stück.

Die Raupe — B. R. und Gr. Noct., Pl. 24 — lebt im Frühling an Ficaria ranunculoides.

Sp. I, 210 — Stz. III, 138.

Euplexia Stph.

532. **lucipara** L. — Sp. III, T 41 — Stz. III, T 43 — B. R. T 33.

Der Falter lebt in 2 Generationen von April bis August und ist überall verbreitet und häufig. Höhengrenze im Unterengadin bei etwa 1500 m. Er sitzt bei Tage auf oder zwischen Blättern versteckt und kann durch Klopfen erbeutet werden.

Ein stark verdunkeltes Stück mit verdunkelter Makel und Aussenbinde fing Müller-Rutz bei St. Gallen.

Die Raupe — Sp. IV, T 28 — lebt an Rubusarten, Chelidonium, Aquilegia, Epilobium, Actaea, Clematis, Vaccinium und zahlreichen andern niedern Pflanzen von Juni bis Oktober, besonders an feuchten Waldstellen.

E. Sp. I, 211 — Roug. 115 — Favre 171 — Lamp. 168 — Stz. III, 188.

Phlogophora Tr.
(Habryntis Ld.)

533. **scita** Hb. — Sp. III, T 41 — B. R. T 33 — Stz. III, T 44.

Der Falter ist weit verbreitet, sowohl in der Ebene, dem Jura, wie den Voralpen; Höhengrenze etwa bei 1600 m. Er fliegt von Juli bis September, ist aber überall seltener. St. Gallen (Täsch.), Winterthur (Stierl.), Zürich (V.), Burgdorf (Müller), Biel (Rob.), Tramelan (G.), Neuveville (Coul.), Dombresson, Sonvilier, Chaux-de Fonds (Roug.), Arlesheim (Leuth.), Crassier (Loriol), Pt. Saconnex (Mong.), La Caffe (W.), Mt. Ravoire (Favre), Zermatt (Püng.), Ilanz (Caveng), Chur (Cafl.).

Die Raupe — Sp. IV, T 28 — lebt an Pteris aquilina, Aspidium filix mas, Geum urbanum, Oxyacantus und Viola von September bis Mai. Die Raupe lebt mit Vorliebe in lichten Laubwaldungen, die mit Tannen untermischt sind, wo sich besonders an den Nordhängen der Hügel die Futterpflanzen im feuchten Boden reichlich entwickelt haben. Man klopft die Raupen am besten im September—Oktober in den Schirm. Die Ueberwinterung muss im Freien geschehen, als Schutz nur mit einer starken Lage von trockenen Buchenblättern bedeckt. Im Frühjahr muss man rechtzeitig für frische Farren sorgen. Man pflanze dieselben in Blumentöpfe und stelle diese über Winter in den Keller, damit die Blätter absterben. Mitte Januar ins warme Zimmer genommen, hat man anfangs März grüne Pflanzen, die in den Zuchtkasten gestellt werden. Die Raupen fressen dieses Futter sehr gerne, verpuppen sich nach vier Wochen zwischen Buchenblättern und geben die Falter Anfang Mai. (Tesch, Ent. Zeitschr. V, 182)

E. Lamp. 168 — Roug. 116. 332 — Sp. I, 211 — B. R. 218, T 33 — Favre 171 — Stz. III, 191.

Brotolomia Ld.

534. **meticulosa** L. — Sp. III, T 41 — Stz. III, T 44 — B. R. T 33.

Der Falter ist in 1—2 Generationen, je nach der Höhenlage von April bis Juni und von August an mit teilweiser Ueberwinterung, im ganzen Gebiet verbreitet und gemein. So fand Seiler am 15. Dezember 1893 ein ganz frisches Exemplar bei Liestal an einer Bretterwand sitzend. Höhengrenze etwa bei 1800 m (Pontresina, Honegger).

Die Raupe — Sp. IV, T 28 — lebt polyphag an Reseda, Clematis, Geranium, Pteris, Lamium, Urtica u. s. w. fast das ganze Jahr hindurch; von September bis April und im Juli—August.

E. Sp. I, 211 — Lamp. 168 — Gub. Ent. Zeitschr. III, 253 — Roug. 116 — Favre 171 — B. R. 218, T 33 — Stz. III, 190.

Mania Tr.

535. **maura** L. — Sp. III, T 41 — Stz. III, T 39 — B. R. T 33.

Falter in der Ebene überall, aber meistens spärlicher. Man findet ihn in der Nähe von Gewässern, auch an dunkeln Stellen sitzend, von Juli bis September. Seine Höhenverbreitung ist sehr gering und wird 1000 m kaum erreichen.

a) *striata* Tutt — Stz. III, T 39.

In der Südschweiz kommen Exemplare mit sehr lebhafter gelblicher Zeichnung vor, die von der schwarzen Grundfarbe stark absticht.

Die Raupe — Sp. IV, T 28 — lebt an Erlen, Berberis, Alnus, Taraxacum, Cynoglossum, Anagallis u. s. w. im April —Mai. Man findet die Raupe im Frühling an feuchten Orten, über Tag am Boden unter Rumex und Lamium versteckt, nachts kann sie von Erlen und Weiden, deren Knospen sie verzehrt, geklopft werden. Die befruchteten ♀♀ fängt man im Anfang August am Köder; die Raupen schlüpfen nach 14 Tagen und werden anfänglich mit Taraxacum und Salat, dessen Blätter man an Fäden aufhängt, gefüttert. Mit Vorliebe nehmen die halbwüchsigen Raupen Haselnussblätter und Hanfweide, diese sind besonders geeignete Mittel, um Durchfall vorzubeugen. Bei guter Fütterung und warmer Stubentemperatur sind die Raupen bis Anfang November verpuppt und liefern, wenig feucht und warm gehalten, Anfang Dezember die Falter (Thurau, Ins. Börse XI, 158).

E. Sp. I, 212 — Ins. Börse XIX, 304 — Lamp. 168 — Ill. Wochenschrift f. Ent. II, 503 — Stz. III, 162 — B. R. 218, T 33 — Roug. 116 — Favre 172.

Naenia Stph.

536. **typica** L. — Sp. III, T 41 — Stz. III, T 14 — B. R. T 33.

Falter in weiter Verbreitung in der Ebene und dem Jura bis in die Voralpen hinein; meistens häufig, besonders am Köder. Flugzeit von Juni bis August; Höhengrenze bei etwa 1000 m.

Die Raupe — Sp. IV, T 28 — lebt von September bis Mai gesellschaftlich an niedern Pflanzen, so Lamium, Urtica. Taraxacum, Galium, auch an Weinreben, Bilsenkraut und Traubenkirsche. Man findet die erwachsene Raupe an feuchten Stellen nachts im Frühling; die Verpuppung erfolgt in einem mit Erdkörnern umgebenen Gespinst.

E. Sp. I, 212 — Ins. Welt III, 6 — Roug. 116 — Favre 173 — Stz. III, 62.

Jaspidea B.

537. **celsia** L. — Sp. III, T 42 — Stz. III, T 32 — B. R. T 33.

Der auffallende, schöne Falter ist als seltenere Erscheinung nur an wenig Orten, hauptsächlich in Graubünden erbeutet worden. Er fliegt von Ende Juli bis Ende September. Ragaz (Kaiser), Schiers (Brügger), Landquart (Thom.), Zizers, Chur (Cafl., Senn), Waldhaus, Flims (Jörg.), Ilanz (Caveng), Thusis im IX. 1909 in Menge am Licht (V.), Tarasp öfter (Kill.), Salgesch im Wallis 1 stark geflogenes Stück (Roug.).

a) *ocellata* Koul. — Soc. Ent. XXIII, 11.

Mit einem braunen Fleckchen am Zellende der Vfl. Thusis 1907, 2 Stück (V.).

Die Raupe — Sp. IV, T 28 — lebt an Graswurzeln, so Calamagrostis epigeios, Aira caespitosa in sandigen, trockenen Nadelholzwaldungen von Juni bis August.

Die Eizucht gelang an in Blumentöpfe eingepflanzten Büscheln von Waldgräsern; es wird aber als leichter empfohlen, die Eier, etwa 2—4 Stück, an Gräser auszusetzen, und zwar an die Wurzel büschelartig wachsender Gräser im

Nadelholzwald. Ende Juli bis Mitte August holt man dann die Puppen, welche leicht in den Mulmröhren zu finden sind. (Pallas, Gub. Ent. Zeitschr. III, 11).

Noch einfacher und leichter soll sich die Zucht gestalten, wenn man Grasarten, wie Rasenschmielen, Honiggras, Knaulgras, Geruchgras u. s. w. vermischt in Töpfe aussäet. Das muss im Februar geschehen, damit das Gras bis im März, wenn die Räupchen schlüpfen, gross und kräftig genug ist. Die Topferde muss reichlich mit Sand gemischt werden, damit dieselbe recht locker wird. Die Räupchen bohren sich zwischen die Wurzeln und Stengel ein. Die Raupen verpuppen sich im August, die Puppenruhe dauert drei Wochen. (Raebel, Ent. Zeitschr. XXIV, 238)

E. Sp. I, 213 — Stett. Ent. Zeitg. 1879, 511 — Ent. Nachr. 1879, 252 — Stz. III, 130.

Helotropha Ld.

538. ? **leucostigma** Hb. — Sp. III, T 42 — Stz. III, T 46.

♂ ♀ fing Senn in Chur am Licht (Bazz.), auch von Conche (Aud.).

a) ? *fibrosa* Hb. — Dup. VII, 109.

Couleru fand die Raupe bei Neuveville im Mai und erzog daraus diese hellere Form.

Die Raupe — Sp. IV, T 49 — lebt bis Juli an Schwertlilie und andern Sumpfpflanzen.

E. Sp. I, 213 — Lamp. 169 — Roug. 116.

Hydroecia Gn.

539. **nictitans** Bkh. — Sp. III, T 42 — B. R. T 33 — Stz. III, T 46.

Der Falter ist in der Ebene, von Juli bis September, stellenweise häufig, so bei Büren, und ist auch im Jura weit verbreitet. Er fliegt auch am Tage und setzt sich gerne an Blüten von Disteln, Scabiosen und Dosten.

a) *erythrostigma* Hw. — Stz. III, T 46.

Mit gelber Makel. Unter der Art. Frauenfeld (Wehrli), Elgg (Gram.), Dübendorf (Corti), Zürich, Bern (V.), Büren (Rätz.), La Croix (Favre), Sierre (Paul), Lostallo (Thom., M.-R.), Landquart (Thom.).

Die Raupe — Sp. IV, T 49 und Nachtr. T III — lebt an Gräsern, besonders Aira caespitosa, im Grunde der Büschel, im Mai. Prof. Stange fand sie jung in den Samenköpfen von Eriophorum, später im untern Teil der Stengel, zuletzt in einem Gespinst zwischen den Stengeln am Boden, diese abbeissend und herabziehend.

E. Sp. I, 214 — Lamp. 169 — Favre 172 — Macrolep. v. Friedland p. 45.

540. ? **lucens** Frr. — Sp. III, T 42.

Der Falter ist bei uns eine Seltenheit und nur an wenigen Orten beobachtet worden. Flugzeit von August bis September. Elgg (Gram.), Zürich (Rühl.), Bünzen (W.), Bern (v. J.) Sion, Sierre (Paul).

Die Raupe lebt wie die der vorigen Art.

E. Sp. I, 214.

541. **micacea** Esp. — Sp. III, T 42 — Stz. III, T 46.

Ebenfalls selten und nur an wenigen Orten im August —September; meist am Köder. St. Gallen (M.-R.), Kreuzlingen (Weg.), Aadorf (Z.-R.), Frauenfeld (Wehrli), Zürich öfter (Naegeli), Lenzburg (W.), Basel (Leonh.), Büren (Rätz.), Bern (V.), Hauterive (T. de G.), Conche (Aud.), Branson, Fully (W.), Sierre (Paul), Thusis (V.).

Die Raupe — Sp. IV, T 28 — lebt an Tussilago, Phragmites, Iris, Glyceria, Atriplex, Carex, Rumex, Equisetum auf sumpfigem Boden bis Mai—Juni an den Wurzeln.

E. Sp. I, 214 — Lamp. 169 — Favre 173.

542. **petasitis** Dbld. — Sp. III, T 42 — Stz. III, T 46.

Nur 3 Exemplare schweizerischer Herkunft sind mir bekannt geworden. Bruggen (M.-R.), Bechburg (R.-St.), Gorges de l'Areuse (P. Favre). Der Falter fliegt im August—September.

Die Raupe — Sp. IV, T 28 — lebt bis Mai—Juni an Petasites officinalis.

E. Sp. I, 215 — Lamp. 170.

Gortyna O.

543. **ochracea** Hb. (= flavago S. V.) — Sp. III, T 42 — B. R. T 33 — Stz. III, T 46.

Der Falter ist in der Ebene und den Voralpen weit verbreitet, aber meistens seltener. Flugzeit von Juli bis September. U. N. M. J. O. V. W.

Die Raupe — Sp. IV, T 28 — lebt an Sambucus, Verbascum, Valeriana, Eupatorium, Lappa, Scrophularia, Senecio, Artemisia, Cirsium u. s. w. auf sumpfigem Boden. Sie ist in dem grossem Sumpfgebiet, das sich vom Neuenburger- und Murtensee bis fast gegen Solothurn hinzieht, nicht selten von Juni bis August. Man findet sie an den welk gewordenen Pflanzen in den Stengeln und Wurzelstöcken; da ihre Zucht aber sehr schwierig ist, empfiehlt es sich, die Puppen zu suchen, dabei findet man auch die Schmetterlinge an Grasstengeln sitzend.

E. Sp. I, 215 — Roug. 117 — Ent. Jahrb. XVII, 114 — Lamp. 170 — Favre 173.

Nonagria O.

544. **cannae** O. — Sp. III, T 42 — B. R. T 33.

Der Falter ganz selten im August—September. Nur von Zürich (Rühl), Katzensee, 2 Ex. VIII. 1901 (V.), Neudorf b. Basel (Leonh.), Tramelan (G.), St. Blaise (V.), Martigny (W.).

Die Raupe — Sp. IV, Nachtr. T V — lebt von September bis Juli an Typha, Sparganium, Scirpus in den Stengeln, wo sie sich auch anfangs August verpuppt.

E. Sp. I, 216 — Lamp. 170.

545. **typhae** Esp. (= arundinis Fab.) — Sp. III, T 42 — B. R. T 33 — Stz. III, T 49.

Selten im September—Oktober. Rheineck, Bruggen (M.-R.), Zürich (Naegeli, V.), Bremgarten (Boll), Basel (Leonh.), Siselen, Büren (Rätz.), St. Blaise (V.), Bern (Hiltb.), Hermance (Roch.), Sion (Paul), Salgesch (Roug.), Chur (Cafl.).

a) ? *nervosa* Esp. — Stdg. 1894 a).

Uebergangsform zur folgenden. Basel (Leonh.).

b) *fraterna* Tr. — Stz. III, T 49.

Mit einfarbig dunkelrotbraunem Leib und Vfl. Martigny (Wullschl.), Basel (Leonh.).

Die Raupe — Sp. IV, T 28 — lebt bis August in Rohrkolben und Binsen (Typha latifolia und Scirpus lacustris) in den Stengeln. Die gelb werdenden Blätter deuten ihre Anwesenheit an; am besten sucht man die Raupe in der zweiten Augusthälfte gegen den Wurzelstock zu. Sie sitzt mit dem

Kopf nach unten, ein in den Stengel gefressenes Loch befindet sich dicht über ihrem Aufenthaltsort (Roug.).

E. Sp. I, 216 — Roug. 117 — Favre 173 — Lamp. 171.

546. **geminipuncta** Hw. — Sp. III, T 42 — Stz. III, T 49.

Der Falter ist zuerst aus dem Sumpfgebiet der Thièle von Epagnier bekannt geworden und wird dort im Juli—August öfter am Licht gefangen (V.), seither auch von Martigny (W.) und Basel (Leonh.).

Die Eier werden an die Innenseite der Blattscheiden von Riedgräsern abgelegt. Die Raupe — Sp. IV, T 29 — lebt von September bis Juni in den Stengeln von Phragmites communis. Die junge Raupe bewohnt die Spitzen der Rohrhalme und steigt zur Verpuppung in einen intakten Rohrteil hinab. Man sucht Ende Mai die erwachsene Raupe oder die Puppe in Schilfstengeln, besonders in Abzugsgräben von Teichen. Zwei Fluglöcher, welche die Raupe, 5—6 cm von einander entfernt, in den Stengel frisst und zwischen denen sich das Puppenlager befindet, sind die Merkmale ihrer Anwesenheit. Die Falter schlüpfen von Anfang August an, stets gegen Abend. (Dr. Hasebroek, Gub. Ent. Zeitschr. VI, 105)

E. Soc. Ent. VII, 85 — Lamp. 171 — Sp. I, 217 — Ill. Zeitschr. f. Ent. V, 329. VIII, 52 — Roug. 117.

547. **neurica** Hb.[1]) — Sp. III, T 42 — Stz. III, T 49.

Der Falter ist wiederholt und in Mehrzahl bei Frauenfeld durch Lichtfang erbeutet worden (Wehrli), sodann 1 Exemplar in der Lützelau bei Weggis (Z.-D.), endlich je eines in Martigny (W.) und Landquart (Thom.).

Die Raupe — Sp. IV, Nachtr. T V — lebt von Herbst bis Mai—Juni in den Stengeln von Phragmites communis an wasserfreien Stellen. Verpuppung mit dem Kopf nach unten in einer Rohrstoppel oder einem frischen Halm.

E. Sp. I, 217 — Marcrolep. v. Friedland p. 46.

Coenobia Stph.

548. **rufa** Hw. — Sp. III, T 42.

---

[1]) N. ? dissoluta — *arundineti* Schmidt — Stz. III, T 49 — soll nach Staudinger in der Schweiz vorkommen. Bedarf jedoch der Bestätigung.

2 ♀♀ dieses interessanten Falterchens sind am 12. und 16. VIII. 1907 von Dr. Corti bei Dübendorf erbeutet worden, ein Stück von Dr. Wehrli im Juli 1911 bei Frauenfeld.

Die Raupe lebt im Mai—Juni in den Stengeln von Binsen, besonders Juncus lamprocarpus.

E. Sp. I, 218.

Senta Stph.

549. **maritima** Tausch. — Sp. III, T 42 — Stz. III, T 48.

Rätzer fing je ein Exemplar im Juli 1901 und 1902 in Büren am Licht, 2 Exemplare erhielt ich von Kerzers 1908, 2 erbeutete Dr. Wehrli bei Frauenfeld 1911.

a) *bipunctata* Hw. — Stz III, T 48.

Mit zwei grossen schwarzen Vfl-Punkten und einem Mondfleck der Hfl. Wurde 1911 von Dr. Wehrli bei Frauenfeld erbeutet.

Die Raupe — Sp. IV, T 29 — lebt an Typha von August bis Mai, in den Stengeln; sie kann auch mit Fleisch und Brot oder mit einer Mischung von Apfelmus und Gänseschmalz erzogen werden. Die Verpuppung erfolgt sehr tief in der Erde, in einer Rohrstoppel. Um sie schnell zur Verpuppung zu bringen, muss man ihren Behälter der Sonne aussetzen. Mordraupe!

E. Sp. I, 218. 360 — Berl. Ent. Ztg. Bd. LV (2/4) — Lamp. 171 — Macrolep. v. Friedland p. 47.

Tapinostola Ld.

550. **fulva** Hb.[1]) — Sp. III, T 42 — Stz. III, T 49.

Selten und vereinzelt von Ende August bis anfangs Oktober. St. Gallen (M.-R.), Frauenfeld (Wehrli), Aadorf (Z.-R.), Dübendorf zieml. häufig am Licht (Corti), Zürich (Rühl), Büren (Rätz.), Schüpfen (Rothb.), Montagny (T. de G.), Bechburg (R.-St.), Biel (Rob.), Tramelan (G.), Crassier (Loriol). Onex (Humb.), Conche (Aud.), Sierre (Paul).

a) *fluxa* Tr. — Stz. III, T 49.

♂ gelb, ♀ rotgelb. Unter der Art, selten. Aadorf (Z.-R.), Büren (Rätz.), Bechburg (R.-St.), Liestal (Seiler), Biel (Rob.), Dombresson (Roug.), Montagny (T. de G.).

---

[1]) T. ? *musculosa* Hb. — Sp. III, T 42 — soll nach Berge-Rebel in der Schweiz vorkommen. Bedarf aber noch der Bestätigung.

Die Raupe — Sp. IV, T 29 — lebt an Poa aquatica, Carex paludosa und andern Sumpfgräsern im Juni, in den Halmen. Man kann aber Hunderte von angefressenen Gräsern untersuchen, ohne die Raupe noch darin zu finden; bei der Zucht muss sie oftmals in neue Gräser überführt werden. Die glänzend hellbraune Puppe wird äusserst zierlich in einem ausgefaserten Stengel aufrecht eingebettet.

E. Gub. Ent. Zeitschr. V, 311 — Sp. I, 220 — Favre 173 — Lamp. 172.

Luceria Hein.

551. **virens** L. — Sp. III, T 39 — B. R. T 32 — Stz. III, T 48.

Der auffallende Falter kommt fast nur im Jura und den Alpen vor und fliegt im Juli—August, selten. Bern (v. J.), Mürren, St. Blaise (V.), Neuveville (Coul.), Marecottes (Aud.), St. Luc (Rev.), Sion, Moerel, Sierre, Brig (Paul), Naters (Jäggi), Stalden (Wüsth.), Zermatt nicht selten (Püng.), Berisal (V.), Lostallo (Thom.), Thusis (Cafl.), Tarasp (Kill.).

a) *immaculata* Stdg. — Stz. III, T 48.

Ohne den weisslichen Mittelfleck der Vfl. Wallis (Z.-R.).

Die Raupe — Sp. IV, Nachtr. T V — lebt an Gräsern und niedern Pflanzen, wie Plantago, Anagallis, Alsine, Brachypodium usw. von April bis Juni. Sie ist über Tag in der Erde versteckt. Um frische Falter zu erhalten, suche man die Puppen Ende Juni oder Anfang Juli an sonnigen Waldrändern, wo Disteln wachsen oder blumenreiche Blössen vorhanden sind. Der Boden darf weder nass noch trocken sein; unebene Stellen, flache Böschungen, mit Gräsern bewachsen, sind die besten Orte. Man hebt die Erde rund um die Grasbüschel herum ab; ist das Glück hold, so wird derart eine bleistiftdicke Röhre bloss gelegt und es kann mit dem Pflanzenstecher die Puppe herausgegraben werden. (Voland, Gub. Ent. Zeitschr. II, 61)

E. Favre 163 — Lamp. 172 — Sp. I, 221 — Ill. Zeitschr. f. Ent. V, 299

Calamia Hb.

552. **lutosa** Hb. — Sp. III, T 49.

Der Falter ist an sumpfigen Stellen der Ebene weit verbreitet, aber meist selten. Er fliegt von August bis Oktober. Aadorf (Z.-R.), Frauenfeld (Wehrli), Zürich (Nägeli), Engstringen (V.), Wildegg (W.), Bechburg (R.-St.), Basel (Honegg.), Biel (Rob.), Büren (Rätz.), Bätterkinden (Steck), Bern (v. B.), Freiburg (T. de G.), Genf (Bourg., Vauch.), Pt. Saconnex (Mong.), Martigny (Favre), Sion (Paul), Salgesch (Roug.), Visp (Favre), Ilanz (Caveng), Igis, Landquart (Thom.).

a) *rufescens* Tutt — B. R. 226.

Vfl rötlich. Bern, selten unter der Art (V.).

Die Raupen — Sp. IV, Nachtr. T V — leben an Phragmites communis von April bis Juli.

E. Sp. I, 222 — Lamp. 173 — Favre 174.

553. **phragmitidis** Hb. — Sp. III, T 42 — Stz. III, T 49.

Diese Art ist erheblich seltener, als die vorige. Flugzeit im Juli. Engstringen, Zürich, St. Blaise (V.), Montmirail (Coul.), Conthey, Martigny, Sierre (Favre).

Die Raupe — Sp. IV, T 49 — lebt an Phragmites communis bis Mai—Juni, in jungen Stengeln.

E. Sp. I, 222 — Favre 174 — Lamp. 173.

Leucania Hb.

554. **impudens** Hb. — Hb. 309. 329 (r. 229) — Stz. III, T 25.

Ist die seltenere graue Form. Elgg (Gram.), Tramelan (G.), Biel (Rob.), Liestal (Leuth.), Yverdon (Roug.), Bern (V.), Freiburg (T. de G.), Martigny (W.). Ob immer richtig bestimmt wurde, steht dahin.

a) *pudorina* Hb. — Hb. 401. 493 — Sp. III, T 42 — Stz. III, T 25.

Die häufigere, rötliche Form. Der Falter fliegt im Juni —Juli an feuchten Stellen der Ebene, des Jura und der Voralpen. Nicht gemein. Frauenfeld (Wehrli), Schaffhausen (W.-Sch.), Oftringen, Aarburg, Wildegg (W.), Hallwilersee, Luzern (Loch.), Bern (v. J.), Neuveville (Coul.), Conche (Aud.).

b) ? *rufescens* Tutt — B. R. 226.

Diese nach einem einzelnen, extremen Stück der pudorina Hb. aufgestellte, schön rosa getönte Form fand Dr. Thomann bei Landquart.

Die Raupe — Sp. IV, T 29 — lebt an Carex, Phragmites und andern Sumpfgräsern bis Mai. Sie lässt sich im Herbst oft zahlreich von Schilf klopfen, muss aber im Frühjahr zunächst mit überwinterten Blättern von Carex gefüttert werden, wenn sie gedeihen soll. Erwachsen verbirgt sie sich am Boden (Stange).

E. Sp. I, 222 — Lamp. 173 — Stz. III, 101 — Macrolep. v. Friedland pag. 47.

555. **impura** Hb. — Stz. III, T 25 — Sp. III, T 43.

Verbreiteter als die vorige Art, aber nirgends häufig. Flugzeit von Juni bis August; im Wallis zweimal, im Juni und September. N. M. J. V. W. G.

Die Raupe — Sp. IV, T 29 — lebt an Schilfrohr und Sumpfgräsern bis Juni. Man findet sie im April—Mai in den Rohrstoppeln junger Pflanzen, wo sie sich am Tage versteckt. Sie verpuppt sich in einem leichten Gespinst; die Puppenruhe dauert 3—4 Wochen.

E. Sp. I, 223 — Favre 174 — Lamp. 173 — Roug. 118 — Ill. Wochenschr. f. Ent. II, 491 — Stz. III, 100.

556. **pallens** L. — Stz. III, T 25 — Sp. III, T 43 — B. R. T 33.

Der Falter ist in 2 Generationen im Mai—Juni und August—September überall verbreitet und häufig. In den Alpen bis ca. 1800 m.

a) *ectypa* Hb. — Stz. III, T 25.

Mit rötlichen Vfl; kommt unter der Art vor, aber spärlicher als diese.

Man findet die Raupe — Sp. IV, T 29 — im Frühling an feuchten Orten an Gräsern, Rumex und Löwenzahn, unter denen sie tagsüber zusammengerollt liegt. Verpuppung in einem leichten Gespinst an der Erde unter Grasresten oder Moos.

E. Sp. I, 223 — Lamp. 173 — Ill. Wochenschr. f. Entom. II, 490 — Favre 174 — Stz. III, 101.

557. **obsoleta** Hb. — Stz. III, T 25 — Sp. III, T 43.

Der Falter fliegt auf sumpfigem Boden im Juni—Juli; er ist nur an wenigen Orten gefangen worden. Frauenfeld (Wehrli), Zürich (Nägeli, V.), Bremgarten (Boll), Oftringen (W.), Burgdorf (Müller), Büren (Rätz.), Liestal (Leuth.), Sierre (Paul), Ilanz (Caveng).

Die Raupe — Sp. IV, T 29 — lebt an Phragmites communis von August bis Mai. Man sucht sie nächtlich mit der Laterne an der Futterpflanze; sie spinnt sich im Schilfrohrstengel ein, wird aber erst im Frühjahr zur Puppe und liefert den Falter nach 3—4 Wochen.

E. Sp. I, 224 — Favre 174 — Ill. Ent. Zeitschr. VI, 108 — Lamp. 173 — Stz. III, 101.

558. **straminea** Tr. — Stz. III, T 25 — Sp. III, T 43.

Der Falter bildet im Juni—Juli eine seltene, lokal auftretende Erscheinung. Frauenfeld (Wehrli), Scharenwald, Schaffhausen (W.-Sch.), Zürich (Nägeli, V.), Bremgarten (Boll), Aarburg, Wildegg (W.), Büren (Rätz.), Bern (v. J.), Montagny (T. de G.), Conche (Aud.), Vernayaz (Favre).

Die Raupe — Sp. IV, T 29 — lebt an Phragmites communis im Mark, überwintert halb erwachsen und verpuppt sich im Juni in einer Rohrstoppel. Sie zieht sich leichter in einem Glasgefäss, in dem die Luft feucht bleibt, als im Zuchtkasten.

E. Sp. I, 224, 361 — Lamp. 173 — Ill. Wochenschr. f. Entomol. II, 491 — Stz. III, 101.

559. **scirpi** Dup. — Stz. III, T 25 — Sp. III, T 43.

Von der typischen Form — mit hell ockergelben Vfl, beim ♂ weissen, beim ♀ hellbraunen Hfl — habe ich nur ein am 8. VIII. 1868 bei Gunten (v. J.) gefangenes Stück zu sehen bekommen. Dagegen erbeutete M. Rehfous 2 ♂, 2 ♀ am Fusse des Salève. Die von Wullschlegel bei Martigny gefangenen und gezogenen Exemplare sind ebenfalls nicht ganz typisch, sondern stehen teils der helleren Form näher, teils gehören sie zur nachfolgenden *montium* B.

Auch die Stücke aus dem Rheingau stehen nach den dunkeln Hfl dieser Form näher, in Italien und Südfrankreich finden sich alle Uebergänge (Püng.).

a) *montium* B. — Stdg. 1942 b).

Hat die Vfl aschgrau verdunkelt, die Hfl mit starkem, grauem Anflug. Wullschl. fand das Tier im heissen Rhonetal von März bis August. Dagegen traf Püngeler den Falter bei Zermatt, als seltene Erscheinung, nur im Juni. Stelvio (Settari), Branson, Fully, Martigny (W.), Mt. Ravoire (Favre),

La Batiaz, Stalden (Roug., V.), Salgesch (Roug.), Pfynwald, Arpilles (V.).

Die Raupe lebt nach der Ueberwinterung an Gräsern bis März.

E. Sp. I, 224 — Favre 175 — Lamp. 173.

560. **comma** L.[1]) (= suffusa Tutt = engadinensis Wagn.) — Hb. 617 — Ent. Zeitschr. XXIII, 18.

Die in den Alpen, in nur einer Generation, dann in den zentralasiatischen Gebirgen, ferner in England und Nordeuropa vorkommende dunklere, graubraune Form betrachte ich als die eigentliche comma L. (Püng.). Sie ist im ganzen alpinen Gebiet zu Hause, aber — typisch — nicht gerade häufig. Flugzeit im Juli—August; der Falter fliegt im Sonnenschein, aber auch des Nachts am Licht.

a) *turbida* Hb. — Hb. 228 — Stz. III, T 25 — Sp. III, T 43 — B. R. T 33.

Ist die hellere, etwas rötliche Form, wie sie in Deutschland, den tieferen Lagen unseres Landes u. s. w. fliegt. Sie ist überall verbreitet und besonders in den Alpentälern sehr häufig. Flugzeit in zwei Generationen im Mai—Juni und August-September.

Die Raupe — Sp. IV, T 29 — lebt an Gräsern, angeblich auch an Oxalis und Rumex, von September bis April und im Juli.

E. Sp. I, 225 — Favre 175 — Lamp. 173 — Stz. III, 98.

561. **andereggi** B. — Stz. III, T 25 — Sp. III, T 43.

Der Falter kommt nur in den Alpen vor. Er lebt dort lokal, aber in ziemlicher Verbreitung im Mai—Juni, in höheren Lagen — und er geht bis nahe an 2500 m — auch noch im Juli—August. Kandertal (Z.-R.), Gadmental, Susten (St., V.), Erstfeldertal, Göschenen (Hoffm.), Maiental (W.), Oberengadin (Püng., Stdfs.), Stelvio (Wck.), Bergün (Honegg.), Pontresina, Sils, Albula (Kill.), St. Moritz, Davos (Hauri), Fusio (v. N.), Simplon (V.), Zermatt (Püng.), Sion (v. J.), Glacier de Trient (W.), La Forclaz (Mong.), Elgg 22. V. 1911 (!, Gram.)

[1]) L. ? *punctosa* Tr. — Sp. III, T 25 — welche einmal von Huguenin im Wallis gefangen worden sein soll, bedarf sehr der Bestätigung.

a) { *cinis* Frr. — Stz. III, T 25
engadinensis Mill. — Stz. III, T 25 }

fallen zusammen. Freyer hat das fast immer dunklere ♀, Millière den helleren ♂ benannt. Die Priorität gehört dem Namen Freyers. Vielleicht eigene Art.[1])

Sie unterscheidet sich von andereggi B. durch das Auftreten der Mittellinie und die weniger scharf weiss vortretenden Rippen. Sie ist sehr veränderlich, nie aber sah ich ein Uebergangsstück, obgleich ich von Zermatt rund 50 andereggi B. und 120 cinis Frr. vergleichen konnte (Püng.). Glacier de Trient, Finhaut, Simplon, Alpe Bovine (W.), Berisal, Zermatt (Püng.), Weissmies, Simplon - Südseite (Gram.), Gadmen 1 Stück (V.), Göschenen (Hoffm.), Bergell (Bazz.), Weissenstein (Cafl., Caradj.), Albula (V.), Sils-Maria, Silvaplana (Stdfs.), St. Moritz (Bazz.), Bergün, Davos, Seehorn (Hauri).

Die Raupe wurde von Prof. Standfuss bei Silvaplana entdeckt und der Falter von ihm mehrfach gezogen. Sie lebt im Juli—August an Gräsern, wie Briza media, Aira caespitosa und Dactylis glomerata. (Mittlg. S. E. G. X, 435. XII, 61).

562. **L album** L. — Stz. III, T 23 — Sp. III, T 43 — B. R. T 33.

Der Falter ist in 2 Generationen, Mai—Juni und von August bis November, in der Ebene und dem Jura überall häufig und meistens gemein. In den Alpen scheint er ziemlich selten zu sein. Zermatt sehr einzeln in der zweiten Juni-Hälfte (Püng.).

Die Raupe — Sp. IV, Nachtr. T V — lebt von September bis Mai und im Juli an Sumpfgräsern.

E. Sp. I, 226 — Favre 177 — Roug. 119 — Stz. III, 96.

563. ? **loreyi** Dup. — Stz. III, T 23 — Sp. III, T 43.

Wohl ein zufälliger Einwanderer. Nur 2 Exemplare dieser südlichen Art sind mir bekannt geworden. Eines fing Wullschlegel bei Lenzburg und ich das andere im Juli 1906 bei Martigny (V.). Flugzeit von Juli bis Oktober.

Die Raupe — Sp. IV, Nachtr. T V — lebt an Gräsern.

E. Sp. I, 226 — Stz. III, 96.

---

[1]) Obgleich die sehr sorgfältige Untersuchung der Genitalien durch Dr. Dampf und die Zuchtergebnisse Püngelers keinen einwandfreien Anhalt boten, dürften sich die Artrechte doch wohl noch erweisen lassen.

564. **ovideus** Hb. — Stz. III, T 23 — Sp. III, T 43.

Der Falter ist bei uns eine Seltenheit. Zürich (Rühl), Gadmental (v. B.); am häufigsten ist er noch im Wallis, so bei Fully, Martigny (W.), Mt. Ravoire, Branson und auch im Oberwallis (Favre). Püngeler fing ihn in kräftigen, rotbraunen Stücken recht selten im Juni bei Zermatt am Licht.

Die Raupe — Sp. IV, Nachtr. T V — lebt von August bis April an Gräsern, auch an Seseli montanum und Pimpinella magna. Sie ist über Tag in der lockeren Erde unter der Futterpflanze verborgen und kann am besten abends geschöpft werden. Eine bei Bormio gefundene und mit Löwenzahn genährte Raupe wurde Ende August zur Puppe; diese überwinterte und ergab den Falter im folgenden Juni (Püng.).

E. Sp. I, 227 — Favre 176 — Lamp. 174 — Ill. Zeitschr. f. Ent. V, 329 — Stz. III, 97.

565. **vitellina** Hb. — Stz. III, T 23 — Sp. III, T 43.

Der Falter ist in der Ebene, dem Jura und den Voralpen weit verbreitet, aber meistens lokal und seltener. Flugzeit von Mai bis Oktober. Der Falter geht im Engadin bis etwa 1800 m. Gais (M.-R.), Dübendorf (V.), Zürich (Nägeli), Oftringen, Lenzburg (W.), Bechburg (R.-St.), Liestal (Leuth.), Bözingen (V.), Biel (Rob.), Dombresson (Roug.), Büren (Rätz.), Bern (v. J.), Crassier (Loriol), Conche (Aud.), Martigny, Follaterres, Branson (W.), La Croix, Mt. Ravoire (Favre), Sion, Sierre (Paul), Salgesch (Roug.), Erstfeld (L.), Göschenen (Hoffm.), Engadin (V.), Sils (Z.).

Die Raupe — Sp. IV, T 29 — lebt von November bis April an Gräsern und andern niedern Pflanzen. Raupen, die aus den Eiern eines im Oktober in Allassio (Ob.-Italien) gefangenen ♀ mit Löwenzahn erzogen wurden, wuchsen sehr rasch, die Falter erschienen Mitte Januar (Püng.).

E. Sp. I, 226 — Favre 177 — Lamp. 174 — Stz. III, 97.

566. **conigera** F. — Stz. III, T 23 — Sp. III, T 43 — B. R. T 33.

Der auffallende Falter ist im ganzen Gebiet verbreitet und geht in den Alpen bis 2000 m. Flugzeit von Juni bis August. Er war im Juni 1899 in Andermatt am Licht sehr häufig; am Tage saugt er gerne an Disteln.

Die Raupe — Sp. IV, T 29 — lebt an Gräsern und Erdbeeren von Februar bis Mai. Sie ist am Tage unter Gras, Rumex, Caltha, Taraxacum u. s. w. verborgen; Verpuppung in Erdgespinst.

E. Sp. I, 227 — Favre 176 — Roug. 118 — B. R. 229, T 33 — Stz. III, 96.

567. **albipuncta** F. — Stz. III, T 23 — Sp. III, T 43.

Der Falter ist ebenfalls im ganzen Lande verbreitet und häufig. Er fliegt in 2 Generationen, von Mai bis Juli und im August—September. Höhengrenze im Gadmental, Urserntal und bei Zermatt bei etwa 1600 m, am Simplon noch höher. Der Falter variiert in der Färbung von fuchsrot bis graubraun (= *grisea* Tutt).

a) *fasciata* Sp. — Sp. I, 227.

Hat das Mittelfeld graulich verdunkelt, dagegen das Saumfeld und die Binden gelblich aufgehellt. Büren öfter (Rätz.).

Die Raupe — Sp. IV, T 29 — lebt von September bis Mai an Taraxacum, Stellaria und andern niedern Pflanzen, sowie an Sumpfgräsern.

E. Sp. I, 227 — Favre 177 — Lamp. 174 — Stz. III, 95.

568. **lithargyrea** Esp. — Stz. III, T 23 — Sp. III, T 43.

Verbreitung und Höhengrenze wie bei der vorigen Art. Der Falter fliegt von Mai bis September, im Wallis in 2 Generationen. Seine Grundfarbe wechselt von hell bleichgelb bis dunkel rotbraun.

a) *argyritis* Rbr. — Stz. III, T 23.

Vfl bleicher, Hfl mit einer oberhalb punktierten Linie. Unter der Art, seltener. Elgg (Gram.), Büren (Rätz.), Tramelan (G.), Branson, La Croix, Brig (Favre), Biasca (V.), Tessin (Landolt), Landquart (Thom.).

Die Raupe — Sp. IV, T 29 — lebt an Gräsern von Herbst bis Frühling und dann im Juni, besonders in waldigen Gegenden, an warmen, trockenen Stellen.

E. Sp. I, 227 — Favre 177 — Lamp. 174 — Roug. 119 — Stz. III, 95.

569. **turca** L. — Stz. III, T 23 — Sp. III, T 43.

Der Falter ist zwar ziemlich verbreitet, aber meist spärlicher und lokal, er fliegt von Juli bis September. St. Gallen (M.-R.), Frauenfeld (Wehrli), Zürich, Engstringen (V.). Bremgarten (Boll), Oftringen, Lenzburg (W.), Büren (Rätz.), Basel (Leonh.), Crassier (Loriol), Conche (Aud.), Bois des Frères (Mottaz), Bex, St. Maurice (Favre), Chur (Kill.), Landquart (Thom.).

Die Raupe -- Sp. IV, T 29 — lebt von September bis April an Luzula vernalis, Briza media und andern Gräsern in grasreichen Waldlichtungen.

E. Sp. I, 227 — Favre 178 — Lamp. 174 — Stz. III, 94.

Mythimna O.

570. **imbecilla** F.[1]) — Sp. III, T 43 — Stz. III, T 21.

Der Falter ist in den Alpen weit verbreitet und stellenweise in ungeheurer Zahl (Fextal, Engadin), auch am Chasseral (Coul.) und mehrfach bei Tramelan (G.) gefunden. Das ♂ fliegt im Sonnenschein und sitzt gerne an Disteln, Echium, Gentiana lutea und Polygonum bistorta, wird aber auch des Nachts am Licht gefangen. Das ♀ fliegt gegen Sonnenuntergang und ist viel spärlicher. Flugzeit von Mitte Juni bis August; Höhenverbreitung zwischen 1000 und 2200 m. U. J. M. O. W. S. G.

Eine Eizucht gelang Honegger. Die Raupen wurden mit Löwenzahn im Glase erzogen; unten in dasselbe gelegtes Moos sorgte für die nötige Feuchtigkeit. Im Spätherbst verpuppten sich die Raupen und ergaben im Zimmer die Falter von Januar bis März.

Die Raupe — Sp. IV, T 29 — lebt bis im Frühling an Stellaria media und andern niedern Pflanzen, auch an Gräsern.

E. Sp. I, 228 — Favre 178 — Lamp. 175 — Stz. III, 87.

Grammesia Stph.

571. **trigrammica** Hfn. — Sp. III, T 43 — B. R. T 33 — Stz. III, T 46.

---

[1]) ? *A. laetabilis* Zett. — Sp. III, T 43 — Diese nordische Art ist angeblich am 12. VII. 1877 von Tasker bei Zermatt gefangen worden. Seine Angabe beruht aber höchst wahrscheinlich auf Verwechslung mit Agr. *rhaetica* Stdg. oder speciosa-*obscura* Frey.

Der Falter ist im Mai—Juni im Mittelland, der Hügelregion und dem Jura verbreitet und tritt auch in den Voralpen stellenweise häufig auf.

a) *approximans* Hw. (= ochracea Rätz.) — Stz. III, T 46.

Mit rötlichen Vorderflügeln. Büren, selten unter der Art (Rätz.), Bern (V.).

b) *bilinea* Hb. — Stdg. 1986 a).

Vfl nur zweistreifig. Unter der Art selten. Salgesch (Roug.), Sierre (Paul), Stalden (v. J.).

Die Raupe — Sp. IV, T 29 — lebt an Plantago, Rumex, Oxalis, Leontodon und an Gräsern von Herbst bis April. Die ♀♀ legen auch in der Gefangenschaft die Eier leicht ab und die Raupen ziehen sich leicht mit Spitzwegerich.

E. Sp. I, 229 — Favre 178 — Lamp. 175 — Ill. Zeitschr. f. Ent. V, 329.

Caradrina O.

572. **exigua** Hb. — Sp. III, T 43 — Stz. III, T 48.

Der Falter fliegt im Juli—August ziemlich selten und vereinzelt. Zürich öfter (Nägeli, V.), Lenzburg (W.), Basel (Mory), Siselen, Büren (Rätz.), Bern (Bent.), Dombresson (Roug.), Crassier (Loriol), Conche (Aud.), Martigny (W.), Glacier de Trient (W.), Simplon (Favre), Sion (Paul), Erstfeld (Hoffm.), Chur (Kill.), Landquart (Thom.), Davos (Hauri). Tarasp (Landolt).

a) *pygmaea* Rbr. — Stdg. 1990 a).

Zwergform, mit einfarbigen Vfl, die gelbe Makel schwarz punktiert. Sion (Paul), Büren (Rätz.).

Die Raupe — Sp. IV, T 29 — lebt an feuchten Orten im Herbst an Polygonum persicaria, Convolvulus sepium und arvensis.

E. Sp. I, 230 — Favre 179 — Lamp. 175 — Stz. III, 207.

573. **quadripunctata** F. (= cubicularis S. V.) — Sp. III. T 44 — B. R. T 33 — Stz. III, T 45.

Der Falter ist im ganzen Gebiet verbreitet und häufig, er geht in den Alpen bis über 2000 m und fliegt gerne zum Licht, er wird auch oft in Häusern gefunden. Flugzeit in der Ebene in 2 Generationen, von Mai bis September. Im Gebirge nur in einer Generation; so bei Zermatt, wo der Falter etwas reiner grau ist, zum Teil auch dunkler als in der Ebene, mit etwelcher Annäherung zur nordischen *leucoptera* Thbg. (Püngeler). Noch dunklere Exemplare mit fast schwarzen Vfl (*laciniosa* Donz.?) sind bei Lentine ob Sion erbeutet worden (Jullien).

Die Raupe — Sp. IV, T 29 — lebt an Alsine media, Anagallis arvensis und anderen niederen Pflanzen, fast das ganze Jahr hindurch. Die Raupen der Sommer- (August-) Brut spinnen sich im Herbst ein, überwintern unverwandelt im Gespinst und ergeben im Mai—Juni die Falter. Sie lassen sich auffallend schwer treiben (Püng.).

E. Sp. I, 230 — Roug. 120 — Favre 179 — Ent. Zeitschr. II, 28 — Gub. Ent. Zeitschr. III, 233 — Ill. Wochenschr. f. Ent. II, 503.

574. **flavirena** Gn. (= noctivaga Bell. = infusca Const.) — Stz. III, T 45 — Sp. III, T 44.

Eine Art des Mittelmeergebietes, die nur an den wärmsten, geschütztesten Stellen des Wallis und in Südtirol das Alpengebiet berührt. Sie hat im Wallis zwei Generationen, die erste fliegt im Mai, die zweite im August. Die Walliser-Stücke sind grauer, nicht so braun wie französische (Püngeler). Vispertal (Rätz.), Mt. Ravoire, Rossetan (Favre), La Croix, Branson, La Batiaz (Wullschl., V.), Sion (Paul), Salgesch (Roug.), auch von Thusis (V.), Chur (Cafl.) und Ilanz (Caveng.).

Die Raupen der Sommergeneration fressen den Winter hindurch an Leontodon, Plantago und andern niederen Pflanzen, ohne Winterruhe, verspinnen sich im Frühjahr und verwandeln sich dann gleich zur Puppe (Püngeler). Man findet sie tagsüber unter dürrem, herabgefallenem Weinlaub am Fusse der Rebmauern.

575. **selini** B. — Sp. III, T 44 — Stz. III, T 45.

Im Alpengebiet verbreitet, je nach der Höhenlage von Ende April bis September in nur einer Generation. Der Falter ist ungemein veränderlich. Boisduval hat die Art aus dem Wallis beschrieben; seinen Worten nach lagen ihm helle Stücke vor (Püng.). Martigny, Branson, Mt. Chemin (W.), La Batiaz (V.), Sion, Sierre (Paul), Zermatt (Püng.), Simplon, Salgesch (Roug.), Promontogno (Cafl.), Lostallo (Thom.), Aarburg (W.).

a) *selinoides* Bell. — Sp. III, T 44 — Stz. III, T 45.

Dunkle, scharf gezeichnete Stücke von Zermatt und von Simpeln, wie sie bei grossen Zuchten öfter schlüpfen, stimmen ganz mit korsischen Exemplaren überein. Dr. Draudt fing nach brieflicher Mitteilung diese Form auch im Bernina-Gebiet (Püng.).

b) *jurassica* R.-St. — Mittlg. S. E. G. IV, 607 — Mill. Pl. 155 — Stz. III, T 45.

Die helle, weissliche Form vom Jura-Kalk, durch alle Uebergänge verbunden. Die vom Kalkboden Digne's aus dem Ei erzogenen selini B. stehen ganz in der Mitte (Püngeler); Bechburg (R.-St.), Oensingen (Bayer), Biel (Rob.), Tramelan (G.), Besançon (Roug.).

Die Raupe — Sp. IV, Nachtr. V — überwintert erwachsen im Verwandlungsgespinst, auch solche, die von im April geschlüpften Eltern abstammten und sich schon Ende Juni eingesponnen hatten (Püngeler). Sie lebt an Leontodon, Plantago und andern niedern Pflanzen.

E. Sp. I, 231 — Favre 180 — Lamp. 175.

576. **wullschlegeli** Püng. — Soc. Ent. XVII, 145 — Stz. III, 45 — Hampson T CXXX, f. 3.

Nur von Zermatt. Die am frühesten erscheinende Caradrina, schon Anfang Juni, etwa 14 Tage vor selini B. und quadripunctata F. beginnend, die letzten Stücke Ende Juni. In den meisten Jahren war der Falter sehr spärlich, nur 1908 in Anzahl vorhanden.

Die wiederholt und 1908 in grösserer Zahl durchgeführte Zucht verlief ganz wie die von selini B., nur erkrankten die Raupen viel leichter. Sie wurden mit welkem Löwenzahn gefüttert, brauchten $2^1/_2$ Monate, bis sie ausgewachsen waren, überwinterten im Verwandlungsgespinst und wurden erst einige Wochen vor dem Erscheinen des Falters zur Puppe (Püngeler).

577. ? **cinerascens** Tgstr. (= menetriesi Kretschmar) — Berl. Ent. Zeitschr. 1862, T 2.

Die Art steht der südrussischen albina Ev. nahe, die Genitalien beider sind sehr ähnlich und von denen der selini-Gruppe wesentlich verschieden; die ♂ Fühler länger gewimpert. Die Angaben über das Vorkommen dieses Tieres in unserem Lande dürften sich alle auf die Form *rougemonti* Spuler beziehen.

a) *rougemonti* Spuler[1]) — Sp. III, T 29 — Stz. III, T 45.

Diese schöne Caradrina ist im Alpengebiet von Digne bis Südtirol verbreitet, in tieferen Lagen in zwei, im Hochgebirge in einer Generation. Bei Zermatt selten von Anfang Juli bis Anfang August (Püng.), Follaterres 30. VIII. 1900, Martigny (W.), Ilanz (Caveng).

In Mehrzahl aus dem Ei erzogen; die Raupen liessen sich leicht treiben und gaben schon im November die Falter. Die Nachkommen eines bei Bormio Anfang August gefangenen ♀ überwinterten klein; dies dürfte im Freien die Regel sein (Püng.).

578. **terrea** Frr.[2]) — Sp. III, T 44 — Stz. III, T 45.

Bei Zermatt die späteste der Arten, Ende Juli und anfangs August; abends an Centaurea-Blüten in einiger Anzahl gefangen, einzeln auch am Licht. Ich finde keinen Unterschied gegen typische, aus dem Ei erzogene, südrussische Stücke, wenn auch manche Zermatter etwas grauer sind (Püng.). Auch von Salgesch (Roug.), La Batiaz, Mt. Ravoire (V.), Martigny (W.) und Sion (Paul).

a) *dubiosa* Stdg. — Stdg. 2010 a).

Bei dieser Form verlöschen die schwarzen Flecken vor der Wellenlinie; ich habe sie ausgeprägt nur selten, in Uebergängen vielfach gefangen und erzogen (Püng.).

Die Raupe — Frr. IV, T 303 — überwintert klein, lässt sich aber treiben, die Falter erscheinen im Dezember (Püng.).

E. Sp. I, 232 — Stz. III, 212.

579. **gilva** Donz. — Sp. III, T 44 — Stz. III, T 45.

---

[1]) Sie ist offenbar die alpine Vertreterin der grisea Ev. (die m. E. fälschlich auf petraea Tgstr. bezogen wird) aus dem südlichen Ural und cinerascens Tgstr. aus Skandinavien. Zur gleichen Gruppe gehört albina Ev. (Püng.).

[2]) ? Der Name *ustirena*, den Boisduval ohne Kenntnis der Freyerschen Art nach Digner- und Walliser-Stücken gab, ist am besten ganz einzuziehen oder auf die Digner-Form zu beschränken, die nach den wenigen, alten Stücken, die mir vorlagen, etwas heller und bräunlicher zu sein scheint (Püngeler).

Der Falter ist als alpine Seltenheit fast nur im Kanton Graubünden gefunden worden. So am Stelvio (Wocke), Bergün (Cafl.), Latsch (Selmons), Ofenpass (Wagner), sodann von Sierre (Paul) aus dem Laquintal (Bayer). Püngeler hat die Art nie in der Schweiz gefunden, dagegen nicht selten bei Bormio. Flugzeit im Juli.

Die erwachsene Raupe ist gleichmässig dick, zeichnungslos erdgrau, der Kopf kastanienbraun, Nackenschild und Brustfüsse bräunlichgrau. Sie lebt an welken Blättern. Die Puppe ist dünnschalig, glänzend kastanienbraun, am abgerundeten Afterrande finden sich 4 feine Borsten (Püng. Verh. z. b. G. Wien 1909, p. 238).

Bei der Eizucht ergaben einige Raupen im selben Herbst den Falter, die meisten gingen erwachsen noch im Herbst zu Grunde (Püng.).

580. ? **aspersa** Rbr. — Sp. III, T 44 — Stz. III, T 45.

Der Falter wurde als grosse Seltenheit einmal bei Sierre (Paul) und in Graubünden (? Kill.) gefangen. Flugzeit im Juni—Juli.

Die Raupe ist unbeschrieben, sie überwintert erwachsen im Verwandlungsgespinst (Püng.).

581. **respersa** Hb. — Sp. III, T 44 — B. R. T 33 — Stz. III, T 42.

Der Falter ist in der Ebene, dem Jura und den Voralpen weit verbreitet, aber immer einzeln und selten. Er fliegt von Juni bis August; Höhengrenze bei etwa 1600 m. Ein Stück bei Zermatt Anfang Juli (Püng.), Martigny, Branson, Fully (W.), Mt. Ravoire (Favre), Salgesch (Roug.), Visp (v. J.), Erstfeld (L.), Dombresson, Neuchâtel (Roug.), Val St. Imier, Sonnenberg, Tramelan (G.), Biel (Rob.), St. Blaise (V.), Neuveville (Coul.), Büren (Rätz.), Basel (Leonh.), Bechburg (R.-St.), Oftringen, Wartburg, Lenzburg (W.), Bremgarten (Boll), Weissenburgerschlucht (Hug.).

Die Raupe — Sp. IV, T 30 — lebt an Plantago, Galium, Rumex, Oxalis, Leontodon und andern niedern Pflanzen von September bis Mai. Sie ist tagsüber an der Erde versteckt, besonders in alten Steinbrüchen, gerne unter Rumex-Arten und frisst nur nachts. Die Verpuppung erfolgt in der Erde.

E. Sp. I, 232 — Favre 181 — Roug. 120. 332, T 2 — Lamp. 176 — Ill. Wochenschr. f. Ent. II, 505 — Iris XV, 317 — Stz. III, 209.

582. **superstes** Tr. — Sp. III, T 44 — Stz. III, T 42.

Diese entschieden südliche, an warme Lagen gebundene Art ist wahrscheinlich öfter mit ambigua F. verwechselt worden. Sie unterscheidet sich durch dunklere, lebhafter gezeichnete Vfl, die Makeln und die Mittelschatten sind dunkler. Hauptsächlich aber ist sie an den ♂ borstenförmig gewimperten Fühlern kenntlich. Der Falter fliegt im Juni und darf als selten bezeichnet werden. Schaffhausen (W.-Sch.), Aarburg, Oftringen (W.), Bechburg (R.-St.), Siselen, Büren (Rätz.), Bern (v. J.), Biel (Rob.), Dombresson (Roug.), Tramelan (G.), St. Blaise (V.), Weissenburgerschlucht (Hug.), Nyon (Rätz.). Genf (Mong.), Branson, Fully, Mt. Ravoire (W.), Sion, Sierre (Paul), Stalden (Favre), Salgesch (Roug.), Gamsen (Aud.), fraglich von St. Gallen (Täschler) und Tarasp (Kill.).

Die Raupe — Sp. IV, T 30 — lebt an den nämlichen Pflanzen wie die vorige Art, bis Mai—Juni.

E. Sp. I, 232 — Roug. 121 — Lamp. 176 — Stz, III, 209.

583. **morpheus** Hfn. — Sp. III, T 43 — Stz. III, T 45.

Der Falter ist im Jura, der Hochebene und bis in die Voralpen hinein weit verbreitet. Er wird meistens als seltener bezeichnet, dagegen fing ihn Rätzer in Büren häufig am Licht. Flugzeit von Juni bis August; er geht im Gadmental bis über 1500 m. U. N. M. J. O. V. W.

Die Raupe — Sp. IV, T 29 — lebt an Urtica, Plantago, Convolvulus, Artemisia und andern niedern Pflanzen von September bis April. Die Raupe bevorzugt schattige Bachufer, an denen Zaunwinde oder Nesseln häufig sind, kann aber auch mit Löwenzahn, Salat oder Gänsefuss erzogen werden. Sie überwintert unter Moos als Raupe im Verwandlungsgespinst und verpuppt sich erst im Frühjahr.

E. Sp. I, 232 — Roug. 332 — Lamp. 176 — Ill. Wochenschr. f. Ent. II, 505 — Stz. III, 213.

584. **alsines** Brahm.[1]) — Sp. III, T 44 — B. R. T 33 — Stz. III, T 42.

[1]) C. ? alsines — *sericea* Spr. — Stdg. 2017 a) — welche bei Chur (Kill.) und Büren (Rätz.) vorgekommen sein soll, ist eine sehr zweifel-

Der Falter ist im Juli—August überall häufig; er fliegt gerne am Tage an Disteln, doch auch zahlreich zum Licht. Höhengrenze im Gadmental bis nahe an 2000 m.

Die Raupe — Sp. IV, T 30 — lebt an Lamium, Plantago, Rumex, Alsine, Taraxacum, Ranunculus von Herbst bis Juni.

E. Sp. I, 233 — Lamp. 176 — Roug. 120, T 2 — Favre 181 — Stz. III, 208.

585. **taraxaci** Hb. — Sp. III, T 44 — Stz. III, T 42.

Verbreitung und Erscheinungszeit des Falters wie bei der vorigen Art; er ist, wenn möglich, eher noch häufiger.

Die Raupe — Sp. IV, T 30 — lebt an Plantago, Oxalis, Anagallis und Rumex bis Mai, besonders an Gräben und unter Hecken.

E. Sp. I, 233 — Lamp. 176 — Ill. Wochenschr. für Ent. II, 504 — Favre 181 — Stz. III, 208.

586. **ambigua** F. — Sp. III, T 44 — Stz. III, T 42.

Der Falter fliegt in zwei Generationen, von April bis Juni und von August bis Dezember, in weiter Verbreitung durch die ebenern Landesteile bis in die Alpen. Er ist aber meistens ziemlich spärlich. U. N. M. J. V. W. G.

Die Raupe — Sp. IV, T 30 — lebt an Anagallis, Plantago, Leontodon u. s. w. von Oktober bis April und im Juni —Juli. (Wullschlegel fand sie bei Martigny am 16. X. 97 in Mehrzahl, teilweise erwachsen.)

E. Sp. I, 233 — Ent. Jahrb. VII, 191 — Lamp. 176 — Favre 181 — Stz. III, 209.

587. **pulmonaris** Esp.[1]) — Sp. III, T 44 — Stz. III, T 42.

Der Falter ist sehr selten und nur in wenigen Stücken beobachtet worden. Dussnang (Weg.), Oftringen (W.), Tramelan (G.), Biel (Rob.). Flugzeit im Juni—Juli.

hafte, nach einem Stück aufgestellte Form, von der ich in den grössten Sammlungen noch nie ein sicheres Stück gesehen habe (Püng.). Ein von Rätzer erhaltenes ♂ Stück meiner Sammlung ist wohl lediglich eine fast ungezeichnete, einfarbig braungraue, schwach seidenglänzende *alsines* Brahm. (V.).

[1]) C. ? *lenta* Tr. — Sp. III, T 44 — dürfte bei uns nicht vorkommen. Die Aufführung dieser Art in der Fauna des Neuchâteler-Jura (Roug. p. 121) beruht auf Verwechslung mit Hydrilla gluteosa Tr. Freilich notiert Wullschlegel unterm 14. VII. 1902 «C. lenta e. l.», aber ohne nähere Angaben über die Provenienz der Puppe.

Die Raupe — Sp. IV, T 30 — lebt an Pulmonaria officinalis bis Mai. Um die Raupen zu erziehen, hebt man die Futterpflanze samt der Wurzel aus und pflanzt sie in Blumengeschirre, umgibt die Wurzeln mit feuchtem Moos und drückt das ganze recht fest in die Blumentöpfe hinein, worauf die Pflanzen bald anwachsen. Diese Blumentöpfe stellt man in einen Kasten zu mehreren nebeneinander, die Zwischenräume werden mit Erde ausgefüllt und mit Eichenlaub bedeckt. Die Stöcke müssen öfter begossen werden, die dazwischen befindliche Erde aber ist trocken zu halten. Auf diese Pflanzen setzt man die Raupen. Sie verpuppen sich in der lockeren Erde, die Puppenruhe dauert kaum 4 Wochen. (Aigner-Abafi, Ill. Zeitschr. f. Ent. V, 351)

E. Stz. III, 209.

Hydrilla Gn.

588. **gluteosa** Tr. — Sp. III, T 44 — Stz. III, T 45.

Diese seltene Art ist nur im Jura und dem Wallis gefunden worden. Flugzeit von Ende Juni bis August. Bözingen (V.), Biel (G., Rob.), Branson, Martigny 21. VI. 1893 und 14. VII. 1900 (W.), Les Rappes (Favre), Gamsen (And.), Sion, Sierre, Salgesch (Roug.).

Man findet die Raupen im Herbst oder Frühjahr unter dürren Blättern von Weinreben, Hippocrepis comosa oder durch nächtliches Schöpfen an Gräsern. Am 20. VII. 1903 abgelegte Eier schlüpften nach 10 Tagen, die Raupen überwinterten und lieferten die Falter Mitte Juni 1904.

E. Sp. I, 234 — Favre 182. Suppl. 21 — Roug. 333, Pl. 2 — Stz. III, 213.

589. **palustris** Hb. — Sp. III, T 44 — Stz. III, T 45.

Der Falter kommt fast nur in Wallis und Graubünden vor und ist namentlich im ♀ Geschlecht recht selten zu finden. Er fliegt von Mai bis Juli lokal, gegen Sonnenuntergang, niedrig über feuchte Wiesen, bis in 2200 m Höhe. Bergün (Z.), Pontresina (Schlier), Preda, Süs (Thom.), Chur, Palpuogna-See, Samaden, Sils, Bernina-Pass (Kill.), Roseggtal (Jäggi), Davos (Hauri), Bergell (Bazz.), Riffelalp (Favre), Leuk (Jäggi), Turtmantal (Sulzer), Grimentz, Tête à Faya (Roug.), Gislifluh (Hauri), Salève (Blach.), Uetliberg, Lägern (V.), Zürich 3 Stück (Nägeli).

Die Raupe — Sp. IV, T 30 — lebt im Juli—August an Plantago und andern niedern Pflanzen, mit Ueberwinterung bis April.

E. Sp. I, 234 — Favre 182 — Lamp. 177 — Stz. III, 215.

Petilampa Auriv.

590. **arcuosa** Hw. (= minima Haw.) — Sp. III, T 44 — Stz. III, 45.

Der Falter erscheint sehr lokal und spärlich im Juli—August. Er liebt feuchte, lichte Waldstellen, Waldränder u. s. w. und fliegt gerne zum Licht. St. Gallen (M.-R.), Elgg (Gram.), Aadorf (Z.-R.), Dübendorf (Corti), Zürich (Nägeli), Engstringen (V.), Oftringen, Lenzburg (W.), Büren (Rätz.), Ried-Biel (Rob.).

Die Raupe — Sp. IV, T 30 — lebt an Aira caespitosa und andern Gräsern von September bis Mai, tagsüber nahe der Erde zwischen den Halmen verborgen.

E. Sp. I, 235 — Lamp. 177 — Stz. III, 215.

Acosmetia Stph.

591. **caliginosa** Hb. — Sp. III, T 44 — Stz. III, T 45.

Bisher nur Ende Juni bei Leuk (Jäggi) und Martigny (W.) gefangen, sodann erhielt ich ein leicht geflogenes Stück bei Visp durch Lichtfang am 6. VI. 1910 (V.), sowie ein stark abgeflogenes ♂ aus dem Gadmental (St.).

Die Raupe — Sp. IV, Nachtr. T V — lebt an Serratula tinctoria, angeblich auch an Sanguisorba officinalis. Die Eier werden an die Unterseite der Blätter abgelegt, die Räupchen schlüpfen nach 8 Tagen und wachsen so rasch heran, dass bereits nach 4 Wochen die Verpuppung in einem Erdkokon erfolgt. (Schreiber, Sep. a. d. Ber. d. Nat. V. Regensburg Heft 9, 1901/2)

E. Sp. I, 235 — Lamp. 177 — Gub. Ent. Zeit. II, 206 — Favre 182 — Stz. III, 214.

Rusina B.

592. **umbratica** Goeze (= tenebrosa Hb.) — Sp. III, T 44 — B. R. T 33 — Stz. III, T 38.

Der Falter findet sich in weitester Verbreitung durch alle drei Regionen unseres Landes. Flugzeit im Juni—Juli; Höhengrenze bei etwa 1600 m. (Einzeln bis Zermatt im Juni, Püng.).

Die Raupe — Sp. IV, T 30 — lebt an Geum, Viola, Fragaria, Rubus u. s. w. von August bis April. Man sucht sie am besten im Herbst, an schattigen, feuchten Stellen unter abgefallenen Blättern. Sie überwintert fast erwachsen, verpuppt sich im Frühling und liegt dann längere Zeit unverwandelt im Gespinst.

E. Sp. I, 236 — Lamp. 177 — Ill. Zeitschr. f. Ent. V, 368 — Stz. III, 160 — Favre 182 — Roug. 122.

Neocomia Roug.

593. ? **satinea** Roug. — Roug. Pl. I, fig. 11 — Bull. Soc. Nat. Neuchâtel XXIX, 122.

Diese neue Art wurde im Sommer 1898 in zwei Exemplaren in Neuchâtel am Licht gefangen (Loosli). Eines befindet sich in der Sammlung von Paul Robert in Orvin. Die dunkelrotbräunlichen, rotviolett schimmernden Vfl sind kurz und breit. Zwei dunkle Querbinden konvergieren gegen den Innenrand und schliessen eine schwarz ausgefüllte achtförmige Nierenmakel ein. Die Hfl sind sehr breit, stark abgerundet, grauschwarz, mit lebhaftem, rötlichem Schimmer; sie werden vom Abdomen kaum überragt. Die Unterseite ist dunkelviolettgrau, mit zwei dunklen Bogenstreifen, welche den Aussenrändern parallel laufen.

Es scheint mir noch etwas zweifelhaft, ob es sich tatsächlich um eine neue Art handelt oder gar um eine neue Gattung, wie de Rougemont, nach den bis zur Spitze beschuppten Palpen, annimmt und für welche er den Namen Neocomia vorschlägt. Auffällig ist, dass seither neue Stücke nicht erbeutet wurden.

Amphipyra O.

594. **tragopoginis** L.[1]) — Sp. III, T 44 — B. R. T 33 — Stz. III, T 38.

Der Falter ist von Juli bis Oktober in weitester Verbreitung überall häufig vorhanden. Höhengrenze in den Alpen etwa bei 3000 m (ein Stück im Stationshause auf Gorner-

[1]) Das Vorkommen der A. *tetra* F. — Sp. III, T 44 — erscheint sehr zweifelhaft; die Art ist öfter mit kleinen tragopoginis L. verwechselt worden. Angeblich von Oftringen (W.) und am Gurnigel (Ringier). Bestätigung des Vorkommens bleibt abzuwarten.

grat, Püng.). Man findet ihn öfter an Telegraphenstangen ruhend, unter losgesprungener Rinde oder hinter Fensterladen.

Die Raupe — Sp. IV, T 30 — lebt polyphag an niedern Pflanzen bis Mai—Juni.

E. Sp. I, 237 — Favre 182 — Roug. 124 — Stz. III, 159.

595. **livida** F. — Sp. III, T 44 — Stz. III, T 38.

Ich habe zwei erwachsene Raupen an der Lägern geklopft, die Falter schlüpften im August. Wie ich einige Jahre später zufällig las, hat Pfarrer Näf in Otelfingen in der Soc. Ent. Raupen dieser Art gesucht; sollte er solche ausgesetzt haben und mein Fund daher rühren? Sodann erhielt Wullschl. den Falter bei Martigny am Köder, angeblich auch von Genf (v. B.), sicher aber von Lostallo im September 1906 (Thom.).

Die Raupe — Sp. IV, T 30 — lebt an Taraxacum, Hieracium und andern niedern Pflanzen bis Juni (ich fand sie aber an niedern Eichenschösslingen sitzend).

Die Eier werden im Herbst abgelegt, überwintern und müssen möglichst kalt gehalten werden, um das zu frühe Schlüpfen zu verhindern. Sie schlüpfen dann Ende April und werden am besten an eingepflanzten Löwenzahn gesetzt und mit Gaze gut zugebunden. Sie fressen etwa 6 Wochen lang und verpuppen sich dann dicht an der Erde unter den Blättern der Futterpflanze in einem leichten Gespinst. Die Puppen müssen zeitweise angefeuchtet werden, die Puppenruhe dauert 4—6 Wochen. (Brade, Ent. Zeitschr. III, 15)

E. Sp. I, 237 — Stz. III, 158 — Lamp. 178.

596. **perflua** F. — Sp. III, T 44 — B. R. T 33 — Stz. III, T 38.

Der Falter ist wenig verbreitet und fast überall selten. Man trifft ihn besonders in Laubwäldern, Baumgärten, an Waldrändern. Flugzeit im Juli—August; Höhengrenze im Gadmental etwa bei 1500 m. Der sonst bei Martigny und im Wallis überhaupt völlig fehlende Falter war 1902 sehr gemein (W.), Thusis (Honegg.), Ilanz (Caveng), Ragaz-Pfäffers (Kaiser), Elgg (Gram., V.), Zürich-Balgrist (Z.-D.), Oftringen-Lenzburg (W.), Bern (Bent.), Weissenburgerschlucht (Hug.).

Die Raupe — Sp. IV, T 30 — lebt polyphag an Obstbäumen, Schlehen, Weissdorn, Liguster, Haseln, Geissblatt von Mai—Juni.

E. Sp. I, 237 — Lamp. 178 — Stz. III, 159.

597. **pyramidea** L. — Sp. III, T 44 — B. R. T 33 — Stz. T 38.

Der Falter ist vom Juli bis Oktober überall verbreitet und häufig. Höhengrenze bei etwa 1500 m (Davos, Hauri).

a) *virgata* Tutt[1]) — B. R. 237.

Der ganze Vfl ist, ausser der Querbinde und Wellenlinie, tief dunkelbraun. Selten. Martigny (Favre), Bern, Zürich (V.), Aadorf (Z.-R.), Elgg (Gram.).

Die Raupe — Sp. IV, T 30 — lebt an Obstbäumen, Pappeln, Eichen, Weissdorn, Liguster im Mai—Juni.

E. Sp. I, 238 — Roug. 124 — Lamp. 178 — B. R. 237, T 33 — Stz. III, 158 — Favre 183.

598. **cinnamomea** Goeze[2]) — Sp. III, T 44 — B. R. T 33 — Stz. III, T 38.

Der Falter ist an den Orten seines Vorkommens nicht gerade selten, aber er ist wenig verbreitet und sehr lokal. Flugzeit von Juli bis November, dann wieder im Februar—März. Höhengrenze im Wallis bei ca. 1200 m. Bremgarten (Boll), Basel (Honegg.), Biel (Rob.), Dombresson (Roug., Bolle), Crassier (Loriol), Conche (Aud.), Arare (Jullien), Gaillard (Bourgeois), Martigny, Mt. Chemin (W.), Granges, Fully, St. Léonard (Favre), Sion (Paul).

Die Raupe — Sp. IV, T 30 — lebt an Ulmen, Spindelbaum, Pappeln und Geissblatt im Mai—Juni.

Die Eiablage findet im Februar—März statt, die Raupen schlüpfen nach zehn Tagen und lassen sich in Gläsern mit Populus pyramidalis erziehen. Auch Zitterpappel wird gerne gefressen. Mitte Juni ist die Raupe erwachsen; die Ver-

---

[1]) Man kann den für eine ostasiatische Lokalform gegebenen Namen *obscura* Obthr. — Stz. III, T 38 — nicht auf europäische Stücke übertragen.

[2]) ? *Perigrapha cincta* F. — Sp. III, T 44 — soll von Couleru bei Neuchâtel gefunden worden sein. (Roug. p. 124.) Schon die Angabe Juni für die Flugzeit ergibt die Unrichtigkeit der Mitteilung.

puppung erfolgt in der Erde und die Falter erscheinen nach 14tägiger Puppenruhe.

E. Favre 183 — Lamp. 178 — Soc. Ent. III, 2 — Sp. I, 238 — Stz. III, 157.

Taeniocampa Gn.

599. **gothica** L. — Sp. III, T 45 — Stz. III, T 22 — B. R. T 34.

Falter von März bis Mai überall sehr häufig, im Wallis bis 2000 m Höhe. Alle Falter dieser Gattung lassen sich abends von blühenden Weidenkätzchen klopfen.

a) *pallida* Tutt — Stz. III, T 22.

Ist von blaugrauer Grundfarbe. Elgg (Gram.), Aadorf (Z.-R.).

b) *brunnea* Tutt — Stz. III, 90.

Tief braun, ohne jeden grauen Ton. Elgg (Gram.), Aadorf (Z.-R.).

c) *rufescens* Tutt — Stz. III, T 22.

Von rotgrauer Grundfarbe. Aadorf (Z.-R.).

d) ? *hirsuta* Stz. — Stz. III, T 22.

Eine viel dunklere, mehr braungraue Form, mit rot angeflogener Mittelbinde. Aadorf (Z.-R.).

e) ? *gothicina* H. S. — Stz. III, T 22.

Hat die Vfl heller, bleicher, die charakteristische Zeichnung beim ♂ weniger ausgeprägt, beim ♀ ganz fehlend. In Uebergängen von Aadorf (Z.-R.) und Dombresson (Bolle).

Prof. Stange fand die Eier in langen Reihen an Sarothamnus.

Die Raupe — Sp. IV, T 30 — lebt im Mai—Juni an Eichen, Linden, Pappeln, Schlehen, aber auch an niedern Pflanzen, z. B. Scrophularia nodosa, Nesseln und bei Zermatt an Polygonum bistorta. Die Puppen aller Taeniocampen sind im Winter durch Graben in Mehrzahl erhältlich.

E. Sp. I, 239 — Favre 183 — Lamp. 179 — Roug. 124 — B. R. 238, T 34 — Stz. III, 89.

600. **miniosa** F. — Sp. III, T 45 — Stz. III, T 22 — B. R. T 34.

Der Falter ist ebenfalls sehr weit verbreitet, aber erheblich spärlicher als die vorige Art und nur im Wallis häufig. Er fliegt von Februar bis Mai. Die Höhenverbreitung ist weit geringer, immerhin geht der Falter im Reusstal bis Göschenen (1100 m). U. N. J. V. W. S. G.

Die Raupe — Sp. IV, T 30 — lebt in der Jugend gesellschaftlich von Mitte Mai bis Herbst an Eichen, Schlehen, Birken, Brombeeren. Sie war im Mai 1905 ungemein häufig bei Follaterres; Ende August verkrochen sich die Raupen unter Moos, blieben so einige Wochen und wurden erst später zur Puppe. Die Falter erschienen im Herbst 1906.

E. Sp. I, 239 — Favre 183 — Lamp. 179 — Roug. 125 — Stz. III, 91.

601. **pulverulenta** Esp. — Sp. III, T 45 — Stz. III, T 22 — B. R. T 34.

Verbreitung wie bei der vorigen Art, sie ist aber häufiger als diese. Erscheinungszeit von Februar bis April.

Die Raupe — Sp. IV, T 30 — lebt an Eichen, Ulmen, Linden, Ahorn u. s. w. im Mai—Juni. Mordraupe!

E. Sp. I, 240 — Roug. 125 — Lamp. 179 — Ent. Zeitschr. XXIV, No. 9 — Stz. III, 91 — B. R. 238, T 34.

602. **populi** Ström. (= populeti Tr.) — Sp. III, T 45 — Stz. III, T 22.

Diese Art ist die seltenste aller Taeniocampen. der Falter ist wenig verbreitet und lokal. Er erreicht noch die Talsohle des Davos (1500 m, Hauri). Schaffhausen (W.-Sch.), Zürich (Nägeli, V.), Wiggertal, Oftringen, Lenzburg (W.), Biel (Rob.), Neuveville (Coul.), Tramelan (G.), Dombresson (Roug.), Bern (Bent.), Freiburg (T. de G.), Conche (Aud.), Chur (Kill.).

Die Raupe — Sp. IV, Nachtr. T V — lebt nur an Populus tremula und nigra im Mai—Juni, zwischen zusammengesponnenen Blättern.

E. Sp. I, 240 — Roug. 125 — Lamp. 174 — Stz. III, 90.

603. **stabilis** View. — Sp. III, T 45 — Stz. III, T 22 — B. R. T 34.

Wiederum eine sehr gemeine und weit verbreitete Art. In allen tiefern Landesteilen. im Jura und den Alpen; Höhenverbreitung im Wallis bis 2000 m.

a) *grisea* Sp. (= pallida Tutt) — Stz. III, T 22.

Von rein grauer Färbung der Vfl. Unter der Art, aber erheblich seltener. Elgg (Gram.), Aadorf (Z.-R.), Zürich (V.), Basel (Leonh.), Martigny, La Croix (Favre).

b) *rufa* Tutt — Stz. III, T 22.

Diese Form von schön rotbrauner Färbung fing Steinegger bei Bern, sie wird auch von Erstfeld erwähnt (L.).

c) *suffusa* Tutt — B. R. 239.

Ist rotgelbgrau. Elgg (Gram.), Aadorf (Z.-R.).

d) *obliqua* Vill. — Stz. III, 91.

Dunkler grau, die Zeichnung feiner. Aadorf (Z.-R.).

e) ? *junctus* Hw. — Stz. III, T 22.

Mit zusammenhängenden obern Makeln. Aadorf (Z.-R.).

f) ? *rufannulatus* Hw. — Stz. III, T 22.

Die Makeln sind hellrot, statt gelblich gesäumt. Aadorf (Z.-R.).

Die Raupe — Sp. IV, T 30 — lebt an Eichen, Pappeln, Linden, Buchen im Mai—Juni, oben auf den Blättern oder an den Zweigen.

E. Sp. I, 240 — Lamp. 179 — Roug. 125 — B. R. 239, T 34 — Stz. III, 91 — Favre 184.

604. **incerta** Hufn. (= instabilis S. V.). — Sp. III, T 45 — Stz. III, T 22 — B. R. T 34.

Die gemeinste Art, sie ist überall sehr häufig; Höhenverbreitung wie bei der vorigen. Ein Exemplar wurde noch am 20. VI. 1910 bei Cresta-Thusis gefangen (Honegger).

a) *fuscata* Hw. — Stz. III, T 22.

In der ausgeprägtesten Form fast einfarbig kastanienbraun, mit hell umzogenen Makeln und Wellenlinien. Unter der Art, aber spärlicher.

b) *atra* Tutt — Stz. III, 92.

Wie die vorige, aber ohne die weissliche Zeichnung. Elgg (Gram.).

c) *pallida* Lamp. — Stz. III, T 22.

Fast ohne Zeichnung, bleichgrau, mit schwarzer Nierenmakel. Elgg (Gram.), Aadorf (Z.-R.), Basel (Leonh.), Igis (Thom.).

d) *pallidior* Stdg. — Stz. III, 92.

Vfl bleich rotgrau. Selten, unter der Art. Aadorf (Z.-R.), Zürich (V.).

Die Raupe — Sp. IV, T 30 — lebt polyphag an allen möglichen Laubbäumen im Mai—Juni. Mordraupe!

E. Sp. I, 240 — Favre 184 — Roug. 126 — Ent. Zeitschr. XXIV, No. 9 — Stz. III, 91.

605. **opima** Hb. — Stz. III, T 22 — Sp. III, T 45.

Der Falter ist wiederum weit verbreitet, aber nicht gerade häufig; er fliegt im Frühjahr, wie alle Taeniocampen. St. Gallen (M.-R.), Flums (Wild), Frauenfeld (Wehrli), Zürich öfter (Nägeli, Rühl), Dietikon (V.), Wartburg, Lenzburg (W.), Dombresson (Roug.), Bern (Jäggi), Genf (Mong.).

Die Raupe — Sp. IV, Nachtr. T V — lebt an Eichen, Weiden, Buchen, Schlehen und Weissdorn im Mai—Juni. Die Eier wurden im Freien in einem Klumpen von ca. 200 Stück auf Eichen und Sahlweiden abgesetzt. Die Zucht geschah in einem Glas, in welches gleichzeitig mehrere Futtersorten zur Auswahl gelegt wurden. Man erneuere das Futter, sobald es welk werden will. Nach der letzten Häutung werden die Raupen in grosse luftige Behälter gesetzt, deren Boden lockere Erde und eine Moosschicht enthält; diese werden immer etwas angefeuchtet erhalten. Als Futter erhalten die Raupen jetzt nur noch eingestellte Zweige von Pflaume oder Zwetschge; die Verpuppung erfolgt in der Erde. Man kann die Puppen von Mitte Januar an im mässig warmen Zimmer und bei gehöriger Feuchtigkeit treiben, bei zu grosser Wärme gehen die Puppen ein. Die Falter erscheinen schon nach 14 Tagen. (Siegel, Gub. Ent. Zeitschr. II, 45)

E. Sp. I, 241 — Stz. III, 92 — Roug. 126 — Ill. Zeitschr. f. Ent. V, 350.

606. **gracilis** F. — Sp. III, T 45 — Stz. III, T 22 — B. R. T 34.

Verbreitung und Erscheinungszeit wie bei der vorigen Art. Häufig erscheint der Falter nur im Jura und Wallis. Er variiert von hellgrau bis rötlich braungrau. U. N. M. J. V. W. G.

a) *pallida* Stdg. — Stz. III, T 22.

Von hell grauweisser Grundfarbe. Elgg (Gram.), Aadorf (Z.-R.).

b) *brunnea* Tutt — B. R. 239.

Die Grundfarbe ist hell rotbraun. Frauenfeld (Wehrli), Elgg (Gram.), Basel (Leonh.).

Die Raupe — Sp. IV, T 30 — lebt an Schlehen und niedern Pflanzen, so Sanguisorba, Achillea, Artemisia, Spiraea, Rubus, Lysimachia u. s. w. von April bis Juli, an feuchten

Orten. Sie spinnt die obersten Stengel zusammen und lebt so bis zur letzten Häutung.

E. Sp. I, 241 — Roug. 125 — Lamp. 179 — Stz. III, 92 — Favre 184 — Soc. Ent. II, 155.

607. **munda** Esp. — Sp. III, T 45 — Stz. III, T 22 — B. R. T 34.

Der Falter ist im Frühling überall häufig und gemein; er scheint aber über die Voralpen nicht hinaufzugehen.

a) *immaculata* Stdg. — Stz. III, T 22.

Ohne die zwei schwarzen Flecke auf den Vfl. Selten, unter der Art. Elgg, Aadorf (Z.-R.), Frauenfeld (Wehrli), Zürich (V.), Lenzburg, Wartburg (W.), Bern (Bent.), Basel (Honegger), Grand-Pré (Blach.), Florissant (Rehf.), Martigny, Sion, Sierre (Favre), Chur (Cafl.).

b) *geminatus* Hw. — B. R. 240.

Hat auf den Vfl deutliche Querstreifen und 2—6 dunkle Makeln. Elgg (Gram.).

c) *vittata* Sp. — Sp. I, 241.

Die Vfl besitzen in allen Randzellen keilförmige Makeln. Elgg (Gram.).

d) *pallida* Tutt — Stz. III, T 22.

Vfl von grauweisser Grundfarbe. Elgg (Gram.), Frauenfeld (Wehrli).

e) *rufa* Tutt — Stz. II, T 22.

Die Vfl sind rotbraun. Elgg (Gram.).

Die Raupe — Sp. IV, T 30 — lebt an allen Laubbäumen polyphag von Mai bis Juli. Man sucht sie am besten im Juni in den Rindenritzen nahe am Wurzelstock, besonders der Eschen.

E. Sp. I, 241 — Favre 184 — Roug. 126 — Ent. Zeitschr. XXIV, Nr. 9 — Stz. III, 90.

Panolis Hb.

608. **flammea** Hb. (= piniperda Pz.) — Hb. 91 — Sp. III, T 45 — Stz. III, T 50.

Die häufigere rote Form; der Falter ist wo Föhren gedeihen im ganzen Lande verbreitet, aber meist nicht gerade gemein. Er fliegt im März—April, abends gerne an blühenden Weiden.

a) *griseovariegata* Goeze (= grisea Tutt) — Hb. 476 — — Stz. III, T 50.

Stark grüngrau gemischte Form. Sie ist bei Biel, Burgdorf, Buchhöfe, Bern und Signau, wo Pinus strobus in grösseren Beständen angepflanzt wurde, sehr häufig; Aadorf (Z.-R.).

Die Raupe — Sp. IV, T 31 — lebt an Nadelhölzern, besonders Pinus silvestris in den obersten Baumwipfeln, bei Bern und Burgdorf an Pinus strobus; gesellschaftlich im Juli—August. Die schwarzgrünen Eier wurden am 21. April 1894 an die obersten Spitzen der Nadeln abgelegt. Am 2. Mai schlüpften die Raupen und lebten gesellig, indem sie mehrere Nadeln zusammenspannen. Später trennten sie sich, waren nach etwa 2 Monaten erwachsen und verpuppten sich unter Moos. Die Falter erschienen vom 23. III. 1895 an. Die Puppen sind im Winter leicht in Mehrzahl zu graben und liefern im warmen Zimmer den Falter nach 10—14 Tagen.

E. Soc. Ent. I, 33 — Ill. Wochenschr. f. Ent. II, 213 — Favre 185 — Roug. 127 — Sp. I, 242 — B. R. 240, T 34.

Mesogona B.

609. **oxalina** Hb. — Sp. III, T 45 — Stz. III, T 14.

Der Falter ist im ganzen Lande verbreitet, aber gewöhnlich nicht gerade häufig. Er geht in den Alpen bis etwa 2000 m. Flugzeit im August—September.

Die Raupe — Sp. IV, T 31 — lebt auf an Gewässern stehenden Eichen, Weiden, Pappeln und Erlen von April bis Juni, tagsüber am Fuss der Bäume oder unter Sträuchern an der Erde versteckt. Sie war 1902 bei Salgesch und im Wallis überhaupt recht häufig (Roug.).

E. Sp. I, 242 — Lamp. 180 — Ill. Zeitschr. f. Ent. V, 350 — Favre 185.

610. **acetosellae** F. — Sp. III, T 45 — B. R. T 34.

Der Falter fliegt von Juli bis September, ist aber mehr auf die tiefern Landesteile beschränkt als die vorige Art und in seinem Auftreten viel spärlicher. St. Gallen (M.-R.), Aadorf (Z.-R.), Zürich (Rühl), Oftringen, Lenzburg (W.), Bern (Hiltb.), Bechburg (R.-St.), Biel (Rob.), St. Blaise in Mehrzahl (Hiltb.), Neuchâtel (Roug.), Crassier (Loriol), Onex (Humb.), Genf (V.), Martigny, Fully (W.), Plan-Cerisier, La Batiaz (Favre), Sion, Sierre (Paul), Ilanz (Oswald).

Die Raupe — Sp. IV, T 31 — lebt an Eichen, Berberitzen, Schlehenbüschen im Mai—Juni, tagsüber unter welkem Laub versteckt.

E. Sp. I, 243. 363 — Roug. 127 — Favre 186.

Hiptelia Gn.

611. **ochreago** Hb. — Sp. III, T 45 — Stz. III, T 13.

Der Falter fehlt im Mittelland, er geht aber von den Voralpen bis in die Alpen hinein und fliegt im Juli—August im Sonnenschein, gerne an Disteln und Scabiosen. St. Gallen (M.-R.), Gadmental (Rätz.), Meiental (W.), Weissenburg (Hug.), Davos (Hauri), Dorftäli (Trti.), Weisstannental (M.-R.), Fextal (Stierlin, Sulzer), Rochers de Naye (Aud.), Gamsen (And.), Col de Sorrebois, Zinal (W.), Gruben, häufig (M.-R.), Chiéboz (Steinegger).

Die Raupe — Sp. IV, Nachtr. T V — lebt an Tussilago und Verbascum im Mai.

E. Sp. I, 243. 363 — Favre 186 — Verh. z. b. G. Wien 1898, p. 671. 1899, p. 471.

Dicycla Gn.

612. **oo** L. — Sp. III, T 45 — B. R. T 34 — Stz. III, T 47.

Der Falter fliegt von Mai bis Juli, aber er ist recht selten. St. Gallen (M.-R.), Aadorf (Z.-R.), Lenzburg (W.). Biel (Rob.), St. Blaise (V.), Tramelan (G.), Basel (Leonh.), Burgdorf (Müller), Guttannen (v. J.), Conche (Aud.), Veyrier, Genf öfter (Blach.), Follaterres, La Batiaz, Mt. Ravoire, Mt. Chemin (W.), Miège (Favre), Sion, Sierre (Paul), Lostallo. Calandaschau (Thom.).

a) *renago* Hw. — Stz. III, T 47.

Vfl trüb bräunlich, mit hellen Makeln. Spärlich unter der Art. Mt. Ravoire, Follaterres, Sierre (Favre), Biel (Rob.), Martigny (W.), Calandaschau (Cafl.).

b) *sulphurea* Stdg. — Stdg. 2085 b).

Vfl einfarbig weissgelb, ohne Zeichnung. Follaterres (W.), 1 Ex. von St. Blaise 1906 (V.).

Die Raupe — Sp. IV, T 31 — lebt im April—Mai an Eichen; sie ist am leichtesten durch Abklopfen zu erhalten.

E. Sp. I, 243 — Favre 186 — Lamp. 180 — B. R. 241, T 34.

Calymnia Hb.

613. **pyralina** View. — Sp. III, T 45 — B. R. T 34 — Stz. III, T 48.

Der Falter ist zwar in den tiefern Landesteilen weit verbreitet, kommt aber nicht überall vor. Er geht in den Voralpentälern bis 1600 m Höhe. St. Gallen (M.-R.), Schaffhausen (W.-Sch.), Zürich (V.), im Aargau verbreitet (W.), Bechburg (R.-St.), Liestal (Häring), Basel (Knecht), Tramelan (G.), Biel (Rob.), Neuveville (Coul.), Dombresson (Roug.), Büren (Rätz.), Freiburg (T. de G.), Landquart (Thom.), Davos (Hauri), Thusis (V.).

Die Raupe — Sp. IV, T 31 — lebt an Eichen, Ulmen, Birken, Weiden, Pappeln, auch an Obstbäumen zwischen zusammengesponnenen Blättern im Mai. Mordraupe!

E. Sp. I, 244 — Lamp. 180 — Roug. 128 — B. R. 242, T 34.

614. **affinis** L. — Sp. III, T 45 — B. R. T 34 — Stz. III, T 47.

Der Falter ist nur an wenigen Orten und ziemlich selten beobachtet worden; Flugzeit im Juli—August. Aadorf (Z.-R.), Zürich (V.), Baden, Oftringen, Lenzburg (W.), Basel (Honegg.), Tramelan (G.), Bern (v. J.), Conche (Aud.), Genf (Mong.), Martigny, La Croix, Mt. Ravoire, Fully (W.), Noës (Favre), Sion, Sierre (Paul), Chur (Cafl.).

Die Raupe — Sp. IV, T 31 — lebt an Eichen und Ulmen, zwischen Blättern eingesponnen im Mai. Mordraupe!

E. Sp. I, 244 — Lamp. 181.

615. **diffinis** L. — Sp. III, T 45 — B. R. T 34 — Stz. III, T 47.

Der Falter ist, wie die vorige Art, wenig verbreitet und selten; er fliegt im Juli. St. Gallen (M.-R.), Aadorf (Z.-R.), Zürich (V.), Lenzburg (W.), Bern (v. J.), Freiburg (T. de G.), Genf (Mong.), Martigny (W.), Sierre (Paul), Simplon ob Brig (V.), Gondo (Roug.).

Die Raupe — Sp. IV, T 31 — lebt an Ulmenbüschen zwischen zusammengesponnenen Blättern im Mai—Juni. Mordraupe!

E. Sp. I, 244 — Favre 186 — Lamp. 181.

616. **trapezina** L. — Sp. III, T 45 — B. R. T 34 — Stz. III, T 47.

Der Falter ist im ganzen Gebiet gemein, in den Alpen geht er bis über 1600 m (Davos, Hauri; Zermatt, Püng.). Flugzeit von Juni bis September. Der Falter variiert bedeutend:

a) *grisea* Tutt — Stz. III, T 47.

Grau übergossene Exemplare finden sich selten unter der Art. Büren (Rätz.), Elgg (Gram.).

b) *ochrea* Tutt — Stz. III, T 47.

Vfl rötlich-ockergelb. Selten. Elgg (Gram.).

c) *rufa* Tutt — Stz. III, T 47.

Ist tief kupferbraun. Elgg (Gram.).

d) *badiofasciata* Teich — Stz. III, T 47.

Vfl mit dunkel kastanienbraunem bis schwarzem Mittelfeld. 1 Stück von Bern (V.), Elgg (Gram.).

Die Raupe — Sp. IV, T 31 — lebt im Mai—Juni an fast allen Laubhölzern. Mordraupe!

E. Sp. I, 244 — Favre 187 — Roug. 128 — B. R. 242, T 34.

Cosmia O.

617. **paleacea** Esp. — Sp. III, T 45 — Stz. III, T 47.

Der Falter gehört in weitester Verbreitung der Ebene und der Hügelregion an, ist aber lokal und selten. Nachrichten fehlen nur aus der Südschweiz. Flugzeit im August —September; Höhengrenze bei Berisal bei ca. 1500 m. Stelvio (Wisk., Struve), Tarasp (Kill.), Lostallo (Thom.), Berisal (Gram.), Sion, Sierre (Paul), Torrent de St. Jean (Favre), Martigny (W.), Conche (Aud.), Basel (Honegg.), Bern (Bent.), Bechburg (R.-St.), Oftringen, Lenzburg, Wartburg (W.), Zürich (Nägeli), St. Gallen (Taesch.).

Die Raupe — Sp. IV, Nachtr. T V — lebt im Mai—Juni zwischen zusammengesponnenen Blättern an Erlen, Birken, Pappeln. Die Zimmerzucht ist schwierig, weil das Futter zu oft gewechselt werden und dann die Raupen jedesmal ihr Blattgespinst verlassen und neu anlegen müssen. Leicht dagegen sind die Raupen in Gazebeutel an Birken u. s. w. aufgebunden im Freien zu ziehen. Die Raupen schlüpfen im Frühling, sind gegen Mitte Juni erwachsen und verpuppen sich an der Erdoberfläche unter Moos. Die Puppenruhe dauert 14 Tage. (Ent. Zeitschr. IV, 164)

E. Sp. I, 245 — Lamp. 181.

Dyschorista Ld.

618. **suspecta** Hb. — Sp. III, T 45.

Der Falter ist bei uns eine ganz vereinzelte Seltenheit; Flugzeit im Juli—August. Tramelan (G.), Bern (v. J.), Chur (Cafl.), Ilanz (Caveng), Landquart (Thom.).

a) *iners* Tr. — Stdg. 2109 a).

Weniger gezeichnete, heller gelblich oder rötlichgraue Form. Ilanz (Caveng).

Die Raupe — Sp. IV, Nachtr. T V — lebt jung in Pappelkätzchen, später polyphag an niedern Pflanzen und ist im April—Mai erwachsen.

E. Sp. I, 245 — Lamp. 181 — Ill. Zeitschr. f. Ent. V, 350 — Jahresb. Wiener E. G. II, 19.

619. **fissipuncta** Hw. — Sp. III, T 45 — Stz. III, T 41.

Der Falter gehört nur der Ebene an, ist aber dort überall verbreitet und meistens häufig; er fliegt von Juli bis September.

a) *obscura* Favre — Favre 188.

Vfl dunkelbraun; ziemlich selten unter der Art. Martigny (Favre), Büren (Rätz.).

Die Raupe — Sp. IV, T 31 — lebt jung zwischen zusammengesponnenen Blättern an Weiden, Pappeln, Birken, später unter losen Rindenstücken; oft sehr zahlreich beisammen und ist im Mai—Juni erwachsen. Verpuppung in morschem Holz unter Rindenstücken.

E. Sp. I, 246 — Favre 187 — Roug. 129 — Stz. III, 179.

Plastenis B.

620. **retusa** L. — Sp. III, T 45 — B. R. T 34 — Stz. III, T 46.

Der Falter wiederum in weitester Verbreitung in der Ebene, der Hügelregion und den Voralpen, aber nirgends häufig. Er erreicht ca. 1600 m Höhe und erscheint von Ende Juni bis im August.

Die Raupe — Sp. IV, T 31 — lebt im Mai zwischen zusammengesponnenen Blättern an Weiden und verwandelt sich an der Erde in einem leichten Gespinst.

E. Sp. I, 246 — Roug. 129 — Lamp. 182 — Stz. III, 228.

621. **subtusa** F. — Sp. III, T 46 — Stz. III, T 46.

Falter in Verbreitung und Erscheinungszeit wie die vorige Art, eher seltener und etwas später. N. M. J. V. W. G.

Die Raupe — Sp. IV, T 31 — lebt wie die der vorigen Art im Mai an Pappeln, Verpuppung ebenfalls zwischen Blättern.

E. Sp. I, 246 — Roug. 129 — Lamp. 182 — Stz. III, 228.

Cirrhoedia Gn.

622. **ambusta** F. — Sp. III, T 46 — B. R. T 34 — Stz. III, T 28.

Der Falter ist als bedeutende Seltenheit in Conche (Aud.), Onex (Humb.), Pt. Saconnex (Mong.), bei Nyon, im Wallis, bei Bern (VII, 1906/7, V.) erbeutet worden. Er fliegt im Juli—August.

a) ? *rubens* Stdg. — Stdg. 2116 a).

Hellbraun, ohne den gelblichen Anflug der Vfl. 1 Ex. von Bern, VII, 07 (V.), Wallis (Wullschl.).

Die Raupe — Sp. IV, T 31 — lebt im Mai an Schlehen, Obstbäumen, bes. Pirus communis, am Tage unter Rindenstücken.

E. Sp. I, 246 — Lamp. 182 —Favre 188.

623. **xerampelina** Hb. — Sp. III, T 46 — Stz. III, T 28.

Wie die vorige Art, ganz vereinzelt und selten. Flugzeit von Juli bis September. Bechburg (R.-St.), St. Blaise, 5. VIII. 1906 (V.), Dombresson (Bolle), St. Aubin (Roug.), Pt. Saconnex (Mong.), Champel (R. Odier), Croquette (Bourg.); Rätzer fand die frisch entwickelten Falter an den Eschenstämmen der Alleen um Bern, ebenso Hptm. Benteli.

a) *unicolor* Stdg. — Stz. III, T 28.

Mit fast einfarbigen Vfl. Bern (Jäggi).

Die Raupe — Sp. IV, T 31 — lebt an Ulmen und Eschen im Juni. Sie ist über Tag am Fuss der Stämme, in den Rissen der Rinde oder unter Moos versteckt.

E. Sp. I, 247 — Roug. 129 — Lamp. 182 — Stz. III, 153.

Orthosia O.

624. **ruticilla** Esp. — Stz. III, T 36 — Sp. III, T 46.

Der Falter — einer der frühesten im Jahr — ist im Wallis manches Jahr sehr häufig. Er fliegt von Februar bis April. Lacroix (Favre), Plan-Cerisier, am Mt. Chemin, Branson (W.), Sierre (Paul). Ein Exemplar von Biel (Robert) und eines von Bern (v. B.).

a) *grisea* Stz. — Stz. III, T 36.

Die Vfl sind aschgrau, statt rot. Unter der Art im Wallis.

Die Raupe lebt ausschliesslich an Eichenknospen.

Die Eier werden im April—Mai an Eichenknospen abgelegt. Die jungen Raupen wachsen sehr schnell. Am Tage verstecken sie sich im Laube und fressen nur in der Nacht. Nach der letzten Häutung wurden angewelkte Salatblätter gereicht, da die Raupen offenbar einen Futterwechsel verlangten. Vom 20. Juli an verschwanden die Raupen im Buchenlaub des Behälters, verspannen sich mit wenigen Fäden in oder zwischen den Blättern und verblieben so bis Anfang Oktober; erst da erfolgte die Verpuppung. Einige Falter schlüpften schon im November, die Mehrzahl im Januar im warmen Zimmer. (Holwede, Ent. Zeitschr. XVIII, 30/34)

E. Stz. III, 149 — Favre 188 — Lamp. 182 — Sp. I, 248.

625. **lota** Cl. — Sp. III, T 46 — Stz. III, T 37 — B. R. T 34.

Der Falter ist in der Ebene, dem Jura und bis in die Voralpen hinein überall verbreitet und häufig. Flugzeit von August bis November; ausnahmsweise erhielt Honegger in Basel 4 Stück im März 1895 aus überwinterten Puppen. Höhenverbreitung im Gadmental bis etwa 1500 m.

a) *rufa* Tutt — Stz. III, T 37 — Tutt Brit. Noct. II, 164.

Kupferrot angeflogen. Unter der Art und wie diese gemein.

b) *bipuncta* Wehrli i. l.

Besitzt einen zweiten schwarzen, braun umrandeten Fleck, welcher auf der Basallinie zwischen beiden Makeln liegt. Die Umrandung verbindet die beiden Makeln. Frauenfeld (Wehrli).

Die Raupe — Sp. IV, T 31 — lebt an Pappeln, Weiden, Erlen, Heidelbeeren u. s. w. bis Mai—Juni; jung zwischen zusammengesponnenen Blättern, später in Astwinkeln oder Rindenrissen versteckt. Mordraupe!

E. Sp. I, 248 — Roug. 130 — Lamp. 182 — Favre 189 — Stz. III, 151.

626. **macilenta** Hb. — Sp. III, T 46 — Stz. III, T 37.

Der Falter ist weniger verbreitet und weit spärlicher, als die vorige Art. Erscheinungszeit wie jene. N. M. J. O. W. G. V.

Die Raupe — Sp. IV, T 31 — lebt jung an Buchen zwischen zusammengesponnenen Blättern, später polyphag an niedern Pflanzen, im Mai—Juni. Mordraupe!

E. Sp, I, 249 — Favre 189 — Roug. 130 — Stz. III, 151.

627. **circellaris** Hufn. — Sp. III, T 46 — Stz. III, T 37 — B. R. T 34.

Der Falter ist im ganzen Lande, bis an die Grenze der Laubwälder, überall häufig. Flugzeit von August bis November und nach der Ueberwinterung bis April. Er variiert ziemlich bedeutend, indem sich neben blassgelben und wenig gezeichneten Exemplaren auch fuchsrote mit scharfen, dunkeln Wellenlinien finden; das ist die Form:

a) *ferruginea* Esp. — Stz. III, T 37.

Vfl dunkel rostfarbig übergossen. Thusis, Bern (V.), Büren (Rätz.).

b) *fusconervosa* Pet. — Stz. III, T 37.

Mit dunkelbraunen Adern. Unter der Art, häufig.

Die Raupe — Sp. IV, T 31 — lebt in der Jugend in den Kätzchen von Weiden, Pappeln, Ulmen; später im Mai—Juni an niedern Pflanzen.

E. Sp. I, 249 — Favre 189 — Roug. 130 — Stz. III, 151.

628. **helvola** L. (= rufina L.) — Sp. III, T 46 — Stz. III, T 37 — B. R. T 34.

Der Falter ist in den tieferen Landesteilen sehr weit verbreitet und überall häufig, er fliegt von August bis Oktober. Er ist in der Färbung und Zeichnung sehr veränderlich.

a) *punica* Bkh. (= exstincta Sp.) — B. R. 245 — Sp. I, 249.

Hat die dunkeln Zeichnungen fast ausgelöscht und die Grundfarbe heller, grünlich oder gelbrot. Unter der Art. Büren (Rätz.), Aegerten (Hiltb.), Zürich (V.), Frauenfeld (Wehrli).

b) *catenata* Esp. — Sp. I, 249.

Besitzt gegenteils sehr scharfe, dunkle Zeichnungen, besonders sind die Makeln und die Zeichnungen von Flügelwurzeln und Saumbinden sehr lebhaft. Büren (Rätz.).

c) *unicolor* Tutt — Stz. III, T 37.

Ein schwach gezeichnetes, rötlich ockergelbes Stück von Zürich entspricht genau dieser Form (V.).

Die Raupe — Sp. IV, T 31 — lebt in der Jugend an Weidenkätzchen, später an Weiden, Schlehen, Eichen, Pappeln u. s. w. im Mai—Juni. Bei Tag an der Unterseite der Blätter. Mordraupe! Im September abgelegte Eier überwinterten bis Ende März, die Räupchen wurden anfänglich mit Heidelbeeren erzogen, später mit Weiden. Sie verpuppten sich im Juli und ergaben die Falter nach 4 Wochen (Rob.).

E. Sp. I, 249 — Favre 189 — Roug. 130 — Ent. Zeitschr. XXIII, 238 — Ill. Zeitschr. f. Ent. V, 350 — B. R. 245, T 34 — Stz. III, 152.

629. **pistacina** F. — Sp. III, T 46 — Stz. III, T 37 — B. R. T 34.

Ein wunderbar wechselndes Tier. Als Typus ist eine hell aschgraue, an der Vfl-Wurzel aufgehellte Form anzunehmen. Die häufigste bei uns auftretende Form ist dunkel braungrau mit hellen Adern und ebensolcher Flügelwurzel. Sie ist im ganzen Gebiet verbreitet.

a) *canaria* Esp. — Stz. III, T 37 — Sp. III, T 46.

Die Vfl sind dunkler, fast schwärzlich; selten. Zürich (V.), Landquart (Thom.), Basel, Bechburg (R.-St.), Lenzburg (W.), Büren (Rätz.), Bern (v. J.), Elgg (Gram.), Wallis (W.), Liestal (Seiler).

b) *serina* Esp. — Stz. III, T 37.

Besitzt fast einfarbige Vfl von lehmgelber bis rötlichgelber Färbung; unter der Art, nicht selten.

c) *rubetra* Esp. — Stz. III, T 37.

Ist ziegel- bis kupferfarbig und manchmal fast ohne Zeichnung. Unter der Art. Elgg (Gram.), Aadorf (Z.-R.), Zürich (Nägeli), Basel (Honegger), Bechburg (R.-St.), Liestal (Seiler), Bern (v. J.), Büren (Rätz.), Conche (Aud.), Chur (Kill.), Landquart (Thom.).

d) *caerulescens* Calb. — Stz. III, T 37.

Hat graublaue Vfl. Nur aus dem Wallis (Favre) und von Büren (Rätz.).

Alle diese Formen sind durch Uebergänge miteinander verbunden. Ich sah aber nie Exemplare, wie Spuler sie abbildet (lychnitidis und canaria — T 46). Flugzeit von September bis November. Der Falter gehört in weitester Verbreitung allen ebenen Landesteilen an und ist an vielen Orten häufig.

Die Raupe — Sp. IV, T 31 — lebt, in der Jugend gesellig, an Obstbäumen und Schlehen, später an niedern Pflanzen von April bis Juni. Mordraupe!

E. Ent. Zeitschr. XXIII, 238 — Lamp. 183 — Sp. I, 250 — Roug. 131 — Favre 190 — Stz. III, 150.

630. **nitida** F. (= lucida Hufn.) — Sp. III, T 46 — B. R. T 34.

Der Falter ist durch geringere Grösse, die nicht verschmälerte Nierenmakel und den ungefleckten Vfl-Rand von der vorigen Art leicht zu unterscheiden. Die Art ist ebenfalls überall verbreitet, aber viel spärlicher. Flugzeit von August bis Oktober. Höhenverbreitung am Gurnigel bis etwa 1500 m. Als Typus ist eine Form mit dunkel braungrauen Vfl angenommen.

a) *garibaldina* Turati — Stz. III, T 37.

Hat schön braunrote Vfl; unter der Art spärlich. Zürich (V.), Lostallo (Thom.).

b) *obscurata* Sp. — Sp. I, 250.

Vfl und Hfl schwärzlich verdunkelt. Elgg (Gram.).

Die Raupe — Sp. IV, T 31 — lebt im April—Mai an niedern Pflanzen, so Plantago, Veronica, Primula, Rumex. Sie bevorzugt Sumpf- und Schilfgegenden, Waldränder, einzelne Baumgruppen u. s. w. Mordraupe!

E. Sp. I, 250 — Roug. 131 — Lamp. 183 — Ill. Zeitschr. f. Ent. V, 350 — Favre 190 — Stz. III, 152.

631. **humilis** F. — Sp. III, T 46 — Stz. III, T 36.

Sehr selten im September—Oktober. Burgdorf (Müller), St. Blaise (Coul.), Bern (v. J., V.).

Die Raupe — Sp. IV, T 31 — lebt im Mai—Juni an niedern Pflanzen. Rätzer fand sie in den Alleen um Bern am Fusse von Eschen und Ulmen im Grase.

E. Sp. I, 250 — Roug. 131 — Lamp. 183 — Stz. III, 150.

632. **laevis** Hb. — Sp. III, T 46 — Stz. III, T 37.

Sehr selten im August—September. St. Blaise (Coul.); Rätzer fand den Falter wiederholt in der Bolligenallee bei Bern, zur Zeit, da die Ulmen anfingen die Blätter zu verlieren; Frauenfeld 1 Stück am 3. IX. 1911 (Wehrli).

Die Raupe lebt jung an Eichen und Ulmen, später an Alsine media und andern niedern Pflanzen.

E. Sp. I, 250 — Roug. 131 — Lamp. 183 — Stz. III, 151.

633. **litura** L. — Sp. III, T 46 — Stz. III, T 37 — B. R. T 34.

Der Falter ist überall verbreitet und mancherorts gemein, bis in die Alpen hinein. Er fliegt von August bis November.

a) *meridionalis* Stdg. — Stdg. 2138 a).

Mit graugelben oder bläulichen Vfl. La Croix, Mt. Chemin (Favre), Martigny (W.), Conche (Aud.), Landquart (Thom.).

Die Raupe — Sp. IV, T 32 — lebt polyphag an Weiden, Heidelbeeren und niedern Pflanzen von Mai bis Juli. Ich fand mehrere Exemplare halberwachsen im Laquintal des Simplon Mitte Juli 1906 an Rumex alpinus. Mordraupe!

E. Sp. I, 251 — Favre 190 — Roug. 131 — Stz. III, 152.

Xanthia Tr.

634. **citrago** L. — Sp. III, T 46 — B. R. T 34.

Der Falter ist in der Hochebene, im Jura und den Voralpen verbreitet, aber meistens nicht gerade häufig. Flugzeit von Juli bis Oktober.

a) ? *subflava* Ev. — Stdg. 2143 a).

Das Wurzel- und Saumfeld der Vfl ist braunrot verdunkelt. Sion (Paul).

Die Eiablage erfolgt an den Knospen. Die Raupe — Sp. IV, T 32 — lebt im Mai—Juni einzeln an den Wurzelschösslingen von Linden, zwischen zusammengesponnenen Blättern versteckt, besonders an jungen Trieben. — Um die Xanthia-Raupen zu erhalten, trägt man im Frühjahr die mit Kätzchen versehenen Weiden- und Pappelzweige ein und stellt sie büschelweise in Wasser. Nach 2—3 Wochen nimmt man die Büschel heraus und klopft sie tüchtig aus. Die herausgefallenen jungen Raupen werden anfänglich in Gläsern nur mit den Kätzchen gefüttert, später im Zuchtkasten mit Blättern. Die nach kurzer Zeit erwachsenen Raupen verpuppen sich am Boden unter den Resten der Kätzchen. (Strassburg, Ent. Zeitschr. VIII, 184)

E. Roug. 132 — Stz. III, 156 — Sp. I, 251 — Ill. Zeitschr. f. Ent. V, 368 — B. R. 247, T 34 — Favre 190.

635. ? **sulphurago** F. — Sp. III, T 46 — Stz. III, T 28.

Der Falter wurde nur von Couleru im Vallon de Voëns, von Rühl bei Zürich und von Ziegler-Reinacher bei Aadorf erbeutet. Flugzeit im September—Oktober.

Die Raupe — Sp. IV, T 32 — lebt an Ahorn, angeblich auch an Eichen und Linden, zwischen zusammengesponnenen Blättern bis Mai—Juni.

E. Sp. I, 252 — Lamp. 184 — Stz. III, 155.

636. **aurago** F. — Sp. III, T 46 — Stz. III, T 24 — B. R. T 34.

Der Falter ist von August bis Oktober überall verbreitet, aber gewöhnlich nicht häufig. Die typische Form hat ein scharf begrenztes, hell orange-farbenes Mittelfeld. U. N. M. J. V. W. G.

a) *fucata* Esp. — Stz. III, T 24.

Das Mittelfeld der Vfl ist dunkelorange, fast rötlich. Aadorf (Z.-R.), Zürich (Rühl), Büren (Rätz.), Bern (Hiltb.), Liestal (Häring), Lenzburg (W.), Conche (Aud.), Mt. Chemin, seltener (W.), Ilanz (Caveng).

b) *rutilago* F. — Stz. III, T 24.

Das Mittelfeld wenig hervortretend, so dass die Vfl fast einfärbig rötlich erscheinen; selten unter der Art. Büren (Rätz.).

Die Eier überwintern. Die Raupe — Sp. IV, Nachtr. T V — lebt an Eichen, Buchen, Linden und Pappeln, in zusammengesponnenen Blättern im Mai. Sie lässt sich in Ermangelung anderen Futters auch mit Saalweiden erziehen (Rob.).

E. Sp. I, 252 — Favre 191 — Lamp. 184 — Roug. 132 — Stz. III, 153.

637. **lutea** Ström. (= flavago F.) — Sp. III, T 46 — Stz. III, T 24 — B. R. T 34.

Der Falter ist im ganzen Gebiet verbreitet und meistens häufig; er geht im Gadmental und Wallis bis etwa 1700 m.

Flugzeit von August bis Oktober. Ein fast zeichnungsloses Stück erzog Dr. Hasebroeck aus bei Montreux gefundenen Raupen.

Die Raupe — Sp. IV, T 49 — lebt jung in den Kätzchen von Salix caprea, später an niedern Pflanzen von März bis Mai. Sie lässt sich auch mit Weidenblättern erziehen.

E. Sp. I, 252 — Favre 191 — Roug. 132 — Lamp. 184 — Stz. III, 154.

638. **fulvago** L. (= cerago F.) — Sp. III, T 46 — Stz. III, T 24 — B. R. T 34.

Die Art ist im ganzen Lande gemein; sie geht mit den alpinen Weiden bis etwa 1800 m. Erscheinungszeit wie bei der vorigen Art.

a) *flavescens* Esp. — Sp. III, T 46 — Stz. III, T 24.

Die Vfl erscheinen, wegen des Fehlens der rostroten Zeichnung, eintönig gelb. Selten. Aadorf (Z.-R.), Elgg (Gram.). Schaffhausen (W.-Sch.), Zürich (V.), Oftringen, Lenzburg (W.), Basel (Leonh.), Bechburg (R.-St.), Biel (Rob.), Dombresson, Yverdon (Roug.), Bern (v. J.), Conche (Aud.), Montreux (Hasebroeck), Martigny öfter, La Croix, Mt. Chemin (W.), Sion, Sierre (Paul), Davos (Hauri).

Die Raupe — Sp. IV, T 32 — lebt jung in den Kätzchen von Salix caprea und Populus tremula, später an niedern Pflanzen von März bis Mai.

E. Sp. I, 252 — Stz. III, 154 — Lamp. 184.

639. **gilvago** Esp. — Sp. III, T 46 — B. R. T 35 — Stz. III, T 28.

Der Falter ist weit weniger verbreitet als die vorige Art und fast überall ziemlich selten. Flugzeit von August bis November. Bei Bern öfter, manchmal schon in der letzten August-Woche (V.), Büren (Rätz.), St. Blaise (Coul.), Dombresson (Roug.), Tramelan (G.), Liestal (Seiler), Basel (Honegg.), Freiburg (T. de G.), Conche (Aud.), Pt.-Saconnex (Mong.), Fully, Martigny (W.), La Croix, Charrat (Favre), Sion, Sierre (Paul), Davos (Hauri), Schaffhausen (W.-Sch.), Oftringen, Lenzburg (W.).

Die Raupe — Sp. IV, Nachtr. T V — lebt jung in Pappelkätzchen und Ulmen, später an niedern Pflanzen, von März bis Mai—Juni.

E. Favre 192 — Sp. I, 253 — Roug. 133 — Stz. III, 154.

640. **ocellaris** Bkh. — Sp. III, T 46 — Stz. III, T 28.
Verbreitung ähnlich der vorigen Art; Flugzeit von Mitte August bis Oktober. Der Falter ist überall recht selten. Bern (Bent.), Lenzburg (W.), Zürich (V.), Binningen (Leonh.), Tramelan (G.), Yverdon (Roug.), Pt.-Saconnex (Mong.), Conche (Aud.), La Croix, am Mt. Chemin (Favre), Martigny (W.), Sion, Sierre (Paul).

a) *lineago* Gn. — Stz. III, T 28.
Die Vfl sind grau bestäubt. Selten, unter der Art. Basel (Honegg.), Yverdon (Roug.), Conche (Aud.), Wallis (Favre).

b) *intermedia* Hbch. — Jahrb. W. E. V. VI, T 1.
Uebergangsform zu gilvago Esp. Wallis (Favre).

c) *palleago* Hb. — Stz. III, T 28.
Besitzt fast einfarbig braungelbe Vfl. Selten. Büren, Bern (Rätz.), Zürich (Nägeli), Bechburg (R.-St.), Basel (Leonh.), Conche (Aud.), Pt.-Saconnex (Mong.).

Die Raupe — Sp. IV, Nachtr. T V — lebt in der Jugend an den Kätzchen der Pappeln, später an niedern Pflanzen, von März bis Mai—Juni. Sie war im Jahr 1904 in Martigny zu Tausenden vorhanden, so dass alle Pappeln von ihr abgefressen waren (Wullschl.).

E. Sp. I, 253 — Favre 192 — Lamp. 184 — Stz. III, T 155.

Hoporina Blanch.

641. **croceago** F. — Sp. III, T 46 — Stz. III, 35 — B. R. T 35.

Der Falter erscheint in weitester Verbreitung fast überall, aber meistens lokal und durchaus nicht gemein. Er fliegt im September—Oktober und nach der Ueberwinterung von Februar bis April.

Ich fand die Falter im April zahlreich in Kopula auf Weiden, die Eier wurden während den Abendstunden abgelegt. Die Raupe — Sp. IV, T 32 — lebt von Mai bis Juli an heissen, sonnigen Stellen auf niedern Eichenbüschen.

E. Sp. I, 253 — Favre 192 — Roug. 133 — Lamp. 185 — Gub. Ent. Zeitschr. IV, 115 — B. R. 249, T 35 — Stz. III, 145.

Orrhodia Hb.

642. **fragariae** Esp. (= serotina O.) — Stz. III, T 35 — Sp. III, T 46 — B. R. T 35.

Der Falter ist eine ganz vereinzelt vorkommende Seltenheit. Flugzeit von September bis März. Bern (Jäggi), Basel (Leonh.), Liestal, häufiger (Leuth.), Sissach (Müller), Lenzburg (W.), Lägern (Rühl), Zürich (V.).

Die Raupe — Sp. IV, T 32 — lebt von Mai bis Juli an niedern Pflanzen auf trockenen Plätzen, bei Tage unter Steinen verborgen. Mordraupe!

Ein am 30. März 1904 am Licht im Gaswerk Schlieren gefangenes ♀ legte ca. 30 Eier ab. Die Raupen schlüpften nach 14 Tagen und wurden mit niederen Pflanzen, Plantago, Lamium, Leontodon und Galium im Wechsel gefüttert. Jung hielt ich sie in Gläsern. Als ich aber fand, dass sie sich gegenseitig verzehrten, wurden sie, etwa nach der dritten Häutung, in geräumige Zuchtkasten verbracht. Sie verpuppten sich Mitte Juli in der Erde und lieferten die Falter von Ende August an.

E. Ent. Zeitschr. XXI, 242 — Lamp. 185 — Sp. I, 254 — Ill. Zeitschr. f. Ent. V, 368 — B. R. 249, T 35 — Stz. III, 145.

643. **erythrocephala** F. — Sp. III, T 46 — Stz. III, T 35 — B. R. T 35.

Der Falter ist in der Ebene, dem Jura und den Voralpen weit verbreitet, stellenweise nicht selten. Flugzeit von August bis November und nach der Ueberwinterung im März—April.

a) *glabra* Hb. — Sp. III, T 46 — Stz. III, T 35.

Vfl rotbraun, Makeln und Querlinien graugelb. Unter der Art, aber ziemlich selten. Zürich (V.), Bechburg (R.-St.), Lenzburg (W.), Sissach (Müller), Biel (Rob.), Landeron (Coul.), Neuchâtel (Roug.), Pt.-Saconnex (Mong.), Martigny, Fully (W.), Sion, Sierre (Paul).

Die Raupe — Sp. IV, T 32 — lebt polyphag, in der Jugend an Eschenknospen, später auch an Galium, Taraxacum, Plantago und andern niedern Pflanzen. Ausschliesslich an Eichen gezogene Raupen ergeben eher zu *glabra* Hb. neigende Falter.

E. Sp. I, 254 — Favre 192 — Roug. 134 — Lamp. 185 — Ent. Zeitschr. XXIV, No. 9 — Stz. III, 146.

644. **veronicae** Hb. — Sp. III, T 46 — Stz. III, T 35.

Der Falter ist als ganz vereinzelte Seltenheit an wenigen Orten erbeutet worden. Flugzeit von September bis November und nach der Ueberwinterung von Februar bis April. Zürich (Landolt), La Croix, Mt. Ravoire, Mt. Chemin, am Mt. des Ecotteaux (Favre), Martigny (W.), Sion, Sierre (Paul), Biasca (V.), Bergell (Bazz.), St. Moritz (Kill.).

Die Raupe — Sp. IV, Nachtr. T V — lebt im Mai—Juni an Löwenzahn und anderen niedern Pflanzen, am Tage unter Laub versteckt.

E. Sp. I, 254 — Lamp. 185 — Ent. Zeitschrift XXIV, N. 9 — Favre 193 — Stz. III, 147.

645. **vau-punctatum** Esp. (= silene Hb.) — Sp. III, T 46 — Stz. III, T 35 — B. R. T 35.

Der Falter fliegt von Juli bis November und nach der Ueberwinterung von März bis Mai. Er kommt fast überall im Faunengebiet und meist häufiger vor. U. N. M. J. V. W. G.

a) *immaculata* Stdg. — Stdg. 2159a).

Mit ungefleckten Zellmakeln; selten unter der Art. Zürich (Rühl, V.), Büren (Rätz.), Bern (v. J.), Dombresson (Roug.), Martigny, Plan-Cerisier (W.), Mont-Chemin (Favre), Sion, Sierre (Paul).

Die Raupe — Sp. IV, Nachtr. T V — lebt in der Jugend an Schlehen, später an niederen Pflanzen von April bis Juni, tagsüber versteckt. Bei der Zucht erfolgte die Eiablage am 6. März, die Raupen schlüpften am 20. März, waren anfangs Juni erwachsen und verpuppten sich Mitte des Monates. Der erste Falter erschien am 20. Juli 1906.

E. Ent. Zeitschr. XXIV, Nr. 9 — Lamp. 185 — Roug. 134 — Sp. I, 255 — Favre 193 — Stz. III, 146.

646. **vaccinii** L. — Stz. III, T 36 — Sp. III, T 46 — B. R. T 35.

Eine ganz ungemein veränderliche Art. Der überall in der Ebene häufige Falter fliegt von September bis November und nach der Ueberwinterung von Februar bis Mai. Er birgt sich über Tag unter trockenem Laub und kommt abends gerne an den Köder. Als Typus wird eine rotbraune, einfarbige, schwach gezeichnete Form angenommen.

a) *ochrea* Tutt — Sp. I, 255.

Von ockergelber Grundfarbe der Vfl, mit rostfarbenen Querlinien und Saumzeichnungen. Bern (V.).

b) *canescens* Esp. — Sp. I, 255.

Die Vfl sind schwärzlichbraun, die Makelsäume und Adern weissgelb. Zürich (V.), Büren (Rätz.), Elgg (Gram.).

c) *obscura* Tutt — Sp. I, 256.

Besitzt graubraune, fast ungezeichnete Vfl. Büren (Rätz.).

d) *mixta* Stdg. — Stz. III, T 36.

Die Vfl sind im Mittel- und Saumfeld heller, gelblich gebändert. Büren (Rätz.), Bern (V.), Bechburg (R.-St.), Lenzburg (W.), Lostallo (Thom.).

e) *glabroides* Fuchs — Stz. III, T 36.

Hat in dunklem Grund ledergelb gewässerte Binden. Elgg (Gram.), Büren (Rätz.).

f) *spadicea* Hb. — Sp. III, T 46 — Stz. III, T 36.

Die Vfl besitzen schwärzliche Binden. Bechburg (R.-St.), Lenzburg (W.), Büren (Rätz.), Bern (V.), Conche (Aud.).

g) *signata* Klem. — Stz. III, T 36.

Hat zeichnungslose Vfl, bis auf die schwarze Fleckenbinde vor dem Saume. Bern (V.), Conche (Aud.), Martigny (W.).

h) *nigra* Tutt — Sp. I, 256.

Eine ganz schwarze Form erwähnt Seiler von Liestal und Wullschlegel von Martigny.

Alle diese Formen finden sich bei uns mehr oder weniger häufig neben dem Typus.

Die Raupe — Sp. IV, T 32 — lebt jung an Pappeln und Eichen, später polyphag an niederen Pflanzen, wie Rubus, Thymus, Vaccinium u. s. w. bis Mai—Juni.

E. Ent. Zeitschr. XXIV, Nr. 9 — Ill. Wochenschr. f. Ent. II, 504 — Lamp. 185 — Roug. 134 — Sp. I, 255 — B. R. 250, T 35 — Favre 193 — Stz. III, 147.

647. **ligula** Esp.[1]) — Sp. III, T 46 — Stz. III, T 36.

Der Typus ist ziemlich selten. Er besitzt dunkelbraune Vfl mit weissgelber gewässerter Saumbinde, die Makeln und Adern sind heller. Die Hfl dem Saum entlang aufgehellt. Flugzeit von August bis November und nach der Ueberwinterung von Januar bis März. Frauenfeld (Wehrli), Lenzburg (W.),

[1]) ? *staudingeri* Grasl. — Stz. III, T 36 — von Favre p. 193 irrtümlich angeführt, ist eine fast reingraue Art; zu ihr gehört:

? a) *livina* Stdg. — Stz. III, T 36. Beide fehlen sicher im Wallis.

Biel (Rob.), Büren, Siselen (Rätz.), Bern (v. J.), Yverdon (Roug.), Conche (Aud.), Plan-Cerisier (Favre), La Croix, Martigny (W.), Sion, Sierre (Paul).

a) *polita* Hb. — Stz. III, T 36.

Die Vfl sind stark grau marmoriert. Häufiger unter der Art. Oftringen, Lenzburg (W.), Büren (Rätz.), Bern (Bent.), Bechburg (R.-St.), Martigny (W.), La Croix, Mt. Chemin, Mt. Ravoire (Favre), Sion, Sierre (Paul), Ilanz (Caveng).

b) *subspadicea* Stdg. — Stz. III, T 36.

Die Vfl sind dunkelbraun, öfter weisslich gegittert; seltener, unter der Art. Siselen, Büren (Rätz.), Bern (v. J.), Martigny, Mt. Chemin, Mt. Ravoire (Favre), Mt. des Ecotteaux (W.).

Die Raupe — Sp. IV, T 32 — lebt in der Jugend an Pflaumen, Schlehen und Weissdorn, später an niederen Pflanzen bis Mai—Juni.

E. Lamp. 186 — Roug. 135 — Sp. I, 256 — Stz. III, 148.

648. **rubiginea** F. — Sp. III, T 47 — Stz. III, T 36 — B. R. T 35.

Der Falter ist bis in die Voralpen hinein im ganzen Land verbreitet, aber überall lokal und spärlich. Er fliegt von August bis November und nach der Ueberwinterung im März—April. Höhenverbreitung bis wenig über 1000 m. Die als Typus angenommene Form ist gelblich mit roten Binden und schwarzen Punkten. St. Gallen (Taesch.), Flums, Ob.-Uzwil (Wild), Zürich, Wollishofen-Allmend (V.), Oftringen, Wartburg, Lenzburg (W.), Bechburg (R.-St.), Sissach (Müller), Liestal (Seiler), Biel (Rob.), St. Blaise (Coul.), St. Aubin (Roug.), Dombresson (Bolle), Luzern (Loch.), Burgdorf (Müller), Büren (Rätz.), Bern (v. J.), Weissenburg (Hug.), Freiburg (T. de G.), Crassier (Loriol), Viviers, Fully, Plan-Cerisier (W.), La Croix, Mt. Ravoire, Mt. Chemin (Favre), Sion, Sierre (Paul).

a) *tigerina* Esp. — Stz. III, T 36.

Ist eintöniger; auf ledergelbem bis rotbraunem Grunde sind die Punkte bräunlich und fehlen manchmal fast ganz. Sehr selten, Martigny (W.).

b) *unicolor* Tutt — Brit. Noct. III, 7 — Stz. III, T 36?

Ist eine unpunktierte, rotgelbe oder blassrote Form. Am Mt. Chemin, Plan-Cerisier, Martigny (W.), La Croix (Favre), Sion, Sierre, aber selten (Paul).

c) *modesta* Obthr. — Obthr. I, Pl. 4.

Ist eintönig dunkel graubraun, hie und da steht am Vorderrande ein kleiner weisser Fleck. Selten; Martigny (W.,) La Croix (Favre), Elgg (Gram.), Frauenfeld (Wehrli).

d) *completa* (Stdg.) Hamps. — Obthr. Et. I, 63 — Stz. III, T 36.

Vfl dunkel, fast kastanienbraun. La Croix (Favre), Martigny (W.).

e) *graslini* Stdg. — Stdg. 2167 c) — Obthr. I, Pl. 4.

Vfl gelblich bis kastanienbraun mit schwarzen Punkten und mehr oder weniger ausgeprägten gelbweissen Makeln und Saumbinden. Sehr selten, Martigny (W.).

Alle diese Formen sind durch zahlreiche Zwischenglieder unter sich und mit dem Typus verbunden.

Die Raupe — Sp. IV, T 32 — lebt jung an Weiden und andern Laubhölzern in den Kätzchen und wird öfter in Ameisenhaufen gefunden. Am 30. März 1904 gelegte Eier ergaben die Raupen am 5. April, diese waren Ende Mai bis anfangs Juni erwachsen, der erste Falter erschien am 3. August.

Ich erzog den Falter wiederholt. Zuerst aus Eiern, welche ein im März 1907 bei Martigny gefangenes *graslini* Stdg. ♀ abgelegt hatte. Die Raupen glichen genau denen der *rubiginea* F. d. h. sie waren grau mit breiten, langen, dunkelbraunen Haarwedeln. Ich fütterte eine weiche Rubusart, in deren Blätter sich die Raupen einspannen. Sie waren Ende Mai erwachsen und lieferten die Falter von Anfang August bis Mitte September. Ebenso 1908 und 1910 aus Eiern, welche von Waidbruck stammten. Ich erhielt aus diesen Zuchten alle Formen: typische *rubiginea* F., *tigerina* Esp., *unicolor* Tutt, *modesta* Obthr., *completa* Hamps. und *graslini* Stdg.! Diese letztere in einer dunkel kastanienbraunen, mit wenig weisser Zeichnung auftretenden und einer helleren, stark weissgelb gezeichneten Form. Die Zucht ist sehr leicht; Raupen und Puppen müssen nur vollständig trocken gehalten werden, so treten kaum Verluste ein.

E. Favre 194 — Ins. Börse XXV, 202 — Ent. Zeitschr. XXIV, Nr. 9 — Lamp. 186 — Roug. 135 — Sp. I, 257 — Stz. III, 148.

649. **torrida** Ld. — Stz. III, T 36 — Sp. III, T 30.

Der Falter ist nur aus dem Wallis bekannt geworden. Er ist sehr selten und fliegt von August bis Oktober und nach der Ueberwinterung im März—April, zu welcher Zeit die Copula stattfindet. Plan-Cerisier, Mt. Ravoire, Mt. Chemin, Mt. des Ecotteaux (W.). Höhenverbreitung bis 1200 m.

Die Raupe — Sp. IV, Nachtr. T V — lebt im Mai—Juni, in der Jugend an Schlehenblüten, später an Löwenzahn, Plantago und andern niederen Pflanzen. Sie verpuppt sich in einem leichten Cocon an der Erdoberfläche unter Moos. Bei der Zucht fand die Copula am 13. März 1894, die Eiablage am 14. statt. Die Eier sind anfangs gelblich weiss, später braun; das ♀ legt sie mit Vorliebe in morsches Holz. Die Raupen schlüpften am 7. April. Sie sind gelbgrün mit rötlichem Kopf. Am 1. Juni waren sie verpuppt und ergaben die Falter vom 17. Juli an (Wullschl.).

E. Favre 194 — Sp. I, 257. 363 — Mitt. S. E. G. X, 289 — Stz. III, 148.

Scopelosoma Curt.

650. **satellitia** L. — Sp. III, T 47 — Stz. III, T 35 ? — B. R. T 35.

Der sehr veränderliche Falter lebt von August bis April und ist im ganzen ebeneren Gebiet bis in die Voralpen hinein gemein. Höhenverbreitung im Gadmental bis etwa 1800 m. Als Typus ist eine nicht häufige, braungraue Form angenommen (= *unicolor* Rätzer). Die bei uns häufigste Form ist dagegen:

a) *brunnea* Lampa — Stz. III, T 35.

Sie ist rotbraun mit rostroter, gelber oder weisser Nierenmakel.

b) *rufescens* Tutt — Sp. I, 258.

Ist gelbrot.

c) *juncta* Sp. — Sp. I, 258.

Die Begleitflecken sind mit der Nierenmakel verbunden. Elgg (Gram.).

d) *unicolor* Schulz — B. R. 251.

Vfl mit verloschener Makel. Elgg (Gram.).

Nach Tutt trägt der Typus gelbe Flecke, ausserdem unterscheidet er:

e) *albosatellitia* Tutt (= trabanta Huene) — Stz. III, T 35.
Mit weissen Makeln.

f) *rufosatellitia* Tutt.
Mit roten Makeln.

Alle diese Formen gehen ineinander über.

Die Raupe — Sp. IV, T 32 — lebt an allen möglichen Laubhölzern, besonders gerne an schmalblätterigen Weiden, wo sie oben auf den Blättern von Juni bis August zu finden ist. Mordraupe! Die Verpuppung erfolgt an der Erde, unter Blattresten in einem leichten Gespinst.

E. Favre 196 — Lamp. 186 — Sp. I, 258 — B. R. 251, T 35 — Stz. III, 144.

Xylina Tr.

651. **semibrunnea** Hw. — Sp. III, T 47 — Stz. III, T 30.

Der ziemlich spärliche Falter ist im ganzen Lande verbreitet, aber lokal und nicht überall. Er ist im Frühjahr von blühenden Weiden zu klopfen. Höhenverbreitung im Simmental bis etwa 1000 m; Flugzeit von Mitte September bis April. U. N. M. J. V. W. G.

Die Raupe — Sp. IV, T 32 — lebt von April bis Juni an Eschen, angeblich auch an Schlehen und Eichen.

E. Sp. I, 258 — Favre 197 — Lamp. 186 — Roug. 136 — Stz. III, 125.

652. **socia** Rott. — Sp. III, T 47 — Stz. III, T 30 — B. R. T 35.

Früher als die vorige Art, von August ab; der Falter scheint früh ins Winterquartier zu gehen. Er ist etwas weniger spärlich zu finden, aber durchaus nirgends zahlreich. Auf der Bannalp (Uri) wurde er noch in 1700 m Höhe gefangen (Hoffm.).

Die Raupe — Sp. IV, Nachtr. T V — lebt im Mai—Juni an Ulmen, Linden, Eichen und Obstbäumen.

E. Sp. I, 258 — Lamp. 186 — Roug. 136 — Favre 197 — Stz. III, 125.

653. **furcifera** Hufn. — Sp. III, T 47 — Stz. III, T 30 — B. R. T 35.

Falter tritt in der Verbreitung und Erscheinungszeit der vorigen beiden Arten auf und ist wie jene nicht häufig. Er geht im Gebirge bis etwa 1800 m. N. M. J. O. V. W. G.

Die Raupe — Sp. IV, T 32 — lebt von Mai bis Juli an Erlen, Birken, Pappeln, Eichen, tagsüber in Astwinkeln versteckt.

E. Sp. I, 259 — Lamp. 186 — Favre 197 — Stz. III, 126.

654. **ingrica** H.-S. — Sp. III, T 47 — Stz. III, T 31.

Wiederum ein recht spärlich auftretendes Tier; der Falter ist in der Ebene, dem Jura und den Alpen vertreten und lebt von September bis Mai. Elgg (Gram.), Erstfeld (L.), Thusis (V.), Davos (Hauri), Engadin (Z.), Gadmen (St.), Bern (V.), Engelberg (Solothurn, W.), Büren (Rätz.), Sissach (Müller), Renan (G.), Yverdon, Dombresson (Roug.), La Croix, Martigny, Branson (W.).

Die Raupe — Lamp. T 54 — lebt von Mai bis Juli an Alnus glutinosa und Corylus avellana. Im Juni von Haselbüschen geklopfte Raupen verpuppten sich nach einigen Tagen, teils in der Erde, teils zwischen den Blättern der Futterpflanze. Die Falter erschienen von Mitte August an. (Soc. Ent. XVIII, 160)

E. Sp. I, 259. 364 — Favre 197 — Lamp. 186 — Roug. 136 — Stz. III, 126.

655. **lambda** F. — Sp. III, T 47 — Stz. III, T 30.

Die typische Form fehlt.

a) *zinkeni* Tr. — Sp. III, T 47 — Stz. III, T 30.

Besitzt mehr blaugraue Vfl; sie ist ähnlich gezeichnet wie furcifera Hufn. Sehr selten. Oftringen, Martigny (W.), Gamsen (Roug.), Bedrettotal (V.).

Zur Biologie von *zinkeni* Tr. Der überwinterte ♀ Falter legt im Mai die sehr kleinen Eier. Die Raupen schlüpfen nach acht bis zehn Tagen. Sie leben auf Myrica gale, Pappeln, Weiden, Birken und sind in der ersten Julihälfte erwachsen. Die Verpuppung erfolgt im Gespinst, auf der Erde, zwischen abgefallenen Blättern oder Moos, worin die Raupe sieben Wochen lang unverändert liegt und dann erst zur Puppe wird. Die Puppenruhe dauert vier bis fünf Wochen. Die zinkeni-Raupe ist aber äusserst empfindlich

26

und in der Gefangenschaft kaum zu erziehen. (Sauber, Ent. Zeitschr. XXII, 126)

E. Lamp. 187 — Sp. I, 260 — Stz. III, 125.

656. **ornithopus** Rott. (= rhizolitha F.) — Sp. III, T 47 — Stz. III, T 30 — B. R. T 35.

Der Falter ist vom August bis zum Frühjahr in der Ebene und dem Jura überall häufig zu finden, er fehlt auch in den Voralpen und der Südschweiz nicht.

Die Raupe — Sp. IV, T 32 — lebt an Schlehen, Eichen und Weiden im Mai—Juni. Mordraupe!

E. Sp. I, 260 — Roug. 137 — Lamp. 187 — Favre 197 — Stz. III, 125.

657. **lapidea** Hb. — Sp. III, T 47 — Stz. III, T 31.

Die Stammform fehlt.

a) *sabinae* H.-G. — Stz. III, T 31.

Diese südliche Form gehört zu den Walliser-Seltenheiten. Von Gamsen (And.), Mt. Ravoire, Mt. Chemin, Simplon (Favre), Branson, Follaterres (W.), Salgesch, Pfynwald (Roug.).

Die Raupe — Sp. IV, T 32 — lebt an Cypressen und Juniperus im Mai—Juni. Frl. de Rougemont erhielt dieselbe durch Klopfen im Pfynwald in Mehrzahl.

E. Sp. I, 260 — Favre 198. Suppl. 23 — Lamp. 187 — Stz. III, 126.

658. **mercki** Rbr. — Sp. III, T 47 — Stz. III, T 31?

Der sehr seltene Falter ist im Herbst bei Bellinzona gefangen worden (Carpentier), ferner im Wallis (R.-St., Hug.). Er lebt von Oktober bis Frühjahr.

Die Raupe — Sp. IV, T 32 — lebt im Mai—Juni an Alnus viridis und glutinosa.

E. Sp. I, 261 — Favre 198 — Stz. III, 126.

Calocampa Stph.

659. **vetusta** Hb. — Sp. III, T 47 — Stz. III, T 31 — B. R. T 35.

Der Falter ist im ganzen Gebiet überall verbreitet und meistens ziemlich häufig. Er geht in den Walliser-Alpen bis 2000 m. Flugzeit von August bis Mai. Der Falter ist im Frühjahr von blühenden Weiden zu klopfen.

Ein Eigelege von fast 100 Stück fand Dr. Thomann an einem Birnenzweig.

Die Raupe — Sp. IV, T 32 — lebt an feuchten Stellen, an Iris, Polygonum, Cirsium und Sumpfgräsern, aber auch an Weiden von Mai bis Juli; bei Bern häufig Ende Juni an Iris pseudacorus; sie verpuppt sich im Juli in der Erde, die Puppenruhe dauert 3 Wochen.

E. Sp. I, 261 — Roug. 137 — Favre 198 — Gub. Ent. Zeitschr. IV, 115 — Stz. III, 127.

660. **exoleta** L. — Sp. III, T 47 — Stz. III, T 31 — B. R. T 35.

Verbreitung und Erscheinungszeit stimmen mit der der vorigen Art überein, aber der Falter ist etwas seltener als jener.

Die Raupe — Sp. IV, T 32 — lebt an Taraxacum, Pisum, Lactuca, Lamium, Lilium, Sedum, Petasites, Trifolium, Ononis, Peucedanum, Cirsium, Chenopodium und andern niedern Pflanzen, besonders gerne in Gärten an Erbsen von Mai bis Juli. Ich traf sie bei Airolo öfter an Hippophaë rhamnoides.

E. Sp. I, 261 — Favre 198 — Lamp. 188 — Roug. 137 — B. R. 253, T 35 — Stz. III, 127.

661. **solidaginis** Hb. — Sp. III, T 47 — Stz. III, T 30 — B. R. T 35.

Der Falter ist bei uns Gebirgstier und kommt an feuchten Stellen des Jura und der Alpen vor. Er fliegt von Juni bis September, ist aber lokal und nicht häufig. Belchen, Gysulafluh (W.), Les Pontins (Roug.), Etang de la Gruyère (G.), am Pilatus (Loch.), Gadmental (St.), Weissenburg (Hug.), Mürren (v. J.), Simplon (V.), Sierre (Paul). Höhenverbreitung bis etwa 1500 m.

a) *cinerascens* Stdg. — Stz. III, T 30.

Bleicher; Vfl weniger gezeichnet, besonders im Mittel- und Saumfelde. Gadmental (v. B.), 1 Stück von Martigny 5. VII. 1905 (W.).

Die Raupe — Sp. IV, T 32 — lebt am Vaccinium myrtillus und uliginosum, auch Vitis idaea im Mai—Juni an feuchten Orten.

E. Roug. 138 — Sp. I, 262 — Lamp. 188 — Favre 199 — Stz. III, 124.

Xylomiges Gn.[1])

662. **conspicillaris** L. — Sp. III, T 47 — Stz. III, T 21 — B. R. T 35.

Der Falter fliegt von Ende Februar bis Juni und ist im ganzen Gebiet verbreitet, jedoch meistens ziemlich selten. St. Gallen (Taesch.), Dübendorf (Corti), Born, Oftringen, Lenzburg (W.), Bechburg (R.-St.), Liestal (Seiler), Bözingen, St. Blaise (V.), Biel (Rob.), Dombresson (Roug., Bolle), Bern (Bent.), Weissenburg (Hug.), Genf, Conche (Aud.), Martigny, Fully, Rossetan, Granges, Branson (W.), La Croix, Martigny-Combe (Favre), Sierre (Paul), Erstfeld (L.), Tarasp (Kill.).

a) *intermedia* Tutt — Sp. III, T 47 — Stz. III, T 21.

Vfl bis über die Makeln verdüstert, die Schwarzfärbung erstreckt sich über die untere Hälfte der Vfl gegen die Spitze hin. Dombresson (Bolle), St. Blaise (V.), Cresta-Thusis (Honegg.).

b) *melaleuca* View. — Stz. III, T 21.

Besitzt helleren Thorax und schwärzliche Vfl mit weisslichem Hinterrand. Selten, unter der Art. Jolimont (Coul.), St. Blaise (V.), Dombresson (Bolle), Bechburg (R.-St.), Bern (v. J.), Conche (Aud.), Martigny, Granges, Branson (W.), Chur (Kill.), San Vittore 19. IV. 1911 (Thom.), Erstfeld (L.).

Die Raupe — Sp. IV, Nachtr. T V — lebt im Juni—Juli an Gräsern und niedern Pflanzen, so Ginster; über Tag unter Blättern versteckt.

Im Frühjahr an den äussersten Spitzen eines Ginsterstrauches gefundene Eier schlüpften nach einigen Tagen und gediehen bei Fütterung mit dieser Pflanze. Die Puppen überwintern und liefern die Falter im Frühling.

E. Sp. I, 262 — Favre 199 — Ent. Zeitschr. V, 72 — Ent. Jahrb. XVII, 110 — Lamp. 188 — Stz. III, 88.

Xylocampa Gn.

663. **areola** Esp. (= lithorhiza Tr.) — Sp. III, T 47 — Stz. III, T 31.

---

[1]) ? Scotochrosta *pulla* Hb. — Sp. III, T 47 — soll nach Huguenin im Wallis vorkommen (Frey p. 166). Eine Notiz Wullschlegels lautet: «Raupe im März $^1/_2$ erwachsen». Ueber die Herkunft derselben spricht er sich nicht aus. Das Tier bedarf der Bestätigung.

Der Falter fliegt im März—April, nachts an den Weidenblüten. Er kommt nur in der Ebene und dem Jura vor und ist überall recht selten und vereinzelt. Aadorf (Z.-R.), Zürich (V.), Oftringen, Wartburg, Engelberg (W.), Neuveville (Coul.), Tramelan (G.), Yverdon (Roug.), Conche (Aud.), Grand-Pré (Mottaz), Carouge (Mais.), Martigny (W.).

Die Raupe — Sp. IV, T 33 — lebt an Lonicera xylosteum im Juni—Juli an feuchten, schattigen Waldstellen.

E. Favre 201 — Sp. I, 263 — Lamp. 188 — Roug. 139 — Iris XV, 319 — Stz. III, 128.

Lithocampa Gn.

664. **ramosa** Esp. — Sp. III, T 47 — Stz. III, T 24.

Der Falter kommt überall im ganzen Gebiet vor, in den Alpen bis ca. 1800 m. Er fliegt von April bis Juli, ist aber ziemlich selten.

Die Raupe — Sp. IV, T 33 — lebt an Lonicera xylosteum und alpigena von Juli bis September.

E. Roug. 139 — Favre 201 — Sp. I, 263 — Lamp. 189 — Stz. III, 112.

Calophasia Stph.

665. **platyptera** Esp. — Stz. III, T 29 — Sp. III, T 47.

Der Falter fliegt in 2 Generationen, im Mai—Juni und Juli—August; dabei wird die Sommergeneration im Wallis sehr blass, fast weisslich. Er fliegt an heissen Stellen des Tieflandes und ist überall recht selten. Conche (Aud.), Plainpalais (Humb.), am Fusse des Salève (Gram.), Genf, Nyon (Frey), La Croix, Martigny, Branson (W.), Sierre, Sion (Paul), St. Blaise, Biel (Rob.), Weissensteinrisi (Jäggi).

a) *subalbida* Stdg. (g. aest?) — Stz. III, T 29.

Unter der Art; die Flügel viel heller, beinahe weiss mit wenig Zeichnung. Martigny (Favre).

Die Raupe — Sp. IV, Nachtr. T V — lebt an Linaria minor, cymbalaria und vulgaris im Juli—August. Die Puppen der zweiten Generation überwintern.

E. Sp. I, 265 — Roug. 139 — Favre 201 — Stz. III, 117.

666. **lunula** Hufn. (=linariae S. V.) — Stz. III, T 29 — Sp. III, T 47 — B. R. T 35.

Der Falter lebt in doppelter Generation, wie die vorige Art, ist aber viel weiter verbreitet und nicht selten. Höhenverbreitung im Wallis bis etwa 1800 m. N. J. V. W. G. S.

Die Raupe — Sp. IV, T 35 — lebt von Juni bis September an den nämlichen Pflanzen wie die vorige Art, sowie auch an L. alpina.

E. Sp. I, 265 — Lamp. 189 — Stz. III, 116 — Roug. 140 — Favre 202.

Cucullia Schrk.

667. **prenanthis** B. — Stz. III, T 27 — Sp. III, T 48.

Die Raupen dieser Art wurden mehrmals im Neuenburger Jura gefunden: 1881 bei Savagnier (Roug.), 1893 bei Tramelan (G.), 1905 bei Biel (Rob.), St. Blaise (V.); immer im August, an Scrophularia nodosa (Roug. 140/334). Sodann um Schaffhausen in gewissen Jahren häufig (W.-Sch.); 1 Stück von Igis (Thom.). Die Flugzeit des Falters ist Mai—Juni.

Die Raupe — Sp. IV, T 33 — lebt an Scrophularia vernalis und nodosa im Juli—August, sie sitzt über Tag an der Unterseite der Wurzelblätter. Die Puppenruhe dauert meist 2 Jahre, die Falter erscheinen Ende April und anfangs Mai. Die Raupe geht bis 1100 m Höhe (Roug.).

E. Sp. I, 267 — Lamp. 190 — Stz. III, 110 — Roug. 140.

668. **verbasci** L. — Stz. III, T 27 - Sp. III, T 48 — B. R. T 36.

Der Falter ist im ganzen Lande verbreitet, in den Alpen bis etwa 1600 m (Latsch, Selm.). Ueberall nicht selten, von April bis Juni.

Die Raupe — Sp. IV, T 33 — lebt an Scrophularia und Verbascum im Juni—Juli und verzehrt die Blüten und Blätter.

E. Sp. I, 268 — Favre 202 — Lamp. 190 — Stz. III, 110 — Roug. 141 — B. R. 257, T 36 — Gub. Ent. Zeitschr. V, 51.

669. **scrophulariae** Cap. — Stz. III, T 27 — Sp. III, T 48.

Der Falter lebt in Verbreitung der vorigen Art und ist überall häufig. Flugzeit von Mai bis August.

Die Raupe — Sp. IV, T 33 — lebt von Juni bis September an Scrophularia und Verbascum, die Blüten und Samen verzehrend.

E. Sp. I, 268 — Favre 202 — Lamp. 190 — Stz. III, 110 — Roug. 141.

670. **lychnitidis** Rbr. — Stz. III, T 27 — Sp. III, T 48.

Diese Art ist viel seltener als die vorigen beiden. Der Falter fliegt von Ende März bis im Juli. Gadmen (Jäggi), Ferenbalm (v. J.), Bözingen (V.), St. Blaise (Roug.), Basel (Leonh.), Martigny, Branson (W.), La Batiaz, Mt. Ravoire (Favre), St. Léonard, Sion, Sierre (Paul), Salgesch (Roug.), Zermatt zweimal in Mehrzahl (Püng.), Erstfeldertal (L.), Lostallo (Thom.), Biasca (V.), Tarasp (Sulz.).

Die Raupe — Sp. IV, T 33 — verzehrt die Blüten und Früchte von Verbascum-Arten; sie lebt etwas später als die vorigen von Ende Juli bis September. Man findet sie über Tag an die Stengel der Nahrungspflanzen angeschmiegt sitzend. Aber sie ist nicht leicht zu erziehen; klein gefundene Raupen gehen gerne ein und trägt man sie erwachsen ein, sind dieselben öfter gestochen. Am besten ist die Raupe auf Verbenen zu verbringen und dort mit einem Gazebeutel zu überdecken. Man hat dann nur nötig, die spinnreifen Raupen herauszunehmen, da die Verpuppung in der Erde erfolgt (Roug. 141).

E. Gub. Ent. Zeitschr. V, 51 — Favre 202 — Sp. I. 268 — Stz. III, 109.

671. **thapsiphaga** Tr. — Stz. III, T 27 — Sp. III, T 48.

Der Falter ist als vereinzelte Seltenheit bei Basel gefangen (Schupp); dann aus dem Wallis, so vom Simplon, Salgesch (Roug.), Mt. Ravoire, Branson (Favre), Martigny, La Batiaz (W.); Biel (Rob.); Mühlen öfter (Honegger).

Die Raupe — Sp. IV, T 33 — lebt an Verbascum die Blüten verzehrend im Juni—Juli. Bei Basel im Juni 1905 zwei Stück gefunden (Schupp), bei Mühlen mehrfach (Honegger), also in mehr als 1400 m Höhe.

E. Sp. I. 268 — Favre 203 — Lamp. 190 — Stz. III, 109 — Gub. Ent. Zeitschr. V, 51.

672. **blattariae** Esp. — Stz. III, T 27 — Sp. III, T 48.

Der Falter ist eine Seltenheit. R. Püngeler fand 1907 bei Gondo mehrere Raupen an einer niedrigen, sehr verästelten Scrophularia, 1 ♀ schlüpfte im Mai 1908. Der Falter ist auch einmal bei Basel (Schupp) und Bözingen (v. J.) gefangen worden.

Die Raupe — Sp. IV, T 33 — verzehrt im Juni—Juli die Blüten und Früchte von Scrophularia canina und vernalis.

E. Sp. I, 269 — Favre 203 — Lamp. 190 — Stz. III, 109.

673. **asteris** Schiff. — Stz. III, T 27 — Sp. III, T 48 — B. R. T 36.

Der Falter ist in weitester Verbreitung fast überall vorhanden, in den Alpen bis etwa 1500 m. Von Mai bis Juli, nicht selten. U. N. M. J. V. W. G.

Die Raupe — Sp. IV, T 33 — lebt von Juli bis September an Solidago, Aster, Gnaphalium, Chrysocoma und ist über Tag an den Stengeln der Pflanzen zu finden. Auch in Gärten an Gartenaster.

E. Sp. I, 269 — Favre 203 — Roug. 142 — B. R. 258, T 36 — Stz. III, 108.

674. **tanaceti** Schiff. — Sp. III, T 48 — Stz. III, T 26.

Diese Art ist nur einige wenige Male erbeutet worden, so bei Chur? (Kill.), Genf (V.), Crassier mehrfach (Aud.), Rhonetal, Val d'Entremont (Favre), Basel (Leonh.), Agosto-Coremmo 1894 und 1895 (Ghidini). Flugzeit im Juni—Juli, ausnahmsweise im September.

Die Raupe — Sp. IV, T 34 — lebt an Artemisia, Tanacetum, Achillea, Kamille u. s. w. im August—September.

E. Sp. I, 271 — Favre 204 — Lamp. 191 — Stz. III, 106.

675. **umbratica** L. — Sp. III, T 48 — Stz. III, T 26 — B. R. T. 36.

Der Falter ist in der Ebene, dem Jura und den Voralpen überall häufig; er ruht über Tag gerne an Pfählen, Zäunen, Telegraphenstangen u. s. w. Im Gadmental geht er bis etwa 1800 m. Flugzeit von Mai bis Oktober, in 2 Generationen.

Die Raupe — Sp. IV, T 33 — lebt an Peucedanum, Sonchus, Campanula, Cichorium, Erigeron und andern niederen Pflanzen von Juli bis September. Sie ist am Tage unter grossen Blättern oder Steinen an der Erde verborgen.

E. Sp. I, 271 — Favre 203 — Lamp. 191 — Roug. 142 — Stz. III, 105.

676. **campanulae** Frr. — Stz. III, T 27 — Sp. III, T 48.

Der Falter ist vereinzelt im ganzen Gebiet beobachtet worden. Bei Zermatt fand ihn R. Püngeler im Juni zuweilen nicht selten, bei Riffelalp (2227 m) noch anfangs August. St. Gallen (Taesch.), Elgg (Gram.), Zürich, Lägern (V.), Olten (Brügger), Oftringen, Born, Lenzburg (W.), Bechburg (R.-St.), Gorges de la Suze (Rob.), Moutier, Roches (G.), La Forclaz, Glacier de Trient (W.), Chevrilles (T. de G.), Weissenburg (Hug.), Bern (v. J.), Staffelalp, Findelen (Roug.), Gruben (M.-R.), Chur, Trins (Cafl.), Stelvio (Wocke).

Die Raupe — Sp. IV, T 34 — lebt im Juli—August an sonnigen, geschützten, mit Kalkfelsen und Geröll versehenen Plätzen an Campanula rotundifolia und linifolia. Sie ist über Tag auf der Futterpflanze oder in deren Nähe zu finden, aber sehr oft von Ichneumoniden gestochen.

E. Sp. 272 — Roug. 143 — Favre 204 — Ill. Zeitschr. V, 352 — Stz. III, 107.

677. **lucifuga** Hb. — Stz. III, T 27 — Sp. III, T 48 — B. R. T 36.

Der Falter ist im Jura und den Voralpen nirgends selten, in der Ebene aber nur ausnahmsweise getroffen worden. Er beginnt aber schon bei Kirchberg und Oberuzwil recht häufig zu werden (Wild); Höhenverbreitung bis zirka 2000 m. Flugzeit von Mai bis September; U. N. M. J. W. G.

Die Raupe — Sp. IV, T 33 — lebt an Prenanthes, Lactuca, Leontodon von Juli bis Oktober.

E. Sp. I, 272 — Lamp. 191 — Stz. III, 107 — Roug. 143 — Favre 204.

678. **lactucae** Esp.[1]) — Stz. III, T 27 — Sp. III, T 48 — B. R. T 36.

Wiederum in weitester Verbreitung im ganzen Lande getroffen; Höhenverbreitung bis 1800 m; der Falter ist aber nicht gerade häufig. Er fliegt von Mai bis September, vielleicht in 2 Generationen?

Die Raupe — Sp. IV, T 33 — lebt im Juni—Juli und von August bis November an Lactuca, Prenanthes, Hieracium u. s. w. Am 4. VIII. 1888 bei Bern gefundene Raupen verpuppten sich Ende des Monates und ergaben die Falter vom 9.—28. VII. 1889 (v. J.).

---

[1]) Bezüglich C. *santolinae* Hb. — Sp. III, T 48 — welche Wullschlegel, Vater, an der Wartburg gefangen haben wollte, lag ein Bestimmungsfehler vor.

E. Sp. I, 272 — Favre 203 — Lamp. 191 — Stz. III, 106 — Roug. 143 — B. R. 260, T 36.

679. **chamomillae** Schiff. — Sp. III, T 48 — Stz. III, T 26 — B. R. T 36.

Der Falter ist wenig verbreitet, lokal und nicht häufig. Er fliegt im April—Mai. Aadorf (Weg.), Müllheim (Z.-R.), Stachelberg (Frey), Oftringen (W.), Gadmen (Jäggi), Sion, Sierre (Paul), Martigny, Branson (W.). Der Falter war anfangs der achtziger Jahre einmal bei Martigny unsäglich gemein (Wullschl.).

a) *chrysanthemi* Hb. — Stz. III, T 26.

Mit verdunkelten Vfl, erwähnt Wullschl. von Oftringen und Martigny.

Die Raupe — Sp. IV, T 34 — lebt an Matricaria chamomilla und Anthemis arvensis von Juni bis August.

E. Sp. I, 273 — Favre 204 — Lamp. 192 — Stz. III, 106.

680. ? **santonici** Hb. — Sp. III, T 48 — Stz. III, T 26.

Ich nehme an, dass die südrussische, erstbeschriebene Form bei uns nicht vorkommt, sondern nur:

a) *odorata* Gn. — Stz. III, T 26.

Sie ist grösser, die Vfl weissgrau, schwächer gezeichnet. Der Falter ist wohl auf das Wallis beschränkt; er fliegt dort von Mai bis September, vielleicht gelegentlich in zweimaliger Erscheinungszeit. Martigny, Viviers, Rossetan, Stalden (W.), Vissoye, Salgesch, Niouc, Val d'Anniviers (Roug.), Gamsen (And.).

Die Raupe — Sp. IV, T 34 — lebt wie die vorige Art an Matricaria und Artemisia im Juli—August. Wullschlegel fand sie am 13. VII. 1902 erwachsen; Verpuppung Ende des Monates, der Falter erschien schon am 20. VIII.

Die Raupe der typischen *santonici* Hb. will Wullschlegel, Vater, zusammen mit derjenigen von chamomillae Schiff. auf Kamille gefunden und erzogen haben. 1859 und 1861 bei Oftringen, 1863 bei Auenstein (?).

E. Stz. III, 104 — Sp. I, 273 — Favre 204.

681. **gnaphalii** Hb. — Stz. III, T 27 — Sp. III, T 49.

Der Falter ist in der Ebene, dem Jura und den Voralpen ziemlich weit verbreitet, aber überall recht selten. Er fliegt im Mai—Juni und (in zweiter Generation?) im August. Elgg

(Gram.), Lägern, Oftringen, Gysulafluh (W.), Bechburg (R.-St.), Liestal (Leuth.), Tramelan (G.), Dombresson (Roug.), Bern (v. J.), Gadmental (St.), Meiental, Pilatus, Rigi (Loch.), La Croix (W.), Sion, Sierre (Paul).

Die Raupe — Sp. IV, T 34 — lebt im Juni an Solidago, Chrysocoma und Lychnis. Die Raupen müssen Mitte Juli gesucht werden, weil später gefundene zum grössten Teil gestochen sind. Man findet zu dieser Zeit die jungen Raupen, oft 6—8 beisammen, an Solidago, über Tag der Länge nach am Stengel der Pflanze sitzend, auf deren abgefressene Blätter zu achten ist. Die Fütterung geschieht sehr leicht durch Einpflanzen eines Solidagostockes in den Blumentopf. Das ganze wird mit Gaze umhüllt und die Raupe auch zur Verpuppung darin gelassen. Die Puppe darf nicht gestört werden; die Falter erscheinen von Mitte Mai an. (Lang, Soc. Ent. VI, 61).

Mitte Juli 1868 bei Bern gefundene Raupen verpuppten sich anfangs August und lieferten die Falter vom 11. VI. 1869 an (v. J.).

E. Favre 205 — Lamp. 192 — Sp. I, 273 — Stz. III, 108 — Roug. 144.

682. **xeranthemi** B. — Stz. III, T 27 — Sp. III, T 48.

Der Falter ist bisher bei uns nur im Wallis gefunden worden; er ist auch dort lokal und selten. Flugzeit in zwei Generationen von Mai bis Juli und im August—September. Martigny (W.), Marques, Mt. Ravoire, Outre-Rhône (Favre), Sion (Paul), Sierre, Salgesch (Roug.), Simplon ob Visp VII. 1906 (V.).

Die Raupe — Sp. IV, T 34 — lebt auf unbebauten Plätzen an Linosyris vulgaris von Mai bis Juli und August bis Oktober. Wullschl. fand die erwachsenen Raupen am 28. V. und 1. VI. 1893, sie ergaben nach 14tägiger Puppenruhe die Falter; dann die Raupen der zweiten Brut am 31. X. 1897, von welcher die Puppen überwinterten.

E. Sp. I, 274 — Lamp. 192 — Stz. III, 108 — Roug. 143 — Favre 205.

683. **artemisiae** Hufn. — Sp. III, T 49 — Stz. III, T 26 — B. R. T 36.

Der Falter ist in der Nord- und Centralschweiz sehr selten und nur in wenigen Exemplaren gefunden worden. Er fliegt im Juni—Juli. Zürich, Engstringen (V.), Aarburg, Lostorf (W.), Sissach (Seiler), Basel (Schmid), sodann bei Bern (Steinegg.), Gadmen (Jäggi), Freiburg (T. de G.). Zahlreicher wird das Tier im Wallis, wo es stellenweise häufig ist, so bei Martigny (W.), Sion, Sierre (Paul); Biasca (V.).

Die Raupe — Sp. IV, T 34 — lebt an Artemisia abrotanum, campestris, absinthium und vulgaris und Matricaria chamomilla im August—September, an sandigen, trockenen Stellen.

E. Sp. I, 275 — Favre 205 — Stz. III, 103 — Lamp. 192.

684. **absinthii** L. — Sp. III, T 49 — Stz. III, T 26 — B. R. T 36.

Der Falter ist im ganzen Gebiet verbreitet, häufiger scheint er aber nur im Wallis zu sein. Er fliegt von Mai bis Juli und geht in den Alpen bis etwa 1600 m Höhe. Einen Falter (Püng.) und eine Raupe (de Roug.) von Zermatt.

Die Raupe — Sp. IV, T 34 — lebt an Artemisia vulgaris und absinthium von Juli bis September; die Puppen liegen bisweilen 2 Jahre, ehe sich der Falter entwickelt. (Eine am 26. VIII. 1868 bei Bern gefundene Raupe ergab den Falter erst am 26. VII. 1870, v. J.). Sie ist im Wallis so häufig, dass die Absinthpflanzen oft völlig von ihr entblättert sind.

E. Sp. I, 275 — Favre 205 — Lamp. 192 — Stz. III, 105 — Roug. 144.

685. ? **argentea** Hufn. — Sp. III, T 49 — Stz. III, T 26 — B. R. T 36.

Diese östliche Art wurde bei Zürich mehrmals erbeutet (Stdfs.); 2 ♂♂ fing ich im Juli 1900 im Belvoirpark am elektrischen Licht.

Die Raupe — Sp. IV, T 34 — lebt von Juli bis September an Artemisia campestris; da diese Pflanze bei Zürich recht spärlich vorkommt, so muss die Raupe auch andere Nahrung nehmen oder die Falter sind zufällige Einwanderer.

E. Sp. I, 275 — Stz. III, 102 — B. R. 262, T 36.

Eutelia Hb.

(Eurhipia Bsd.)

686. **adulatrix** Hb. — Sp. III, T 49 — B. R. T 36.

Der schöne Falter kommt an eng begrenzter Stelle nur an den Südabhängen bei Gampel und Turtman im Wallis vor, ist aber dort häufig (Wull.). Er fliegt in 2 Generationen im März—April und von Juni bis September.

Die Raupe — Sp. IV, T 34 — lebt bei uns an Rhus cotinus von Mai bis September, im Süden an Pistacia lentiscus; ein Teil der Puppen überwintert.

E. Sp. I, 276 — Favre 206 — Lamp. 193.

Anarta Tr.

687. **myrtilli** L. — Sp. III, T 50 — B. R. T 37 — Stz. III, T 50.

Das hübsche Falterchen fliegt in der Ebene in doppelter Generation im Mai—Juni und Juli—August. Es kommt im ganzen Lande vor, ist aber lokal, gerne an sumpfigen Orten und stellenweise recht häufig. In den Alpen bis über die Grenzen der Waldregion. Die Falter fliegen über Tag im Sonnenschein, besonders gegen Abend werden sie lebhafter, dann beginnt auch die Copula.

a) *alpina* Rätzer — Mitt. S.E.G. VIII, Heft 6 — Stz. III, T 50.

Hoch im Gebirge wird der Falter grösser, die Vfl einfarbiger kirschrot bis chocoladebraun. Im Gadmental häufig, aber nur in den höhern Lagen (V.); Davos (Hauri), als herrschende Form; Filisur, Somvixalp (Thom.).

Die Raupe — Sp. IV, T 35 — lebt an Calluna vulgaris und Erica carnea im Juni—Juli.

E. Sp. I, 277 — Favre 212 — Lamp. 193 — Roug. 150 — B. R. 263, T 37.

688. **cordigera** Thnbg. — Sp. III, T 50 — B. R. T 37 — Stz. III, T 50.

Der Falter fliegt ebenfalls gerne an sumpfigen Stellen des Jura, der Alpen, seltener auch in der Ebene, im Mai—Juni und höher im Gebirge im Juli. Höhengrenze am Albula bei etwa 2200 m. U. N. M. J. O. W. G.

a) *aethiops* Hoffm. — Stdg. 2284 a).

Die alpinen Stücke besitzen, bis auf die weisse Makel, öfter ganz schwarze Vfl. Gadmental (V.), Glaspass, am Piz Beverin (Thom.).

Die Raupe — Sp. IV, T 35 — lebt an Vaccinium uliginosum und Arctostaphylos uva ursi im August—September.

E. Sp. I, 277 — Lamp. 193 — Favre 212.

689. ? **melanopa** Thnbg. — Sp. III, T 50 — Stz. III, T 50.

Die Stammart mit weissen, schwarzgesäumten Hfl fehlt uns, wenn auch einzelne Exemplare unserer alpinen Form ihr recht nahe stehen können.

a) *rupestralis* Hb. — Stz. III, T 50.

Vfl blaugrau bis aschgrau, hie und da mit gelblicher Beimischung, die Hfl mit aufgehelltem, aber stets rauchig angeflogenem Mittelfeld. Der Falter kommt auf allen Alpen mehr oder weniger häufig vor. Er fliegt im Juni—Juli im Sonnenschein, gerne auf Schneeflecken und setzt sich auf die Polster der Silene acaulis; er ist schwierig zu fangen. Höhenverbreitung bis über 2500 m.

Die Raupe — Sp. IV, Nachtr. T V — lebt polyphag an Gräsern und niedern Alpenpflanzen. Die erwachsenen Raupen fand ich am 18. Juli 1908 ob der Alp Radleff im Gadmental, in etwa 2300 m Höhe, dicht an der Schneelinie unter Steinen. Ich reichte ihnen Plantago, Vaccinium und Calluna, welche alle ein wenig benagt wurden. Die Raupen spannen sich nach wenigen Tagen ein und waren bis Ende des Monates verpuppt. Die Falter schlüpften zwischen dem 10. und 15. August. Dagegen fand R. Püngeler die Raupen in grosser Menge im Juli oberhalb des Riffelhauses erwachsen, alle Puppen überwinterten.

E. Sp. I, 277/8 — Stett. Ent. Ztg. Bd. 57, pag. 230.

690. **funebris** Hb. (= funesta Payk.) — Sp. III, T 50 — Stz. III, T 50.

Diese Art fliegt abweichend von den vorigen beiden an trockenen Hängen, wo Vaccinium myrtillus und Juniperus häufig gedeihen, besonders gegen Sonnenuntergang. Der Falter ist an den Stellen seines Vorkommens meist häufig, aber schwer zu fangen. Flugzeit, nur in geraden Jahren, im Juni—Juli. Höhenverbreitung zwischen 2000 und 2500 m. Alp Radleff im Gadmental häufig (V.), Arpilles, Pierre à Voir (W.), Gd. St. Bernard (Favre), Zermatt, Riffelalp (Püng.), Arolla (Steck), Simplon (Honegg.), Meienwand (v. J.), Rhonegletscher, Berge ob Fusio (Trautm.), Piz Mundaun (Caveng), Oberengadin (Püng.), St. Moritz-Pontresina (Cafl.), Samaden, Flüelatal (Hauri).

Abweichend von den Verwandten überwintert das Ei. Da jedoch der Falter im Gadmental bestimmt nur alle 2 Jahre erscheint, dürfte einmal das Ei, dann die Puppe überwintern. Die Raupe lebt wohl an Vaccinium myrtillus, vielleicht auch uliginosum.

E. Sp. I, 364.

691. **nigrita** Bdv. — Sp. III, T 50 — Stz. III, T 50.

Der Falter gehört wiederum nur den Alpen an und er geht dort in Höhen von 2300—2800 m. Er fliegt vereinzelt und selten an Schutthalden und sitzt gerne an Silene acaulis; im Juli—August. Albula, Piz Nair, Bernina, Umbrail, Stelvio. Piz Padella (Kill.), Val Sertig (Hauri), Rawylpass (Jäggi), Maienfelder-Furka (Thom.), Fextal (Stierl.), Val Piora (V.), Campolungo (v. J.), Col de Balme (V.), Gd. St. Bernard (Favre), Turtmantal (Roug.).

Panhemeria Hb.

(Heliaca H.-S.)

692. **tenebrata** Sc. — Sp. III, T 50 — B. R. T 37 — Stz. III, T 50.

Das Falterchen ist im Mai—Juni überall gemein und häufig. Höhengrenze in den Alpen bei etwa 1600 m (Zermatt in manchen Jahren nicht selten, Püng.). Es fliegt im Sonnenschein auf Wiesen und in lichten Gehölzen an Blüten, aber auch gerne ans Licht.

Die Raupe — Sp. IV, T 49 — lebt an den Blüten und Samen von Cerastium arvense, triviale und glomeratum im Juni—Juli.

E. Sp. I, 279 — Lamp. 193 — Roug. 151 — Favre 213.

Omia Gn.

693. **cymbalariae** Hb. — Sp. III, T 50 — Stz. III, T 50.

Der Falter gehört bei uns nur den Alpen an und fliegt dort am Tage von Mai bis Juli, einzeln auf blumigen Wiesen. Er ist aber wenig verbreitet und gewöhnlich selten. Vorkommen in den Tälern, aber auch noch bis in Höhen von 2400 m. Gadmental (St.), Salève, Monnetier (Blach.), Pierre à Voir, Glacier de Trient (W.), Leukerbad (Bent.), Saillon, Visptal, Laquintal, Simplon (v. J.), Zermatt (Püng.), Saas-Fee (Mong.), Steinental, Meienwand (Jäggi), Fusio (v. N.), Val Sambuco (v. J.), Val Piora (V.), Chur, Trins, Bergün (Cafl.), Stelvio (Müller), Schafberg ob Pontresina, Sils (Landolt),

Davos, Drusatscha, Schatzalp (Hauri), Conters, Scharans im Domleschg (Thom.).

Die Raupe ist rotbraun mit gelben Rückenflecken und Seitenstreifen, der Kopf hellbraun, schwarz umrandet. Sie lebt im Juli—August an den Blüten und unreifen Samen von Helianthemum salicifolium und vulgare. Die Puppe überwintert (Wullschl.).

E. Sp. I, 365 — Favre 213.

Heliothis Tr.

694. **ononidis** F.[1]) — Sp. III, T 50 — B. R. T 37 — Stz. III, T 50.

Der Falter kommt selten an heissen Stellen der Ebene, des Jura und der Alpen vor. Er fliegt in 2 Generationen im Mai—Juni und Juli—August, im Sonnenschein gerne an trockenen, grasigen Hängen. Schaffhausen (W.-Sch.), Wartburg, Born, Gysulafluh (W.), Basel (Leonh.), Val St. Imier (G.), Biel (Rob.), Neuchâtel, St. Blaise (V.), Martigny (W.), Sierre (Paul), Gamsen (And.), Brig, Visp, Evolena (v. J.), Berisal (Gram.), Laquintal (Pictet, Rehf.).

Die Raupe — Sp. IV, T 35 — lebt an Linum, Ononis spinosa und repens, sowie Salvia pratensis im Juni—Juli und August—September, an den Blüten und Samen. Die Puppen der Sommerbrut überwintern.

E. Sp. I, 281 — Favre 214 — Lamp. 193.

695. **dipsacea** Tr. — Sp. III, T 50 — B. R. T 37 — Stz. III, T 50.

Der Falter ist in der Ebene und dem Jura, auch den Voralpen verbreitet und mancherorts nicht selten. Er fliegt in doppelter Generation, wie die vorige Art und geht bis etwa 1600 m Höhe (Zermatt, Püng.), kommt aber dort recht einzeln vor.

Die Raupe — Sp. IV, T 35 — lebt polyphag an niedern Pflanzen: Silene otites und inflata, Ononis spinosa, Artemisia absinthium und campestris, Linaria vulgaris etc. von Juli bis September, an sonnigen Hängen.

E. Sp. I, 281 — Lamp. 194 — Ill. Zeitschr. f. Ent. V, 368 — Roug 151 — Favre 214.

---

[1]) H. ? *cardui* Hb. — Sp. III, T 50 — nach Staudinger in der Schweiz vorkommend; bedarf der Bestätigung.

696. **scutosa** Schiff. — Sp. III, T 50 — B. R. T 37 — Stz. III, T 50.

Der Falter kommt ziemlich selten und fast nur im Wallis vor; Flugzeit April—Mai und Juli—August. Mt. Ravoire (Favre). Martigny (W.), Zürich wiederholt (Nägeli), 1 Exemplar von St. Gallen (M.-R.).

Die Raupe — Sp. IV, T 35 — lebt im Mai—Juni und Juli—August an Artemisia campestris und Chenopodium.

E. Sp. I, 281 — Favre 214 — Lamp. 194 — B. R. 266, T 37.

697. **peltigera** Schiff. — Sp. III, T 50 — B. R. T 37 — Stz. III, T 50.

Diese südliche, wanderlustige Art ist zwar in weiter Verbreitung im Gebiet in einzelnen Stücken getroffen worden, festen Fuss dürfte sie dagegen nur in der Südschweiz, im Wallis und vielleicht im Jura gefasst haben. R. Püngeler fing den Falter einige Male bei Zermatt; ein Stück am Gornergrat (3136 m). Flugzeit von Mai bis September.

Die Raupe — Sp. IV, T 35 — lebt in den Samenkapseln von Bilsenkraut, Tollkirsche, auch an Ononis repens, Senecio, Ulex und Salvia im Juli—August und ist besonders auf Holzschlägen zu finden.

E. Sp. I, 282 — Favre 214 — Lamp. 194 — Roug. 151.

698. **armigera** Hb. — Sp. III, T 51 — Stz. III, T 50.

Der Falter ist ebenfalls ein Südländer und noch wanderlustiger als peltigera Schiff; er ist ähnlich verbreitet, wie diese und lebt sicher in 2 Generationen, im Mai—Juni und August—September. Er steigt aber nicht so hoch wie die vorige Art und erreicht im Gadmental kaum 1800 m. U. M. J. V. W. S. G.

Die Raupe — Sp. IV, T 36 — lebt an Resedablüten, Hyoscyamus, Nicotiana und Cannabis von Juni bis August. Die Nachkommen eines Anfangs Oktober bei Alassio (Ober-Italien) gefangenen ♀ wurden mit Löwenzahn ernährt; sie waren äusserst gefährliche und bewegliche Mordraupen, verwandelten sich von Ende November ab und gaben die Falter im nächsten Juli—August (Püng.).

E. Sp. I, 282 — Favre 215 — Lamp. 194.

Mycteroplus H. S.

699. ? **puniceago** B. — Sp. III, T 42 — Stz. III, T 47.

Ein Exemplar dieser östlichen — wohl mit Getreidetransporten eingeschleppten — Art wurde im Sommer 1908 in St. Gallen am Licht erbeutet (M.-Dürl.).

Die Raupe — Sp. IV, T 29 — lebt im Frühling an Atriplex und Chenopodium.

E. Sp. I, 283 — Stz. III, 233.

Chariclea Stph.

700. **delphinii** L. — Sp. III, T 51 — B. R. T 37 — Stz. III, T 50.

Der schöne Falter ist nur sehr selten und vereinzelt gefunden worden. Schaffhausen (W.-Sch.), Basel (Honegger). Biel (Rob.), Neuchâtel, Dombresson, Chaux-de-Fonds (Roug.). Sion, Sierre (Paul), Lens (Favre), Salgesch nicht selten (Roug.), Biasca (V.). Er fliegt im Mai—Juni.

Die Raupe — Sp. IV, T 36 — lebt an Delphinium consolida, auch an Aconitum napellus von Juni bis August an den Blüten, unter die sie sich am Tage versteckt. Man muss sie auf Brachfeldern oder abgeernteten Aeckern da suchen, wo die Nahrungspflanze in Menge gedeiht. Die Verpuppung erfolgt tief in der Erde, die Puppe überwintert.

E. Sp. I, 284 — Favre 215 — Roug. 152.

Pyrrhia Hb.

701. **umbra** Hufn. (= marginata F.) — Sp. III, T 51 — B. R. T 37 — Stz. III, T 46.

Der Falter ist in der Ebene, dem Jura und auch in den Voralpen verbreitet, meist vereinzelt, aber nicht selten. Flugzeit im Juni—Juli, gerne auf Streuewiesen. Er erreicht noch Zermatt (1620 m, Püng.).

Die Raupe — Sp. IV, T 36 — lebt an Ononis spinosa und arvensis, Euphrasia officinalis, Geranium pratense im Mai—Juni und von Juli bis September. Mordraupe!

E. Sp. I, 284 — Favre 215 — Lamp. 194 — Roug. 152 — B. R. 267 T 37 — Stz. III, 227.

Euterpia Gn.[1]

702. **loudeti** B. — Sp. III, T 51 — Stz. III, T 48.

Der schöne Falter kommt nur im Wallis vor. Man findet ihn an heissen, felsigen Stellen über Tag an den Stengeln

[1] Ueber Euterpia loudeti vergleiche die ausgezeichnete Arbeit von Jullien in Bull. Soc. lép. Genève II, Fasc. I.

und Blüten der Silene otites ruhend. Flugzeit von Mitte Juni bis anfangs August. Er fliegt nur in den heissesten Mittagstunden etwa zwischen 10 Uhr vormittags und 3 Uhr nachmittags, entwickelt aber dann eine grosse Fluggewandtheit. Mt. Ravoire, Follaterres, La Batiaz, Martigny (W.), Branson, Charrat (Favre), Sion, Sierre (Paul. Jullien), Gamsen, Schallberg (V.), Berisal (v. J.), Salgesch (Roug.). Höhenverbreitung bis etwa 1400 m.

Die Raupe — Sp. IV, T 36 — lebt an Silene otites von Ende Juni bis Mitte August. Bei der Zucht erfolgte die Eiablage am 26. VI. 1897, die Raupen schlüpften am 28. VI., waren am 12. VIII. erwachsen und ergaben den Falter vom 19. VI. 1898 an.

Wullschlegel fand die ersten Falter den 13. VI. 1892, die spätesten 7. VIII. 1893, die frühesten Räupchen am 28. VI. 1897, die letzten 12. VIII. 1898.

E. Favre 256 — Sp. I, 285 — Stett. E. Zeitung 1867, 243 — Stz. III, 242.

Acontia Ld.

703. **lucida** Hufn. — Sp. III, T 51 — B. R. T 37.

Falter nur im Wallis, sehr selten, in doppelter Generation im Mai und August. Fully (Favre), Inden (Z.-R.), Sion, Sierre (Paul).

a) ? *albicollis* F. — Stdg. 2378 a).

Ich besitze ein ♂ aus der Sammlung des verstorbenen Pfarrers Hiss, Münsingen, es trägt die Aufschrift «Wallis».

Die Raupe — Sp. IV, T 36 — lebt im Juni und September an Malven, angeblich auch an Winden.

E. Sp. I, 286 — Lamp. 195.

704. **luctuosa** Esp. — Sp. III, T 50 — B. R. T 37.

Der Falter bewohnt die Ebene, den Jura und die Alpen bis etwa 1600 m, er ist an einzelnen Orten ziemlich häufig. Er fliegt in 2 Generationen von April bis Juni und im Juli —August, gerne an trockenen, dürren Orten.

Die Raupe — Sp. IV, T 36 — lebt auf Kalkboden an Convolvulus, Glechoma, Chenopodium und Malva im Mai—Juni und August—September.

E. Sp. I, 286 — Favre 217 — Lamp. 195.

Micra H. S.

(Thalpochares Ld.)

705. **dardouini** Bsd. (= mendacula Frr.) — Sp. III, T 51 — Stz. III, T 51.

Der Falter ist als Seltenheit fast nur im Jura und Wallis gefunden worden. Er fliegt in 2 Generationen im Mai—Juni und August—September. Twann, Neuchâtel (V.), Biel (Jäggi), Rossetan, Martigny, Follaterres (W.), Berisal (v. J.), Grono (V.), Puschlav (Pfaff.)

Die Raupe — Sp. IV, T 36 — lebt in den Samenkapseln von Anthericum ramosum von Juni bis August.

E. Sp. I, 288 — Favre 217.

706. **polygramma** Dup. — Sp. III, T 51 — Stz. III, T 51.

Der Falter im Juli, sehr selten. Martigny, Follaterres, Salgesch (W.), Batiaz, Branson (Favre), Sion, Sierre (Paul).

707. **purpurina** Hb. — Sp. III, T 51 — B. R. T 37 — Stz. III, T 51.

Ist wiederholt im Val Vedro bei Crevola erbeutet worden (Püngeler, Roug.). Sodann einige Exemplare aus ob Fusio gefundenen Puppen (Trautmann); Sierre (T. de G.). Flugzeit von Juni bis August.

Die Raupe — Sp. IV, Nachtr. T IV — lebt im März—April an Cirsium arvense.

E. Lamp. 196 — Favre 217 — Sp. I, 290.

708. ? **ostrina** Hb. — Sp. III, T 51— Stz. III, T 51.

Ist von Tasker und Wullschlegel bei Martigny gefangen. Der Falter fliegt von Mai bis September.

Die Raupe — Sp. IV, Nachtr. T IV — lebt an Helichrysum angustifolium, Carlina und andern niedern Pflanzen in 2 Generationen.

E. Sp. I, 290 — Lamp. 217 — Favre 217.

709. ? **parva** Hb. — Sp. III, T 51.

Diese Art ist zwei Mal in der Westschweiz beobachtet worden. Einen Falter erhielt im Juli 1880 de Loriol bei Crassier, dann fand Bourgeois die Raupen 1895 bei La Jonction auf Inula.

Die Raupe lebt auf Inula montana und viscosa und Centaurea calcitrapa im Oktober—November.

E. Sp. I, 290.

710. **paula** Hb. — Sp. III, T 51 — B. R. T 37.

Sehr selten und vereinzelt. Flugzeit im Juli—August. Zürich (Hug.), Biasca (V.), Martigny, Fully (W.), Sierre (Paul).

Die Raupe — Sp. IV, Nachtr. T IV — lebt an Helichrysum arenarium im Mai—Juni.

E. Sp. I, 290 — Favre 117 — Lamp. 196.

Erastria O.

711. **argentula** Hb. (= banciana Fab.) — Sp. III, T 51 — B. R. T 37.

Der in seinem Vorkommen sehr spärlich und lokal auftretende Falter fliegt in 2 Generationen im Mai und August (Corti). Er liebt feuchte, sonnige Sumpfwiesen. St. Gallen (M.-R.), Kreuzlingen (Weg.), Frauenfeld (Wehrli), Aadorf (Z.-R.), Wyl St. G. (V.), Dübendorf (Corti), Zürich (Nägeli), Engstringen (V.), Büren (Rätz.), Murten (T. de G.), Hüningen (Honegg.), Conche (Aud.), Martigny (W.), La Forclaz 1530 m (V.), Igis (Thom.).

Die Raupe — Sp. IV, T 36 — lebt an Poa-, Carex- und Cyperus-Arten im Juni—Juli und August—September.

E. Sp. I, 292 — Lamp. 196.

712. **uncula** Cl. — Sp. III, T 51 — B. R. T 37.

Der Falter ist in weitester Verbreitung der Ebene, dem Jura und den Voralpen angehörig. Flugzeit Mai—Juni; Höhenverbreitung bis etwa 1500 m. Auf sumpfigen Wiesen, an den Orten seines Vorkommens gewöhnlich häufiger.

Die Raupe — Sp. IV, T 49 — lebt auf sumpfigem Boden von Juni bis August—September an Carex- und Cyperus-Arten.

E. Sp. I, 293 — Lamp. 196 — Favre 218.

713. **venustula** Hb. — Sp. III, T 51 — Stz. III, T 45.

Verbreitung wie die vorige Art, der Falter ist aber gewöhnlich recht spärlich. Er fliegt im Juni—Juli an warmen, sonnigen Stellen. Frauenfeld (Wehrli), Zürich (V.), Luzern (Huber), Baden (Z.-D.), Schüpfen (Rothb.), Aarburg, Born, Lenzburg (W.), Liestal (Leuth.), Büren (Rätz.), Murten (T. de G.), Biel (Rob.), Conche (Aud.), Martigny, Vernayaz (W.), Salgesch (Roug.), Sion (Paul).

Die Raupe — Sp. IV, Nachtr. T IV — lebt an Alchemilla vulgaris, Potentilla tormentilla, Calluna vulgaris im August, besonders an den Blüten. Anfang Juni abgelegte Eier schlüpften nach 14 Tagen, die Räupchen wurden mit Ginster erzogen, sie frassen auch gerne die Schildläuse, die im Grunde der Ginsterstöcke sassen. Bei reichlicher Bespritzung gediehen dieselben vorzüglich und waren Ende August erwachsen. Die Puppen überwintern. Mordraupe! (Heussler, Stett. Ent. Zeitg. 57, p. 32).

E. Sp. I, 293 — Favre 218 — Lamp. 196 — Stz. III, 218.

714. **pusilla** View. (= candidula Hb.) — Sp. III, T 51.

Der Falter ist als vereinzelte Seltenheit nur sehr wenig beobachtet worden. Er fliegt im Juni—Juli auf Wiesen und in Gehölzen. Gysulafluh (W.), Liestal (Seiler), Büren (Rätz.), Lostallo (Thom.), Chiasso (Mayer).

Die Raupe — Sp. IV, T 36 — lebt im August—September an Gräsern, auch an niedern Pflanzen.

E. Sp. I, 293 — Lamp. 197.

715. **deceptoria** Sc. (= atratula S. V.) — Sp. III, T 51 — B. R. T. 37.

Der Falter ist an vielen Orten der Ebene und des Hügellandes verbreitet und häufig. Flugzeit in doppelter Generation Mai—Juni und Juli—August. Der Falter fliegt gerne auf Wald- und Sumpfwiesen. N. M. J. O. V. W. G.

Die Raupe — Sp. IV, T 36 — lebt an Gräsern und niedern Pflanzen im Juli—August auf feuchten Wiesen.

E. Sp. I, 293 — Favre 218 — Lamp. 197.

716. **fasciana** L. (= fuscula Hb.) — Sp. III, T 51 — B. R. T 37.

Verbreitung und Flugzeit des Falters sind ähnlich wie bei der vorigen Art, besonders im Fichten- und Tannengebiet. Sehr kleine Exemplare fing Dr. Thomann am 11. VIII. 1911 in Lostallo am Licht.

a) *guenéei* Fallou — B. R. 273.

Hat die Vfl-Flecken gelb getönt. Elgg (Z.-R.).

Die Raupe — Sp. IV, T 36 — lebt an Molinia coerulea und andern Gräsern, auch an Rubusarten im August—September.

E. Sp. I, 294 — Favre 218 — Lamp. 197.

Rivula Gn.

717. **sericealis** Sc. — Sp. III, T 55.

Der Falter ist in der Ebene, dem Jura und den Alpen fast überall vorhanden und meistens nicht selten; er geht in den Walliseralpen bis 1600 m. Flugzeit in doppelter Generation von Mai bis August. Auf den Wiesen herrscht eine beingelbe, in den Erlenwäldern eine dunkelgrau angeflogene Form vor, dazwischen finden sich alle Uebergänge. Diese dunkelgrau angeflogene Form ist wohl *oenipontana* Hellweger. (XXXIII. Jahresb. Brixen, p. 50).

Die Raupe — Sp. IV, T 38 — lebt an Gräsern von Mai bis Juli und im August—September, an feuchten Stellen.

E. Sp. I, 294 — Favre 229 — Lamp. 197 — XXXIII. Jahresb. Brixen, p. 51.

Prothymnia Hb.

718. **viridaria** Cl. (= aenea Hb.) — Sp. III, T 51.

Falter gehört in doppelter Generation, April—Mai, dann Juli—August, dem ganzen Gebiet an. Er ist an feuchten, sonnigen Stellen überall häufig und fliegt am Tage an Blüten, sowie Nachts am Licht. Der Falter erreicht im Gebirge Höhen von 2000 m. Namentlich beim ♀ verschmelzen die zwei roten Binden der Vfl oft völlig, so dass die innere Hälfte der Flügel grün, die äussere rot erscheint. Ein einfarbig schwärzlichgraues Stück fing Thomann auf der Fürstenalp ob Trimmis.

a) *fusca* Tutt (= modesta Car.) — Stdg. 2482 a).

Ist mehr graubraun, ohne die Purpurbinden. Kalkberg (Honegger). Umgekehrt kann die rote Färbung die Vfl bis auf die Flügelwurzeln hinein ausfüllen. 1 Stück von Zürich (V.).

Die Raupe — Sp. IV, Nachtr. T IV — lebt an Polygala vulgaris und andern niedern Pflanzen im Mai und September —Oktober, auf Waldwiesen.

E. Sp. I, 295 — Favre 219 — Lamp. 197.

Emmelia Hb.

(Agrophila B.)

719. **trabealis** Sc. (= sulphurea S. V.) — Sp. III, T 51 — B. R. T 37.

Verbreitung wie die vorige Art. Der Falter ist von Ende

April bis September gemein, in 2 Generationen. Er fliegt über Tag auf Triften und Aeckern, nachts zum Licht.

Die Raupe — Sp. IV, T 36 — lebt an Convolvulus arvensis in doppelter Generation, Juni—Juli und September—Oktober.

E. Sp. I, 296 — Lamp. 198 — Favre 219 — Roug. 153.

C. Gonopterinae.

Scoliopteryx Germ.

720. **libatrix** L. — Sp. III, T 47 — B. R. T 35.

Der Falter ist im ganzen Lande verbreitet und überall gemein; Höhenverbreitung bis über 2000 m. Er fliegt in 2 Generationen im Juni—Juli und August—September mit Ueberwinterung bis März—April. (In den Jurahöhlen in Menge in Ueberwinterung getroffen, Leonh.) Ein stark verdunkeltes Stück, ohne die rötliche Aufhellung der Vfl, fing Müller-Rutz bei St. Gallen.

Die Raupen — Sp. IV, T 32 — leben an Pappeln und Weiden von Mai bis September. Sie sind stets gesellschaftlich auf Büschen oben auf den Blättern sitzend zu treffen und verpuppen sich zwischen zwei lose zusammengesponnenen Blättern.

E. Sp. I, 297 — Favre 196 — Roug. 135 — B. R. 275, T 35.

D. Quadrifinae.

Calpe B.

721. **capucina** Esp. — Sp. III, T 49 — B. R. T 36.

Der Falter fast nur aus dem Tessin, aber dort recht häufig; Flugzeit von Juni bis August. Biasca (V.), Martigny (W.), Salgesch ? (Roug.), Val Vedro (v. J.), Lugano, Locarno (Roug.), Domodossola (V.), Lostallo (Thom.), Coremmo (Ghidini).

Die Raupe — Sp. IV, T 34 — Nachtr. T IV — lebt an Thalictrum flavum und minus von September bis Mai.

E. Sp. I, 298 — Favre, Suppl. 24 — Lamp. 198.

Telesilla H.-S.

722. **amethystina** Hb. — Sp. III, T 49 — B. R. T 36 — Stz. III, T 44.

Der Falter kommt nur in der Ebene vor, im Mai—Juni und Juli—August, in doppelter Generation. Er ist selten und vereinzelt an nur wenigen Orten erbeutet worden. Frauenfeld (Wehrli), Zürich (Nägeli), Engelberg bei Oftringen (W.), Bern (V.), Conche (Aud.), Simplon (Landolt), Landquart regelmässig am Licht (Thom.), Chur (Cafl.).

Die Raupe — Sp. IV, T 34 — lebt auf den Dolden von Peucedanum chabraei und Silaus pratensis. Ich fand bei Bern die jungen Raupen in den Dolden von Daucus carota im Juli 1906, sie wurden im Glase mit den Blüten dieser Pflanze erzogen. Die Pflanzen wurden täglich erneuert, die Raupen wuchsen sehr rasch heran und verspannen sich schon nach 3 Wochen mit wenigen Fäden an den Dolden der Futterpflanze. Die grünen, dünnschaligen, fast durchscheinenden Puppen lieferten nach 10—12 Tagen die Falter einer zweiten Generation im August.

E. Sp. I, 298 — Lamp. 198 — Soc. Ent. II, 171 — Stz. III, 196.

Abrostola O.

723. **triplasia** L. — Sp. III, T 49 — B. R. T 36.

Der Falter ist in der Ebene, dem Jura und bis in die Voralpen hinein überall nicht selten. Die Flugzeit in zwei Generationen von Mai—Juni und von Juli bis September. Er geht im Wallis etwa bis 1500 m Höhe, fliegt aber dort nur in einer Generation im Juli.

Die Raupe — Sp. IV, T 34 — lebt im Juni und von August bis November an Brennesseln, gesellig an der Unterseite der Blätter (W. notiert: R. 8. IX., 25. X., 4. XI.; F. 29. V., 8. VI., 29. VIII., 12. IX.).

Sp. I, 298 — Favre 206 — Roug. 144 — B. R. 277, T 36.

724. **asclepiadis** Schiff. — Sp. III, T 49.

Der meist recht seltene Falter ist in der Ebene nur ausnahmsweise beobachtet, er scheint mehr dem Jura und den Voralpen anzugehören und geht von 800 bis mindestens 1500 m. Flugzeit von Mai bis Juli. Aadorf (Z.-R.), Zürich (Nägeli), Belchen (W.), Bechburg (R.-St.), Liestal (Seiler), Sissach (Müller), Moutier (Girod), Tramelan (G.), Biel (Rob.), Bözingen (v. J.), Chasseral (Coul.), Kandersteg, Meiringen (v. J.), Gadmental (St.), Weissenburg (Hug.), Montreux (V.), La Croix, Mt. Chemin, Fully, La Forclaz (W.), Sion, Sierre (Paul), Fusio (v. N.), Göschenen (Hoffm.), Cresta-Thusis (Honegg.), Tarasp, Chur (Kill.), Landquart (Thom.).

a) *jagowi* Bapt. — Iris XVII, 160.

Ist dunkler, die Vfl-Wurzel schmutzig grau. Unter-Engadin (Bartel).

Die Raupe — Sp. IV, T 34 — lebt an Cynanchum vincetoxicum im Juli—August, bei Tage an der Erde oder unter Blättern verborgen, gerne an sonnigen mit Geröll bedeckten Berghängen.

E. Sp. I, 299 — Favre 206 — Lamp. 199 — Roug. 145.

725. **tripartita** Hufn. (= urticae Hb.) — Sp. III, T 49 — B. R. T 36.

Der Falter ist im ganzen Lande überall zu Hause und häufig. Er fliegt in doppelter Generation von Mai bis August, im Gebirge nur einmal im Jahre; Höhengrenze bis gegen 2000 m.

Die Raupe — Sp. IV, T 35 — lebt an Brennesseln im Juni—Juli und September—Oktober, gesellschaftlich an Waldrändern und auf Blössen.

E. Sp. I, 299 — Roug. 145 — Favre 207.

Plusia O.

726. **c aureum** Knoch (= concha Fab.) — Sp. III, T 49 — B. R. T 36.

Der Falter ist fast nur in der Ebene beobachtet, kommt aber auch noch in der Weissenburgerschlucht, also bis etwa 1000 m Höhe vor. Er ist zwar ziemlich lokal, aber an den Orten seines Vorkommens nicht selten; von Juni bis August.

Die Eier werden im August auf die Unterseite der Blätter abgelegt, die jungen Raupen schlüpfen nach 8 Tagen und überwintern klein.

Die Raupe — Sp. IV, T 35 — lebt an Aquilegia vulgaris und Thalictrum aquilegifolium, gerne an schattigen Stellen unter Gebüsch, in Bachrunsen u. s. w. bis im Juni; stets gesellschaftlich in Mehrzahl beisammen. Es empfiehlt sich, die Raupen jung einzutragen, da ältere öfter gestochen sind. Die Zucht ist leicht. Die Verpuppung erfolgt in einem weissen Gespinst zwischen Blättern und die Puppenruhe dauert 14 Tage.

E. Sp. I, 299 — Favre 207 — Lamp. 199 — Zeitschr. f. wiss. Ins. Biol. II, 237.

727. **deaurata** Esp. — Sp. III, T 49.

Der Falter ist mehr auf die südlichen Landesteile beschränkt und fliegt von Ende Mai bis August, bis etwa 1600 m Höhengrenze. Selten. Yverdon, St. Aubin (Roug.), Conche (Aud.), Hermance (Dr. Roche), Martigny, Planuit, Mt. Ravoire, Saillon (W.), Sion, Sierre (Paul), Zinal, Grimentz (Roug.), Hutecken, Zermatt (v. J.), dort nur zweimal aus der Raupe erzogen (Püng.), Lugano, Vicosoprano (v. J.), Locarno (Roug.), Gotthard (Gröbli), Landquart (Thom.), Ilanz (Caveng), Bergün (Stierl.), Bernina (Kill.), Bormio (Landolt).

Die Raupe — Frr. III, T 196 — lebt von April bis Juni an Thalictrum foetidum, flavum, minus und aquilegifolium in die Blätter eingesponnen. Die im April 1900 jung gefundenen Raupen spannen sich Ende Mai ein, ergaben die Falter vom 21. Juni an; am 13. Juli fand ich neuerdings Raupen in zweiter Generation (Wullschl.).

E. Favre 207 — Lamp. 199 — Sp. I, 300 — Roug. 145.

728. **moneta** F. — Sp. III, T 49 — B. R. T 36.

Der Falter ist in der Ebene, dem Jura und den Voralpen überall verbreitet und häufiger. Flugzeit von Juni bis August; er geht bis etwa 1600 m Höhe.

Die Raupe — Sp. IV, T 35 — lebt von August bis Mai an Aconitum variegatum und napellus in die Blütentriebe eingesponnen, auch öfter in Gärten.

Die Eier werden im Juni—Juli an die Blütentriebe abgelegt, die jungen Räupchen oder auch die Eier überwintern. Im Frühling leben sie in den zusammengesponnenen Blütentrieben und wachsen jetzt sehr rasch heran; erst die erwachsene Raupe sitzt frei an Stengel oder Blatt. Die Verpuppung erfolgt in einem schwefelgelben Cocon auf der Unterseite der Blätter. Die Puppenruhe dauert zirka 14 Tage. **(Ill. Wochenschr. f. Ent. II, 609)**

E. Sp. I, 300 — Roug. 146 — Favre 207 — Lamp. 199 — Illustr. Wochenschr. f. Entom. II, 695.

729. **variabilis** Pill. (= illustris F.) — Sp. III, T 49.

Verbreitung und Erscheinungszeit wie bei der vorigen Art. In den Alpen geht der Falter bis an die Grenzen der Waldregion; nirgends selten.

Die Raupe — Sp. IV, T 35 — lebt an Aconitum lycoctonum und Delphinium ajacis von Mai bis Juli (je nach Höhenlage) unter einem schirmartigen Dach, das durch Benagen der Blattrippen hergestellt wird. Sie liebt schattige, feuchte Stellen, die Zucht ist sehr leicht. Die Puppenruhe dauert 14 Tage und die Falter erscheinen im Juli—August.

E. Sp. I, 300. 366 — Favre 207 — Roug. 146.

730. **modesta** Hb. — Sp. III, T 49 — B. R. T 36.

Diese bei uns recht selten und vereinzelt auftretende Art ist nur in der Ebene und dem Jura beobachtet worden. Flugzeit im Juni—Juli. Frauenfeld (Wehrli), Zürich (Nägeli), Käferberg (Stdfs.), Weiningen (V.), Wartburg, Engelberg, Born, Lütisbuch (W.), Liestal (Leuth.), Rondchâtel (Rob.), La Heutte, Pery (G.), Dombresson (Roug., Bolle), Valentin, Yverdon (Roug.), Conche (Aud.), Meyrin (Mong.), Martigny (W.), Sion, Bex (Paul).

Die Raupe — Sp. IV, T 35 — lebt an Pulmonaria und Cynoglossum im Mai—Juni, in der Jugend zwischen zusammengesponnenen Blättern, später bei trüber Witterung zwischen den Stengeln an der Erde versteckt. Man erzieht die Raupen auf die nämliche Weise, wie das für Car. pulmonaris angegeben wurde.

E. Sp. I, 301 — Favre 208 — Roug. 147.

731. **chrysitis** L. — Sp. III, T 49 — B. R. T 46.

Der Falter ist im ganzen Gebiet verbreitet und überall gemein. Er fliegt in zwei Generationen im Mai—Juni und August—September. Höhenverbreitung bis etwa 1600 m, so Davos (Hauri) und Zermatt einzeln (Püng.).

I. Die metallfarbene Flügelzeichnung besteht aus zwei völlig getrennten, messinggelben, ins Grünliche schillernden Querbinden. Diese gilt als typische Form (= disjuncta Schultz).

a) *disjunctaurea* Sp. — B. R. 279.

Wie die vorige, aber mit goldgelben Metallbinden. Bern (Lütschg), Thusis (V.).

II. Die metallfarbenen Querbinden sind mindestens durch eine feine strichförmige, häufig durch eine breite Brücke verbunden.

b) *juncta* Tutt — Gub. Ent. Zeitschr. I, 32.

Die Zeichnung ist messinggelb, grünlich schillernd. Häufig, neben der typischen Form.

c) *aurea* Hne. — Gub. Ent. Zeitschr. I, 32.

Die Zeichnung ist glänzend goldgelb. Selten. Bern (V.), Büren (Rätz.).

Die Raupe — Sp. IV, T 35 — lebt von September bis Mai und im Juli an Urtica, Salvia, Echium, Borrago, Ballota.

E. Lamp. 200 — Favre 208 — Sp. I, 301 — Roug. 147 — B. R. 279, T 36.

732. ? **aurifera** Hb. — Sp. III, T 78.

Dieser weit verbreitete Tropenbewohner wird als Ei, Raupe oder Puppe mit Tomaten und anderen südlichen Küchengewächsen jetzt öfter in Mitteleuropa eingeschleppt.

Ein Stück wurde 1904 in Genf am elektrischen Licht gefangen (R. Drexler).

Die Raupe — Ent. Soc. Lond. 1884, T 14 — lebt an Kartoffelkraut und andern Solanumarten.

E. B. R. 279 — Ent. Soc. Lond. 1884, p. 411.

733. **chryson** Esp. (= orichalcea Hb.) — Sp. III, T 49.

Der Falter ist in der Ebene, dem Jura und den Voralpen weit verbreitet, zwar ziemlich lokal, aber an den Plätzen seines Vorkommens häufig. Er fliegt von Juni bis August. Höhenverbreitung im Berner Oberland bis etwa 1200 m.

Die Raupe — Sp. IV, T 35 — lebt gesellschaftlich an Eupatorium cannabinum und Salvia glutinosa von September bis Mai. An der Unterseite der Blätter oder an den Stengeln, an feuchten, warmen Waldstellen. Die Verpuppung erfolgt in einem weissen Cocon, der hie und da mit Blattresten umsponnen wird. Die Raupe ist bei Bern stellenweise (Aarhalden bei Felsenau) gemein. Die Puppenruhe dauert 10—14 Tage.

E. Sp. I, 302 — Favre 208 — Roug. 147.

734. **bractea** F. — Sp. III, T 49 — B. R. T 36.

Der Falter fliegt in doppelter Generation im Mai und von Juli bis September. Er kommt in weitester Verbreitung im ganzen Lande vor, ist aber weit zahlreicher in den höhern Regionen als in der Ebene. Höhenverbreitung bis etwa 1800 m (Gadmental, V.). Obwohl im ganzen ein ziemlich seltenes

Insekt, wird er doch in einzelnen Jahren, sowohl im Jura wie in den Alpen recht häufig gefangen.

a) *argentea-maculata* m. — Hb. 279!

Selten sind frische Exemplare mit Silber-, statt mit Goldfleck; nicht zu verwechseln mit geflogenen Stücken, bei denen das häufiger vorkommt. Mürren (V.), Erstfeld, Goeschenen (L.).

Die Raupe — Sp. IV, T 49 — lebt von März bis Mai und im Juni—Juli an Hieracium, Picris, Leontodon, Plantago lanceolata und andern niedern Pflanzen, an feuchten Orten. Sie pflegt die Mittelrippe eines Blattes derart durchzunagen, dass das Blatt umklappt und die Raupe bedeckt. In eine Schachtel mit einigen Löwenzahnblättern eingesperrte ♀♀ legen die Eier sehr leicht ab; im Juli abgelegte Eier ergaben die Räupchen nach 8 Tagen. Sie wurden mit welkem Löwenzahn erzogen und überwinterten von Oktober an. Die Verpuppung erfolgte im April, in einem zwischen Blättern angelegten weisslichen Gespinst. Die Falter erschienen nach 10 bis 14 Tagen.

E. Sp. I, 302 — Favre 208 — Roug. 147.

735. **aemula** Hb. — Sp. III, T 49.

Der von Rätzer im Gadmental für unser Land entdeckte Falter ist seither noch mehrfach aufgefunden worden; immer aber merkwürdig selten und vereinzelt. Flugzeit im Juli—August; Höhenverbreitung bis etwa 2000 m.

Seealptal (M.-R.), Frohnalpstock (Müller), Erstfeldertal 5. VII. 1911 2 Stück (L.), Derborence (Mong.), Finshauts, zweimal auf der Arpilles (W.), La Forclaz 22. VII. 1911 nachts mit der Laterne an Silene inflata schwärmend gefangen (V.), Lac de Tanay (Roug.), Martigny-Combe (Favre), Champéry (Archinan), Mortheys (T. de G.), Useigne (v. J.), Zmuttalp (V.), Arolla (Rev.), Simpeln (Püng.), Bergün, Albula (Honegg.), Weissenstein (Cafl.).

Die Raupe lebt an Leontodon, Hieracium, auch an weichen Gräsern von September bis Juni.

E. Sp. I, 300 — Favre 208 — Ent. Zeitschr. XII, 158 — Verh. z. b. G. 1898, 535.

736. **festucae** L. — Sp. III, T 49 — B. R. T 36.

Der Falter ist in der Ebene, dem Jura und bis in die Voralpen überall verbreitet und auch bei Lostallo im Misox gefangen worden (Thom.), aber meistens ziemlich selten. Er fliegt von Juli bis September; Höhenverbreitung bis etwa 1800 m.

Die Raupe — Sp. IV, T 35 — lebt an Sumpfgräsern, wie Carex, Festuca, Glyceria u. s. w. im Mai—Juni und August.

E. Sp. I, 302 — Favre 209 — Lamp. 201 — Roug. 149.

737. **v argenteum** Esp. (= mya Hb.) — Sp. III, T 49.

Der schöne Falter ist besonders in Wallis und Graubünden ziemlich verbreitet und stellenweise durchaus nicht sehr selten; er fliegt von Mai bis September, in 1—2 Generationen. Gamsen (And.). Martigny, La Batiaz, Saillon, Follaterres, Branson, Fully (W.), Sion, Sierre (Paul), Stalden, Hutecken (v. J.), Grimentz, Zinal (Roug.), Simplon (Favre), bei Zermatt der Falter gerne am Licht (Püng., Sulz.), Weissenburgerschlucht (Hug.), Thusis (V.), Tarasp (Cafl., Kill.). Er wird sicher auch in den insubrischen Tälern nicht fehlen.

Die Raupe — Sp. IV, Nachtr. T IV — lebt an der Unterseite der Blätter von Thalictrum foetidum und Isopyrum thalictroides an schattigen Stellen unter Gebüsch, im April —Mai. Wullschlegel notiert:

«Raupen 31. Mai bis 7. Juni versponnen; erster Falter am 12. Juni, letzter am 24. Raupen der zweiten Generation am 24. Juli erwachsen. Eine Epidemie vernichtete im Sommer 1908 im Wallis beinahe den gesamten Raupenbestand; seither ist der Falter auch dort eine Seltenheit geworden.» Bei Zermatt ist die Raupe recht spärlich und meist gestochen (Püng.).

E. Favre I, 209 — Lamp. 201 — Sp. I, 303.

738. **gutta** Gn. (= circumflexa S. V.) — Sp. III, T 50.

Der Falter, wohl ein Relikt der Steppenzeit, ist in der Ebene, dem Jura und bis in die Voralpen hinein überall verbreitet, aber meist nicht häufig. Er fliegt in zwei Generationen von Ende April bis Juni und von August bis November.

Die Exemplare der zweiten Generation sind dunkler, die Innenhälfte der Vfl mehr rotbraun, Hfl ebenfalls dunkler (= *aestiva* Krul.).

Die Raupe — Sp. IV, T 35 — lebt an heissen sonnigen Orten an Matricaria chamomillae und Artemisia campestris, auch an Achillea millefolium und Silene inflata von November bis April und im Juli. Aus anfangs September 1908 abgelegten Eiern schlüpften die Räupchen am 21. IX.; sie wurden teils mit Plantago, teils mit Löwenzahn gefüttert; beide Zuchten gediehen gut. Von der zweiten Oktoberhälfte an überwinterten die Räupchen fast erwachsen bis am 22. III. 1909. Vom 27. an spannen sie sich ein und waren bis am 10. IV. alle verpuppt. Die Kokons wurden zwischen Blättern angelegt und die Falter erschienen zwischen dem 26. IV. und 10. V. (Mong.).

E. Favre 209 — Roug. 149 — Sp. I, 303.

739. **pulchrina** Hw. — Sp. III, T 50.

Falter in ähnlicher Verbreitung wie die vorige Art; er geht bis über 1600 m Höhe (Zermatt, Püng.). Flugzeit von Ende Mai bis August; gewöhnlich nicht selten.

a) *percontatrix* Aur. — Stdg. 2559 a).

Mit verbundenen Silberzeichen; unter der Art. Martigny (W.), La Croix (Favre), Sion, Sierre (Paul), Frauenfeld (Wehrli).

Die Raupe — Sp. IV, Nachtr. T IV — lebt von September bis Mai an Heidelbeeren, Brennesseln, Disteln und andern niedern Pflanzen. Rühl erhielt bei Zürich die Raupen durch Abklopfen von Stachys silvatica und palustris, an denen sie gesellschaftlich lebten. Im Herbst gefundene Raupen lassen sich auch mit Lamium, Urtica und Solidago erziehen. Sie überwinterten gut, allein die Verpuppung im Frühjahr war nicht zu erzielen, ohne dass eine erhebliche Zahl der Raupen zu Grunde ging (Soc. Ent. II, 99).

E. Sp. I, 303 — Roug. 149 — Lamp. 201.

740. **jota** L. — Sp. III, T 50 — B. R. T 36.

Eher seltener, aber ähnlich verbreitet wie die vorige Art. Flugzeit von Juli bis September, im Wallis angeblich in doppelter Generation. Der Falter geht im Gebirge bis über 1600 m (Zermatt öfter, Püng.).

a) *percontationis* Tr. — Stdg. 2560 a).

Hat die Silberflecken zu einem Y verschmolzen; vereinzelt unter der Art. Im Aargau (W.), Tramelan (G.), Gadmental (V.), Bern (v. J.), Langnau (Rothb.), La Croix (W.), Ilanz (Caveng).

b) *inscripta* Esp. — Stdg. 2560 b).

Ohne Silberzeichen; sehr selten. Gadmen (St.), Tramelan (G.), La Croix (Favre), Motiers (Roug.), Aadorf (Z.-R.), Bern (v. J.), Ilanz (Caveng), Davos (Schibler).

Die Raupe — Sp. IV, T 35 — lebt von September bis Mai an niedern Pflanzen, wie die vorige Art. Bei der Zucht schlüpften die Raupen im November und waren Ende Mai erwachsen; sie leben bei Martigny gerne an Aconitum lycoctonum (Wullschl.).

E. Sp. I, 304 — Favre 209 — Lamp. 202 — Roug. 149.

741. **gamma** L. — Sp. III, T 50 — B. R. T 36.

Ist die gemeinste Art und tritt überall in ganzen Schaaren auf; in den Alpen geht sie bis 2500 m und darüber.

Flugzeit in 2—3 Generationen von Februar bis Dezember, mit teilweiser Ueberwinterung. Ich fand den ersten Falter am 15. Februar, den letzten am 16. Dezember; die erwachsene Raupe am 16. Januar, sie verpuppte sich Mitte März und ergab Ende des Monates den Falter. Der Falter variiert in der Schärfe der Zeichnung, namentlich aber in der Färbung der Vfl von hellgrau bis rötlich-grau-braun.

Die Raupen — Sp. IV, T 35 — leben polyphag an niedern Pflanzen von September bis Juli. Man erhält sie im Herbst durch Abklopfen von Geissblatt und Münze in Mehrzahl. Es ist wahrscheinlich, dass sowohl Ei, wie Raupe, Puppe und Falter überwintern können.

E. Sp. I, 304 — Lamp. 202 — Gub. Ent. Zeitschr. V, 45.

742. **ni** Hb. — Sp. III, T 50.

Ein Südländer, der als Zugvogel Mitteleuropa besucht. Der Falter erscheint in ziemlicher Verbreitung, hie und da, stets als selteneres Vorkommnis. Heimisch ist er wohl nur im Wallis geworden, wo er von Mai bis September fliegt, vielleicht in zwei Generationen, und in den Alpen bis nahe an 2000 m beobachtet wurde. Zürich (Landolt), Bechburg (R.-St.), Bern (v. J., Jäggi), Gadmental (Rätz., St.), Martigny öfter (W.), La Batiaz, Rossetan (Favre), Sierre, Simplon (Roug.), Grono (V.), Albula (Rühl), Ilanz (Caveng).

a) *comma* Schultz — Gub. Ent. Zeitschr. I, 32.

Die Silberzeichnung hat die Form eines liegenden Komma; neben dem Typus. Martigny (W.), Grono (v. J.).

28

Die Raupe — Sp. IV, Nachtr. T IV — lebt polyphag an niederen Pflanzen. Die am 26. Juni 1905 abgelegten Eier waren nach drei Tagen bereits geschlüpft und wurden im Zuchtglase mit Löwenzahn gefüttert. Täglich erhielten sie zweimal frisches Futter, da sie unaufhörlich frassen; schon am 10. Juli war die Mehrzahl erwachsen. Die Raupen wurden nun in einen Kasten verbracht, welcher mit lockerer Holzwolle gefüllt war. Ueber Nacht fertigten sie zwischen Löwenzahnblättern und Holzwolle das Gespinst. Am 21. Juli schlüpften die ersten Falter aus; die ganze Zucht hatte also kaum vier Wochen gedauert. (Völker, Ent. Zeitschr. XX, 13)

E. Favre 210 — Lamp. 202 — Sp. I, 305.

743. **interrogationis** L. — B. R. T 36.

Die Art ist wiederum sehr weit verbreitet, aber mehr im Gebirge als in der Ebene; sie beginnt etwa bei 1100 und geht bis 2000 m. Der Falter fliegt lokal an sumpfigen Stellen und ist an den Orten seines Vorkommens gewöhnlich häufiger; von Juni bis August. Weissenburg (Hug.), Mürren (V.), Gadmental häufig (St., V.), Fusio (v. N.), Göschenen (Hoffm.), Vättis selten (M.-R.), Stelvio (Müller), Caumasee, Davos (Hauri), Tarasp (Kill.), Sils (Z.), Gd. St. Bernard, Chandolin (Favre), La Forclaz, Glacier de Trient (W.), Turtmantal (Roug.), Moulin de la Gruyère (G.), Pontins (Roug.), Burgdorf (Müller), Schüpfen (Rothb.), Bremgarten (Boll), Pilatus (W.), Uto (Nägeli).

a) *flammifera* Heyne — Sp. III, T 50.

Die Silberzeichen sind zu einem grossen Fleck zusammengeflossen. Gadmen (St.), Moulin de la Gruyère (G.).

b) *aureomaculata* m.

Selten kommen Stücke vor, bei welchen die Makeln statt silberweiss, schön goldig glänzen. Gadmental, 2 Stück (V.).

Die Raupe — Sp. IV, Nachtr. T IV — lebt im Mai—Juni an Urtica urens, Vaccinium uliginosum und myrtillus an feuchten Orten. Sie ist am leichtesten in den ersten schönen Maitagen erhältlich, wo sie an den noch wenig belaubten Zweiglein der Futterpflanzen gut zu sehen ist.

E. Sp. I, 305 — Roug. 150 — Favre 210.

744. **ain** Hochenw. — Sp. III, T 50 — B. R. T 36.

Diese schöne Art gehört nur dem alpinen Gebiet an, ist aber dort, soweit die Lärche gedeiht, verbreitet. Sie fliegt von Juni bis August im Sonnenschein, besonders gegen Abend, doch auch nachts am Licht. Der Falter ist meist ziemlich selten, aber ich fand ihn im Juli 1911 sehr zahlreich bei La Forclaz im Wallis. Höhenverbreitung von der Talsohle bis nahe an 2000 m. Vättis (M.-R.), Ragaz-Pfäffers (Kaiser), Fluchthorn (Thom.), Churwalden, Parpan (Cafl.), Ilanz (Caveng), Davos (Hauri), Silvaplana (Stdfs.), Pontresina (Jäggi), Bergün (Honegg.), Stelvio (Wocke), Thusis (V.), Gadmental (Rätz., St.), Fiescherwald (v. J.), Chandolin, Simplon (Favre), Zermatt (Püng.). Stalden, Berisal, La Forclaz, Arpilles, Glacier de Trient in Menge (V.), La Croix, Mt. Ravoire, Mt. Chemin, Pierre à Voir (W.), Saas-Fee, Grimentz, Ponchette (Roug.).

Die Raupe lebt von September bis Mai an Lärchen, besonders an niederen Aesten oder Stammauswüchsen. Die Eier werden an die Nadeln angeklebt und man erhält die jungen Räupchen Ende Mai durch Abklopfen. In der Gefangenschaft überwintern die Raupen an Lärchenzweige eingesponnen. Ende Februar oder im März fangen sie wieder an zu fressen, indem sie die Blattknospen benagen; bei der Zimmerzucht sind sie Ende April erwachsen. Die Falter erscheinen von Mitte Mai an. (Teicher, Ins. Börse IX, No. 15). Eine am 17. Mai 1910 gefundene, erwachsene Raupe spann sich am 19., ein und gab den Falter am 14. Juni.

E. Sp. I, 305 — Stett. Ent. Ztg. 57, 229 — Favre 211 — Lamp. 202 — Zeitschr. f. wiss. Ins. Biol. VIII, 9.

745. **hochenwarthi** Hoch. — Sp. III, T 50 — B. R. T 36.

Der Falter lebt wiederum nur in den Alpen im Juli—August und erreicht dort Höhen von 2500 m und darüber. Er fliegt lokal an feuchten, wie trockenen, grasigen Stellen, bald häufiger, bald seltener. St. Galleralpen (M.-R.), Pilatus (Loch.), Gotthard (V.), Campolungo (v. J., Gröbli), Fusio (v. N.), Gadmental (St.), Niesen, Ganterisch (Bent.), Bernhardin, Steinental, Simplon, Breitbodenalp (v. J.), Zermatt, Riffelberg, Gornergrat (Püng.), Schwarzsee (V.), Alpe de l'Allée, Gramont (Roug.), Mt. de Fully, Bovine (W.), Gd. St. Bernard (Favre), Arpilles, Col de Balme häufig (V.), Turtmantal (Roug.), Mortheys (T. de G.), Valsertal (Jörg.).

Die Raupe — Sp. IV, Nachtr. T IV — lebt im Juni an Taraxacum und Umbelliferen, am Tage unter Steinen versteckt; Höfner fand sie an Primula minima.

E. Sp. I, 306 — Favre 211 — Lamp. 202.

746. **devergens** Hb. — Sp. III, T 50.

Der Falter kommt, wie die vorigen beiden, nur in den Alpen vor; er ist die am höchsten aufsteigende Art und geht im Wallis stellenweise bis nahe an 3000 m. Er ist aber spärlicher als der vorige. Gotthard (Gröbli), Albula (Honegger), Bernina (Jäggi), Piz Padella (Bent.), Stelvio, Piz Umbrail (Wocke), Dorfthäli-Davos (Boner), Gadmental (St.), Gornergrat (Hoffm., Püng.), Riffelberg, Simplon (Favre), Col de Balme (W.), Mürren (V.).

Die Raupe — Sp. IV, Nachtr. T IV — lebt bis Juni an Silene acaulis, Viola biflora, Geum montanum, Plantago alpina u. s. w. und wird, gleich der Puppe, unter Steinen gefunden.

E. Sp. I, 306 — Favre 211 — Lamp. 203.

Grammodes Gn.

747. **algira** L. — Sp. III, T 52 — B. R. T 37.

Der Falter gehört fast ausschliesslich den insubrischen Tälern und dem Wallis an; er ist dort stellenweise nicht selten. Flugzeit in 1—2 Generationen von April bis Juni und im Juli—August. Er soll angeblich auch am Gurten (Jäggi) und bei Siselen (Rätz.) gefangen worden sein. Sicher dagegen bei Veyrier (Jullien, Rehf.).

Die Raupe — Sp. IV, T 36 — lebt an Rubusarten, im Frühling und Hochsommer. Man fand sie in den Steinbrüchen von Veyrier unter Steinen und den Wurzelblättern von Epilobium rosmarinifolium, in Gesellschaft mit der Raupe von Celerio vespertilio Esp. (Jullien, Vispar). Bei Biasca fand ich mehrmals die überwinternde Puppe.

E. Sp. I, 311 — Favre 220 — Lamp. 203.

Euclidia O.

748. **mi** Cl. (= litterata Cyr.) — Sp. III, T 52 — B. R. T 37.

Der Falter fliegt von April bis August in der Ebene, dem Jura und den Voralpen überall, in 2 Generationen, und ist sehr gemein. Höhenverbreitung bis etwa 1200 m.

a) *ochrea* Tutt — Frey, p. 180 — Sp. I, 307.

Die hellen Zeichnungen gelb, statt weiss. Selten. Visp (M.-D.).

Die Raupe — Sp. IV, T 36 — lebt im Juni—Juli und September—Oktober an Trifolium, Myrica und Rumex. Prof. Stange fand sie nicht selten an den Blüten von Phragmites.

E. Sp. I, 307 — Favre 219 — Lamp. 203 — Roug. 153 — Macrolep. v. Friedland p. 58.

749. **glyphica** L. — Sp. III, T 52 — B. R. T 37.

Falter fliegt in der Verbreitung und Erscheinungszeit der vorigen Art, er ist überall sehr gemein und geht in den Alpen bis nahe an 2000 m.

Die Raupe — Sp. IV, T 36 — lebt vom Juni bis August und im September—Oktober an den gleichen Pflanzen wie die vorige.

E. Sp. I, 307 — Favre 219 — Lamp. 203 — Roug. 154.

Pseudophia Gn.

750. **lunaris** Schiff. — Sp. III, T 52 — B. R. T 37.

Der Falter ist in der Ebene überall verbreitet und in Laubwäldern nirgends selten; er fliegt von Ende März bis Juni. N. M. J. V. W. S. G.

a) *obscura* Favre — Favre, p. 220.

Besitzt dunklere, braunschwarze Vfl. Branson, Follaterres, Martigny (Favre), Bern (V.), St. Blaise (Steck).

Die Raupe — Sp. IV, T 37 — lebt an Eichenbüschen und jungen Eichen, auch an Pappeln, an den Trieben im Juni —Juli.

Bei einem Zuchtversuch wurden die Eier Mitte Juni an Eichenblätter abgelegt. Die Raupen schlüpften nach acht Tagen und wurden in ein Einmacheglas versetzt. Sie frassen die jungen Eichentriebe. Harte, ausgewachsene Blätter wurden nicht berührt. Bei täglichem Futterwechsel gediehen sie vorzüglich und waren Ende August erwachsen. Sie verwandelten sich im Puppenkasten in der Erde und wurden bis Januar im Freien gehalten. Sodann ins warme Zimmer verbracht und mässig feucht gehalten, lieferten sie die Falter vom 18. Februar an. (Calmbach, Ent. Zeitschr. XXI, 67)

E. Favre 220 — Lamp. 204 — Roug. 154 — Sp. I. 312. 367 — B. R. 285, T 37.

Aedia Hb.

751. **funesta** Esp. — Sp. III, T 50 — B. R. T 37.

Der Falter ist in der Ebene weit verbreitet, aber — mit Ausnahme des Wallis — überall recht selten. Schaffhausen (W.-Sch.), Zürich (Rühl), Basel (Honegger), Liestal (Seiler), Bechburg (R.-St.), Büren (Rätz.), Biel (Rob.), Bözingen (V.), Tramelan (G.), Pasquart (Hug.), Dombresson (Bolle), Onex (Humb.), Hermance (Roche), Conche (Aud.), Martigny (W.), Sion, Sierre (Paul), Niouc (v. J.), Rossetan, Corin (Favre). Der Falter fliegt von Mai bis September, also wohl in zwei Generationen? Er wird am Tage im Sonnenschein auf Blüten gefangen, aber auch nachts am Licht.

Die Raupe — Sp. IV, T 35 — lebt von August bis Mai an Winden, über Tage meist unter Hecken verborgen.

E. Sp. I, 313. 367 — Favre 212 — Lamp. 204.

Catephia O.

752. **alchymista** Schiff. — Sp. III, T 52 — B. R. T 38.

Der Falter ist in allen tiefern Landesteilen, wo Eichen vorhanden sind, aber stets einzeln und selten, getroffen worden. Er fliegt von Mai bis August. Ein zerrissenes, sonst frisches Stück fing R. Püngeler noch bei Zermatt, natürlich nur als Irrgast. St. Gallen (M.-R.), Flawil (Iseli), Winterthur (Bied.), Zürich (Nägeli, V.), Bremgarten (Boll), Oftringen, Lütisbuch (W.), Bechburg (R.-St.), Liestal (Leuth.), Basel (Honegg.), Tramelan (G.), Biel (Rob.), Neuveville (Coul.), Neuchâtel (Loosli), Val de Ruz (Roug.), Burgdorf (Müller), Bern (Bent.), Conche (Aud.), Branson, Follaterres, Plan-Cerisier (W.), Mt. Chemin (Favre), Sion, Sierre (Paul), Erstfeld (L.), Chur (Cafl.).

Die Raupe — Sp. IV, T 37 — lebt an niederen Eichenbüschen im Juli—August.

E. Sp. I, 313 — Favre 220 — Lamp. 204 — Roug. 154.

Catocala Schrk.[1]

753. **fraxini** L. — Sp. III, T 52 — B. R. T 38.

Der schöne Falter ist in der Ebene überall verbreitet, aber stets ein ziemlich seltenes Tier. Er fliegt im August—September.

[1] Ueber die Zucht der Catocalen vgl. Ent. Zeitschr. XIX, 216 — Mittlg. Münch. E. V. 1911, 28.

a) *maerens* Fuchs — Jahrb. Nass. V. XLII, 210.

Mit verdunkelten Vfl. Von Aadorf (Z.-R.), Zürich (V.), Bern (Brunner).

Die Raupe — Sp. IV, T 37 — lebt an Pappeln, Birken, Erlen und Eichen im Mai—Juni.

Die Eier der Catocalen müssen kalt und luftig aufbewahrt werden, um das vorzeitige Schlüpfen der Raupen zu verhindern. Die Raupen werden in Gläsern anfänglich an eingefrischte Zweige von Populus pyramidalis oder tremula verbracht. Häufiger Futterwechsel ist nötig, um das Dumpfigwerden der Blätter zu verhindern. Man gebe immer trockenes Futter. Noch leichter ist freilich die Zucht, wenn die Raupen im Gazebeutel aufgebunden werden können. Die Verpuppung erfolgt in einem leichten Gespinst zwischen Blättern. Die Puppenruhe dauert vier bis fünf Wochen.

E. Ent. Zeitschr. XV, 6. XIX 31. 217. XXII, 28 — Gub. Ent. Zeitschr. I, 31. II, 268 — Ins. Börse XXV, 96 — Sp. I, 314 — Roug. 154 — Favre 220.

754. **electa** Bkh. — Sp. III, T 53 — B. R. T 38.

Der Falter ist in der Ebene überall verbreitet und meistens häufiger, er ist leicht an seiner Gewohnheit kenntlich, mit dem Kopf nach unten zu sitzen. Flugzeit von Juli bis September. Die Misoxer-Exemplare besitzen viel dunklere Vfl (Thom.).

Die Raupe — Sp. IV, T 37 — lebt an Weiden, im Mai —Juni. Für die Eizucht gilt im allgemeinen das bei *fraxini* L. gesagte; die Raupen fressen sämtliche Weidenarten, wachsen rasch und verpuppen sich zwischen Blättern oder unter Moos an Rindenstücken. Die Puppenruhe dauert bei der Zimmerzucht 6 Wochen.

E. Sp. I, 314 — Ent. Zeitschr. XIX, 217. XXII, 28 — Roug. 155.

755. **elocata** Esp. — Sp. III, T 52 — B. R. T 38.

Der Falter ist in der Nordschweiz meist selten, häufiger wird er dagegen im Wallis und Tessin. Er fliegt von Juli bis Oktober. Müllheim (Weg.), Katzensee 5. IX. 1886 (Lacr.), Bechburg (R.-St.), Basel mehrfach (Honegg.), Vufflens, Crans (Sauss.), Genf häufig (Blach.), Conche (Aud.), Pt. Saconnex (Mong.), Martigny, Fully, Branson, 1 Stück noch am 26. X.

1899 (W.), Sion, Sierre, Brig (Paul), Salgesch (Roug.), Biasca (V.), Locarno, Lugano, Cassarate, Coremmo (Ghidini), Lostallo (Thom.).

a) *flavicans* Schultz — Ent. Zeitschr. XX, 94.

Das Rot der Hfl ist durch ein dunkles Gelb ersetzt. Von Schindler in Bern erzogen.

Die Raupe — Sp. IV, T 37 — lebt an Weiden und Pappeln von Mai bis Anfang Juli. Die Eier schlüpften im Mai aus. 6 Raupen habe ich kurz nach dem Ausschlüpfen in ein Zuchtglas gebracht. Als Futter habe ich hier Breitpappel verwendet; diese 6 Raupen blieben bis zur Verpuppung bedeutend heller und ergaben Schmetterlinge mit beinahe gelben Hfl. Es liegt die Vermutung nahe, dass dies in erster Linie den fühlbareren Temperaturverhältnissen im Glase, statt im Holzkasten (der bedeutend dickere Wandungen und viel mehr Schatten aufweist) zuzuschreiben ist, dann aber vielleicht auch zu einem kleineren Teile dem Futter.

Die Raupen im Glase waren von Anfang an bedeutend lebhafter, haben ihre abgeworfenen Häute stets ganz verzehrt und oft bei schlechtem Wetter auch während des Tages gefressen. Die Raupen fressen sonst nur bei Nacht; während des Tages verharren sie ausgestreckt rund herum auf den kahlgefressenen Zweigen. Die Verpuppung erfolgte im August in einem eiförmigen Gespinst zwischen dürren Blättern. Die Puppenruhe dauerte 6—8 Wochen und die Falter schlüpften stets zwischen 2 und 4 Uhr morgens aus (Schindler).

E. Sp. I, 314 — Favre 221 — Ent. Zeitschr. XIX, 217. XXII, 28 — Lamp. 205.

756. **puerpera** Gio. — Sp. III, T 53.

Falter wiederum nur in der West- und Südschweiz, nicht gemein. Er fliegt in 1—2 Generationen von Juni bis Oktober und geht bis etwa 1500 m Höhe. St. Cergues, Voirons (Moug.), Hermance (Aud.), Veyrier (Mottaz), Martigny, Branson (W.), Saxon (Jullien), Granges (V.). Sion, Sierre (Paul), Turtman, Visp, Brig, Stalden (Favre), bei Zermatt (Püng.), Biasca, Locarno, Lugano (V.), Coremmo (Ghidini), Lostallo, Roveredo (Thom.), Bergell und Puschlav (Kill.).

a) *brunnescens* Schultz — Ent. Zeitschr. XXII, 169.

Die Grundfärbung der Hfl zeigt einen deutlichen Stich ins Bräunliche. Wallis.

b) *genetrix* Schultz — Ent. Zeitschr. XX, 95.

Der schwarze Hinterrandfleck ist mit der Saumbinde verbunden. Wallis, häufiger neben dem Typus.

c) *fecunda* Schultz — Ent. Zeitschr. XXII, 169.

Auf den bräunlichen Vfl fehlen die dunkeln Querlinien, die übrige Zeichnung ist sehr dunkel. Wallis.

d) *lutescens* m.

Ein Stück mit fahlgelben Flügeln erzog Wullschl. am 21. Oktober 1896.

Die Raupe — Sp. IV, T 37 — lebt an Salix helix und triandra, auch an Pappeln von Mai bis August. Sie verbirgt sich am Tage am Fusse der Sträucher und muss Nachts mit der Lampe gesucht werden. Die Zucht ist leicht. Wullschl. fand die erwachsene Raupe vom 20. V. bis 18. VIII. ununterbrochen; die Falter zwischen dem 10. VI. und 21. X.

E. Sp. I, 315 — Favre 222 — Soc. Ent. XVII, 97.

757. **nupta** L. — Sp. III, T 52 — B. R. T 38.

Ist die gemeinste Art und kommt in der Ebene überall häufig vor, von Juli bis September. Der Falter geht bei Zillis bis nahe an 1000 m (Honegger).

Die Raupe — Sp. IV, T 37 — lebt an Pappeln und Weiden im Mai—Juni. Als Futterpflanzen werden statt Weiden Pappelarten, wie italica, tremula, nigra empfohlen. Mit diesen Futterarten werden bei der Zimmerzucht bessere Resultate erzielt, die Zucht ist übrigens leicht. Puppenruhe 6—7 Wochen. (Bohatscheck, Ent. Zeitschr. XIX, 317).

E. Sp. I, 315 — Ent. Zeitschr. XXII, 28 — Favre 221 — Lamp. 205 — Roug. 155.

758. **dilecta** Hb. — Sp. III, T 52.

Der Falter kommt nur im Tessin vor. Ghidini fand ihn dort im September 1893 bei Coremmo und 1894 bei Bellinzona; ein Stück fing ich bei Locarno Ende Juli 1899; Puschlav (Landolt).

Die Raupe — Sp. IV, T 37 — lebt im Mai—Juni an Eichen. Aus den kalt überwinterten Eiern schlüpften die Raupen Ende April und wurden mit jungen Eichentrieben im Zimmer erzogen. Die Verpuppung erfolgte vom 25.—29. Mai zwischen Moos in einem ziemlich grossen Gespinst. Die Falter schlüpften nach 4—5 Wochen, in den Vormittagsstunden. Am 5. Juli geschlüpfte Falter paarten sich am 21., das ♀ legte die Eier in Ritzen eichener Rindenstücke. (Raebel, Gub. Ent. Zeitschr. III, 72)

E. Sp. I, 316 — Lamp. 205.

759. **sponsa** L. — Sp. III, T 53 — B. R. T 38.

Wiederum sehr weit verbreitet, aber nicht häufig, Flugzeit im Juli—August. Ein völlig frisches Stück erbeutete Killias im VIII. 1885 beim Kurhaus Tarasp (1680 m), was um so auffälliger ist, als die Futterpflanze der Raupe dort weit und breit nicht zu finden ist (Kill. Nachtr. I, 15). U. N. M. J. V. W. G.

Die Raupe — Sp. IV, T 37 — lebt an Eichen, im Mai —Juni. Die Eier müssen kalt überwintert werden, damit die Raupen nicht schlüpfen, ehe das Futter vorhanden ist. Um aber für alle Fälle Futter zur Hand zu haben, kann man im März einen Eichenzweig im warmen Zimmer einstellen, in dessen Knospen die Raupen sich einbohren können. Später nehme man recht knorrige Aestchen, an die sich die Raupen gut anschmiegen können. Sie fressen nur in der Nacht und sind in wenigen Wochen erwachsen; sie müssen trocken gehalten werden. Die Verpuppung erfolgt Ende Juni zwischen Blättern, die Puppenruhe dauert 4—5 Wochen. (Lüdke, Gub. Ent. Zeitschr. I, 264)

E. Gub. Ent. Zeitschr. I, 6 — Ent. Zeitschr. XIX, 217. XXII, 28 — Ins. Börse XXV, 106 — Favre 222 — Roug. 155 — Sp. I, 316 — B. R. 288, T 38.

760. **promissa** Esp. — Sp. III, T 53 — B. R. T 38.

Der Falter ist zwar weit verbreitet, aber viel spärlicher im Auftreten als die meisten andern Arten; er fliegt gerne an Waldrändern. St. Gallen (M.-R.), Elgg (Gram.), Zürich (Rühl, V.), Bremgarten (Boll), Bechburg (R.-St.), Liestal (Leuth.), Bottmingen (Leonh.), Siselen, Büren (Rätz.), Tramelan (G.), Neuveville, St. Blaise (Coul.), Burgdorf (Müller), Bern (v. J.), Wäggis (Loch.), Versoix (Jullien), Pt. Saconnex (Mong.), Brig (Obthr.), Biasca (Schneider), Chur (Jörg.).

a) *ochrea* Obthr. — Obthr. III, Pl. XIII.

Ist eine Form mit gelben Hfl. Von Brig.

Die Raupe — Sp. IV, T 37 — lebt an Eichen; im Tessin auch an Kastanien, im Mai—Juni. Zucht wie bei der vorigen Art.

E. Sp. I, 316 — Favre 222 — Roug. 155 — Ent. Zeitschr. XIX. 217. XXII, 28.

761. **fulminea** Sc. (= paranympha L.) — Sp. III, T 53 — B. R. T 38.

Der Falter wiederum in weitester Verbreitung durch alle tiefern Landesteile, von Juli bis August; in den Voralpen bis über 1400 m (Wiesen, Hauri). Er ist in der Regel nicht häufig. St. Gallen (M.-R.), Flums (Wild), Frauenfeld (Wehrli), Schaffhausen (W.-Sch.), Zürich (Rühl, Nägeli, V.), Bechburg (R.-St.), Born, Aarburg, Oftringen, Lenzburg (W.), Basel (Honegg.), Liestal (Seiler), Sissach (Müller), Biel (Rob.), Yverdon, Salgesch (Roug.), St. Blaise, Neuveville (Coul.), Gorges de l'Areuse (Matthey), Büren (Rätz.), Bern (v. J., Steinegg.), Burgdorf (Müller), Crassier (Loriol), Conche (Aud.), Pt. Saconnex (Mong.), Martigny (W.), Sierre (Stierl.), Erstfeld (L.), Ilanz (Caveng), Alveneu (Cafl.), Landquart (Thom.).

a) *xarippe* Butl. — Ent. Ztschr. XX, 95.

Der Hinterrandfleck hängt mit der Saumbinde zusammen. Ein Uebergangsstück zu dieser Form fing ich bei Zürich; Frauenfeld (Wehrli).

Die Raupe — Sp. IV, T 37 — lebt auf Pflaumen, Birnbäumen und Schlehen, an alten Büschen im Mai.

Man bringt gefangene ♀♀ leicht zur Eiablage in einem Einmacheglas, in welches man eingefrischte Schlehenzweige steckt. Da die Eiablage etwa 14 Tage dauert, so müssen die Falter gefüttert werden. Mit eingefrischtem Futter hat man nur Misserfolge, dagegen ist die Zucht leicht, wenn es gelingt, das Schlüpfen der Raupen bis Ende April hinaus zu ziehen; um diese Zeit sind Schlehen und Pflaumen so weit, dass sie als geeignetes Futter dienen können. (Fischer, Gub. Ent. Zeitschr. II, 255)

E. Sp. I, 317 — Favre 223 — Ent. Ztschr. XXII, 28 — Roug. 155 — B. R. 290, T 38.

Apopestes Hb.
(Spintherops B.)

762. **spectrum** Esp. — Sp. III, T 54 — B. R. T 38.

Falter fast nur in der Südschweiz: Tessin, Misox, Bergell; aber auch aus der Umgebung von Genf, so Pinchat (Prévost), Le Vallon (Held), Florissant (Rehf.). Er lebt von August bis März, zwar lokal, aber ziemlich häufig.

a) *fasciata* Sp. — Spuler I, 319.

Mit schwarzer Mittelbinde. Von Biasca (V.), angeblich auch im Wallis (Favre).

b) *obscura* Cafl. — Kill. Nachtr. I, 15.

Ist eine dunkel überflogene Form, welche im Bergell unter der Art vorkommt.

Die Raupe — Sp. IV, T 38 — lebt von Mai bis Juli an Genista tinctoria, Sarothamnus scoparius und Rubia tinctorum.

Am 11. VII. 1900 im Misox in allen Grössenstadien gefundene Raupen wurden mit Färberginster erzogen und wuchsen sehr rasch heran. Sie verpuppten sich vom 15. an; bis 18. waren alle eingesponnen, in einem länglichen Gespinst an der Erdoberfläche unter Futterresten und Moos. Die Falter erschienen zwischen dem 21. und 29. VIII. (v. Jenner).

E. Sp. I, 319 — Lamp. 207.

763. **dilucida** Hb. — Sp. III, T 54.

Der Falter scheint nur den westlichen und südlichen Gebieten anzugehören. Höhenverbreitung bis 1800 m. Er fliegt in einfacher Generation von Juli bis September und nach der Ueberwinterung im März—April, ist aber ziemlich selten. Born, Aarburg (W.), Bechburg (R.-St.), Biel, Neuchâtel (Rob.), Pt. Saconnex (Binet), La Croix, Branson, Glacier de Trient (W.), Sion, Sierre (Paul), Pfynwald (V.), Zermatt (Sulz.), Biasca (Schneider), Misox (v. J.), Filisur, Landquart, Malans (Thom.).

a) ? *asiatica* Stdg. — Stdg. 2723 b).

Mit brauner Saumbinde der Vfl, Unterseite gelblicher; nur im Wallis. La Croix, Branson (W.), Sion, Sierre (Paul), Gottraz (Favre), Zermatt 7. IX. 1910 (Sulzer).

Die Raupe — Sp. IV, Nachtr. T IV — lebt an Onobrychis, Anthyllis, Coronilla, Medicago, Genista, Hippocrepis, Hedysarum u. s. w., am Tage in der Erde versteckt, im Juni.

E. Sp. I, 320 — Favre 223 — Lamp. 207.

764. **hirsuta** Stdg. — Sp. III, T 55 — Verhdlg. zool.-bot. G. Wien XLIX, T IV — Stz. III, T 35.

Der Falter — eine unserer bedeutendsten Seltenheiten — ist nur in ganz wenigen Stücken erbeutet worden. Das erste Exemplar flog dem Sammler Anderegg an einem lauen Februarabend in seine Wohnung in Gamsen, ein weiteres fing Paul bei Siders, endlich wurde das Tier mehrfach im Juli durch Nachtfang auf dem Stilfserjoch erbeutet. Der Falter scheint also im Sommer zu schlüpfen und bis Frühjahr zu leben.

Die Raupe ist unbeschrieben, sie lebt angeblich an Ginster im Mai.

E. Favre 225.

Toxocampa Gn.[1]

765. **lusoria** L. — Sp. III, T 54 — B. R. T 38.

Der Falter ist nur im Jura und Wallis gefunden worden; er fliegt selten und vereinzelt von Juli bis September. Oftringen (W.), Berisal (v. J.), Gamsen (Aud.), Simplon ob Brig VII. 1906 (V.), Sierre (Paul), Erstfeld (L.), Malans (Thom.).

Die Raupe — Sp. IV, T 38 — lebt an Astragalus glycyphyllos, auch an Vicia im Mai—Juni.

E. Sp. I, 321 — Lamp. 207 — Favre 223 — B. R. 293, T 38.

766. **pastinum** Tr. — Sp. III, T 54 — B. R. T 38.

Der Falter ist in der Ebene, dem Jura und den Voralpen verbreitet, aber überall nur spärlich vorhanden. Er fliegt von Juni bis August und hat bei etwa 1500 m seine Höhen-

[1]) Unter Wullschlegels Vorräten fand sich ein frisches und nach seiner Art gespanntes ♂ ♀ der *Ecrita ludicra* Hb., die möglicherweise aus dem Wallis stammen könnten, da diese Art zu den Mitgliedern der Steppenfauna gehört, von welcher gerade im Wallis so manche Relikte zurückgeblieben sind. Es sind deshalb weitere Nachforschungen, insbesondere das Suchen nach der an Vicia cracca und andern Wickenarten lebenden Raupe, erwünscht.

grenze. Frauenfeld (Wehrli), Zürich (V.), Basel (Leonh.), Liestal (Seiler), Murten (T. de G.), Tramelan (G.), Weissenburg (Hug.), La Croix (Favre), Branson, Mt. d'Autant (W.), Nairs (Kill.).

Die Raupe — Sp. IV, T 38 — lebt an Vicia, Coronilla, Astragalus und Viola von Herbst bis Mai, bei Tage flach an den Stengel angeschmiegt.

E. Sp. I, 322 — Favre 223 — Lamp. 207.

767. **viciae** Hb. — Sp. III, T 54.

Falter ist in der Verbreitung der vorigen Art ähnlich, aber seltener als jene. Flugzeit von Juni bis September. Bechburg (R.-St.), Biel (Rob.), Tramelan (G.), Dombresson (Roug.), Weissenburg (Hug.), Freiburg (T. de G.), Crassier (Loriol), Conche (Aud.), La Croix (Favre), Branson, Martigny (W.), Sion (Paul), Crevola (V.).

Die Raupe — Sp. IV, T 49 — lebt an Vicia dumetorum und Coronilla varia von September bis Mai—Juni.

E. Sp. I, 322 — Favre 224 — Lamp. 207.

768. **craccae** F. — Sp. III, T 54 — B. R. T 38.

Falter in Verbreitung und Erscheinungszeit der vorigen Art; Höhenverbreitung bis etwa 1800 m; er ist meistens häufiger als jener. Zürich (V.), Bechburg (R.-St.), Sissach Müller), Büren (Rätz.), Gunten (v. J.), Biel (Rob.), Dombresson (Roug.), Tramelan (G.), La Croix, Branson (W.), Mt. Ravoire, Brig (Favre), Sion, Sierre (Paul), Simplon (V.), Erstfeld (Hoffm.), Lostallo (Thom.), Thusis (V.).

Die Raupe — Sp. IV, T 49 — lebt an Astragalus, Vicia und Coronilla im Mai—Juni, gerne an warmen, felsigen Hängen.

E. Sp. I, 322 — Favre 224 — Lamp. 207 — Roug. 156.

769. **limosa** Tr. — Sp. III, T 54.

Diese Art soll als Seltenheit im heissen Rhonetal des Wallis gefangen worden sein. Zwei erwachsene Raupen fand P. Robert bei Biel, im Juli 1904. Der Falter fliegt in zwei Generationen im April und Juli.

Die Raupe — Sp. IV, T 38 — lebt an Vicia, Coronilla, Lathyrus und Colutea im April—Mai und von Juli bis September.

E. Favre 224 — Sp. I, 323 — Lamp. 208.

E. Hypeninae H. S.

Laspeyria Germ.

(Aventia Dup.)

770. **flexula** Schiff. — Sp. III, T 54 — B. R. T 39.

Der Falter kommt in der Ebene, dem Jura und bis in die Voralpen hinein überall vor, ist aber gewöhnlich nicht häufig. Flugzeit von Juli bis September. Ein albinistisches, fast weisses Exemplar fing Dr. Wehrli bei Frauenfeld. Oberuzwil (Wild), Dübendorf (Corti), Zürich (V.), Bremgarten (Boll), Engelberg, Born, Lenzburg (W.), Bechburg (R.-St.), Sissach (Müller), Liestal (Seiler), Basel (Sulg.), Tramelan (G.), Biel (Rob.), Dombresson, Yverdon (Roug.), Büren (Rätz.), Bern (v. J.), Weissenburg (Hug.), Freiburg (T. de G.), Conche (Aud.), Pt. Saconnex (Mong.), Martigny, Mt. Chemin, Gottraz (W.), Ilanz (Caveng), Igis (Thom.).

Die Raupe — Sp. IV, T 38. 49 — lebt von Oktober bis Mai an den Flechten von alten Sträuchern, wie Prunus, Crataegus und Nadelhölzern. Sie überwintert fast erwachsen.

E. Sp. I, 323 — Favre 224 — Lamp. 208.

Parascotia Hb.

(Boletobia B.)

771. **fuliginaria** L. — Sp. III, T 54 — B. R. T 39.

Der Falter ist in allen Landesteilen verbreitet, aber auch überall ziemlich selten. Er erreicht am Albula 2300 m und fliegt von Juni bis August. Zürich (Nägeli, V.), Basel (Benz), Bern (v. J.), Weissenburg (Hug.), Freiburg (T. de G.), Dombresson (Roug.), Martigny (W.), Brig (Favre), Sierre (Roug.), Davos (Hauri), Bergün (Püng.), Ilanz (Caveng), Flims, Caumasee (Cafl.), Flums (Wild).

Die Raupe — Sp. IV, T 38. 49 — lebt von September bis Juni an Flechten und Baumschwämmen besonders der Eichen und Buchen, auch an faulem Holz. Zur Zucht eignen sich vorzüglich Kellerräume; in Ermangelung von Holzschwämmen können die Raupen auch mit Brot gefüttert werden. Sie überwintern klein, sind Anfang Juni erwachsen und verfertigen sich aus Holzteilchen und Schwammstückchen einen

Kokon, der an beiden Enden befestigt wird. Die Puppenruhe dauert 3—4 Wochen. (Wohnig, Gub. Ent. Zeitschr. II, 323)

E. Sp. I, 323 — Favre 225 — Lamp. 208 — Roug. 156.

Epizeuxis Hb.

(Helia Gn.)

772. **calvaria** F. — Sp. III, T 54.

Der Falter ist in der Ebene und der Hügelregion weit verbreitet, aber überall selten. Flugzeit von Juni bis August. Zürich (Rühl), Büren (Rätz.), Sissach (Müller), Liestal (Leuth.), St. Blaise (Rob., V.), Pt. Saconnex (Mong.), Plan-Cerisier, Rossetan, Fully (W.), Sion, Sierre (Paul), Lostallo (Thom.), Ilanz (Caveng).

Die Raupe — Sp. IV, T 38 — lebt an welken und dürren Blättern von September bis Juni. Der Falter ist leicht und mühelos durch die Zucht zu erhalten. Die gefangenen ♀♀ legten in einem Einmacheglas die Eier auf Leinwand ab. Die Raupen wurden in einen Blumentopf gebracht, welcher zu zwei Dritteln mit Erde gefüllt war. Darüber legt man eine Schicht fein gezupftes Moos und darauf dürres Laub von Birke, Eiche, Weide und Pappel. Das Ganze wird mit Drahtgaze überdeckt und in einen Untersatz mit Wasser gestellt. Es genügt völlig, wenn von Zeit zu Zeit neue Blätter in den Topf gelegt und das Wasser im Untersatz nachgefüllt wird. Ein Teil der Falter schlüpfte schon im September, die Mehrzahl der Raupen überwinterte aber, begann im April wieder zu fressen und lieferte die Falter von Anfang Juni an. (Oertel, Gub. Ent. Zeitschr. I. 327)

E. Ent. Zeitschr. XX, 89. 101 — Favre 225 — Lamp. 208 — Sp. I, 324.

Zanclognatha Ld.

773. **tarsiplumalis** Hb. — Sp. III, T 54.

Der Falter kommt in mässiger Verbreitung in der Ebene und dem Jura vor. Er fliegt von Juni bis August; gewöhnlich im Jungwald. Zürich (Hug.), Frauenfeld (Wehrli), Neuveville (Coul.), St. Blaise (V.), Twann, Urbachtal (Jäggi), Bechburg (R.-St.), Plan-Cerisier, Branson (W.), Sion, Sierre (Paul), Martigny nicht selten (M.-R.), Arcine (Mong.), Gondo (Püng.), Promontogno (v. J.), Malans an sonniger Steinhalde (Thom.), Chur (Cafl.).

Die Raupe — Sp. IV, T 38 — lebt an vermoderndem Laub und niedern Pflanzen von September bis Mai—Juni.

E. Sp. I, 325 — Favre 225 — Lamp. 209 — Roug. 157.

774. **tarsipennalis** Tr. (= tarsicrinalis Hb., nec Knoch) — Sp. III, T 54.

Der Falter gehört in mässiger Verbreitung nur der Ebene an. Er fliegt im Juni—Juli. Zürich (V.), Lenzburg (W.), Basel (Honegg.), St. Blaise, Neuveville (Coul.), Neuchâtel (V.), Siselen, Büren (Rätz.), Crassier (Loriol), Conche (Aud.), Martigny (W.), Brig (Favre).

Die Raupe — Lamp. T 62 — lebt von September bis April an Gräsern und niedern Pflanzen, nach Favre auch an trockenem Eichenlaube. Sie ist auch mit Poa annua und trockenem Himbeerlaub leicht zu erziehen. Sie überwintert halb erwachsen (Stange).

E. Sp. I, 325 — Favre 226 — Roug. 157 — Macrolep. v. Friedland p. 59 — Schmettl. Westf. 104.

775. **tarsicrinalis** Knoch — Sp. III, T 54 — B. R. T 39.

Der Falter kommt in weitester Verbreitung und fast überall häufiger vor. Flugzeit von Juni bis August. In den Alpen bis etwa 1600 m; er fliegt gerne auf Waldschlägen.

Die Raupe — Sp. IV, T 38 — lebt von Oktober bis Mai an trockenen Blättern von Rubus und Clematis, auch an Taraxacum und Lactuca.

E. Sp. I, 326 — Favre 226 — Lamp. 209.

776. **grisealis** Hb. — Sp. III, T 54 — B. R. T 39.

Verbreitung und Erscheinungszeit dieser Art wie bei der vorigen. Der Falter fliegt von Mitte Mai bis August und ist meistens nicht selten.

Die Raupe — Sp. IV, Nachtr. T IV — lebt von September bis Mai an Chrysosplenium alternifolium und an abgebrochenen Aesten von Betulus alba.

E. Sp. I, 326 — Favre 225 — Lamp. 209.

777. **tarsicristalis** H.-S. — Sp. III, T 54.

Die typische Form ist nur von Custos Paul bei Sierre gefangen worden.

a) *zelleralis* Wocke — Bresl. E. Z. 1850, T 4.

Kommt als Seltenheit im Wallis vor. Diese Form ist schmalflügeliger und schwächer gezeichnet. Flugzeit im Juli —August. Plan-Cerisier, La Batiaz, Martigny, Branson (W.), Sion, Sierre (Paul), Leuk (Favre), Salgesch (Roug.).

Die Raupe — Sp. IV, Nachtr. T IV — lebt bis Mai an niedern Pflanzen und trockenen Blättern, am Boden versteckt.

E. Sp. I, 326 — Favre 226.

Aethia Hb.

(Sophronia Gn. — Standfussia Sp.)

778. **emortualis** Schiff. — Sp. III, T 54.

Der Falter ist in der Ebene, dem Jura und den Alpentälern, soweit die Eiche reicht verbreitet, aber immer ziemlich selten. Ein wohl sicher dorthin verflogenes Stück fing Püngeler noch bei Zermatt. Der Falter sitzt über Tag an Eichen- und Buchenstämmen oder an den Blättern und kann durch Abklopfen derselben erbeutet werden. Flugzeit Juni —Juli. St. Gallen (M.-R.), Frauenfeld (Wehrli), Zürich öfter (Nägeli, V.), Katzensee (Hug.), Oftringen, Lenzburg, Aarburg (W.), Bechburg (R.-St.), Liestal (Seiler), Basel (Honegg.), St. Blaise (Coul.), Lattrigen, Siselen, Büren (Rätz.), Bern (v. J., Jäggi), Yverdon (Roug.), Martigny (W.), Lostallo (Thom.).

Die Raupe — Sp. IV, T 38 — lebt an dürrem und faulem Eichenlaub im September—Oktober.

E. Sp. I, 327 — Lamp. 209 — Roug. 158.

Madopa Stph.

779. **salicalis** Schiff. — Sp. III, T 55 — B. R. T 39.

Der Falter ist im Juni—Juli in allen 3 Regionen sehr weit verbreitet, aber nie häufig. Er geht mit alpinen Weidearten bis in Höhen von 2000 m und sitzt spannerartig im Gras in der Nähe von Gebüschen.

Die Raupe — Sp. IV, T 38 — lebt einzeln an Salixarten, auch an Pappeln im Juli—August.

E. Sp. I, 327 — Roug. 158 — Favre 226 — Lamp. 209.

Herminia Latr.

780. **crinalis** Tr.[1]) — Sp. III, T 55.

---

[1]) H. ? *cribrumalis* Hb. — Sp. III, T 55 — nach dem alten Staudinger-Katalog von Zürich und von Bevers (Z.-R.), bedarf sehr der Bestätigung.

Diese südliche Art ist wenig verbreitet und recht selten an warmen, geschützten Stellen des Jura, des Mittellandes und im Wallis zu Hause. Flugzeit im Mai—Juni. Zürich (Hug.), Lägern (Rühl), Oftringen, Engelberg, Born, Lenzburg (W.), Liestal (Seiler), Biel (Rob.), Landeron (Coul.), Neuchâtel (Roug.), Schüpfen (V.), Bern (v. J.), Weissenburgschlucht (Hug.), Martigny (W.), Sion (Paul), Sierre (Roug.), Jäggi fand im Roseggtal ein (wohl vom Puschlav zugeflogenes) Stück.

Die Raupe — Sp. IV, T 38 — lebt an Rubia tinctorum, Epheu und Rosen, aber auch an Sträuchern und Laubbäumen von August bis März.

E. Sp. I, 328 — Favre 226 — Roug. 158 — Lamp. 210.

781. **tentacularia** L. — Sp. III, T 55 — B. R. T 39.

Der Falter ist überall in der Ebene und dem Hügelgebiet verbreitet und meistens häufiger, im Juni—Juli. Höhenverbreitung bis etwa 1800 m.

a) *modestalis* Heyd. — Stdg. 2801 a).

Ist blasser, braungrau bestäubt, das Mittelglied der Palpen ist deutlich kürzer; diese Form kommt nur in der hochalpinen Region, etwa zwischen 1400 und 2000 m vor. Sie ist an einzelnen Orten, so im Engadin, bei Filisur und bei Huteck im Saastal sehr zahlreich vorhanden. Stelvio (Uffeln), Davos-Glaris (Hauri), Samaden (Trti.), Simplon auf feuchten Wiesen (Favre), Saastal (W.), Glacier de Trient (V.), Evolena, Leuk, Leukerbad (v. J.), Weissenburg (Hug.), Gadmental (St.). Häufig im Göschenental Ende Juli an nach Westen gelegenen Grashalden und Weideflächen (Uffeln).

Die Raupe lebt bis Mai an niedern Pflanzen und Gräsern.

E. Sp. I, 328 — Favre 227 — Lamp. 210.

782. **derivalis** Hb. — Sp. III, T 55.

Der Falter ist in der Ebene, dem Jura und den Voralpen weit verbreitet und nicht selten, am zahlreichsten aber in den Südtälern. Flugzeit von Juni bis August.

Die Raupe — Sp. IV, Nachtr. T IV — lebt an Sahlweiden, Brombeeren und dürrem Eichenlaub im Mai.

E. Sp. I, 328 — Favre 227 — Lamp. 210 — Roug. 158.

Pechypogon Hb.

783. **barbalis** Cl. — Sp. III, T 55 — B. R. T 39.

Der Falter ist überall bis in die Voralpen hinein verbreitet, aber meistens ziemlich selten. Er geht im Gadmental bis etwa 1500 m und kommt auch in der Südschweiz vor. Flugzeit von Mai bis Juli. Aadorf (Sulz.), Frauenfeld (Wehrli), Zürich (Rühl, V.), Basel (V.), Neuveville (Coul.), St. Blaise (Rob.), Büren (Rätz.), Bern (Benteli), Weissenburg (Hug.), Neuchâtel (Roug.), Liestal (Seiler), Versoix, Meyrin (Mong.), Freiburg (T. de G.), Mt. Chemin, Plan-Cerisier (W.), Sierre (Paul), Erstfeld (L.), Ilanz (Caveng), Chur (Caff.), Davos (Hauri).

Die Raupe — Sp. IV, T 38 — lebt an Eichen, Buchen, Erlen von Oktober bis April. Sie lässt sich halberwachsen im Spätherbst in Menge von Eichenbüschen abklopfen; im Frühling findet man sie unter Laub (Stge.).

E. Sp. I, 329 — Favre 227 — Lamp. 210 — Macrolep. v. Friedland p. 60 — Schmett. Westf. 105.

Bomolocha Hb.

784. **fontis** Schalen — Sp. III, T 55 — B. R. T 39.

Der Falter ist in allen drei Regionen weit verbreitet, aber immer ziemlich spärlich. Er fliegt im Juni—Juli in Wäldern, wo Heidelbeeren stehen und geht bis etwa 1800 m Höhe.

a) *terricularis* Hb. — Hb. Pyr. 163.

Mit fast einfarbig dunkelbraunen Vfl. Unter der Art. W. G. J.

Die Raupe — Sp. IV, T 38 — lebt an Vaccinium myrtillus und uliginosum von August bis April. Man erlangt sie am leichtesten im Herbst durch Schöpfen; die Raupen überwintern fast erwachsen und liefern die Falter von Mitte April an, im warmen Zimmer auch schon früher.

E. Sp. I, 329 — Roug. 159. 335 — Favre 227 — Lamp. 210.

Hypena Schrk.

785. **proboscidalis** L. — Sp. III, T 55 — B. R. T 39.

Der Falter ist von der Ebene bis in die Voralpen überall gemein, er erreicht 1600 m Höhe. Flugzeit in 1—2 Generationen im Mai—Juni und August—September; gelegentlich überwinternd.

Die Raupe — Sp. IV, T 38 — lebt im Juni—Juli und August—September an Nesseln, gerne unter Gebüsch und in Wäldern; sie überwintert sehr klein.

E. Sp. I, 330 — Lamp. 211 — Favre 228 — Roug. 159 — Schmett. Westf. 106.

786. **obesalis** Tr. — Sp. III, T 55 — B. R. T 39.

Der Falter kommt in weitester Verbreitung im ganzen Lande vor, besonders in den Hügel- und Berggebieten, wo er bis 1900 m Höhe geht. (Arosa, Stge.). Indessen kann er nicht als eine häufige Art bezeichnet werden. Er fliegt von August bis Oktober und nach der Ueberwinterung bis im Mai. St. Gallen (M.-R.), Zürich (Nägeli), Bechburg (R.-St.), Chasseral (Coul.), Biel (Rob.), Dombresson (Roug.), Tramelan, Sonvilier (G.), Büren (Rätz.), Bern (v. J.), Weissenburg (Hug.), Gadmental (St.), Rosshäusern, Schwefelberg (V.), Bollion (T. de G.), Crassier (Loriol), Arpilles, Plan-Cerisier, Martigny (W.), Val d'Anniviers (Favre), Sierre (Roug.), Simplon, Gondo (Jäggi), Zermatt (Püng.), Erstfeld (Hoffm.), Davos (Hauri).

Die Raupe — Sp. IV, Nachtr. T IV — lebt im Juni—Juli gesellig an Nesseln und ist abends durch Klopfen zu erhalten.

E. Sp. I, 330 — Lamp. 211 — Favre 208 — Roug. 159.

787. **obsitalis** Hb. — Sp. III, T 55.

Der Falter ist bislang nur in wenigen Exemplaren bei uns gefunden worden. Er fliegt von April bis Juni und im August —September. Biel (Rob.), St. Blaise (Coul.), Locarno (Püng.), Morcote (M.-R.), Wallis (W.).

Die Raupe lebt an Parietaria officinalis im April—Mai.

E. Sp. I, 330.

788. **rostralis** L. — Sp. III, T 55.

Der Falter ist in der Ebene, im Jura und den Voralpen überall häufig und gemein. Im Wallis und Gadmental erreicht er 1600 m Höhe. Flugzeit in doppelter Generation im Sommer und Herbst, überwinternd bis Mai.

a) *palpalis* F. — Sp. I, 330.

Ist eintönig schwarzbraun.

b) *radiatalis* Hb. — Stdg. 2819 a).

Mit breitem Längsstrahl am Vorderrand der Vfl.

c) *unicolor* Tutt — Stdg. 2819 b).

Ist viel heller braun und ganz zeichnungslos.

Alle diese Formen kommen mehr oder weniger häufig unter der Art vor, am spärlichsten radiatalis Hb., welche nur bei Büren häufiger gefunden wurde (Rätz.).

d) *variegata* Tutt — Sp. I, 330.

Ist lebhafter getönt, mit weisslicher, dunkel geteilter Querbinde der Vfl. Selten. Büren (Rätz.), Frauenfeld (Wehrli).

Die Raupe — Sp. IV, T 38 — lebt im Mai—Juni und August—September an Hopfen.

E. Sp. I, 330 — Favre 228 — Lamp. 211 — Roug. 159.

Hypenodes Gn.

789. **taenialis** Hb. (= albistrigatus Hw.) — Sp. III, T 55.

Der Falter kommt, als Seltenheit, nur im Wallis vor; er fliegt im Juni—Juli. La Croix, Plan-Cerisier (Favre), Branson (W.).

Die Raupe lebt im August—September an den Blüten von Thymus serpyllum und Calluna vulgaris.

E. Sp. I, 331 — Favre 229 — Lamp. 211.

790. **costaestrigalis** Stph. — Sp. III, T 55.

Verbreitung und Erscheinungszeit des Falterchens wie bei der vorigen Art. Aber Wullschl. fand am 11. September 1902 noch ganz frische Falter bei Vivier, also wohl in 2. Generation? Plan-Cerisier, Rossetan, Martigny (Favre), Bechburg (R.-St.), Zürich (Nägeli).

Die Raupe lebt im Juli—August an den nämlichen Pflanzen wie die vorige Art.

E. Sp. I, 332 — Favre 228 — Lamp. 211.

Tholomiges Ld.

791. **turfosalis** Wk. — Sp. III, T 55.

Der Falter kommt recht selten auf Torfsümpfen vor, im Juni—Juli. Zürich (Nägeli), Bremgarten, Bünzen, Katzensee (Frey), Kreuzlingen (Weg.), Hagenwil (M.-R.), Wallis (And.).

XVII. Cymatophoridae H. S.

Habrosyne Hb.

(Gonophora Brd.)

792. **derasa** L. — Sp. III, T 78 — B. R. T 28. Stz. II, T 49.

Der Falter ist von der Ebene bis in die Voralpen hinein überall verbreitet, indessen meist ziemlich spärlich. Höhenverbreitung kaum über 1200 m. Flugzeit von Juni bis August.

Die Raupe — Sp. IV, T 21 — lebt an Rubus, am Tage versteckt, im August—September. Man findet sie in lichten Wäldern gegen Sonnenuntergang oder nach eingebrochener Dunkelheit fressend und kann sie dann in Mehrzahl erbeuten. Die Zucht ist leicht.

E. Sp. I, 333 — Favre 119 — Roug. 77 — Ent. Jahrb. XIV, 110 — Stz. II, 323 — Schmett. Westf. 106.

Thyatira Hb.

793. **batis** L. — Sp. III, T 78 — B. R. T 28. — Stz. II, T 49.

Falter in der Ebene, dem Jura und den Voralpen überall häufiger, auch in der Südschweiz. Er lebt in doppelter Generation im April—Mai und Juli—August. Im Gadmental geht er bis etwa 1200 m. Ein Stück, welchem der Innenrandfleck der Vfl völlig fehlt, erbeutete Dr. Wehrli bei Frauenfeld.

Die Raupe — Sp. IV, T 21 — lebt im Mai—Juni und August—September an Rubusarten. Man findet sie auf Brombeersträuchern oben auf den Blättern sitzend, sie beginnt erst nach Sonnenuntergang zu fressen. Die ruhende Raupe ist Vogelexkrementen nicht unähnlich. Verpuppung in der Erde; die Puppen der Herbstbrut überwintern.

E. Sp. I, 333 — Ent. Jahrb. XIV, 110 — Roug. 77 — B. R. 303, T 28 — Favre 120 — Stz. II, 323 — Schmett. Westf. 107.

Cymatophora Tr.

794. **or** F. — Sp. III, T 78 — B. R. T 28. — Stz. II, T 49.

Der Falter ist überall in der Ebene bis in die Voralpen hinein verbreitet und gewöhnlich nicht selten. Er fliegt in 2 Generationen im April—Mai und von Juni bis August. Bei Zernez und Süs im Unter-Engadin erreicht er 1600 m Höhe (Thom.).

Nach einer am 4. April 1910 nachmittags beobachteten Kopula wurden die Eier teils noch am gleichen Tage, teils am folgenden abgelegt.

Die Raupe — Sp. IV, T 21 — lebt von Juni bis Oktober an Pappeln, zwischen zwei zusammengesponnenen Blättern. Die Verpuppung der ersten Generation erfolgt zwischen zusammengesponnenen Blättern, die der zweiten Generation in der Erde. Diese Puppen überwintern.

E. Ill. Wochenschr. f. Ent. I, 32 — B. R. 303, T 28 — Sp. I, 334 — Favre 120 — Ent. Jahrb. XIV, 111 — Gub. Ent. Zeitschr. IV, 115.

795. **ocularis** L. (= octogesima Hb.) — Sp. III, T 78 — B. R. T 28 — Stz. II, T 49.

Die Art lebt in Verbreitung und Erscheinung gleich der vorigen, ist aber wesentlich seltener.

Hybride:

a) ? *fletcheri* Tutt — Brit. Lep. V, 35.

= ocularis L. ♂ × or F. ♀.

Die Raupe — Sp. IV, T 21 — lebt nach Art der vorigen an Pappeln, im Juni—Juli und September—Oktober.

E. Sp. I, 334 — Favre 123 — Ent. Jahrb. XIV, 111 — Roug. 77 — Stz. II, 327.

796. **fluctuosa** Hb. — Sp. III, T 78 — Stz. II, T 49.

Der Falter ist viel weniger verbreitet als die vorigen Arten und tritt recht selten auf, lebt aber zu den nämlichen Erscheinungszeiten wie jene. Aadorf (Z.-R.), Elgg (Gram.), Winterthur (V.), Zürich (Nägeli), Bremgarten (Bol!), Lenzburg, Oftringen, Born (W.), Unterkulm (Gram.), Tramelan (G.), Bern (v. J., V.), Martigny (W.), Berisal (Favre).

Die Raupe — Sp. IV, Nachtr. T IV — lebt an Birken, zwischen zusammengehefteten Blättern von Juni bis Sept.

E. Sp. I, 334 — Ent. Jahrb. XIV, 112 — Lamp. 213 — Stz. II, 327.

797. **duplaris** L. (= bipuncta Bkh.) — Sp. III, T 78 — Stz. II, T 49.

Wieder in weitester Verbreitung, in den Alpen bis etwa 1800 m. Der Falter fliegt in 1—2 Generationen von April bis Juni und im Juli—August und ist ziemlich selten. St. Gallen (M.-R.), Aadorf (Sulz.), Frauenfeld (Wehrli), Zürich, Bern (V.), Bechburg (R.-St.), Neuveville (Coul.), Thun, Lenk (Jäggi), Gadmental (St.), Mt. Ravoire, La Forclaz (W.), Simplon (Favre), Sierre (Paul), Chur (Caff.), Landquart (Thom.), Bergün (Z.), Val Somvix (Steck), Göschenen (Uffeln).

Die Raupe — Sp. IV, T 21 — lebt im Juni—Juli und August—September an Birken, Erlen und Pappeln.

E. Sp. I, 335 — Roug. 78 — Ent. Jahrb. XIV, 112 — Lamp. 213 — Favre 120 — Stz. II, 327.

798. **diluta** F. — Sp. III, T 78 Stz. II, T 49.

Falter gehört in weitester Verbreitung der Ebene und dem Hügellande an, ist aber durchaus nicht gemein. Flug zeit im August—September.

Die Raupe — Sp. IV, T 21 — lebt im Mai—Juni an Eichen, in der südlichen Schweiz auch an Ahorn.

E. Sp. I, 335 — Ent. Jahrb. XIV, 113 — Lamp. 213 — Roug. 78 — Stz. II, 330.

Polyploca Hb.

(Asphalia Hb.)

799. **ruficollis** F. — Sp. III, T 78 — Stz. II, T 49.

Der Falter fliegt im März—April und ist nur an ganz wenigen Orten erbeutet worden. Aadorf (Z.-R.), Zürich (Frey), Oftringen (W.), St. Blaise (Roug.), Biel (Rob.), Bern (V.).

Die Raupe — Sp. IV, T 21 — lebt von Juni bis September an Eichen.

E. Sp. I, 335 — Ent. Jahrb. XIV, 112 — Lamp. 213.

800. **flavicornis** L. (= cinerea Goeze) — Sp. III, T 78 — B. R. T 28 — Stz. II, T 49.

Der Falter ist von der Ebene und dem Jura bis in die Voralpen überall vorhanden, aber meistens ziemlich selten. Er fliegt in der Ebene im März—April, im Gebirge später. St. Gallen, Degersheim (M.-R.), Winterthur (Bied.), Zürich, Bern, Thusis (V.), Gadmental (St.), Bremgarten (Boll), Lenzburg, Oftringen (W.), Bechburg (R.-St.), Landeron (Coul.), Pontins (Roug.), La Croix, Mt. des Ecoteaux (W.), Sion, Sierre (Paul), Göschenen (Hoffm.), Davos (Hauri).

Die Raupe — Sp. IV, T 21 — lebt im Mai—Juni an Birken und Pappeln, höher im Jura erst im August-September. Man findet sie zwischen zusammengesponnenen Blättern, besonders an Büschen und jungen Bäumchen. Die Zucht ist leicht. Die Puppe überwintert.

E. Sp. I, 335 — Ent. Jahrb. XIV, 113 — Roug. 78 — B. R. 304, T 28 — Favre 121 — Stz. II, 330.

801. **ridens** F. — Sp. III, T 78 — B. R. T 28 — Stz. II, T 49. 56. Eine wenig verbreitete, lokal und ziemlich spärlich auftretende Art. Der Falter fliegt von März bis Mai. St. Gallen (M.-R.), Mörschwil, Rorschach (Täsch.), Zürich, Bern, Thusis (V.), Bechburg (R.-St.), Liestal (Seiler), Dombresson (Roug.), Biel (Rob.), Pt. Saconnex (Mong.), Plan-Cerisier, Follaterres (W.).

Die Raupe — Sp. IV, T 21 — lebt an Eichen zwischen zusammengesponnenen Blättern im Mai—Juni. Mordraupe!

E. Ent. Jahrb. XIV, 113 — Sp. I, 336 — Lamp. 214 — B. R. 305, T 28 — Roug. 78 — Stz. II, 330 — Schmett. Westf. 108.

XVIII. Brephidae.

Brephos O.

802. **parthenias** L. — Sp. III, T 55 — B. R. T 39 — Stz. IV, T 1. Der Falter ist überall verbreitet und stellenweise häufiger; in den Alpen geht er bis etwa 1500 m. Flugzeit in den ersten warmen Tagen des Frühlings von Februar bis April. Er fliegt gerne in der Nähe von Wäldern und setzt sich in feuchte Wagengeleise.

Die Raupe — Sp. IV, T 38 — lebt an Birken im Mai —Juni.

Ende März abgelegte Eier schlüpften nach 8 Tagen und wurden anfänglich mit Ampfer, dann mit jungen Birkenblättern gefüttert. Die Zucht dauert nur 4—5 Wochen und die Verpuppung erfolgt in morschem Holz. Die Falter schlüpfen im ersten Frühling; nach der Ueberwinterung in das warme Zimmer gebracht nach 14 Tagen. (Tumma, Ent. Zeitschr. IX, 10)

E. Favre 229 — Sp. I, 337 — Roug. 160 — B. R. 305, T 39.

803. **nothum** Hb. — Sp. III, T 55 — B. R. T 39 — Stz. IV, T 1. Der Falter lebt in Verbreitung und Erscheinungszeit der vorigen Art, ist aber recht lokal und spärlicher als jene.

Die Raupe — Sp. IV, T 38 — lebt im April, Mai—Juni an Weiden, Zitterpappeln, zwischen zusammengesponnenen Blättern. Die gefangenen ♀♀ benötigen zur Eiablage rauhe, zerrissene Rindenstücke, in deren Ritzen sie ihre Eier tief hineinlegen. Ich habe die Raupen mit Salix caprea und

Birkenlaub gefüttert. Zur Verpuppung wurde Torf und morsches Holz gereicht. Die Puppen überwintern; das Treiben im warmen Zimmer vertragen sie nicht.

· **E. Sp. I, 337 — Soc. Ent. III, 76 — Roug. 160.**

804. **puella** Esp. — Sp. III, T 55 — B. R. T 39 — Stz. IV, T 1.

Ist nur an ganz wenigen Orten gefunden worden. Oftringen (W.), Sissach (Seiler), am 6. April 1905 an der Lägern mehrere Exemplare an Weidenkätzchen (V.). Valentin (Roug.).

Die Raupe — Sp. IV, T 38 — lebt im Mai—Juni an Zitter- und Silberpappeln.

E. Sp. I, 337 — Lamp. 214.

1. Nachtrag.

(Berichtigungen und Nachträge zum I. Band.)

Seite

XVIII. 4. Zeile von unten: er*i*phyle, statt eryphile.

XXXII. Abbé de Joannis in Paris teilt mit, dass von den ausschliesslich schweizerisch genannten Arten auch in Frankreich gefunden wurden: Bankesia alpestrella Hein., Heliothela praegalliensis Frey, Cacoecia striolana Rag., Lita samadensis Pfaff., Ornix pfaffenzelleri Frey und Elachista occidentalis Frey.

XLI. 14. Zeile von unten al*p*inata statt aplinata.

1. Nr. 1. P. **podalirius** L. a) *valesiaca* Verity. Auch vom Salève, am 1. VIII. 1911 (Gram.).

3. Nr. 2. P. **machaon** L. Ein rauchbraun übergossenes Stück wurde im August 1907 bei Rorschach beobachtet (Fritsch).

5. Nr. 3. Z. **polyxena** Schiff. Beizufügen: a) *cassandra* Hb. Bei San Martino, im Val Solda häufig (Ghidini).

7. Nr. 4. P. **apollo.** g) *flavomaculata* Deck. Auch von Fusio und aus dem Bedrettotale (Ghidini).

8. k) *fasciata* Stz. Auch von Martigny (W.).

m) *nexilis* Schultz. 2 Prachtsstücke von Dombresson (Roug.).

apollo — *rufa* Tutt (unterseits rotgefleckt) und *rufa* — *dilatata* Lacr. (das Rot ausgebreiteter), wurden als kaum eines Namens berechtigt übergangen.

11. Nr. 5. P. **phoebus sacerdos** Stich. a) *herrichi* Obthr. Auch von Parpan (v. B.).

c) *inornata* Wh. Auch von Zinal, häufiger (v. B.).

d) *nigropunctata* (v. B.). Auch vom Sustenpass (v. B.).

g) *cardinalis* Obthr. Auch von Bergün (v. B.), Arosa (Erhardt) und dem Ofenpass (Wagner).

k) *nigrescens* Wh. Am Bernhardin nicht gerade selten (v. B.).

n) *reducta* Rev. Auch aus dem Val Rosegg (v. B.).

Seite

12\. Beizufügen: s) *trosti* Hoffm. — Ent. Zeitschr. XXV, 227. Mit schwarzen Analflecken der Hfl-Oberseite, welche mit dem Innenrande verbunden sind. Selten beim ♂, häufig beim ♀. Gadmen, S. Bernardino, Engadin (V.).

Der an gleicher Stelle aufgestellte Name *rufomaculata* Hoffm. ist dagegen als synonym zu *rubra* Christ einzuziehen.

18\. Beizufügen als Nr. 10 A. P. **ergane** H. G. — Sp. III, T 2.

L. Osthelder berichtet: «P. ergane fing ich bei Lugano an heissen Strandpartien noch auf Schweizerboden Anfang September 1905. Sie war nicht häufig und wegen des flüchtigen Fluges schwer zu fangen; verfolgt stiegen die Tiere sofort zu den Gipfeln der Akazien empor.» (Mittlg. Münchn. E. V. 1912, p. 12).

Auf meine Anfrage bestätigte Assessor Osthelder den Fund mit dem Beifügen, dass Bestimmung und Fundort der Falter nicht angezweifelt werden können; die Flugstelle befand sich südlich Paradiso. Vorläufig nehme ich an, dass es sich um zufällig eingewanderte Tiere handelt.

19\. Nr. 11. P. **napi** L. d) *meridionalis* Rühl. Auch von Lugano, Mitte September (Osthelder).

21\. Nr. 12. P. **callidice** Esp. Auf dem Vilan im Prätigau, am 22. VIII. in 2200 m ein viel grösseres, auf der Unterseite heller gezeichnetes Stück. Vermutlich zu einer zweiten Generation gehörend (Osthelder).

26\. Nr. 16. E. **euphenoides** Stdg. Auch von Gandria, Brissago, Val Solda 1894. 1897. 1898 (Ghidini).

28\. Nr. 18. C. **palaeno** L. I. europome Esp. Beizufügen: cc) *obliterata* Verity — 346, T LXVIII. ♀ Form, die Saumbinde ist ausserordentlich hell, blassgrau. «Aus der Schweiz».

30\. Nr. 19. C. **phicomone** Esp. Beizufügen:

d) *gynomorpha* Verity T LXX. Exemplare von ♂ Zeichnung, aber ♀ Färbung. Engadin.

e) *passa* Verity T LXX. Die schwarze Bestäubung ist durch ein bleiches Braun ersetzt. Albula.

Seite

Ein ♀ beinahe einfarbig mausgraues Stück erbeutete Franz Philipps im August 1909 bei Arolla.

Nr. 20. C. **hyale** L. Vergl. Verity 222, T L. Von Carouge (Samson).

31. Nr. 20. C. **hyale** L. a) *flava* Horm. Auch von Champéry (Ziegler).

9. Zeile von oben Hfl statt Vfl.

6. Zeile von unten zur nachfolgenden, statt zum.

33. Nr. 22. G. **rhamni** L. Ein Hermaphrodit wurde im Sommer 1911 von einem Schüler bei Bern gefangen (Lütschg).

34. Nr. 23. G. **cleopatra** L. Auch von Gandria, am 12. V. 1893 (Ghidini).

35. Nr. 25. A. **ilia** Schiff.

a) *iliades* Mitis. }
d) *astasioides* Stdg. } Sehr schöne Exemplare erbeutete Prof. Muschamp in Mehrzahl bei Bavois.

Beizufügen:

e) *metis* Frr. — Stz. I, T 55. Ein Stück dieser östlichen Form, welches mit den Abbildungen bei Freyer, Herrich-Schäffer und Seitz genau übereinstimmt, dessen Bestimmung überdies Oberthür und Tutt bestätigten und das auch mir vorgelegen hat, erbeutete Prof. Muschamp bei Bavois. Es ist dies wohl das einzige bisher in der Schweiz getroffene Exemplar dieser Form; indessen sind einige wenige Stücke auch in Oesterreich gefangen worden.

38. Nr. 29. N. **lucilla** F. Auch aus dem Val Gerso, Val Eazzino und Val Zazzione (Ghidini).

43. Nr. 35. P. **egea** Chr. Auch von Chiasso, am 1. VI. 1911 (Fontana).

44. 16. Zeile von oben Frio statt Friso.

46. Nr. 39. Typische M. **maturna** L. fand K. Uffleln 1906 und 1910 im Göschenental und bis Göscheneralp aufsteigend.

47. Nr. 40. M. **cynthia** Hb. Beizufügen: c) *impunctata* Hoffm. — Ent. Zeitschr. XXV, 227. ♂ Form, bei der die rostfarbige Hfl Binde nicht punktiert ist. Simplon,

Seite

Arpilles (W.); das ♀ auch von Gadmen und Arpilles (V.), Fusio (Schmidlin).

48. Nr. 41. M. **aurinia** Rott. d) *merope* Pr.

Ein schönes melanotisches ♀ mit fast einfarbig mattschwarzer Oberseite und einer Reihe länglicher, durch die dunkeln Rippen geteilter, bleichgelber Antemarginalflecken auf den Vfl. erbeutete A. Wagner 1909 am Ofenpass. (Hellweger, XXXVI. Jahrb. Brixen, p. 31). Beizufügen: f) *comacina* Trti. — Ent. Zeitschr. XXIII, 223. Wird beschrieben: «Oberhalb alle Flügel heller, die schwarzen Zeichnungen und Linien dünner, die ockergelben Binden der Hfl fast verschwunden. Auch die Unterseite ist heller.» Mte. Brunate bei Como (Trti.), Generoso (Fontana). Nach 30 Stücken dieser «neuen» Form zu urteilen, welche ich gesehen habe, kommen ähnliche in der Nordschweiz und dem Mittellande häufig vor und handelt es sich um eine der zahlreichen, kaum namensberechtigten Zustandsformen von aurinia Rott.

50. Nr. 44. M. **didyma** O. Wurde seit **1910** auch in den Zügen (Hauri) und bei Davos-Platz (Schibler) gefangen. Sie scheint sich demnach im Kt. Graubünden auszubreiten.

51. 10. Zeile von unten Saum*b*inde statt Saum*w*inde.

55. Nr. 49. M. **parthenie** Brkh. Beizufügen:
d) *fasciata* m. Exemplare mit sehr breiter, tiefschwarzer Mittelbinde der Vfl fing Dr. Gramann im Frühling 1912 in Mehrzahl bei Elgg.

56. Nr. 50. M. **dictynna** — *seminigra* Musch. Auch von Fusio, im VII. 1911 (Fontana).

Nr. 51. M. **asteria** Frr. Auch von Bergün (Uffeln).

58. Nr. 53. B. **euphrosine** L. Hat wohl nur im Wallis und der Südschweiz eine regelmässige zweite Generation, während sie nördlich der Alpen meist nur einmal im Jahre erscheint.

Seite

63. Nr. 58. A. **daphne** Schiff. Beizufügen: d) *melanotica* Gillm. — Gub. Ent. Zeitschr. XXV, 189. ♀ beidseitig auf allen Flügeln sehr stark überschwärzte Form, einige rotgelbe Flecken bleiben — besonders auf der Oberseite — nur in der Mittelzelle der Vfl und in den Saumfeldern aller Flügel. Inden, Mitte Juli 1907 (Zurstrassen).

65. 9. Zeile von oben Frio. I, 197 statt Frio. 143/149 I, 197.

66. Nr. 62. A. **niobe** L. a) *pelopia* Bkh. Das irrtümlich von Dombresson gemeldete Stück stammt von der Alpweide am Fusse des Roc d'Orzival im Wallis (Roug.).

71. Nr. 67. M. **galathea** L. Beizufügen: l) *nigricans* Culot — Bull. Soc. lép. Genève II,101, Pl. 10. Oberseits braunschwarz, etwas verschwommen, so dass nur wenig Weiss übrig bleibt, unterseits stark schwärzlich bestäubt. 1 Stück von La Souste im Wallis (Culot).

72. Nr. 68. M. **epiphron** Kn. a) cassiope F. Beizufügen: d) *caeca* m. Beidseitig ohne schwarze Punkte. Col de Balme, 24. VII. 1911 (V.).

73. Nr. 70. M. **flavofasciata** Heyne. Auch aus dem Val Landarenca, zwischen Dalpe und San Bernardino, in Uebergängen zu *thiemei* Bartel (Ghidini).

Nr. 71. M. **eriphyle** Frr. Auch vom Sustenpass und Albula (Uffeln).

74. Nr. 72. M. **christi** Rätz. Auch von Alpien (Pictet) und der Alpe Hossaz (V.).

76. Nr. 76. M. **ceto** Hb. c) *caradjae* Cafl. Auch von Samaden (Uffeln).

80. Nr. 82. M. **glacialis** Esp. Vgl. die vorzügliche Bearbeitung dieser Art und ihrer Formen von Dr. K. Schawerda. Verh. Z. b. V. Wien 1911, p. 29.

Beizufügen: c) *aretoides* Hirschke — Jahresb. Wiener E. V. XXI,T I. Die Augen sind verschwunden und nur die weissen Pupillen übrig geblieben. Piz Umbrail in 2700 m Höhe, Ende Juli 1898 (Hirschke).

Seite

81. Nr. 86. M. **aethiops** Esp. Ein fast ungeäugtes ♀ Exemplar von milchkaffeeartiger Färbung erbeutete Tobie de Gottrau bei Mortheys.

Die bei uns häufigste Form zeigt in beiden Geschlechtern auf allen Flügeln 3 weissgekernte Augen (= *medea* Hb. 220—222). Nicht selten kommen Stücke vor mit 3 Ocellen auf den Vfl und 4 solchen auf den Hfl oder auch umgekehrt; etwas spärlicher und besonders im ♀ Geschlecht treten Exemplare auf, die auf allen Flügeln 4 weissgekernte Augen besitzen.

Reinberger erbeutete am 21. VIII. 1903 zwischen Gersau und Brunnen ein ♀ mit 5 weissgekernten Augen der Vfl und 4 ebensolchen der Hfl-Oberseite; die Unterseite der Hfl zeigt keine Spur von Gelb, sie ist vielmehr weisslichviolett mit brauner Mittel- und Saumbinde. (Gub. Ent. Zeitschr. VI, 59). Ich besitze ein ähnliches ♀ Stück von Zürich (V.).

82/83. Nr. 87. 88. Um Ordnung in die Synonymie der **euryale-ligea** Gruppe zu bringen, müsste man sehr viel Zeit und Mühe aufwenden. Was ich bisher als *adyte* Hb. ansah, ist ja sicher eine kleinere Bergform von *ligea* L., die Hübnerschen Bilder 759/60 passen aber besser zu meiner *helvetica*, nur ist das bei Hübner abgebildete ♂ etwas kleiner und hat ausgedehntere rote Färbung der Vfl-Unterseite. Nach Herrich-Schäffer entspricht Hübners Bild der Form aus Piemont; Staudinger dagegen versteht darunter nur die skandinavische Form von ligea, aus welchen Gründen weiss ich nicht, jedenfalls sehen die nordischen Stücke Püngelers ganz anders aus.

Prof. Rebel rechnet adyte ebenfalls zu ligea, an deren höheren Flugplätzen sie fliegt[1]); Chapman fand die ♂ Genitalapparate mit ligea übereinstimmend. A. Selzer[2]) hat aus Eiern lappländischer Herkunft die Zucht durchgeführt und spricht die erzogenen Falter

[1]) Vgl. meine Darlegungen in der Fussnote zu pag. 83.
[2]) Gub. Ent. Zeitschr. V, 247. 295.

als ligea-adyte an; Aussehen und Entwicklungsgeschichte der Raupe fand er aber von ligea sehr verschieden. P. Sushkin[1]) macht auf die längst bekannten 4 breiten Duftflecke der ligea ♂ ♂ aufmerksam, welche den euryale-Formen abgehen sollen; dagegen fand Aurivillius bei euryale schmalere Duftschuppen als bei ligea. Ich selbst vermag bei meinen euryale-Formen keine Spur davon zu entdecken.

Alle diese Gesichtspunkte vermögen jedoch die Frage der Zugehörigkeit der Hübnerschen adyte zur einen oder andern Art nicht abzuklären, weil offenbar die verschiedenen Autoren ganz verschiedene Tiere beurteilt haben. Es bleibt nach wie vor der freien Würdigung der Hübnerschen Bilder überlassen, ob man diese als Darstellungen von euryale oder ligea auffassen will. Vielleicht geben diese Bilder lediglich eine der zahlreichen individuellen Abänderungen der so ungemein veränderlichen euryale wieder. In diesem Falle müsste die Bergform der ligea einen neuen Namen erhalten!

Die Form *ocellaris* Stdg. fing der Bruder R. Püngelers in mit Staudingerschen Typen genau übereinstimmenden Stücken in Menge im Südtirol. Das Rot der Oberseite ist bei ihr ganz verschwunden, einzelne Stücke sind rein schwarz (*extrema* Schaw.); es ist fraglich, ob diese Form bei uns vorkommt.

philomela Hb. 218/19 hat oberseits eine lebhaft rostrote, zum Teil unterbrochene Binde und weissgekernte Augen, unterseits bleibt die Mittelbinde der Hfl dunkel, das Wurzelfeld und die innere Hälfte des Aussenfeldes sind weisslich bestäubt; als Vaterland gibt er an «die Voralpen Tirols und das Riesengebirg.»

philomela Esp. CXVI, 4 hat oberseits eine deutliche, auf den Hfl durch die Rippen unterbrochene

[1]) **Revue Russe d'Entomologie 1911, Heft 2.**

Seite

Rostbinde, auf den Vfl 3 Augen, von denen die beiden obersten scharf weiss gekernt sind, das dritte ist blind, die Hfl augenlos. Unterseits sind die 3 Vfl-Augen weissgekernt, die Rostbinde verfliesst nicht wurzelwärts; die Augen der Hfl sind vorhanden und weissgekernt; in der Mitte des Wurzelteils steht ein weisslicher Fleck. Als Herkunft gibt er an «er kommt aus den Gegenden der tyroler und schweizerischen Alpen.»

euryaloides Tgstr. wird als mögliche Lokalform zu *euryale* Hb. aus Finnland beschrieben; sie soll an bestimmten Stellen sehr häufig und von der mit ihr zugleich fliegenden ligea L. verschieden sein. Es sei dahingestellt, inwieweit die gelegentlich in den Alpen auftretende ungeäugte Form mit der finnischen identisch sein mag.

86. 7. Zeile von oben c) statt d).

87. Nr. 91. O. **aello** Hb. Beizufügen: b) *cruciata* Obthr. — Et. IV, 75. ♀ Form; auf den Vfl finden sich 5 schwarze Punkte, 3 derselben sind nahe dem Innenrande kreuzförmig angeordnet. Auf den Hfl stehen 4 Ocellen. Kaum namensberechtigt. «Aus dem Wallis.»

90. Nr. 98. ?S. **statilinus** Hufn. Sehr selten bei Sorengo, am 5. VI. 1893 (Ghidini).

97. Nr. 107. E. **jurtina** L. Ein Albino von milchkaffeeartiger Farbe wurde am 11. VII. 1911 im Gadmental erbeutet (v. B.).

98. Beizufügen: g) *anomala* Verity (= oblitescens Schultz) — B. R. 52. Von dieser bisher nur im ♂ Geschlecht bekannten Form, welcher beidseitig die Apicalaugen der Vfl fehlen, erbeutete Dr. Gramann im Juli 1911 am Salève auch das ♀.

99. Nr. 108. E. **lycaon** Rott. Von dieser Art wurden noch die folgenden Formen beschrieben und sind beizufügen: d) *gynoides* Musch. — Ent. Rec. 1905, p. 58. ♂ Form mit einem zweiten Auge auf den Vfl, ähnlich dem ♀. Trélex, Val Ferret, Vevey (Musch.).

Seite

e) *wheeleri* Musch. — Ent. Rec. 1905, p. 59. ♂ und ♀ Formen mit 3 Vfl-Augen, welche zwischen den Rippen III^1 und III^2, III^2 und III^3, IV^1 und IV^2, III^3 und IV^1, IV und IV^2 liegen können. Trélex, Naz, Val Ferret (Musch.).

100. Nr. 110. E. **ida** Esp. Da das Tier in verschiedenen Jahren regelmässig auch bei Muralto und Ascona (Ghidini), sowie bei Brissago (Ritzmann) erbeutet wurde, dürften die Heimatsrechte im südlichen Tessin nunmehr festgestellt sein.

101. Nr. 114. C. **arcania** L. Beizufügen: d) *bipupillata* Tutt mit einem zweiten, gekernten Apicalauge. Unter der Art. Versoix (Rev.).

103. Nr. 116. C. **pamphilus** L. f) *balearica* Musch. — Ent. Rec. XVI, 222. Wird beschrieben:

«Zahlreiche, wenigstens aber 2 Punkte auf der Vfl-Unterseite, welche selten auf der Oberseite durchscheinen können.»

104. Nr. 117. C. **typhon** Rott. b) *isis* Becklin, nicht Thunberg. Aus den Ausführungen Dr. P. Schulze's in der Berl. Ent. Zeitschr. 56, (p. 2, 6, 7, 8) geht hervor, dass Thunberg zu Unrecht als Autor einer Reihe von Arten betrachtet wird, von denen er nicht eine einzige benannt hat.

Nr. 118. L. **celtis** L. F. Auch von Bré (Ghidini).

111. Nr. 127. C. **rubi** L. Beizufügen:

e) *olivacea* Blach. — Bull. Soc. lép. Genève I, Pl. 9. Hat die Unterseite dunkel olivgrün.

124. Nr. 140. L. **argus** Schiff. Dr. Thomann beobachtete bei Landquart die Raupen im Frühling vornehmlich an Oxytropis pilosa fressend, auch etwa an Hippocrepis comosa, die der Sommergeneration aber fast ausschliesslich an Hippophaës rhamnoides. Die Raupen führen eine sehr verborgene Lebensweise und zeigen in der Färbung meist eine grosse Uebereinstimmung

Seite

mit ihrer Umgebung; sie sind deshalb nicht gerade leicht zu finden. Man achte daher auf die Ameisen, mit denen sie in Symbiose leben: überall, wo man 2—7 Ameisen auf einem Blatt der Nährpflanzen vereinigt sieht, findet man sicher eine Lycaenaraupe in ihrer Mitte. (Dr. H. Thomann «Schmetterlinge und Ameisen»).

128. Nr. 141. L. **aegon** Schiff. Beizufügen:

e) *caeruleo-cuneata* Ebert — Soc. Ent. 1908, Nr. 22 — Festschrift d. V. f. Nat. Cassel 1911, T 5.

♂ braune Form; auf der Hfl-Oberseite stehen je 5 radienförmige, blaue Keilchen. Vom Gornergrat 1911 (Dr. Ebert i. l.).

131. 18. Zeile von oben Menzi*ng*en statt Menziken.

138. Nr. 151 A? L. **alexius** Frr. 676, 1. 2 (non alexis Stdg. (Frr.), = impuncta Courv. = icarinus Scr.) soll nach Genitaluntersuchungen von Chapman, Muschamp und Reverdin eigene Art und nicht lediglich Zeichnungsaberration von icarus Rott. sein. Es wird auch darauf hingewiesen, dass bei icarus Rott. die Bogenaugen viel stärker geschwungen verlaufen, dagegen bei alexius Frr. besonders im unteren Teil fast gerade sind. Ausserdem glaubt Muschamp festgestellt zu haben, dass alexius Frr. drei Wochen nach icarus Rott. erscheint.

Immerhin wird erst noch durch die Zucht festgestellt werden müssen, ob es sich tatsächlich um zwei verschiedene Arten handelt.

140. Nr. 152. L. **tithonus** Hb. Fritz Hoffmann fand die Raupe im Juli 1908 im Glocknergebiet und beschrieb sie im XIX. Jahresb. Wiener E. V. p. 47.

147. Nr. 158. L. **coridon** Poda. g) *syngrapha* Kef. 2 Prachtsstücke erbeutete Paul Robert im Sommer 1911 bei Plagne.

148. Beizufügen:

u) *fowleri* South — Brit. Butt. 168 — Festschrift d. V. f. Nat. Cassel 1911 T 5.

Seite

2 Uebergangsstücke zu dieser auffälligen, auf Vfl und Hfl je 6 weisse Randflecke aufweisenden ♂ Form erbeutete Leonhard bei Hüningen. (Ins. Börse XXII, 124).

159. Nr. 170. P. **palaemon** Pall. Beizufügen:

c) *freyi* Hellweger — XXXVI. Jahresb. Brixen, p. 71. Höhenform. Frey berichtet (p. 55/56) «Kleiner, robuster, weil kurz- und rundflügeliger. Auf der Oberseite der Hfl die drei typischen gelben Flecken des Mittelfeldes. Dagegen fehlt die Bogenreihe vor dem Aussenrande. Die Unterseite ändert gegenüber Exemplaren der Ebene nicht. Fast von der Passhöhe des Maloya (1811 m) 2 ♂♂, Ende Juli 1865».

166. Beizufügen als Nr. 182 A. Scelothrix **armoricanus** Obthr. — Lep. Comp. IV, 411, Pl. LVII. Diese von Oberthür neu entdeckte Hesperide kommt auch bei uns vor; sie ist aber bisher für identisch mit der ihr nahestehenden alveus Hb. gehalten worden. Nach Mitteilungen Prof. Reverdin's dürfte es sich um eine eigene Art handeln, da Ei, Raupe, Falter und Entwicklungsgeschichte des Tieres von *alveus* Hb. verschieden sind. Armoricanus hat 2 Generationen, die erste im Mai—Juni, die zweite im August—September. Der Schmetterling stellt eine kleine alveus mit gewissen Verschiedenheiten dar; die Farbe der Hfl-Unterseite variiert von gräulich, gelblich bis rötlich; die hellen Flecke der Hfl-Oberseite sind oft viel weisser und erinnern an *cirsii* Rbr. (Form *fabressi* Obthr.); die Mittelbinde der Hfl-Unterseite ist gewöhnlich viel schmaler als bei alveus. Die Abbildungen der Genitalapparate, welche Prof. Reverdin in Bull. Soc. lép. Genève Vol. II, Pl. 6 Fig. 5 und 6 bringt, beziehen sich auf *armoricanus* Obthr. und nicht auf *alveus* Hb.; ebenso die auf Seite 166 angeführte Beobachtung der Eiablage durch Marcel Rehfous.

Armoricanus ist in der Bretagne die herrschende Art und kommt von Spanien, durch Frankreich,

Seite

Italien, Krain, Kroatien, Südrussland, die Türkei bis nach Asien hinein vor. Sie dürfte auch in der Schweiz weit verbreitet sein. Sichere *armoricanus* Obthr. sind uns bisher bekannt geworden aus den Umgebungen Genfs (Rev., Rehf.), Saillon (Rev.), Tscharans, Lostallo (Thom.), Evolena (Steck), Aegerten (Hiltb.), Biel (V.), Bözingen (Rob.).

168. Nr. 185. **malvoides** Elw. Auch von Landquart und manchen andern Stellen des Kts. Graubünden (Thom.).

175. Nr. 194. H. **pinastri** L. Beizufügen:

b) *nigra* m. Ein einfarbig tief schwarzes Stück, ohne jede Zeichnung der Vfl, erbentete Dr. Gramann im Frühling 1912 bei Elgg; ein ganz gleiches Exemplar, unbekannter Herkunft, befindet sich in Sammlung Lütschg Bern.

182. 4. Zeile von unten lafitol*ei* statt lafitolii.

184. Nr. 205. C. **galii** Rott. Beizufügen:

d)* *jullieni* Dso. = ? galii Rott. ♂ × vespertilio Esp. ♀. Dr. Denso fand die Raupe im Wallis und erzog daraus den Falter.

Nr. 206. C. **vespertilio** Esp. Aus im Juli 1911 am Salève gefundenen Raupen schlüpften 50 Falter im März 1912. Darunter eine sehr hübsche Aberration mit dreifarbigen Hfl: schwarz-gelb-rot. Sechs Exemplare zeigen bei stark geschwärzten Hfl eine deutliche gelbe bis lachsfarbene Zone, welche die rote Grundfarbe von der schwarzen Saumbinde trennt (Dr. Gramann).

185. Beizufügen:

i) ? *kramlingeri* Pern. — Ent. Zeitschr. XXV, 207. = vespertilio Esp. ♂ × galii Rott. ♀.

203. Nr. 241. P. **anastomosis** L. Beizufügen:

a) *tristis* Stdg. — Stdg. 865 b). Zu dieser besonders im ♂ Geschlecht stark verdunkelten, fast schwarzen Form gehörige Stücke erbeutete Dr. Wehrli am 17. VI. 1911 bei Frauenfeld.

Seite

209. 2. Zeile von oben pyr*i* statt pyrii.

211. Nr. 258. L. **taraxaci** Esp. Auch von der Göschenenalp (Uffeln).

222. Nr. 272. M. **rubi** L. b) *fasciata* Tutt. 1 Stück aus der Raupe von Bern erzogen (Hiltb.).

229. Nr. 220. L. **quercus** L. b) *alpina* Frey. Die Raupe verzehrt in den höheren Lagen gerne Fichten- und Arvennadeln (Uffeln).

234. Nr. 288 A.? **Ocneria rubea** F. — Sp. III, T 26. Ein Stück dieser für unser Land neuen Art fing K. Uffeln am 24. VII. 1907 im Bahnhof Bellinzona am Licht. Das Tier dürfte (vielleicht mittelst der Eisenbahn) zugewandert sein.

235. Nr. 291. P. **coenobita** Esp. Auch von Göschenen am 22. VII. 1907 (Uffeln).

240. Nr. 303. A. **menyanthidis** View. Auch von Schaffhausen (Pfähler).

244. Nr. 312. A. **strigula** Schalen, nicht Thunberg.

245. Nr. 315. A. **linogrisea** Schiff. Auch von St. Blaise, aus dem Gebüsch geklopft (Hiltb.).

247. Nr. 319. A. **punicea** Hb. Ein Stück in Göschenen am Licht im August 1908 (Uffeln).

248. Nr. 320. A. **augur**-*nigra* m. Auch von Göschenen im August 1908 (Uffeln).

Nr. 323. A. **obscura** Brahm. Auch von Göschenen am 2. VIII. 1910 (Uffeln).

251. Nr. 328. A. **hyperborea** Zett. Auch von Samaden (Uffeln). c) *riffelensis* Obthr. vom Ofenpass, im Sommer 1911 (Wagner) und aus dem Ortlergebiet (Hellweger).

253. Nr. 334. A. **rhaetica** Stdg. Die Angabe «Varenalp» beruht auf einen Bestimmungsfehler (Roug.). 1 Stück im August 1911 in Göschenen am Licht (Uffeln).

254. Nr. 335. A. **speciosa** Hb. a) *obscura* Frey. Auch von Göschenen (Uffeln).

Seite

Nr. 336. A. **candelarum** Stdg. Auch von Schaffhausen (Pfähler).

255. Nr. 338. A. **stigmatica** Hb. Auch von Schaffhausen (Pfähler) und Aegerten bei Biel (Hiltb.).

256. Nr. 340. A. **xanthographa** Schiff. a) *cohaesa* H. S. Auch von Göschenen 1908 und 1910 (Uffeln).

259. Nr. 346. A. **depuncta** L. Auch von Schaffhausen (Pfähler) und Blumenstein (Hiltb.).

260. Nr. 347. A. **glareosa** Esp. In Mehrzahl von Blumenstein (Hiltb.).

262. Nr. 354. A. **alpestris** B. Auch von Täsch (Uffeln).

266. Fussnote. Die dort besprochene Agrotis hat sich als *melanotische* Form von A. **grisescens** Tr. herausgestellt. (Püngeler, det.).

Nr. 364. A. **lucipeta** F. Auch von Bern am elektrischen Licht (Hiltb.) und in der Taubenlochschlucht (V.).

Nr. 366. A. **birivia** Hb. Auch von Göschenen (Uffeln).

268. Nr. 367. A. **decora** Hb. und a) *livida* Stg. Bei Göschenen zahlreich am Licht im Juli 1907 und 1910 (Uffeln).

Nr. 368. A. **culminicola** Stdg. Auch vom Ofenpass, im Sommer 1911 (Wagner); dagegen ist die Angabe «Mortheys (T. de G.)» falsch.

270. Nr. 371. A. **grisescens** Tr. Auch aus dem Pfynwald (T. de G.).

Nr. 372. A. **latens** Hb. Auch von Göschenen (Uffeln).

273. Nr. 377. A. **signifera** F. Auch von Göschenen (Uffeln).

274. Nr. 380. A. **cinerea** Hb. Auch von Schaffhausen (Pfähler) und Aegerten (Hiltb.).

284. Nr. 399. A. **praecox** L. Auch aus dem Turtmantal (Roug.) und von Blumenstein (Hiltb.).

287. Nr. 407. M. **serratilinea** Tr. Auch von Göschenen (Uffeln).

Seite

302. Nr. 445. D. **capsophila** Dup. Auch vom Luganersee und wiederum bei Airolo gefangen (Heinrich), Göschenen (Uffeln).

306. Nr. 453. M. **bicoloria** Vill. a) *vinctuncula* Hb. Auch von Biel (Rob.).

308. Nr. 459. B. **ravula** Hb. Auch von Basel (V.).

a) *ereptricula* Tr. Einige Stücke im August 1911 in Göschenen am Licht (Uffeln).

309. Nr. 462. B. **muralis** Forst. Beizufügen:
? d) *argillacea* Culot — Noc. Pl. 24. Beschrieben nach einem die Etiquette «Genève» tragenden ♀ Stück des dortigen Museums. Auf den Vfl fuchsig erdbraun, auf den Hfl noch dunkler. (Culot, Noc. p. 133).

310. Nr. 463. B. **perla** F. a) *suffusa* Tutt. Ein Stück am 20. VII. 1910 bei Zermatt (Uffeln).

Beizufügen: d) *flavescens* Tutt — Culot, Noc. Pl. 24. Ein Stück von hell gelbbrauner Grundfarbe, mit sehr verkümmerter dunkler Zeichnung. Tramelan (G.).

312. Nr. 469. Th. **matura** Hufn. Auch von Blumenstein (Hiltb.).

315. Nr. 476. H. **ochroleuca** Esp. Auch von Pinsec (Roug.).

316. Nr. 478. H. **zeta** Tr. Auch vom Sustenpass (Hiltb.) und Zermatt (Uffeln).

317. Nr. 480. H. **furva** Hb. Auch von Göschenen (Uffeln).

318. Nr. 483. H. **rubrirena** Tr. Auch von der Göschenenalp (Uffeln).

319. Nr. 485. H. **abjecta** Hb. Diese seltene Art fing K. Uffeln auch bei Göschenen in 2 Exemplaren anfangs August 1910 am Licht.

321. Nr. 491. H. **scolopacina** Esp. Auch von Göschenen (Uffeln).

Nr. 492. H. **gemina** Hb. Auch von Bern am elektrischen Licht (Hiltb.).

Seite

323. Nr. 496. H. **secalis** L. c) *leucostigma* Esp. Auch von Göschenen am Licht (Uffeln).

328. Nr. 507. P. **xanthomista** Hb. b) *nivescens* Stdg. Auch von St. Blaise am Köder 1911 (Hiltb.).

329. Nr. 511. D. **templi** Sebaldt nicht Thunberg. Auch von Cresta-Thusis am 4. April 1912 (Honegg).

334. Nr. 524. Chl. **radiosa** Esp. Die Angabe «im Wallis, besonders bei Stalden nicht selten (Roug.)» ist falsch. Sie betrifft wohl zweifellos Chl. *hyperici* F.

336. Nr. 527. C. **purpureofasciata** Piller. Auch von Blumenstein und, aber nicht ganz sicher, von Aegerten bei Biel (Hiltb.).

341. Nr. 538. H. **leucostigma** Hb. 4 Exemplare der typischen Form. sowie 1 der *fibrosa* Hb. erbeutete nunmehr auch Dr. Wehrli, gleichzeitig mit N. **neurica** Hb. (Nr. 547) und S. **maritima** Tausch. (Nr. 549) am 17./18. VII. 1912 bei Frauenfeld durch Nachtfang im Ueberschwemmungsgebiet der Thur. Durch diese neuerlichen Funde dürften die Heimatsrechte dieser 3 Arten in unserem Lande festgestellt sein.

342. Nr. 541. H. **micacea** Esp. Auch aus dem Aaregrien bei Busswil, 1910 (Hiltb.).

349. Nr. 559. L. **scirpi** Dup. a) *montium* B. Auch von Göschenen am 7. VII. 1907 am Licht (Uffeln).

351. Zeile 20 von oben Mittlg. S. E. G. XII, *70*, statt 61.

354. Nr. 570. M. **imbecilla** F. erbeutete ich in einigen Stücken am 25. VI. 1912 am Sonnenberg ob Tavannes im Jura. Die Falter sassen auf Polygonum und Phyteuma (V.).

356. Nr. 575. C. **selini** B. 2 Stück fing Pfarrer Hiltbold in Aegerten bei Biel.

359. Nr. 581. C. **respersa** Hb. Auch von Schaffhausen (Pfähler) und Göschenen (Uffeln).

362. Nr. 588. H. **palustris** Hb. Ein prächtiges, frisches ♂ von Schaffhausen am Köder erbeutet (Pfähler).

Seite

366. Nr. 598. A. **cinnamomea** Goeze. Auch von Blumenstein (Hiltb.).

378. 17. Zeile von oben *Eichen*laub statt Buchenlaub.

405. Nr. 688. A. **cordigera** Schalen, nicht Thunberg.

406. Nr. 689. A. **melanopa** Becklin, nicht Thunberg.

408. Nr. 694. H. **ononidis** F. Auch von Simpeln (Uffeln).

422. Nr. 735. Pl. **aemula** Hb. 5 Stück dieser seltenen Art wurden im Sommer 1911 auf Rigifirst erbeutet (Ryssler, Stuttgart).

426. Nr. 743. P. **interrogationis** L. Bei Preda zahlreich in der Abenddämmerung an Lychnisblüten; auch von Zermatt (Uffeln).

Nr. 744. P. **ain** Hochenw. Auch von Göschenen, zahlreich am Licht (Uffeln).

427. Nr. 745. P. **hochenwarthi** Hochenw. Auch von der Furka- und Albulapasshöhe (Uffeln).

434. Nr. 759. C. **sponsa** L. Ein Stück erbeutete K. Uffeln in Göschenen (1100 m!) am Licht, am 4. VIII. 1911.

Verzeichnis der Familien und Gattungen.

(Die Zahl nach dem Namen verweist auf die Seite, wo das Gesuchte zu finden ist.)

Verzeichnis der Arten und Formen.

31

Faunengebiete.

Zur Bezeichnung der Verbreitung der gewöhnlicheren Arten wurde das gesamte Gebiet des Landes in 9 Faunengebiete eingeteilt.

Abkürzungen:

U = umfasst die zentrale und östliche Voralpenregion. d. h. Uri (ohne Gotthard), Unterwalden, Schwyz, Glarus. St. Gallen, Appenzell.

N = Nordschweiz. Thurgau, Schaffhausen, Zürich, Zug.

M = Mittelland. Aargau (ohne Jura), Luzern, Bern (ohne Jura und Oberland), Freiburg (ohne die Alpen).

V = Westschweiz. Waadt, Genf.

J = Jura Umfasst das gesamte jurassische Gebiet vom Randen bis zur Dôle.

O = Oberland. Umfasst die Alpen von der Diablerets bis zum Gotthard.

W = Wallis. Umfasst den ganzen Kanton mit Ausnahme des Val Vedro.

S = Südschweiz. Die gesamten Südtäler: Val Vedro, Tessin, Misox, Bergell und Puschlav.

G = Graubünden. Ohne die Südtäler.

Man vergleiche die Karte der Faunengebiete der Schweiz.

Abkürzungen.

E. = Entwicklungsgeschichte.
Hfl = Hinterflügel.
Vfl = Vorderflügel.
m. = mihi.
Pl. = Planche.
T = Tafel.
? = Das Vorkommen im Faunengebiet wird als fraglich erachtet.

‑es Lycaenidae

	Verarmte Formen Formae privatae
‑eberzählige Formen ‑ormae excedentes	1 { Verkleinerte Augen Formae parvipunct‑
vermehrte Wurzelpunkte Formae basi-auctae	

PROF. DR. L. G. COURVOISIER

Zeichnungs-Aberrationen der Lycaeniden — Aberrations du Dessin des Lycaenidae

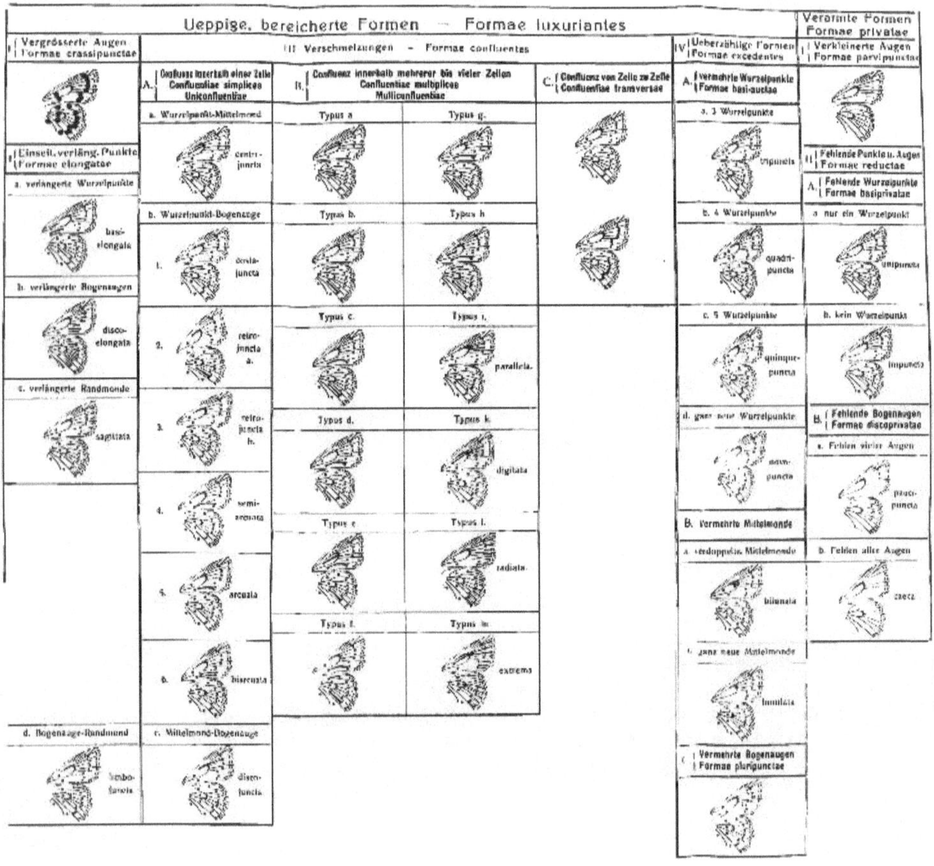

Ueppige, bereicherte Formen — Formae luxuriantes

- I { Vergrösserte Augen / Formae crassipunctae
- II { Einseit. verläng. Punkte / Formae elongatae
  - a. verlängerte Wurzelpunkte — basi-elongata
  - b. verlängerte Bogenaugen — disco-elongata
  - c. verlängerte Randmonde — sagittata
  - d. Bogenauge-Randmond — limbo-juncta
- III Verschmelzungen — Formae confluentes
  - A. { Confluenz innerhalb einer Zelle / Confluentiae simplices / Uniconfluentiae
    - a. Wurzelpunkt-Mittelmond — centri-juncta
    - b. Wurzelpunkt-Bogenauge
      - 1. ocrsia-juncta
      - 2. retro-juncta a.
      - 3. retro-juncta b.
      - 4. semi-arcuata
      - 5. arcuata
      - 6. biarcuata
    - c. Mittelmond-Bogenauge — disco-juncta
  - B. { Confluenz innerhalb mehrerer bis vieler Zellen / Confluentiae multiplices / Multiconfluentiae
    - Typus a
    - Typus b.
    - Typus c.
    - Typus d.
    - Typus e
    - Typus f.
    - Typus g.
    - Typus h
    - Typus i. — parallela.
    - Typus k — digitata
    - Typus l. — radiata.
    - Typus m — extrema
  - C. { Confluenz von Zelle zu Zelle / Confluentiae transversae
- IV { Ueberzählige Formen / Formae excedentes
  - A. { Vermehrte Wurzelpunkte / Formae basi-auctae
    - a. 3 Wurzelpunkte — tripuncta
    - b. 4 Wurzelpunkte — quadri-puncta
    - c. 5 Wurzelpunkte — quinque-puncta
    - d. ganz neue Wurzelpunkte — novo-puncta
  - B. Vermehrte Mittelmonde
    - a. verdoppelte Mittelmonde — bilunata
    - b. ganz neue Mittelmonde — lunulata
  - C. { Vermehrte Bogenaugen / Formae pluripunctae

Verarmte Formen — Formae privatae

- I { Verkleinerte Augen / Formae parvipunctae
- II { Fehlende Punkte u. Augen / Formae reductae
  - A. { Fehlende Wurzelpunkte / Formae basiprivatae
    - a. nur ein Wurzelpunkt — unipuncta
    - b. kein Wurzelpunkt — impuncta
  - B. { Fehlende Bogenaugen / Formae discoprivatae
    - a. Fehlen vieler Augen — pauci-puncta
    - b. Fehlen aller Augen — caeca

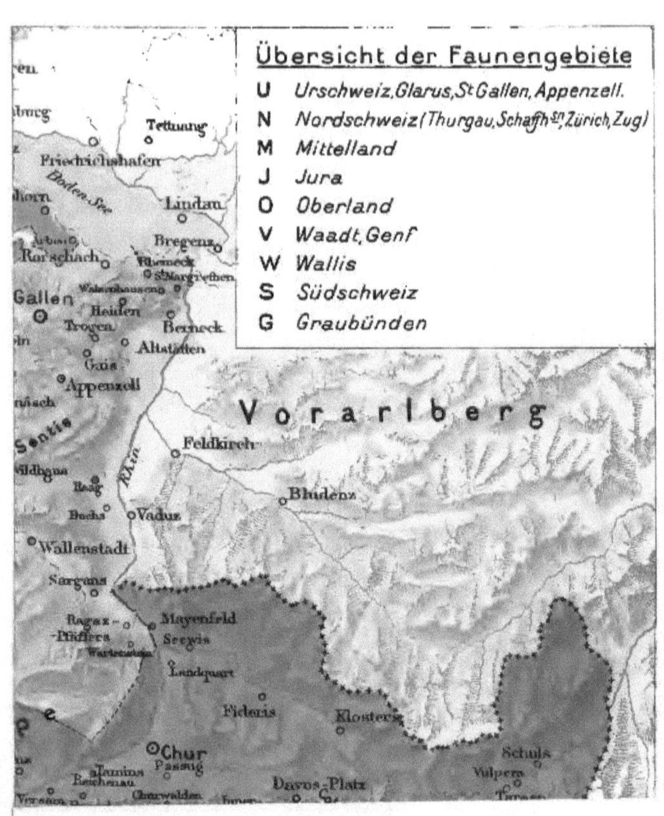
Übersicht der Faunengebiete
U Urschweiz, Glarus, St Gallen, Appenzell.
N Nordschweiz (Thurgau, Schaffh^en, Zürich, Zug)
M Mittelland
J Jura
O Oberland
V Waadt, Genf
W Wallis
S Südschweiz
G Graubünden
Tettnang
Friedrichshafen
Boden-See
Lindau
Bregenz
Rorschach
Gallen
Heiden
Trogen
Berneck
Altstätten
Gais
Appenzell
Säntis
Rhein
Vorarlberg
Feldkirch
Bludenz
Vaduz
Wallenstadt
Sargans
Mayenfeld
Seewis
Landquart
Fideris
Klosters
Chur
Davos-Platz
Schuls

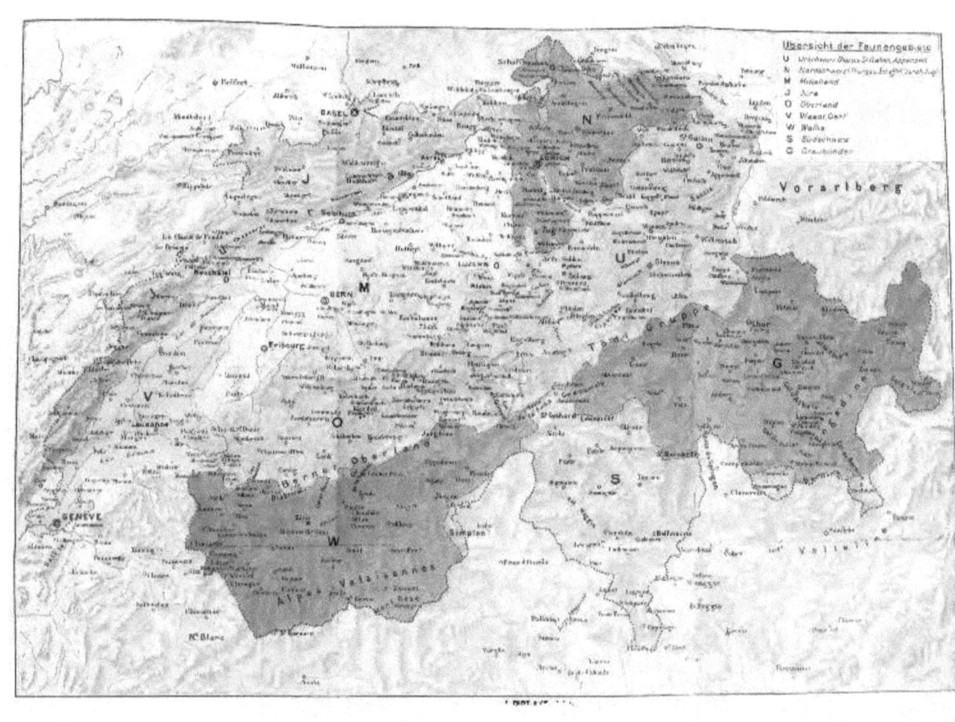
Übersicht der Faunengebiete
J Jura
W Wallis
Vorarlberg
BASEL
BERN
GENEVE
Simplon
Berner Oberland
Alpes Valaisannes

Zeitfracht Medien GmbH
Ferdinand-Jühlke-Straße 7
99095 Erfurt, Deutschland
produktsicherheit@kolibri360.de